Dörken | Dehne | Kliesch

Grundbau in Beispielen Teil 2

Prof. Dr.-Ing. Wolfram Dörken
Prof. Dipl.-Ing. Erhard Dehne
Prof. Dr.-Ing. Kurt Kliesch

GRUNDBAU IN BEISPIELEN TEIL 2

NACH HANDBUCH EUROCODE 7: 2011

Kippen, Gleiten, Grundbruch, Setzungen, Flächengründungen, Stützkonstruktionen, Rissanalyse an Gebäuden

5. Auflage

Werner Verlag 2013

1. Auflage 1999
2. Auflage 2000
3. Auflage 2004
4. Auflage 2007
5. Auflage 2013

Bibliografische Information Der Deutschen Bibliothek
Die Deutsche Bibliothek verzeichnet diese Publikation in der Deutschen Nationalbibliografie; detaillierte bibliografische Daten sind im Internet über **http://dnb.ddb.de** abrufbar.

ISBN 978-3-8041-5060-7

www.werner-verlag.de
www.wolterskluwer.de

Umschlag: futurweiss kommunikationen, Wiesbaden
Satz: Prof. Dr.-Ing. Kurt Kliesch, Fachhochschule Frankfurt/Main
Druck und Weiterverarbeitung: Poligrafia Janusz Nowak, Posen, Polen

Vorwort zur 5. Auflage

Die Bearbeitung der vorliegenden 5. Auflage des Teiles 2 soll, wie bereits für die Teile 1 und 3 geschehen, unter anderem dazu dienen, den Generationenwechsel einzuleiten. Das Autorenteam für die aktuelle Auflage wurde deshalb durch mich, Prof. Dr.-Ing. Kurt Kliesch, erweitert. Die wesentlichen Anregungen sowie der Beistand durch kritischen Rat und Tat erfolgte durch meine beiden Kollegen und Hauptautoren Prof. Dr.-Ing. Wolfram Dörken und Prof. Dipl.-Ing. Erhard Dehne. Seit 2001 vertrete ich nun das Fachgebiet Geotechnik an der Fachhochschule Frankfurt, das die Kollegen Dörken und Dehne als meine Vorgänger über 30 Jahre vertreten hatten.

Die Grundidee der 1. Auflage (siehe auch den nachfolgenden Auszug des Vorwortes zur 1. Auflage) soll auch bei dieser 5. Auflage beibehalten werden: der Teil 2 konzentriert sich auf die Nachweise für Flächengründungen und insbesondere flach gegründete Stützwände (Gewichtsstützwände und Winkelstützwände) sowie auf die Analyse von Rissen an Gebäuden. Die Nachweise für den Grenzzustand der Tragfähigkeit (Grundbruch, Gleiten und „Kippen“) und der Gebrauchstauglichkeit (Setzungen, Gleiten und „Kippen“) werden ausführlich behandelt.

Der wesentliche Grund für die Neuauflage ist die verbindliche Einführung des Eurocode 7 in Form der DIN EN 1997-1 (2009) zum Stichtag 01. Juli 2012. Gemeinsam mit dem Nationalen Anhang DIN EN 1997-1/ NA (2010) und den Ergänzenden Regelungen in der Neufassung der DIN 1054 (2010) werden damit die bisher gültigen Regeln der DIN 1054 (Jan. 2003, Dez. 2008) außer Kraft gesetzt. DIN EN 1997-1, DIN EN 1997-1/ NA und DIN 1054 bilden nun das verbindliche Regelwerk für geotechnische Nachweise und werden im Handbuch Eurocode 7 Teil 1 (2011) zusammengefasst.

Wie bereits in der 4. Auflage mit der Anpassung an DIN 1054 (2003, 2008) erfolgt, wurde in der 5. Auflage durch die Berücksichtigung des Handbuches Eurocode 7 (2011) eine grundlegende Neubearbeitung fast aller Abschnitte der vorangegangenen Auflage erforderlich.

Als Vergleich wird das Nachweisverfahren DIN 1054 (Jan. 2003, Dez. 2008) informativ berücksichtigt. Dadurch ist bei den hier behandelten Themen ein Vergleich der alten und der neuen Nachweisführung möglich.

An vielen Stellen wurden Verbesserungen vorgenommen. Diese gehen zum Teil auf Zuschriften unserer Leser zurück, für die ich mich auch im Namen meiner Kollegen Dörken und Dehne an dieser Stelle recht herzlich bedanken möchte. Weitere Beispiele, Fragen, Aufgaben und Lösungen sind hinzugekommen.

Wir danken dem Verlag Wolters Kluwer Deutschland für die gute Zusammenarbeit und meinem Sohn Johannes Kliesch für die Überarbeitung und teilweisen Erstellung der Zeichnungen sowie für die Mitarbeit bei der Erstellung der Anhänge.
Ein geringer Teil der überarbeiteten Zeichnungen wurde durch mich mit Hilfe des CAD-Programms Mini-CAD, Version 7 der Software-Firma GGU GmbH, Braunschweig erstellt. Dieses Programm wurde mir freundlicherweise von der Firma Civil-Serve GmbH, Steinfeld zur Verfügung gestellt.
Für die tatkräftige Unterstützung mit Rat und Tat sowie ihr Verständnis danke ich meiner Frau Patricia Kliesch.
Meinen Mitautoren danke ich vielmals für die gute Zusammenarbeit bei dieser Neuauflage.

Wir sind für Anregungen, Verbesserungs- und Korrekturvorschläge unserer Leser sehr dankbar. Wie schon im Vorwort der ersten Auflage weisen wir darauf hin, dass wir den Inhalt dieser Veröffentlichung mit großer Sorgfalt geprüft haben, möchten aber um Verständnis dafür bitten, dass aus den Angaben, Abbildungen und Beschreibungen usw. keine juristischen Ansprüche hergeleitet werden können. Wir können auch keine Verantwortung für Irrtümer oder für Informationen über Berechnungen und Bauverfahren übernehmen, die sich als irreführend erweisen. Dies gilt selbstverständlich auch für die früher erschienen Teile dieser Buchreihe.

Frankfurt am Main, Juli 2012
Prof. Dr.-Ing. Kurt Kliesch

Vorwort zur 1. Auflage (Auszug)

Die erfreulich vielen positiven Kritiken und Ermunterungen nach dem Erscheinen von Teil 1 haben uns ermutigt, in gleicher Form Teil 2 von "Grundbau in Beispielen" vorzulegen.

Wie bereits im Vorwort von Teil 1 gesagt, vertreten wir seit den 60er Jahren die Fachgebiete Bodenmechanik, Erd- und Grundbau an der Fachhochschule Frankfurt am Main und deren Vorgängerschulen. Daneben stehen wir als Gutachter mit der Bauwirtschaft, mit Behörden und Gerichten in Verbindung.

Aufgrund dieser Tätigkeiten sind wir ständig damit beschäftigt, aus der Fülle des sich schnell erweiternden Wissensstoffs unserer Fachgebiete den Teil herauszufiltern, der für unser Lehrangebot und unsere praktische Tätigkeit am wichtigsten ist.

Vor allem aber waren wir stets auf der Suche nach praxisbezogenen Beispielen, nach Aufgaben und Anwendungen, nach Fragen und Antworten zur Veranschaulichung des Lehrstoffs und für Klausuren, Übungen und Diplomarbeiten, aber auch als Grundlage für unsere Beratungen und grundbaustatischen Berechnungen für die Praxis. Denn wir stellten immer wieder fest, daß nur die durch Beispiele untermauerten Erfahrungen wirksam weitergegeben werden können. ("Ein gutes Beispiel ist besser als die beste Predigt.")

In der unübersehbaren Fülle von Literatur und in den vorhandenen Lehrbüchern fanden wir nur eine sehr begrenzte Zahl von Beispielen, die schon nach wenigen Klausuren und Übungen "verbraucht" waren. Der Wunsch nach weiteren Berechnungsvorlagen wurde immer wieder an uns herangetragen. Daher haben wir uns vorgenommen, die wichtigsten Beispiele aus unserer inzwischen umfangreichen Sammlung in einer Buchreihe zu veröffentlichen.

Auch der vorliegende 2. Teil der Beispielsammlung, der sich mit den wichtigsten grundbaustatischen Berechnungsverfahren befasst, kann kein Lehrbuch im üblichen Sinne sein: Um möglichst viele Beispiele, Kontrollfragen, Lückentexte und Aufgaben zu bringen, musste der erläuternde Text ziemlich knapp gehalten bleiben und konnte auch nicht überall didaktisch folgerichtig aufgebaut werden. Die Erarbeitung zusätzlicher Literatur, vor allem der wichtigsten Grundbaunormen, ist daher für den Leser notwendig. Ein Anspruch auf Vollständigkeit besteht nicht: Teilgebiete des Grundbaus, die nur wenige Rechenbeispiele enthalten können, wurden stark gekürzt oder mussten ganz entfallen.

Zur besseren Übersicht wurden im fortlaufenden Text nur Beispiele geringeren Umfangs aufgenommen. Größere zusammenhängende, evtl. abschnittsübergreifende Beispiele wurden jeweils in einem besonderen Abschnitt "Weitere Beispiele" gebracht.

Am Ende eines jeden Abschnitts kann der Kenntnisstand mit Hilfe von "Kontrollfragen" überprüft werden. Diese Fragen sollen das Verständnis für Zusammenhänge fördern und dazu anregen, ein ständig parates Grundwissen zu erwerben. Sie sollen nicht dazu verleiten, stereotype Antworten auswendig zu lernen. Ein Abschnitt "Aufgaben" enthält Fragen, die sich nicht direkt mit Hilfe des Textes beantworten lassen. Die zugehörigen "Lösungen" sind am Ende des Buchs zu finden.

Unser Plan, bereits jetzt umfassend das Neue Sicherheitskonzept in der Geotechnik vorzustellen und durch Beispiele zu erläutern, konnte wegen großer Verzögerungen bei der Veröffentlichung der DIN 1054, T. 100 zunächst nur ansatzweise verwirklicht werden.

Frankfurt, Mai 1995
Prof. Dr.-Ing. Wolfram Dörken, Prof. Dipl.-Ing. Erhard Dehne

Benutzerhinweise

□ bedeutet: „Box“, eingerahmter Bereich für Abbildungen, Tabellen, Beispiele

⇒ bedeutet: weitere Einzelheiten siehe z.B.

Inhaltsverzeichnis

1 Grundlagen der geotechnischen Bemessung

1.1 Begriffe

Das Nachweiskonzept wird im Handbuch Eurocode 7, Band 1 (2011) geregelt. Das Handbuch fasst die Festlegungen der DIN EN 1997-1 (2009), des Nationalen Anhangs DIN EN 1997-1/ NA (2010) und der Ergänzenden Regelungen in der Neufassung der DIN 1054 (2010) zusammen. Damit werden die bisher gültigen Regeln der DIN 1054 (2003, 2008) außer Kraft gesetzt.

Folgende Begriffe sind bei der Anwendung des Nachweiskonzepts wichtig:

Nennwert Wert, der unmittelbar als Bemessungswert und nicht über Teilsicherheitsbeiwerte oder sonstige Sicherheitselemente festgelegt wird (z. B. Bemessungsquerschnitt, □ 1.01).

Charakteristischer Wert Wert einer Einwirkung oder eines Widerstands, der mit dem Index „*k*" gekennzeichnet wird (□ 1.01). Er soll im Bezugszeitraum unter Berücksichtigung der Nutzungsdauer des Bauwerks und der entsprechenden Bemessungssituation mit einer vorgegebenen Wahrscheinlichkeit nicht über- oder unterschritten werden.

□ 1.01: Beispiele: Begriffe

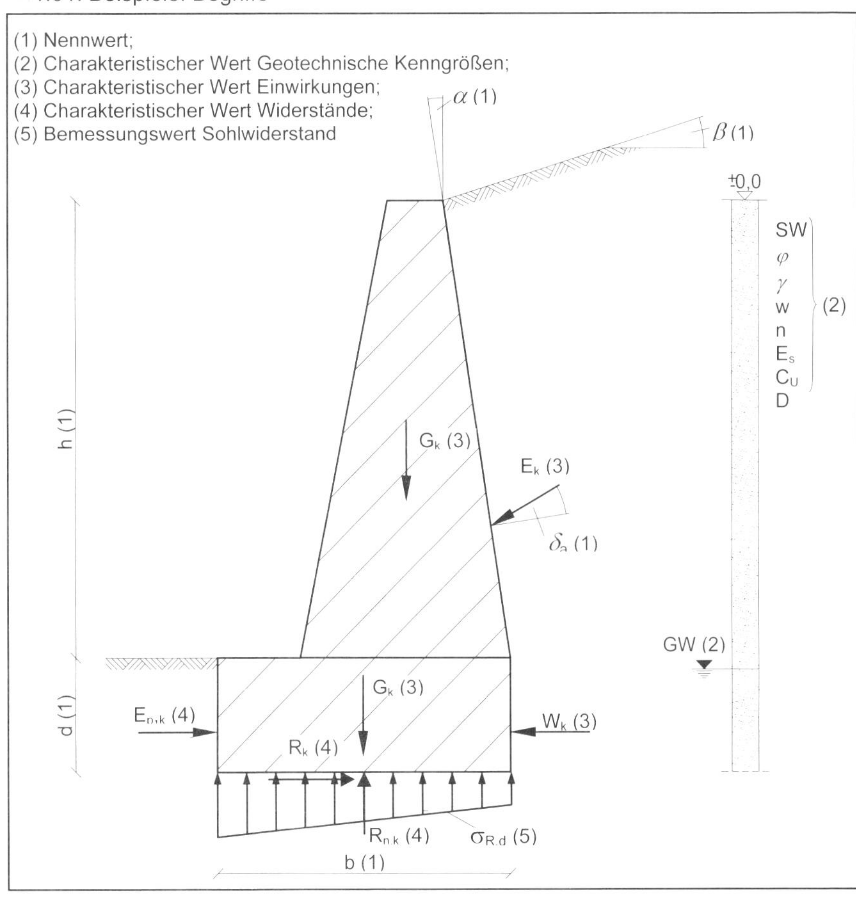

Anmerkung: Der charakteristische Wert ist - nach Handbuch Eurocode 7, Band 1 (2011) - der wichtigste repräsentative Wert für Einwirkungen. Für veränderliche Einwirkungen werden in dieser Norm folgende zusätzliche repräsentative Werte definiert: Kombinationswert, nicht-häufiger Wert, häufiger Wert, quasiständiger Wert.
In dieser Norm wird die Schreibweise „charakteristischer Wert einer Größe" nur bei Einwirkungen und Widerständen verwendet, bei denen die o. a. Definition uneingeschränkt gilt. Dagegen wird die vereinfachte Schreibweise „charakteristische Größe" für alle abgeleiteten Größen verwendet. Diese sind entweder das Ergebnis einer statischen Berechnung mit charakteristischen bzw. repräsentativen Eingangswerten der Einwirkungen bzw. charakteristischen Eingangswerten der Widerstände oder Ergebnis einer Korrelation mit charakteristischen Werten der Bodenkenngrößen.

Beanspruchung Sie kommt zustande durch die gleichzeitig zu betrachtenden Einwirkungen bzw. einer Kombination von Einwirkungen auf ein Tragwerk oder auf seine Teile oder auf den betrachteten Ort (z. B. den Querschnitt) eines Tragwerks.

Einwirkung Kraft- oder Verformungsgröße, die auf das Tragwerk oder auf den Baugrund einwirkt (□ 1.01). Die verschiedenen Formen der Einwirkungen sind in DIN EN 1990 (2010) und DIN EN 1990/NA (2010) definiert, die Werte aus DIN EN 1991 (2010) und DIN EN 1991-1-1/NA (2010) zu entnehmen.

Einwirkungskombination Gleichzeitig auftretende Einwirkungen, die für den betrachteten Nachweis zu berücksichtigen sind.

Widerstand Schnittgröße bzw. Spannung im oder am Tragwerk oder im Baugrund, die eine Folge der Festigkeit bzw. der Steifigkeit der Baustoffe oder des Baugrunds ist (□ 1.01).

Teilsicherheitsbeiwert Beiwert, mit dem der Bemessungswert von Einwirkungen, von Beanspruchungen oder von Tragwiderständen aus den repräsentativen bzw. charakteristischen Werten bestimmt wird.

Bemessungswert Wert einer Einwirkung, einer Beanspruchung oder eines Widerstands, der durch den Index „*d*" gekennzeichnet und dem Nachweis eines Grenzzustands zugrunde gelegt wird.

Bemessungswert der Beanspruchung: Er ergibt sich durch Multiplikation mit dem Teilsicherheitsbeiwert aus Tabelle 2 (□ 1.02).

Bemessungswert des Widerstands: Er ergibt sich durch Division durch den Teilsicherheitsbeiwert aus Tabelle 3 (□ 1.03).

Grenzzustände **Grenzzustandsbedingung**
In dieser werden Bemessungswerte in Form einer Ungleichung zum Nachweis eines Grenzzustands gegenübergestellt.

Anmerkung: Die Grenzzustandsbedingung ist dann erfüllt, bzw. der Nachweis der Sicherheit gegen Eintritt eines Grenzzustands ist dann erbracht, wenn die Summe der Bemessungswerte der maßgebenden Einwirkungen bzw. Beanspruchungen kleiner ist als die Bemessungswerte der maßgebenden Widerstände. Sie dürfen höchstens gleich groß sein.

ULS **Grenzzustand der Tragfähigkeit (ULS)**
Versagen des Bauwerks durch Verlust der Tragfähigkeit: englisch. Ultimate Limit State. ULS ist der Oberbegriff für die nachfolgend in der Bemessung unterschiedenen Grenzzustände EQU, UPL, HYD und GEO.

EQU **Grenzzustand des Verlusts der Lagesicherheit (EQU)**
Versagen des Bauwerks durch Verlust des Gleichgewichts ohne Bruch, z. B. durch Aufschwimmen oder durch hydraulischen Grundbruch.

UPL **Grenzzustand des Verlusts der Lagesicherheit (UPL: Aufschwimmen)**
Versagen des Bauwerks durch Verlust des Gleichgewichts ohne Bruch, z. B. durch Aufschwimmen oder anderer vertikaler Einwirkungen.
Handbuch Eurocode 7, Band 1 (2011)

HYD **Grenzzustand des Verlusts der Lagesicherheit (HYD: Hydraulischer Grundbruch)**
Versagen des Bauwerks durch Verlust des Gleichgewichts ohne Bruch, z. B. durch hydraulischen Grundbruch, innere Erosion und Piping im Boden.

STR **Grenzzustand des (inneren) Versagens von Bauwerken und Bauteilen**
Inneres Versagen oder sehr große Verformungen von Bauteilen bzw. eines Bauwerks durch Festigkeitsverlust der Baustoffe.

GEO **Grenzzustand des Versagens des Baugrunds**
Versagen oder sehr große Verformung des stützenden Baugrunds, z. B. durch Grundbruch, Gleiten oder durch Versagen des Erdwiderlagers.

GEO-2 **Grenzzustand des Versagens des Baugrunds: Nachweisverfahren 2**
Nachweisverfahren 2: siehe Abschnitt 1.8.4; das Nachweisverfahren 2 wird bei Flächengründungen z.B. bei Versagen durch Grundbruch und Gleiten und bei Ermittlung des Erdwiderstands angewandt. Ansonsten wird es z.B. zur Ermittlung des Herausziehwiderstandes von Ankern und von Pfahlwiderständen umgesetzt (siehe Dörken/ Dehne/ Kliesch, Teil 3).

GEO-3 **Grenzzustand des Versagens des Baugrunds: Nachweisverfahren 3**
Nachweisverfahren 3: siehe Abschnitt 1.8.4; das Nachweisverfahren 3 wird bei Versagen durch Böschungsbruch oder Geländebruch, ggf. einschließlich der auf oder in ihm stehenden Bauwerke, durch Bruch im Boden oder Fels, ggf. auch zusätzlich durch Bruch in mittragenden Bauteilen (siehe Dörken / Dehne/ Kliesch, Teil 3) angewandt.

Anmerkung: nach Handbuch Eurocode 7, Band 1 (2011): DIN 1997-1/ NA wird das Nachweisverfahren 1 GEO-1 nicht angewandt.

SLS **Grenzzustand der Gebrauchstauglichkeit (SLS)**
Zustand des Tragwerks, bei dessen Überschreitung die für die Nutzung festgelegten Bedingungen nicht mehr erfüllt sind. Englisch: Serviceability Limit State.

Anmerkung: Dabei wird unterschieden zwischen einem umkehrbaren Grenzzustand, bei dem keine bleibende Überschreitung des Grenzzustands nach Entfernen der maßgebenden Einwirkung eintritt und einem nicht umkehrbaren Grenzzustand, bei dem eine bleibende Überschreitung des Grenzzustands nach dem Entfernen der maßgebenden Einwirkung erfolgt.

Bemessungssituation BS Bei einer Bemessungssituation werden Einwirkungen, ihre Kombination, Anordnungen, Verformungen und Imperfektionen festgelegt, die untereinander verträglich und bei einem bestimmten Nachweis gleichzeitig zu berücksichtigen sind.

Sicherheitsbegriff Bei der Formulierung des Handbuches Eurocode 7, Band 1 (2011) wurde von der ursprünglichen Absicht, einen Sicherheitsbegriff auf probabilistischer Grundlage einzuführen, erheblich abgewichen. Verschiedene Teilsicherheitsbeiwerte wurden so lange verändert, bis das Ergebnis der Einzelnachweise dem ehemaligen Berechnungskonzept (Globalsicherheitskonzept) entsprach.

Sohldruckbeanspruchung (Bemessungswert der Sohl-) Druckspannung in der Gründungssohle aus der ungünstigsten Kombination der Einwirkungen (Kräfte und Momente).

Sohlwiderstand (Bemessungswert der Sohl-) Druckspannung in der Gründungssohle aus den Widerständen des Baugrunds.

Tragwerk Anordnung von tragenden und aussteifenden Bauteilen, die miteinander so verbundener sind, dass sie ein bestimmtes Maß an Tragwiderstand aufweisen (z. B. Fundamente, Stützen, Riegel, Decken, Trennwände).

1.2 Allgemeine Regeln für Sicherheitsnachweise

Nach Handbuch Eurocode 7, Band 1 (2011): DIN EN 1997-1, Abschnitt 2 sind bei Sicherheitsnachweisen folgende allgemeine Regeln zu beachten:

a) Vor allem ist nachzuweisen, dass die Grenzzustände der Tragfähigkeit (ULS) und der Gebrauchstauglichkeit (SLS) (siehe Abschnitte 1.4 und 1.5) mit hinreichender Wahrscheinlichkeit ausgeschlossen sind. Die Nachweise sind nach Punkt b) des vorliegenden Abschnitts zu erbringen, wenn nicht die unter Punkt c) des vorliegenden Abschnitts genannten Möglichkeiten angewendet werden.

b) Der Sicherheitsnachweis ist dann rechnerisch erbracht, wenn die Grenzzustandsbedingungen eingehalten werden. Hierbei sind die jeweils ungünstigsten Mechanismen, Kombinationen und hydraulischen Bedingungen zu untersuchen und die Gleichgewichtsbedingungen einzuhalten. Wenn ein unterer und ein oberer charakteristischer Wert vorliegen, ist der ungünstigere in der Berechnung zu verwenden.

c) In einfachen Fällen, insbesondere bei Flachgründungen nach Abschnitt 4.6 und bei Böschungen sowie beim Verbau von Baugruben und Gräben nach DIN 4124, dürfen Tabellenwerte verwendet werden. In schwierigen Fällen kann die Beobachtungsmethode nach Abschnitt 1.6 zweckmäßig sein.

d) Zufällige Abweichungen von streuenden Einwirkungen, von Beanspruchungen infolge von Einwirkungen (z. B. Schnittgrößen, Spannungen und Dehnungen) und von Widerständen sind durch Teilsicherheitsbeiwerte und sonstige Sicherheitselemente (z. B. Bemessungswasserstände) zu erfassen, um das geforderte Sicherheitsniveau zu erreichen.

e) Für die Einhaltung der Regeln für Sicherheitsnachweise hat ein Sachverständiger für Geotechnik bzw. ein Fachplaner der Geotechnik zu sorgen. ⇒ siehe Handbuch Eurocode 7 (2011), Abschnitt 1.3.

1.3 Geotechnische Kategorien

Nach Handbuch Eurocode 7, Band 1 (2011): DIN 1054 (2010), Abschnitt 2.1 richten sich die Mindestanforderungen an Umfang und Qualität geotechnischer Untersuchungen, Berechnungen und Überwachungsmaßnahmen nach den drei Geotechnischen Kategorien (GK), siehe auch Handbuch Eurocode 7, Band 2 (2011): DIN 4020 (2010).

Die Einordnung in diese Kategorien wird zu Beginn der Planung vorgenommen, kann durch spätere Befunde revidiert werden und gilt nicht unbedingt für die gesamte Baumaßnahme.

GK 1

Geotechnische Kategorie GK 1: Baumaßnahmen mit geringem Schwierigkeitsgrad hinsichtlich Standsicherheit und Gebrauchstauglichkeit. Im Zweifelsfall sollte ein Sachverständiger für Geotechnik hinzugezogen werden.

Voraussetzung: setzungsarmer und tragfähiger Baugrund; nahezu waagerechtes Gelände; Grundwasser unterhalb der Baugruben- und Gründungssohle.
Beispiele sind Einfamilienhäuser, eingeschossige Hallen und Garagen, wenn kein Nachweis in Hinblick auf Erdbeben erforderlich sind, und wenn die Standsicherheit von z.B. Nachbargebäuden, Verkehrswegen und Leitungen nicht durch die Bauarbeiten beeinträchtigt wird.

GK 2

Geotechnische Kategorie GK2: Baumaßnahmen mit normalem Schwierigkeitsgrad. Durch einen Sachverständigen für Geotechnik ist ein geotechnischer Bericht nach Handbuch Eurocode 7, Band 2 (2011): DIN 4020 (2010) auf der Grundlage von routinemäßigen Baugrunduntersuchungen im Feld und Labor zu erstellen. GK 2 erfordert einen ingenieurmäßige Bearbeitung und einen rechnerischen Nachweis.

Voraussetzung: durchschnittliche Baugrundverhältnisse zwischen GK 1 und GK 3; kein schädlicher Einfluss durch dichte oder steife Baugrubenumschließung; Grundwasser höher als Baugruben- und Gründungssohle; Wasserhaltung mit üblichen Maßnahmen beherrschbar;

Beispiele hierzu sind Flächenfundamente (Streifen –und Einzelfundamente), Gründungsplatten, Pfahlgründungen, Stützwände, Baugruben, Brückenpfeiler und Widerlager, Aufschüttungen, Erdarbeiten, Baugrundanker, andere Verankerungen, Tunnel in hartem, ungeklüftetem Gestein.

GK 3

Geotechnische Kategorie GK 3: Baumaßnahmen mit hohem Schwierigkeitsgrad bzw. Baumaßnahmen, die nicht in die Geotechnischen Kategorien GK 1 oder GK 2 eingeordnet werden können. Ein Sachverständiger für Geotechnik hat mitzuwirken. Bauwerke oder Baumaßnahmen, bei denen die Beobachtungsmethode angewendet werden soll, sind in die Geotechnische Kategorie GK 3 einzustufen, wenn keine begründeten Ausnahmen vorliegen.

⇒ Merkmale und Beispiele, Handbuch Eurocode 7, Band 1 (2011): DIN 1054 (2010), dort Anhang AA.
⇒ Handbuch Eurocode 7, Band 1 (2011): DIN 1054, Abschnitt 2.1 und Handbuch Eurocode 7, Band 2 (2011): DIN 4020 (2010).

1.4 Grenzzustände der Tragfähigkeit (ULS)

1.4.1 Grenzzustand EQU, UPL und HYD: Verlust der Lagesicherheit

Bei den erforderlichen Nachweisen der praktischen Problemfälle

EQU: Sicherheit gegen Verlust der Lagesicherheit des als starr angesehenen Bauwerks oder Baugrunds („Kippen"); Englisch: Equilibrium
UPL: Sicherheit gegen Aufschwimmen, Sicherheit gegen Abheben; Englisch: Uplift
HYD: Sicherheit gegen hydraulischen Grundbruch; Englisch: Hydraulic

werden nach Handbuch Eurocode 7, Band 1 (2011): DIN EN 1997-1, Abschnitt 2.4.7 die Bemessungswerte von günstigen und ungünstigen Einwirkungen in den Grenzzustandsbedingungen einander gegenübergestellt. Widerstände treten in den Grenzzuständen EQU, UPL, HYD nicht auf.

Zum Nachweis der Sicherheit gegen „Kippen" siehe zusätzlich Abschnitt 2.

1.4.2 Grenzzustand GEO-2: Versagen von Bauwerken und Bauteilen

Hier gilt nach Handbuch Eurocode 7, Band 1 (2011), Abschnitt 2.4.7:

a) Beim erforderlichen Nachweis ausreichender Abmessungen von Bauwerken und Bauteilen (praktische Problemfälle z. B. Gleiten, Grundbruch) werden die Bemessungswerte der Beanspruchungen den Bemessungswerten der Widerstände in den Grenzzustandsbedingungen gegenübergestellt, und zwar unabhängig davon, ob sich der Grenzzustand der Tragfähigkeit im Bauwerk oder im Baugrund einstellt.

b) Bei der Bemessung eines Bauwerks oder einzelner Bauteile wird im Grenzzustand GEO-2 im Allgemeinen wie folgt vorgegangen:

1. Bauwerk entwerfen und statisches System festlegen.

2. Charakteristische Werte $F_{k,i}$ der Einwirkungen ermitteln, z. B. aus Eigengewicht, Erddruck, Wasserdruck oder Verkehr, ggf. charakteristische Werten oder andere repräsentative Werte der Gründungslasten nach Abschnitt 1.8.1.1 vorgeben.

   Anmerkung: Nach Handbuch Eurocode 7, Band 1 (2011) gelten die in den Technischen Baubestimmungen DIN EN 1991 (2010) und DIN EN 1991-1-1/NA (2010) geregelten Lastannahmen und die Erddruckwerte nach DIN 4085: 2007/ 2008 als charakteristische Werte der Einwirkungen.

3. Charakteristische Beanspruchungen $E_{k,i}$ in Form von Schnittgrößen (z. B. Querkräfte, Auflagerkräfte, Biegemomente) oder Spannungen (z. B. Normalspannungen, Schubspannungen, Vergleichsspannungen) in maßgebenden Schnitten durch das Bauwerk und in Berührungsflächen zwischen Bauwerk und Baugrund ermitteln, und zwar getrennt nach Ursachen.

   Anmerkung: Die Handbuch Eurocode 7, Band 1 (2011) ermittelten charakteristischen Beanspruchungen für Bauteile aus Holz gelten als Schnittgrößen für die Bemessung nach DIN EN 1995 und DIN EN 1995/NA.

4. Charakteristische Widerstände $R_{k,i}$ des Baugrunds, z. B. Erdwiderstand, Grundbruchwiderstand, Pfahlwiderstand oder Herausziehwiderstand von Ankern, durch Berechnung, Probebelastung oder aufgrund von Erfahrungswerten bestimmen.

5. Bemessungswerte $E_{d,i}$ der Beanspruchungen durch Multiplikation der charakteristischen Beanspruchungen $E_{k,i}$ mit den Teilsicherheitsbeiwerten für Einwirkungen ermitteln.

6. Bemessungswerte $R_{d,i}$ der Widerstände des Baugrunds ermitteln durch Division der charakteristischen Widerstände $R_{k,i}$ durch die Teilsicherheitsbeiwerte für Bodenwiderstände sowie die Bemessungswiderstände $R_{d,i}$ der Bauteile bestimmen, z. B. widerstehende Druck-, Zug-, Querkräfte, Biegemomente oder Spannungen, und zwar nach den Regeln der jeweiligen Bauartnormen (insbesondere nach DIN EN 1992, 1993 und 1995 und entsprechende Nationale Anhänge).

   Anmerkung: Die nach Handbuch Eurocode 7, Band 1 (2011) ermittelten charakteristischen Beanspruchungen für Bauteile aus Holz gelten als Schnittgrößen für die Bemessung nach DIN EN 1995 und DIN EN 1995/NA.

7. Die Grenzzustandsbedingung

$$\sum E_{\mathrm{d,i}} \leq \sum R_{\mathrm{d,i}} \tag{1.01}$$

mit den Bemessungswerten $E_{\mathrm{d,i}}$ der Beanspruchungen und den Bemessungswiderständen $R_{\mathrm{d,i}}$. nachweisen.

1.4.3 Grenzzustand GEO-3: Verlust der Gesamtstandsicherheit

Beim erforderlichen Nachweis der Gesamtstandsicherheit (praktische Problemfälle zum Beispiel: Böschungsbruch, Geländebruch (siehe Dörken/ Dehne/ Kliesch Teil 3) werden nach Handbuch Eurocode 7, Band 1 (2011), Abschnitte 2.4.7 und 11 die Grenzzustandsbedingungen mit Bemessungseinwirkungen, Bemessungswerten für die Scherfestigkeit und ggf. Bemessungswiderständen von mittragenden Bauteilen aufgestellt. Der Grenzzustand tritt immer im Baugrund ein, u. U. auch zusätzlich in mittragenden Bauteilen (siehe Abschnitt 12 der Handbuch Eurocode 7, Band 1 (2011)).

Anmerkung: Zur Duktilität des Gesamtsystems und zu Varianten der Nachweisführung siehe Handbuch Eurocode 7, Band 1 (2011), Abschnitte 2.4.7 und 11.

1.5 Grenzzustände der Gebrauchstauglichkeit (SLS)

Nach Handbuch Eurocode 7, Band 1 (2011), Abschnitt 6.6 gilt für diese Grenzzustände:

a) Sie beziehen sich im Regelfall auf einzuhaltende Verformungen bzw. Verschiebungen. Im Einzelfall können auch weitere Kriterien maßgebend sein, siehe DIN EN 1991 (2010) und DIN EN 1991-1-1/ NA (2010).

b) Sie sind mit charakteristischen Werten der Einwirkungen zu führen (Tabelle □ 1.03). Dabei sind Größe, Dauer und Häufigkeit der Einwirkungen zu berücksichtigen.

⇒ Handbuch Eurocode 7, Band 1 (2011), Abschnitt 6.6.

1.6 Beobachtungsmethode

Nach Handbuch Eurocode 7, Band 1 (2011), Abschnitt 2.7 werden bei der Beobachtungsmethode die üblichen geotechnischen Untersuchungen und Berechnungen (Prognosen) mit ständigen messtechnischen Kontrollen von Bauwerk und Baugrund verbunden, und zwar während der Bauphase und u. U. auch bei der späteren Nutzung.

Sie sollte dann angewendet werden, wenn das Baugrundverhalten aufgrund von vorab durchgeführten Baugrunduntersuchungen und von rechnerischen Nachweisen allein nicht mit ausreichender Zuverlässigkeit vorhergesagt werden kann. ⇒ Handbuch Eurocode 7, Band 1 (2011), Abschnitt 2.7.

1.7 Baugrund

a) In Dörken / Dehne/ Kliesch: Grundbau in Beispielen, Teil 1, Abschnitte 1 bis 4 sind Geotechnische Untersuchungen sowie die Arten des Baugrunds entsprechend Handbuch Eurocode 7, Band 2 (2011): DIN 4020 (2010) bis DIN 4023 sowie seine Klassifikation nach DIN 18 196 ausführlich beschrieben worden. ⇒ Handbuch Eurocode 7, Band 1 (2011), Abschnitt 3.

b) Charakteristische Werte von Bodenkenngrößen nach Handbuch Eurocode 7, Band 2 (2011): DIN 4020 (2010) sind auf der Grundlage von Bodenaufschlüssen nach DIN 4021, von Labor- und Feldversuchen sowie aufgrund weiterer Informationen für jede angetroffene Bodenart so festzulegen, dass die Ergebnisse der damit durchgeführten Berechnungen auf der sicheren Seite liegen. ⇒ Handbuch Eurocode 7, Band 1 (2011), Abschnitt 3.

1.8 Einwirkungen, Beanspruchungen und Widerstände

1.8.1 Einwirkungen und Beanspruchungen

Beim Nachweis der Sicherheit gegen Aufschwimmen (UPL) und der Sicherheit gegen hydraulischen Grundbruch (HYD), beim Nachweis sicherer Abmessungen von Bauwerken und Bauteilen (GEO-2), beim Nachweis der Gesamtstandsicherheit (GEO-3) und beim Nachweis der Gebrauchstauglichkeit (SLS) wird in Handbuch Eurocode, Band 1 (2011),): DIN 1054 (2010), Abschnitt A 2.4.2.1 unterschieden zwischen

- Einwirkungen in Form von Gründungslasten aus einem aufliegenden Tragwerk
- grundbauspezifischen Einwirkungen und
- dynamischen Einwirkungen.

Diese können auch gleichzeitig auftreten.

1.8.1.1 Gründungslasten

Die Gründungslasten können der statischen Berechnung des aufliegenden Tragwerks entnommen werden. Sie sind für die weitere Berechnung und Bemessung als Schnittgrößen in Höhe der Oberkante der Gründungskonstruktion für jede kritische Einwirkungskombination in den maßgebenden Bemessungssituationen anzugeben, und zwar für den Grenzzustand der Tragfähigkeit (ULS) und der Gebrauchstauglichkeit (SLS).

⇒ Handbuch Eurocode 7, Band 1 (2011): DIN 1054 (2010), Abschnitt A 2.4.2.3.

1.8.1.2 Grundbauspezifische Einwirkungen

Hierbei handelt es sich nach Handbuch Eurocode 7, Band 1 (2011): DIN 1054 (2010), Abschnitt A 2.4.2.1 um

- Eigenlasten der Grundbauwerke
- Erddruck
- Flüssigkeitsdruck

- Seitendruck und negative Mantelreibung
- Veränderliche statische Einwirkungen
- Verformungen des Baugrunds
- Wechselwirkung von Baugrund und Bauwerk
- Weiträumige Verformungen des Baugrunds
- Einfluss der Verwitterung von Fels oder felsähnlichen Böden
- Physikalisch oder chemisch verursachte Volumenänderungen.

⇒ Handbuch Eurocode 7, Band 1 (2011),): DIN 1054 (2010), Abschnitt A 2.4.2.1

1.8.1.3 Dynamische Einwirkungen

Derartige Einwirkungen auf den Baugrund aus Regellasten auf Verkehrsflächen, aus Baubetrieb sowie aus der dynamischen Belastung von Bauwerken nach DIN EN 1997-1-7 dürfen nach Handbuch Eurocode 7, Band 1 (2011): DIN 1054 (2010), Abschnitt A 2.4.2.1 als veränderliche statische Einwirkungen berücksichtigt werden.

Bezüglich Erdbebeneinwirkungen siehe DIN EN 1998-5/NA.

⇒ Handbuch Eurocode 7, Band 1 (2011), Abschnitt 2.4.2

1.8.1.4 Charakteristische Beanspruchungen

Beim Ansatz der Grenzzustandsbedingung für den Grenzzustand G werden nach Abschnitt 1.4.2 die Bemessungswerte der Beanspruchung benötigt.

⇒ Handbuch Eurocode 7, Band 1 (2011), Abschnitt 2.4.7

1.8.2 Widerstände von Boden und Fels

1.8.2.1 Scherfestigkeit

Als charakteristische Werte der Scherfestigkeit dürfen nach Handbuch Eurocode 7, Band 1 (2011), Abschnitte 2.4.5 und 3.3.6 die vorsichtigen Schätzwerte des Mittelwerts nach Abschnitt 1.7 b) angesetzt werden, wenn keine oberen oder unteren charakteristische Werte nach Handbuch Eurocode 7, Band 1 (2011), Abschnitt 2.4.5.2 (8) in die Berechnung eingeführt werden. ⇒ Handbuch Eurocode 7, Band 1 (2011), Abschnitt 3.3.6.

1.8.2.2 Steifigkeit

Nach Handbuch Eurocode 7, Band 1 (2011), Abschnitte 2.4.5.2 und 3.3.7 darf die Steifigkeit von Boden und Fels in den Grenzzuständen GZ1B und GZ 2 durch charakteristische Werte in Form von vorsichtigen Schätzwerten der Mittelwerte von Steifigkeitsparametern bzw. durch obere und untere charakteristische Werte von Steifigkeitsparametern nach Abschnitt 1.7 b) erfasst werden. ⇒ Handbuch Eurocode 7, Band 1 (2011), Abschnitt 3.3.7.

1.8.2.3 Sohlwiderstände

Bei Sohlwiderständen handelt es sich nach Handbuch Eurocode 7, Band 1 (2011), Abschnitt 1.5.2.7 um die größtmöglichen Bodenreaktionen, die sich unter Gründungskörpern einstellen, wenn die Scherfestigkeit des Bodens bzw. der Sohlreibungswinkel zwischen Bauwerk und Boden bis zum Bruchzustand des Bodens ausgeschöpft ist. Das betrifft vor allem den Gleitwiderstand nach Abschnitt 6.5.2 und den Grundbruchwiderstand nach Abschnitt 6.5.3.

Die Nachweise für die Grenzzustände (GEO-2) Grundbruch und Gleiten sowie der Gebrauchstauglichkeit (SLS: Nachweis der Setzungen) dürfen in bestimmten Fällen (Regelfälle nach Handbuch Eurocode 7, Band 1: DIN 1054, Abschnitt A 6.10) durch die Verwendung von Erfahrungswerten für den Bemessungswert des Sohlwiderstands ersetzt werden.

1.8.2.4 Erdwiderstand (passiver Erddruck)

Der voll mobilisierte charakteristische Erdwiderstand ergibt sich nach Handbuch Eurocode 7, Band 1 (2011): DIN 1054 (2010), Abschnitt A 9.5.6 aus den charakteristischen Werten des Reibungswinkels, der Kohäsion und des Winkels δ_p zwischen der Erdwiderstandskraft und der Normalen zur Wand. Hierbei sind die Nennwerte von Geländeneigung und Wandneigung zu berücksichtigen.

Der Winkel δ_p stellt sich ohne Relativbewegung zwischen Wand und Boden zu $\delta_p = 0$ ein. Mit zunehmender Relativbewegung steigt er auf einen positiven oder negativen Höchstwert an, der bei ausreichender Rauigkeit der Wand die Größe des charakteristischen Werts φ'_k des Reibungswinkels erreichen kann. Eine günstig wirkende Vertikalkomponente der Erdwiderstandskraft darf jedoch nicht größer angesetzt werden als es der Nachweis $\sum V = 0$ zulässt (siehe Abschnitt 7).

$\Rightarrow$ Handbuch Eurocode 7, Band 1 (2011), Abschnitt A 9.5.6.

1.8.3 Bemessungssituationen bei geotechnischen Bauwerken

1.8.3.1 Einwirkungskombinationen

Nach Handbuch Eurocode 7, Band 1 (2011), Abschnitt A 2.4.2 sind Einwirkungskombinationen Zusammenstellungen von Einwirkungen (nach Ursache, Größe, Richtung und Häufigkeit), die an den Grenzzuständen des Bauwerks beteiligt und gleichzeitig möglich sind.

1.8.3.2 Bemessungssituationen

Nach Handbuch Eurocode 7, Band 1 (2011), Abschnitt 2.2 ergeben sich die Bemessungssituationen (BS) werden folgende Bemessungssituationen unterschieden:

BS-P **Bemessungssituation BS-P (Persistant):** Sie entspricht der „**ständigen** Bemessungssituation" nach DIN EN 1990 (2010), die die üblichen Nutzungsbedingungen des Tragwerks wiedergeben.
Die Bemessungssituation BS-P ist, abgesehen von Bauzuständen, maßgebend für alle ständigen und vorübergehenden Bemessungssituationen des aufliegenden Tragwerks.

BS-T **Bemessungssituation BS-T (Transient):** Sie entspricht der „**vorübergehenden** Bemessungssituation" nach DIN EN 1990 (2010).

Die Bemessungssituation BS-T ist maßgebend für vorübergehende Beanspruchungen in Bauzuständen des aufliegenden Tragwerks.

BS-A

Bemessungssituation BS-A (Accidental): Sie entspricht der „**außergewöhnlichen** Bemessungssituation" nach DIN EN 1990 (2010).

Der Bemessungssituation BS-A ist maßgebend für außergewöhnliche Bemessungssituationen des aufliegenden Tragwerks, soweit sich diese ungünstig auf die Gründung auswirken wie z.B. Anprall, Explosion, extremes Hochwasser oder Ankerausfall.

BS-E

Bemessungssituation BS-E (Erdbeben; Earthquake): Sie entspricht der „Bemessungssituation infolge **Erdbeben**" nach DIN EN 1990 (2010).

⇒ Handbuch Eurocode 7, Band 1 (2011), Abschnitt 2.2.

1.8.4 Teilsicherheitsbeiwerte

1.8.4.1 Teilsicherheitsbeiwerte für Einwirkungen und Beanspruchungen

Beim Ansatz der Teilsicherheitsbeiwerte für Einwirkungen (Tabelle □ 1.02) sind nach Handbuch Eurocode 7, Band 1 (2011): DIN1054 (2010), Abschnitt A 2.4.7.6.1 folgende Regeln zu beachten:

a) Beim Nachweis werden die Einwirkungen nach Abschnitt 1.4.2 stets als charakteristische Werte in die Berechnung eingeführt.

Erst bei der Aufstellung der Grenzzustandsbedingung werden die mit den charakteristischen Werten F_k der Einwirkungen ermittelten charakteristischen Beanspruchungen E_k in Form von Schnittgrößen oder Spannungen in Bemessungswerte E_d der Beanspruchungen umgerechnet, und zwar mit Hilfe des Teilsicherheitsbeiwerts γ_f für Einwirkungen:

$$E_d = E_k \cdot \gamma_F \quad \text{bzw.} \quad E_d = \sum E_{k,i} \cdot \gamma_F \qquad (1.02)$$

c) In der Gleichung (1.02) steht der Beiwert γ_F jeweils für die in Tabelle □ 1.02 auf den Einzelfall der Einwirkung bezogenen Teilsicherheitsbeiwerte.

d) Eine Unterscheidung von günstigen und ungünstigen ständigen Einwirkungen ist im Grenzzustand GEO-2 nicht erforderlich.

e) Wenn die charakteristischen Werte in Bemessungswerte umgerechnet werden, ist eine Einwirkung bzw. eine Beanspruchung immer als einheitliches Ganzes zu betrachten. Wird eine Einwirkung bzw. eine Beanspruchung in Komponenten zerlegt, so werden diese jeweils mit den gleichen Teilsicherheitsbeiwerten belegt.

⇒ Handbuch Eurocode 7, Band 1 (2011), Abschnitt 2.4.7.

1.8.4.2 Teilsicherheitsbeiwerte für Widerstände

Beim Ansatz der Teilsicherheitsbeiwerte für Widerstände (Tabelle □ 1.03) sind nach Handbuch Eurocode 7, Band 1 (2011), Abschnitt 2.4.7 folgende Regeln zu beachten:

a) Beim Nachweis der bodenmechanisch bzw. felsmechanisch bedingten Abmessungen und der von der Materialfestigkeit abhängigen Abmessungen von Bauwerken und von Bauteilen (STR und GEO-2) werden - nach Abschnitt 1.4.2 - die charakteristischen Bodenwiderstände bzw. die charakteristischen

1.02: Teilsicherheitsbeiwerte für Einwirkungen und Beanspruchungen sowie für Geotechnische Kenngrößen (aus Handbuch Eurocode 7, Band 1 (2011): DIN1054 (2010), Abschnitte A 2.4.7.6.1 und A 2.4.7.6.2)

Einwirkung	Formelzeichen	Bemessungssituation			
		BS-P	BS-T	BS-A	BS-E
HYD und UPL: Grenzzustand des Versagens (hydraulischer Grundbruch; Aufschwimmen)					
Stabilisierende ständige Einwirkungen	$\gamma_{G,stb}$	0,95	0,95	0,95	
Destabilisierende ständige Einwirkungen	$\gamma_{G,dst}$	1,05	1,05	1,00	
Destabilisierende veränderliche Einwirkungen	$\gamma_{Q,dst}$	1,50	1,30	1,00	1,00
Strömungskraft bei günstigem Untergrund	γ_H	1,35	1,30	1,20	
Strömungskraft bei ungünstigem Untergrund	γ_H	1,80	1,60	1,35	
Reibungswert $\tan\varphi'$ des dränierten Bodens und Reibungswert $\tan\varphi_u$ des undränierten Bodens	$\gamma_{\varphi'}$; $\gamma_{\varphi u}$	1,00			
Kohäsion c' des dränierten Bodens und Scherfestigkeit c_u des undränierten Bodens	$\gamma_{c'}$; γ_{cu}	1,00			
EQU: Grenzzustand des Verlustes der Lagesicherheit („Kippen")					
Günstige ständige Einwirkungen	$\gamma_{G,stb}$	0,90	0,90	0,95	
Ungünstige ständige Einwirkungen	$\gamma_{G,dst}$	1,10	1,05	1,00	1,00
Ungünstige veränderliche Einwirkungen	γ_Q	1,50	1,25	1,00	
STR und GEO-2: Grenzzustand des Versagens von Bauwerken, Bauteilen und Baugrund					
Beanspruchungen aus ständigen Einwirkungen allgemein[a]	γ_G	1,35	1,20	1,00	
Beanspruchungen aus ständigen Einwirkungen aus Erdruhedruck	$\gamma_{G,E0}$	1,20	1,10	1,00	1,00
Beanspruchungen aus günstigen ständigen Einwirkungen[b]	$\gamma_{G,inf}$	1,00	1,00	1,00	
Beanspruchungen aus ungünstigen veränderlichen Einwirkungen	γ_Q	1,50	1,30	1,10	
Reibungswert $\tan\varphi'$ des dränierten Bodens und Reibungswert $\tan\varphi_u$ des undränierten Bodens	$\gamma_{\varphi'}$; $\gamma_{\varphi u}$	1,00			
Kohäsion c' des dränierten Bodens und Scherfestigkeit c_u des undränierten Bodens	$\gamma_{c'}$; γ_{cu}	1,00			
GEO-3: Grenzzustand des Versagens durch Verlust der Gesamtstandsicherheit					
Ständige Einwirkungen	γ_G	1,00	1,00	1,00	
Ungünstige veränderliche Einwirkungen	γ_Q	1,30	1,20	1,00	
Reibungswert $\tan\varphi'$ des dränierten Bodens und Reibungswert $\tan\varphi_u$ des undränierten Bodens	$\gamma_{\varphi'}$; $\gamma_{\varphi u}$	1,25	1,15	1,10	1,00
Kohäsion c' des dränierten Bodens und Scherfestigkeit c_u des undränierten Bodens	$\gamma_{c'}$; γ_{cu}	1,25	1,15	1,10	
SLS: Grenzzustand der Gebrauchstauglichkeit					
Ständige Einwirkungen bzw. Beanspruchungen	γ_G	1,00			
veränderliche Einwirkungen bzw. Beanspruchungen	γ_Q	1,00			

[a] einschließlich ständigem und veränderlichem Wasserdruck
[b] nur im Sonderfall nach DIN 1054:2005-01 8.3.4 (2).

Bauteilwiderstände R_k in Bemessungswerte R_d umgerechnet, und zwar mit Hilfe des Teilsicherheitsbeiwerts γ_F für Widerstände:

$$R_d = \frac{R_d}{\gamma_R} \tag{1.03}$$

□1.03: Teilsicherheitsbeiwerte für Widerstände (aus Handbuch Eurocode 7, Band 1 (2011): DIN1054 (2010), Abschnitt A 2.4.7.6.3)

Widerstand	Formelzeichen	Bemessungssituation			
		BS-P	BS-T	BS-A	BS-E
STR und GEO-2: Grenzzustand des Versagens von Bauwerken, Bauteilen und Baugrund					
Bodenwiderstände					
Erdwiderstand und Grundbruchwiderstand	$\gamma_{R,e}$, $\gamma_{R,v}$	1,40	1,30	1,20	1,00
Gleitwiderstand	$\gamma_{R,h}$	1,10	1,10	1,10	
Pfahlwiderstände aus Probebelastungen					
Fußwiderstand	γ_b	1,10	1,10	1,10	1,00
Mantelwiderstand (Druck)	γ_s	1,10	1,10	1,10	
Gesamtwiderstand (Druck)	γ_t	1,10	1,10	1,10	
Mantelwiderstand (Zug)	$\gamma_{s,t}$	1,15	1,15	1,15	
Pfahlwiderstände aus Erfahrungswerten					
Druckpfähle	γ_b, γ_s, γ_t	1,40	1,40	1,40	1,00
Zugpfähle (nur Ausnahmefälle)	$\gamma_{s,t}$	1,50	1,50	1,50	
Herauszieh-Widerstände					
Boden- und Felsnägel	γ_a	1,40	1,30	1,20	1,00
Verpresskörper von Verpressankern	γ_a	1,10	1,10	1,10	
Flexible Bewehrungselemente	γ_a	1,40	1,30	1,20	
Widerstand des Stahlzuggliedes					
Verpressanker	γ_M	1,15	1,15	1,15	1,00
GEO-3: Grenzzustand des Versagens durch Verlust der Gesamtstandsicherheit					
Scherfestigkeit (siehe Tabelle □ 1.02: identisch!)					
Reibungswert tanφ' des dränierten Bodens und Reibungswert $\tan\varphi_u$ des undränierten Bodens	$\gamma_{\varphi'}$; $\gamma_{\varphi u}$	1,25	1,15	1,10	1,00
Kohäsion c' des dränierten Bodens und Scherfestigkeit c_u des undränierten Bodens	$\gamma_{c'}$; γ_{cu}	1,25	1,15	1,10	
Herauszieh-Widerstände (siehe STR und GEO-2: identisch!)					
Boden- und Felsnägel	γ_a	1,40	1,30	1,20	1,00
Verpresskörper von Verpressankern	γ_a	1,10	1,10	1,10	
Flexible Bewehrungselemente	γ_a	1,40	1,30	1,20	

Der Beiwert γ_R steht hier für die in Tabelle □ 1.03 jeweils auf den Einzelfall des Widerstands bezogenen Teilsicherheitsbeiwerte.

Anmerkung: Die Teilsicherheitsbeiwerte γ_p nach Tabelle □ 1.03 sind nicht weiter nach Bemessungssituationen differenziert, weil eine ausreichende Abstufung bereits auf der einwirkenden Seite nach Tabelle □ 1.02 vorgenommen worden ist.

b) Beim Nachweis der Gesamtstandsicherheit (GEO-3) werden die charakteristischen Werte der Scherfestigkeit in Bemessungswerte der Scherfestigkeit umgerechnet, und zwar mit Hilfe der Teilsicherheitsbeiwerte $\gamma_{\varphi'}$ und $\gamma_{c'}$ bzw. γ_{cu} für Widerstände:

$$\tan\varphi'_d = \frac{\tan\varphi'_k}{\gamma_{\varphi'}} \tag{1.04 a}$$

$$c'_d = \frac{c'_k}{\gamma_{c'}} \tag{1.04 b}$$

$$c_{u;d} = \frac{c_{u;k}}{\gamma_{cu}} \tag{1.05 }$$

$\Rightarrow$ Handbuch Eurocode 7, Band 1 (2011), Abschnitt 2.4.7.

1.9 Kontrollfragen

- Globalsicherheitskonzept / Sicherheitskonzept nach DIN 1054 (2003) und nach Handbuch Eurocode 7 (2011)? Unterschiede im Sicherheitsbegriff? Sicherheitsbedingung? Sicherheitsnachweise? Globale Sicherheiten? Teilsicherheiten?
- Nennwert?
- Charakteristischer Wert? Index? Repräsentativer Wert?
- Einwirkungen? Einwirkungskombinationen?
- Einwirkungen in Form von Gründungslasten? Grundbauspezifische Einwirkungen? Dynamische Einwirkungen?
- Beanspruchungen? Ermittlung der charakteristischen Beanspruchungen?
- Widerstände? Widerstände von Boden und Fels?
- Was versteht man unter Sohlwiderständen? Um welche handelt es sich vor allem?
- Was ist beim Ansatz von Erdwiderstand zu beachten?
- Teilsicherheitsbeiwerte? Wozu werden sie verwendet?
- Teilsicherheitswerte für Einwirkungen und Beanspruchungen? Wovon hängt ihre unterschiedliche Größe ab? Praktische Anwendung?
- Teilsicherheitsbeiwerte für Widerstände? Wovon hängt ihre unterschiedliche Größe ab? Praktische Anwendung?
- Wie erhält man den Bemessungswert einer Einwirkung, einer Beanspruchung oder eines Widerstands?
- Grenzzustand? Welche Grenzzustände werden unterschieden? Nachweis der Einhaltung einer Grenzzustandsbedingung?
- Grenzzustand des Verlustes der Lagersicherheit (EQU, UPL, HYD)? Nennen Sie praktische Problemfälle der Sicherheit! Welche Widerstände treten in diesem Grenzzustand auf?
- Grenzzustand des Versagens von Bauwerken und Bauteilen (GEO-2)? Praktische Problemfälle? Wie geht man bei der Bemessung eines Bauwerks oder einzelner Bauteile im GEO-2 vor?
- Grenzzustand des Verlustes der Gesamtstandsicherheit (GEO-3)? Praktische Problemfälle?
- Grenzzustand der Gebrauchstauglichkeit (SLS)? Was ist in diesem Grenzzustand einzuhalten?
- Wie ergeben sich die Bemessungssituationen für den Grenzzustand ULS? BS-P, BS-T, BS-A, BS-E?
- Sohldruck / Sohlspannung/ Sohlwiderstand, Sohldruckbeanspruchung?
- Welche Bauteile können zu einem Tragwerk gehören?
- Nachweise in „einfachen Fällen"?
- Wie wird erreicht, dass die Regeln für Sicherheitsnachweise eingehalten werden?
- Was versteht man unter einer Geotechnischen Kategorie? Welche werden unterschieden? Einordnung einer Baumaßnahme in eine GK?
- Wann wird die Beobachtungsmethode angewendet? Wie geht man dabei vor?
- Wie werden die charakteristischen Werte von Bodenkenngrößen bestimmt?

2. Grenzzustand der Tragfähigkeit (ULS)

2.1. Begriffe

Grenzzustand der Tragfähigkeit (ULS): Versagen des Bauwerks durch Verlust der Tragfähigkeit: englisch. Ultimate Limit State. ULS ist der Oberbegriff für die nachfolgend in der geotechnischen Bemessung unterschiedenen Grenzzustände EQU, UPL, HYD und GEO. Mit der geotechnischen Bemessung wird die Gefahr des Verlusts der Standsicherheit (ULS) quantifiziert und eingestuft.
Für den Grenzzustand GEO wird die Bemessung nach Nachweisverfahren GEO-2 und GEO-3 unterschieden.

Grenzzustand der Gebrauchstauglichkeit (SLS): Zustand des Tragwerks, bei dessen Überschreitung die für die Nutzung festgelegten Bedingungen nicht mehr erfüllt sind. Englisch: Serviceability Limit State.

Der geotechnische Standsicherheitsnachweis umfasst sowohl die Bemessung im Grenzzustand der Tragfähigkeit als auch den Grenzzustand der Gebrauchstauglichkeit. Nur wenn beide Nachweise erfüllt sind, ist ausreichende Standsicherheit gegeben. Sie wird auch als „Äußere Standsicherheit" bezeichnet.

□ 2.01: Gefährdung der Standsicherheit

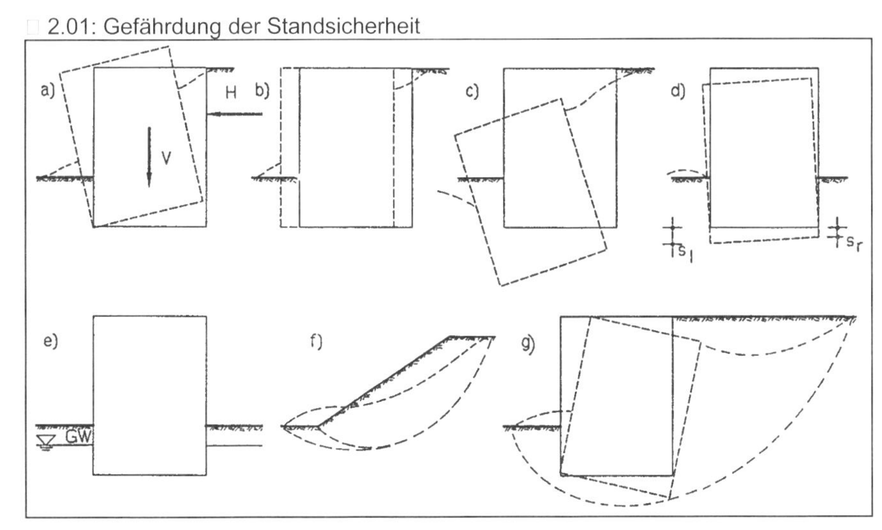

Kippen (EQU) Wird die auf das Bauwerk wirkende Horizontalkraft gegenüber der Vertikalkraft zu groß, kippt das Bauwerk (□ 2.01 a).

Aufschwimmen (UPL) Verlust der Lagesicherheit eines Gründungskörpers, eines gesamten Bauwerks, einer Bodenschicht oder einer Baugrubenkonstruktion infolge der hydrostatischen Auftriebskraft von Wasser (□ 2.01 e).
⇒ Dörken / Dehne/ Kliesch Teil 1, Abschnitt 7.02

Hydraulischer Grundbruch (HYD) Verlust der Lagesicherheit eines Gründungskörpers, eines gesamten Bauwerks, einer Bodenschicht oder einer Baugrubenkonstruktion infolge des nach oben gerichteten Strömungsdrucks von strömendem Grundwasser.
⇒ Dörken / Dehne/ Kliesch Teil 1, Abschnitt 7.04

Gleiten (GEO-2) Ein Bauwerk gleitet, wenn die Horizontalkraft größer wird als die Reibungskraft in seiner Sohlfläche und ein evtl. vorhandener horizontaler Bodenwiderstand (□ 2.01 b).

Grundbruch (GEO-2) Ein Grundbruch tritt ein, wenn die Scherfestigkeit des Baugrunds durch die angreifende Kraft überschritten wird. Dabei bilden sich Gleitflächen im Baugrund, deren Form durch den anstehenden Boden bestimmt wird (□ 2.01 c).

Böschungs- und Geländebruch (GEO-3) In Böschungen oder um ein Stützbauwerk herum können sich durch Überschreiten der Scherfestigkeit des Baugrunds Gleitflächen bilden, wenn die Böschung zu steil ist (□ 2.01 f) oder der Geländesprung, in dem das Stützbauwerk steht, zu hoch ist (□ 2.01 g).

Einwirkungen (Lasten, Kräfte) **Ständige Einwirkungen (Lasten):** Summe der unveränderlichen Einwirkungen , also das Gewicht der tragenden oder stützenden Bauteile und der unveränderlichen, von den tragenden Bauteilen dauernd aufzunehmenden Einwirkungen, z. B. Auffüllungen, Fußbodenbeläge, Putz, ständig wirksame Erd- und Wasserdrücke (nach DIN EN 1991).

Veränderliche Einwirkungen („Verkehrslasten"): Veränderliche oder bewegliche Belastung des Bauteils, z. B. Personen, Einrichtungsstücke, unbelastete leichte Trennwände, Lagerstoffe, Maschinen, Fahrzeuge, Kranlasten, Wind, Schnee, Brückenlasten, wechselnde Erd- und Wasserdrücke, Eisdruck (nach DIN EN 1991).

Gesamtlast: Ständige Lasten und Verkehrslasten.

Setzungen (SLS) Infolge der Einwirkungen drückt sich der Baugrund zusammen: das Bauwerk setzt sich gleichmäßig oder stellt sich schief (□ 2.01 d; Abschnitt 3).

2.2. Einwirkungen und Beanspruchungen in der Sohlfläche

2.2.1. Charakteristische Beanspruchungen

a) Nach Handbuch Eurocode 7, Band 1 (2011): DIN 1054 (2010), Abschnitt 2.4.2.3 muss zum Nachweis der Tragfähigkeit (ULS: GEO-2) und der Gebrauchstauglichkeit (SLS) von Flächengründungen die resultierende charakteristische Beanspruchung in der Sohlfläche ermittelt werden. Sie ergibt sich aus den charakteristischen Werten $F_{k,i}$ der betrachteten unabhängigen Einwirkungen nach Abschnitt 1.8.1 unter Berücksichtigung der Bodenreaktion an der Stirnseite des Gründungskörpers nach Abschnitt 2.3.

b) Dynamische Einwirkungen sind nach Abschnitt 1.8.1.3 zu berücksichtigen. Stoßbeiwerte sind bei der Bemessung von Gründungskörpern nur dann zu berücksichtigen, wenn die Stoßbelastung unmittelbar auf den Gründungskörper wirkt.

c) Beim Nachweis des Grenzzustands der Tragfähigkeit (GEO-2) und der Gebrauchstauglichkeit (SLS) von (starren) Einzel- und Streifenfundamenten darf der charakteristische Sohldruck nach Handbuch Eurocode 7, Band 1 (2011): DIN EN 1997-1, Abschnitt 8.8 (2) als geradlinig begrenzt angenommen werden (siehe Abschnitt 4.1). Bei Gründungsbalken (Trägerrosten) und Gründungsplatten sowie bei Streifenfundamenten in Längsrichtung sollte die Wechselwirkung von Gründung und Baugrund bei der Sohldruckverteilung berücksichtigt werden (siehe Abschnitt 6). $\Rightarrow$ EWB.

d) Die charakteristische Beanspruchung des Gründungskörpers wird nach Handbuch Eurocode 7, Band 1 (2011): DIN 1054 (2010), Abschnitt 2.4.2.3 dadurch erhalten, dass die Schnittgrößen bestimmt werden, und zwar unter Ansatz der charakteristischen Sohldruckverteilung nach c) und den charakteristischen Werten der Einwirkungen an der Oberfläche des Gründungskörpers.

2.2.2. Bemessungswerte der Beanspruchungen

a) Der Bemessungswert V_d der Beanspruchung rechtwinklig zur Fundamentsohlfläche besteht nach Handbuch Eurocode 7, Band 1 (2011): DIN EN 1997-1, Abschnitt 2.4.7.3.2 aus zwei Anteilen: Einmal aus dem ständigen Anteil $V_{G,k}$ der charakteristischen Beanspruchung, multipliziert mit dem Teilsicherheitsbeiwert γ_G nach Tabelle 1.01 (siehe Abschnitt 1) für den Grenzzustand GEO-2, zum anderen aus dem veränderlichen Anteil $V_{Q,k}$ der charakteristischen Beanspruchung, multipliziert mit dem Teilsicherheitsbeiwert γ_Q nach Tabelle 1.01 (siehe Abschnitt 1) für den Grenzzustand GEO-2:

$$V_d = V_{G,k} \cdot \gamma_G + V_{Q,k} \cdot \gamma_Q \tag{2.01}$$

b) Der Bemessungswert H_d der Beanspruchung parallel zur Fundamentsohlfläche besteht nach Handbuch Eurocode 7, Band 1 (2011): DIN EN 1997-1, Abschnitt 2.4.7.3.2 ebenfalls aus zwei Anteilen: Einmal aus dem ständigen Anteil $H_{G,k}$ der charakteristischen Beanspruchung, multipliziert mit dem Teilsicherheitsbeiwert γ_G nach Tabelle 1.01 (siehe Abschnitt 1) für den Grenzzustand GEO-2, zum anderen aus dem veränderlichen Anteil $H_{Q,k}$ der charakteristischen Beanspruchung, multipliziert mit dem Teilsicherheitsbeiwert γ_Q nach Tabelle 1.01 (siehe Abschnitt 1) für den Grenzzustand GEO-2:

$$H_d = H_{G,k} \cdot \gamma_G + H_{Q,k} \cdot \gamma_Q \tag{2.02}$$

c) Wenn die Bemessungsbeanspruchung in der Fundamentsohlfläche in zwei Richtungen x und y gleichzeitig wirkt, gilt der Ansatz

$$H_d = \sqrt{H_{d,x}^2 + H_{d,y}^2} \tag{2.03}$$

Die Größen $H_{d,x}$ und $H_{d,y}$ sind in Anlehnung an b) zu ermitteln.

d) Die Bemessungswerte der Beanspruchungen im Gründungskörper werden nach Handbuch Eurocode 7, Band 1 (2011): DIN EN 1997-1, Abschnitt 2.4.7.3.2 aus den charakteristischen Schnittgrößen infolge von ständigen und veränderlichen Einwirkungen erhalten, die mit den Teilsicherheitsbeiwerten γ_G bzw. γ_Q nach Tabelle 1.01 (siehe Abschnitt 1) für den Grenzzustand GEO-2 zu multiplizieren sind.

2.3 Bodenreaktionen und Bodenwiderstände

Nach Handbuch Eurocode 7, Band 1 (2011): DIN EN 1997-1, Abschnitt 6.5 spielen folgende Reaktionen und Widerstände eine Rolle:

a) Bodenreaktionen an der Stirnseite des Fundamentkörpers. Dabei handelt es sich einmal um einen Erdwiderstand, der gegebenenfalls beim Nachweis der Sicherheit gegen Gleiten an der Stirnseite des Gründungskörpers angesetzt wird (siehe hierzu Abschnitt 2.5).

Zum anderen geht es um ein Kräftepaar, das bei ausreichend tiefer Einbindung des Gründungskörpers eine Verdrehung desselben behindert. ⇒ Handbuch Eurocode 7, Band 1 (2011): DIN EN 1997-1, Abschnitt 6.5.4 „Stark exzentrische Belastung".

b) Gleitwiderstand: siehe hierzu Abschnitt 2.5

c) Grundbruchwiderstand: siehe hierzu Abschnitt 2.6

2.4 Kippen

a) Nachweis der Tragfähigkeit (Grenzzustand EQU):

Sohlfläche

Bei einem Gründungskörper auf nichtbindigen und bindigen Böden ist der Nachweis der Sicherheit gegen Gleichgewichtsverlust durch Kippen (EQU) in der Sohlfuge zu führen, obwohl die Kippkante unbekannt ist. Näherungsweise darf nach Handbuch Eurocode 7, Band 1 (2011): DIN EN 1997-1, Abschnitt 6.5.4 an seiner Stelle nachgewiesen werden, dass die fiktive Kippkante am Fundamentrand (Drehpunkt D) liegt.

Das einwirkende („ungünstige") Bemessungsmoment $M_{E,d}$ um den Drehpunkt D ergibt sich zu

$$M_{E,d}^{D} = (\sum M_{G,k,dst}^{D}) \cdot \gamma_{G,dst} + (\sum M_{Q,k,dst}^{D}) \cdot \gamma_{Q} \leq M_{R,d}^{D} \quad (2.04)$$

Das widerstehende („haltende") Bemessungsmoment $M_{R,d}$ um den Drehpunkt D errechnet sich zu

$$M_{R,d}^{D} = (\sum M_{G,k}^{D}) \cdot \gamma_{G,stb} \quad (2.05)$$

$M_{E,d}^{D}$ das Bemessungsmoment $M_{E,d}$ um den Drehpunkt D aus einwirkenden („ungünstigen") ständigen (Index: *G,k,dst*) und veränderlichen Einwirkungen (Index: *Q,k,dst*)

$\gamma_{G,dst}$ der Teilsicherheitsbeiwert für ungünstige ständige Einwirkungen im Grenzzustand EQU nach Tabelle □ 1.02 (Abschnitt 1);

γ_{Q} der Teilsicherheitsbeiwert für ungünstige veränderliche Einwirkungen im Grenzzustand EQU nach Tabelle □ 1.02 (Abschnitt 1);

$M_{R,d}^{D}$ das Bemessungsmoment $M_{R,d}$ um den Drehpunkt D aus widerstehenden („haltenden" = „günstigen") ständigen Einwirkungen (Index: *G,k*)

$\gamma_{G,stb}$ der Teilsicherheitsbeiwert für günstige ständige Einwirkungen im Grenzzustand EQU nach Tabelle □ 1.02 (Abschnitt 1).

Zusätzlich muss der Nachweis der Gebrauchstauglichkeit (SLS) geführt werden und damit nachgewiesen werden, dass die Sohldruckresultierende eine zulässige Ausmittigkeit nicht überschreitet.

b) Nachweis der Gebrauchstauglichkeit (Grenzzustand SLS):

Der Nachweis der Gebrauchstauglichkeit (SLS) ist nach Handbuch Eurocode 7, Band 1 (2011): DIN 1054 (2010), Abschnitt A 6.6.5 erbracht, wenn die Sohldruckresultierende eine zulässige Ausmittigkeit nicht überschreitet.

Es werden hierfür folgende 2 Bedingungen gestellt:

1. Bedingung: die Ausmittigkeit der Sohldruckresultierenden aus ständigen und veränderlichen Einwirkungen führt zu einer „klaffenden Fuge", die bei Rechteckfundamenten nicht größer als 1/3 der Seitenlänge, bei Kreisfundamenten 0,6 m des Radius ist.

2. Bedingung: die Ausmittigkeit der Sohldruckresultierenden aus ständigen Einwirkungen führt nicht zu einer klaffenden Fuge

Sohldruckresultierende

Die Sohldruckresultierende ist die resultierende charakteristische Beanspruchung in der Sohlfläche. Hierbei wird nach Handbuch Eurocode 7, Band 1 (2011): DIN 1054 (2010), Abschnitt A 6.6.5 unterschieden zwischen zwei maßgebenden Sohldruckresultierenden:

1. Resultierende der ungünstigsten Kombinationen aus ständigen und veränderlichen Einwirkungen für die Bemessungssituationen BS-P und BS-T. Die größte Ausmittigkeit ist maßgebend.
2. Resultierende ausschließlich aus ständigen Einwirkungen für die Bemessungssituationen BS-P und BS-T. Die größte Ausmittigkeit ist maßgebend.

Für die Bemessungssituationen BS-A und BS-E darf auf einen Nachweis der Sicherheit gegen Kippen verzichtet werden.

Zulässige Ausmittigkeit: Klaffende Fuge

1. Bedingung: die Ausmittigkeit der Sohldruckresultierenden aus ständigen und veränderlichen Einwirkungen darf höchstens so groß werden, dass die Gründungssohle des Fundaments noch bis zu ihrem Schwerpunkt durch Druck belastet wird (2. Kernweite, d.h. "klaffende Fuge" maximal bis zur Fundamentmitte).

Bei Fundamenten mit einem Grundriss in Form eines rechteckigen oder kreisförmigen Vollquerschnitts muss somit die resultierende charakteristische Beanspruchung die Sohlfläche innerhalb eines Bereichs schneiden, der

- beim rechteckigen Vollquerschnitt durch die Ellipse (□ 2.02) nach der Gleichung

$$\left(\frac{x_e}{b_x}\right)^2 + \left(\frac{y_e}{b_y}\right)^2 = \frac{1}{9} \qquad (2.06)$$

- beim kreisförmigen Vollquerschnitt durch einen Kreis mit dem Radius

$$r_e = 0{,}59 \cdot r \qquad (2.07)$$

begrenzt ist.

□ 2.02: Grundriss eines Rechteckfundaments; Bezeichnungen bei zweiachsiger Ausmittigkeit (aus Handbuch Eurocode 7, Band 1 (2011): DIN 1054 (2010), Abschnitt A 6.6.5)

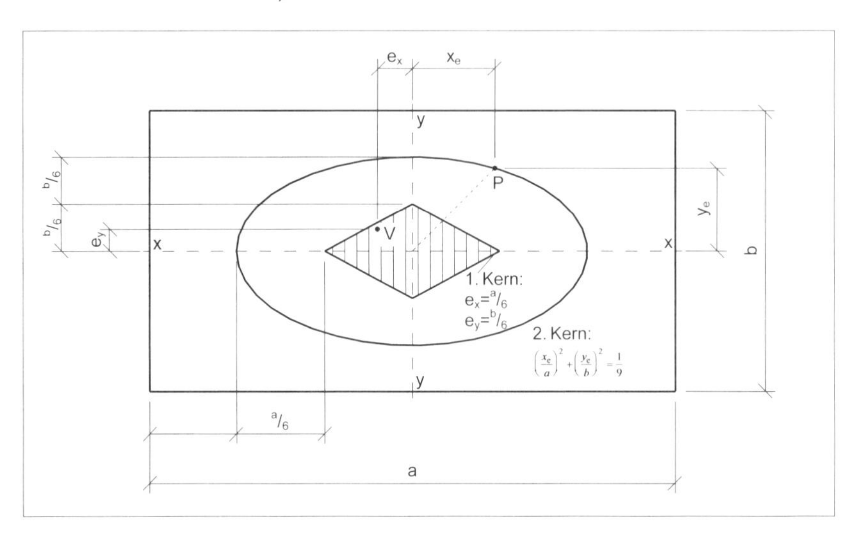

Dabei sind:

e_x, e_y die Ausmittigkeiten der resultierenden charakteristischen Beanspruchung in der Sohlfläche in Richtung der Fundamentachsen x und y mit den höchstzulässigen Werten x_e und y_e

b_x, b_y die dazugehörigen Fundamentbreiten

r der Radius des kreisförmigen Fundaments.

Zulässige Ausmittigkeit: Keine klaffende Fuge

2. Bedingung: Die Ausmittigkeit der Sohldruckresultierenden aus ständigen Einwirkungen resultierenden charakteristischen Einwirkung darf höchstens so groß werden, dass keine klaffende Fuge auftritt. Hierdurch soll eine Plastifizierung des Bodens unter Dauerlast verhindert werden.
Bei Rechteckfundamenten ist diese Bedingung eingehalten, wenn die Sohldruckresultierende innerhalb der 1. Kernweite liegt (schraffierte Fläche in □ 2.02).

c) Bauwerke mit weit auskragenden Teilen

Besonders sorgfältig ist die Sicherheit gegen Kippen von Fundamenten unter Bauwerken mit weit auskragenden Teilen zu bestimmen, bei denen kleine Änderungen der Horizontalkräfte eine rasche Vergrößerung der Ausmittigkeit bewirken. ⇒ Dehne 1982.

d) Kippen in einer Arbeitsfläche des Gründungskörpers

Der Nachweis der Sicherheit gegen Kippen nach EQU mittels der Gleichungen (2.04) und (2.05) nach EQU geführt (□ 2.03).

□ 2.03: Beispiel: Nachweis der Sicherheit gegen Kippen in der Arbeitsfuge

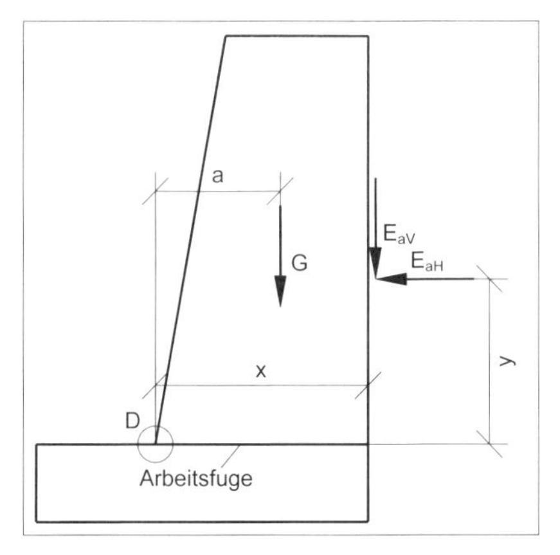

2.04: Beispiel: Nachweise der Sicherheit gegen Kippen (EQU und SLS)

Geg.: *Fall 1) ständige Lasten:* $V_{G,k,1} = 2{,}0\ MN$
$H_{G,k,1} = 0{,}2\ MN$
Verkehrslasten: $V_{Q,k,1} = 0{,}4\ MN$
BS-P $H_{Q,k,1} = 0{,}2\ MN$

Fall 2) ständige Lasten: $V_{G,k,2} = 2{,}0\ MN$
$H_{G,k,2} = 0{,}4\ MN$
Verkehrslasten: $V_{Q,k,2} = 0{,}4\ MN$
BS-P $H_{Q,k,2} = 1{,}0\ MN$

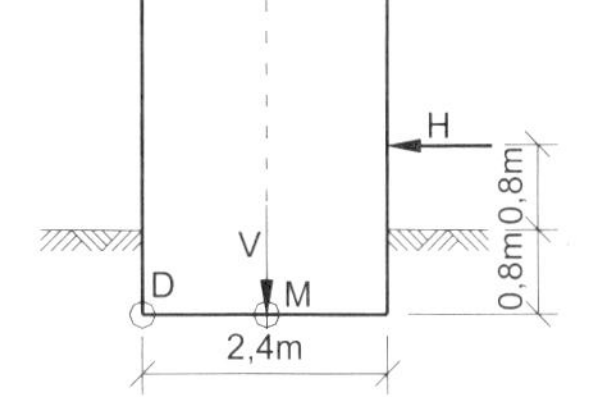

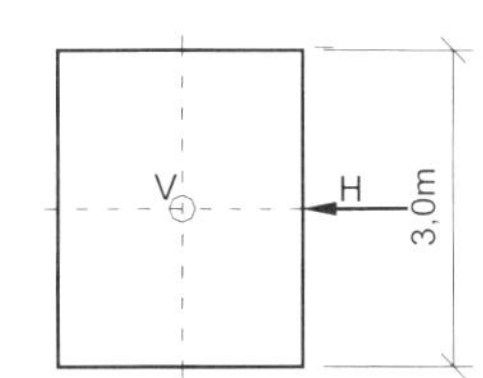

Ges.: *Für den dargestellten Gründungskörper ist die Sicherheit gegen Kippen bei folgenden Belastungen zu überprüfen:*

Hinweis: Aktiver Erddruck und Erdwiderstand sollen unberücksichtigt bleiben.
$V_{Q,k}$ und $H_{Q,k}$ entstehen aus der gleichen Ursache.

Lösg.: Fall 1)

Nachweis der Tragfähigkeit (Nachweisverfahren EQU):

Einwirkendes (ungünstiges; „treibendes") Moment $M_{E,k}$ um den Drehpunkt D

$$\sum M^D_{G,k,dst} = 0{,}2 \cdot 1{,}6 = 0{,}32\ MNm\ ; \gamma_{G,dstb} = 1{,}1$$

$$\sum M^D_{Q,k,dst} = 0{,}2 \cdot 1{,}6 = 0{,}32\ MNm\ ; \gamma_Q = 1{,}5$$

$$\Rightarrow \quad M^D_{E,d} == 0{,}32 \cdot 1{,}1 + 0{,}32 \cdot 1{,}5 = 0{,}832\ MNm$$

Widerstehendes (günstiges; „haltendes") Moment $M_{R,k}$ um den Drehpunkt D

$$M^D_{R,k} = \sum M^D_{G,k} = 2{,}0 \cdot 1{,}2 = 2{,}4\ MNm\ ; \gamma_{G,stb} = 0{,}9$$

$$\Rightarrow \quad M^D_{R,d} = 2{,}4 \cdot 0{,}9 = 2{,}16\ MNm$$

Nachweis: $M^D_{E,k} = 0{,}83\ MNm < \ 2{,}16\ MNm$ *ist erbracht*

Nachweis der Gebrauchstauglichkeit (SLS)

1. *Bedingung: bei einfacher (einachsiger) Ausmittigkeit vereinfacht sich der Nachweis* $\left(\frac{x_e}{b_x}\right)^2 + \left(\frac{y_e}{b_y}\right)^2 = \frac{1}{9}$ *zu:* $e^{g+p} \le \frac{b}{3}$ *bzw.* $\frac{a}{3}$ *(2.Kernweite)*

   Die ungünstigste Kombination der charakteristischen Werte ergibt sich hier durch Ansatz der ständigen und veränderlichen Einwirkungen:

$$e^{g+q} = \frac{\sum M^M_{G+Q}}{\sum V_{G+Q}} = \frac{(200+200) \cdot 1{,}6}{2000+400} = 0{,}27\ m < \frac{b}{3}$$

2. *Bedingung: Hierbei darf bei Ansatz der ständigen Lasten (G,k) keine klaffende Fuge auftreten. Somit ist nachzuweisen:*

□ 2.04: Fortsetzung Beispiel: Nachweise der Sicherheit gegen Kippen (EQU und SLS)

$$\frac{e_a}{a} + \frac{e_b}{b} \leq \frac{1}{6}$$ *(1. Kernweite).*

Bei einfacher (einachsiger) Ausmittigkeit vereinfacht sich dieser Nachweis zu

$e^g \leq \frac{b}{6}$ *bzw.* $\frac{a}{6}$.

$$e^g = \frac{\sum M_G^M}{\sum V_G} = \frac{200 \cdot 1{,}6}{2000} = 0{,}16\ m < \frac{b}{6}$$

Die Sicherheit gegen Kippen reicht aus.

Fall 2) Nachweis der Tragfähigkeit (Nachweisverfahren EQU):

Einwirkendes (ungünstiges; „treibendes") Moment $M_{E,k}$ um den Drehpunkt D

$$\sum M_{G,k,dst}^D = 0{,}4 \cdot 1{,}6 = 0{,}64\ MNm\ ;\ \gamma_{G,dstb} = 1{,}1$$

$$\sum M_{Q,k,dst}^D = 1{,}0 \cdot 1{,}6 = 1{,}60\ MNm\ ;\ \gamma_Q = 1{,}5$$

$$\Rightarrow \quad M_{E,d}^D = 0{,}64 \cdot 1{,}1 + 1{,}6 \cdot 1{,}5 = 3{,}104\ MNm$$

Widerstehendes (günstiges; „haltendes") Moment $M_{R,k}$ um den Drehpunkt D

$$M_{R,k}^D = \sum M_{G,k}^D = 2{,}0 \cdot 1{,}2 = 2{,}4\ MNm\ ;\ \gamma_{G,stb} = 0{,}9$$

$$\Rightarrow \quad M_{R,d}^D = 2{,}4 \cdot 0{,}9 = 2{,}16\ MNm$$

Nachweis: $M_{E,k}^D = 3{,}10\ MNm > 2{,}16\ MNm$ *ist nicht erbracht*

Nachweis der Gebrauchstauglichkeit (SLS)

1. *Bedingung: die ungünstigste Kombination der charakteristischen Werte ergibt sich hier durch Ansatz der ständigen und veränderlichen Einwirkungen:*

$$e^{g+q} = \frac{\sum M_{G+Q}^M}{\sum V_{G+Q}} = \frac{(400 + 1000) \cdot 1{,}6}{2000 + 400} = 0{,}93\ m > \frac{b}{3}$$

2. *Bedingung:*

$$e^g = \frac{\sum M_G^M}{\sum V_G} = \frac{400 \cdot 1{,}6}{2000} = 0{,}32\ m < \frac{b}{6}$$

Der Nachweis gegen Kippen wird im Fall 2) wegen der Nachweise GEO-2 und SLS (1. Bedingung) nicht erbracht. Es ist keine ausreichende Sicherheit gegen Kippen gegeben.

2.5 Gleiten

Gleitwiderstand

a) Nach Handbuch Eurocode 7, Band 1 (2011): DIN 1054 (2010), Abschnitt A 6.5.3 wird der charakteristische Gleitwiderstand R_k von Gründungskörpern im Grenzzustand GEO (Nachweisverfahren GEO-2) aus der Normalkraftkomponente der charakteristischen Beanspruchung in der Sohlfläche nach Abschnitt 2.2.1 und den charakteristischen Werten der Scherparameter bestimmt.

b) Zur Unterscheidung zur Definition des charakteristischen Grundbruchwiderstands $R_{v,k}$ (siehe Abschnitt 2.6) wird der charakteristische Gleitwiderstand R_k im Weiteren $R_{h,k}$ genannt.

c) Der charakteristische Gleitwiderstand $R_{t,k}$ in der Sohlfläche ergibt sich wie folgt:

b1) Bei rascher Beanspruchung eines wassergesättigten Bodens (Anfangszustand) aus:

$$R_{h,k} = A \cdot c_{u;d} \tag{2.08}$$

b2) Bei vollständiger Konsolidierung des Bodens (Endzustand) aus:

$$R_{h,k} = V_K' \cdot \tan \delta_k \tag{2.09}$$

b3) Bei vollständiger Konsolidierung des Bodens (Endzustand) und wenn die Bruchfläche durch den Boden verläuft - wie z. B. bei Anordnung eines Fundamentsporns - aus:

$$R_{h,k} = V_K' \cdot \tan \varphi'_k + A \cdot c'_k \tag{2.10}$$

Hierin ist:

A Maßgebende Sohlfläche für die Kraftübertragung.

$c_{u,k}$ Charakteristischer Wert der Scherfestigkeit des undränierten Bodens.

V_k' Komponente der charakteristischen Beanspruchung in der Sohlfläche, die rechtwinklig zur Sohlfläche bzw. Bruchfläche gerichtet ist bzw. in der Bruchfläche liegt und aus der ungünstigsten Kombination senkrechter und waagerechter Einwirkungen (in der Regel ständige Einwirkungen) berechnet wird.

δ_k Charakteristischer Wert des Sohlreibungswinkels.

φ'_k Charakteristischer Wert des Reibungswinkels des Bodens in der Bruchfläche durch den Boden.

c'_k Charakteristischer Wert der Kohäsion des Bodens in der Bruchfläche durch den Boden.

Zwischenzustände mit Teilkonsolidierung sind in Sonderfällen auch zu beachten.

c) Wenn der Sohlreibungswinkel δ_k nicht speziell bestimmt wird, darf er bei Ortbetonfundamenten gleich dem charakteristischen Wert φ'_k des Reibungswinkels gesetzt werden. Er darf jedoch $\varphi'_k = 35°$ nicht überschreiten. Bei vorgefertigten Fundamenten ist er auf $2/3 \cdot \varphi'_k$ abzumindern, wenn die Fertigteile nicht im Mörtelbett verlegt werden.

$$\delta_k = \varphi'_k \leq 35° \; bzw. \; \delta_k = 2/3 \cdot \varphi'_k \leq 35° \quad (2.11)$$

d) Der Bemessungswert des Gleitwiderstands $R_{t,d}$ wird nach Abschnitt 1.8.4.2 aus dem charakteristischen Gleitwiderstand $R_{t,k}$ durch Division durch den Teilsicherheitsbeiwert $\gamma_{R,h}$ (Tabelle 1.03, siehe Abschnitt 1) im Grenzzustand GEO-2 erhalten aus:

$$R_{h,d} = \frac{R_{h,k}}{\gamma_{R,h}} \quad (2.12)$$

Bei undränierten Tonen in der Sohlfläche und bei Gefahr, dass Wasser oder Luft in die Sohlfläche eindringen kann, muss folgende Bedingung erfüllt sein

$$R_{h,d} = \frac{R_{h,k}}{\gamma_{R,h}} \leq 0{,}4 \cdot V_k' \quad (2.12a)$$

Nachweis der Sicherheit gegen Gleiten (GEO-2)

a) Nach Handbuch Eurocode 7, Band 1 (2011): DIN 1054 (2010), Abschnitt A 6.5.3 ist in Hinblick auf eine ausreichenden Sicherheit gegen Gleiten nachzuweisen, dass für den Grenzzustand GEO-2 die Bedingung

$$H_d \leq R_{h,d} + R_{p;d} \quad (2.13)$$

erfüllt ist. Hierin ist:

H_d Bemessungswert der Beanspruchung parallel zur Fundamentsohlfläche nach Abschnitt 2.2.2.

$R_{h,d}$ Bemessungswert des Gleitwiderstands nach dem Stichwort „Gleitwiderstand" (siehe oben am linken Textrand).

$R_{p;d}$ Bemessungswert des Erdwiderstands parallel zur Sohlfläche an der Stirnseite des Fundaments.

Für den Fall, dass beim Nachweis der Sicherheit gegen Gleiten an der Stirnseite des Gründungskörpers eine Bodenreaktion angesetzt werden soll, ist ihre Größe als charakteristischer Erdwiderstand $R_{p;k}$ nach Abschnitt 1.8.4.2 zu bestimmen. Hiernach ergibt sich der größte zulässige Bemessungswert $R_{p;d}$ aus dem charakteristischen Erdwiderstand $R_{p;k}$ durch Division durch den Teilsicherheitsbeiwert $\gamma_{R,e}$ nach Tabelle 1.03 (siehe Abschnitt 1) für den Grenzzustand GEO-2 nach der Gleichung:

$$R_{P;d} = \frac{R_{p;k}}{\gamma_{R,e}} \quad (2.14)$$

b) Wenn die Sohlfläche des Fundaments in Gleitrichtung ansteigt und bei Fundamenten mit einem Sporn ist außerdem eine ausreichende Sicherheit gegen Gleiten in Bruchflächen nachzuweisen, die nicht in der Sohlfläche des Fundaments, sondern durch den Boden verlaufen. Für die Berechnung des charakteristischen Gleitwiderstands $R_{h,k}$ ist dann die Gleichung (2.10) maßgebend.

c) Der Nachweis der Sicherheit gegen Gleiten muss bei Einzel- und Streifenfundamenten unter Bauteilen sowie bei flach gegründeten Stützkonstruktionen für jedes Fundament einzeln erbracht werden.
Bei Flächengründungen, Trägerrostfundamenten und bei Einzel- und Streifenfundamenten, die zu Fundamentgruppen verbunden sind und dadurch wie ein einheitli-

cher Gründungskörper wirken, darf der Nachweis der Gleitsicherheit für das Gesamtbauwerk geführt werden.

d) In Bauzuständen oder wenn spätere, zeitlich begrenzte Abgrabungen neben dem Fundament zu erwarten sind, bei denen die Bodenreaktion auf die Stirnfläche vorübergehend wegfällt, darf für den Nachweis der Sicherheit gegen Gleiten der Lastfall BS-T nach Abschnitt 1.8.3.3 zugrunde gelegt werden.

Hoch liegende Weichschicht

Bei einer Schicht kleinerer Scherfestigkeit in geringer Tiefe unterhalb der Gründungssohle ist zu beachten, dass das Fundament auch zusammen mit dem unterhalb der Gründungssohle liegenden Bodenkörper an der Oberkante dieser Schicht (□ 2.05 b)) und nicht nur direkt in der Sohlfuge (□ 2.05 a)) gleiten kann. ⇒ Dehne 1982.

□ 2.05: Beispiele: Gleiten a) in der Sohlfuge, b) an der Oberkante einer Schicht geringerer Scherfestigkeit

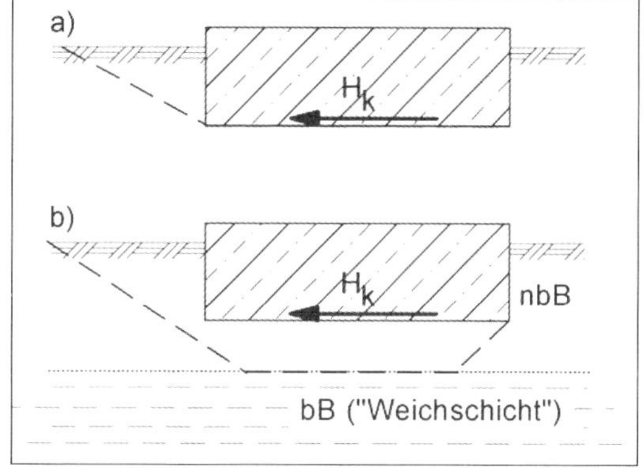

Nachweis der Sicherheit gegen Gleiten (SLS)

Der Nachweis der Gebrauchstauglichkeit (SLS) ist nach Handbuch Eurocode 7, Band 1 (2011): DIN 1054 (2010), Abschnitt A 6.6.6 erbracht, wenn auf der Stirnseite des Fundaments bei der Überprüfung der Sicherheit gegen Gleiten (siehe oben, Formel (2.13) keine Bodenreaktion $R_{p;d}$ nach Formel (2.14) angesetzt wird (siehe auch Abschnitt 3.1.2).
Hierbei werden die Werte für GEO-2 $\gamma_G \geq 1{,}0$; $\gamma_Q \geq 1{,}0$ und nicht für SLS: $\gamma_G = 1{,}0$; $\gamma_Q = 1{,}0$ eingesetzt!

⇒ Berechnungsbeispiele: □ 2.06 und □ 2.07

□ 2.06: Beispiel: Nachweise der Sicherheit gegen Gleiten (GEO-2 und SLS)

Geg.: *Baugrund UM, steifplastisch*
$\gamma_K = 19{,}5\ kN/m^3$
$\varphi_k = 25°$
$c_k = 3\ kN/m^2$

Fall 1: $V = V_{G,k} = 300\ kN/m$
$H = H_{G,k} = 85\ kN/m$

Fall 2 $V = V_{G,k} + V_{Q,k} = 280 + 20 = 300\ kN/m$
$H = H_{G,k} + H_{Q,k} = 55 + 30 = 85\ kN/m$

Mit a) $V_{Q,k}$, $H_{Q,k}$ *(stammen aus gleicher Ursache)*

b) $V_{Q,k}$, $H_{Q,k}$ *(stammen aus unterschiedlicher Ursache)*

Ges.: *Für die dargestellte Stützwand ist die Sicherheit gegen Gleiten zu überprüfen (BS-P).*

Hinweis: Der Erdwiderstand wird hier aus Sicherheitsgründen nicht angesetzt, da weitere Baumaßnahmen vor der Stützwand geplant sind.

□ 2.06: Fortsetzung Beispiel: Nachweise der Sicherheit gegen Gleiten (GEO-2 und SLS)

Lösung: Fall 1) 1.1 Nachweis der Tragfähigkeit (GEO-2)

Veränderliche Lasten nicht vorhanden.

$$H_d = H_{G,k} \cdot \gamma_G = 85 \cdot 1{,}35 = 114{,}8 \ kN/m$$

$$R_{h,k} = V_K' \cdot \tan\delta_k = 300 \cdot \tan 25° = 139{,}9 \ kN/m$$

$$\Rightarrow \quad R_{h,d} = \frac{R_{h,k}}{\gamma_{R,h}} = \frac{139{,}9}{1{,}10} = 127{,}2 \ kN/m$$

$$H_d = 114{,}8 \ kN/m < R_{t,d} = 127{,}2 \ kN/m$$

Die Sicherheit gegen Gleiten (GEO-2) ist gegeben.

Ausnutzungsgrad: $\mu = \frac{H_d}{R_{h,d}} = \frac{114{,}8}{127{,}2} = 90\%$

1.2 Nachweis der Gebrauchstauglichkeit (SLS)

Dieser Nachweis dient hier nur als Beispiel. Er muss nicht geführt werden, weil die Sicherheit gegen Gleiten (GEO-2) ohne Bodenreaktion nachgewiesen wurde (siehe Abschnitt 3.1.2).

γ_G = 1,35; γ_Q = 1,50 (also die Werte für GEO-2 und nicht für SLS: γ_G = 1,0; γ_Q = 1,0)

$$H_d = H_{G,k} \cdot \gamma_G = 85 \cdot 1{,}35 = 114{,}8 \ kN/m$$

$R_{h,k} = 139{,}9 \ kN/m$ *(s.o.);* $R_{t,d} = 127{,}2 \ kN/m$ *(s.o.)*

Damit wird: $H_d = 114{,}8 \ kN/m < R_{h,d} = 127{,}2 \ kN/m$

Die Sicherheit gegen Gleiten (SLS) ist gegeben.

Fall 2) 2.1 Nachweis der Tragfähigkeit (GEO-2)

a) die Verkehrslastanteile stammen aus gleicher Ursache

$$H_d = H_{G,k} \cdot \gamma_G + H_{Q,k} \cdot \gamma_Q = 85 \cdot 1{,}35 + 30 \cdot 1{,}50 = 119{,}3 \ kN/m$$

$$R_{h,k} = V_K' \cdot \tan\delta_k = (280 + 20) \cdot \tan 25° = 139{,}9 \ kN/m$$

$$R_{h,d} = \frac{R_{h,k}}{\gamma_{R,h}} = \frac{139{,}9}{1{,}10} = 127{,}2 \ kN/m$$

Damit wird

$$H_d = 119{,}3 \ kN/m < R_{h,d} + R_{P;d} = 127{,}2 \ kN/m + 0 = 127{,}2 \ kN/m$$

Die Sicherheit gegen Gleiten (GEO-2) ist gegeben.

b) Die Verkehrslastanteile stammen aus unterschiedlichen Ursachen, d.h. die ungünstigste Lastkombination ergibt sich durch Vernachlässigung von $V_{Q,k}$.

$$R_{h,k} = V_K' \cdot \tan\delta_k = 280 \cdot \tan 25° = 130{,}6 \ kN/m$$

2.06: Fortsetzung Beispiel: Nachweise der Sicherheit gegen Gleiten (GEO-2 und SLS)

$$R_{h,d} = \frac{R_{h,k}}{\gamma_{R,h}} = \frac{130,6}{1,10} = 118,7 \ kN/m$$

Damit wird: $H_d = 119,3 \ kN/m > R_{h,d} + R_{P;d} = 118,7 \ kN/m$

Die Sicherheit gegen Gleiten (GEO-2) ist nicht gegeben. Das Ergebnis liegt aber im noch hinnehmbaren Bereich, da

Ausnutzungsgrad: $\mu = \frac{H_d}{R_{h,d}} = \frac{119,3}{118,7} = 100,5\% \approx 100\%$ und c_k noch nicht berücksichtigt.

2.2 Nachweis der Gebrauchstauglichkeit (SLS)

Kann entfallen (s. Fall 1)

Die Sicherheit gegen Gleiten (SLS) ist gegeben.

2.07: Beispiel: Nachweise der Sicherheit gegen Gleiten (GEO-2 und SLS) an einer Grenzschicht

Geg.: *der dargestellte Gründungskörper*

$$V = V'_k = 2400 \ kN/m$$
$$H = H_{G,k} = 800 \ kN/m$$

Ges.:
Nachweis gegen Gleiten bei den angegebenen Lasten (ständige Lasten, BS-P)

Hinweis: Erdwiderstand kann im zulässigen Maße berücksichtigt werden.

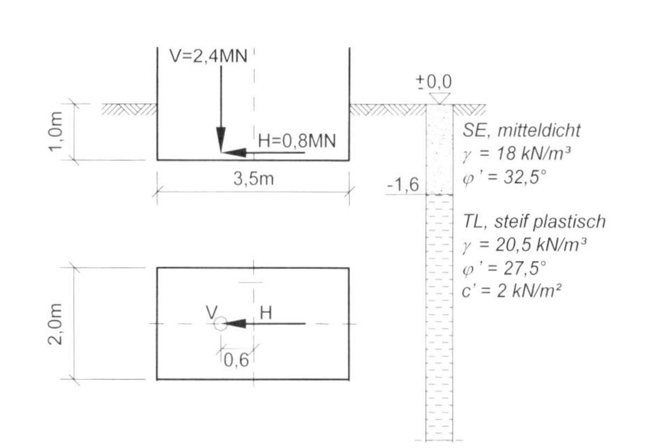

Lösung: 1. Nachweis der Tragfähigkeit (GEO-2)

a) Untersuchung in der Sohlfuge

Bemessungswert der Einwirkung:

$$H_d = H_{G,k} \cdot \gamma_G = 800 \cdot 1,35 = 1080,0 \ kN/m$$

Gleitwiderstand:
$R_{h,k} = V_K' \cdot \tan\delta_k = 2400 \cdot \tan 25° = 1529,0 \ kN/m$

Erdwiderstand:
$\varphi'_k = 32,5°$; $\alpha = 0$; $\beta = 0$; $\delta_p = 0 \Rightarrow K_p = 3,32$ ($\Rightarrow$ *Dörken/ Dehne/ Kliesch, Teil 1)*

$$E_{p,k} = R_{P;k} = 0,5 \cdot \gamma_k \cdot d^2 \cdot K_P \cdot B = 0,5 \cdot 18 \cdot 1,0^2 \cdot 3,32 \cdot 2,0 = 59,8 \ kN/m$$

□ 2.07: Fortsetzung Beispiel: Nachweise der Sicherheit gegen Gleiten (GEO-2 und SLS) an einer Grenzschicht

Ansetzbarer Bemessungswert:

$$R_{P;d} = \frac{R_{p;k}}{\gamma_{R,e}} = \frac{59{,}8}{1{,}40} = 42{,}7 \; kN$$

Bemessungswert des Gleitwiderstands:

$$R_{h,d} = \frac{R_{h,k}}{\gamma_{R,h}} = \frac{1529{,}0}{1{,}10} = 1390{,}0 \; kN/m$$

Damit wird

$$H_d = 1080{,}0 \; kN/m < R_{h,d} + R_{P;d} = 1390{,}0 \; kN/m + 42{,}7 \; kN/m = 1432{,}7 \; kN/m$$

Die Sicherheit gegen Gleiten (GEO-2) ist gegeben.

Ausnutzungsgrad: $\mu = \frac{H_d}{R_{h,d}} = 1432{,}7 = 75\%$

b) Untersuchung in der Grenzschicht SE/ TL

Da in unmittelbarer Nähe unter der Gründungssohle eine „schlechtere“ Bodenschicht ansteht, ist die Möglichkeit des Gleitens entlang der Oberfläche dieser Schicht zu überprüfen.
Dieser Grenzbereich wird durch die Baumaßnahme nicht beeinträchtigt, so dass die Kohäsion angesetzt werden kann.

Berücksichtigung der Ausmittigkeit:
In Anlehnung an die Vorgehensweise bei der Grundbruchberechnung (siehe Abschnitt 2.6) und beim Tabellenverfahren (siehe Abschnitt 5.3) wird hier mit einer Ersatzfläche A' gerechnet:

$$a' = 3{,}5 - 2 \cdot 0{,}6 = 2{,}3 \; m$$

$$b' = b = 2{,}0 \; m$$

Gleitwiderstand:

$$R_{h,k} = V_K' \cdot \tan \varphi'_k + A \cdot c'_k$$

Mit der Vertikalkraft, der Bodenauflast bis zur Schichtgrenze, der Kohäsionskraft in der Grenzschicht und dem Reibungswinkel des Bodens TL wird

$$\begin{aligned} R_{h,k} &= (V_K' + \gamma_k \cdot h \cdot A') \cdot \tan \varphi'_k + a' \cdot b' \cdot c'_k \\ &= (2400 + 18 \cdot 0{,}6 \cdot 2{,}3 \cdot 2{,}0) \cdot \tan 27{,}5° + 2{,}3 \cdot 2{,}0 \cdot 2 \\ &= 1275{,}2 + 9{,}2 = 1284{,}4 \; kN \end{aligned}$$

Erdwiderstand:

$$E_{p,k} = R_{P;k} = 0{,}5 \cdot \gamma_k \cdot d^2 \cdot K_P \cdot B = 0{,}5 \cdot 18 \cdot 1{,}6^2 \cdot 3{,}32 \cdot 2{,}0 = 153{,}0 \; kN/m$$

2.07: Fortsetzung Beispiel: Nachweise der Sicherheit gegen Gleiten (GEO-2 und SLS) an einer Grenzschicht

Ansetzbarer Bemessungswert:

$$R_{P;d} = \frac{R_{p;k}}{\gamma_{R,e}} = \frac{153{,}0}{1{,}40} = 109{,}3\ kN$$

Bemessungswert der Einwirkung:

$$H_d = H_{G,k} \cdot \gamma_G = 800 \cdot 1{,}35 = 1080{,}0\ kN/m$$

Bemessungswert des Gleitwiderstands:

$$R_{h,d} = \frac{R_{h,k}}{\gamma_{R,h}} = \frac{1284{,}4}{1{,}10} = 1167{,}6\ kN/m$$

Damit wird

$$H_d = 1080{,}0\ kN/m < R_{h,d} + R_{P;d} = 1167{,}6\ kN/m + 109{,}3\ kN/m = 1276{,}9\ kN/m$$

Die Sicherheit gegen Gleiten (GEO-2) ist gegeben.

1.2 Nachweis der Gebrauchstauglichkeit (SLS): siehe Abschnitt 3.1.2

a) Untersuchung in der Sohlfuge

γ_G = 1,35; γ_Q = 1,50 (also die Werte für GEO-2 und nicht für SLS: γ_G = 1,0; γ_Q = 1,0)

$$H_d = H_{G,k} \cdot \gamma_G = 800 \cdot 1{,}35 = 1080{,}0\ kN/m$$

$R_{h,k} = 1529{,}0\ kN/m$ *(s.o.);* $R_{t,d} = 1390{,}0\ kN/m$ *(s.o.)*

Damit wird: $H_d = 1080{,}0\ kN/m < R_{h,d} = 1390{,}0\ kN/m$

Die Sicherheit gegen Gleiten (SLS) ist gegeben.

b) Untersuchung in der Grenzschicht SE/ TL

$$H_d = H_{G,k} \cdot \gamma_G = 800 \cdot 1{,}35 = 1080{,}0\ kN/m \quad \text{(s.o.)}$$

$$R_{h,d} = \frac{R_{h,k}}{\gamma_{R,h}} = \frac{1284{,}4}{1{,}10} = 1167{,}6\ kN/m$$

$R_{h,k} = 1284{,}4\ kN/m$ *(s.o.);* $R_{t,d} = 1167{,}6\ kN/m$ *(s.o.)*

Damit wird: $H_d = 1080{,}0\ kN/m < R_{h,d} = 1167{,}6\ kN/m$

Die Sicherheit gegen Gleiten (SLS) ist gegeben.

Nicht ausreichende Sicherheit gegen Gleiten

Reicht die Sicherheit gegen Gleiten nicht aus, dann können folgende Maßnahmen ergriffen werden:

- Vergrößerung der Eigenlast (z. B. Verbreiterung des Gründungskörpers bzw. der Stützwand),
- Vergrößerung des wirksamen Erdwiderstands (z. B. durch Bodenaustausch),
- Vergrößerung des wirksamen Erdwiderstands (z.B. durch Vergrößerung der Einbindetiefe),
- Verkleinerung der einwirkenden Horizontalkraft (z. B. durch Schräglegen der Gründungssohle),
- Einbringung einer Spundwand vor dem Wandfuß oder
- Sohlabtreppung (2.08).

Neigung und Abtreppung werden so vorgenommen, dass die Wandrückseite tiefer liegt als die Luftseite (2.08), weil anderenfalls die Frostsicherheit nicht mehr ausreicht.

 2.08: Beispiele: Maßnahmen zur Erhöhung der Sicherheit gegen Gleiten

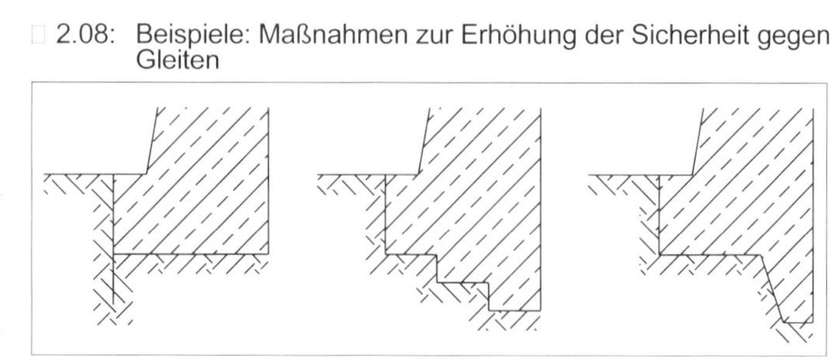

2.6 Grundbruch

2.6.1 Grundlagen

Mit zunehmender Belastung nehmen die Setzungen eines Fundaments immer mehr zu, wobei der Setzungszuwachs überproportional größer wird. Schließlich "versinkt" das Fundament ohne weitere Laststeigerung im Baugrund. Dann ist die Grenzbelastung erreicht und der Grundbruch eingetreten. Unter und neben dem Fundament wird die Scherfestigkeit des Bodens überschritten. Daher bilden sich Gleitflächen, auf denen ein „Grundbruchkörper“ unter und neben dem Fundament seitlich nach oben rutscht.

Anmerkung: Ein Grundbruch kann auch eintreten, wenn der Scherwiderstand des Bodens bei gleich bleibender Last abnimmt, wenn eine seitliche Auflast entfernt wird oder wenn der Grundwasserspiegel ansteigt.

Den Eintritt des Grundbruchs erkennt man einmal daran, dass sich die Geländeoberfläche neben dem Fundament infolge des herausgedrückten Bodens aufwölbt. Zum anderen nähert sich die Last-Setzungs-Linie einer lotrechten oder steil abfallenden Tangente (R_{ULS}) (2.09).
Versuche haben gezeigt (z. B. Mitteilungen der Deutschen Forschungsgesellschaft für Boden-

 2.09: Beispiel: Last-Setzungs-Linie:
a) nichtbindiger (nbB) b) bindiger Boden (bB)

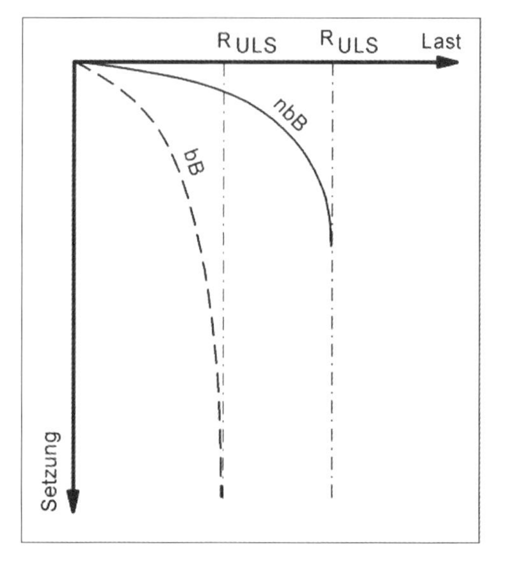

mechanik, Hefte 22, 28 und 29), dass sich bei Annäherung an die Grenzbelastung des Baugrunds direkt unter der Gründungssohle ein Bodenkeil (B'BC) ausbildet, der die seitlich lagernden Bodenmassen unter Überwindung der Scherfestigkeit auf gekrümmten Gleitlinien nach oben verdrängt. Bei der Berechnung des Grundbruchwiderstands wird daher der Grundbruchkörper vereinfachend aus einer Geraden B'C unter dem Winkel 45° + $\varphi/2$ („aktive Rankine-Zone"), einer logarithmischen Spirale CD und einer Geraden DE unter dem Winkel 45° - $\varphi/2$ („passive Rankine-Zone") zusammengesetzt, wobei die beiden Geraden die Kurve tangieren. Die Q-Kräfte am Bodenkeil sind gleich groß. Daher spielt es keine Rolle, ob der Grundbruch einseitig oder auf beiden Seiten des Fundaments eintritt (□ 2.10).

□ 2.10: Beispiel: Bruchfigur bei lotrecht mittiger Belastung

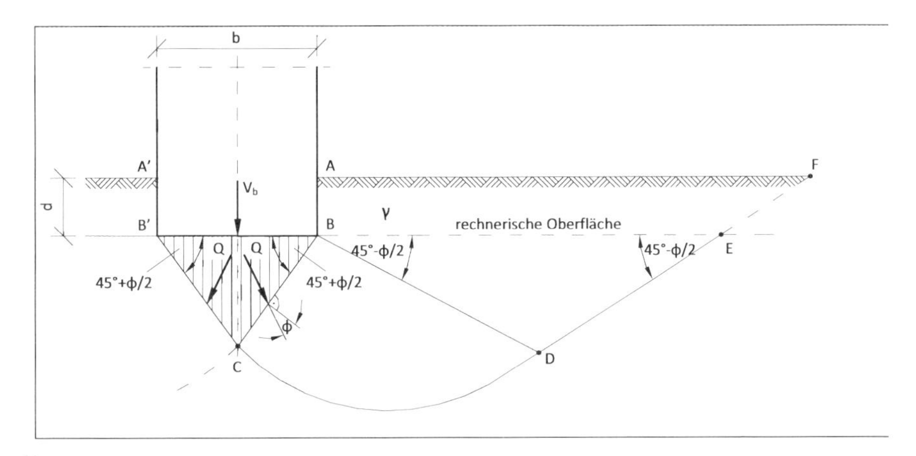

B
ei der Berechnung des Grundbruchwiderstands (siehe Abschnitte 2.6.2 und 2.6.3) werden die Scherwiderstände des Bodens nur unterhalb der Gründungsebene berücksichtigt. Die Bodenschichten oberhalb der Gründungsebene gehen bei waagerechter Sohlfläche und horizontalem Gelände nur als Auflast ein.

Bei geneigtem Gelände bzw. bei geneigter Sohlfläche siehe Abschnitt 2.6.4.

Norm: DIN 4017

DIN 4017 Baugrund – Berechnung des Grundbruchwiderstands von Flachgründungen.

Die Anwendung dieser Norm geht von folgenden Voraussetzungen aus:

Anwendungsbereiche

Bei der Berechnung des Grundbruchwiderstands nach DIN 4017 sind folgende Anwendungsbereiche zu beachten:

Fundamente: Lotrecht oder schräg und mittig oder ausmittig belastete Streifenfundamente und gedrungene Fundamente, wenn sie als starr angenommen werden können (siehe Abschnitt 4) und flach gegründet sind ($d/b \leq 2$ mit d = Einbindetiefe und b = Fundamentbreite). Für $d/b > 2$ liegen die Ergebnisse auf der sicheren Seite.

Geländeoberfläche: Waagerecht sowie geneigt, wenn die lange Fundamentseite etwa parallel zu den Höhenlinien des Geländes verläuft und die horizontale Komponente der Resultierenden der Einwirkungen etwa parallel zur kurzen Fundamentseite gerichtet ist.

Böden: Nichtbindige Böden, deren Lagerungsdichte $D > 0{,}2$ (bei $C_U \leq 3$) bzw. $D > 0{,}3$ (bei $C_U > 3$) ist. Bindige Böden mit einer Konsistenzzahl $I_C > 0{,}5$. (Begründung: siehe Anmerkung 1 im Abschnitt 1 der DIN 4017).

Boden-kenngrößen Nach DIN 4017, Abschnitt 6.2 ist zu beachten:

Scherparameter: Für jede Schicht müssen die Werte der Scherparameter φ' und c' bzw. φ_u und c_u sowie der Wichten γ_1 und γ_2 als charakteristische Werte vorliegen.

In den Gleichungen und Abbildungen dieser Norm und im folgenden Text sind für den Reibungswinkel φ und für die Kohäsion c eingesetzt worden. Bei der Ermittlung der Sicherheit gegen Grundbruch ist aber darauf zu achten, dass die Scherparameter zugrunde gelegt werden, welche den kleinsten Grundbruchwiderstand ergeben. Bei nichtbindigen Böden wird der Charakteristische Wert φ_k' eingesetzt. Bei bindigen Böden ist zu entscheiden, ob die Scherparameter des undränierten Bodens φ_u und c_u (Anfangsstandsicherheit) oder die des dränierten Bodens φ' und c' (Endstandsicherheit) nach DIN 18137-1 zugrunde zu legen sind. Bei bindigen, einfach verdichteten, wassergesättigten Böden sind meist die Scherparameter φ_u und c_u, bei stark vorbelasteten Böden die wirksame Scherfestigkeit aus dem entwässerten Versuch (Endstandsicherheit) φ' und c' maßgebend.

Geschichteter Boden: Hier darf wie bei homogenem Baugrund gerechnet werden, wenn die Werte der Reibungswinkel der einzelnen Schichten um nicht mehr als 5° vom gemeinsamen arithmetischen Mittelwert abweichen. Zur Mittelwertbildung der Bodenkenngrößen sind die einzelnen Schichtparameter entsprechend ihrem Einfluss auf den Grundbruchwiderstand wie folgt gewichtet zu erfassen:

a) Die Wichten entsprechend dem Anteil der Teilfläche der Einzelschicht an der Gesamtfläche des Grundbruchkörpers;

b) Reibungswinkel und die Kohäsion entsprechend den Teilabschnitten der Gleitfläche in den Einzelschichten. Vergleichsrechnungen haben jedoch gezeigt, dass man auch hier ausreichend genau wie unter a) verfahren kann.

Maßgebend ist die nach Abschnitt 2.6.2 iterativ für den Mittelwert des Reibungswinkels zu bestimmende Gleitfläche. Wenn die Reibungswinkel der Einzelschichten um mehr als 5° vom arithmetischen Mittelwert abweichen, dann sind z. B. die ungünstigsten Gleitflächen nach dem Verfahren der DIN 4084 mit starren Bruchkörpern auf geraden Gleitlinien zu bestimmen.

Wird eine weiche Schicht von einer festeren überlagert, so ist zu prüfen, ob Durchstanzen (siehe Abschnitt 2.6.4) maßgebend ist.

Einwirkungen Beim Nachweis der Grundbruchsicherheit sind zu berücksichtigen: Lasten oberhalb der Oberkante des Gründungskörpers, Eigenlast des Gründungskörpers, Last aus Sohlwasserdruck, Lasten aus Erddruck und seitlichem Wasserdruck, andere Horizontallasten am Gründungskörper, vor allem die zur Sohlfläche parallel wirkende Komponente der Bodenreaktion an der Stirnseite des Fundaments, gegebenenfalls zusätzliche Massenkräfte (Strömungskraft) und dynamische Lasten.

Sohldruck-resultierende Die resultierende Kraft aus allen Einwirkungen in der Sohlfuge.

Grundbruch-widerstand Widerstand des Bodens beim Eintreten des Grundbruchs.

Für den Grundbruchwiderstand gilt nach Handbuch Eurocode 7, Band 1 (2011): DIN EN 1997-1, Abschnitt 6.5.2:

a) Der charakteristische Grundbruchwiderstand $R_{v,k}$ im Grenzzustand GEO (Nachweisverfahren GEO-2) ist nach DIN 4017 zu ermitteln. Dabei sind Neigung und Ausmittigkeit der resultierenden charakteristischen Beanspruchung in der Sohlfläche nach Abschnitt 2.2.1 zu berücksichtigen.

b) Wenn die resultierende charakteristische Beanspruchung in der Sohlfläche bestimmt wird, darf eine Bodenreaktion B_k an der Stirnseite des Fundaments wie eine charakteristische Einwirkung angesetzt werden. Diese darf jedoch höchstens so groß sein wie die parallel zur Sohlfläche angreifende charakteristische Beanspruchung aus den Einwirkungen nach Abschnitt 1.8.1. Außerdem darf sie mit Rücksicht auf die Grenzzustandsbedingung an der Stirnseite und auf die Verschiebungen beim Wecken des Erdwiderstands höchstens mit der Größe

$$B_k = 0,5 \cdot E_{p,k} \tag{2.15}$$

angesetzt werden.

c) Der Bemessungswert $R_{V,d}$ des Grundbruchwiderstands ergibt sich nach Abschnitt 1.8.4.2 aus dem charakteristischen Grundbruchwiderstand $R_{V,k}$ durch Division durch den Teilsicherheitsbeiwert $\gamma_{R,v}$ (siehe oben und Tabelle 1.03 in Abschnitt 1) für den Grenzzustand GEO-2 aus:

$$R_{V,d} = \frac{R_{V,k}}{\gamma_{R,v}} \tag{2.16}$$

Nachweis der Grundbruchsicherheit

Für den Nachweis einer ausreichenden Sicherheit gegen Grundbruch gilt Handbuch Eurocode 7, Band 1 (2011): DIN EN 1997-1, Abschnitt 6.5.2:

a) Für den Grenzzustand GEO-2 muss die Bedingung

$$V_d \leq R_{V,d} \tag{2.17}$$

erfüllt sein. Hierin ist:

V_d Bemessungswert der Beanspruchung senkrecht zur Fundamentsohlfläche nach Abschnitt 2.2.2;

$R_{V,d}$ Bemessungswert des Grundbruchwiderstands (siehe oben am linken Textrand unter dem Stichwort „Grundbruchwiderstand").

b) Die möglicherweise maßgebenden Kombinationen von ständigen und veränderlichen Einwirkungen sind zu untersuchen, insbesondere

b1) die Kombination der größten Normalkraft $V_{k,max}$ mit der zugehörigen größten Tangentialkraft $H_{k,max}$ und

b2) die Kombination der kleinsten Normalkraft $V_{k,min}$ mit der zugehörigen größten Tangentialkraft $H_{k,max}$.

c) Bei Einzel- und Streifenfundamenten unter Bauteilen sowie bei flach gegründeten Stützwänden ist der Nachweis der Grundbruchsicherheit für jedes Fundament für den Grenzzustand GEO-2 einzeln zu führen.

Bei Flächengründungen, Trägerrostfundamenten und bei Einzel- und Streifenfundamenten mit geringem gegenseitigen Abstand sowie bei Einzel- und Streifenfundamenten, die durch einen steifen Überbau zu Fundamentgruppen verbunden sind und über die gesamte Grundfläche des Bauwerks als einheitlicher Gründungskörper wirken, kann es in Sonderfällen, z. B. bei geneigtem Gelände oder bei einer tiefer liegenden weichen Bodenschicht, notwendig sein, zusätzlich den Nachweis der Grundbruchsicherheit für das Gesamtbauwerk zu führen. Dieser Nachweis darf auch als Nachweis der Gesamtstandsicherheit im Grenzzustand GEO-3 nach Handbuch Eurocode 7, Band 1 (2011): DIN EN 1997-1, Abschnitt 6.5.1 geführt werden.

d) In Bauzuständen oder wenn spätere, zeitlich begrenzte Abgrabungen neben dem Fundament zu erwarten sind, bei denen die Bodenreaktion auf die Stirnfläche vorübergehend entfällt, dann darf für den Nachweis der Grundbruchsicherheit die Bemessungssituation BS-T nach Abschnitt 1.8.3.3 zugrunde gelegt werden.

Für den Nachweis der Grundbruchsicherheit wird die normal zur Sohlfläche wirkende Komponente des Grundbruchwiderstands R_V verwendet (siehe Abschnitt 2.6.2 und 2.6.3).

2.6.2 Grundbruchwiderstand bei lotrecht mittiger Belastung

$R_{V.k}$

Die normal auf die Sohlfläche wirkende Komponente $R_{V,k}$ des Grundbruchwiderstands ergibt sich nach DIN 4017, Abschnitt 7.2.1 bei lotrecht mittiger Belastung aus der Gleichung:

$$R_{V,k} = a \cdot b \cdot \sigma_{0f} \quad \text{bzw.}$$

$$R_{V,k} = a \cdot b \cdot (\underbrace{c_k \cdot N_{c0} \cdot \nu_c \cdot i_c}_{\text{Kohäsion}} + \underbrace{\gamma_1 \cdot d \cdot N_{d0} \cdot \nu_d \cdot i_d}_{\text{Gründungstiefe}} + \underbrace{\gamma_2 \cdot b \cdot N_{b0} \cdot \nu_b \cdot i_b}_{\text{Fundamentbreite}}) \tag{2.18}$$

Einfluss der Kohäsion, Gründungs-tiefe, Fundament-breite

Hierin ist:

$R_{v,k}$ Grundbruchwiderstand (beim Ansatz charakteristischer Werte)
σ_{0f} $R_{V,k} / a \cdot b$ = mittlere Sohlnormalspannung im Grenzzustand
b Breite des Gründungskörpers bzw. Durchmesser des Kreisfundaments, $b < a$
a Länge des Gründungskörpers
d kleinste maßgebende Einbindetiefe des Gründungskörpers
c_k Kohäsion des Bodens unterhalb der Sohle; hierbei ist $c_k = c'$ oder $c_k = c_u$
N_{c0} Tragfähigkeitsbeiwert im Kohäsionsglied ((□ 2.11) oder (2.19))
N_{d0} Tragfähigkeitsbeiwert im Tiefenglied ((□ 2.11) oder (2.20))
N_{b0} Tragfähigkeitsbeiwert im Breitenglied ((□ 2.11) oder (2.21))
$\nu_{c,d,b}$ Formbeiwerte (□ 2.13)
γ_1 Wichte des Bodens oberhalb der Sohle
γ_2 Wichte des Bodens unterhalb der Sohle.

Anmerkung: Die Horizontale durch die Gründungssohle B'B (□ 2.10) wird als "rechnerische Oberfläche" und der im Bereich der Einbindetiefe liegende Boden als Auflast $\gamma \cdot d$ betrachtet. Die Reibung in den Fugen AB und A'B' und der Scherwiderstand im Gleitflächenbereich EF bleiben unberücksichtigt (zusätzliche Sicherheit).

Tragfähigkeitsbeiwerte

Nach DIN 4017, Abschnitt 7.2.2 hängen die Grundwerte N_{c0}, N_{d0} und N_{b0} der Tragfähigkeitsbeiwerte vom Reibungswinkel ab. Sie können aus □ 2.11 entnommen oder nach den Gleichungen (2.19), (2.20) und (2.21) berechnet werden. Für den Fall $\varphi = 0$ gilt $N_{c0} = 5{,}14$, $N_{d0} = 1$ und $N_{b0} = 0$:

$$N_{c0} = \frac{(N_{d0} - 1)}{\tan\varphi} \qquad (2.19)$$

$$N_{d0} = \tan^2\left(45° + \frac{\varphi}{2}\right) \cdot e^{\pi \cdot \tan\varphi} \qquad (2.20)$$

$$N_{b0} = (N_{d0} - 1) \cdot \tan\varphi \qquad (2.21)$$

Hierbei ist $\varphi_k = \varphi'$ oder $\varphi_k = \varphi_u$

□ 2.11 Tragfähigkeitsbeiwerte (aus DIN 4017

φ_k	N_{c0}	N_{d0}	N_{b0}
0°	5,14	1,0	0,0
5°	6,5	1,5	0,0
10°	8,5	2,5	0,5
15°	11,0	4,0	1,0
20°	15,0	6,5	2,0
22,5°	17,5	8,0	3,0
25°	20,5	10,5	4,5
27,5°	25,0	14,0	7,0
30°	30,0	18,0	10,0
32,5°	37,0	25,0	15,0
35°	46,0	33,0	23,0
37,5°	58,0	46,0	34,0
40°	75,0	64,0	53,0
42,5°	99,0	92,0	83,0

Formbeiwerte

Nach DIN 4017, Abschnitt 7.2.3 sind die Formbeiwerte ν_c, ν_d und ν_b für die hauptsächlich vorkommenden Fundamentgrundrisse der Tabelle □ 2.12 zu entnehmen. Sie gilt für $a' > b'$. Bei lotrecht mittiger Belastung ist $a' = a$ und $b' = b$ zu setzen.

□ 2.12 Formbeiwerte (aus DIN 4017); hierbei ist $\varphi = \varphi_k = \varphi'$ oder $\varphi = \varphi_k = \varphi_u$

Grundrissform	ν_c ($\varphi \neq 0$)	ν_c ($\varphi = 0$)	ν_d	ν_b
Streifen	$1{,}0$	$1{,}0$	$1{,}0$	$1{,}0$
Rechteck	$\frac{(\nu_d \cdot N_{d0} - 1)}{N_{d0} - 1}$	$1 + 0{,}2 \cdot \frac{b'}{a'}$	$1 + \frac{b'}{a'} \cdot \sin\varphi$	$1 - 0{,}3 \cdot \frac{b'}{a'}$
Quadrat/Kreis	$\frac{(\nu_d \cdot N_{d0} - 1)}{N_{d0} - 1}$	$1{,}2$	$1 + \sin\varphi$	$0{,}7$

Grundbruchkörper

Tiefe und Länge des Grundbruchkörpers (□ 2.13) werden bei lotrecht mittiger Belastung aus folgenden Gleichungen erhalten:

□ 2.13: Beispiel: Tiefe und Länge des Grundbruchkörpers als Funktion des Reibungswinkels (Bild A.2 aus DIN 4017)

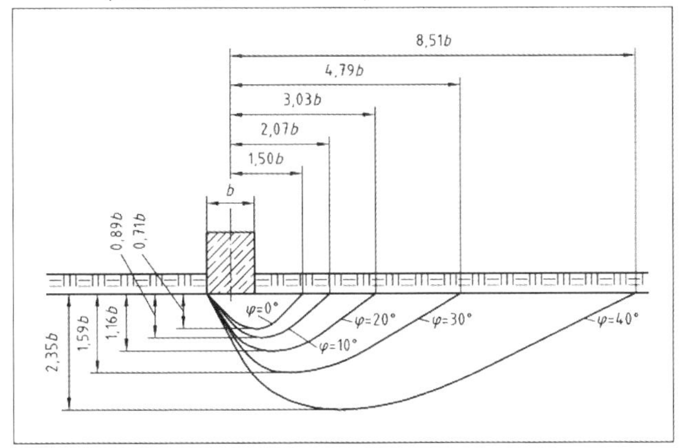

Hierbei sind b= b' und $\varphi = \varphi_k = \varphi'$ oder $\varphi = \varphi_k = \varphi_u$

$$d_s = b \cdot \sin\alpha \cdot e^{\alpha \cdot \tan\varphi} \tag{2.22}$$

$$l_s = \frac{b}{2} + b \cdot \tan\alpha \cdot e^{1{,}571 \cdot \tan\varphi} \tag{2.23}$$

mit:

$$\alpha = 45° + \frac{\varphi}{2} \tag{2.24}$$

$$\frac{\alpha \cdot \pi}{180°} = Bogenmaß \tag{2.25}$$

Weitere Gleichungen zur Konstruktion des Gleitflächenbildes: siehe DIN 4017, Anhang A.

⇒ Berechnungsbeispiele: □ 2.14, □ 2.15 und □ 2.16

□ 2.14 Beispiel: Nachweis gegen Grundbruch: Lotrecht mittige Belastung (homogener Baugrund)

***Geg.**: Fälle a), b) und c); Bemessungssituation BS-P;*
nur vertikale und mittige einwirkende Kräfte ($V = V_{G,k}$ bzw. $V = V_{Q,k}$)

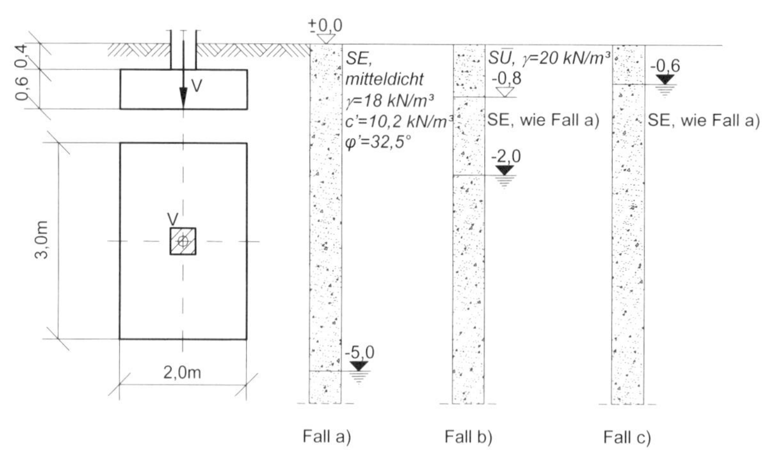

***Ges.**: maximale Werte für $V = V_{G,k}$ für die Nachweise Kippen (EQU), Gleiten (GEO-2) sowie Grundbruch (GEO-2)*

Lösung:

Die gegebenen Werte können als charakteristische Werte betrachtet werden.

1. *Nachweis gegen Kippen:* $e = 0$ ⇒ *Nachweis ist erbracht bzw. nicht erforderlich*
2. *Nachweis gegen Gleiten:* $H_{G,k} = H_{Q,k} = 0$ ⇒ *Nachweis ist erbracht bzw. nicht erforderlich*
3. *Nachweis gegen Grundbruch*

Fall a)

Zunächst muss geprüft werden, ob das Grundwasser innerhalb der Grundbruchscholle liegt:

2.14 Fortsetzung Beispiel: Nachweis gegen Grundbruch: Lotrecht mittige Belastung (homogener Baugrund)

$$d_s = b \cdot \sin\alpha \cdot e^{\alpha \cdot \tan\varphi'} = 2,0 \cdot \sin 61,25° \cdot e^{1,0685 \cdot \tan 32,5°} = 3,46\ m$$

Das Grundwasser kann unberücksichtigt bleiben.

Vorwerte:

$$N_{d0} = 25;\ \nu_d = 1 + \frac{2,0}{3,0} \cdot \sin 32,5° = 1,36$$

$$N_{b0} = 15;\ \nu_b = 1 - 0,3 \cdot \frac{2,0}{3,0} = 0,80$$

Grundbruchwiderstand:

$$R_{V,k} = 3,0 \cdot 2,0 \cdot (0 + 18 \cdot 1,0 \cdot 25 \cdot 1,36 + 18 \cdot 2,0 \cdot 15 \cdot 0,80) = 6264\ kN$$

$$\Rightarrow \quad R_{V,d} = \frac{6264}{1,40} = 4474\ kN$$

Bemessungsbeiwert der Beanspruchung senkrecht zur Fundamentsohle:

$$V_d = V_{G,k} \cdot \gamma_G + V_{Q,k} \cdot \gamma_Q = V_{G,k} \cdot 1,35 + V_{Q,k} \cdot 1,50$$

Die Bestimmungsgleichung für die zulässige Belastung lautet somit:

$$1,35 \cdot V_{G,k} + 1,50 \cdot V_{Q,k} \leq 4474\ kN$$

Annahme 1: Bei der Belastung handelt es sich nur um ständige Lasten:

$$V_d = 1,35 \cdot V_{G,k} + 1,50 \cdot V_{Q,k} \leq 4474\ kN$$

$$\Rightarrow V_{G,k} \leq \frac{4474}{1,35} = 3315\ kN$$

Annahme 2: Bei der Belastung sind 30% Anteile aus veränderlichen Lasten (Verkehrslasten, Nutzlasten): $V_{G,k} = V_k \cdot 0,7\ bzw.\ V_{Q,k} = V_k \cdot 0,3$

$$1,35 \cdot V_k \cdot 0,7 + 1,50 \cdot V_k \cdot 0,3 \leq 4474\ kN$$

$$\Rightarrow V_k \leq \frac{4474}{0,945 + 0,450} = 3207\ kN$$

$$\Rightarrow V_{G,k} \leq 3207 \cdot 0,7 = 2245\ kN\ und\ V_{Q,k} \leq 3207 \cdot 0,3 = 962\ kN$$

Fall b)

Da der Boden von GOK bis zur Gründungssohle wechselt und das Grundwasser innerhalb der Grundbruchscholle liegt, müssen sowohl für γ_1 als auch für γ_2 „gewogene Mittelwerte" berechnet werden:

$$\gamma_{1,m} = \frac{0,8 \cdot 20 + 0,2 \cdot 18}{0,8 + 0,2} = 19,60\ kN/m^3 \quad ; \quad \gamma_{2,m} = \frac{1,0 \cdot 18 + 2,46 \cdot 10,2}{3,46} = 12,45\ kN/m^3$$

2.14 Fortsetzung Beispiel: Nachweis gegen Grundbruch: Lotrecht mittige Belastung (homogener Baugrund)

Einflusstiefe d_s siehe Fall a).

Grundbruchwiderstand:

$$R_{V,k} = 3{,}0 \cdot 2{,}0 \cdot (0 + 19{,}60 \cdot 1{,}0 \cdot 25 \cdot 1{,}36 + 12{,}45 \cdot 2{,}0 \cdot 15 \cdot 0{,}80) = 5791\ kN$$

$$\Rightarrow R_{V,d} = \frac{5791}{1{,}40} = 4136\ kN$$

Bestimmungsgleichung für die zulässige Belastung:

$$1{,}35 \cdot V_{G,k} + 1{,}50 \cdot V_{Q,k} \leq 4136\ kN$$

<u>Annahme 1</u> (s. Fall a):

$$\Rightarrow V_{G,k} \leq \frac{4136}{1{,}35} = 3064\ kN$$

<u>Annahme 2</u> (s. Fall a):

$$\Rightarrow V_k \leq \frac{4136}{0{,}945 + 0{,}450} = 2965\ kN$$

$$\Rightarrow V_{G,k} \leq 2965 \cdot 0{,}7 = 2076\ kN\ und\ V_{Q,k} \leq 2965 \cdot 0{,}3 = 890\ kN$$

Fall c)

Da das Fundament 0,4 m im Grundwasser steht, wirkt die entlastende Auftriebskraft (Sohlwasserdruckkraft):

$$D = \gamma_{\mathrm{w}} \cdot h_{\mathrm{w}} \cdot a \cdot b = 10 \cdot 0{,}4 \cdot 3{,}0 \cdot 2{,}0 = 24\ kN\ .$$

Mit der gemittelten Wichte

$$\gamma_{1,\mathrm{m}} = \frac{0{,}6 \cdot 18 + 0{,}4 \cdot 10{,}2}{1{,}0} = 14{,}88\ kN/m^3 \ \text{und}$$

$$\gamma_2 = \gamma' = 10{,}20\ kN/m^3$$

wird der Grundbruchwiderstand

$$R_{V,k} = 3{,}0 \cdot 2{,}0 \cdot (0 + 14{,}88 \cdot 1{,}0 \cdot 25 \cdot 1{,}36 + 10{,}20 \cdot 2{,}0 \cdot 15 \cdot 0{,}80) = 4504\ kN$$

$$\Rightarrow R_{V,k} = \frac{4504}{1{,}40} = 3217\ kN\ R_{\mathrm{n,d}} = \frac{4504}{1{,}40} = 3217\ kN$$

Bestimmungsgleichung für die zulässige Belastung:

$$1{,}35 \cdot (V_{G,k} - D) + 1{,}50 \cdot V_{Q,k} \leq 3217\ kN$$

2.14 Fortsetzung Beispiel: Nachweis gegen Grundbruch: Lotrecht mittige Belastung (homogener Baugrund)

$$1{,}35 \cdot V_{G,k} - 1{,}35 \cdot 24 + 1{,}50 \cdot V_{Q,k} \leq 3217 \; kN$$

Annahme 1 (s. Fall a):

$$V_{G,k} \leq \frac{3217 + 32{,}4}{1{,}35} = \frac{3249{,}4}{1{,}35} = 2407 \; kN$$

Annahme 2 (s. Fall a):

$$\Rightarrow V_k \leq \frac{3249{,}4}{0{,}945 + 0{,}450} = 2329 \; kN$$

$$\Rightarrow V_{G,k} \leq 2329 \cdot 0{,}7 = 1630 \; kN \; und \; V_{Q,k} \leq 2329 \cdot 0{,}3 = 699 \; kN$$

2.15 Beispiel: Nachweis gegen Grundbruch: Anfangs- und Endstandsicherheit

Geg.: *nur vertikale und mittige einwirkende Kräfte ($V^g = V_{G,k}$ bzw. $V^p = V_{Q,k}$)*

Fall a) Grundwasser auf Kote –1,8m
Fall b) Grundwasser auf Kote –2,5 m.

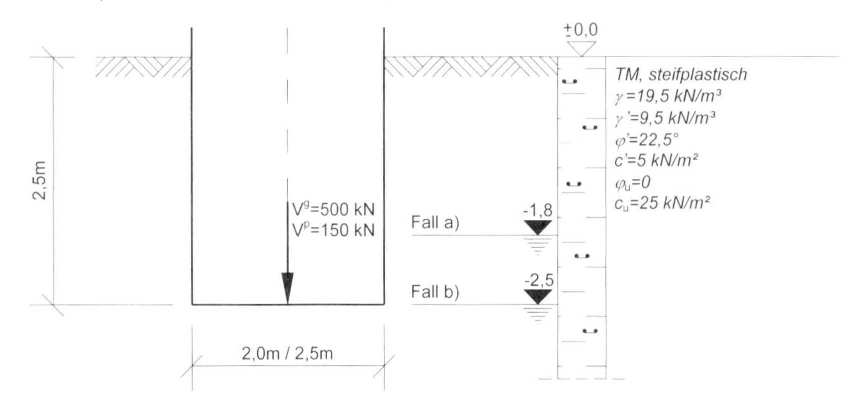

Ges.: *Nachweis Grundbruch (GEO-2) für Anfangs- und Endstandsicherheit*

Lösung:

Grundbruchwiderstand für die Anfangsfestigkeit (φ_u, c_u);

Beiwerte: $N_{c0} = 5{,}14\,;\; \nu_c = 1 + 0{,}2 \cdot \frac{2{,}0}{2{,}5} = 1{,}160$

$N_{d0} = 1{,}0\,;\; \nu_d = 1 + \frac{2{,}0}{2{,}5} \cdot \sin 0° = 1{,}000$

$N_{b0} = 0\,;\; \nu_b =$ *nicht erforderlich*

□ 2.15 Fortsetzung Beispiel: Nachweis gegen Grundbruch: Anfangs- und Endstandsicherheit

Fall a)
$$R_{V,k} = 2{,}5 \cdot 2{,}0 \cdot (25 \cdot 5{,}14 \cdot 1{,}160 + (1{,}8 \cdot 19{,}5 + 0{,}7 \cdot 9{,}5) \cdot 1{,}0 \cdot 1{,}0 + 0) = 954 \; kN$$

Fall b)
$$R_{V,k} = 2{,}5 \cdot 2{,}0 \cdot (25 \cdot 5{,}14 \cdot 1{,}160 + 19{,}5 \cdot 2{,}5 \cdot 1{,}0 \cdot 1{,}0 + 0) = 989 \; kN$$

Grundbruchwiderstand für die Endfestigkeit (φ', c'):

Beiwerte:
$$N_{c0} = 17{,}5 \; ; \; \nu_c = \frac{1{,}306 \cdot 8{,}0 - 1}{8{,}0 - 1} = 1{,}350$$
$$N_{d0} = 3{,}0 \; ; \; \nu_d = 1 + \frac{2{,}0}{2{,}5} \cdot \sin 22{,}5° = 1{,}306$$
$$N_{b0} = 3{,}0 \; ; \; \nu_b = 1 - 0{,}3 \cdot \frac{2{,}0}{2{,}5} = 0{,}760$$

Fall a)
$$R_{V,k} = 2{,}5 \cdot 2{,}0 \cdot (5 \cdot 17{,}5 \cdot 1{,}350 + (1{,}8 \cdot 19{,}5 + 0{,}7 \cdot 9{,}5) \cdot 8{,}0 \cdot 1{,}306 + 9{,}5 \cdot 2{,}0 \cdot 3{,}0 \cdot 0{,}760) = 2988 \; kN$$

Fall b)
$$R_{V,k} = 2{,}5 \cdot 2{,}0 \cdot (5 \cdot 17{,}5 \cdot 1{,}350 + 19{,}5 \cdot 2{,}5 \cdot 8{,}0 \cdot 1{,}306 + 9{,}5 \cdot 2{,}0 \cdot 3{,}0 \cdot 0{,}760) = 3354 \; kN$$

Sohlwasserdruckkraft im Fall a):

$$D = \gamma_w \cdot h_w \cdot a \cdot b = 10 \cdot 0{,}7 \cdot 2{,}0 \cdot 2{,}5 = 35 \; kN$$

Sicherheiten:

Die Anfangsstandsicherheiten müssen der Bemessungssituation BS-T, die Endstandsicherheiten der Bemessungssituation BS-P zugeordnet werden.

Fall a)

Anfangsstandsicherheit (BS-T):

$$R_{V,d} = \frac{954}{1{,}30} = 734 \; kN$$
$$V_d = 1{,}20 \cdot (500 - 35) + 1{,}30 \cdot 150 = 753 \; kN$$
$$V_d = 753 \; kN > R_{V,d} = 734 \; kN$$

Die Sicherheit ist nicht gegeben (Nachweis nicht erbracht)!

Endstandsicherheit:

$$R_{V,d} = \frac{2988}{1{,}40} = 2134 \; kN$$
$$V_d = 1{,}35 \cdot (500 - 35) + 1{,}50 \cdot 150 = 853 \; kN$$
$$V_d = 853 \; kN < R_{V,d} = 2134 \; kN$$

Die Sicherheit ist gegeben (Nachweis erbracht)!

2.15 Fortsetzung Beispiel: Nachweis gegen Grundbruch: Anfangs- und Endstandsicherheit

Fall b)

Anfangsstandsicherheit:

$$R_{V,d} = \frac{989}{1{,}30} = 761\ kN$$

$$V_d = 1{,}20 \cdot 500 + 1{,}30 \cdot 150 = 795\ kN$$

$$V_d = 795\ kN > R_{V,d} = 761\ kN$$

Die Sicherheit ist nicht gegeben (Nachweis nicht erbracht)!

Endstandsicherheit:

$$R_{V,d} = \frac{3354}{1{,}30} = 2396\ kN$$

$$V_d = 1{,}35 \cdot 500 + 1{,}50 \cdot 150 = 900\ kN$$

$$V_d = 900\ kN < R_{V,d} = 2396\ kN$$

Die Sicherheit ist gegeben (Nachweis erbracht)!

In beiden Fällen ist die Anfangsstandsicherheit der kritische Zustand.

2.16: Beispiel: Fundamentbemessung (geschichteter Baugrund)

Geg.: *Bemessungssituation BS-P, nur vertikale und mittige einwirkende Kräfte ($V^g = V_{G,k}$ bzw. $V^p = V_{Q,k}$), quadratische Stütze (0,5 m/0,5 m), Einbindetiefe: 1,2 m*

Ges.: *Fundamentabmessungen*

Lösung:

1. Vorbemerkungen:

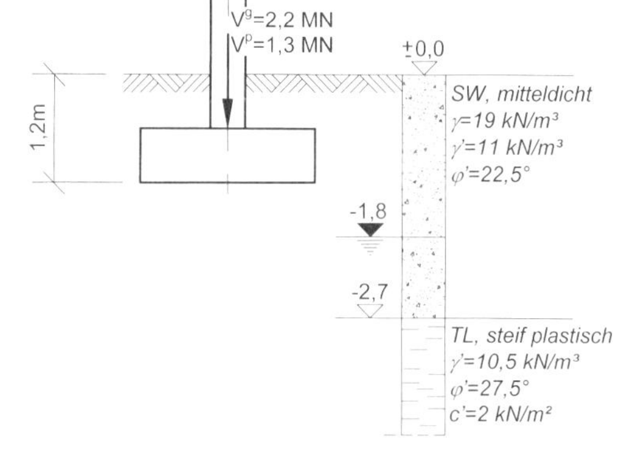

- *Dem Stützenquerschnitt entsprechend wird ein Quadratfundament gewählt.*
- *Da die Last lotrecht und mittig angreift, entfallen die Nachweise gegen Kippen und Gleiten.*
- *Die Bemessung wird nach den Grundbruchkriterien durchgeführt:*

  a) *Überschlägige Ermittlung der zulässigen Sohlnormalspannung $\sigma_{0,zul}$ unter Berücksichtigung der beeinflussten Bodenschichten (z.B. nach dem „Tabellenverfahren" Abschnitt 5.3)*

  Bestimmung der erforderlichen Fundamentfläche $A_{erf} = \frac{V_{vorh}}{\sigma_{zul}}$.

  Aufteilung in die Seitenlängen a und b.
  Kontrolle mit Hilfe der direkten Standsicherheitsnachweise.
  Korrekturen, falls erforderlich („trial and error").

□ 2.16: Fortsetzung Beispiel: Fundamentbemessung (geschichteter Baugrund)

b) Sofern nur zwei Schichten an der Lastabtragung beteiligt sind, werden die Fundamentabmessungen zweckmäßig mit Hilfe von zwei Annahmen ermittelt und anschließend zwischen diesen Grenzfällen interpoliert,

2. *Überschlägliche Ermittlung der Fundamentabmessungen nach Verfahren b):*

Die angegebenen Werte können als charakteristische Werte betrachtet werden:
$V^g = F_{v,k} = N_k = N_{G,K} = V_{G,K}$
$H^g = F_{h,k} = H_{G,k} = T_{G,K}$

- *Da der angreifende Last V_d (Fundamenteigenlast und Bodenauflast bleiben zunächst unberücksichtigt) ein mindestens gleichgroßer Grundbruchwiderstand $R_{V,d}$ entgegen wirken muss, lautet die Ausgangsbedingung*

$$R_{V,d} = \frac{R_{V,k}}{\gamma_{R,v}} = V_{G,k} \cdot \gamma_G + V_{Q,k} \cdot \gamma_Q$$

- *Vereinfachend wird (in diesem Fall) der Grundwasserspiegel zunächst in die Gründungssohle gelegt.*
- *Annahme 1: Unterhalb der Gründungssohle steht nur Boden SW an.*

Grundbruchwiderstand:

$$N_{d0} = 25; \; \nu_d = 1 + \sin 32,5° = 1,537$$
$$N_{b0} = 15; \; \nu_b = 0,7$$
$$R_{V,k} = b^2 \cdot (0 + 19,0 \cdot 1,2 \cdot 25 \cdot 1,537 + 11,0 \cdot b \cdot 15 \cdot 0,7) = 115,50 \cdot b^3 + 876,09 \cdot b^2$$
$$R_{V,k} = 2200 \cdot 1,35 + 1300 \cdot 1,50 = 4920 \; kN$$

Damit lautet die Ausgangsbedingung

$$\frac{1}{1,40} \cdot (115,50 \cdot b^3 + 876,09 \cdot b^2) = 4920$$

mit der brauchbaren Lösung b ≈ 2,45 m.

- *Annahme 2: Unterhalb der Sohle steht nur Boden TL an.*

*Anmerkung: Für die Ermittlung der Beiwerte ist der Reibungswinkel φ_k des Bodens maßgebend **auf** dem der Gründungskörper steht.*

Somit wird

$$N_{c0} = 25; \; \nu_c = \frac{1,462 \cdot 14 - 1}{14 - 1} = 1,497$$
$$N_{d0} = 14; \; \nu_d = 1 + \sin 27,5° = 1,462$$
$$N_{b0} = 7; \; \nu_b = 0,7$$
$$R_{V,k} = b^2 \cdot (2 \cdot 25 \cdot 1,497 + 19,0 \cdot 1,2 \cdot 14 \cdot 1,462 + 10,5 \cdot b \cdot 7 \cdot 0,7)$$

Damit lautet die Ausgangsbedingung

$$\frac{1}{1,40} \cdot (51,45 \cdot b^3 + 514,52 \cdot b^2) = 4920$$ *mit der brauchbaren Lösung b ≈ 3,15 m.*

2.16: Fortsetzung Beispiel: Fundamentbemessung (geschichteter Baugrund)

- *Um eine sinnvolle Interpolationsgrenze zu finden, wird die Tiefe der Grundbruchscholle für Annahme 1 bestimmt:*

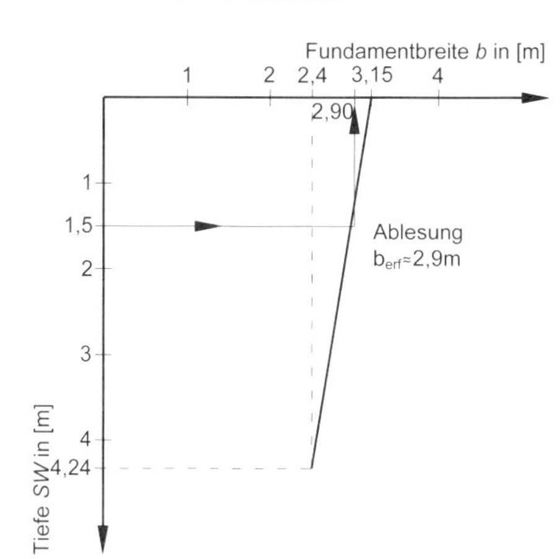

Mit $\alpha = 45° + \frac{1}{2} \cdot 32{,}5° = 61{,}25°$ *wird*

$$d_s = 2{,}45 \cdot \sin 61{,}25° \cdot e^{1{,}0685 \cdot \tan 32{,}5°} = 4{,}24\ m$$

Interpretation: Wenn der Boden SW bis d_s = 4,24 m unter Gründungssohle reicht, bleibt der Boden TL ohne Einfluss. Damit lässt sich die erforderliche Fundamentbreite näherungsweise durch geradlinige Interpolation ermitteln:

Um die bisher vernachlässigte Eigenlast des Fundamentes und die Bodenauflast zu berücksichtigen, wird b = 3,2 m gewählt.

3. Standsicherheitsnachweis:

Für die Seitenabmessungen a = b = 3,2 m wird die Sicherheit gegen Grundbruch mit der „Methode des gewogenen Mittels" (DIN 4017, Beiblatt 1, Ausgabe 11.2006) bestimmt:

Hierbei ist $\varphi_k = \varphi'$

- *In 1. Näherung wird die Einflusstiefe d_{s0} mit dem Reibungswinkel φ_0 des direkt unter der Gründungssohle anstehenden Bodens berechnet:*

$$d_{s,0} = 3{,}2 \cdot \sin\left(45° + \frac{32{,}5°}{2}\right) \cdot e^{1{,}0685 \cdot \tan 32{,}5°} = 5{,}54\ m$$

- *Für diese Einflusstiefe beträgt das gewogene Mittel $\overline{\varphi_0}$ aller betroffenen Schichten*

$$\overline{\varphi_0} = \frac{h_0 \cdot \varphi_0 + h_1 \cdot \varphi_1 + ... + h_n \cdot \varphi_n}{d_{s,0}} = \frac{1{,}5 \cdot 32{,}5° + 4{,}04 \cdot 27{,}5°}{5{,}54} = 28{,}9°$$

Abweichung Δ_1 dieses Mittelwerts $\overline{\varphi_0}$ vom Ausgangswert φ_0:

$$\Delta_1 = \left|\frac{\varphi_0 - \overline{\varphi_0}}{\varphi_0}\right| \cdot 100 = \frac{32{,}5° - 28{,}9°}{32{,}5°} \cdot 100 = 11{,}1\%$$

Da dieser Wert größer ist als die zulässige Abweichung von 3%, muss eine Iteration angeschlossen werden:

- *1. Iteration:*

Für den Mittelwert $\varphi_{m,1} = \frac{\varphi_0 + \overline{\varphi_0}}{2} = \frac{32{,}5° + 28{,}9°}{2} = 30{,}7°$ *wird eine neue Einflusstiefe berechnet:*

$$d_{s,1} = 3{,}2 \cdot \sin\left(45° + \frac{30{,}7°}{2}\right) \cdot e^{1{,}0533 \cdot \tan 30{,}7°} = 5{,}20\ m$$

Damit werden die vorangegangenen Rechenschritte wiederholt:

$$\overline{\varphi_1} = \frac{1{,}5 \cdot 32{,}5° + 3{,}7 \cdot 27{,}5°}{5{,}20} = 28{,}9°$$

$$\Delta_2 = \frac{30{,}7° - 28{,}9°}{30{,}7°} \cdot 100 = 5{,}9\% > 3\%$$

2.16: Fortsetzung Beispiel: Fundamentbemessung (geschichteter Baugrund)

- *2. Iteration:*

$$\varphi_{m,2} = \frac{30,7° + 28,9°}{2} = 29,8°$$

$$d_{s,2} = 3,2 \cdot \sin\left(45° + \frac{29,8°}{2}\right) \cdot e^{1,0455 \cdot \tan 29,8°} = 5,04 \ m$$

$$\overline{\varphi_2} = \frac{1,5 \cdot 32,5° + 3,54 \cdot 27,5°}{5,04} = 29,0°$$

$$\Delta_3 = \frac{29,8° - 29,0°}{29,8°} \cdot 1,00 = 2,7\% < 3\%$$

Die Iteration kann abgebrochen werden.

- *Der für die Grundbruchberechnung maßgebende Reibungswinkel beträgt:*

$$\varphi = \frac{29,8° + 29,0°}{2} = 29,4°$$

Mit der Einflusstiefe $d_s = 3,2 \cdot \sin\left(45° + \frac{29,4°}{2}\right) \cdot e^{1,0420 \cdot \tan 29,4°} = 5,0 \ m$

werden die gewogenen Mittelwerte berechnet: Hierbei ist $c_k = c$

$$c = \frac{h_0 \cdot c_0 + h_1 \cdot c_1 + ... + h_n \cdot c_n}{d_s} = \frac{1,5 \cdot 0 + 3,5 \cdot 2}{5} = 1,4 \ kN/m^2$$

$$\gamma_2 = \frac{h_0 \cdot \gamma_0 + h_1 \cdot \gamma_1 + ... + h_n \cdot \gamma_n}{d_s} = \frac{0,6 \cdot 19 + 0,9 \cdot 11 + 3,5 \cdot 10,5}{5,0} = 11,6 \ kN/m^3$$

- *Grundbruchwiderstand:*

Für φ *= 29,4° betragen die Beiwerte*

$$N_{c0} = 28,8 \ ; \ \nu_c = \frac{1,491 \cdot 17,0 - 1}{17,0 - 1} = 1,522$$

$$N_{d0} = 17,0 \ ; \ \nu_d = 1 + \sin 29,4° = 1,491$$

$$N_{b0} = 9,3 \ ; \ \nu_b = 0,700$$

Das ergibt einen Grundbruchwiderstand von

$$R_{V,k} = 3,2^2 \cdot (1,4 \cdot 28,8 \cdot 1,522 + 19 \cdot 1,2 \cdot 17,0 \cdot 1,491 + 11,6 \cdot 3,2 \cdot 9,3 \cdot 0,700) = 9000 \ kN$$

- *Weitere Vertikallasten:*

(charakteristische) Fundamenteigenlast (für eine angenommene Fundamenthöhe von 1,0 m): $G_F = G_{F,k}$

$$G_F = 25 \cdot 3,2^2 \cdot 1,0 = 256 \ kN$$

(charakteristische) Bodenauflast (exemplarisch; sonst für große Einbindetiefen): $G_B = G_{B,k}$

$$G_B = 19 \left(3,2^2 - 0,5^2\right) 0,2 = 38 \ kN.$$

2.16: Fortsetzung Beispiel: Fundamentbemessung (geschichteter Baugrund)

- *Sicherheitsnachweis:*

$$V_d = V_{G,k} \cdot \gamma_G + V_{Q,k} \cdot \gamma_Q = (2200 + 256 + 38) \cdot 1{,}35 + 1300 \cdot 1{,}50 = 5317\ kN$$

$$V_d = 5317\ kN < R_{V,d} = \frac{9000}{1{,}40} = 6429\ kN$$

Die Sicherheit gegen Grundbruch ist gegeben.

Ausnutzungsgrad:

$$\mu = \frac{5317}{6429} = 83\%$$

σ_{0f}

Trägt man den Sohldruck σ_{0f} im Grenzzustand der Belastung ($R_{v,k}$) über der Fundamentbreite auf, so ergibt sich für ein Streifenfundament eine Sohldruckfigur, die sich aus einem gleichmäßig verteilten Kohäsions- und Tiefenanteil und einem zur Mitte hin anwachsenden Breitenanteil zusammensetzt (2.17).

2.17: Beispiel: Sohldruckfigur im Grenzzustand der Belastung

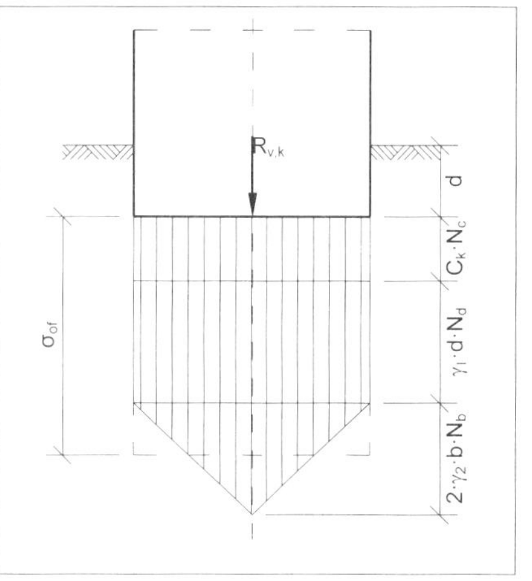

Maßgebende Einbindetiefe

Kellerwände: Bei Fundamenten unter Kellerwänden ist der Abstand von der Gründungssohle bis Oberkante Kellerfußboden als (kleinste) Einbindetiefe maßgebend, wenn das Ausweichen des Fundaments nach dieser Seite durch ausreichend dicke Kellerquerwände oder einen massiv ausgebildeten Kellerfußboden verhindert wird (2.18 a).

Nicht tragfähiger Boden: Liegt über dem tragfähigen Boden eine Bodenschicht, deren Scherfestigkeit nicht in Rechnung gestellt werden kann, so sollte als maßgebende Einbindetiefe nur die Dicke des tragfähigen Bodens angesetzt werden (2.18 b).

2.18: Beispiele: Maßgebende Einbindetiefe bei a) Fundamenten unter Kellerwänden, b) nicht tragfähigem Boden

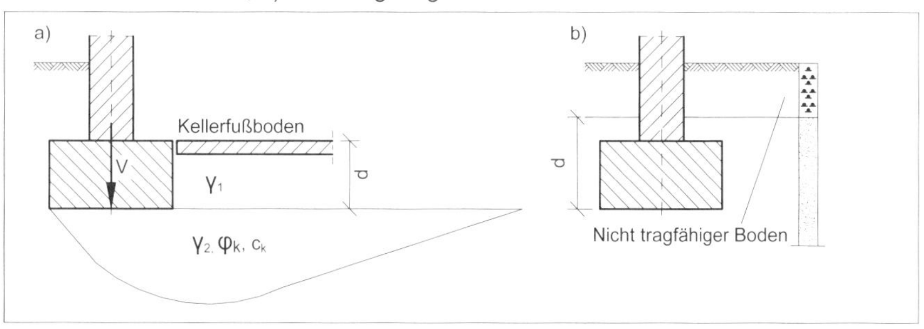

2.6.3 Grundbruchwiderstand bei schräger und/oder ausmittiger Belastung

Bei schräger und / oder ausmittiger Belastung bildet sich der Grundbruchkörper vor der Fundamentseite, auf der die Ausmittigkeit liegt bzw. auf welche die Last hinweist. Mit zunehmender Ausmittigkeit und Neigung der Last verschiebt er sich immer mehr zu dieser lastzugewandten Seite hin. Außerdem wird er flacher, und ein (unsymmetrischer) Bodenkeil bildet sich nur noch unter einem Teil des Fundaments aus (□ 2.19 a).

Ausmittigkeit

Die Ausmittigkeit der Last wird rechnerisch nach DIN 4017, Abschnitt 7.2.7 dadurch erfasst, dass die tatsächliche Fundamentfläche durch eine rechnerische (reduzierte) Fläche (Ersatzfläche) nach der Gleichung

$$A' = a' \cdot b' \qquad (2.26)$$

ersetzt wird, die symmetrisch zur Last liegt (b' < a'). Die rechnerische Länge a' und die rechnerische Breite b' ergeben sich

a) für den Fall □ 2.19 b) zu

$$a' = a - 2 \cdot e_a \qquad (2.27)$$

bzw.

$$b' = b - 2 \cdot e_b \qquad (2.28)$$

und

b) für den Fall □ 2.19 c) zu

$$a' = b - 2 \cdot e_b \qquad (2.29)$$

bzw.

$$b' = a - 2 \cdot e_a \qquad (2.30)$$

□ 2.19: Grundbruch unter ausmittig belasteten Fundamenten bei einheitlicher Schichtung im Bereich des Grundbruchkörpers (aus DIN 4017)

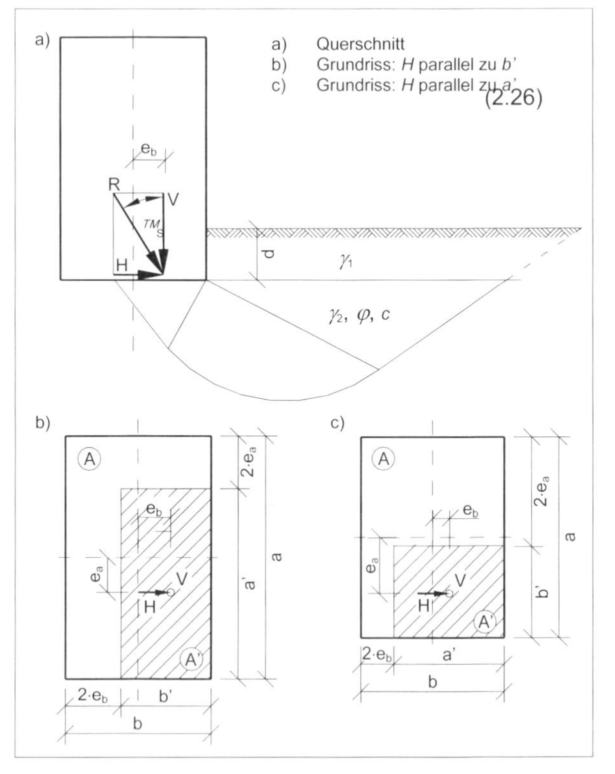

Groß- und Modellversuche haben ergeben, dass dieser Ansatz beträchtlich auf der sicheren Seite liegt (Dörken 1969).

Grundbruchkörper

Tiefe und Länge des Grundbruchkörpers (□ 2.19 a) werden bei ausmittiger Belastung aus folgenden Gleichungen erhalten:

a) Lotrechte, ausmittige Belastung ($e \neq 0$; $\delta_s = 0$):

$$d_s = b' \cdot \sin\alpha \cdot e^{\alpha \cdot \tan\varphi_k} \qquad (2.31)$$

$$l_s = \frac{b'}{2} + b' \cdot \tan\alpha \cdot e^{1{,}571 \cdot \tan\varphi_k} \tag{2.32}$$

b) Schräge ausmittige Belastung ($e \neq 0$; $0 < \delta_s < \varphi$):

$$d_s = b' \cdot \sin\vartheta_2 \cdot e^{\alpha_1 \cdot \tan\varphi_k} \tag{2.33}$$

$$l_s = \frac{b'}{2} + \frac{b' \cdot 2 \cdot \cos\upsilon_1 \cdot \sin\vartheta_2}{\sin(90° - \varphi_k)} \cdot e^{\alpha_2 \cdot \tan\varphi_k} \tag{2.34}$$

Hierin ist:

α siehe Gleichungen (2.24) und (2.25)

$$\vartheta_1 = 45° - \frac{\varphi_k}{2} \tag{2.35}$$

$$a = \frac{1 - \tan^2\vartheta_1}{2 \cdot \tan\delta_s} \tag{2.36}$$

$$\tan\alpha_2 = a + \sqrt{a^2 - \tan^2\vartheta_1} \tag{2.37}$$

$$\vartheta_2 = \alpha_2 - \vartheta_1 \hat{=} \alpha_1 \tag{2.38}$$

Weitere Gleichungen zur Konstruktion des Gleitflächenbildes: siehe DIN 4017, Anhang A.

Last-neigungs-beiwerte

Nach DIN 4017, Abschnitt 7.2.4 ergibt sich der Lastneigungswinkel unter der Voraussetzung, dass $|\delta| < \varphi_k$ ist, aus:

$$\tan\delta = \frac{T}{N} \tag{2.39}$$

Der Winkel δ ist positiv, wenn die Tangentialkomponente T in Richtung auf die passive Rankine-Zone des Grundbruchkörpers weist (□ 2.20 a). Verschiebt sich der Grundbruchkörper – z. B. infolge unterschiedlicher Einbindetiefe – in die entgegengesetzte Richtung, so ist dieser Winkel negativ (□ 2.20 b). Im Zweifelsfall sind beide Grundbruchkörper zu untersuchen.

□ 2.20: Vorzeichenvereinbarung für den Lastneigungswinkel: a) positiv, b) negativ (aus DIN 4017)

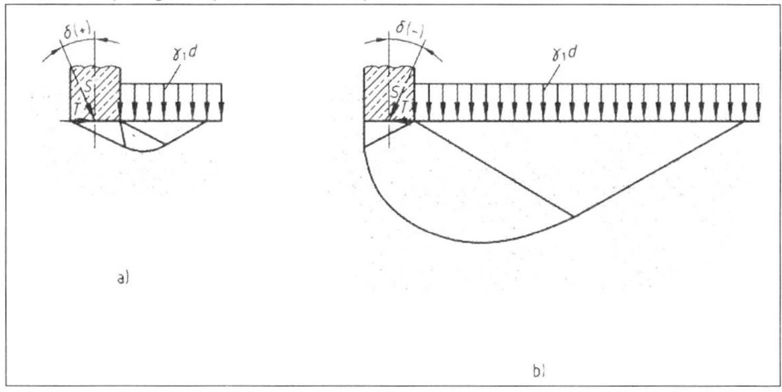

Die Lastneigungsbeiwerte i_c, i_d und i_b können nach DIN 4017, Abschnitt 7.2.4 in Abhängigkeit vom Lastneigungswinkel δ und dessen Vorzeichen (□ 2.20) aus □ 2.21 entnommen werden.

□ 2.21 Lastneigungsbeiwerte (aus DIN 4017)

Fall	Lastneigungswinkel	i_c	i_b	i_d
$\varphi > 0$ und $c \geq 0$	$\delta > 0$	$\frac{(i_d \cdot N_{d0} - 1)}{N_{d0} - 1}$	$(1 - \tan\delta)^{m+1}$	$(1 - \tan\delta)^{m}$
	$\delta < 0$		$\cos\delta \cdot (1 - 0{,}04 \cdot \delta)^{(0{,}64 + 0{,}028 \cdot \varphi)}$	$\cos\delta \cdot (1 - 0{,}0244 \cdot \delta)^{(0{,}03 + 0{,}04 \cdot \varphi)}$
$\varphi = 0$ und $c \geq 0$	$\delta > 0$ und $\delta < 0$	$0{,}5 + 0{,}5 \cdot \sqrt{1 - \frac{T}{A' \cdot c}}$	Entfällt, da $N_{b0} = 0$	$1{,}0$
Winkel sind in Grad [°] einzusetzen.				

Der Exponent m in □ 2.21 ergibt sich aus

$$m = m_a \cdot \cos^2 \omega + m_b \cdot \sin^2 \omega \qquad (2.40)$$

mit

$$m_a = \frac{\left(2 + \frac{a'}{b'}\right)}{\left(1 + \frac{a'}{b'}\right)} \qquad (2.41)$$

und

$$m_b = \frac{\left(2 + \frac{b'}{a'}\right)}{\left(1 + \frac{b'}{a'}\right)} \qquad (2.42)$$

ω ist der im Grundriss gemessene Winkel von T gegenüber der Richtung von a' (□ 2.22).

□ 2.22: Zur lotrechten und zu den Seiten der Lastflächen schräg angreifende Kraft (aus DIN 4017)

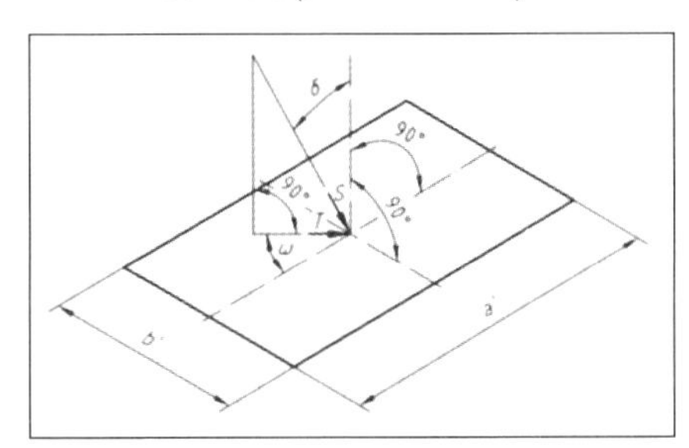

$R_{V,k}$

Die normal auf die Sohlfläche wirkende Komponente des Grundbruchwiderstands $R_{V,k}$ ergibt sich bei ausmittiger und / oder schräger Belastung nach DIN 4017 aus der Gleichung:

$$R_{V,k} = a' \cdot b' \cdot \sigma_{0f} \quad \text{bzw.}$$

$$R_{V,k} = a' \cdot b' \cdot (\underbrace{c_k \cdot N_{c0} \cdot \nu_c \cdot i_c}_{\text{Kohäsion}} + \underbrace{\gamma_1 \cdot d \cdot N_{d0} \cdot \nu_d \cdot i_d}_{\text{Gründungstiefe}} + \underbrace{\gamma_2 \cdot b' \cdot N_{b0} \cdot \nu_b \cdot i_b}_{\text{Fundamentbreite}}) \qquad (2.43)$$

Einfluss der Kohäsion, Gründungstiefe, Fundamentbreite

Hierin sind die Bezeichnungen wie in Gleichung (2.18) zu verwenden. Außerdem ist:

- b' rechnerische (reduzierte) Breite des Gründungskörpers bzw. Durchmesser des Kreisfundaments, $b' < a'$ (siehe □ 2.19 b) und c) sowie Gleichungen (2.35) bis (2.38),
- a' rechnerische (reduzierte) Länge des Gründungskörpers (siehe □ 2.19 b) und c) sowie Gleichungen (2.35) bis (2.38),
- $i_{c,d,b}$ Lastneigungsbeiwerte (□ 2.21).

$\Rightarrow$ Berechnungsbeispiele: □ 2.23 bis □ 2.25

2.23: Beispiel: Schräge und ausmittige Belastung (homogener Baugrund)

***Geg.**: Bemessungssituation BS-P,*
$V^g = V_{G,k}$ *bzw.* $V^p = V_{Q,k}$ *und* $H^g = T_{G,k} = H_{G,k}$ *bzw.* $H^p = H_{Q,k} = T_{Q,k}$

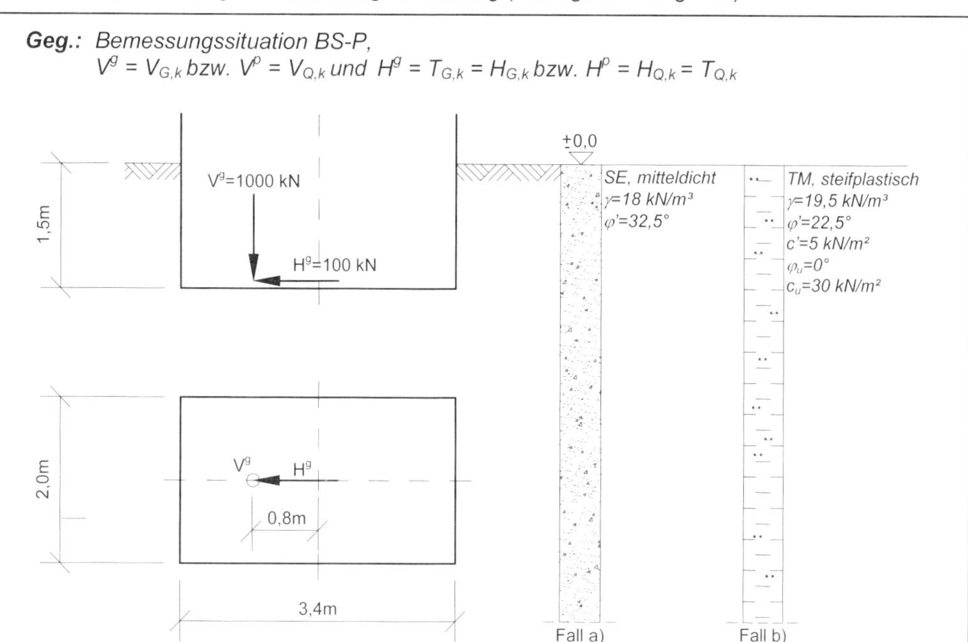

***Ges.**: Überprüfung der Sicherheit gegen Grundbruch.*

Lösung:

Die angegebenen Werte können als charakteristische Werte betrachtet werden.

Ersatzfläche: $2,0 - 0 = 2,0 \quad m \hat{=} a'$

$3,4 - 2 \cdot 0,8 = 1,8 \quad m \hat{=} b'$

Die H-Kraft greift parallel zur kleineren Seite an.
Neigung der Resultierenden R:

$$\tan\delta = \frac{H}{V} = \frac{100}{1000} = 0,100; \quad \delta > 0$$

Fall a) *Beiwerte:*

$$N_{d0} = 25; \quad \nu_d = 1 + \frac{1,8}{2,0} \cdot \sin 32,5° = 1,484$$

$$N_{b0} = 15; \quad \nu_b = 1 - 0,3 \cdot \frac{1,8}{2,0} = 0,730$$

Die Neigungsbeiwerte sind für

- *H parallel b'*
- $\varphi' > 0$*;* $c' \geq 0$*;* $\delta > 0$*;* $\omega = 90°$ *zu ermitteln:*

$$m_b = \frac{2 + \frac{b'}{a'}}{1 + \frac{b'}{a'}} = \frac{2 + \frac{1,8}{2,0}}{1 + \frac{1,8}{2,0}} = 1,526$$

$$m = m_a \cdot \cos^2\omega + m_b \cdot \sin^2\omega = 0 + 1,526 \cdot 1,0 = 1,526$$

□ 2.23: Fortsetzung Beispiel: Schräge und ausmittige Belastung (homogener Baugrund)

Damit wird:

$$i_d = (1 - \tan\delta)^m = (1 - 0{,}1)^{1{,}526} = 0{,}852$$

$$i_b = (1 - \tan\delta)^{m+1} = (1 - 0{,}1)^{2{,}526} = 0{,}766$$

Grundbruchwiderstand:

$$R_{V,k} = 2{,}0 \cdot 1{,}8 \cdot (0 + 18 \cdot 1{,}5 \cdot 25 \cdot 1{,}484 \cdot 0{,}852 + 18 \cdot 1{,}8 \cdot 15 \cdot 0{,}730 \cdot 0{,}766) = 4050 \ kN$$

Nachweis der Grundbruchsicherheit:

$$V_d = 1000 \cdot 1{,}35 = 1350 \ kN$$

$$R_{V,d} = \frac{4050}{1{,}40} = 2893 \ kN$$

Damit wird

$$V_d = 1350 \ kN < R_{V,d} = 2893 \ kN\,,$$

so dass Sicherheit gegen Grundbruch gegeben ist.

Fall b)

Hier müssen Anfangsstandsicherheit und Endstandsicherheit überprüft werden.

Anfangsstandsicherheit ($\varphi_k = \varphi_u$, $c_k = c_u$):

Beiwerte:

$$N_{c0} = 5{,}14; \ \nu_c = 1 + 0{,}2 \cdot \frac{1{,}8}{2{,}0} = 1{,}180$$

$$N_{d0} = 1{,}0; \ \nu_d = 1 + \frac{1{,}8}{2{,}0} \cdot \sin 0° = 1{,}000$$

$$N_{b0} = 0;$$

ν_b *: nicht erforderlich*

Die Neigungsbeiwerte sind für

- *H parallel b'*
- *$\varphi_u = 0$; $c_u > 0$; $\delta > 0$; $\omega = 90°$ zu ermitteln:*

$$i_d = 1$$

$$i_c = 0{,}5 + 0{,}5 \cdot \sqrt{1 - \frac{H}{A' \cdot c_u}} = 0{,}5 + 0{,}5 \cdot \sqrt{1 - \frac{100}{2{,}0 \cdot 1{,}8 \cdot 30}} = 0{,}5 + 0{,}5 \cdot 0{,}272 = 0{,}636$$

Grundbruchwiderstand:

$$R_{V,k} = 2{,}0 \cdot 1{,}8 \cdot (30 \cdot 5{,}14 \cdot 1{,}180 \cdot 0{,}636 + 19{,}5 \cdot 1{,}5 \cdot 1{,}0 \cdot 1{,}000 \cdot 1{,}0 + 0) = 522 \ kN$$

□ 2.23: Fortsetzung Beispiel: Schräge und ausmittige Belastung (homogener Baugrund)

Nachweis der Grundbruchsicherheit (Bemessungssituation BS-T):

$$V_d = 1000 \cdot 1{,}20 = 1200 \quad kN$$

$$R_{V,d} = \frac{522}{1{,}30} = 402 \quad kN$$

Damit wird

$$V_d = 1200 \quad kN > R_{V,d} = 402 \quad kN,$$

so dass Sicherheit gegen Grundbruch nicht gegeben ist.

Endstandsicherheit (φ_k=φ', c_k=c'):

Beiwerte:

$$N_{c0} = 17{,}5; \quad \nu_c = \frac{1{,}344 \cdot 8{,}0 - 1}{8{,}0 - 1} = 1{,}393$$

$$N_{d0} = 8{,}0; \quad \nu_d = 1 + \frac{1{,}8}{2{,}0} \cdot \sin 22{,}5° = 1{,}344$$

$$N_{b0} = 3{,}0; \quad \nu_b = 1 - 0{,}3 \cdot \frac{1{,}8}{2{,}0} = 0{,}730$$

Die Neigungsbeiwerte sind für

- *H parallel b'*
- *φ ' > 0; c' ≥ 0; δ > 0; ω = 90° zu ermitteln:*

m = 1,526 (s. Fall a)
i_d = 0,852
i_b = 0,766

$$i_c = \frac{0{,}852 \cdot 8{,}0 - 1}{8{,}0 - 1} = 0{,}831$$

Grundbruchwiderstand:

$$R_{V,k}$$
$$= 2{,}0 \cdot 1{,}8 \cdot (5 \cdot 17{,}5 \cdot 1{,}393 \cdot 0{,}831 + 19{,}5 \cdot 1{,}5 \cdot 8{,}0 \cdot 1{,}344 \cdot 0{,}852 + 19{,}5 \cdot 1{,}8 \cdot 3{,}0 \cdot 0{,}730 \cdot 0{,}766)$$
$$= 1541 \quad kN$$

Nachweis der Grundbruchsicherheit (Bemessungssituation BS-P):

$$V_d = 1000 \cdot 1{,}35 = 1350 \quad kN$$

$$R_{V,d} = \frac{1541}{1{,}40} = 1101 \quad kN$$

Damit wird

$$V_d = 1350 \quad kN > R_{V,d} = 1101 \quad kN,$$

so dass auch hier keine Sicherheit gegen Grundbruch gegeben ist.

2.24: Beispiel: Schräge und ausmittige Belastung (homogener Baugrund)

Geg.: *Bauwerks- und Baugrundverhältnisse wie im vorangehenden Beispiel; jedoch Ausmittigkeit e = 0,30 m.*

Ges.: *Überprüfung der Sicherheit gegen Grundbruch.*

Lösung:

Ersatzfläche:

$$2{,}0 - 0 = 2{,}0 \mathrel{\hat{=}} b'$$

$$3{,}4 - 2 \cdot 0{,}30 = 2{,}8 \ \ m \mathrel{\hat{=}} a'$$

Die H-Kraft greift parallel zur größeren Seite an. Neigung der Resultierenden R:

$$\tan\delta = \frac{H}{V} = \frac{100}{1000} = 0{,}100; \ \ \delta > 0$$

Fall a)

Beiwerte:

$$N_{d0} = 25; \ \ \nu_d = 1 + \frac{1{,}8}{2{,}8} \cdot \sin 32{,}5° = 1{,}384$$

$$N_{b0} = 15; \ \ \nu_b = 1 - 0{,}3 \cdot \frac{1{,}8}{2{,}8} = 0{,}786$$

Die Neigungsbeiwerte sind für

- *H parallel a'*
- *$\varphi' > 0$; $c' \geq 0$; $\delta > 0$; $\omega = 0°$ zu ermitteln:*

$$m_a = \frac{2 + \frac{a'}{b'}}{1 + \frac{a'}{b'}} = \frac{2 + \frac{2{,}8}{2{,}0}}{1 + \frac{2{,}8}{2{,}0}} = 1{,}417$$

$$m = m_a \cdot \cos^2\omega + m_b \cdot \sin^2\omega = 1{,}417 \cdot 1{,}0 + 0 = 1{,}417$$

Damit wird:

$$i_d = (1 - \tan\delta)^m = (1 - 0{,}1)^{1{,}417} = 0{,}861$$

$$i_b = (1 - \tan\delta)^{m+1} = (1 - 0{,}1)^{2{,}471} = 0{,}775$$

Grundbruchwiderstand:

$$R_{V,k} = 2{,}8 \cdot 2{,}0 \cdot (0 + 18 \cdot 1{,}5 \cdot 25 \cdot 1{,}384 \cdot 0{,}861 + 18 \cdot 2{,}0 \cdot 15 \cdot 0{,}786 \cdot 0{,}775) = 6346 \ \ kN$$

Nachweis der Grundbruchsicherheit:

$$V_d = 1000 \cdot 1{,}35 = 1350 \ \ kN$$

$$R_{V,d} = \frac{6346}{1{,}40} = 4533 \ \ kN$$

Damit wird

$V_d = 1350 \ kN < R_{V,d} = 4533 \ kN$, *so dass Sicherheit gegen Grundbruch gegeben ist.*

2.24: Fortsetzung Beispiel: Schräge und ausmittige Belastung (homogener Baugrund)

Fall b)

Anfangsstandsicherheit ($\varphi_k = \varphi_u$, $c_k = c_u$):

Beiwerte:

$$N_{c0} = 5{,}14; \quad \nu_c = 1 + 0{,}2 \cdot \frac{2{,}0}{2{,}8} = 1{,}143$$

$$N_{d0} = 1{,}0; \quad \nu_d = 1 + \frac{2{,}0}{2{,}8} \cdot \sin 0° = 1{,}000$$

$$N_{b0} = 0;$$

ν_b *: nicht erforderlich*

Die Neigungsbeiwerte sind für

- *H parallel a'*
- *$\varphi_u = 0$; $c_u > 0$; $\delta > 0$; $\omega = 0°$ zu ermitteln:*

$$i_d = 1$$

$$i_c = 0{,}5 + 0{,}5\sqrt{1 - \frac{H}{A' \cdot c_u}} = 0{,}5 + 0{,}5\sqrt{1 - \frac{100}{2{,}8 \cdot 2{,}0 \cdot 30}} = 0{,}5 + 0{,}5 \cdot 0{,}636 = 0{,}818$$

Grundbruchwiderstand:

$$R_{V,k} = 2{,}8 \cdot 2{,}0 \cdot (30 \cdot 5{,}14 \cdot 1{,}143 \cdot 0{,}818 + 19{,}5 \cdot 1{,}5 \cdot 1{,}0 \cdot 1{,}0 \cdot 1{,}0 + 0) = 970 \ kN$$

Nachweis der Grundbruchsicherheit (Bemessungssituation BS-T):

$$V_d = 1000 \cdot 1{,}20 = 1200 \ kN$$

$$R_{V,d} = \frac{970}{1{,}30} = 746 \ kN$$

Damit wird

$$V_d = 1200 \ kN > R_{V,d} = 746 \ kN,$$

so dass Sicherheit gegen Grundbruch nicht gegeben ist.

Endstandsicherheit ($\varphi_k = \varphi'$, $c_k = c'$):

Beiwerte:

$$N_{c0} = 17{,}5; \quad \nu_c = \frac{1273 \cdot 8{,}0 - 1}{8{,}0 - 1} = 1{,}312$$

$$N_{d0} = 8{,}0; \quad \nu_d = 1 + \frac{2{,}0}{2{,}8} \cdot \sin 22{,}5° = 1{,}273$$

$$N_{b0} = 3{,}0; \quad \nu_b = 1 - 0{,}3 \cdot \frac{2{,}0}{2{,}8} = 0{,}786$$

Die Neigungsbeiwerte sind für

- *H parallel a'*
- *$\varphi' > 0$; $c' \geq 0$; $\delta > 0$; $\omega = 90°$ zu ermitteln:*

□ 2.24: Fortsetzung Beispiel: Schräge und ausmittige Belastung (homogener Baugrund)

m = 1,417 (s. Fall a)
$i_d = 0{,}861$
$i_b = 0{,}775$

$$i_c = \frac{0{,}861 \cdot 8{,}0 - 1}{8{,}0 - 1} = 0{,}841$$

Grundbruchwiderstand:

$$R_{V,k}$$
$$= 2{,}8 \cdot 2{,}0 \cdot (5 \cdot 17{,}5 \cdot 1{,}312 \cdot 0{,}841 + 19{,}5 \cdot 1{,}5 \cdot 8{,}0 \cdot 1{,}273 \cdot 0{,}861 + 19{,}5 \cdot 2{,}0 \cdot 3{,}0 \cdot 0{,}786 \cdot 0{,}775)$$
$$= 2376 \;\; kN$$

Nachweis der Grundbruchsicherheit (Bemessungssituation BS-P):

$$V_d = 1000 \cdot 1{,}35 = 1350 \;\; kN$$

$$R_{V,d} = \frac{2376}{1{,}40} = 1697 \;\; kN$$

Damit wird

$$V_d = 1350 \;\; kN < R_{V,d} = 1697 \;\; kN\,,$$

so dass in diesem Fall Sicherheit gegen Grundbruch gegeben ist.

□ 2.25: Beispiel: Nachweis der Sicherheit gegen Grundbruch

Geg.: *Bemessungssituation BS-P,*
$V^g = V_{G,k}$
$V^p = V_{Q,k}$ *und*
$H^g = T_{G,k} = H_{G,k}$
$H^p = H_{Q,k} = T_{Q,k}$

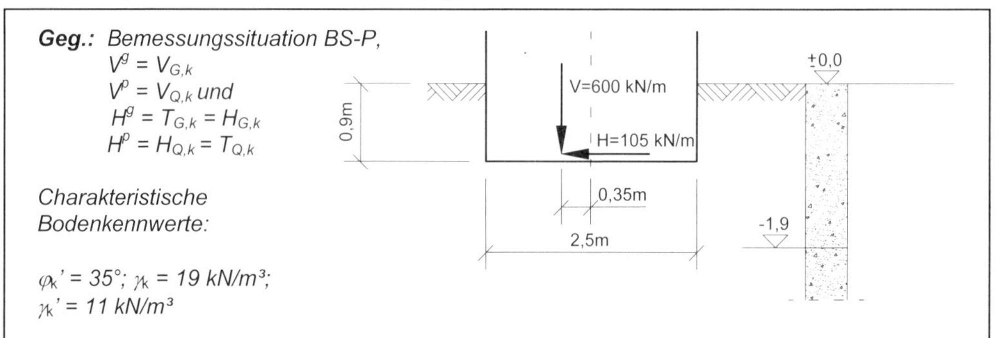

Charakteristische Bodenkennwerte:

$\varphi_k' = 35°$; $\gamma_k = 19$ kN/m³;
$\gamma_k' = 11$ kN/m³

Fall 1: *ständige Lasten:* $V = V^g = 600$ *kN/m;* $H = H^g = 105$ *kN/m*
veränderliche Lasten: entfallen

Fall 2: *ständige Lasten:* $V^g = 500$ *kN/m;* $H^g = 80$ *kN/m*
veränderliche Lasten: $V^p = 100$ *kN/m;* $H^p = 25$ *kN/m*
V^p, H^p *stammen aus der gleichen Ursache*

Ges.: *Sicherheit gegen Grundbruch*

Lösung:

Fall 1: *Ausmittigkeit der Resultierenden:* $e^g_{vorh} = 0{,}35\ m < \frac{b}{3} = 0{,}83\ m$

□ 2.25: Fortsetzung Beispiel: Nachweis der Sicherheit gegen Grundbruch

Reduzierte Breite: $b' = 2{,}50 - 2 \cdot 0{,}35 = 1{,}80\ m$

Beiwerte:

$N_{d0} = 33;\ \nu_d = 1{,}0$ *(Streifenfundament)*

$N_{b0} = 23;\ \nu_b = 1{,}0$ *(Streifenfundament)*

Neigungsbeiwerte für den Fall

- *H parallel b';*
- $\varphi' > 0;\ c' \geq 0;\ \delta > 0;\ \omega = 90°$

$$\tan\delta = \frac{H}{V} = \frac{105}{600} = 0{,}175;\ \ \delta > 0$$

Mit m = 2 (Streifenfundament) wird

$$i_d = (1 - 0{,}175)^2 = 0{,}681$$

$$i_b = (1 - 0{,}175)^{2+1} = 0{,}562$$

Um den eventuellen Einfluss des Grundwassers zu überprüfen, muss die Tiefe der Grundbruchscholle berechnet werden:

$$\vartheta_a = 45° - \frac{\varphi}{2} = 45° - \frac{35°}{2} = 27{,}5°$$

$$a = \frac{1 - \tan^2\vartheta_1}{2 \cdot \tan\delta_s} = \frac{1 - \tan^2 27{,}5°}{2 \cdot 0{,}175} = 2{,}083$$

$$\tan\alpha_2 = a + \sqrt{a^2 - \tan^2\vartheta_1} = 2{,}083 + \sqrt{2{,}083^2 - \tan^2 27{,}5°} = 4{,}10 \rightarrow \alpha_2 = 76{,}3°$$

$$\vartheta_2 = \alpha_2 - \vartheta_1 = 76{,}3° - 27{,}5° = 48{,}8° \mathrel{\hat{=}} \alpha_1$$

Damit wird

$$d_s = b' \cdot \sin\vartheta_2 \cdot e^{\alpha_1 \cdot \tan\varphi} = 1{,}80 \cdot \sin 48{,}8° \cdot e^{0{,}852 \cdot \tan 35°} = 2{,}46\ \ m$$

und $\gamma_{2,m} = \dfrac{19{,}0 \cdot 1{,}0 + 11{,}0 \cdot 1{,}46}{2{,}46} = 14{,}25\ \ kN/m^3$

Grundbruchwiderstand:

$$R_{V,k} = 1{,}8 \cdot (0 + 19 \cdot 0{,}9 \cdot 33 \cdot 1{,}0 \cdot 0{,}681 + 14{,}25 \cdot 1{,}8 \cdot 23 \cdot 1{,}0 \cdot 0{,}562) = 1289\ \ kN/m$$

Nachweis der Grundbruchsicherheit (Bemessungssituation BS-P):

$$V_d = 600 \cdot 1{,}35 + 0 = 810\ \ kN/m$$

$$R_{V,d} = \frac{1289}{1{,}40} = 921\ \ kN/m$$

Damit wird

□ 2.25: Fortsetzung Beispiel: Nachweis der Sicherheit gegen Grundbruch

$V_d = 810\ kN/m < R_{V,d} = 921\ kN/m \Rightarrow$ *Sicherheit gegen Grundbruch gegeben ist.*

Ausnutzungsgrad:

$$\mu = \frac{810}{921} = 88\%$$

Fall 2: *Die aus der gleichen Ursache herrührenden veränderlichen Lasten wirken insgesamt ungünstig, so dass keine besonderen Untersuchungen der Lastkombinationen erforderlich sind.*

Ausmittigkeit der Resultierenden: $e^{g+p}_{vorh} = 0{,}35\ m < \frac{b}{3} = 0{,}83\ m$

Reduzierte Breite: $b' = 2{,}50 - 2 \cdot 0{,}35 = 1{,}80\ m$

Beiwerte: $N_{d0} = 33;\ \nu_d = 1{,}0$ *(Streifenfundament)*

$N_{b0} = 23;\ \nu_b = 1{,}0$ *(Streifenfundament)*

Neigungsbeiwerte für den Fall

- *H parallel b';*
- *$\varphi' > 0$; $c' \geq 0$; $\delta > 0$; $\omega = 90°$*

$$\tan\delta = \frac{T_{G,k} + T_{Q,k}}{V_{G,k} + V_{Q,k}} = \frac{80 + 25}{500 + 100} = 0{,}175;\quad \delta > 0$$

$i_d = 0{,}681$ *(s. Fall 1)*

$i_b = 0{,}562$ *(s. Fall 1)*

Tiefe der Grundbruchscholle:

$d_s = 2{,}46\ m$ *(s. Fall 1)*

Damit wird

$\gamma_{2,m} = 14{,}25\ kN/m^3$ *(s. Fall 1)*

Grundbruchwiderstand:

$R_{V,k} = 1289\ kN/m$

Nachweis der Grundbruchsicherheit (Bemessungssituation BS-P):

$$V_d = 500 \cdot 1{,}35 + 100 \cdot 1{,}50 = 825\ kN/m\ ;\quad R_{V,d} = \frac{1289}{1{,}40} = 921\ kN\,7\,m$$

Damit wird:

$V_d = 825\ kN/m < R_{V,d} = 921\ kN/m \Rightarrow$ *Sicherheit gegen Grundbruch gegeben ist.*

Ausnutzungsgrad: $\mu = \frac{825}{921} = 90\%$

2.6.4 Sonderfälle

Geländeneigung

Eine Geländeneigung (□ 2.26) wird nach DIN 4017: Abschnitt 7.2.5 mit Hilfe von Geländeneigungsbeiwerten (□ 2.27) erfasst, die vom Geländeneigungswinkel β abhängen. Sie gelten unter der Voraussetzung, dass $\beta < \varphi$ ist und für Gründungskörper, deren Längsachse etwa parallel zur Böschungskante verläuft (□ 2.26). Für $\beta > \varphi$ und $c >> 0$ ist eine Geländebruchuntersuchung nach DIN 4084 durchzuführen (Rechenbeispiel □ 2.28).

□ 2.26: Formelzeichen bei Grundbruch unter einem ausmittig und schräg belasteten Streifenfundament in geneigtem Gelände (aus DIN 4017)

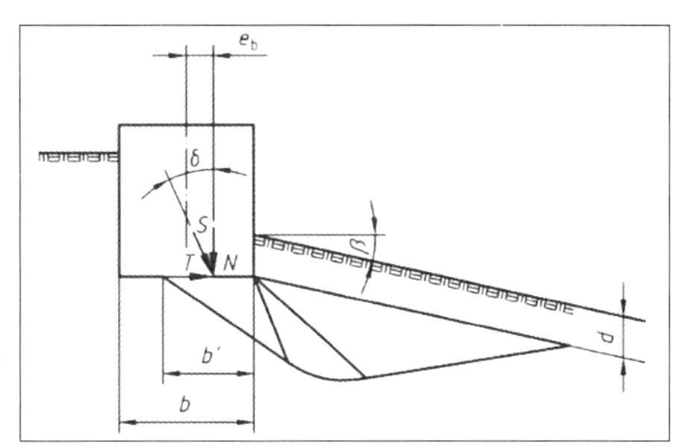

Hierbei gilt: $\varphi_k=\varphi$, $c_k=c$

□ 2.27: Geländeneigungsbeiwerte (aus DIN 4017)

Fall	λ_c	λ_d	λ_b
$\varphi > 0$ und $c \geq 0$	$\frac{\left(N_{d0} \cdot e^{-0{,}0349 \cdot \beta \cdot \tan\varphi} - 1\right)}{N_{d0} - 1}$	$(1 - \tan\beta)^{1{,}9}$	$(1 - 0{,}5 \cdot \tan\beta)^{6}$
$\varphi = 0$ und $c \geq 0$	$1 - 0{,}4 \cdot \tan\beta$	$1{,}0$	Entfällt, da $N_{b0} = 0$
Winkel sind in [°] einzusetzen.			

Mit den Geländeneigungsbeiwerten werden die drei Summanden in der Gleichung für den Grundbruchwiderstand (2.43) multipliziert (2.44):

$$R_{V,k} = a' \cdot b' \cdot \sigma_{0f} \quad \text{bzw.} \qquad (2.44)$$

$$R_{V,k} = a' \cdot b' \cdot (c_k \cdot N_{c0} \cdot \nu_c \cdot i_c \cdot \lambda_c + \gamma_1 \cdot d \cdot N_{d0} \cdot \nu_d \cdot i_d \cdot \lambda_d + \gamma_2 \cdot b' \cdot N_{b0} \cdot \nu_b \cdot i_b \cdot \lambda_b)$$

□ 2.28: Beispiel: Fundament an einer Böschung

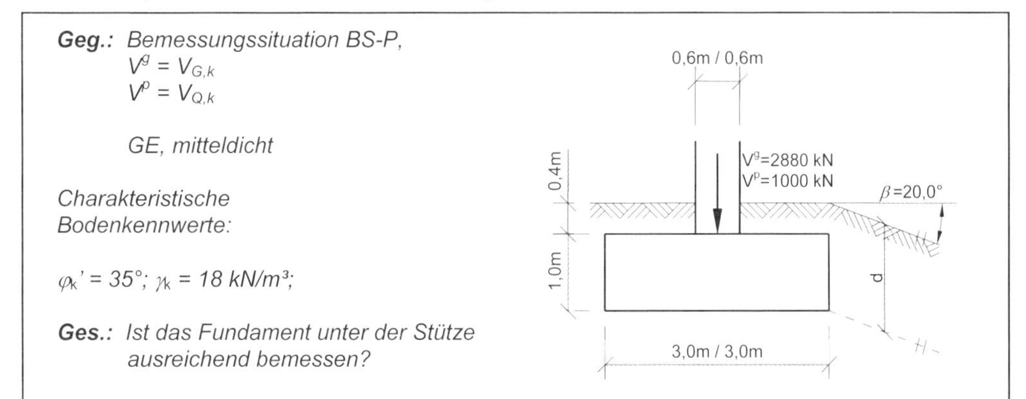

□ 2.28: Fortsetzung Beispiel: Fundament an einer Böschung

Lösung:

Vorbemerkung: Da die Stützenlast lotrecht und mittig angreift, entfallen die Nachweise gegen Kippen und Gleiten. Der Standsicherheitsnachweis erfolgt nach Grundbruch-Kriterien.

Fundamenteigenlast:

$$G_F = 25 \cdot 3{,}0^2 \cdot 1{,}0 = 225 \ kN$$

Bodenauflast:

$$G_B = 18 \cdot \left(3{,}0^2 - 0{,}6^2\right) 0{,}4 = 62 \ kN$$

Grundbruchwiderstand:

Beiwerte:

$$N_{d_0} = 33\,; \ \nu_d = 1 + \sin 35° = 1{,}574\,;$$
$$N_{b_0} = 23\,; \ \nu_b = 0{,}700$$

Geländeneigungsbeiwerte für den Fall $\varphi' > 0$:

$$\lambda_d = (1 - \tan\beta)^{1{,}9} = \left(1 - \tan 20°\right)^{1{,}9} = 0{,}423$$
$$\lambda_b = (1 - 0{,}5 \cdot \tan\beta)^6 = \left(1 - 0{,}5 \cdot \tan 20°\right)^6 = 0{,}300$$

Definition der Einbindetiefe: siehe Aufgabenstellung.

$$R_{V,k}$$
$$= 3{,}0^2 \cdot (0 + 18 \cdot 1{,}4 \cdot 33 \cdot 1{,}574 \cdot 0{,}423 + 18 \cdot 3{,}0 \cdot 23 \cdot 0{,}7 \cdot 0{,}300) = 7331 \ kN$$

Nachweis der Grundbruchsicherheit (Bemessungssituation BS-P):

$$V_d = (2880 + 225 + 62) \cdot 1{,}35 + 1000 \cdot 1{,}50 = 5776 \ kN$$
$$R_{V,d} = \frac{7331}{1{,}40} = 5236 \ kN$$

Damit wird

$$V_d = 5776 \ kN > R_{V,d} = 5236 \ kN$$

Ausnutzungsgrad: $\mu = \dfrac{5776}{5236} = 1{,}10 = 110\%$

Der Einfluss verringert den Widerstand so stark, dass keine ausreichende Sicherheit gegeben ist.

Berme

Zur Berücksichtigung der Breite einer Berme *s* eines Fundaments an einer Böschung (□ 2.29) ist nach DIN 4017, Abschnitt 7.2.8 der Grundbruchwiderstand nach den Gleichungen (2.18) bzw. (2.44) in Verbindung mit den Geländeneigungsbeiwerten nach (□ 2.27) und einer Ersatzeinbindetiefe *d'* nach Gleichung (2.45) zu führen (Rechenbeispiel □ 2.30).

□ 2.29: Berücksichtigung der Bermenbreite (aus DIN 4017)

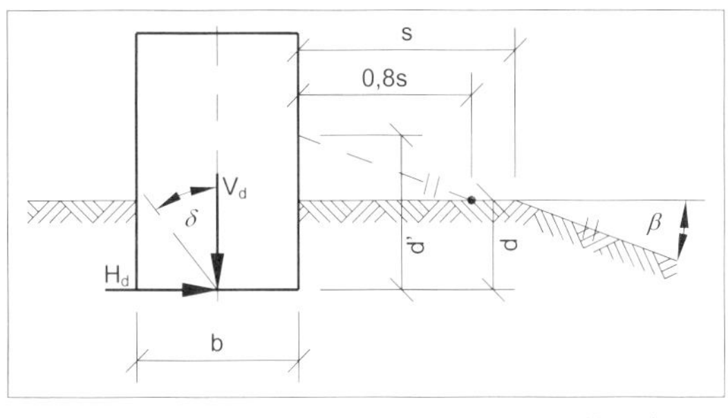

$$d' = d + 0{,}8 \cdot s \cdot \tan\beta \qquad (2.45)$$

Eine Vergleichsrechnung mit β = 0 und *d'* = *d* ist erforderlich. Der kleinere Wert für den Grundbruchwiderstand ist maßgebend.

□ 2.30: Beispiel: Einzelfundament neben einer Böschung (Berücksichtigung der Bermenbreite)

Geg.: *Bemessungssituation BS-P,*
$V^g = V_{G,k}$
$V^p = V_{Q,k}$

UL, steif plastisch

Charakteristische Bodenkennwerte:

$\varphi_k' = 27{,}5°$; $c_{k'} = 2$ kN/m²
$\gamma_k = 20{,}5$ kN/m³;

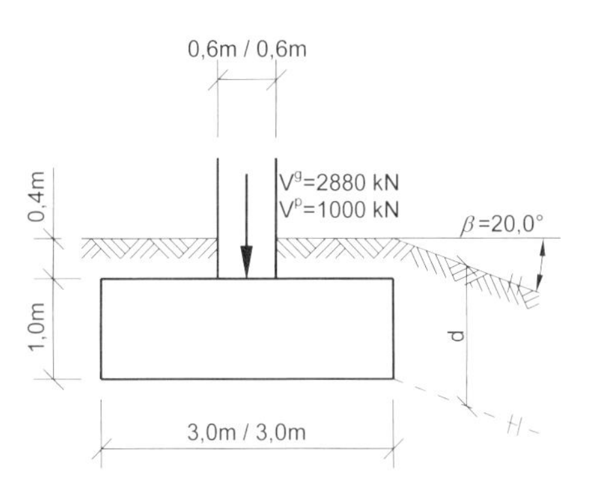

Ges.: *Für das Streifenfundament in der Nähe einer Böschung ist die Sicherheit gegen Grundbruch zu überprüfen.*

Lösung:

Beiwerte:

$$N_{c0} = 25\ ;\ \nu_c = 1{,}0$$

$$N_{d0} = 14\ ;\ \nu_d = 1{,}0$$

$$N_{b0} = 7\ ;\ \nu_b = 1{,}0$$

$$\lambda_d = \left(1 - \tan 20°\right)^{1{,}9} = 0{,}423$$

$$\lambda_b = \left(1 - 0{,}5 \cdot \tan 20°\right)^{6} = 0{,}300$$

$$\lambda_c = \frac{14 \cdot e^{-0{,}0349 \cdot 20{,}0 \cdot 0{,}5206} - 1}{14 - 1} = 0{,}672$$

Die s = 2,0 m breite Berme bis zur Böschung wird durch Einführen einer Ersatzeinbindetiefe d' berücksichtigt:

□ 2.30: Fortsetzung Beispiel: Einzelfundament neben einer Böschung (Berücksichtigung der Bermenbreite)

$$d' = d + 0{,}8 \cdot s \cdot \tan\beta = 0{,}80 + 0{,}8 \cdot 2{,}0 \cdot \tan 20° = 1{,}38 \ m$$

Grundbruchwiderstand:

$$R_{V,k} = 1{,}5 \cdot (2 \cdot 25 \cdot 1{,}0 \cdot 0{,}672 + 20{,}5 \cdot 1{,}38 \cdot 14 \cdot 1{,}0 \cdot 0{,}423 + 20{,}5 \cdot 1{,}5 \cdot 7 \cdot 1{,}0 \cdot 0{,}300)$$
$$= 399 \ kN/m$$

Nachweis der Grundbruchsicherheit (Bemessungssituation BS-P):

$$V_d = 200 \cdot 1{,}35 = 270 \ kN \ ; \ R_{V,d} = \frac{399}{1{,}40} = 285 \ kN$$

Damit wird

$$V_d = 270 \ kN < R_{V,d} = 285 \ kN$$

Es ist Sicherheit gegen Grundbruch gegeben.

Vergleichsberechnung:

Gemäß DIN 4017: 2006-03, Abschn. 7.2.8 ist eine Vergleichsrechnung mit $\beta = 0$ und d' = d erforderlich. Der kleinere Wert für den Grundbruchwiderstand ist maßgebend.

Beiwerte:

$$N_{c0} = 25 \ ; \ \nu_c = 1{,}0$$
$$N_{d0} = 14 \ ; \ \nu_d = 1{,}0$$
$$N_{b0} = 7 \ ; \ \nu_b = 1{,}0$$

Mit $\beta = 0$ wird $\lambda_c = \lambda_d = \lambda_b = 1{,}0$

Grundbruchwiderstand:

$$R_{V,k} = 1{,}5 \cdot (2 \cdot 25 \cdot 1{,}0 \cdot 1{,}0 + 20{,}5 \cdot 0{,}8 \cdot 14 \cdot 1{,}0 \cdot 1{,}0 + 20{,}5 \cdot 1{,}5 \cdot 7 \cdot 1{,}0 \cdot 1{,}0) = 742 \ kN/m$$

Dieser Grundbruchwiderstand ist größer als der zuvor berechnete und somit nicht maßgebend.

Sohlneigung Bei der Berechnung des Grundbruchwiderstands wird der Einfluss der schrägen Sohlfläche nach DIN 4017, Abschnitt 7.2.6 durch Sohlnei-

□ 2.31: Vorzeichenvereinbarung für den Sohlneigungswinkel α (aus DIN 4017)

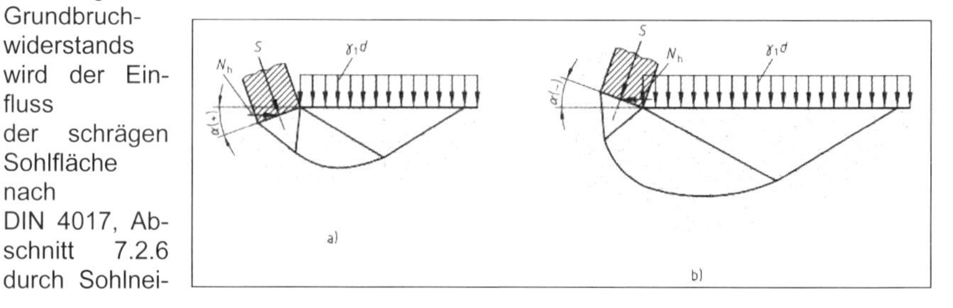

gungsbeiwerte ξ_c, ξ_d und ξ_b berücksichtigt (2.31). Die Sohlneigungsbeiwerte sind in Abhängigkeit vom Neigungswinkel α der Sohlfläche und dem Reibungswinkel φ des Bodens der Tabelle 2.32 zu entnehmen. Hierbei gilt: $\varphi_k = \varphi$.

Hierbei ist α mit dem Vorzeichen nach 2.31 einzusetzen. Der Winkel α ist positiv, wenn die Horizontalkomponente N_h (= H_k = T_k) in Richtung der passiven Rankine-Zone zeigt (2.31 a); verschiebt sich der Grundbruchkörper in die entgegengesetzte Richtung, so ist dieser Winkel negativ (2.31 b). Im Zweifelsfall sind beide Grundbruchkörper zu untersuchen.

2.32: Sohlneigungsbeiwerte (aus DIN 4017)

Fall	ξ_c	ξ_d	ξ_b
$\varphi > 0$ und $c \geq 0$	$e^{-0,045 \cdot \alpha \cdot \tan\varphi}$	$e^{-0,045 \cdot \alpha \cdot \tan\varphi}$	$e^{-0,045 \cdot \alpha \cdot \tan\varphi}$
$\varphi = 0$ und $c \geq 0$	$1 - 0,0068 \cdot \alpha$	$1,0$	Entfällt, da $N_{b0} = 0$
Winkel sind in [°] einzusetzen.			

⇒ Berechnungsbeispiel: 2.33.

2.33: Beispiel: Fundament mit geneigter Sohlfläche

Geg.: *Bemessungssituation BS-P,*

$V = V^g = V_{G,k} = 220$ *kN/m*
$H = H^g = H_{G,k} = 80$ *kN/m*

SW, mitteldicht

Charakteristische Bodenkennwerte:

$\varphi_k' = 32,5°$; $\gamma_k = 18$ *kN/m³;*

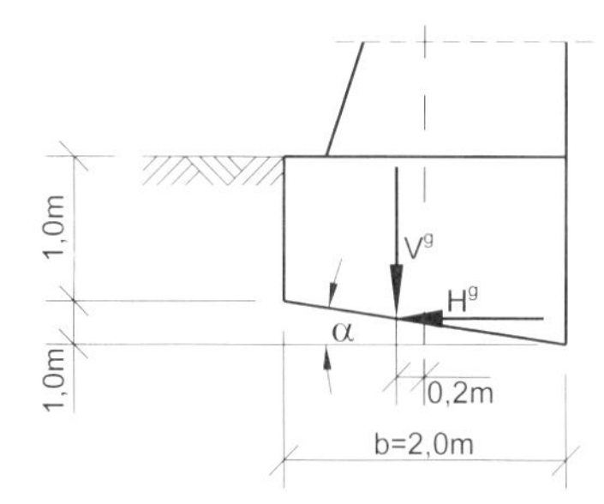

Um ausreichende Sicherheit gegen Gleiten zu erreichen, muss die Sohle der dargestellten Stützwandgründung geneigt werden.

Hinweis: In H ist der Anteil des reduzierten Erdwiderstands bereits enthalten.

Ges.: *Überprüfung der Sicherheit gegen Grundbruch.*

Lösung:

$$\tan\delta = \frac{H}{V} = \frac{80}{220} = 0{,}364; \quad \delta > 0$$

$$b' = 2{,}00 - 2 \cdot 0{,}20 = 1{,}60 \ m$$

Grundbruchwiderstand:

Beiwerte:

$N_{d0} = 25$; $\nu_d = 1{,}0$ *(Streifenfundament)*

$N_{b0} = 15$; $\nu_b = 1{,}0$ *(Streifenfundament)*

□ 2.33: Fortsetzung Beispiel: Fundament mit geneigter Sohlfläche

$$\tan\alpha = \frac{0,30}{2,00} = 0,1500 \rightarrow \alpha = 8,53°$$

Sohlneigungsbeiwert:

$$\xi_d = \xi_b = e^{-0,045 \cdot 8,53° \cdot \tan 32,5°} = 0,783$$

Die Neigungsbeiwerte sind für den Fall

- *H parallel b';*
- *$\varphi' > 0$; $c' \geq 0$; $\delta_E > 0$; $\omega = 90°$ zu ermitteln:*

$$\tan\delta = \frac{H}{V} = \frac{80}{220} = 0,364$$

Mit m = 2 (Streifenfundament) wird

$$i_d = (1 - 0,364)^2 = 0,404$$

$$i_b = (1 - 0,364)^{2+1} = 0,257$$

Grundbruchwiderstand:

$$R_{V,k} = 1,60 \cdot (0 + 18 \cdot 1,0 \cdot 25 \cdot 1,0 \cdot 0,404 \cdot 0,783 + 18 \cdot 1,6 \cdot 15 \cdot 1,0 \cdot 0,257 \cdot 0,783)$$
$$= 367 \; kN/m$$

Nachweis der Grundbruchsicherheit (Bemessungssituation BS-P):

$$V_d = 220 \cdot 1,35 = 297 \; kN$$

$$R_{V,d} = \frac{367}{1,40} = 262 \; kN$$

Damit wird

$$V_d = 297 \; kN > R_{V,d} = 262 \; kN$$

Die erforderliche Grundbruchsicherheit wird nicht erreicht.

Durchbrochene Sohlfläche

Bei Fundamentgründungen mit durchbrochener Sohlfläche dürfen nach Handbuch Eurocode 7, Band 1 (2011), Abschnitt 6.5.2.2: DIN 1054 (2010), A(12) die äußeren Abmessungen als maßgebend angenommen werden, solange die Summe der Aussparungen nicht mehr als 20 % der gesamten umrissenen Sohlfläche ausmacht (□ 2.34).

□ 2.34: Beispiele: Fundamente mit durchbrochener Sohlfläche

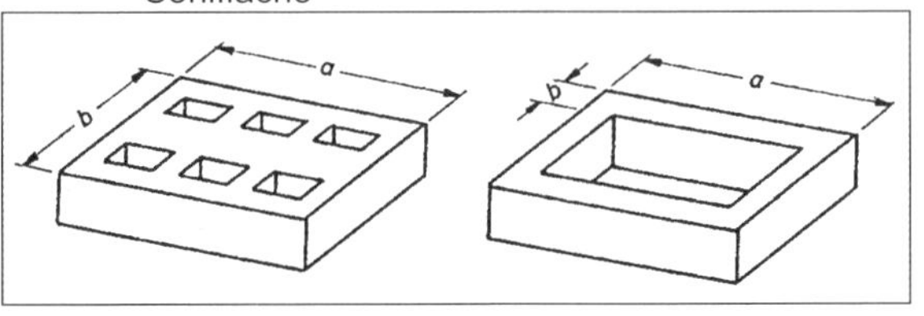

Einspringende Sohlfläche Fundamente mit einspringender Sohlfläche A (□ 2.35) können nach Smoltczyk (1976) näherungsweise in einen rechtwinkligen Grundriss mit den rechnerischen Abmessungen *a* und $b_r = A/a$ umgewandelt werden.

□ 2.35: Beispiele: Fundamente mit einspringender Sohlfläche

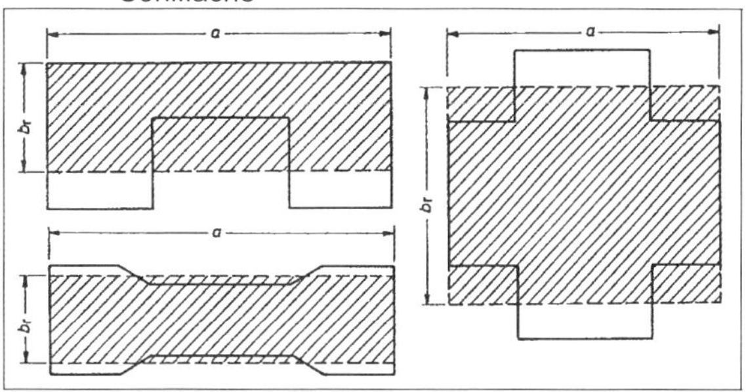

Spezielle Sohlflächen Bei Fundamenten mit speziellen Sohlflächen (□ 2.36) können bei den in □ 2.36 a und □ 2.36 b dargestellten Formen als maßgebende Breite *b* und maßgebende Einbindetiefe *d* die in der Zeichnung angegebenen Abmessungen angesetzt werden. Bei der Querschnittsfläche (□ 2.36 c) ist jeweils ein Nachweis für die Kombinationen b_1 und d_1 sowie b_2 und d_2 erforderlich.

□ 2.36: Beispiele: Spezielle Sohlflächen

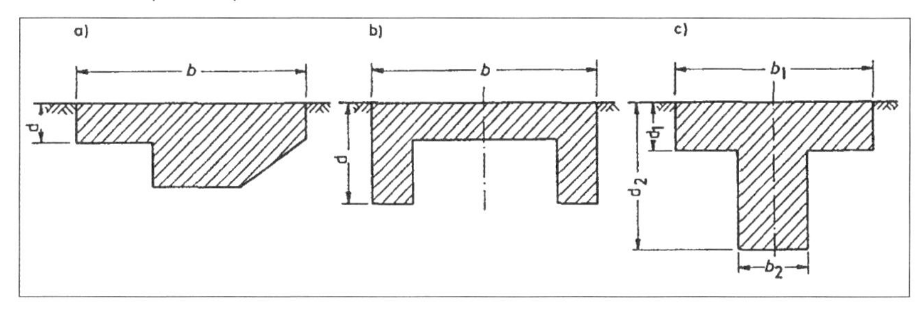

Kreisförmige Sohlflächen Bei ausmittig belasteten kreisförmigen oder beliebig geformten Sohlflächen (□ 2.37) können die Formbeiwerte für die dargestellten Werte *a*' und *b*' berechnet werden. Bei der Ermittlung des Grundbruchwiderstandes ist die schraffierte Fläche als Ersatzfläche *A*' einzusetzen.

□ 2.37: Beispiele: Fundamente mit kreisförmiger beliebig geformter Sohlfläche

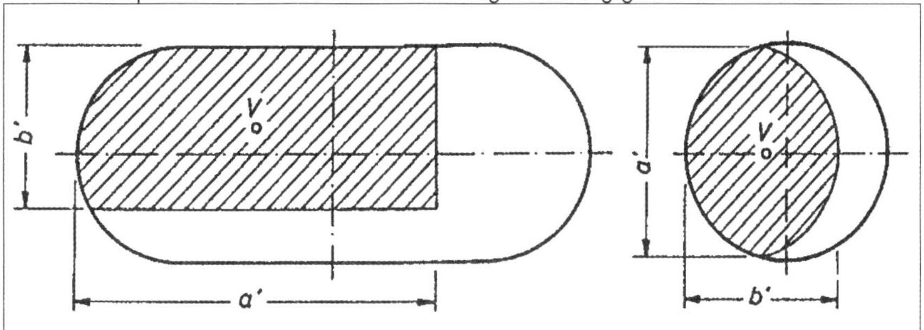

Ringfundamente Nach Handbuch Eurocode 7, Band 1 (2011), Abschnitt 6.5.2.2: DIN 1054 (2010), A(11) ist bei Ringfundamenten die Ringbreite für die Ermittlung des Grundbruchwiderstands maßgebend.

H nicht achsenparallel In diesem Fall kann die Resultierende über den Stellungswinkel ω direkt in den Lastneigungsbeiwerten berücksichtigt werden (□ 2.38).

⇒ Berechnungsbeispiel: □ 2.38.

2.38: Beispiel: Nicht achsenparallele Belastung: Nachweis der Sicherheit gegen Grundbruch

Geg.: *Bemessungssituation BS-T (Bauzustand)*

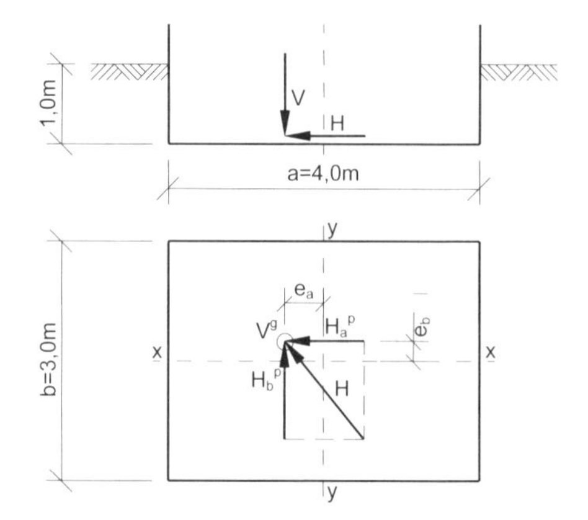

$V = V^g = V_{G,k} = 3000\ kN$

$H_a = H_a^p = H_{Q,k,a} = 210\ kN$

$H_b = H_b^p = H_{Q,k,b} = 250\ kN$

$e_a = 0{,}50m$

$e_b = 0{,}25m$

SW, mitteldicht

Charakteristische Bodenkennwerte:

$\varphi_k' = 35°;\ \gamma_k = 19\ kN/m^3;$

Ges.: *Überprüfung der Sicherheit gegen Grundbruch.*

Lösung:

Ersatzfläche:

$$4{,}00 - 2 \cdot 0{,}50 = 3{,}00 \quad m \mathrel{\hat{=}} a'$$

$$3{,}00 - 2 \cdot 0{,}25 = 2{,}50 \quad m \mathrel{\hat{=}} b'$$

Resultierende Horizontallast

$$H = \sqrt{H_a^{\ 2} + H_b^{\ 2}} = \sqrt{210^2 + 250^2} = 326{,}5\ kN$$

Lastneigungswinkel der resultierenden Last

$$\tan\delta = \frac{H}{V} = \frac{326{,}5}{3000} = 0{,}109 \rightarrow \delta = 6{,}2°$$

Winkel zwischen x-Achse und resultierender Horizontallast

$$\cos\omega = \frac{H_a}{H} = \frac{210}{326{,}5} = 0{,}6432 \rightarrow \omega = 50{,}0°$$

Neigungsbeiwerte: $\delta = \delta_E$*!*

$$m_a = \frac{2 + \frac{3{,}0}{2{,}5}}{1 + \frac{3{,}0}{2{,}5}} = 1{,}455$$

$$m_b = \frac{2 + \frac{2{,}5}{3{,}0}}{1 + \frac{2{,}5}{3{,}0}} = 1{,}545$$

$$m = 1{,}455 \cdot \cos^2 50{,}0° + 1{,}545 \cdot \sin^2 50{,}0° = 1{,}508$$

$$i_d = (1 - \tan\delta_E)^m = (1 - 0{,}109)^{1{,}508} = 0{,}840$$

$$i_b = (1 - \tan\delta_E)^{m+1} = (1 - 0{,}109)^{2{,}508} = 0{,}749$$

□ 2.38: Fortsetzung Beispiel: Nicht achsenparallele Belastung: Nachweis der Sicherheit gegen Grundbruch

Grundbruchwiderstand:

Beiwerte:

$$N_{d0} = 33;\ \nu_d = 1 + \frac{2{,}5}{3{,}0} \cdot \sin 35° = 1{,}478$$

$$N_{b0} = 23;\ \nu_b = 1 - 0{,}3 \cdot \frac{2{,}5}{3{,}0} = 0{,}750$$

$$R_{V,k} = 3{,}0 \cdot 2{,}5 \cdot (0 + 19 \cdot 33 \cdot 1{,}478 \cdot 0{,}840 + 19 \cdot 2{,}5 \cdot 23 \cdot 0{,}750 \cdot 0{,}749) = 10.441\ kN$$

Nachweis der Grundbruchsicherheit (Bemessungssituation BS-T):

$$V_d = 3.000 \cdot 1{,}20 = 3.600\ kN$$

$$R_{V,d} = \frac{10.441}{1{,}30} = 8.032\ kN$$

Damit wird

$$V_d = 3.600\ kN < R_{V,d} = 8.032\ kN$$

so dass Sicherheit gegen Grundbruch gegeben ist.

Schlanke Baukörper

Bei schlanken Baukörpern mit weit über die Sohlfläche auskragenden Bauteilen oder mit überwiegend waagerechter Beanspruchung kann - durch die Schwerpunktverlagerung infolge ungleichmäßiger Setzung - außer der Sicherheit gegen Kippen (siehe Abschnitt 2.4) auch die Sicherheit gegen Grundbruch empfindlich beeinflusst werden. Nach Handbuch Eurocode 7, Band 1 (2011), Abschnitt 6.5.4 müssen besondere Vorkehrungen getroffen werden, wenn die Ausmittigkeit der Lastresultierenden bei Rechteckfundamenten 1/3 der Seitenlänge, bei Kreisfundamenten 0,6 des Radius überschreitet.

In Anlehnung an die nicht mehr gültige DIN 1054 (11.76), Abschnitt 4.1.3.2 wird empfohlen, für ein solches Bauwerk bei vorgegebener Schiefstellung von

$$\tan\alpha = \frac{W}{h_S \cdot A} \qquad (2.46)$$

die Sicherheit gegen Versagen durch Grundbruch nachzuweisen.

Hierin ist:

W = Widerstandsmoment der Sohlfläche
h_s = Höhe des Bauwerksschwerpunkts über der Sohle
A = Sohlfläche.

Bei Flach- und Flächengründungen ist es nach Handbuch Eurocode 7, Band 1 (2011), Abschnitt 6.5.4: DIN 1054 (2010), A(3) und Anmerkung 1 (A) ansonsten ausreichend, wenn die Sicherheit gegen Gleichgewichtsverlust durch Kippen (Grenzzustand EQU) nachgewiesen ist. Zusätzlich müssen die Nachweise zur Gebrauchstauglichkeit nach Handbuch Eurocode 7, Band 1 (2011), Abschnitt 6.5.4: DIN 1054 (2010), A 6.6.5 erbracht werden. Ein Grundbruchversagen ist dann ausgeschlossen.

Nachbarlasten

Der stabilisierende Einfluss von ständig wirkenden Nachbarlasten V_N innerhalb des Einflussbereichs der Gleitscholle (□ 2.39) kann rechnerisch näherungsweise durch Vergrößerung der Einbindetiefe berücksichtigt werden. In die Grundbruchgleichung wird statt der vorhandenen Einbindetiefe *d* eine Ersatzeinbindetiefe *d'* eingeführt (Dehne 1982):

$$d' = \frac{G_1 + G_2 + G_3 + V_N}{l \cdot \gamma} \tag{2.47}$$

□ 2.39: Beispiel: Einfluss von Nachbarlasten

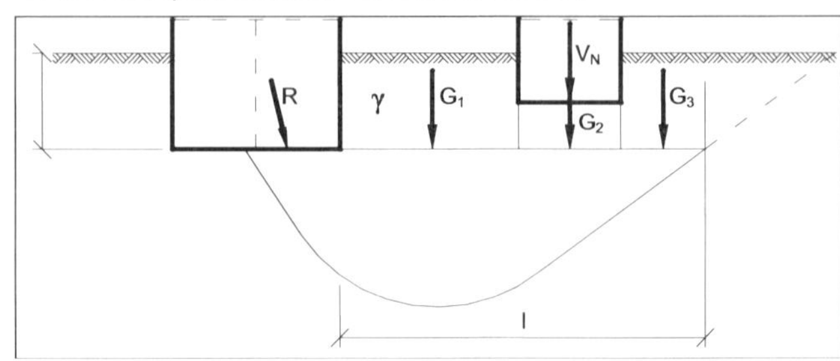

Anmerkung: Die Möglichkeit eines Grundbruchs auf der gegenüberliegenden Fundamentseite ist zu überprüfen (z.B. bei allseitig gleicher Einbindetiefe). Bei schräger und/oder ausmittiger Belastung dürfen nur Nachbarlasten in Richtung der Lastneigung bzw. der Ausmittigkeit berücksichtigt werden.

⇒ Smoltczyk (1976)

Geländeeinschnitte

□ 2.40: Beispiel: Einfluss von Geländeeinschnitten

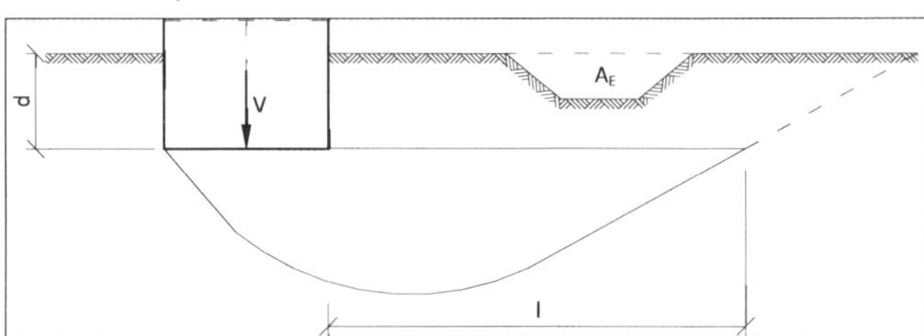

Bei Geländeeinschnitten im Bereich der Gleitscholle kann anstelle der vorhandenen Einbindetiefe *d* eine reduzierte Einbindetiefe d' in die Grundbruchgleichung eingesetzt werden (Dehne 1982) (□ 2.40):

$$d' = d - \frac{A_E}{l} \tag{2.48}$$

mit A_E = Einschnittsfläche in m²

Überlagerung Von Einflüssen

Ungleiche Geländehöhen und die Einflüsse einer Lastneigung, einer Geländeneigung und einer Sohlneigung bestimmen je für sich die Seite des Gründungskörpers, an der sich beim Grundbruch der maßgebliche Bruchkörper ausbildet. Bei Überlagerung von Einflüssen, die für sich entgegengesetzte Lagen des Bruchkörpers bewirken würden, ist nach DIN 4017, Abschnitt 7.2.9 der Grundbruchwiderstand für beide Bruchrichtungen getrennt zu untersuchen. Der kleinere Wert ist maßgebend.

Anmerkung: Als Beispiel wird in DIN 4017, Abschnitt 7.2.9 auf den Grundbruch unter einem Gründungskörper verwiesen, der an einem Geländesprung oder auf geneigtem Gelände steht und dessen Gründungssohle mit einer Last beansprucht wird, deren Horizontalkomponente zur Fundamentseite gerichtet ist, die tiefer einbindet.

Andere Verfahren

In den Fällen, in denen die Ermittlung des Grundbruchwiderstands nach den unter 2.6.2 und 2.6.3 beschriebenen Verfahren nicht angewendet werden kann, muss der Grundbruchwiderstand nach DIN 4017, Abschnitt 7.3 durch besondere Verfahren (z.

B. Verfahren der Plastizitätstheorie und Verfahren nach DIN 4084, siehe Dörken / Dehne/ Kliesch, Teil 3) ermittelt werden.

Durchstanzen

Wenn der Baugrund aus weichem oder breiigem, wassergesättigtem, bindigem Boden und einer festeren Deckschicht mit einem Reibungswinkel φ > 25° (2.41) besteht, deren Dicke d_1 geringer ist als das Zweifache der Fundamentbreite b, muss der Grundbruchwiderstand nach 4017, Anhang B auch nach der Durchstanzbedingung ermittelt werden. Dieser Widerstand darf nach diesem Abschnitt der Norm wie folgt berechnet werden:

2.41: Beispiel: Fundament auf geschichtetem Untergrund (Durchstanzen, aus DIN 4017)

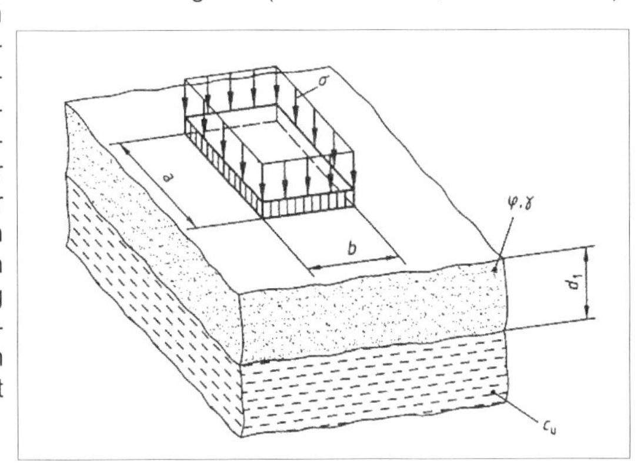

$$R_{V,k} = a \cdot b \cdot \frac{2 \cdot (1 + \frac{b}{a}) \cdot N_c \cdot c_{u,k} + (3 + 2 \cdot \frac{b}{a}) \cdot A^* \cdot \lambda \cdot \gamma \cdot d_1}{(3 + 2 \cdot \frac{b}{a}) \cdot e^{-B^* \cdot \lambda} - 1} \quad (2.49)$$

Dabei ist:

$$N_c = (2 + \pi) \cdot \left(1 + 0{,}2 \cdot \frac{b}{a}\right) \quad (2.50)$$

$$\lambda = \frac{d_1}{a} + \frac{d_1}{b} \quad (2.51)$$

Für biegesteife Fundamente gilt näherungsweise:

$$B^* = 1{,}66 \cdot 10^{-6} \cdot \varphi^3 - 3{,}02 \cdot 10^{-4} \cdot \varphi^2 + 1{,}38 \cdot 10^{-2} \cdot \varphi \quad (2.52)$$

$$A^* = 1{,}11 \cdot 10^{-6} \cdot \varphi^3 - 2{,}01 \cdot 10^{-4} \cdot \varphi^2 + 9{,}17 \cdot 10^{-3} \cdot \varphi \quad (2.53)$$

Für schlaffe Lasteinleitung gilt näherungsweise:

$$B^* = 3{,}92 \cdot 10^{-7} \cdot \varphi^3 - 7{,}97 \cdot 10^{-5} \cdot \varphi^2 + 3{,}98 \cdot 10^{-3} \cdot \varphi \quad (2.54)$$

$$A^* = 2{,}61 \cdot 10^{-7} \cdot \varphi^3 - 5{,}31 \cdot 10^{-5} \cdot \varphi^2 + 2{,}66 \cdot 10^{-3} \cdot \varphi \quad (2.55)$$

In den Gleichungen (2.52) bis (2.55) ist der Reibungswinkel $\varphi = \varphi_k$ in Grad (°) einzusetzen.

2.7 Kontrollfragen

- Folgende Begriffe sind zu erläutern: Aufschwimmen, Böschungs- und Geländebruch, Gleiten, Grundbruch, Kippen, Setzungen.
- Welche Lasten gehören zu den ständigen Lasten / zu den Verkehrslasten?
- Welche Sicherheit geht bei Aufschwimmen verloren?
- Woraus ergibt sich die charakteristische Beanspruchung in der Sohlfläche einer Flächengründung?
- Sind bei der Bemessung von Gründungskörpern dynamische Einwirkungen zu berücksichtigen?
- Wie kann der charakteristische Sohldruck bei Einzel- und Streifenfundamenten beim Nachweis für den ULS und SLS angenommen werden? Was ist bei Gründungsplatten und – in Längsrichtung – bei Streifenfundamenten zu beachten?
- Aus welchen beiden Anteilen besteht der Bemessungswert der Beanspruchung rechtwinklig zur Fundamentsohlfläche / parallel zur Sohlfläche?
- Welche Bodenreaktionen / Bodenwiderstände spielen nach Handbuch Eurocode 7 eine Rolle?
- Skizzieren Sie die Bewegungen eines Gründungs- / Bodenkörpers beim Kippen, Gleiten, Grundbruch, bei Setzungen und Schiefstellungen, bei Auftrieb sowie bei Böschungs- und Geländebruch!
- Welcher Grenzzustand liegt beim Nachweis der Tragfähigkeit gegen Kippen in der Sohlfläche vor?
- Warum kann ein Nachweis der Sicherheit gegen Gleichgewichtsverlust durch Kippen in der Sohlfuge eigentlich nicht geführt werden? Was muss an seiner Stelle nachgewiesen werden?
- Zulässige Ausmittigkeit der Sohldruckresultierenden beim rechteckigen / beim kreisförmigen Vollquerschnitt beim Nachweis der Tragfähigkeit / beim Nachweis der Gebrauchstauglichkeit nach DIN Handbuch Eurocode 7?
- Was versteht man unter der Sohldruckresultierenden? Wie erhält man sie?
- Bei welchen Bauwerken ist die Sicherheit gegen Kippen von Fundamenten besonders sorgfältig zu bestimmen?
- Wie wird der Nachweis der Sicherheit gegen Kippen in einer Arbeitsfläche des Gründungskörpers bestimmt?
- Wie wird der charakteristische Gleitwiderstand von Gründungskörpern im ULS bestimmt: a) im Anfangszustand, b) im Endzustand?
- Ansatz des Sohlreibungswinkels bei Ortbetonfundamenten / vorgefertigten Fundamenten?
- Wie erhält man den Bemessungswert des Gleitwiderstands?
- Nachweis der Sicherheit gegen Gleiten? Wie kann der Erdwiderstand dabei angesetzt werden?
- Bestimmung der Sicherheit gegen Gleiten, wenn die Sohlfläche des Fundaments in Gleitrichtung ansteigt / bei hoch liegender Weichschicht?
- Mögliche Maßnahmen bei nicht ausreichender Sicherheit gegen Gleiten?
- Der Eintritt eines Grundbruchs ist im Einzelnen zu erklären.
- Gleitlinien? Gleitflächen? Gleitschollen?
- Wann kann ein Grundbruch auch dann eintreten, wenn sich die Belastung nicht ändert?
- Wie erkennt man an der Geländeoberfläche / an der Last-Setzungslinie, dass der Grundbruch eingetreten ist?
- Wo treten die Gleitschollen in der Umgebung des Fundaments aus der Bodenoberfläche aus?
- Aktive / passive Rankine-Zone?
- Zeichnen Sie die Bruchfigur bei lotrecht mittiger Belastung!
- In welchen Bodenschichten werden die Scherwiderstände bei der Berechnung des Grundbruchwiderstands berücksichtigt? In welchen nicht? Rechnerische Oberfläche?
- Anwendungsbereiche bei der Berechnung des Grundbruchwiderstands?
- Welche Lagerungsdichte muss mindestens vorhanden sein, damit eine Grundbruchberechnung nach DIN 4017 durchgeführt werden kann?
- Welche Scherparameter werden dabei zugrunde gelegt?
- Was ist ein einfach verdichteter / ein vorbelasteter Boden?
- Wie erhält man das gewogene Mittel der Wichten von zwei Bodenschichten?
- Wie berechnet man die Grundbruchsicherheit bei geschichtetem Baugrund durch Iteration mit Hilfe des gewogenen Mittels der Bodenkenngrößen?
- Welche Einwirkungen werden beim Nachweis der Sicherheit gegen Grundbruch berücksichtigt? Sohldruckresultierende?
- Nach welcher Norm wird der charakteristische Grundbruchwiderstand im ULS (GEO-2) ermittelt?
- Ansatz einer Bodenreaktion an der Stirnseite des Fundaments?
- Wie bestimmt man den Bemessungswert des Grundbruchwiderstands?
- Nachweis der Grundbruchsicherheit?
- Maßgebende Kombinationen von ständigen und veränderlichen Einwirkungen?
- Die Gleichung zur Berechnung des Grundbruchwiderstands nach DIN 4017 ist mit allen Einflüssen zu beschreiben. Aus welchen Anteilen setzt sie sich zusammen?
- Wovon hängen die Tragfähigkeitsbeiwerte / die Formbeiwerte ab?
- Bestimmung der Tiefe und Länge des Grundbruchkörpers bei mittiger Belastung?
- Wie sieht die rechnerische Sohldruckfigur im Grenzzustand der Belastung (beim Grundbruch) aus? Einzelne Anteile?
- Welche Einbindetiefe ist bei Fundamenten unter Kellerwänden bei der Berechnung des Grundbruchwiderstands maßgebend?
- Einbindetiefe bei nichttragfähigem Boden über der tragfähigen Schicht?
- Wo kommen ausmittig belastete Gründungskörper in der Praxis vor?
- Wie sieht die Gleitscholle / die Gleichung für den Grundbruchwiderstand bei schräger und/oder ausmittiger Belastung aus?
- Wie wird die Ausmittigkeit / die Fundamentform bei der Berechnung des Grundbruchwiderstands berücksichtigt?
- Bestimmung der Tiefe und Länge des Grundbruchkörpers bei ausmittiger Belastung?
- Wie wird die Lastneigung bei der Berechnung des Grundbruchwiderstands erfasst?
- Berücksichtigung einer Geländeneigung / einer Berme / einer geneigten Sohlfläche?
- Fundament in / neben einer Böschung?
- Berücksichtigung einer durchbrochenen Sohlfläche?
- Ersatzfläche bei einspringenden / bei kreisförmigen Querschnitten?
- Berechnung des Grundbruchwiderstands bei nicht seitenparalleler H-Last?
- Was ist bei der Berechnung der Grundbruchsicherheit von schlanken Baukörpern mit weit über die Sohlfläche auskragenden Bauteilen / bei überwiegend waagerechter Beanspruchung zu beachten?
- Berücksichtigung des Einflusses von Nachbarlasten / von Einschnitten im Gleitschollenbereich?
- Wie werden Überlagerungen von Einflüssen erfasst?
- Ermittlung des Grundbruchwiderstands nach der Durchstanzbedingung?

2.8 Aufgaben

Aufgaben Kippen und Gleiten:

2.8.1 Für eine Stützwand soll die Sicherheit gegen Kippen überprüft werden. Der Nachweis für Gesamtlast liefert $e < b/3$. Welcher Nachweis ist noch erforderlich?

2.8.2 Nachweis der Sicherheit gegen Gleiten in der Sohlfuge: a) Berücksichtigung der Kohäsion c'? b) Fertigteilbauweise?

2.8.3 Wie groß sind zulässige Ausmittigkeit (e_{zul}) und klaffende Fuge (k) beim Nachweis der Sicherheit gegen Kippen für ständige Last / Gesamtlast?

2.8.4 Warum wird die Sohlnormalspannung einer Stützwand aus Bodeneigengewicht und Auflast getrennt ermittelt?

2.8.5 Wie wird die Reibung beim Nachweis der Sicherheit gegen Gleiten berücksichtigt: a) in der Sohlfuge, b) in der Arbeitsfuge?

2.8.6 Ein Fundament muss eine Stützenlast V = 500 kN und ein Moment M = 200 kNm aufnehmen. Ges.: Welchen Abstand x vom Lastangriffspunkt muss die Fundamentmitte haben, damit in der Sohlfuge keine Ausmittigkeit entsteht?

2.8.7 Nachweis der Sicherheit gegen Kippen a) in der Arbeitsfuge, b) in der Sohlfuge?

2.8.8 Geg.: Gewichtsstützwand, Trapezquerschnitt mit lotrechter Rückseite ohne Talsporn, freie Standhöhe 3 m, Einbindetiefe 1 m, obere Wandbreite 0,4 m, Hinterfüllung Sand mit γ = 18 kN/m^3, φ' = 32,5°, δ = 0, γ_{Beton} = 23 kN/m^3. Ges.: Untere Wandbreite b, bei der die Sicherheit gegen Kippen gerade noch ausreicht (Der Erdwiderstand vor der Wand soll vernachlässigt werden).

2.8.9 Infolge einer benachbarten Baumaßnahme wird der Grundwasserspiegel unter einem Fundament gleichmäßig abgesenkt. Welche Auswirkungen hat dies auf die Sicherheit gegen a) Kippen, b) Gleiten, c) Grundbruch sowie auf d) die Setzungen?

Aufgaben Grundbruch:

2.8.10 Geg.: Streifenfundament, b = 1,5 m, d = 1,0 m; V_{vorh} = 238 kN/m (mittig, einschließlich Fundamenteigenlast). Baugrund: Sand, schluffig, φ' = 30°, γ = 18,5 kN/m^3. Ges.: Zusätzlich mögliche Belastung ΔV im Lastfall 1.

2.8.11 Geg.: Rechteckfundament, a = 3,0 m, b = 2,0 m; Gründungstiefe bei - 1,0 m; V_{vorh} = 2 MN (mittig, einschließlich Fundamenteigenlast). Baugrund: ± 0,0 bis - 8,5 m: Sand, γ = 18,0 kN/m^3, γ' = 11,0 kN/m^3, φ' = 31°. Grundwasserspiegel bei - 7,0 m. Ges.: Änderung der Sicherheit gegen Grundbruch, wenn der Grundwasserspiegel auf - 4,4 m ansteigt.

2.8.12 Streifenfundament, b = 1,5 m; Gründungstiefe bei -1,8 m; V_{vorh} = 820 kN/m (mittig, einschließlich Fundamenteigenlast). Baugrund: Sand, φ' = 35°, γ = 18,0 kN/m^3. Ges.: Wie tief könnte eine Baugrube neben dem Fundament ausgehoben werden, damit im Bauzustand noch ausreichende Sicherheit gegen Grundbruch gegeben ist?

2.8.13 Geg.: a) Quadratfundament, $a = b$ = 2,0 m; Gründungstiefe bei - 1,0 m; b) Rechteckfundament, a = 4,0 m, b = 1,0 m; Gründungstiefe bei - 1,0 m. Baugrund: SE, φ' = 30°, γ = 18,0 kN/m^3. Ges.: Welches Fundament kann eine größere mittige Last V aufnehmen? (Logische und rechnerische Begründung!)

2.8.14 Geg.: Quadratfundament, $a = b$ = 3,0 m; Gründungstiefe bei - 1,7 m; V_{vorh} = 3,35 MN (mittig, einschließlich Fundamenteigenlast). Baugrund: UL, γ = 22,0 kN/m^3, γ' = 12,0 kN/m^3, φ' = 25°, c' = 1 kN/m². Ges.: Bis auf welche Kote darf das Grundwasser ansteigen, damit noch ausreichende Sicherheit gegen Grundbruch gegeben ist?

2.8.15 Maßgebende Scherfestigkeit bei der Berechnung der Grundbruchsicherheit von Fundamenten auf bindigem Baugrund?

2.8.16 Geg.: Streifenfundament und Quadratfundament. Breite, Einbindetiefe und Baugrund gleich. Welches Fundament hat die größere Grundbruchsicherheit?

2.8.17 Geg.: Streifenfundament, mittig mit V = 180 kN/m belastet (einschließlich Fundamenteigenlast), Gründungstiefe 1 m unter Geländeoberfläche, Grundwasserspiegel 0,5 m oberhalb der Gründungssohle. Baugrund: einfach verdichteter Lehm: γ = 20,5 kN/m^3, γ' = 10,5 kN/m^3, φ' = 22,5°, c' = 5 kN/m², c_u = 25 kN/m². Ges.: Fundamentbreite b für ausreichende Grundbruchsicherheit.

2.8.18 Geg.: Stützenquerschnitt b = 0,4 m, a = 0,6 m mit V = 5,24 MN. Baugrund: bis - 0,8 m: Auffüllung (γ = 16,0 kN/m^3, φ' = 30°); bis - 1,4 m: Schluff (γ = 19,0 kN/m^3, φ' = 25,0°, c' = 1,5 kN/m²); darunter Kies (γ = 17,5 kN/m^3, γ' = 10,5 kN/m^3, φ' = 30,0°). Grundwasserspiegel bei - 6,5 m. Unter der Stütze soll ein Rechteckfundament mit dem gleichen Seitenverhältnis wie die Stütze und ausreichender Sicherheit gegen Grundbruch im Lastfall 1 hergestellt werden (Gründungssohle auf - 1,4 m). Ges.: Seitenabmessungen des Rechteckfundaments.

2.8.19 Geg.: Streifenfundament ohne Einbindetiefe, b = 1 m. Grundwasserspiegel in Höhe der Geländeoberfläche. Weicher bindiger Baugrund: γ' = 10,0 kN/m^3, c_u = 50 kN/m², $\varphi_u \approx 0$. Ges.: Grundbruchlast bei plötzlicher Belastung?

2.8.20 Geg.: Streifenfundament, b = 1,3 m, V = 180 kN/m (einschließlich Fundamenteigenlast), Einbindetiefe 0,4 m. Baugrund: Lehm (γ = 22,0 kN/m^3, φ' = 27,5°, c' = 10,0 kN/m²). Ges.: Zulässige Ausmittigkeit bei Grundbruchsicherheit nach Lastfall 1.

2.8.21 Geg.: Streifenfundament, b = 3,0 m, Einbindetiefe 2,5 m, Moment um den Sohlenmittelpunkt M = 374 kN/m, H = 205 kN/m, V = 518 kN/m. Baugrund: mS, n = 0,35, w = 0,05, φ' = 35,0°, c = 0. Ges.: Zulässige Vertikalbelastung.

2.8.22 Geg.: Streifenfundament, b = 2,5 m, Einbindetiefe 2,5 m, Ausmittigkeit 0,35 m, Lastneigung 10°. Baugrund: a) Ton, steif, normal konsolidiert γ/γ' = 18/8 kN/m^3, φ_u = 0, c_u = 45 kN/m², Grundwasserspiegel in Fundamentsohle; b) Lehm, weich, normal konsolidiert, γ = 19,0 kN/m^3, φ_u = 15,0°, c_u = 20,0 kN/m², kein Grundwasser; c) Sand, γ/γ' = 19,0/11 kN/m^3, φ' = 34,0°, Grundwasserspiegel 1 m unter Fundamentsohle. Ges.: Lotrechte Komponente der Bruchlast.

2.8.23 Geg.: Quadratfundament, b = 2,5 m, Einbindetiefe 1,5 m, Belastung (Lastfall 1): V = 300 kN, $H_{(a)}$ = 6 kN (in Richtung der Seite a), $H_{(b)}$ = 55 kN (in Richtung der Seite b), e_a = 0,25 m, e_b = 0,4 m. Baugrund: Ton (normal konsolidiert) γ = 19,0 kN/m^3, φ_u = 17,0°, c_u = 8,0 kN/m², kein Grundwasser. Ges.: V_{zul}

2.9 Weitere Beispiele

2.42: Beispiel: Anfangsstandsicherheit eines Fertigbauteils

Geg.: *Das dargestellte Fertigteil aus Stahlbeton (Länge 5,0 m; γ =25 kN/m³) soll in die vorbereitete Baugrube gesetzt werden.*

TA, steif plastisch

Bodenkennwerte:

γ = 20 kN/m³
φ' = 17,5°
c' = 10kN/m²
φ_u = 5°
c_u = 20kN/m²

1,5m 2,5m 2,0m 2,8m 1,2m D

Ges.: *Anfangsstandsicherheit.*

Lösung:

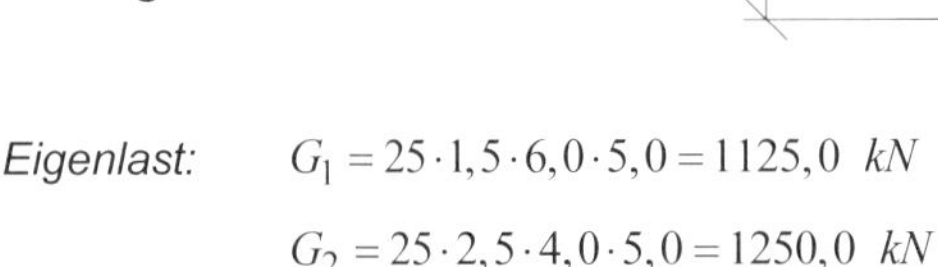

Eigenlast: $G_1 = 25 \cdot 1{,}5 \cdot 6{,}0 \cdot 5{,}0 = 1125{,}0\ kN$

$G_2 = 25 \cdot 2{,}5 \cdot 4{,}0 \cdot 5{,}0 = 1250{,}0\ kN$

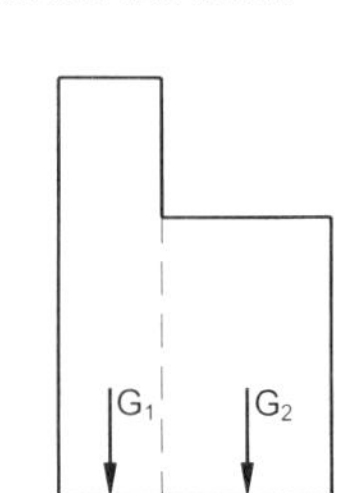

Angriffspunkt der Resultierenden (bezogen auf die Kante D):

$$c = \frac{M_{(D)}}{\sum V} = \frac{1125{,}0 \cdot \frac{1{,}5}{2} + 1250{,}0 \cdot \left(1{,}5 + \frac{2{,}5}{2}\right)}{1125{,}0 + 1250{,}0} = \frac{4281{,}3}{2375{,}0} = 1{,}80\ m$$

$$e = \frac{4{,}0}{2} - 1{,}80 = 0{,}20\ m$$

Ersatzfläche: $5{,}0 - 0 = 5{,}0 \mathrel{\hat{=}} a'$

$4{,}0 - 2 \cdot 0{,}20 = 3{,}6 \mathrel{\hat{=}} b'$

Beiwerte (für $\varphi_K = \varphi_u$, $c_k = c_u$):

$$N_{c0} = 6{,}5; \quad \nu_c = 1 + 0{,}2 \cdot \frac{3{,}6}{5{,}0} = 1{,}144 \quad (\varphi \approx 0)$$

$$N_{d0} = 1{,}5; \quad \nu_d = 1 + \frac{3{,}6}{5{,}0} \cdot \sin 5° = 1{,}063$$

$$N_{b0} = 0$$

ν_b *: nicht erforderlich*

Grundbruchwiderstand:

Da das Fertigteil in die offene Baugrube gesetzt wird, kann die Einbindetiefe nur anteilig in Rechnung gestellt werden:

gew.: $d \approx \frac{1{,}2}{2} = 0{,}6\ m$ *(genauere Berechnung $\Rightarrow$ Dehne 1982)*

2.42: Fortsetzung Beispiel: Anfangsstandsicherheit eines Fertigbauteils

$$R_{V,k} = 5{,}0 \cdot 3{,}6 \cdot (20 \cdot 6{,}5 \cdot 1{,}144 + 20 \cdot 0{,}6 \cdot 1{,}5 \cdot 1{,}063) = 3021 \ kN$$

Nachweis der Grundbruchsicherheit (BS-T):

$$V_d = 2375 \cdot 1{,}20 = 2850 \ kN$$

$$R_{V,d} = \frac{2850}{1{,}30} = 2324 \ kN$$

Damit wird

$$V_d = 2850 \ kN > R_{V,d} = 2324 \ kN,$$

so dass Sicherheit gegen Grundbruch nicht gegeben ist.

Anmerkung: *Da die erforderliche Sicherheit auch bei Ansatz der vollen Einbindetiefe nicht erreicht werden kann, müssten besondere Sicherungsmaßnahmen eingeplant werden.*

2.43: Beispiel: Zulässige Ausmittigkeit (bezüglich des Grundbruchs)

Geg.: *Bemessungssituation BS-P,*
$V^g = V_{G,k}$ *bzw.* $V^p = V_{Q,k}$

TA, steif plastisch

Bodenkennwerte:

$\gamma = 20 \ kN/m^3$
$\varphi' = 17{,}5°$
$c' = 10 kN/m^2$
$\varphi_u = 5°$
$c_u = 20 kN/m^2$

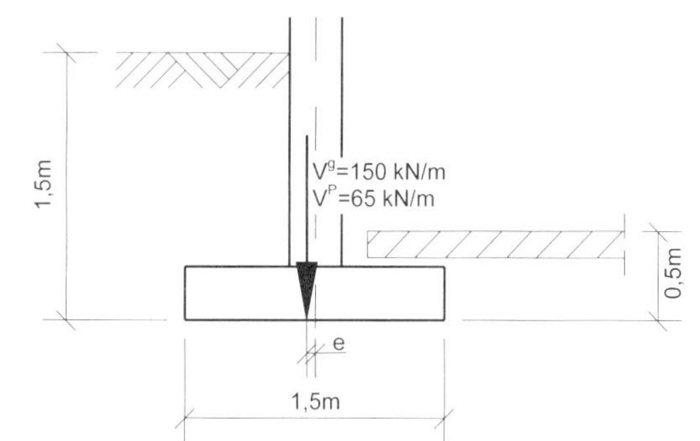

Ges.: *Wie groß darf die Ausmittigkeit der Last V bei den gegebenen Verhältnissen werden?*

Lösung: *Beiwerte:*

$$N_{c0} = 20{,}5; \ \nu_c = 1{,}0$$
$$N_{d0} = 10{,}5; \ \nu_d = 1{,}0$$
$$N_{b0} = 4{,}5; \ \nu_b = 1{,}0$$

Grundbruchwiderstand:

$$R_{V,k} = b' \cdot (20 \cdot 20{,}5 \cdot 1{,}0 + 22 \cdot 1{,}5 \cdot 10{,}5 \cdot 1{,}0 + 22 \cdot b' \cdot 4{,}5 \cdot 1{,}0) = 99{,}0 \cdot b'^2 + 756{,}52376 \cdot b'$$

2.43: Fortsetzung Beispiel: Zulässige Ausmittigkeit (bezüglich des Grundbruchs)

Nachweis der Grundbruchsicherheit (Bemessungssituation BS-P):

$$V_d = 150 \cdot 1{,}35 + 65 \cdot 1{,}50 = 300 \quad kN/m$$

$$R_{V,d} = \frac{R_{V,k}}{1{,}40} = \frac{99{,}0 \cdot b'^2 + 756{,}52376 \cdot b}{1{,}40}$$

Die Bemessungsgleichung für die Grundbruchgleichung lautet:

$$V_d = 300 \quad kN/m = \frac{99{,}0 \cdot b'^2 + 756{,}52376 \cdot b}{1{,}40},$$

Hieraus berechnet sich die Gleichung

$$b'^2 + 7{,}641b' - 4{,}242 = 0$$

Mit der brauchbaren Lösung

$$b' = 0{,}52m$$

Mit $b' = b - 2e$ *wird*

$$e_{zul} = \frac{b - b'}{2} = \frac{1{,}50 - 0{,}52}{2} = 0{,}49 \quad m < \frac{b}{3}$$

Die berechnete Ausmittigkeit liegt noch im für Gesamtlast zulässigen Bereich.

2.44: Beispiel: Abhängigkeit der Grundbruchlast von der Ausmittigkeit

Geg.: *Bemessungssituation BS-P,*
$V^g = V_{G,k}$ *bzw.* $V^p = V_{Q,k}$ *und*
$H^g = T_{G,k} = H_{G,k}$
$H^p = H_{Q,k} = T_{Q,k}$

SE, mitteldicht

Bodenkennwerte:

$\gamma = 20\ kN/m^3$
$\varphi' = 32{,}5°$

$$\frac{H}{V} = 0{,}268$$

Fälle
a) $e_1 = 0$
b) $e_2 = 0{,}125\ m$
c) $e_3 = 0{,}250\ m$
d) $e_4 = 0{,}375\ m$
e) $e_5 = 0{,}500\ m$

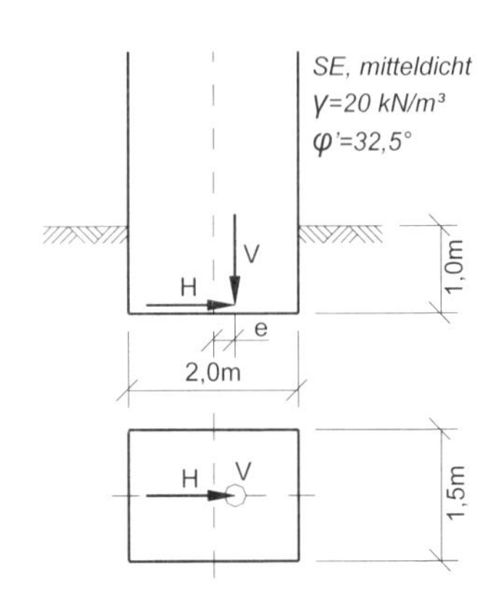

2.44: Fortsetzung Beispiel: Abhängigkeit der Grundbruchlast von der Ausmittigkeit

Ges.: *Wie groß darf die Ausmittigkeit der Last V bei den gegebenen Verhältnissen werden?*

Lösung:

Beispielhafte Berechnung der Bruchlast für den Fall b):

Ersatzfläche: $2{,}00 - 2 \cdot 0{,}125 = 1{,}75 \; m \mathrel{\hat{=}} a'$

$1{,}50 - 0 = 1{,}50 \mathrel{\hat{=}} b'$

Beiwerte: $N_{d0} = 25;\; \nu_d = 1 + \frac{1{,}50}{1{,}75} \cdot \sin 32{,}5° = 1{,}461$

$N_{b0} = 15;\; \nu_b = 1 - 0{,}3 \cdot \frac{1{,}50}{1{,}75} = 0{,}743$

Die Neigungsbeiwerte sind für
- *H parallel a'*
- *$\varphi' > 0$; $c' \geq 0$; $\delta > 0$; $\omega = 0°$ zu ermitteln:*

$$m_a = \frac{2 + \frac{1{,}75}{1{,}50}}{1 + \frac{1{,}75}{1{,}50}} = 1{,}462$$

$$m = 1{,}462 \cdot \cos^2 0° + 0 = 1{,}462$$

$$i_d = (1 - 0{,}268)^{1{,}462} = 0{,}634$$

$$i_b = (1 - 0{,}268)^{1{,}462+1} = 0{,}464$$

Grundbruchwiderstand:

$$R_{V,k} = 1{,}50 \cdot 1{,}75 \cdot (0 + 20 \cdot 1{,}0 \cdot 25 \cdot 1{,}461 \cdot 0{,}634 + 20 \cdot 1{,}5 \cdot 15 \cdot 0{,}743 \cdot 0{,}464) = 1623 \; kN$$

Beispielhafte Berechnung der Bruchlast für den Fall d)

Ersatzfläche: $2{,}00 - 2 \cdot 0{,}375 = 1{,}25 \; m \mathrel{\hat{=}} b'$

$1{,}50 - 0 = 1{,}50 \mathrel{\hat{=}} a'$

Beiwerte: $N_{d0} = 25;\; \nu_d = 1 + \frac{1{,}25}{1{,}50} \cdot \sin 32{,}5° = 1{,}448$

$N_{b0} = 15;\; \nu_b = 1 - 0{,}3 \cdot \frac{1{,}25}{1{,}50} = 0{,}750$

Die Neigungsbeiwerte sind für den Fall
- *H parallel b'*
- *$\varphi > 0$; $c \geq 0$; $\delta > 0$; $\omega = 90°$ zu ermitteln:*

2.44: Fortsetzung Beispiel: Abhängigkeit der Grundbruchlast von der Ausmittigkeit

$$m_\mathrm{b} = \frac{2 + \frac{1,25}{1,50}}{1 + \frac{1,25}{1,50}} = 1,546$$

$$m = 0 + 1,546 \cdot \sin^2 90° = 1,546$$

$$i_d = (1 - 0,268)^{1,546} = 0,617$$

$$i_b = (1 - 0,268)^{1,546+1} = 0,452$$

Grundbruchwiderstand:

$$R_{V,k} = 1,25 \cdot 1,50 \cdot (0 + 20 \cdot 1,0 \cdot 25 \cdot 1,448 \cdot 0,617 + 20 \cdot 1,25 \cdot 15 \cdot 0,750 \cdot 0,452) = 1076 \ kN$$

Fall	**a**	**b**	**c**	**d**	**e**
in [m]	*0*	*0,125*	*0,250*	*0,375*	*0,500*
$R_{V,k}$ *in [kN]*	*1837*	*1623*	*1405*	*1076*	*777*

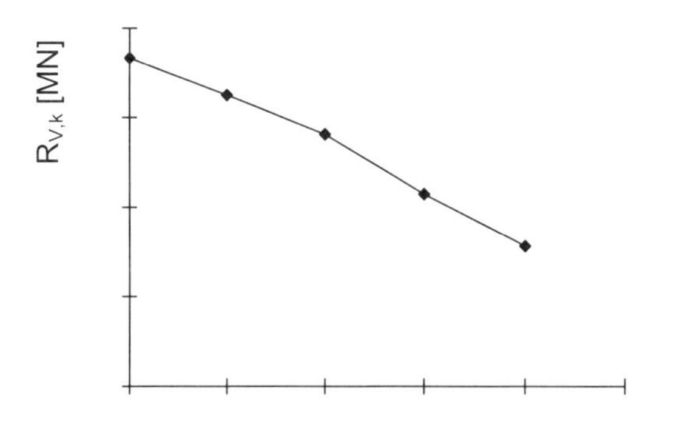

Die grafische Darstellung zeigt eine kontinuierliche Abnahme der rechnerischen Bruchlast.

3 Nachweise der Gebrauchstauglichkeit (SLS)

3.1 Regelungen des Eurocode 7

3.1.1 Zulässige Lage der Sohldruckresultierenden

Nach Handbuch Eurocode 7, Band 1 (2011): DIN 1054 (2010), Abschnitt A 6.6.5 bei Gründungen auf nichtbindigen und bindigen Böden in der Sohlfläche darf die Ausmittigkeit die zulässigen Werte nicht überschreiten (siehe auch Abschnitt 2.4).

Rechteckfundamente werden hierfür folgende 2 Bedingungen gestellt:

1. Bedingung: die Ausmittigkeit der Sohldruckresultierenden aus ständigen und veränderlichen Einwirkungen führt zu einer „klaffenden Fuge“, die bei Rechteckfundamenten nicht größer als 1/3 der Seitenlänge, bei Kreisfundamenten 0,6 m des Radius ist. Diese Bedingung ist erfüllt, wenn die Sohldruckresultierende innerhalb der 2. Kernweite angreift (Fläche der Ellipse ohne schraffierte Fläche in □ 2.02).

2. Bedingung: die Ausmittigkeit der Sohldruckresultierenden aus ständigen Einwirkungen führt nicht zu einer klaffenden Fuge. Diese Bedingung ist erfüllt, wenn die Sohldruckresultierende innerhalb der 1. Kernweite angreift (schraffierte Fläche in □ 2.02).

3.1.2 Verschiebungen in der Sohlfläche

a) Bei Flach- und Flächengründungen ist der Nachweis gegen unzuträgliche Verschiebungen des Fundaments in der Sohlfläche nach Handbuch Eurocode 7, Band 1 (2011): DIN 1054 (2010), Abschnitt A 6.6.6 dann erbracht, wenn

   - auf der Stirnseite des Fundaments bei der Überprüfung der Sicherheit gegen Gleiten (siehe Abschnitt 2.5) keine Bodenreaktion angesetzt wird, oder

   - wenn mindestens mitteldicht gelagerte nicht bindige Böden bzw. mindestens steife bindigen Böden vorliegen und wenn beim Ansatz des vollen Werts des charakteristischen Gleitwiderstands eine Bodenreaktion von weniger als 30 % des charakteristischen Erdwiderstands vor der Stirnseite des Fundamentkörpers zur Herstellung des Gleichgewichts der charakteristischen Kräfte parallel zur Sohlfläche erforderlich ist.

b) Wenn der Erdwiderstand vor der Stirnseite des Gründungskörpers von Flach- oder Flächengründungen in höherem Maße in Anspruch genommen wird als unter a) angegeben oder wenn der Boden nicht den unter a) genannten Anforderungen entspricht, muss nach Handbuch Eurocode 7, Band 1 (2011): DIN 1054 (2010), Abschnitt A 6.6.6 Folgendes nachgewiesen werden: Beim Ansatz der charakteristischen Werte der ständigen und der regelmäßig auftretenden veränderlichen Einwirkungen sowie beim Ansatz der charakteristischen Werte der seltenen oder einmaligen planmäßigen Einwirkungen dürfen keine unzuträglichen Verschiebungen des Fundaments in der Sohlfläche auftreten.

3.1.3 Setzungen

a) Die Größe der Setzungen von Flach- und Flächengründungen darf nach Handbuch Eurocode 7, Band 1 (2011), Abschnitt 6.6.2: DIN 1054 (2010), Anmerkung 1 zu A(3) nach DIN 4019 (siehe Abschnitt 3.2) ermittelt werden.

b) Bei nichtbindigen Böden müssen nach Handbuch Eurocode 7, Band 1 (2011), Abschnitt 6.6.2: DIN 1054 (2010), A(17) bei der Setzungsermittlung regelmäßig auftretende veränderliche Einwirkungen berücksichtigt werden.

Bei bindigen Böden dürfen veränderliche Einwirkungen bei der Ermittlung von Konsolidationssetzungen vernachlässigt werden, wenn deren Einwirkungszeit erheblich kleiner ist als die Zeitspanne, die zum Ausgleich des Porenwasserüberdrucks erforderliche ist.

c) Besonders bei wassergesättigten, bindigen Böden sind zur Abschätzung der Setzungen aus zyklisch wirkenden Lasten nach Handbuch Eurocode 7, Band 1 (2011), Abschnitt 6.6.2: DIN 1054 (2010), A(18) besondere Untersuchungen durchzuführen, z. B. mit Hilfe der Beobachtungsmethode (siehe Abschnitt 1.6).

d) Bei der Ermittlung der rechnerischen Setzungen der einzelnen Gründungselemente eines Gebäudes oder anderer baulicher Anlagen muss nach Handbuch Eurocode 7, Band 1 (2011), Abschnitt 6.6.2: DIN 1054 (2010), A(19) auch die Konstruktion des Tragwerks berücksichtigt werden (siehe z.B. EVB).

e) Wenn die Setzungen bei der Bemessung des Tragwerks berücksichtigt werden, sind sie nach Handbuch Eurocode 7, Band 1 (2011), Abschnitt 6.6.2: DIN 1054 (2010), A(20) entweder als charakteristische Werte in Form von vorsichtigen Schätzwerten des Mittelwerts oder als charakteristische Werte der kleinsten und der größten zu erwartenden Setzungen anzugeben (siehe hierzu auch Abschnitt 1.8.2.2).

f) Wird die Tragfähigkeit der Gründung nach Abschnitt 5.3 („Tabellenverfahren„) bestimmt, dann können nach Handbuch Eurocode 7, Band 1 (2011), Abschnitt 6.6.2: DIN 1054 (2010), A(21) bei mittig belasteten Fundamenten die in Abschnitt 5.3.3.1 angegebenen Setzungen auftreten. Bei einer Erhöhung des aufnehmbaren Sohldrucks nach den Abschnitten 5.3.3.2 bzw. 5.3.4.2 sind die zu erwartenden Setzungen je nach der gewählten Erhöhung zu vergrößern.

3.1.4 Verdrehungen

a) Bei Einhaltung der zulässigen Ausmittigkeit der Sohldruckresultierenden nach Abschnitt 3.1.1 treten nach Handbuch Eurocode 7, Band 1 (2011), Abschnitt 6.6.2: DIN 1054 (2010), A(17) bei Einzel- und Streifenfundamenten auf mindestens mitteldicht gelagertem nichtbindigem Boden bzw. mindestens steifem bindigem Boden keine unzuträglichen Verdrehungen des Bauwerks auf.

b) Wenn Schäden am Bauwerk oder an dessen Umgebung durch ungleichmäßige Setzungen entstehen können, dann sind nach Handbuch Eurocode 7, Band 1 (2011): DIN 1054 (2010), Abschnitt A 6.6.25, A(5) die Verdrehungen in Anlehnung an Abschnitt 3.1.3 zu ermitteln.

3.2 Setzungsberechnungen

3.2.1 Grundlagen

Konsolidation Vertikale Bewegung eines Bauwerks durch Zusammendrückung oder Gestaltänderung des Baugrunds unter Eigen- oder Bauwerkslast, wobei das überschüssige Porenwasser entweicht. Sie setzt sich zusammen aus dem

- Setzungsanteil aus primärer Konsolidation des Bodens ("Konsolidationssetzung"), dem
- Anteil der Sofortsetzungen (volumenbeständige Gestaltänderung wassergesättigter bindiger Böden) und dem
- sekundären Setzungsanteil (u. a. Kriecherscheinungen im Boden).

Anmerkung: Nur die Konsolidationssetzung kann durch die im Folgenden beschriebenen Verfahren näherungsweise erfasst werden. Die beiden anderen Setzungsanteile können nur zum Teil berücksichtigt werden, z.B. die Sofortsetzungen durch den Korrekturbeiwert (3.05).

Norm DIN 4019, Teil 1 und Teil 2

Ursachen Ursachen ungleichmäßiger Setzungen:

a) Zusammendrückung (Konsolidierung) des Baugrundes unter statischer Last.
b) Seitliches Ausweichen des Baugrunds infolge Grundbruchs (siehe Abschnitt 2).
c) Dynamische Einwirkungen (Verkehr, Maschinen, Sprengungen), vor allem bei nichtbindigen Böden.
d) Horizontale Bewegungen von Bauwerken (z. B. von Baugrubenwänden).
e) Austrocknen des Baugrunds (Schrumpfen bindiger Böden).
f) Grundwasserabsenkung (Eigenlaständerung durch wegfallenden Auftrieb).
g) Frost- und Tauwirkungen.
h) Zusammenbruch unterirdischer Hohlräume (Bergbau, Auslaugung von Salzstöcken).

Anmerkung: Durch Setzungsberechnungen können nur die Einflüsse a) und f) erfasst werden.

Böden Nichtbindige Böden setzen sich bei Belastung oder dynamischen Einwirkungen durch Kornumlagerungen. Porenwasser kann wegen der großen Durchlässigkeit schnell entweichen. Ihre Setzungen liegen wegen ihrer großen Steifigkeit im Millimeterbereich (Ausnahme: sehr lockere Lagerung) und treten praktisch unmittelbar nach Lastaufbringung ein.

Die Setzungen bindiger Böden können dagegen wegen ihres Wabengefüges im Zentimeter- oder sogar Dezimeterbereich liegen. Die Dauer der Setzungen kann bei ihnen wegen der geringen Durchlässigkeit Monate und Jahre betragen (⇒ Dörken / Dehne 2002). Bei Entlastung können die Setzungen teilweise wieder zurückgehen (Hebung), wenn entsprechend Wasser nachgesogen werden kann.

Lasten Wegen der Sofortsetzungen nicht bindiger Böden sind bei Setzungsberechnungen neben den ständigen Lasten auch vorübergehend auftretende Lasten zu berücksichtigen. Bei bindigen Böden werden dagegen nur die langfristig wirkenden Verkehrslasten angesetzt.

Gleichmäßige Setzungen Gleichmäßige Gebäudesetzungen sind unschädlich, solange sie keine Funktionsstörungen (Leitungsanschlüsse, Dichtungen) hervorrufen. Allerdings wächst mit ihnen auch die Gefahr ungleichmäßiger Setzungen und daraus resultierender Schäden. Daher werden von Skempton / Mc Donald (Smoltczyk 1990) für gewöhnliche Hochbauten bei 1,5facher Sicherheit folgende zulässige Setzungen genannt: Einzelfundament: 6 cm (auf Ton) bis 4 cm (auf Sand). Gründungsplatte: 6...10 cm (auf Ton) bis 4...6 cm (auf Sand).

Ungleichmäßige Setzungen

Ungleichmäßige Setzungen können je nach Größe der Setzungsunterschiede, nach statischer Konstruktion und Baustoff zu Schäden führen: Risse, Durchbiegungen, Schiefstellungen, Bruch von Bauteilen.

Ursachen ungleichmäßiger Setzungen:

a) Unregelmäßigkeiten im Baugrund (□ 3.01 a, b)
b) Gegenseitige Beeinflussung benachbarter Bauwerke (□ 3.01 c)
c) Ungleiche Tiefenlage benachbarter Fundamente (□ 3.01 d)
d) Ungleiche Größe benachbarter Fundamente (□ 3.01 e)
e) Unterschiedliche Gründungssysteme unter einem Bauwerk (□ 3.01 f)
f) Schräge Belastung eines Fundaments (□ 3.01 g)
g) Ausmittige Belastung eines Fundaments (□ 3.01 h)
h) Überlagerung der Baugrundspannungen unter einem lang gestreckten Fundament (□ 3.01 i)
i) Asymmetrie des Fundaments (□ 3.01k).

□ 3.01: Beispiel: Ursachen ungleichmäßiger Setzung

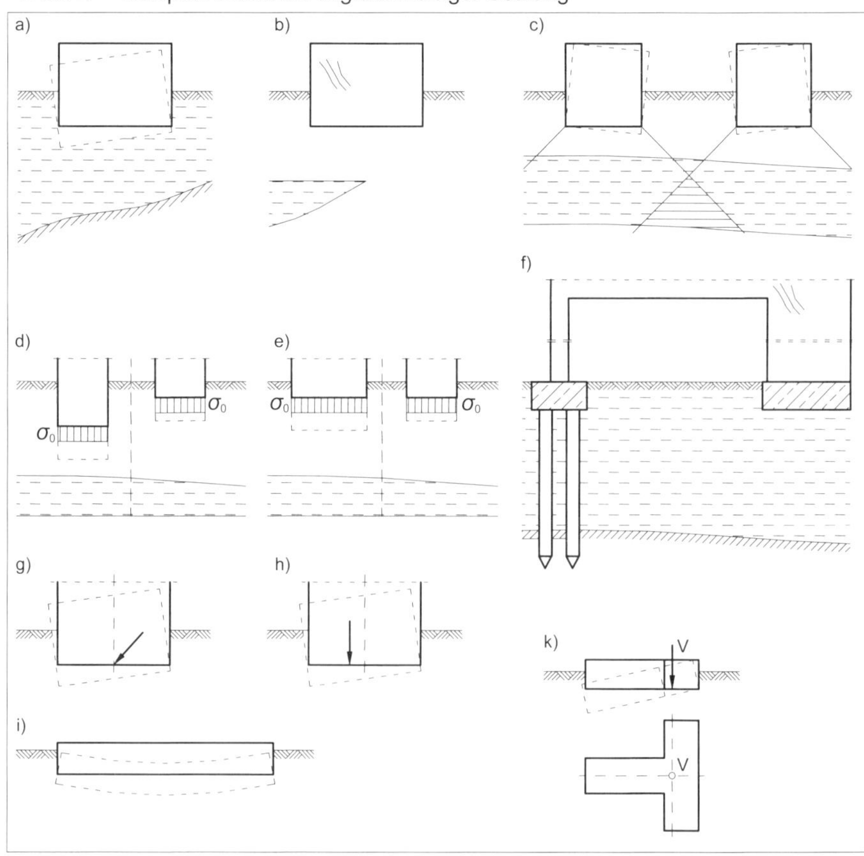

Zulässige Setzungsunterschiede

Unterschiedliche Anforderungen an das Bauwerk (z. B. die Forderung nach völliger Rissfreiheit in Hinblick auf Dichtigkeit einerseits bzw. bewusster Zulassung von "Schönheitsrissen" in Hinblick auf Wirtschaftlichkeit der Gründung andererseits) erfordern unterschiedliche Kriterien für zulässige Setzungsunterschiede. Statisch bestimmte Konstruktionen können wesentlich größere Setzungsunterschiede schadlos überstehen als statisch unbestimmte. Die verwendeten Baustoffe sind unterschiedlich setzungsempfindlich: Holz- und Stahlbauten wesentlich weniger als Stahlbeton- oder sogar Spannbetonbauwerke, Mauerwerksbauten aus kleinen Steinen weniger als aus großen Blöcken.

Einen Anhalt für zulässige Setzungsunterschiede von benachbarten Fundamenten unter einem gemeinsamen Bauwerk können daher nur Erfahrungswerte geben (□ 3.02). Aus Wirtschaftlichkeitsgründen wird das Kriterium $s/L \leq 1/300$ in Hinblick auf die relativ geringfügige Zahl der dabei möglichen architektonischen Schäden in der Praxis am meisten verwendet.

□ 3.02: Beispiel: Zulässige Setzungsunterschiede benachbarter Fundamente

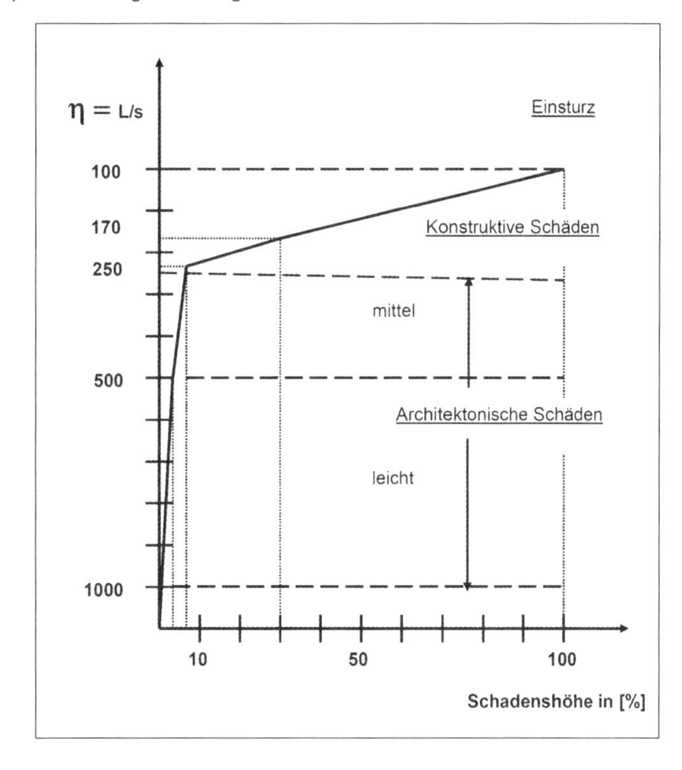

⇒ Smoltczyk (1990)

Zulässige Schiefstellung

Unterschiedliche Setzungen der Gründung können zu Schiefstellungen des Gesamtbauwerks führen. Sie werden für die Standsicherheit von üblichen Bauwerken bis zu etwa 0,3 % der Höhe (Stiegler 1979) bzw. von hohen starren Bauwerken, z.B. Schornsteine, Türme und Silos, bis zu etwa 0,4% der Gründungsbreite (Smoltczyk 1990) für unbedenklich gehalten, wenn dafür gesorgt wird, dass Anschlussleitungen (z.B. Entwässerung) hierdurch nicht beschädigt werden.

Anmerkung: Auch eine lotrecht mittige Belastung kann zu einer Schiefstellung führen, wenn die setzungsempfindliche Schicht ungleichmäßig mächtig ansteht (□ 3.01a) oder wenn die Gründungsfläche nicht mindestens zweiachsig symmetrisch ist (□ 3.01k).

Gegenseitige Beeinflussung

Benachbarte Fundamente und Bauwerke beeinflussen sich gegenseitig (□ 3.03, hier wurde vereinfachend eine Lastausbreitung unter 45° und eine dreieckförmige Sohldruckfigur angenommen). Diese Beeinflussung ist erfahrungsgemäß erst von Bedeutung, wenn der Fundamentabstand geringer ist als die dreifache Fundamentbreite.

In der Praxis spielt die gegenseitige Beeinflussung häufig bei der Gründung eines Neubaus neben einem Altbau eine Rolle. Im Grenzbereich zwischen beiden Bauwerken überlagern sich die Baugrundspannungen (3.04). In den meisten Fällen wird der Baugrund unter dem Altbau durch die zusätzlichen Spannungen aus dem Neubau ungleichmäßig zusammengedrückt: der Altbau zeigt Risse auf der Seite des Neubaus (3.04a). In selteneren Fällen lässt sich der Baugrund unter dem Altbau durch die Zusatzspannungen aus dem Neubau nicht mehr maßgeblich zusammendrücken: der Neubau neigt sich vom Altbau weg (3.04b).

E_s, E_m

Für Setzungsberechnungen wird der Steifemodul E_s - oder besser der Zusammendrückungsmodul E_m - der von den Bauwerksspannungen beeinflussten Baugrundschichten benötigt.

3.03: Beispiel: Gegenseitige Beeinflussung von Nachbarfundamenten

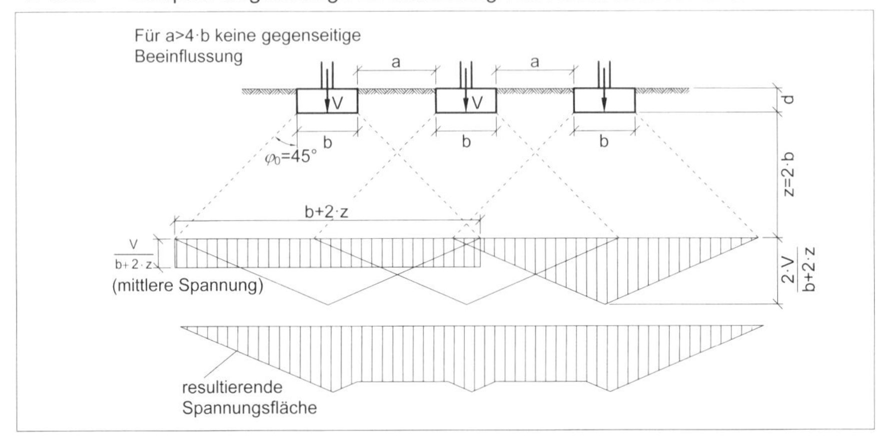

3.04: Beispiel: Gegenseitige Beeinflussung Neubau/Altbau

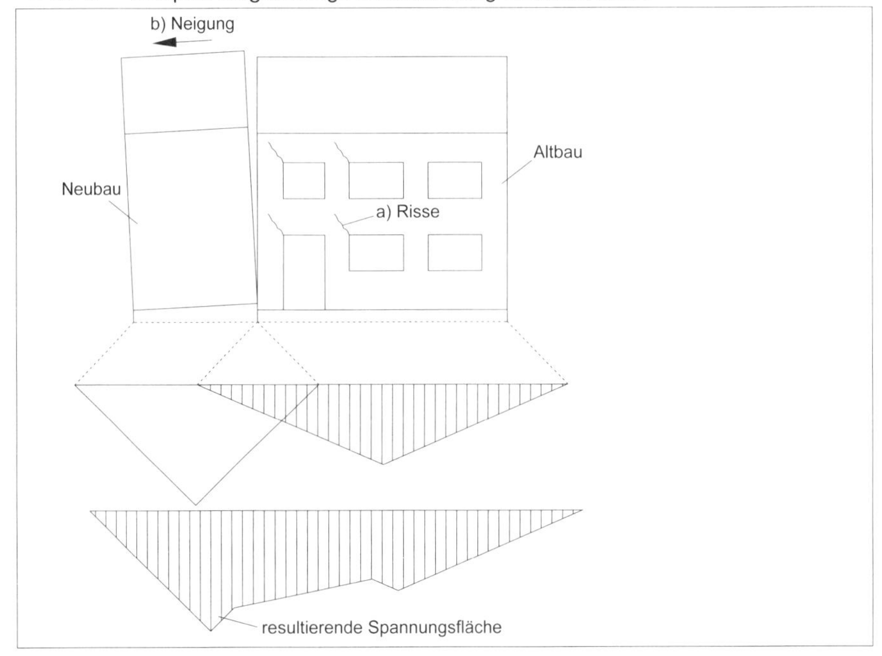

Der Steifemodul E_s wird aus der Druck-Setzungs-Linie (Zusammendrückungsversuch im Labor mit Sonderproben aus den setzungsempfindlichen Schichten) bestimmt (siehe Dörken/Dehne/ Kliesch 2009, Teil 1). Die auf diese Weise berechneten Setzungen weichen jedoch oft erheblich von den tatsächlich gemessenen ab, weil nur – in Form einzelner Stichproben - ein sehr geringes Bodenvolumen erfasst werden kann und Störungen der Proben sowie versuchstechnische Vereinfachungen (behinderte Seitendehnung) unvermeidlich sind.

Anmerkung: Hinzu kommt, dass der Steifemodul E_s keine Bodenkonstante für die jeweilige Schicht ist. Er hängt nicht nur von der Lastgröße, sondern auch von der Fundamentfläche ab: je größer die Fläche, desto größer ist auch der Steifemodul.

zu bestimmen. Auf diese Weise werden die Unzulänglichkeiten des aus Laborversuchen ermittelten Steifemoduls E_s wenigstens zum Teil ausgeglichen.

Um den Schwankungsbereich der Setzungen eingrenzen zu können, wird zweckmäßig mit einem für die setzungsempfindliche Schicht möglichen oberen und unteren Grenzwert für E_m gerechnet.

3.06: Beispiel: Abschnitte der Druck-Setzungs-Linie

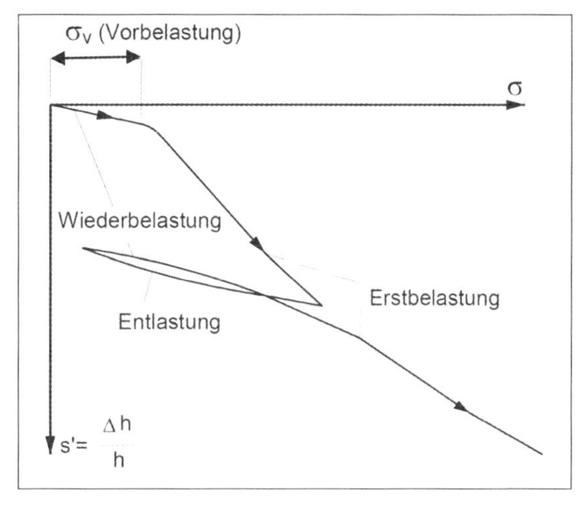

Grenztiefe Die praktische Erfahrung zeigt, dass die setzungserzeugenden Spannungen nur bis zur "Grenztiefe" berücksichtigt werden sollten, da sich andernfalls zu große rechnerische Setzungswerte ergeben.

Für den Fall, dass der mittlere Sohldruck σ_0 beträchtlich größer ist als die Aushubentlastung $\gamma \cdot d$ (siehe Abschnitt 3.2.2), kann die Grenze der setzungsempfindlichen Schicht nach DIN 4019, T. 1, in der Tiefe (Grenztiefe d_s) unter Gründungssohle angenommen werden, in der die Spannungen aus der setzungserzeugenden Bauwerkslast ($\sigma_0 - \gamma \cdot d$) kleiner sind als 20% der Überlagerungsspannungen $\sigma_ü$. Dies ist etwa zwischen $d_s = b$ (bei Gründungsplatten) bis $d_s = 2\ b$ (bei Streifen- und Einzelfundamenten) der Fall.

Anmerkung: Bei ausgedehnten Gründungsplatten mit geringem Sohldruck kann die Grenztiefe auch kleiner als b, bei hoch belasteten Streifen- und Einzelfundamenten auch größer als $2 \cdot b$ werden. Auch ein unter Auftrieb stehender Baugrund bewirkt eine Vergrößerung der Grenztiefe. Beginnt in der Nähe der rechnerisch ermittelten Grenztiefe eine weiche Schicht, so sollte die Grenztiefe vergrößert werden.

Unterscheiden sich der mittlere Sohldruck σ_0 und die Aushubentlastung $\gamma \cdot d$ nicht wesentlich, so wird mit dem vollen Sohldruck σ_0 (ohne Abzug von $\gamma \cdot d$) gerechnet. Bei der Setzungsberechnung ist in diesem Fall der Wiederbelastungsast der Druck-Setzungs-Linie maßgebend (3.06).

Fundamentbreite Da die Einflusstiefe eines Fundaments von seiner Breite abhängt (siehe oben) und bis in eine Tiefe von $z = 3\ b$ unter Gründungssohle reichen kann (3.08, hier dargestellt durch die 5%-Isobare, siehe Abschnitt 3.2.2), beansprucht ein breites Fundament ein größeres Bodenvolumen als ein schmales und setzt sich daher - bei gleicher Sohlnormalspannung - auch mehr.

Das Verhältnis der Setzungen von zwei Fundamenten verschiedener Fläche, Belastung und Form kann durch folgendes Modellgesetz näherungsweise beschrieben werden:

$$\frac{s_1}{s_2} = \frac{c_1 \cdot \sigma_{01} \cdot \sqrt{A_1}}{c_2 \cdot \sigma_{02} \cdot \sqrt{A_2}} \qquad (3.02)$$

□ 3.07: Formbeiwerte *c*

Seitenverhältnis *a/b*	1,0	1,5	4,0	10	100
Formbeiwert $c \approx$	1,0	1,0	0,9	0,7	0,4

Hierin ist:

$s_{1,2}$ Setzungen

$\sigma_{1,2}$ Sohldrücke bei den Fundamenten 1 und 2

$A_{1,2}$ Fundamentflächen

$c_{1,2}$ Formbeiwerte (□ 3.07)

Häufig wird die vereinfachte Form des Modellgesetzes für den Fall benötigt, dass die Setzungen zweier Fundamente gleicher Form gleich groß sein sollen (□ 3.43):

$$\sigma_{01} \cdot \sqrt{A_1} = \sigma_{02} \cdot \sqrt{A_2} \qquad (3.03)$$

□ 3.08: Beispiel: Einflusstiefe von Fundamenten (5%-Isobare)

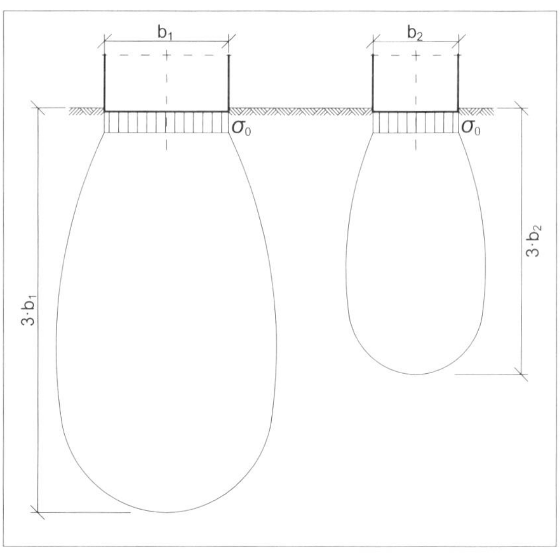

Anmerkung: Das Ergebnis dieser Näherungsberechnung sollte durch eine Setzungsberechnung überprüft werden, da das Modellgesetz die Grenztiefe (siehe oben) nicht berücksichtigt und den Tiefeneinfluss breiter Fundamente überbewertet.

Genauigkeit Wegen vereinfachter Annahmen, vielfältiger Einflüsse und notwendiger Mittelbildungen (⇒ Dehne 1982) können Setzungsberechnungen zu Ergebnissen führen, die bis zu ca. 50 % von den tatsächlich eintretenden Setzungen abweichen (DIN 4019 - 1). Sie liefern also nur die Größenordnung der zu erwartenden Setzungen.

Biegefestigkeit Zur Beurteilung des Setzungsverhaltens muss die Steifigkeit des Bauwerks bzw. seiner Gründung abgeschätzt (siehe Abschnitt 4) und danach entschieden werden, ob bei der Setzungsberechnung eher der schlaffe oder der starre Grenzfall der Steifigkeit anzunehmen ist.

□ 3.09: Beispiel: Setzungsmulde unter einer a) schlaffen, b) starren Lastfläche und kennzeichnende Punkte C

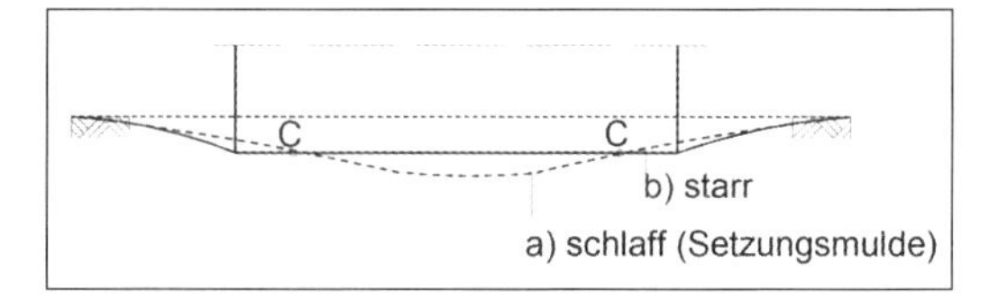

Für den Grenzfall "schlaffes (biegeweiches) Fundament" werden die Setzungen verschiedener Fundamentpunkte ermittelt und aufgetragen. Die Verbindungslinie der Setzungsordinaten liefert die Setzungsmulde, die erhebliche Setzungsunterschiede zwischen der größeren Mittensetzung und den kleineren Randsetzungen zeigt (□ 3.09 a).

Mit zunehmender Steifigkeit der Gründung nimmt diese die Biegemomente und Scherkräfte auf: die Setzungsunterschiede werden entsprechend geringer.

Ein vollkommen starrer Baukörper kann sich nicht verformen, so dass die Setzungen bei mittiger Last und gleichmäßigem Baugrund überall gleich groß sind (□ 3.09 b).

Aus der Überlagerung der Setzungsmulden für schlaffe und starre Lastflächen geht hervor, dass die Setzungen in bestimmten Punkten der Fundamentfläche gleich groß sind (Punkte C in □ 3.09). Diese "kennzeichnenden Punkte" liegen beim Rechteckfundament $0{,}74 \cdot b/2$ bzw. $0{,}74 \cdot a/2$ von den Fundamentachsen entfernt.

Starre Fundamente Die gleichmäßige Setzung eines gedrungenen, mittig belasteten, starren Fundaments lässt sich nach DIN 4019 - 1 annähernd nach einer der folgenden Möglichkeiten näherungsweise berechnen:

- als der 0,75-fache Wert der Setzung des Flächenmittelpunktes eines schlaffen Fundaments
- als Setzung im kennzeichnenden Punkt des Fundaments
- aus Tabellen für starre Fundamente.

Lang gestreckte Fundamente Bei lang gestreckten Fundamenten ($a > 2\,b$) ist es zweckmäßig, als Maß der gleichmäßigen Fundamentsetzung den Mittelwert aus den Setzungen für die End-, Mittel- und Viertelpunkte der großen Hauptachse des schlaff angenommenen Fundaments zu betrachten. Je größer das Verhältnis $a : b$ wird, desto weniger unterscheiden sich die Setzungen der Mittel- und Viertelpunkte.

3.2.2 Baugrundspannungen

Zweck Für die Setzungsberechnung (siehe Abschnitte 3.2.3 bis 3.2.6) müssen die lotrechten Baugrundspannungen (Spannungen in verschiedenen Tiefen des Baugrunds) bekannt sein, denn sie bewirken Zusammendrückungen des Baugrunds und damit die Setzungen der Fundamente.

Arten **Überlagerungsspannungen ($\sigma_{ü}$).** Baugrundspannungen infolge Eigenlast des Bodens, die bereits vor dem Aufbringen der Bauwerkslast vorhanden waren und unter denen der Baugrund in der Regel bereits konsolidiert ist. Die Überlagerungsspannungen entsprechen dem über der betrachteten Tiefe lastenden Gewicht des Bodens bis zur Geländeoberfläche. Sie sind unter Berücksichtigung des Grundwasserstands zu ermitteln:

$$\sigma_{ü} = \sum_{i=0}^{i=d} \gamma_i \cdot d_i \qquad (3.04)$$

Hierin ist:
γ Wichte des Bodens
d Gründungstiefe (Aushubtiefe)
z betrachtete Tiefe unter der Gründungssohle

Spannungen infolge Baugrubenaushubs (σ_a). Die (meist kurzfristige) Entlastung des Baugrunds durch den Baugrubenaushub beträgt:

$$\sigma_a = \sum_{i=0}^{i=d} \gamma_i \cdot d_i \qquad (3.05)$$

Spannungen infolge Bauwerkslast (σ_z). Die Erstellung des Bauwerks bewirkt Baugrundspannungen und damit eine Zusammendrückung des Baugrunds: das Bauwerk setzt sich. Da ein Teil der Bauwerkslast jedoch den Eigenlastzustand des Baugrunds, der durch den Baugrubenaushub kurzfristig gestört wurde, wieder herstellen muss, kann bei einfach verdichteten Böden (das sind Böden, die lediglich durch ihre Eigenlast konsolidiert wurden) nur der Differenzbetrag

$$\sigma_1 = \sigma_z - \sigma_a \qquad (3.06)$$

eine Setzung hervorrufen (setzungserzeugende Spannung σ_1).

Anmerkung: Zur Berechnung der Baugrundspannungen aus der Bauwerkslast kann der in der Gründungssohle wirkende Sohldruck infolge lotrechter Belastung gleichmäßig verteilt an-genommen werden (siehe Abschnitt 4.1).

□ 3.10: Beispiel: Ausbreitung der Baugrundspannungen infolge Bauwerkslast (Walzenmodell)

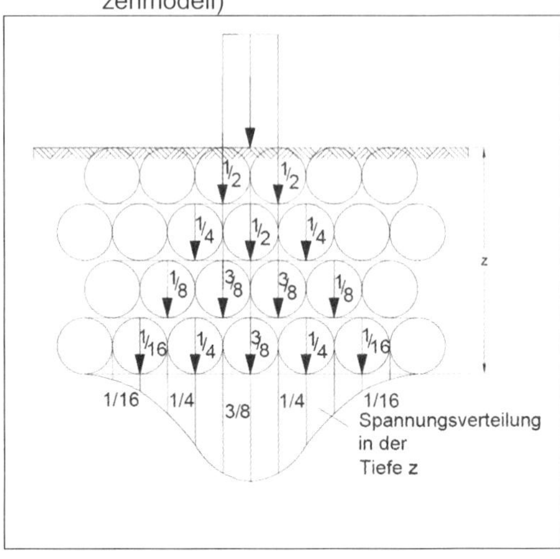

Ausbreitung Die Ausbreitung der Baugrundspannungen infolge Bauwerkslast kann stark vereinfacht an einem Walzenmodell veranschaulicht werden (□ 3.10). Hiernach breiten sich die Spannungen mit zunehmender Tiefe seitlich aus, konzentrieren sich unter der Last und nehmen mit der Tiefe ab.

□ 3.11: Beispiel: Isobaren für verschiedene Konzentrationsfaktoren (nach Fröhlich)

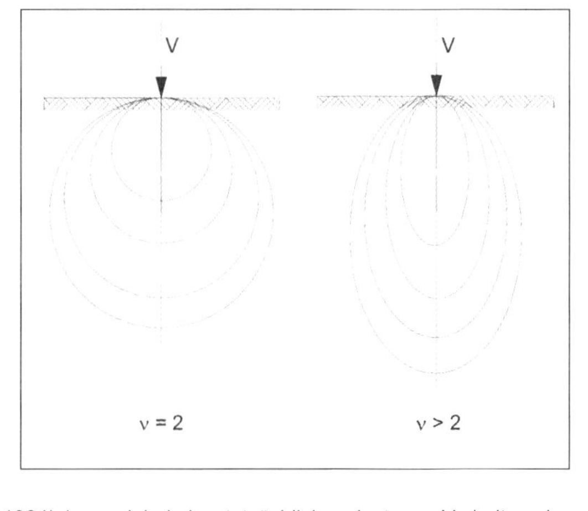

Berechnungsgrundlagen Die heute üblichen Setzungsberechnungen gehen auf die Ansätze von Boussinesq (1885) zurück, der den Baugrund vereinfachend als elastisch - iso-tropen Halbraum auffasste. Das ist ein dreidimensionaler Raum, der durch eine unendlich ausgedehnte, waagerechte Ebene (in Höhe der Gründungssohle) halbiert wird. Die obere Hälfte ist leer, die untere ist ein homogener, gewichtsloser, elastischer Körper mit einheitlichem Elastizitätsmodul.

Anmerkung: Durch Einführung eines Konzentrationsfaktors ν (Fröhlich 1934) kann dabei das tatsächlich anisotrope Verhalten des Baugrunds berücksichtigt werden: $\nu = 2$: kreisförmige Isobaren (Linien gleicher Vertikalspannungen), $\nu = 3$: elastisch - isotroper Halbraum, $\nu = 4$: Der E-Modul nimmt geradlinig mit der Tiefe zu, $\nu = 3...4$: kommt dem tatsächlichen Baugrund in Mitteleuropa am nächsten (□ 3.11).

Punktlast Die lotrechte Baugrundspannung unter einer Punktlast P (in kN) kann in einem beliebigen Punkt in der Tiefe z (in m) im Abstand r (in m) von der Last (□ 3.13) nach dem Rechenansatz von Boussinesq für den elastisch-isotropen Halbraum mit Hilfe von Einflusswerten i (□ 3.12) nach der Gleichung berechnet werden:

$$\sigma_z = \sigma(z) = i \cdot \frac{P}{z^2} = \left\{ \frac{3}{2 \cdot \Pi} \cdot \left[\frac{1}{(x/z)^2 + 1} \right]^{5/2} \right\} \cdot \frac{P}{z^2} \qquad (3.07)$$

Anmerkung: Mit der Gleichung (3.07) für die Punktlast kann näherungsweise der Einfluss von Einzelfundamenten auf benachbarte Baukörper bestimmt werden, wenn der Abstand zwischen beiden nicht zu gering ist.

□ 3.12: Einflusswerte *i* für die lotrechten Baugrundspannungen infolge einer Punktlast *P*

r/z	0	0,1	0,2	0,4	0,6	0,8	1,0	1,2	1,4	1,6	1,8	2,0
i	0,4775	0,4657	0,4329	0,3295	0,2214	0,1386	0,0844	0,0513	0,0312	0,0200	0,0129	0,0085

Eine gute Übersicht über Größe und Verteilung der Baugrundspannungen - z. B. infolge einer Punktlast *P* - erhält man durch Auftragung in horizontalen oder vertikalen Schnitten oder in Form von Isobaren (□ 3.14).

□ 3.13: Beispiel: Baugrundspannung infolge Punktlast P (Linienlast P)

Die Auftragung in horizontalen Schnitten liefert "Glockenkurven", die mit der Tiefe immer flacher werden und deren "Spannungsinhalt" immer gleich groß ist. Aus den Glockenkurven lassen sich Linien gleicher Baugrundspannungen (Isobaren) ermitteln, aus denen ersichtlich ist, wie weit die Spannungen aus dem Bauwerk den Baugrund beeinflussen. Die 5%-Isobare reicht beispielsweise bis in eine Tiefe, die etwa der dreifachen Fundamentbreite entspricht (□ 3.08).

Die Auftragung der Baugrundspannungen in Vertikalschnitten ("Lastkurven") wird bei Setzungsberechnungen (siehe Abschnitt 3.2.3 und 3.2.4) benötigt.

□ 3.14: Beispiel: Baugrundspannungen infolge einer Punktlast *P* in horizontalen a) und vertikalen c) Schnitten, Isobaren b)

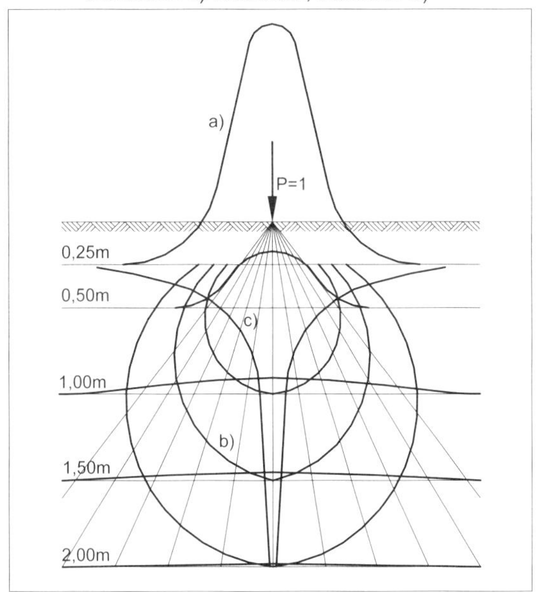

Linienlast

Die lotrechten Baugrundspannungen unter einer Linienlast *p* (in kN/m) können für einen beliebigen Punkt in der Tiefe *z* (in m) und im Abstand *x* (in m) (□ 3.12) - ebenfalls nach Boussinesq - mit Hilfe von Einflusswerten *i* (□ 3.15) nach der Gleichung berechnet werden:

$$\sigma_Z = i \cdot \frac{p}{z} \qquad (3.08)$$

Rechteckige Flächenlast

Die Baugrundspannung in der Tiefe *z* (in m) unter dem Eckpunkt einer schlaffen (biegeweichen) Flächenlast σ_0 (in kN/m²) erhält man nach Steinbrenner (1934) mit dem Einflusswert *i* (□ 3.16, □ 3.17) aus der Gleichung

□ 3.15: Einflusswerte *i* für die lotrechten Baugrundspannungen infolge einer Linienlast *p*

x/z	0	0,1	0,2	0,4	0,6	0,8	1,0	1,2	1,4	1,6	1,8	2,0
i	0,6366	0,6241	0,5886	0,4731	0,3442	0,2367	0,1592	0,1069	0,0727	0,0502	0,0354	0,0255

$$\sigma_z = \sigma(z) = i \cdot \sigma_0 \qquad (3.09)$$

$$\sigma_z = \sigma(z) = \left\{ \frac{1}{2 \cdot \Pi} \left[\arctan\left(\frac{a \cdot b}{z \cdot \sqrt{a^2 + b^2 + z^2}}\right) + \frac{a \cdot b \cdot z}{z \cdot \sqrt{a^2 + b^2 + z^2}} \cdot \left(\frac{1}{a^2 + b^2} + \frac{1}{b^2 + z^2}\right) \right] \right\} \cdot \sigma_0$$

□ 3.16: Einflusswerte *i* für die lotrechten Baugrundspannungen unter dem Eckpunkt einer schlaffen Rechtecklast (nach Steinbrenner)

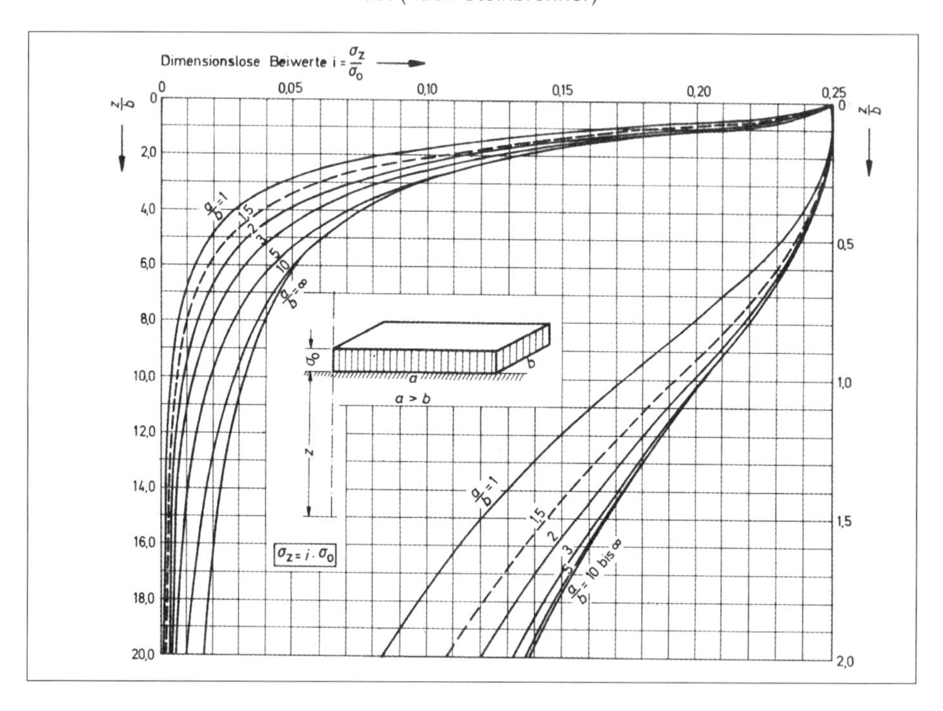

□ 3.17: Einflusswerte *i* für die lotrechten Baugrundspannungen unter dem Eckpunkt einer schlaffen Rechtecklast (nach Steinbrenner)

Tiefe/Breite z/b	Dimensionslose Beiwerte $i = \sigma_z / \sigma_0$						
	a/b = 1,0	a/b = 1,5	a/b = 2,0	a/b = 3,0	a/b = 5,0	a/b = 10,0	a/b = ∞
0,25	0,2473	0,2482	0,2483	0,2484	0,2485	0,2485	0,2485
0,50	0,2325	0,2378	0,2391	0,2397	0,2398	0,2399	0,2399
0,75	0,2060	0,2182	0,2217	0,2234	0,2239	0,2240	0,2240
1,00	0,1752	0,1936	0,1999	0,2034	0,2044	0,2046	0,2046
1,50	0,1210	0,1451	0,1561	0,1638	0,1665	0,1670	0,1670
2,00	0,0840	0,1071	0,1202	0,1316	0,1363	0,1374	0,1374
3,00	0,0447	0,0612	0,0732	0,0860	0,0959	0,0987	0,0990
4,00	0,0270	0,0383	0,0475	0,0604	0,0712	0,0758	0,0764
6,00	0,0127	0,0185	0,0238	0,0323	0,0431	0,0506	0,0521
8,00	0,0073	0,0107	0,0140	0,0195	0,0283	0,0367	0,0394
10,00	0,0048	0,0070	0,0092	0,0129	0,0198	0,0279	0,0316
12,00	0,0033	0,0049	0,0065	0,0094	0,0145	0,0219	0,0264
15,00	0,0021	0,0031	0,0042	0,0061	0,0097	0,0158	0,0211
18,00	0,0015	0,0022	0,0029	0,0043	0,0069	0,0118	0,0177
20,00	0,0012	0,0018	0,0024	0,0035	0,0057	0,0099	0,0159

Teilt man die Gründungsfläche in Rechtecke auf, so können die Spannungen unter jedem beliebigen Punkt *P* innerhalb und außerhalb dieser Fläche ermittelt werden (□ 3.18).

Anmerkung: Bei der Einteilung in Rechtecke muss immer darauf geachtet werden, dass alle Rechtecke einen Eckpunkt in dem Punkt haben, unter dem die Spannung gesucht wird. Bei einem außerhalb der Gründungsfläche liegenden Punkt wird.

□ 3.18: Beispiel: Einflusswerte *i* für beliebige Punkte: Aufteilung in Rechtecke

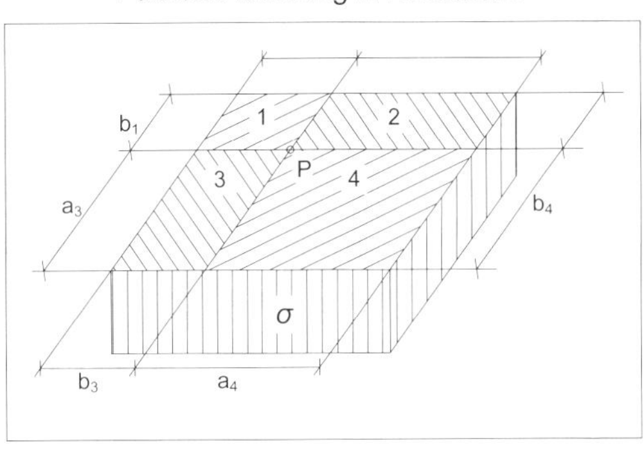

□ 3.19: Beispiel: Baugrundspannungen infolge einer Flächenlast

Geg.: *vertikale und mittige einwirkende Kräfte ($V = V_{G,k}$)*

Ges.: *Größe und Verteilung der Bauwerksspannungen unter den Punkten A bis D in 5,0 m Tiefe unter der Geländeoberkante*

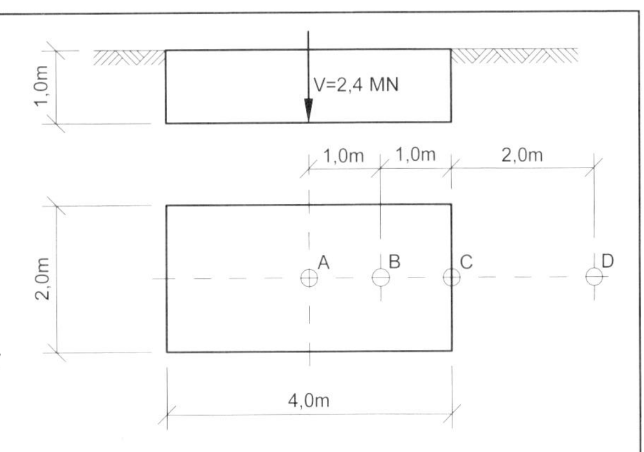

Lösung:
Die Bauwerksdrücke berechnen sich ab Gründungssohle, so dass hier gilt:

$$z = 5,0 - 1,0 = 4,0 \ m$$

Mittlerer Sohldruck: $\sigma_{0,m} = \dfrac{2400}{4,0 \cdot 2,0} = 300 kN/m^2$

Punkt A:

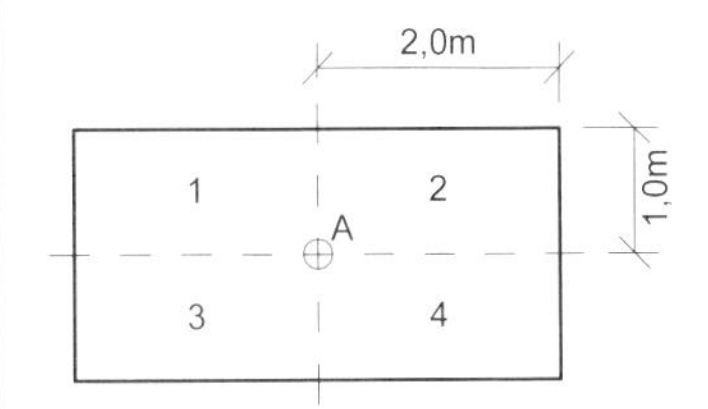

$$a_1 = a_2 = a_3 = a_4 = 2,0 \ m$$

$$b_1 = b_2 = b_3 = b_4 = 1,0 \ m$$

$$\Rightarrow \frac{a}{b} = \frac{2,0}{1,0} = 2,0 \ ; \ \frac{z}{b} = \frac{4,0}{1,0} = 4,0$$

$$\Rightarrow i = 0,0475$$

$$\sigma_z^A = 4 \cdot i \cdot \sigma_{0,m} = 4 \cdot 0,0475 \cdot 300 = 57,0 \ kN/m^2$$

Punkt B:

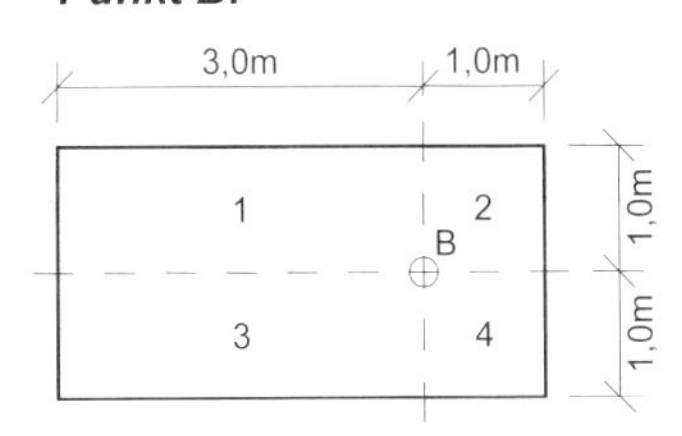

$$\frac{a_1}{b_1} = \frac{a_3}{b_3} = \frac{3,0}{1,0} = 3,0$$

$$\frac{z_1}{b_1} = \frac{z_3}{b_3} = \frac{4,0}{1,0} = 4,0$$

$$\Rightarrow i_1 = i_3 = 0,0604$$

$$\frac{a_2}{b_2} = \frac{a_4}{b_4} = \frac{1,0}{1,0} = 1,0$$

□ 3.19: Fortsetzung Beispiel: Baugrundspannungen infolge einer Flächenlast

$$\frac{z_2}{b_2} = \frac{z_4}{b_4} = \frac{4,0}{1,0} = 4,0$$

$$\Rightarrow i_2 = i_4 = 0,0270$$

$$\sigma_z^B = (2 \cdot 0,0604 + 2 \cdot 0,0270) \cdot 300 = 52,4 \quad kN/m^2$$

Punkt C:

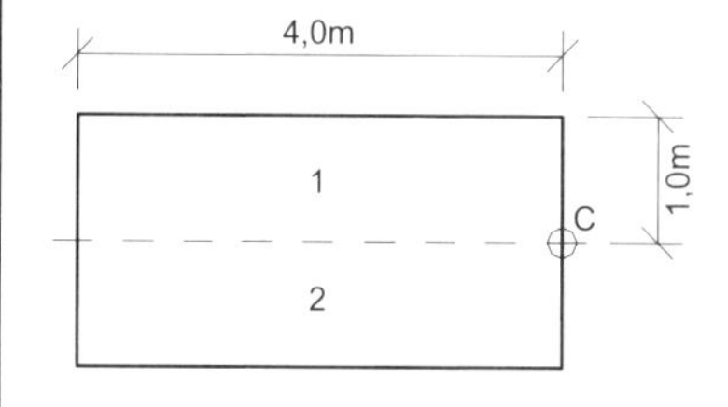

$$\frac{a_1}{b_1} = \frac{a_2}{b_2} = \frac{4,0}{1,0} = 4,0$$

$$\frac{z_1}{b_1} = \frac{z_2}{b_2} = \frac{4,0}{1,0} = 4,0$$

$\Rightarrow i_1 = i_2 = 0,0658$ (interpoliert)

$$\sigma_z^C = 2 \cdot 0,0658 \cdot 300 = 39,5 \quad kN/m^2$$

Punkt D:

Vorbemerkung: Das Fundament muss bis zum maßgebenden Punkt zu einem fiktiven Fundament erweitert und der überschüssige Anteil anschließend wieder abgezogen werden.

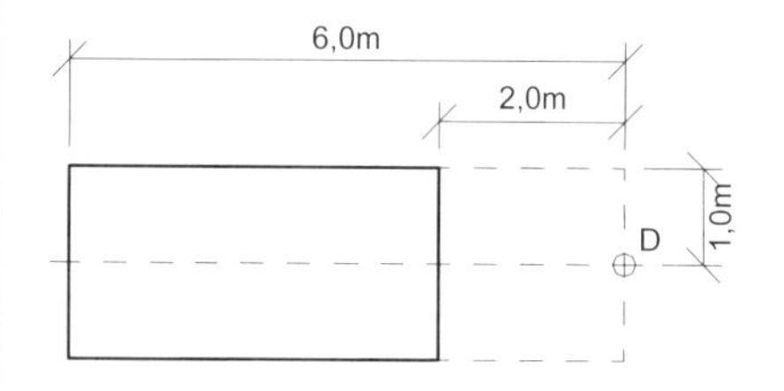

$$\frac{a}{b} = \frac{6,0}{1,0} = 6,0$$

$$\frac{z}{b} = \frac{4,0}{1,0} = 4,0$$

$$\Rightarrow i = 0,0721$$

$$\frac{a}{b} = \frac{2,0}{1,0} = 2,0$$

$$\frac{z}{b} = \frac{4,0}{1,0} = 4,0$$

$$\Rightarrow i = 0,0475$$

$$\sigma_z^D = (2 \cdot 0,0721 - 2 \cdot 0,0475) \cdot 300 = 14,8 \quad kN/m^2$$

Darstellung der Druckverteilung:

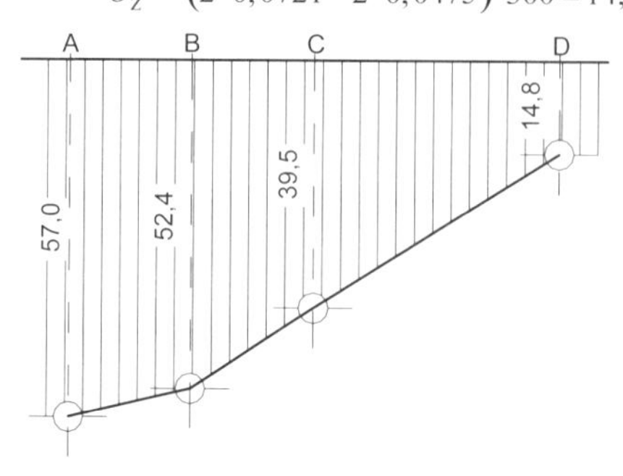

Kenn-zeichnender Punkt Weil die Setzung eines mittig belasteten Fundaments im kennzeichnenden Punkt für den schlaffen und starren Grenzfall gleich und damit unabhängig von der Fundamentsteifigkeit ist (siehe Abschnitt 3.2.1), werden die Baugrundspannungen häufig unter diesem Punkt berechnet (□ 3.20, □ 3.21).

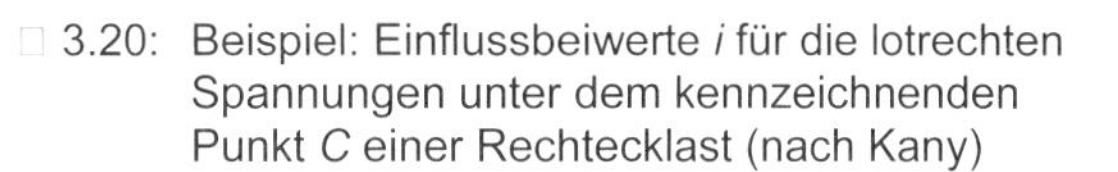

3.20: Beispiel: Einflussbeiwerte i für die lotrechten Spannungen unter dem kennzeichnenden Punkt C einer Rechtecklast (nach Kany)

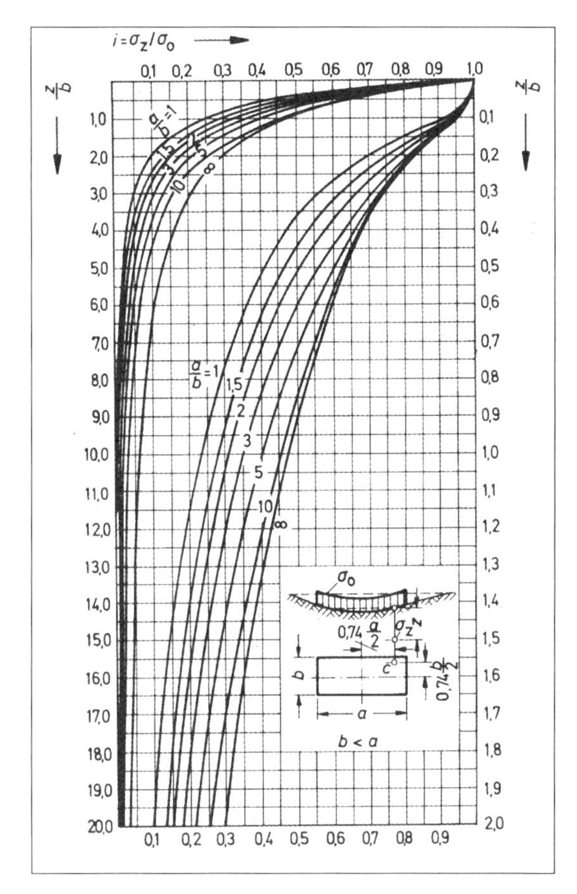

3.21: Einflusswerte i für die lotrechten Spannungen unter dem kennzeichnenden Punkt C einer Rechtecklast (nach Kany)

Tiefe/Breite z/b	Dimensionslose Beiwerte $i = \sigma_z / \sigma_0$						
	a/b = 1,0	a/b = 1,5	a/b = 2,0	a/b = 3,0	a/b = 5,0	a/b = 10,0	a/b = ∞
0,05	0,9811	0,9879	0,9884	0,9894	0,9895	0,9897	0,9896
0,10	0,8984	0,928	0,9372	0,9425	0,9443	0,9447	0,9447
0,15	0,7898	0,8358	0,8623	0,8755	0,8824	0,883	0,8839
0,20	0,6947	0,757	0,7883	0,8127	0,8335	0,8262	0,8264
0,30	0,5566	0,6213	0,6628	0,7053	0,7301	0,7376	0,7387
0,50	0,4088	0,4622	0,5032	0,555	0,6032	0,6264	0,6299
0,70	0,3249	0,3706	0,4041	0,4527	0,5066	0,5473	0,5552
1,00	0,2342	0,2786	0,3078	0,3488	0,4008	0,4504	0,4674
1,50	0,1438	0,183	0,2098	0,2387	0,2779	0,3303	0,3604
2,00	0,0939	0,1279	0,1475	0,1749	0,2057	0,2479	0,2883
3,00	0,0473	0,0672	0,0823	0,1043	0,128	0,1575	0,2025
5,00	0,0183	0,0268	0,0345	0,0502	0,0646	0,0838	0,1251
7,00	0,0095	0,0141	0,0185	0,0264	0,0384	0,0541	0,0905
10,00	0,0045	0,007	0,0093	0,0135	0,021	0,0328	0,0633
20,00	0,0012	0,0015	0,0024	0,0035	0,0058	0,0105	0,0318

Beliebige Flächenlast Baugrundspannungen in der Tiefe z unter beliebig begrenzten Flächenlasten p (Sohldruckspannungen σ_0 oder σ_1 in kN/m²) werden zweckmäßig nach dem halbgrafischen Verfahren von Newmark (1947) ermittelt.

Der Grundriss des Fundaments wird in beliebigem Maßstab aufgetragen. Im gleichen Maßstab wird eine Einflusskarte gezeichnet, deren Mittelpunkt auf den Punkt des Fundaments gelegt werden muss, unter dem die Baugrundspannung in der Tiefe z gesucht ist (3.22). Die einzelnen Radien r der Einflusskarte erhält man, indem die Tiefe z mit den Faktoren r/z (3.23) multipliziert wird. Die Kreise werden durch 20 Strahlen gleichmäßig unterteilt. Jede Masche des Einflussnetzes liefert einen Spannungsanteil $0{,}005 \cdot p$. Die Anzahl n der Maschen wird aufsummiert, die vom Fundamentgrundriss bedeckt sind, und dabei die Größe von nur teilweise bedeckten Maschen geschätzt und dazugerechnet. Die gesuchte Baugrundspannung in der Tiefe z ist dann

3.22: Beispiel: Fundamentgrundriss mit Einflusskarte von Newmark

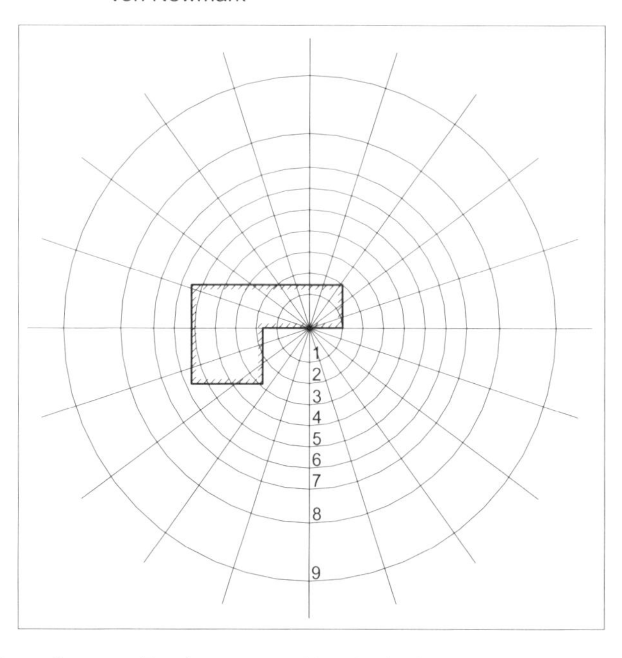

$$\sigma_z = n \cdot 0{,}005 \cdot p \qquad (3.10)$$

3.23: Kreisradien r für die Einflusskarte von Newmark

Kreis Nr.	0	1	2	3	4	5	6	7	8	9	10
σ_z/p	0,0	0,1	0,2	0,3	0,4	0,5	0,6	0,7	0,8	0,9	1,0
r/z	0,0	0,270	0,400	0,518	0,637	0,766	0,918	1,110	1,387	1,908	∞

Soll die Baugrundspannung in der Tiefe z unter verschiedenen Punkten des Fundamentgrundrisses ermittelt werden, so kann die Einflusskarte auf Transparentpapier gezeichnet und auf die betreffenden Punkte gelegt werden. Werden die Spannungen in unterschiedlichen Tiefen z gesucht, so kann die vorhandene Einflusskarte beibehalten und der Fundamentmaßstab entsprechend verändert werden.

Das Newmark-Verfahren kann vor allem bei der Berechnung von Spannungsüberlagerungen von benachbarten Fundamenten zeitsparend eingesetzt werden. Bei Fundamenten mit unterschiedlichen Sohldrücken p_1, p_2, p_3, ... werden die Maschen n_1, n_2, n_3, ... für jedes Fundament getrennt aufsummiert. Die Gesamtspannung ergibt sich dann zu

$$\sigma_z = 0{,}005 \cdot \left(n_1 \cdot p_1 + n_2 \cdot p_2 + \ldots + n_n \cdot p_n\right) \qquad (3.11)$$

Auf der Grundlage des Newmark-Verfahrens hat Metzke (1966) ein Einflusskarten-Verfahren zur direkten Setzungsberechnung entwickelt.

3.2.3 Lotrecht mittige Belastung

3.2.3.1 Lösungen mit geschlossenen Formeln

Nach DIN 4019 - 1 kann die Setzung nach der Gleichung

$$s = \frac{\sigma_0 \cdot b \cdot f}{E_m} \quad (3.12)$$

bestimmt werden.

Hierin bedeutet:

σ_0 mittlerer Sohldruck unter dem Fundament

b Breite des Fundaments

f Setzungsbeiwert nach □ 3.24 bzw. □ 3.25 (für die Eckpunktsetzung eines schlaffen Fundaments) und nach □ 3.26 bzw. □ 3.27 (für die Setzung im kennzeichnenden Punkt = Setzung des starren Fundaments)

E_m mittlerer Zusammendrückungsmodul für die maßgebende (setzungsempfindliche) Schicht (siehe Abschnitt 3.2.1).

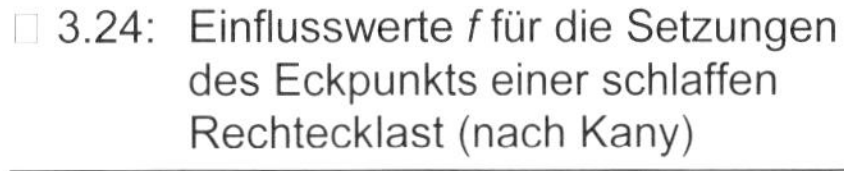

□ 3.24: Einflusswerte f für die Setzungen des Eckpunkts einer schlaffen Rechtecklast (nach Kany)

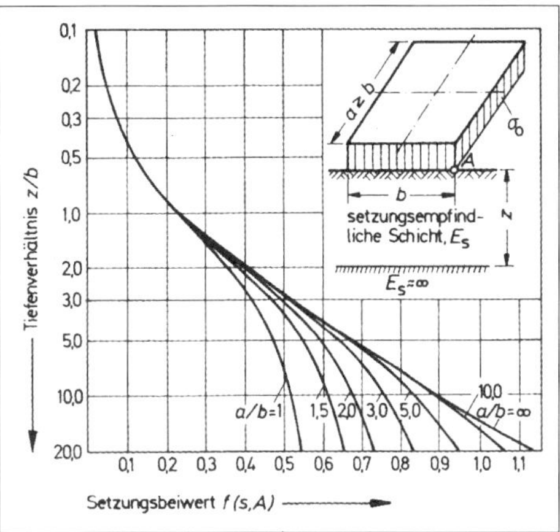

Anmerkung: Die Gleichung gilt für vorbelasteten Boden. Bei einfach verdichtetem Boden wird statt σ_0 die Spannung $\sigma_1 = \sigma_0 - \gamma \cdot d$ eingesetzt.

□ 3.25: Einflusswerte f für die Setzungen des Eckpunkts einer schlaffen Rechtecklast (nach Kany)

Tiefe/Breite	Setzungsbeiwerte f						
z/b	a/b = 1,0	a/b = 1,5	a/b = 2,0	a/b = 3,0	a/b = 5,0	a/b = 10,0	a/b = ∞
0,000	0,0000	0,0000	0,0000	0,0000	0,0000	0,0000	0,0000
0,125	0,0313	0,0313	0,0313	0,0313	0,0313	0,0313	0,0313
0,375	0,0931	0,0933	0,0933	0,0934	0,0934	0,0934	0,0934
0,625	0,1512	0,1528	0,1531	0,1533	0,1533	0,1534	0,1534
0,875	0,2027	0,2073	0,2085	0,2096	0,2093	0,2094	0,2094
1,250	0,2684	0,2799	0,2835	0,2859	0,2858	0,2861	0,2861
1,750	0,3289	0,3525	0,3615	0,3678	0,3691	0,3696	0,3696
2,500	0,3919	0,4328	0,4517	0,4665	0,4713	0,4726	0,4726
3,500	0,4366	0,4940	0,5249	0,5525	0,5672	0,5713	0,5716
5,000	0,4771	0,5514	0,5961	0,6431	0,6740	0,6850	0,6862
7,000	0,5025	0,5884	0,6437	0,7077	0,7602	0,7862	0,7904
9,000	0,5171	0,6098	0,6717	0,7467	0,8168	0,8596	0,8692
11,000	0,5267	0,6238	0,6901	0,7725	0,8564	0,9154	0,9324
13,500	0,5350	0,6361	0,7064	0,7960	0,8926	0,9702	0,9984
16,500	0,5413	0,6454	0,7190	0,8143	0,9217	1,0176	1,0617
19,000	0,5450	0,6509	0,7263	0,8251	0,9390	1,0471	1,1060
20,000	0,5462	0,6537	0,7286	0,8286	0,9447	1,0570	1,1219

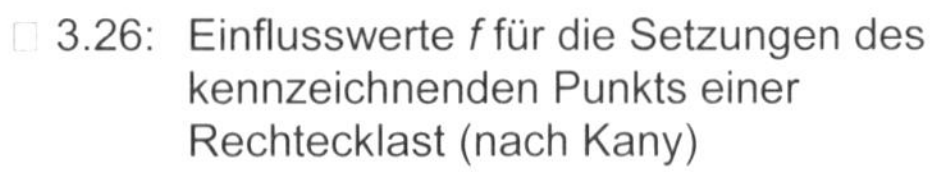

3.26: Einflusswerte *f* für die Setzungen des kennzeichnenden Punkts einer Rechtecklast (nach Kany)

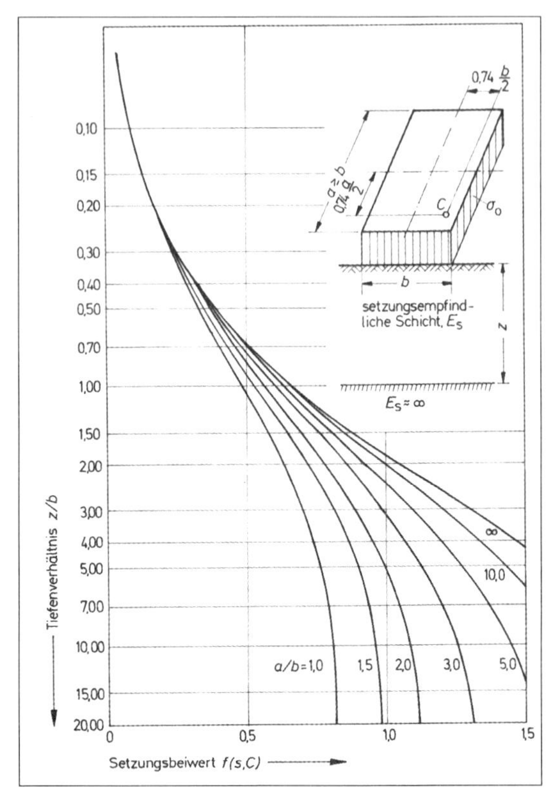

3.27: Einflusswerte *f* für die Setzungen des kennzeichnenden Punkts einer Rechtecklast (nach Kany)

Tiefe/Breite	Setzungsbeiwerte *f*						
z/b	a/b = 1,0	a/b = 1,5	a/b = 2,0	a/b = 3,0	a/b = 5,0	a/b = 10,0	a/b = ∞
0,2	0,1764	0,1816	0,1842	0,1865	0,1870	0,1870	0,1870
0,4	0,2891	0,3072	0,3203	0,3288	0,3340	0,3354	0,3354
0,6	0,3711	0,3997	0,4213	0,4401	0,4545	0,4604	0,4618
0,8	0,4361	0,4737	0,5023	0,5307	0,5563	0,5696	0,5733
1,0	0,4881	0,5347	0,5693	0,6066	0,6430	0,6656	0,6723
1,5	0,5796	0,6472	0,6963	0,7505	0,8073	0,8596	0,8779
2,0	0,6381	0,7242	0,7848	0,8530	0,9280	1,0041	1,0403
3,0	0,7031	0,8192	0,8948	0,9860	1,0890	1,1971	1,2808
4,0	0,7406	0,8717	0,9573	1,0710	1,1940	1,3281	1,4553
5,0	0,7631	0,9042	0,9983	1,1305	1,2695	1,4251	1,5923
6,0	0,7791	0,9267	1,0268	1,1735	1,3255	1,5006	1,7058
8,0	0,8011	0,9547	1,0648	1,2305	1,4045	1,6086	1,8888
10,0	0,8101	0,9707	1,0908	1,2645	1,4485	1,6826	2,0348
14,0	0,8151	0,9787	1,1118	1,2935	1,5045	1,7866	2,2458
20,0	0,8151	0,9807	1,1158	1,3235	1,5705	1,8926	2,4758

⇒ Berechnungsbeispiele 3.28 bis 3.31.

3.28: Beispiel: Ermittlung des Zusammendrückungsmoduls E_m aus einer Setzungsmessung

Geg.: *vertikale und mittige einwirkende Kräfte ($V = V_{G,k}$). Bei dem Fundament unter der Stütze einer Tiefgarage wurde eine Endsetzung von s = 2,8 cm gemessen.*

Ges.: *Für die Planung eines benachbarten Bauwerks soll der Zusammendrückungsmodul E_m unter den gegebenen Verhältnissen ermittelt werden.*

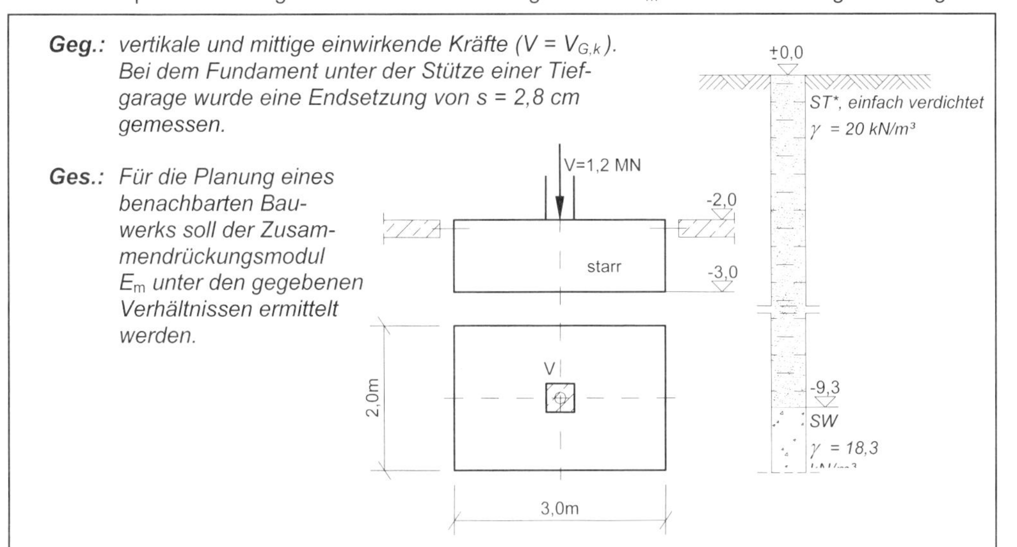

Lösung:

Vorbemerkung: *Mit der gemessenen Setzung kann der Zusammendrückungsmodul durch Umstellung der geschlossenen Formel zur Setzungsermittlung berechnet werden:*

$$E_m = \frac{\sigma_1 \cdot b \cdot f}{s}$$

Baugrunddrücke:

Sohldruck	σ_0 = 225 kN/m²
Aushubentlastung	σ_a = 60 kN/m²
Setzungserzeugender Druck	σ_1 = 165 kN/m²

Grenztiefe:

$$\frac{a}{b} = \frac{3,0}{2,0} = 1,5$$

Kote	z	d+z	$\sigma_{ü}$	$0,2\sigma_{ü}$	z/b	i	$i \cdot \sigma_1$
m	m	m	kN/m²	kN/m²	1	1	kN/m²
-6,5	3,5	6,5	130,0	26,0	1,75	0,1555	25,6

Die Grenztiefe kann bei $d_s \approx 3,5$ m angenommen werden. Sie liegt somit innerhalb der Schicht ST.*

Setzungsbeiwert:

$$\frac{a}{b} = 1,5$$

□ 3.28: Fortsetzung Beispiel: Ermittlung des Zusammendrückungsmoduls E_m aus einer Setzungsmessung

$$\frac{z}{b} = \frac{d_s}{b} = \frac{3,5}{2,0} = 1,75$$

$$\Rightarrow f = 0,6857$$

Zusammendrückungsmodul:

$$E_m = \frac{165,0 \cdot 2,0 \cdot 0,6857}{0,028} = 8081 \ kN/m^2 \approx 8 \ MN/m^2$$

□ 3.29: Beispiel: Setzungsberechnung mit Hilfe geschlossener Formeln (homogener Baugrund)

Geg.: *vertikale und mittige einwirkende Kräfte ($V = V_{G,k}$).*

Fall a) *Es handelt sich um einen Erweiterungsbau des vorangegangenen Beispiels.*

Fall b) *Von dem Boden ST* wurde im Labor ein Zusammendrückungsversuch mit folgenden Ergebnissen durchgeführt (⇒ Dörken/Dehne/ Kliesch, Teil 1):*

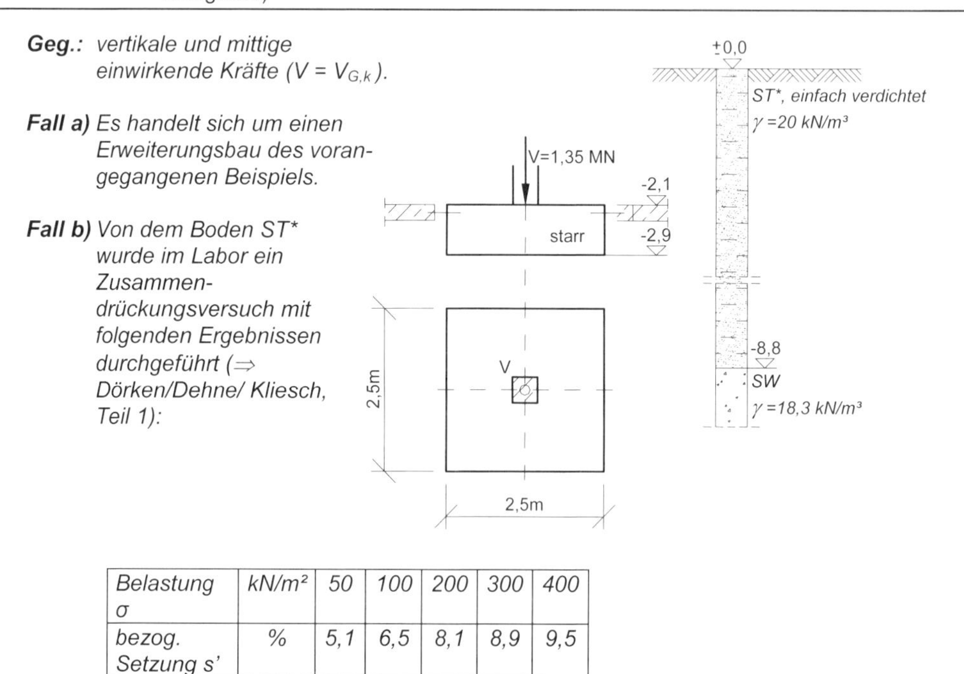

Belastung σ	*kN/m²*	*50*	*100*	*200*	*300*	*400*
bezog. Setzung s'	*%*	*5,1*	*6,5*	*8,1*	*8,9*	*9,5*

Ges.: *Ermittlung der Setzung für Fall a) und b)*

Lösung:

Im SLS sind die Teilsicherheitsbeiwerte $\gamma_G = \gamma_Q = 1,0$; d.h. die Einwirkungen bleiben unverändert.

Baugrundspannungen:

Sohlnormalspannung	$\sigma_0 = 236,0\ kN/m^2$
Aushubentlastung	$\sigma_a = 58,0\ kN/m^2$
Setzungserzeugende Spannung	$\sigma_1 = 178,0\ kN/m^2$

3.29: Fortsetzung Beispiel: Setzungsberechnung mit Hilfe geschlossener Formeln (homogener Baugrund)

Grenztiefe: $\frac{a}{b} = 1,0$

Kote	z	d+z	$\sigma_ü$	0,2 $\sigma_ü$	z/b	i	$i \cdot \sigma_1$
m	m	m	kN/m²	kN/m²	1	1	kN/m²
-6,7	3,8	6,7	134,0	26,8	1,50	0,1438	25,6

Die Grenztiefe kann bei $d_s \approx 3,8$ m angenommen werden.

Fall a) *Da die vorliegenden Verhältnisse mit der vorangegangenen Baumaßnahme weitgehend übereinstimmen (s. vorhergehendes Beispiel) kann mit einem repräsentativen Zusammendrückungsmodul von E_m = 8 MN/m² gerechnet werden.*

Setzungsbeiwert: $\frac{a}{b} = 1,0\ ,\ \frac{z}{b} = \frac{d_s}{b} = \frac{3,8}{2,5} = 1,5 \Rightarrow f = 0,5796$

Setzung:

$$s = \frac{178,0 \cdot 2,5 \cdot 0,5796}{8000} = 0,032 \ m \mathrel{\hat{=}} 3,2 \ cm$$

Fall b) *Der Steifemodul kann aus der Druck-Setzungs-Linie als Sekantensteigung im Intervall σ_a und σ_0 ermittelt werden:*

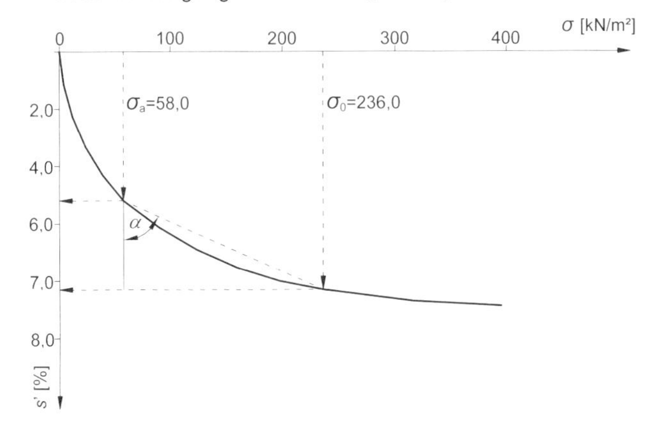

$$E_s \mathrel{\hat{=}} \tan\alpha = \frac{236,0 - 58,0}{(8,7 - 5,5) \cdot 10^{-2}} \approx 5560 \ kN/m^2$$

Zusammendrückungsmodul:

$$E_m = \frac{E_s}{\kappa} = \frac{5560 \cdot 3}{2} = 8350 \ kN/m^2$$

Setzung:

$$s = \frac{178,0 \cdot 2,5 \cdot 0,5796}{8350} = 0,031 \ m \mathrel{\hat{=}} 3,1 \ cm$$

3.30: Beispiel: Setzungsberechnung mit Hilfe geschlossener Formeln (geschichteter Baugrund)

Geg.: *ein Fundament unter der Stütze einer Tiefgarage; vertikale und mittige einwirkende Kräfte ($V = V_{G,k}$)*

Ges.: *die Setzung soll ermittelt werden.*

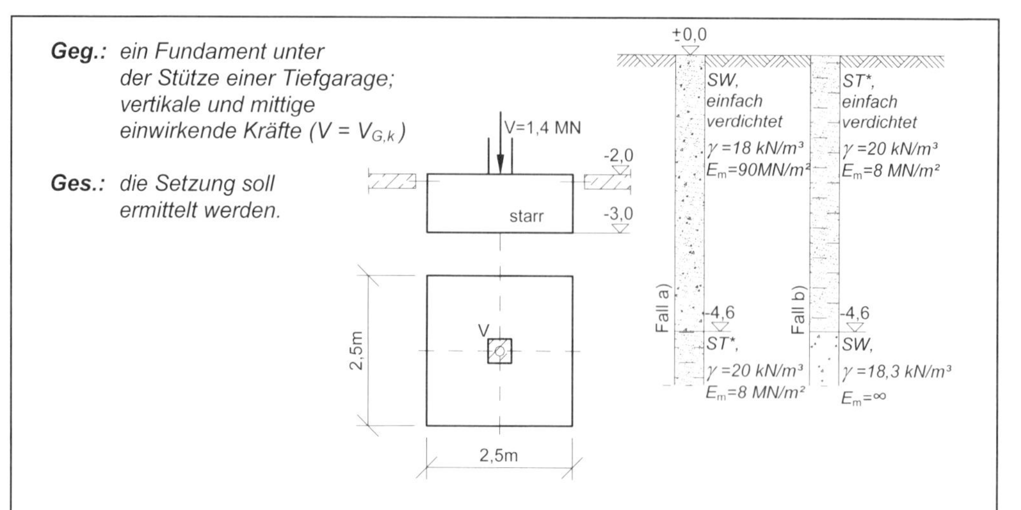

Lösung:

Fall a)

Baugrundspannungen:

Sohlnormalspannung $\sigma_0 = \frac{1400}{2,5^2} + 25 \cdot 1,0 = 249,0 \ kN/m^2$

Aushubentlastung $\sigma_a = 18 \cdot 3,0 = 54,0 \ kN/m^2$

Setzungserzeugende Spannung $\sigma_1 = 249,0 - 54,0 = 195,0 \ kN/m^2$

Grenztiefe:

$\frac{a}{b} = 1,0$

Kote	z	d+z	$\sigma_ü$	$0,2\sigma_ü$	z/b	i	$i \cdot \sigma_1$
m	m	m	kN/m²	kN/m²	1	1	kN/m²
-7,0	4,0	7,0	130,8	26,2	1,60	0,1338	26,1

Die Grenztiefe kann bei $d_s \approx 4,0$ m angenommen werden. Sie reicht bis in die Schicht ST.*

Setzungsbeiwerte:

Schicht SW:

$\frac{a}{b} = 1,0$

$\frac{z_1}{b} = \frac{4,6 - 3,0}{2,5} = 0,64$

$\Rightarrow f_1 = 0,3841$

□ 3.30: Fortsetzung Beispiel: Setzungsberechnung mit Hilfe geschlossener Formeln (geschichteter Baugrund)

Schicht ST:*

$$\frac{a}{b} = 1{,}0$$

$$\frac{z_2}{b} = \frac{d_s}{b} = \frac{4{,}0}{2{,}5} = 1{,}60$$

$$\Rightarrow f_2 = 0{,}5913$$

Setzung:

$$s = \frac{\sigma_1 \cdot b \cdot f_1}{E_{m,1}} + \frac{\sigma_1 \cdot b(f_2 - f_1)}{E_{m,2}}$$

$$= \frac{195{,}0 \cdot 2{,}5 \cdot 0{,}3841}{90000} + \frac{195{,}0 \cdot 2{,}5 \;\; (0{,}5913 - 0{,}3841)}{8000} = 0{,}002 + 0{,}013 = 0{,}015 \;\; m \mathrel{\hat{=}} 1{,}5 \;\; cm$$

Fall b)

Baugrundspannung:

Sohlnormalspannung $\sigma_0 = \frac{1400}{2{,}5^2} + 25 \cdot 1{,}0 = 249{,}0 \;\; kN/m^2$

Aushubentlastung $\sigma_a = 20 \cdot 3{,}0 = 60{,}0 \;\; kN/m^2$

Setzungserzeugende Spannung $\sigma_1 = 249{,}0 - 60{,}0 = 189{,}0 \;\; kN/m^2$

Grenztiefe:

$$\frac{a}{b} = 1{,}0$$

Kote	z	d+z	$\sigma_ü$	$0{,}2\sigma_ü$	z/b	i	$i \cdot \sigma_1$
m	m	m	kN/m²	kN/m²	1	1	kN/m²
-6,8	3,8	6,8	131,6	26,3	1,52	0,1418	26,8

Die Grenztiefe kann bei $d_s \approx 3{,}8$ m angenommen werden. Sie reicht bis in die Schicht SW, für die vom Baugrundsachverständigen jedoch mit $E_m \approx \infty$ angegeben wurde. Ihr Einfluss kann bei der Setzungsberechnung somit vernachlässigt werden.

Setzungsbeiwert:

$$\frac{a}{b} = 1{,}0$$

$$\frac{z_1}{b} = \frac{4{,}6 - 3{,}0}{2{,}5} = 0{,}64$$

$$\Rightarrow f_1 = 0{,}3841$$

Setzung:

$$s = \frac{\sigma_1 \cdot b \cdot f_1}{E_{m,1}} + 0 \;\; = \frac{189{,}0 \cdot 2{,}5 \cdot 0{,}3841}{8000} = 0{,}023 \;\; m \mathrel{\hat{=}} 2{,}3 \;\; cm$$

3.31: Beispiel: Setzungsberechnung bei geneigt geschichtetem Baugrund

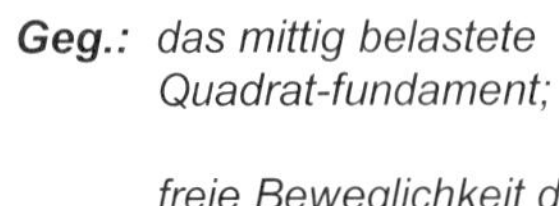

Geg.: *das mittig belastete Quadrat-fundament;*

freie Beweglichkeit die Setzung / Schief-stellung;

Der aus dem Boden SW resultierende Setzungsanteil kann vernachlässigt werden ($E_s \approx \infty$).

Ges.: *die Setzung soll ermittelt werden.*

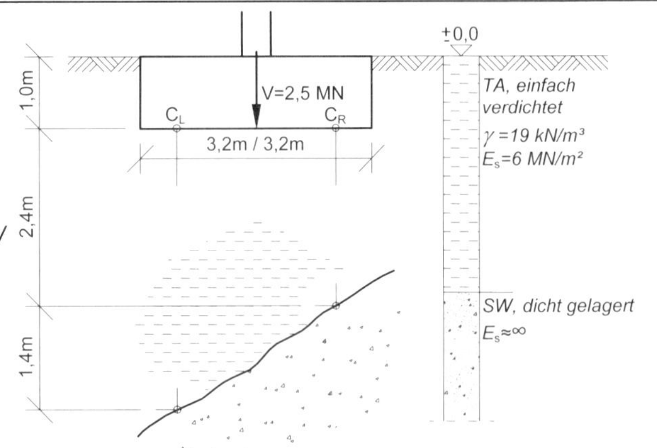

Lösung:

Baugrundspannungen:

Sohlnormalspannung $\sigma_0 = \frac{2500}{3{,}2^2} = 244{,}1 \; kN/m^2$

Aushubentlastung $\sigma_a = 19 \cdot 1{,}0 = 19{,}0 \; kN/m^2$

Setzungserzeugende Spannung $\sigma_1 = \sigma_0 - \sigma_a = 225{,}1 \; kN/m^2$

Grenztiefe:

Bei den gegebenen Verhältnissen kann der Schichtwechsel zum Boden SW als Grenztiefe angesetzt werden.

Setzungsbeiwerte:

$$\frac{a}{b} = 1{,}0 \; ; \; \frac{z_L}{b} = \frac{d_{s,L}}{b} = \frac{3{,}8}{3{,}2} = 1{,}19 \Rightarrow f_1 = 0{,}5229$$

$$\frac{z_R}{b} = \frac{d_{s,R}}{b} = \frac{2{,}4}{3{,}2} = 0{,}75 \Rightarrow f_2 = 0{,}4199$$

Korrekturbeiwert: $\kappa = 1{,}0$

Setzungen:

$$s_L = \frac{225{,}1 \cdot 3{,}2 \cdot 0{,}5229 \cdot 1{,}0}{6000} = 0{,}0628 \; m$$

$$s_R = \frac{225{,}1 \cdot 3{,}2 \cdot 0{,}4199 \cdot 1{,}0}{6000} = 0{,}0504 \; m$$

Schiefstellung:

$$\tan\alpha = \frac{s_L - s_R}{0{,}74b} = \frac{0{,}0628 - 0{,}0504}{0{,}74 \cdot 3{,}2} = 0{,}0052 \Rightarrow \alpha = 0{,}30° \; \textit{(1:191)}$$

3.2.3.2 Lösungen mit Hilfe der lotrechten Baugrundspannungen

DSL

Setzungen können auch mit Hilfe der lotrechten Spannungen im Boden ermittelt werden (DIN 4019, T. 1), wenn eine Druck-Setzungs-Linie (DSL) als Ergebnis eines Kompressionsversuchs (siehe Dörken / Dehne/ Kliesch, Teil 1, 2009/ 2013) mit Bodenproben aus der setzungsempfindlichen Schicht vorliegt (□ 3.32b).

Anmerkung: Maßgebend ist bei einfach verdichteten Böden der Erstbelastungsast, bei vorbelasteten Böden der Wiederbelastungsast der Drucksetzungslinie.

Spannungen

Für Setzungsberechnungen kann genügend genau von einer geradlinig begrenzten Sohldruckfigur ausgegangen werden.

Bis zur Grenztiefe (siehe Abschnitt 3.2.1) werden die Überlagerungsspannungen $\sigma_{ü}$ und die setzungserzeugenden Spannungen $i \cdot \sigma_1$ (bei einfach verdichteten Böden) bzw. $i \cdot \sigma_0$ (bei vorbelasteten Böden) z.B. für einen Fundamenteckpunkt oder für den kennzeichnenden Punkt aufgetragen (□ 3.32a).

Die in beliebiger Tiefe z unter der Gründungssohle wirkende Spannung ist die Summe aus der Überlagerungsspannung $\sigma_{ü}$ und der Spannung $i \cdot \sigma_1$ bzw. $i \cdot \sigma_0$ aus dem Bauwerk. Für diese Spannungssumme lässt sich im Druck-Setzungs-Diagramm die bezogene (spezifische) Setzung s_2' ablesen. Dieser Wert ist aber zu groß, weil der Baugrund bereits unter dem Spannungsanteil $\sigma_{ü}$ konsolidiert ist. s_2' muss also noch um die bezogene (spezifische) Setzung $s_{ü}'$ infolge der in dieser Tiefe z wirksamen Überlagerungsspannung $\sigma_{ü}$ vermindert werden.

Anmerkung: Die Differenzbildung ist notwendig, weil die Druck-Setzungs-Linie keine Gerade ist und nur auf diese Weise der maßgebende Spannungsbereich der Druck-Setzungs-Linie getroffen wird. Aus diesem Grund wird auch die Druck-Setzungs-Linie zweckmäßig genau unter dem entsprechenden Spannungsbereich dargestellt (□ 3.32).

□ 3.32: Beispiel: a) Überlagerungsspannungen $\sigma_{ü}$ und setzungserzeugende Spannungen $i \cdot \sigma_1$; b) Druck-Setzungs-Linie

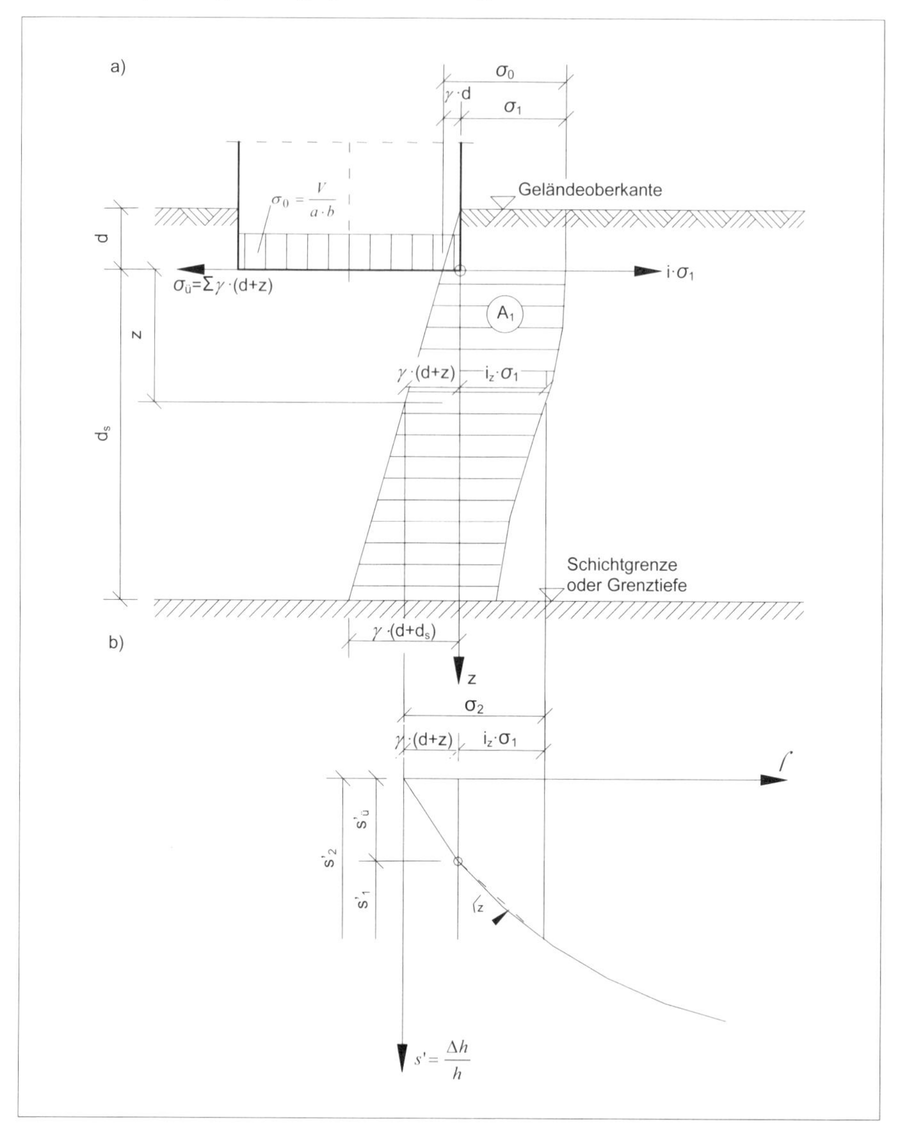

In dem maßgebenden Spannungsbereich ist der Steifemodul

$$E_{s_Z} \text{ (entspricht } \tan \alpha_Z) = \frac{i_Z \cdot \sigma_1}{s'_1} \tag{3.13}$$

und der entsprechende Setzungsanteil

$$\Delta s_1 = \frac{i_Z \cdot \sigma_1}{E_{s_Z}} \cdot d_Z \tag{3.14}$$

Durch Integration über die Schichtdicke d_s ergibt sich die gesamte Konsolidationssetzung zu

$$s_1 = \int_0^{d_s} \frac{i \cdot \sigma_1}{E_s} \cdot d_z \tag{3.15}$$

Bei einem konstant angenommenen mittleren Steifemodul E_s erhält man daraus

$$s_1 = \frac{1}{E_s} \int_0^{d_s} i \cdot \sigma_1 \cdot d_z = \frac{i \cdot \sigma_1 \cdot d_s}{E_s} = \frac{A_1}{E_s} \tag{3.16}$$

Dem Produkt $i \cdot \sigma_1 \cdot d_s$ entspricht die Fläche der setzungserzeugenden Spannungen (□ 3.32).

Anmerkung: Statt σ_1 ist bei vorbelasteten Böden σ_0 einzusetzen.

Die bei geringer Dicke d_s der setzungsempfindlichen Schicht vertretbare Annahme eines konstanten mittleren Steifemoduls E_s führt bei großen Schichtdicken zu ungenauen Ergebnissen. In diesem Fall wird die setzungsempfindliche Schicht in mehrere Teilschichten unterteilt und für jede Teilschicht die Teilsetzung berechnet. Aus ihrer Summe ergibt sich die Gesamtkonsolidationssetzung, die noch mit dem Korrekturbeiwert κ (□ 3.05) zu multiplizieren ist (Berechnungsbeispiel □ 3.33).

□ 3.33: Beispiel: Setzungsberechnung mit Hilfe der lotrechten Baugrundspannungen

Geg.: *vertikale und mittige einwirkende Kräfte ($V = V_{G,k}$)*

das mittig belastete Quadratfundament (a = b = 2,5 m);

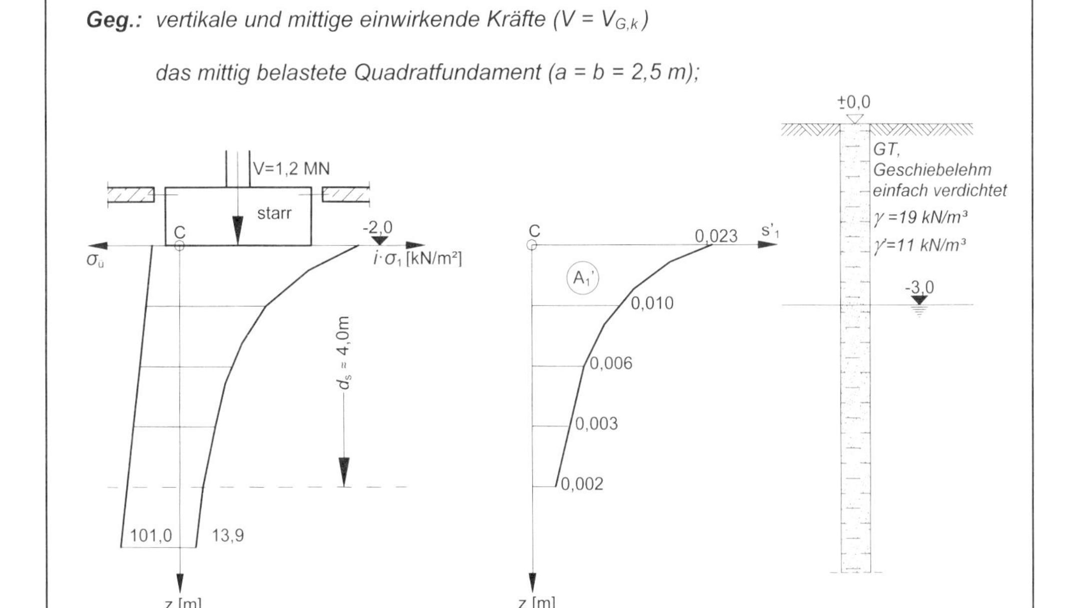

Von dem bis in größere Tiefe anstehenden Geschiebelehm liegt eine Druck-Setzungs-Linie vor. (⇒ Dörken / Dehne/ Kliesch, Teil 1): siehe nächste Seite

Ges.: *die Setzung soll berechnet werden.*

3.33: Fortsetzung Beispiel: Setzungsberechnung mit Hilfe der lotrechten Baugrundspannungen

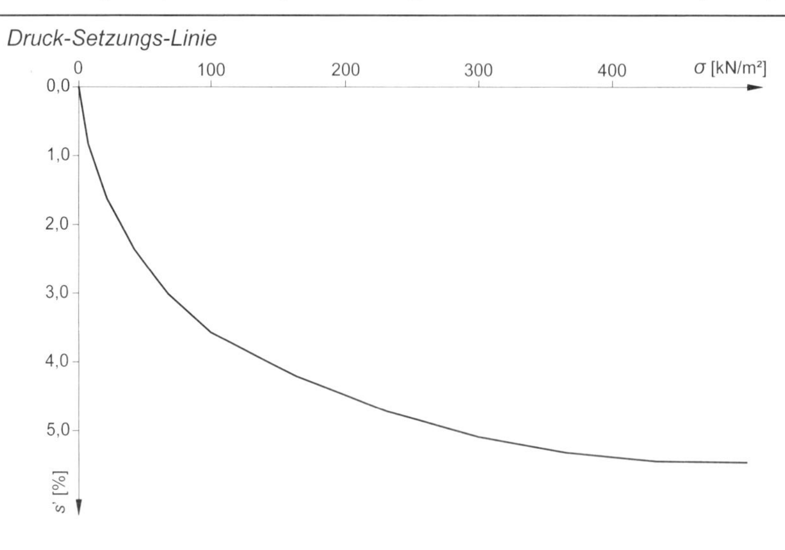

Lösung: *Die Berechnung erfolgt zweckmäßig in Tabellenform.*

1	2	3	4	5	6	7	8	9	10	11	12	13
Kote	Sohl-abst.	Überlagerungs-spannungen			Setzungserzeugende Spannungen			Ges.-spg.	Spezifische Setzung			Bemerk-ung
	z	γ	$\sigma_ü$	$0{,}2\sigma_ü$	z/b	i	$i \cdot \sigma_1$	σ_2	s'_2	$s'_ü$	s'_1	
m	m	kN/m³	kN/m²	kN/m²	1	1	kN/m²	kN/m²	1	1	1	-
-2,0	0	19	38,0	7,6	0	1,00	154,0	192,0	0,045	0,022	0,023	= s' oben
-3,0	1,0	19	57,0	11,4	0,40	0,48	73,9	130,9	0,039	0,029	0,010	
-4,0	2,0	11	68,0	13,6	0,80	0,29	44,7	112,7	0,037	0,031	0,006	= s' mittl.
-5,0	3,0	11	79,0	15,8	1,20	0,20	30,8	109,8	0,036	0,033	0,003	
-6,0	4,0	11	90,0	18,0	1,60	0,13	20,0	110,0	0,037	0,035	0,002	= s' unten
-7,0	5,0	11	101,0	20,2	2,00	0,09	13,9					$0{,}2\sigma_ü > i \cdot \sigma_1$

Erläuterung zur Tabellenrechnung

- *Überlagerungsspannungen*

  Ab Kote –3,0 m ist γ' = 11 kN/m³ maßgebend; d.h., in der Spannungsfigur entsteht ein Knick.

- *Baugrundspannungen*

  Sohlnormalspannung $\sigma_0 = \frac{1200}{2{,}5^2} = 192{,}0 \; kN/m^2$

  Aushubentlastung $\sigma_a = 19 \cdot 2{,}0 = 38{,}0 \; kN/m^2$

  Setzungserzeugende Spannung $\sigma_1 = 192{,}0 - 38{,}0 = 154{,}0 \; kN/m^2$

- *Berechnung der Spannungen für den kennzeichnenden Punkt bei einem Seitenverhältnis*

  $\frac{a}{b} = 1{,}0$

- *Grenztiefe $d_s \approx 4{,}0$ m. Der darunterliegende Baugrund bleibt unberücksichtigt.*

□ 3.33: Fortsetzung Beispiel: Setzungsberechnung mit Hilfe der lotrechten Baugrundspannungen

- *Spezifische Setzungen*

  Die dem jeweiligen Drucksetzungsbereich zuzuordnenden spezifischen Setzungen werden in der Weise ermittelt, dass die Gesamtspannungen $\sigma_2 = \sigma_ü + i \cdot \sigma_1$ berechnet (Spalte 9) und hierfür aus der Druck-Setzungs-Linie die entsprechenden spezifischen Setzungen s'_2 abgelesen werden (Spalte 10).
  Entsprechend wird mit den Überlagerungsspannungen $\sigma_ü$ verfahren (Spalte 11). Die maßgebenden spezifischen Setzungen erhält man schließlich als Differenz $s'_1 = s'_2 - s'_ü$ (Spalte 12).

Setzungsermittlung:

Die Größe der Setzung entspricht dem Inhalt der von den s'_1-Werten bis zur Grenztiefe beschriebenen Fläche A'_1. Hierbei wird diese Fläche – ausreichend genau – mit der „Keplerschen Fassformel" berechnet:

$$s_1 \mathrel{\hat{=}} A'_1 = \frac{d_s}{6} \cdot \left(s'_{1,\text{oben}} + 4 \cdot s'_{1,\text{mittl.}} + s'_{1,\text{unten}}\right) = \frac{4,0}{6} \cdot (0,023 + 4 \cdot 0,006 + 0,002)$$
$$= 0,033\ m \mathrel{\hat{=}} 3,3\ cm$$

Mit dem Korrekturbeiwert $\kappa = \frac{2}{3}$ ergibt sich eine rechnerische Setzung von

$$s = \kappa \cdot s_1 = \frac{2}{3} \cdot 3,3 = 2,2\ cm$$

3.2.4 Schräge und / oder ausmittige Belastung

3.2.4.1 Lösungen mit geschlossenen Formeln

Anteile

Eine ausmittige Belastung bewirkt eine Setzung und eine Schiefstellung (Verkantung) eines Fundaments. Diese können näherungsweise durch Überlagerung der Setzungsanteile aus mittiger Last und aus dem Moment infolge der Ausmittigkeit bestimmt werden.

Anmerkung: Auch Horizontallasten in der Gründungssohle rufen Schiefstellungen der Fundamente hervor, und zwar in Richtung der Last zunehmend (Gedankenmodell: Wird ein schwimmendes Brett geschoben, so sinkt es im Bugbereich ein). Da Horizontallasten jedoch nur einen bemerkenswerten setzungserzeugenden Einfluss ausüben, wenn sie mehr als 20 % der Vertikallast ausmachen, bleiben sie häufig unberücksichtigt.

Rechteck

Unter der Voraussetzung, dass keine klaffende Fuge auftritt, können Setzung und Schiefstellung eines Rechteckfundaments auf homogenem Boden mit konstantem Steifemodul E_m (elastisch - isotroper Halbraum, $v = 3$) nach der Gleichung

$$s = s_m + s_x + s_y \tag{3.17}$$

bestimmt werden (DIN 4019 - 2).

Hierin bedeuten (□ 3.34):
s Gesamtsetzung der Eck- oder Randpunkte
s_m Setzungsanteil infolge mittiger Last (zu berechnen nach Abschnitt 3.2.3)
s_x Setzungsanteil aus dem Moment $M_y = V \cdot e_x$ um die y-Achse:

$$s_x = \frac{a}{2} \cdot \tan \alpha_y = \frac{a}{2} \cdot \frac{M_y}{b^3 \cdot E_m} \cdot f_x \qquad (3.18)$$

s_y Setzungsanteil aus dem Moment $M_x = V \cdot e_y$ um die x-Achse:

$$s_y = \frac{b}{2} \cdot \tan \alpha_y = \frac{b}{2} \cdot \frac{M_x}{b^3 \cdot E_m} \cdot f_y \qquad (3.19)$$

a Länge der Grundfläche
b Bezugslänge der Grundfläche, i. allg. die kürzere Fundamentseite
f_x, f_y Einflusswerte für die Schiefstellung (□ 3.36).

□ 3.35: Beispiel: Setzung und Schiefstellung eines starren Streifen- oder Kreisfundaments

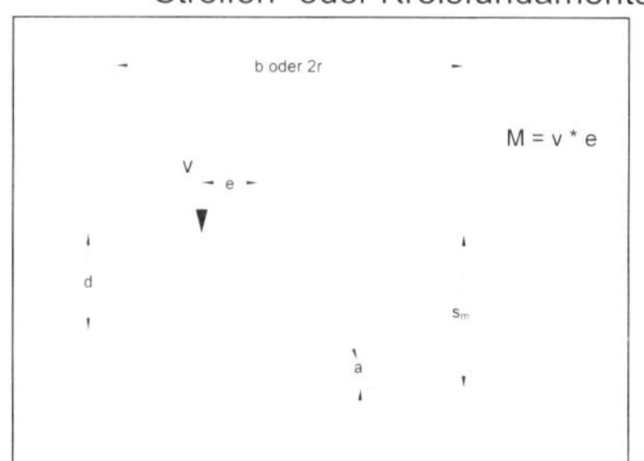

□ 3.34: Beispiel: Setzung und Schiefstellung eines starren Rechteckfundamentes (DIN 4019) T. 2)

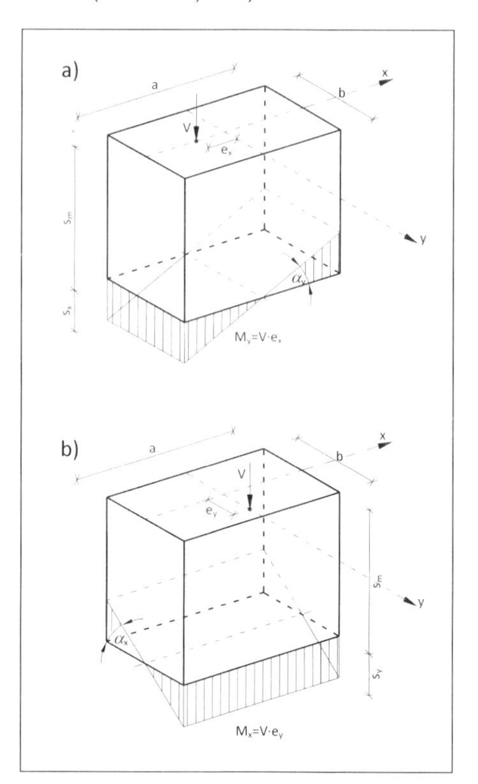

□ 3.36: Einflusswerte f_x und f_y für die Schiefstellung eines starren Rechteckfundaments (nach Dehne 1982)

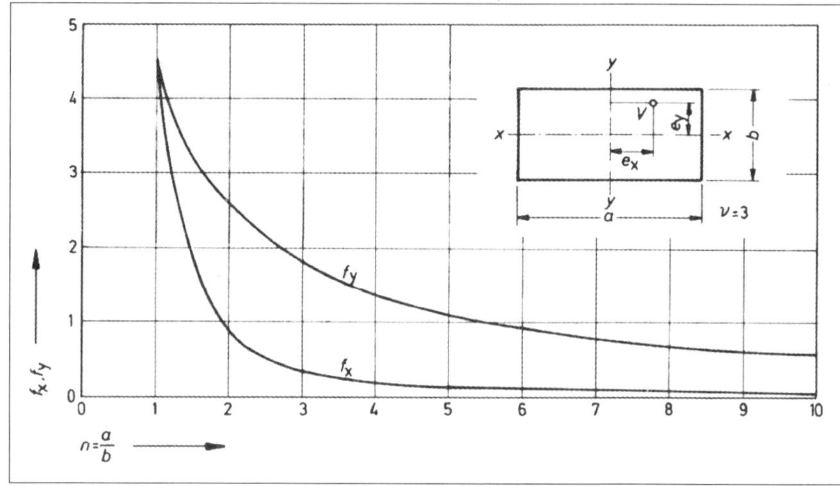

Für einen starren Gründungsstreifen der Breite b (□ 3.35) ergibt sich nach DIN 4019 - 2, die Schiefstellung bei homogenem Boden mit konstantem Steifemodul E_m (elastisch - isotroper Halbraum, v = 3) und unter der Voraussetzung, dass $e \leq b/4$ ist, aus

$$\tan\alpha_x = \frac{12 \cdot M}{\pi \cdot b^2 \cdot E_m} \qquad (3.20)$$

Die Schiefstellung eines starren Kreisfundaments mit dem Radius r (□ 3.35) erhält man unter der Voraussetzung, dass $e \leq r/3$ ist, nach DIN 4019 - 2, aus

$$\tan\alpha = \frac{9 \cdot M}{16 \cdot r^3 \cdot E_m} \qquad (3.21)$$

Nach dieser Gleichung kann auch die Schiefstellung eines Quadratfundaments bestimmt werden, wenn es in einen flächengleichen Kreis umgerechnet wird (Berechnungsbeispiel □ 3.37).

□ 3.37: Beispiel: Setzung und Schiefstellung eines einfach ausmittig belasteten Fundaments

Geg.: *vertikale und einfach ausmittige einwirkende Kräfte ($V = V_{G,k} + V_{G,k}$)*

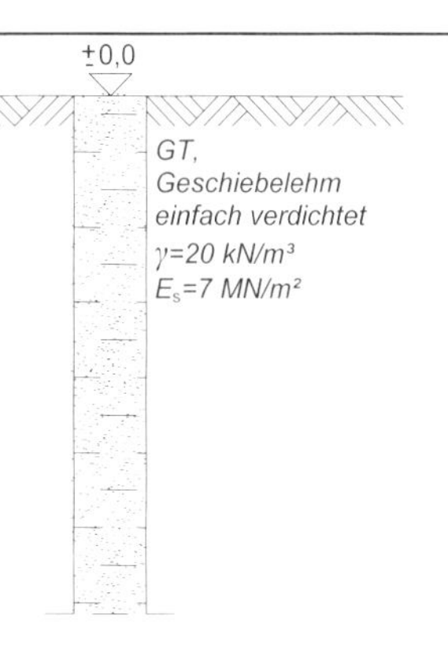

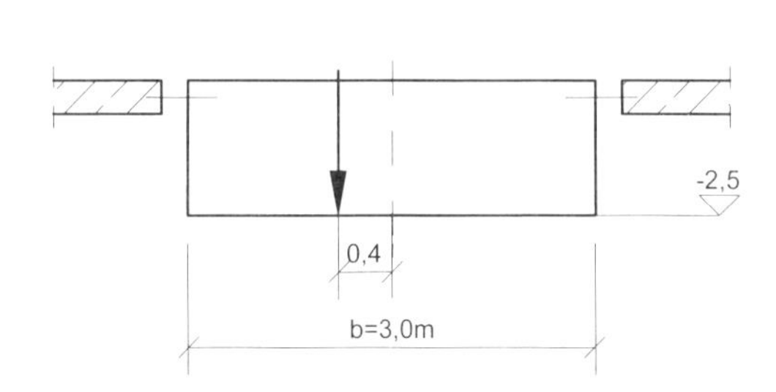

Fall a) *Quadratfundament, a = 3,0m*

Fall b) *Rechteckfundament, a = 4,0m*

Ges.: *Setzung / Schiefstellung*

Lösung:

Hier ist

$$e^{g+p} = 0,4 \ m < \frac{b}{6} = \frac{3,0}{6} = 0,5 \ m,$$

so dass die Ausmittigkeit im zulässigen Bereich liegt.

Fall a)

Baugrundspannungen:

Sohlnormalspannung $\sigma_0 = \dfrac{1500}{3,0^2} = 166,7 \ kN/m^2$

□ 3.37: Fortsetzung Beispiel: Setzung und Schiefstellung eines einfach ausmittig belasteten Fundaments

Aushubentlastung $\sigma_a = 20 \cdot 2,5 = 50,0 \ kN/m^2$

Setzungserzeugende Spannung $\sigma_1 = 166,7 - 50,0 = 116,7 \ kN/m^2$

Grenztiefe:

$$\frac{a}{b} = 1,0$$

Kote	z	d+z	$\sigma_ü$	$0,2\sigma_ü$	z/b	i	$i \cdot \sigma_1$
m	m	m	kN/m²	kN/m²	1	1	kN/m²
-6,0	3,5	6,0	120,0	24,0	1,17	0,2035	23,7

Die Grenztiefe kann bei $d_s \approx 3,5$ m angenommen werden.

Gleichmäßiger Setzungsanteil:

$$\frac{z}{b} = \frac{d_s}{b} = \frac{3,5}{3,0} = 1,17$$

$$\frac{a}{b} = 1,0$$

$$\Rightarrow f = 0,5192$$

$$\Rightarrow s_m = \frac{116,7 \cdot 3,0 \cdot 0,5192 \cdot 2}{7000 \cdot 3} = 0,017 \ m \mathrel{\hat{=}} 1,7 \ cm$$

Schiefstellung infolge $M = V \cdot e$:

Das Quadratfundament wird in eine Ersatz-Kreisfläche mit dem Radius r_E umgerechnet:

$$r_E = \frac{b}{\sqrt{\pi}} = 0,564 \cdot 3,0 = 1,70 \ m$$

Die Bedingung

$$e_{vorh} = 0,40 \ m < \frac{r_E}{3} = \frac{1,70}{3} = 0,56 \ m \text{ ist erfüllt.}$$

Schiefstellung:

$$\tan\alpha = \frac{9 \cdot M \cdot \kappa}{16 \cdot r_E^3 \cdot E_s} = \frac{9 \cdot 1500 \cdot 0,40 \cdot 2}{16 \cdot 1,70^3 \cdot 7000 \cdot 3} = 0,0065 \Rightarrow \alpha = 0,375°$$

Gesamtsetzungen an den Fundamentkanten:

$$s = s_m \pm \frac{b}{2} \cdot \tan\alpha = 1,70 \pm \frac{300}{2} \cdot 0,0065 = 1,7 \pm 1,0 \Rightarrow$$

s_{max} = *2,7 cm*

s_{min} = *0,7 cm*

Fall b)

Baugrundspannungen:

3.37: Fortsetzung Beispiel: Setzung und Schiefstellung eines einfach ausmittig belasteten Fundaments

Sohlnormalspannung: $\sigma_0 = \frac{1500}{3{,}0 \cdot 4{,}0} = 125{,}0 \;\; kN/m^2$

Aushubentlastung: $\sigma_a = 20 \cdot 2{,}5 = 50{,}0 \;\; kN/m^2$

Setzungserzeugende Spannung $\sigma_1 = 125{,}0 - 50{,}0 = 75{,}0 \;\; kN/m^2$

Grenztiefe:

$$\frac{a}{b} = \frac{4{,}0}{3{,}0} = 1{,}3\overline{3}$$

Kote	z	d+z	$\sigma_ü$	$0{,}2\sigma_ü$	z/b	i	$i \cdot \sigma_1$
m	m	m	kN/m²	kN/m²	1	1	kN/m²
-5,5	3,0	5,5	110,0	22,0	1,0	0,2635	19,8

Die Grenztiefe kann bei $d_s \approx 3{,}0$ m angenommen werden.

Gleichmäßiger Setzungsanteil:

$$\frac{z}{b} = \frac{d_s}{b} = \frac{3{,}0}{3{,}0} = 1{,}0$$

$$\frac{a}{b} = 1{,}3\overline{3}$$

$$\Rightarrow f = 0{,}5189$$

$$\Rightarrow s_m = \frac{75{,}0 \cdot 3{,}0 \cdot 0{,}5189 \cdot 2}{7000 \cdot 3} = 0{,}011 \;\; m \mathrel{\hat{=}} 1{,}1 \;\; cm$$

Schiefstellung infolge $M = V \cdot e$:

Mit $\frac{a}{b} = 1{,}3\overline{3}$ kann ein Setzungsbeiwert f_y = 3,6 abgelesen werden.
Um damit den Verdrehungswinkel tan α_x ermitteln zu können, muss zunächst die Breite b des Rechteckfundaments in die Breite b_E einer flächengleichen Ellipse umgerechnet werden:

$$b_E = \frac{2}{\sqrt{\pi}} \cdot b = \frac{2}{\sqrt{\pi}} \cdot 3{,}0 = 3{,}39 m$$

$$\tan \alpha_x = \frac{M \cdot f_y \cdot \kappa}{b_E^3 \cdot E_s} = \frac{1500 \cdot 0{,}40 \cdot 3{,}6 \cdot 2}{3{,}39^3 \cdot 7000 \cdot 3} = 0{,}0053 \Rightarrow \alpha = 0{,}304°$$

Gesamtsetzungen an den Fundamentkanten:

$$s = 1{,}1 \pm \frac{300}{2} \cdot 0{,}0053 = 1{,}1 \pm 0{,}8 \Rightarrow$$

s_{max} = 1,9 cm

s_{min} = 0,3 cm

3.2.4.2 Lösungen mit Hilfe der lotrechten Baugrundspannungen

Sohldruckfigur

Die bei Setzungsberechnungen vereinfachend angenommene geradlinig begrenzte Sohldruckfigur ist bei ausmittiger Belastung trapez- oder dreieckförmig (siehe Abschnitt 4). Eine trapezförmige Sohldruckfigur wird in ein Rechteck und ein Dreieck zerlegt, und die Baugrundspannungen und Setzungen werden aus beiden Anteilen getrennt berechnet.

Baugrundspannungen

Die Baugrundspannungen aus der rechteckförmigen Sohldruckfigur werden nach den in Abschnitt 3.2.3 beschriebenen Verfahren bestimmt.

Zur Ermittlung der Baugrundspannungen aus dreieckförmigen Sohlnormalspannungsfiguren sind in DIN 4019 - 2, Bbl., Tabellen und Diagramme enthalten.

Setzungen

Die Setzungen aus den auf diese Weise erhaltenen Baugrundspannungen werden, wie in Abschnitt 3.2.3.2 beschrieben, bestimmt.

Anmerkung: Auch der setzungserzeugende Einfluss einer eventuell vorhandenen horizontalen Last kann mit den in DIN 4019 - 2, Bbl. enthaltenen Tabellen und Diagrammen bestimmt werden.

Ausführliche Rechenbeispiele: ⇒ Flächengründungen und Fundamentsetzungen (1959).

3.2.4.3 Schwerpunktverlagerung und Stabilität

Bei Bauwerken mit hoch liegendem Schwerpunkt (Türme, Schornsteine... □ 3.46) treten durch die Schiefstellung zusätzliche Momente auf, die eine weitere Schiefstellung zur Folge haben können. Der Nachweis der Sicherheit gegen Instabilität wird nach DIN 4019 - 2, Abschn. 7, wie folgt geführt (□ 3.38):

Rechteckiger Grundriss

$$\eta_s = \frac{b^2 \cdot E_m \cdot \pi}{G \cdot h_s \cdot 12} \geq 2 \qquad (3.22)$$

Kreisförmiger Grundriss

$$\eta_s = \frac{r^3 \cdot E_m \cdot 16}{G \cdot h_s \cdot 9} \geq 2 \qquad (3.23)$$

Anmerkung: Dieser Nachweis ersetzt nicht den Nachweis der Sicherheit gegen Grundbruch (siehe Abschnitt 2.6).

□ 3.38: Beispiel: Bauwerk mit hochliegendem Schwerpunkt

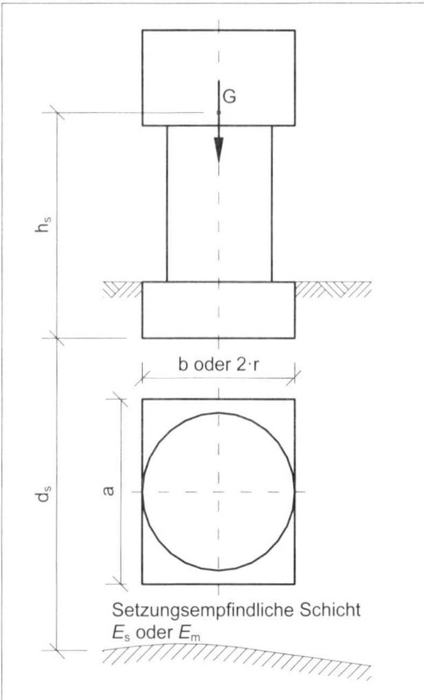

□ 3.39: Beispiel: Sicherheit gegen Instabilität

Geg.: *Trinkwasser-Hochbehälter vertikale und mittige einwirkende Kräfte ($G_i = V_{G,k,i}$)*

Lasten:

Behälter:	$G_B = 6{,}4$ *MN*
Stiel:	$G_S = 1{,}7$ *MN*
Fundament:	$G_F = 2{,}1$ *MN*

Baugrund: *Geschiebelehm* $E_m = 20$ *MN/m²*

Ges.: *die Sicherheit gegen Instabilität zu überprüfen.*

Lösung: *Schwerpunktlage:*

$$h_s = \frac{6{,}4\left(3{,}0+22{,}0+\frac{4{,}0}{2}\right)+1{,}7\left(3{,}0+\frac{22{,}0}{2}\right)+2{,}1\cdot\frac{3{,}0}{2}}{6{,}4+1{,}7+2{,}1}$$

$$= 19{,}6\ m$$

Sicherheit (kreisförmiger Grundriss):

$$\eta_s = \frac{r^3\cdot E_m}{H\cdot h_s\cdot f_r} = \frac{3{,}0^3\cdot 20\cdot 16}{(6{,}4+1{,}7+2{,}1)\cdot 19{,}6\cdot 9} = 4{,}8$$

$$\eta_s > \eta_{s,erf} = 2{,}0$$

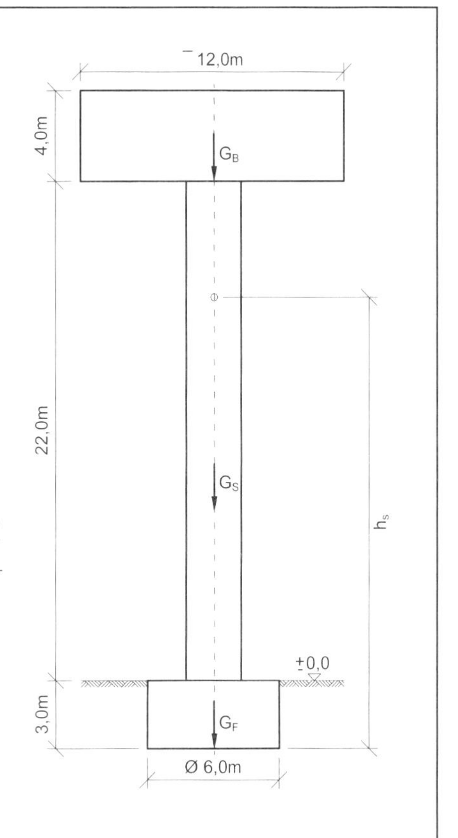

3.2.5 Setzungen infolge von Grundwasserabsenkung

Im Bereich einer Grundwasserabsenkung entfällt die Auftriebswirkung im Boden, und seine Wichte erhöht sich um maximal 10 kN/m³ je Meter Absenkung. Die daraus resultierenden Baugrundspannungen nehmen also vom ursprünglichen Grundwasserspiegel aus geradlinig mit der Tiefe zu und bleiben unterhalb des abgesenkten Grundwasserspiegels konstant (□ 3.40).

Die Setzungen infolge dieser Spannungsfigur können nach dem in Abschnitt 3.2.4 beschriebenen Verfahren bestimmt werden (□ 3.41).

□ 3.40: Beispiel: Setzungserzeugende Spannungen infolge einer Grundwasserabsenkung

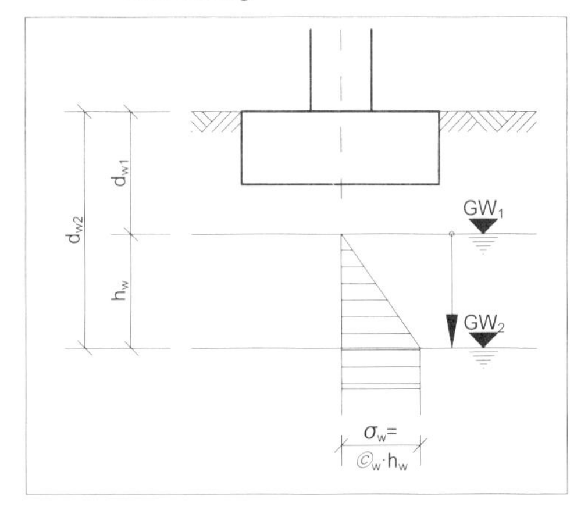

□ 3.41: Beispiel: Setzung infolge Grundwasserabsenkung

Geg.: *Quadratfundament (a = b = 2,5 m)*
vertikale und mittige einwirkende Kräfte ($V = V_{G,k}$)
Grundwasserabsenkung um 2,0 m

Ges.: *Setzung*

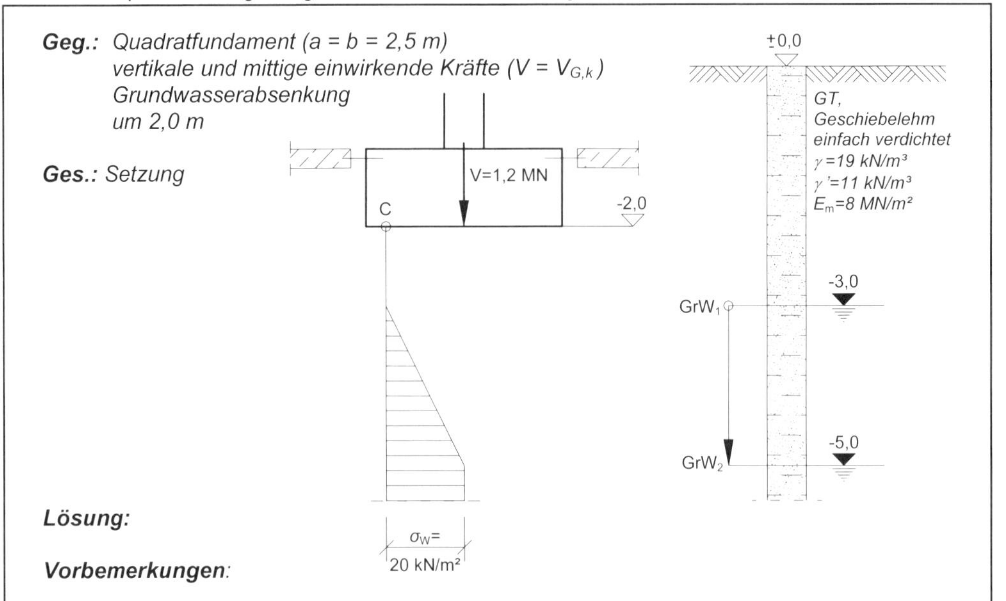

Lösung:

Vorbemerkungen:

Setzungen infolge Grundwasserabsenkung stellen einen Sonderfall der Konsolidationssetzung dar: Im Absenkungsbereich entfällt die Auftriebswirkung, so dass sich die Wichte des Bodens erhöht ($\gamma' \Rightarrow \gamma$).

Baugrundspannungen:

Sohlnormalspannung $\sigma_0 = \frac{1200}{2,5^2} = 192,0 \ kN/m^2$

Aushubentlastung $\sigma_a = 19 \cdot 2,0 = 38,0 \ kN/m^2$

Setzungserzeugende Spannung $\sigma_1 = 192,0 - 38,0 = 154,0 \ kN/m^2$

Grenztiefe: *Bedingung:* $0,2 \cdot \sigma_{\ddot{Y}} \approx i \cdot \sigma_1 + \sigma_w$

Für die Berechnung der Überlagerungsspannungen $\sigma_ü$ ist der Zustand vor der Grundwasserabsenkung maßgebend.

$\frac{a}{b} = 1,0 \ ; \ \sigma_w = 20 \ kN/m^2$

Kote	z	$\sigma_ü$	$0,2\sigma_ü$	z/b	i	$i \cdot \sigma_1$	σ_w	$i \cdot \sigma_1 + \sigma_w$
m	*m*	*kN/m²*	*kN/m²*	*1*	*1*	*kN/m²*	*kN/m²*	*kN/m²*
-9,5	7,5	128,5	25,7	3,0	0,0473	7,3	20,0	27,3

Die Grenztiefe kann bei $d_s \approx 7,5$ m angenommen

Spannungsfläche infolge Grundwasserabsenkung:

$$A_{\sigma_W} = \frac{1}{2} \cdot 2,0 \cdot 20,0 + 4,5 \cdot 20,0 = 110,0 \ kN/m$$

Setzung infolge Grundwasserabsenkung: $s = \frac{A_{\sigma_W}}{E_m} = \frac{110,0}{8000} = 0,014 \ m \hat{=} 1,4 \ cm$

Durch Grundwasserabsenkung bedingte Setzungen können bei Bodenschichten mit geringem Steifemodul zu erheblichen Bauwerksschäden führen, wenn das Bauwerk im steil abfallenden Teil eines Absenktrichters liegt. Großflächige Grundwasserabsenkungen können dagegen bei homogenem Baugrund nur nahezu gleichmäßige Setzungen zur Folge haben, so dass im Bereich des Bauwerks höchstens Funktionsstörungen zu erwarten sind.

Vereinfachtes Verfahren zur Berechnung von Setzungen infolge Grundwasserabsenkung: ⇒ Christow (1969).

3.2.6 Zeitlicher Verlauf der Setzungen

ZSL

Während des Kompressionsversuchs wird der zeitliche Verlauf der Zusammendrückung der Bodenprobe registriert und als Zeit-Setzungs-Linie (ZSL) für jede einzelne Laststufe aufgetragen (Dörken/Dehne/ Kliesch, Teil 1, 2009).

Modellgesetz

Der in der Natur (auf der Baustelle) zu erwartende zeitliche Setzungsverlauf lässt sich näherungsweise mit Hilfe eines Modellgesetzes abschätzen:

$$t_N = t_V \cdot \frac{h_N^2}{h_V^2} \tag{3.24}$$

Hierin bedeuten:
t_N Setzungszeit in der Natur
t_V Setzungszeit im Versuch
h_N Schichtdicke in der Natur
h_V Probenhöhe im Versuch

Wenn die Entwässerung der setzungsempfindlichen Schicht nur nach einer Seite möglich ist, so muss für h_N die doppelte Schichtdicke eingesetzt werden.

Die Versuchszeit t_V wird aus derjenigen Zeit-Setzungs-Linie abgelesen, die der Spannungserhöhung von σ_a (Spannungen infolge Baugrubenaushubs) auf $i \cdot \sigma_1$ bzw. $i \cdot \sigma_0$ (setzungserzeugende Spannungen in Schichtmitte) am besten entspricht (□ 3.42).

□ 3.42: Beispiel: Zeitlicher Verlauf der Setzungen

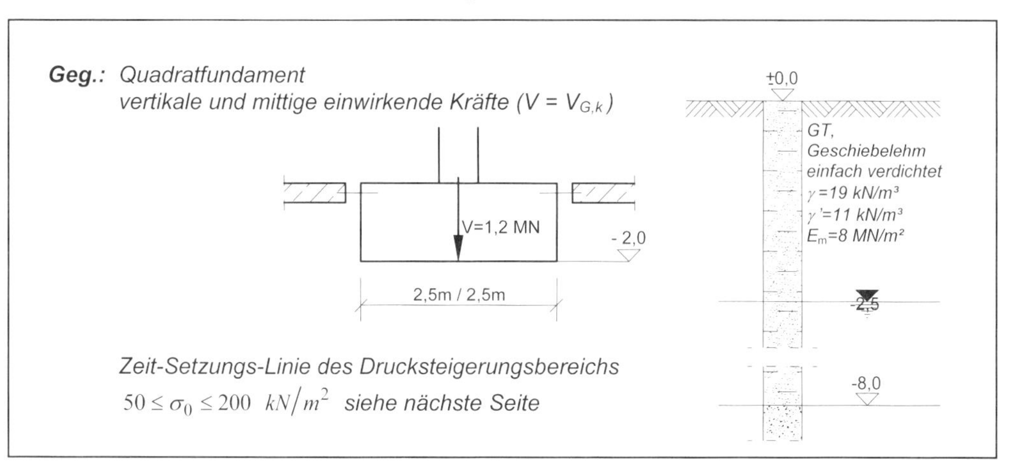

□ 3.42: Fortsetzung Beispiel: Zeitlicher Verlauf der Setzungen

Mit einer 3,4 cm hohen Bodenprobe aus dem Geschiebelehm wurden im Labor Zeit-Setzungs-Linien für verschiedene Drucksteigerungsbereiche ermittelt.

Zeit-Setzungs-Linie des Drucksteigerungsbereichs $50 \leq \sigma_0 \leq 200 \;\; kN/m^2$

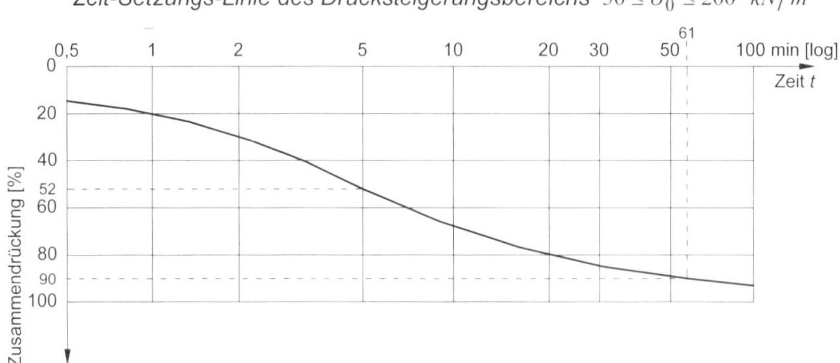

Ges.: *a) Setzung am Ende der neunmonatigen Bauzeit.*
b) Zeitdauer bis zum 0,9-fachen Wert der Gesamtsetzung

Lösung:

Die dargestellte Linie (Labor) kommt der durch die Baumaßnahme bewirkten Laststeigerung von

$$\sigma_a = \gamma \cdot d = 38 \;\; kN/m^2 \qquad \text{auf} \qquad \sigma_0 = \frac{V}{a \cdot b} = 192 \;\; kN/m^2$$

am nächsten und wird somit der nachfolgenden Berechnung zugrunde gelegt.

zu a) *Setzungen können erst dann eintreten, wenn die ursprüngliche Belastung von* $\sigma_a = 38 \;\; kN/m^2$ *in Höhe der Baugrubensohle durch die Belastung aus der Baumaßnahme wieder erreicht ist. Das ist unter der Annahme einer gleichmäßigen Laststeigerung nach etwa* $\frac{9 \cdot 38}{192} = 1,78$ *Monaten der Fall.*

Somit beträgt die effektive Setzungszeit während der Bauzeit 9 - 1,78 = 7,22 Monate.

Bei der vorausgesetzten gleichmäßigen Lastzunahme darf nach aller Erfahrung angenommen werden, dass die Setzungen denen aus einer Vollbelastung in der halben Zeit entsprechen.

Die reduzierte rechnerische Setzungszeit ist also

$$t_{red} = t_N = \frac{1}{2} \cdot 7,22 \cdot 30 \cdot 24 \cdot 60 = 155952 \;\; \text{min}$$

Unter der Voraussetzung, dass der Geschiebelehm nach unten (in den Boden SW) und nach oben (kapillarbrechende Schicht unter den Fundamenten in Verbindung mit einer notwendigen Dränung) entwässert, ergibt sich aus dem Modellgesetz eine Versuchszeit von

$$t_V = \frac{155952 \cdot 3,4^2}{600^2} = 5,0 \;\; \text{min}$$

3.42: Fortsetzung Beispiel: Zeitlicher Verlauf der Setzungen

und damit aus der Zeit-Setzungs-Linie eine Zusammendrückung von ≈ 52%.

Nach neunmonatiger Bauzeit sind also etwa 52% der Gesamtsetzungen eingetreten.

zu b) *Um den Zeitpunkt der 0,9-fachen Gesamtsetzung bestimmen zu können, muss aus der Zeit-Setzungs-Linie die zugehörige Versuchszeit abgelesen werden:*

$$t_V \approx 61 \ \text{min}$$

Dem entspricht eine tatsächliche Zeitdauer von etwa

$$t_N = \frac{t_V \cdot h_N^2}{h_V^2} = \frac{61 \cdot 600^2}{3{,}4^2} = 1899654 \ \text{min} \approx 44 \ \textit{Monate.}$$

3.3 Kontrollfragen

Hinweis: $V = V_{G,k}$ beziehungsweise $V = V_{G,k} + V_{G,k}$

- Zulässige Lage der Sohldruckresultierenden? Sind bei ihrer Einhaltung Verdrehungen von Einzel- und Streifenfundamenten zu erwarten?
- Wann ist bei Flach- und Flächengründungen der Nachweis gegen unzuträgliche Verschiebungen der Sohlfläche nach Handbuch Eurocode 7, Band 1 (2011) erbracht?
- Nach welcher Norm darf die Größe der Setzungen von Flach- und Flächengründungen ermittelt werden?
- Müssen bei der Setzungsberechnung veränderliche Einwirkungen berücksichtigt werden?
- Konsolidation? Aus welchen Setzungsanteilen setzt sie sich zusammen? Welche davon können rechnerisch näherungsweise erfasst werden?
- Wie kommen Setzungen zustande? Welche Ursachen haben sie? Welche davon können näherungsweise durch Setzungsberechnungen erfasst werden?
- Norm?
- Setzungsverhalten von nichtbindigen / bindigen Böden?
- Unter welcher Voraussetzung können bei Entlastung Hebungen eintreten?
- Lastansatz bei Setzungsberechnungen?
- Folgen von gleichmäßigen / ungleichmäßigen Gebäudesetzungen?
- Ursachen ungleichmäßiger Setzungen? (Skizzen!)
- Setzungsunempfindliche / setzungsempfindliche Konstruktionen / Baustoffe?
- Erfahrungswerte für zulässige Setzungsunterschiede?
- Erfahrungswerte für zulässige Schiefstellungen?
- Wann können auch bei lotrecht mittiger Belastung Schiefstellungen auftreten?
- Ab welchem Fundamentabstand etwa beeinflussen sich Fundamente gegenseitig?
- Die gegenseitige Beeinflussung von drei gleich großen Fundamenten im Abstand *a* mit gleich großen Sohlnormalspannungen ist an Hand einer Skizze zu erläutern. Die Lastausbreitung im Baugrund ist dabei vereinfachend unter 45° und die Spannungsverteilung in horizontalen Ebenen dreieckförmig anzunehmen.
- Die gegenseitige Beeinflussung eines Altbaus und eines Neubaus ist an Hand einer Skizze zu erläutern. Die Lastausbreitung im Baugrund ist dabei vereinfachend unter 45°, die Spannungsverteilung in horizontalen Ebenen dreieckförmig anzunehmen.
- Steifemodul? Verformungsmodul? Ermittlung, Unterschiede, Genauigkeit?
- Korrekturbeiwert κ?
- Grenztiefe? Wie tief reicht sie etwa? Ermittlung?
- Erläutern Sie die Tiefenwirkung von zwei verschieden breiten Streifenfundamenten mit gleich großer Sohlnormalspannung!
- Modellgesetz zur Erzielung von ungefähr gleich großen Setzungen von zwei Fundamenten?
- Genauigkeit von Setzungsberechnungen?
- Theoretische Grenzfälle der Steifigkeit bei Setzungsberechnungen?
- Setzungsmulde eines schlaffen / starren Fundaments? Kennzeichnende Punkte?
- Möglichkeiten für die näherungsweise Bestimmung der Setzung eines gedrungenen / lang gestreckten starren Fundaments?
- Arten von Baugrundspannungen?
- Überlagerungsspannungen? Berechnung?
- Praktische Beispiele für "schlaffe" / "starre" Fundamente?
- Spannungen infolge Baugrubenaushubs? Berechnung?
- Spannungen infolge Bauwerkslast? Setzungserzeugende Spannung?
- Einfach verdichteter / vorbelasteter Boden?
- Annahme der Sohlnormalspannungsverteilung bei Setzungsberechnungen?
- Modell zur Erläuterung der Verteilung der Baugrundspannungen?
- Baugrundmodell von Boussinesq zur Berechnung von Baugrundspannungen?
- Lotrechte Baugrundspannungen infolge einer Punktlast?
- Lotrechte Baugrundspannungen infolge einer Linienlast?
- Lotrechte Baugrundspannungen infolge einer rechteckigen Flächenlast?
- Für welchen Grenzfall der Steifigkeit / Fundamentpunkt gilt die Steinbrennertafel?
- Verfahren zur Bestimmung der Baugrundspannungen unter einem beliebigen Punkt innerhalb / außerhalb einer rechteckigen Flächenlast?
- Beschreiben Sie das Verfahren von Newmark!
- Normen für Setzungsberechnungen?

- Welche Angaben über den Baugrund werden für Setzungsberechnungen benötigt?
- Verfahren zur Setzungsberechnung in DIN 4019?
- Die einzelnen Größen in der "geschlossenen Formel" zur Berechnung der Setzungen bei mittiger Last sind zu erläutern.
- Setzungsberechnung bei geschichtetem Baugrund?
- Erläutern Sie die Setzungsberechnung mit Hilfe der lotrechten Baugrundspannungen!
- Setzungsberechnung bei schräger und/oder ausmittiger Belastung?
- Schwerpunktverlagerung und Stabilität?
- Berechnung von Setzungen infolge von Grundwasserabsenkung?
- Der zeitliche Setzungsverlauf einer Gründung auf nichtbindigem / bindigem Baugrund ist als Funktion wachsender Bauwerkslast aufzutragen!
- Wie kann man näherungsweise den zeitlichen Verlauf der Setzungen bestimmen?
- Vergleichen Sie den Einfluss einer dünnen / einer dicken setzungsempfindlichen Schicht auf Größe und zeitlichen Verlauf der Setzungen! (Skizzen!).
- Beschreiben Sie die Wirkung eines Bodenaustauschs auf die Setzungen eines Bauwerks!

3.4 Aufgaben

Hinweis: $V = V_{G,k}$ beziehungsweise $V = V_{G,k} + V_{G,k}$

3.4.1 Geg.: Rechteckfundament, a = 4,5 m, b = 3,0 m; Gründungstiefe bei - 1,0 m; V = 5,4 MN (mittig, einschließlich Fundamenteigenlast). Baugrund: ± 0,0 bis - 1,6 m: Sand, γ = 18,0 kN/m^3, $E_s = \infty$; - 1,6 bis - 3,4 m: Schluff, γ = 20,0 kN/m^3; - 3,4 bis - 16,2 m: Sand γ = 18,5 kN/m^3, $E_s = \infty$. Ges.: Größe des Verformungsmoduls E_m der Schluffschicht, wenn eine Endsetzung von 6 cm gemessen wurde.

3.4.2 Geg.: Quadratfundament, $a = b$ = 3,0 m; Gründungstiefe bei - 2,0 m; V = 3,8 MN (mittig, einschließlich Fundamenteigenlast). Baugrund: ± 0,0 bis - 8,0 m: Ton, γ = 19,0 kN/m^3, E_s = 3 MN/m², einfach verdichtet; - 8,0 bis - 14,5 m: Sand, $E_s = \infty$. Ges.: Änderung der Setzung, wenn die Fundamentabmessungen auf $a = b$ = 4,0 m vergrößert werden.

3.4.3 Geg.: Unter einem Fundament (Einbindetiefe d = 1 m) steht bis in 2,75 m Tiefe unter Gründungssohle Lehm an. Beim Kompressionsversuch mit einer Probe von 3,92 cm Höhe aus diesem Boden war die Setzung bei der maßgebenden Laststufe nach 18,4 Stunden abgeschlossen. Ges.: Gesamtsetzungszeit.

3.4.4 Wann hat sich eine 2,2 m dicke Schicht auf 80% zusammengedrückt, wenn bei einer aus dieser Schicht entnommenen Probe von 2 cm Höhe nach 18 Stunden 80% der Gesamtsetzung eingetreten war?

3.4.5 Die auf ein Fundament wirkende Last (V_1) wird verdoppelt ($V_2 = 2\ V_1$). Wie groß ist die Setzung unter V_2: $s_2 = 2\ s_1$; $s_2 < 2\ s_1$; $s_2 > 2\ s_1$? (Begründung!).

3.4.6 Während der Bauzeit steigt die Bauwerkslast praktisch linear mit der Zeit an, um am Ende der Bauzeit konstant zu bleiben. Wie verläuft die zugehörige Setzungskurve a) bei nichtbindigem Boden, b) bei stark bindigem Boden?

3.4.7 Geg.: Fundament 1: Quadrat, b = 2 m, σ_{01} = 200 kN/m²; Fundament 2: Rechteck 1 : 10, b = 1 m. Die Fundamente tragen im Achsabstand von 4,5 m eine statisch unbestimmte Konstruktion, in der leichte architektonische Schäden ("Schönheitsrisse") auftreten dürfen. Fundament 1 setzt sich um 1 cm. Ges.: Zulässige Belastung für Fundament 2 nach dem Modellgesetz (siehe Abschnitt 3.2.1).

3.4.8 Wenn sich zwei verschieden große Fundamente unter demselben Bauwerk bei homogenem Baugrund gleich setzen sollen, so muss die Sohlnormalspannung ...

3.4.9 Konstruktive Maßnahme bei einem lang gestreckten Baukörper, bei dem größere Setzungsunterschiede zu erwarten sind?

3.4.10 Wie bestimmt man a) den Steifemodul E_s, b) den Zusammendrückungsmodul E_m?

3.4.11 Geg.: Zylindrischer Öltank, Durchmesser 20 m, Gründungstiefe 2 m; (Behältereigenlast vernachlässigbar); Ölfüllhöhe 13 m; Wichte Öl γ = 9 kN/m^3. Baugrund: Sand (Feuchtwichte 18,5 kN/m^3), in den - in 4 m Tiefe unter Gründungssohle - eine 2 m dicke, einfach verdichtete Tonschicht (Feuchtwichte 19,8 kN/m^3, E_m = 5 MN/m²) eingelagert ist. Ges.: Durchbiegung des schlaffen Behälterbodens durch Setzung der Tonschicht (Die Setzung des Sandes kann vernachlässigt werden).

3.4.12 Geg.: Lotrecht mittig belastetes Einzelfundament. In welchem Fall ist nicht die aufgrund einer Grundbruchberechnung erhaltene zulässige Last V_{zul} für die Bemessung des Fundaments maßgebend?

3.4.13 Geg.: Streifenfundament, das näherungsweise als Linienlast V = 300 kN/m aufgefasst wird. Scheitel eines Abwasserkanals 2 m neben und 3 m unter der Linienlast. Ges.: Lotrechte Spannung im Scheitel des Abwasserkanals infolge der Linienlast.

3.4.14 Geg.: Rechteckfundament b = 2.0 m, a = 4,0 m, Einbindetiefe 0,8 m. Mittige Last V = 1600 kN (einschließlich Fundamentlast). Ges.: Baugrundsspannung in 4,0 m Tiefe unter Fundamentsohle infolge der gegebenen Bauwerkslast unter a) einem Eckpunkt, b) dem Mittelpunkt, c) einem Punkt, der innerhalb des Fundamentgrundrisses liegt und von der Fundamentecke 0,4 m (in Richtung der Schmalseite) und 1,6 m (in Richtung der Längsseite) entfernt liegt, d) einem Punkt, der außerhalb des Fundamentgrundrisses liegt und von der Fundamentecke 0,5 m (in Richtung der Schmalseite) und 1,0 m (in Richtung der Längsseite) entfernt liegt. Annahme: Schlaffer Gründungskörper.

3.4.15 Für den Punkt a) in Aufgabe 3.4.15 soll die Baugrundspannung nach dem Newmark-Verfahren bestimmt werden.

3.4.16 Geg.: 2 quadratische Stützenfundamente. Fundament 1: V_1 = 930 kN, Fundament 2: V_2 = 1400 kN (beide einschließlich Fundamenteigenlast). Zulässige Sohlnormalspannung unter Fundament 1: 363 kN/m² (aus anderer Berechnung). Ges.: a) Fundamentbreiten, wenn die zulässige Sohlnormalspannung unter Fundament 2 ebenfalls 363 kN/m² betragen soll, b) Breite des Fundaments 2 nach dem Modellgesetz (siehe Abschnitt 3.1.2).

3.4.17 Geg.: 2 Quadratfundamente, b = 1 m; Achsabstand 2 m, beide mit V = 400 kN (einschließlich Fundamenteigenlast) belastet. Baugrund: Sand (angenommen $E_m = \infty$), in den von 2 m Tiefe bis 6 m Tiefe unter den Gründungssohlen eine Tonschicht (E_m = 2 MN/m²) eingelagert ist. Ges.: Setzung eines Quadratfundaments infolge Einwirkung des Nachbarfundaments. (Es genügt, für das Nachbarfundament eine Einzellast anzusetzen und die Baugrundspannungen in der Oberkante, in der Mitte und in der Unterkante der Tonschicht zu ermitteln und geradlinig zu interpolieren).

3.4.18 Geg.: Starres Quadratfundament, b = 2,0 m, Einbindetiefe 1,0 m, V = 900 kN, einfache Ausmittigkeit e = 0,25 m. Baugrund: Schluff, sandig: γ = 19,5 kN/m³, E_s = 12 MN/m². Ges.: a) gleichmäßige Setzung und b) Schiefstellung des Fundaments.

3.4.19 Unter einem Fundament wird der Grundwasserspiegel infolge einer benachbarten Baumaßnahme um 4 m abgesenkt. Ges.: Setzung des Fundaments infolge dieser Grundwasserabsenkung bei folgendem Baugrund: a) Sand, E_m = 40 MN/m², b) Schluff, sandig E_m = 6 MN/m². (Die Grenztiefe kann in beiden Fällen in 10 m Tiefe unter Gründungssohle angenommen werden.)

3.5 Weitere Beispiele

3.43: Beispiel: Gegenseitige Beeinflussung benachbarter Fundamente

Geg.: *Für das mit V_1 (= $V_{1,G,k}$) belastete Quadratfundament wurde bei einem Sohldruck von σ_0 = 236 kN/m² und einer Grenztiefe von $d_s \approx$ 3,8 m eine Setzung von s = 3,2 cm ermittelt.*

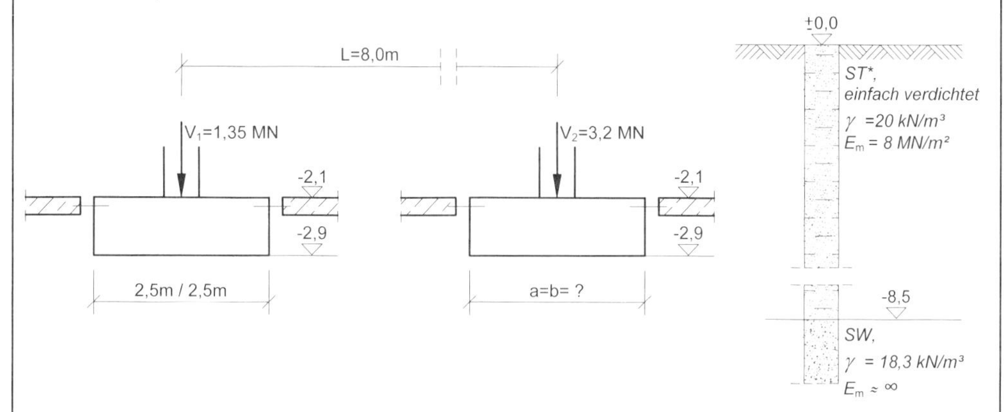

Ges.: *Welche Abmessungen muss das Nachbarfundament erhalten, damit die Bedingung $\frac{\Delta s}{L} \leq \frac{1}{250}$ erfüllt ist?*

Lösung:

Vorbemerkungen:

- *Da das höher belastete Nachbarfundament größere Abmessungen bekommen muss, reicht seine rechnerische Grenztiefe bis in die Bodenschicht SW ($E_s \approx \infty$). In die Berechnung geht somit die gesamte Schicht ST* ein.*
- *Mit dem Achsabstand der Fundamente von L = 8,0 m ergibt sich für das Nachbarfundament eine zulässige Setzung von $s_{zul} = 3,2 + \frac{1}{250} \cdot 800 = 6,4\ cm$*
- *Für die folgende Bemessung sollen allein Setzungskriterien maßgebend sein.*

Bemessung:

Durch Umstellung des Modellgesetzes erhält man:

$$\sqrt{A_2} = \frac{s_2 \cdot \sigma_{0,1} \cdot \sqrt{A_1} \cdot c_1}{s_1 \cdot \frac{V_2}{A_2} \cdot c_2} = \frac{6,4 \cdot 236,0 \cdot \sqrt{6,25} \cdot 1,0}{3,2 \cdot \frac{3200}{A_2} \cdot 1,0} \Rightarrow \qquad A_2 = 7,35\ m^2;\ a = b = 2,70\ m$$

Wegen der noch nicht berücksichtigten Fundamenteigenlast wird gewählt a = b = 3,0 m.

□ 3.43: Fortsetzung Beispiel: Gegenseitige Beeinflussung benachbarter Fundamente

Überprüfung der Setzung:

Baugrundspannungen:

Sohlnormalspannung $\sigma_0 = \frac{3200}{3,2^2} + 25 \cdot 0,8 = 375,6 \ kN/m^2$

Aushubentlastung $\sigma_a = 20 \cdot 2,9 = 58,0 \ kN/m^2$

setzungserzeugende Spannung $\sigma_1 = \sigma_0 - \sigma_1 = 317,6 \ kN/m^2$

$$\frac{a}{b} = 1$$

$$\frac{z}{b} = \frac{5,6}{3,0} = 1,87$$

$$\Rightarrow f = 0,6229$$

$$\Rightarrow s = \frac{317,6 \cdot 3,0 \cdot 0,6229}{8000} = 0,074 \ m \quad > s_{zul}\,!$$

Neue Abmessungen: a = b = 3,3 m

Baugrundspannungen:

Sohlnormalspannung $\sigma_0 = \frac{3200}{3,3^2} + 25 \cdot 0,8 = 313,8 \ kN/m^2$

Aushubentlastung $\sigma_a = 20 \cdot 2,9 = 58,0 \ kN/m^2$

setzungserzeugende Spannung $\sigma_1 = \sigma_0 - \sigma_1 = 255,8 \ kN/m^2$

$$\frac{a}{b} = 1$$

$$\frac{z}{b} = \frac{5,6}{3,3} = 1,70$$

$$\Rightarrow f = 0,6030$$

$$\Rightarrow s = \frac{255,8 \cdot 3,3 \cdot 0,6030}{8000} = 0,064 \quad = s_{zul}$$

Für das Nachbarfundament sind Abmessungen von a = b = 3,30 m erforderlich.

□ 3.44: Beispiel: Tragfähigkeit unter Berücksichtigung der zulässigen Setzung

Geg.: *das auf der folgenden Seite dargestellten Streifenfundament bei einer zulässigen Setzung von*

Fall a) *s_{zul} = 7,0 cm*
Fall b) *s_{zul} = 3,5 cm*

Der Anteil der veränderlichen Lasten beträgt maximal 40%

□ 3.44: Fortsetzung Beispiel: Tragfähigkeit unter Berücksichtigung der zulässigen Setzung

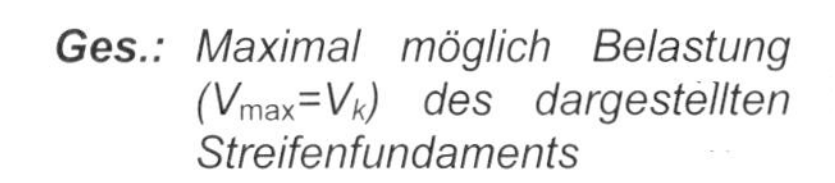

Ges.: *Maximal möglich Belastung ($V_{max}=V_k$) des dargestellten Streifenfundaments*

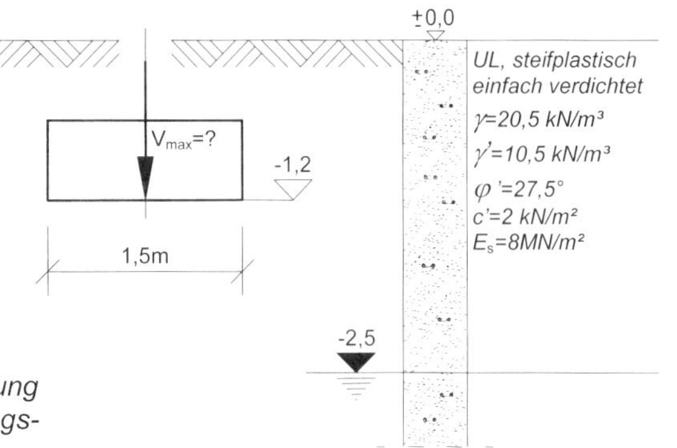

Lösung:

Vorbemerkungen:
Da die Berechnung der Sicherheit gegen Kippen (e = 0) und gegen Gleiten (H = 0) entfällt, wird die Bemessung allein nach den Grundbruch- und Setzungskriterien vorgenommen.

Fall a)

- ***Grundbruchkriterium:***

Beiwerte:

$$N_{c0} = 25\ ;\ \nu_c = 1,0$$
$$N_{d0} = 14\ ;\ \nu_d = 1,0$$
$$N_{b0} = 7\ ;\ \nu_b = 1,0$$

Einflusstiefe:

$$d_s = 1,5 \cdot \sin\left(45° + \frac{27,5°}{2}\right) \cdot e^{1,0254 \cdot \tan 27,5°} = 2,19\ m$$

Gewogenes Mittel der Wichte:

$$\gamma_{2,m} = \frac{1,3 \cdot 20,5 + 0,89 \cdot 10,5}{2,19} = 16,44\ kN/m^3$$

Grundbruchwiderstand:

$$R_{V,k} = 1,5 \cdot (2 \cdot 25 \cdot 1,0 + 20,5 \cdot 1,2 \cdot 14 \cdot 1,0 + 16,44 \cdot 1,5 \cdot 7 \cdot 1,0) = 851\ kN/m$$

Nachweis der Grundbruchsicherheit (Bemessungssituation BS-P):

$$V_d = V_{G,k} \cdot \gamma_{G,k} + V_{G,k} \cdot \gamma_{G,k} = 0,6 \cdot V_k \cdot 1,35 + 0,4 \cdot V_k \cdot 1,50 = 1,41 \cdot V_k$$

$$R_{V,d} = \frac{851}{1,40} = 601\ kN/m$$

Bedingungsgleichung

$$V_d = 1,41 \cdot V_k = R_{V,d} = 601\ kN/m$$
$$\Rightarrow V_k = 431\ kN/m$$

□ 3.44: Fortsetzung Beispiel: Tragfähigkeit unter Berücksichtigung der zulässigen Setzung

- ***Setzungskriterium:***

Setzungserzeugende Spannung:

$$\sigma_1 = \frac{431}{1,5} - 20,5 \cdot 1,2 = 262,7 \;\; kN/m^2$$

Grenztiefe:

starres Fundament; $\frac{a}{b} = \infty$

Kote	z	d+z	$\sigma_ü$	$0,2\sigma_ü$	z/b	i	$i \cdot \sigma_1$
m	m	m	kN/m²	kN/m²	1	1	kN/m²
-10,2	9,0	10,2	132,1	26,4	6,0	0,1078	28,3

Die Grenztiefe kann bei $d_s \approx 9,0$ *m angenommen werden.*

Setzungsbeiwert:

$$\frac{a}{b} = \infty$$
$$\frac{z}{b} = \frac{d_s}{b} = \frac{9,0}{1,5} = 6,0$$
$$\Rightarrow f = 1,7058$$

Zusammendrückungsmodul:

$$E_m = \frac{E_s}{\kappa} = 1,5 \cdot 8000 = 12000 \;\; kN/m^2$$

Setzung:

$$s = \frac{262,7 \cdot 1,5 \cdot 1,7058}{12000} = 0,056 \mathrel{\hat{=}} 5,6 \;\; cm < \;\; s_{zul} = 7,0 \;\; cm$$

Somit bestimmt das Grundbruchkriterium die zulässige Belastung:

$$V_{max} = V_k = 431 \;\; kN/m$$

Fall b)

Aus Fall a) ergibt sich $s_{vorh} = 5,6 \;\; cm \; > \; s_{zul} = 3,5 \;\; cm$.

Daher muss die zulässige Belastung des Fundaments nach dem Setzungskriterium bestimmt werden.

Grenztiefe:

Durch die geringere setzungserzeugende Spannung verringert sich auch die Grenztiefe:

gewählt: $\frac{d_s}{b} = 5,0$; $d_s = 5,0 \cdot 1,5 = 7,5 \;\; m$

3.44: Fortsetzung Beispiel: Tragfähigkeit unter Berücksichtigung der zulässigen Setzung

Setzungsbeiwert:

$$\frac{a}{b} = \infty$$

$$\frac{z}{b} = \frac{d_s}{b} = \frac{7,5}{1,5} = 5,0$$

$$\Rightarrow f = 1,5923$$

Zulässiger Sohldruck:

Durch Umstellung der geschlossenen Formel zur Setzungsberechnung erhält man

$$\sigma_{1,\text{zul}} = \frac{s \cdot E_m}{b \cdot f} = \frac{0,035 \cdot 12000}{1,5 \cdot 1,5923} = 175,8 \quad kN/m^2$$

Überprüfung der Grenztiefe:

Kote	z	d+z	$\sigma_ü$	$0,2\sigma_ü$	z/b	i	$i \cdot \sigma_1$
m	m	m	kN/m²	kN/m²	1	1	kN/m²
-8,7	7,5	8,7	116,4	23,3	5,0	0,1251	22,0

Die Grenztiefe liegt geringfügig höher als angenommen.

Damit wird der zulässige Sohldruck

$$\sigma_{0,\text{zul}} = \sigma_{1,\text{zul}} + \gamma \cdot d = 175,8 + 20,5 \cdot 1,2 \approx 200 \quad kN/m^2$$

und die zulässige Belastung

$$V_{\max} = V_k = \sigma_{0,zul} \cdot b = 200 \cdot 1,5 = 300 \quad kN/m$$

3.45: Beispiel: Setzung und Schiefstellung eines einfach ausmittig belasteten Fundaments

Geg.: *das auf der folgenden Seite dargestellte Quadratfundament*

Bemessungssituation BS-P; $V = V_{G,k} + V_{Q,k} = V_{k;}$

Ges.: *Setzung und Schiefstellung*

Lösung:

Die angegebenen Werte für V können als charakteristische Werte aus ständigen und regelmäßig auftretenden veränderliche Einwirkungen betrachtet werden. Die für die Setzungsermittlung maßgebende charakteristische Einwirkung beträgt:

$$V_d = V_{G,k} \cdot \gamma_{G,k} + V_{G,k} \cdot \gamma_{G,k} = 1500 \cdot 1,00 = 1500 \quad kN$$

Überprüfung der Ausmittigkeit

$$e^g_{\text{vorh}} 0,40 \quad m < \frac{3,00}{6} = 0,50 \quad m$$

□ 3.45: Fortsetzung Beispiel: Setzung und Schiefstellung eines einfach ausmittig belasteten Fundaments

Quadratfundament

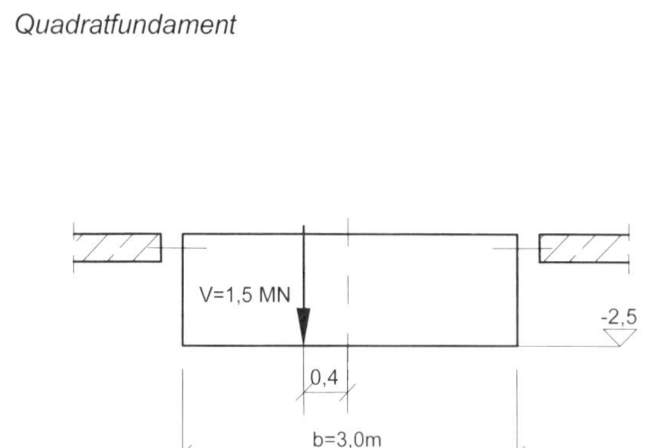

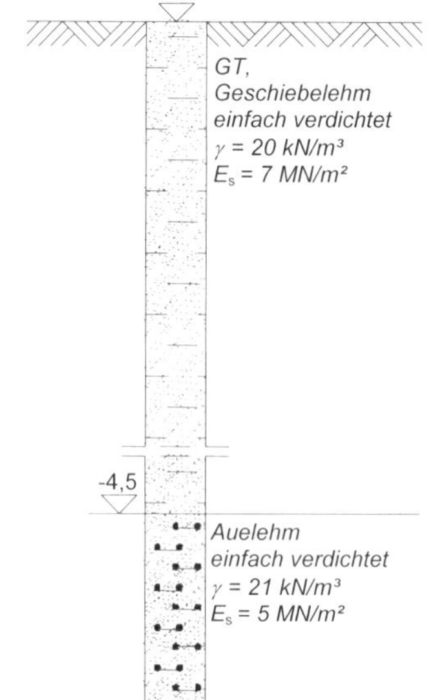

Baugrundspannungen:

Sohlnormalspannung

$$\sigma_0 = \frac{1500}{3,0^2} = 166,7 \quad kN/m^2$$

Aushubentlastung

$$\sigma_a = 20 \cdot 2,5 = 50 \quad kN/m^2$$

Setzungserzeugender Spannung

$$\sigma_1 = 166,7 - 50,0 = 116,7 \quad kN/m^2$$

Grenztiefe:

$$\frac{a}{b} = 1,0$$

Kote	z	d+z	$\sigma_ü$	$0,2\sigma_ü$	z/b	i	$i \cdot \sigma_1$
m	m	m	kN/m²	kN/m²	1	1	kN/m²
-6,0	3,5	6,0	121,5	24,3	1,17	0,2035	23,7

Die Grenztiefe kann bei $d_s \approx 3,5$ m angenommen werden. Sie reicht somit bis in die zweite Schicht.

Setzungsermittlung:

Gleichmäßiger Setzungsanteil infolge V_k

Schicht „Geschiebelehm"

$$\frac{z_1}{b} = \frac{4,5 - 2,5}{3,0} = 0,67$$

$$\frac{a}{b} = 1,0$$

$$\Rightarrow f_1 = 0,3939$$

Schicht „Auelehm"

$$\frac{z_2}{b} = \frac{3,5}{3,0} = 1,17$$

$$\frac{a}{b} = 1,0$$

$$\Rightarrow f_2 = 0,5192$$

Damit wird

3.45: Fortsetzung Beispiel: Setzung und Schiefstellung eines einfach ausmittig belasteten Fundaments

$$s_{\mathrm{m}} = \frac{116,7 \cdot 3,0 \cdot 0,3939 \cdot 2}{7000 \cdot 3} + \frac{116,7 \cdot 3,0\left(0,5192 - 0,3939\right) \cdot 2}{5000 \cdot 3} = 0,0131 + 0,0058 \mathrel{\hat{=}} 1,9 \ cm$$

$$(69,3\%) + (30,7\%) = (100\%)$$

Schiefstellung infolge $M_k = V_k \cdot e$

Gemäß DIN 4019 „Sonderfälle" kann ein Quadratfundament näherungsweise in ein flächengleiches Kreisfundament umgewandelt werden:

Ersatzradius $r_{\mathrm{E}} = \frac{1}{\sqrt{\pi}} \cdot b = 0,564 \cdot 3,0 = 1,70 \ m$

$$e_{\mathrm{vorh}} = 0,40 < \frac{r_E}{3} = \frac{1,70}{3} = 0,56 \ m$$

$\Rightarrow$ Verfahren zulässig. Anderenfalls: Verfahren nach Abschnitt 3.2.4.

Der repräsentative Zusammendrückungsmodul wird als gewogenes Mittel aus den oben berechneten Setzungsanteilen berechnet:

$$E_{\mathrm{m}} = 0,693 \cdot 7000 \frac{3}{2} + 0,307 \cdot 5000 \frac{3}{2} = 7276 + 2302 \approx 9580 \ kN / m^2$$

Damit wird der Verdrehungswinkel

$$\tan\alpha = \frac{9 \cdot M}{16 \cdot r_{\mathrm{E}}^3 \cdot E_{\mathrm{m}}} = \frac{9 \cdot 1500 \cdot 0,40}{16 \cdot 1,70^3 \cdot 9580} = 0,0072 \left(\hat{=}\ \alpha = 0,41°\right)$$

Setzung und Schiefstellung $s = 1,90 \pm \frac{300}{2} \cdot 0,0072 = 1,90 \pm 1,08$

$\Rightarrow$ *s_{max} = 2,98 cm* *s_{min} = 0,82 cm*

3.46: Beispiel: Setzung eines mittig belasteten Fundaments

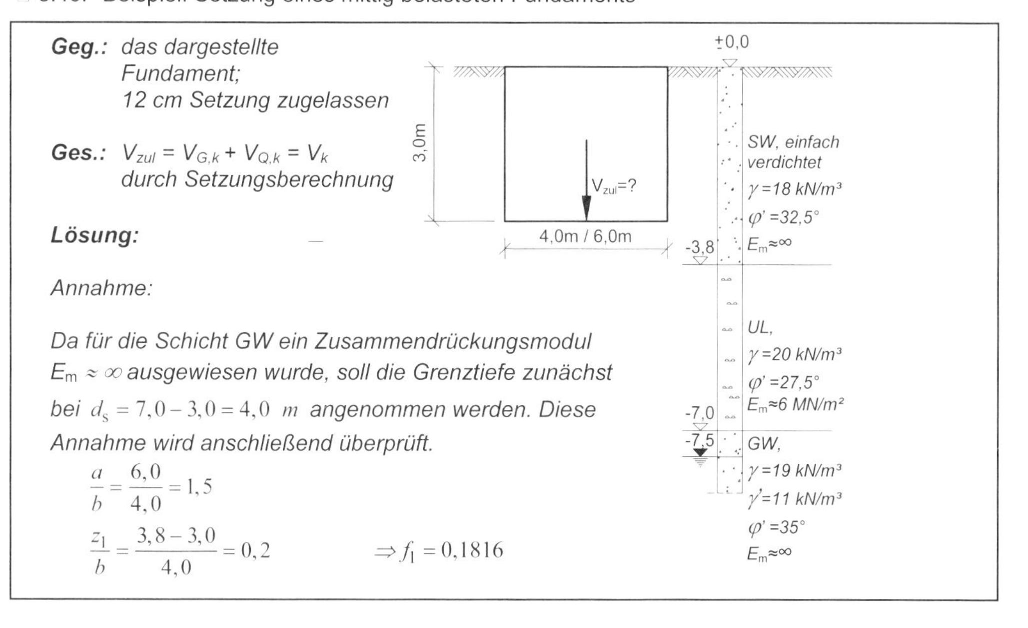

Geg.: *das dargestellte Fundament; 12 cm Setzung zugelassen*

Ges.: *$V_{zul} = V_{G,k} + V_{Q,k} = V_k$ durch Setzungsberechnung*

Lösung:

Annahme:

Da für die Schicht GW ein Zusammendrückungsmodul $E_m \approx \infty$ ausgewiesen wurde, soll die Grenztiefe zunächst bei $d_s = 7,0 - 3,0 = 4,0 \ m$ angenommen werden. Diese Annahme wird anschließend überprüft.

$$\frac{a}{b} = \frac{6,0}{4,0} = 1,5$$

$$\frac{z_1}{b} = \frac{3,8 - 3,0}{4,0} = 0,2 \qquad \Rightarrow f_1 = 0,1816$$

□ 3.46: Fortsetzung Beispiel: Setzung eines mittig belasteten Fundaments

$$\frac{a}{b} = 1,5$$

$$\frac{z_2}{b} = \frac{d_s}{b} = \frac{4,0}{4,0} = 1,0 \qquad \Rightarrow f_2 = 0,5347$$

Damit wird

$$s = \frac{\sigma_1 \cdot b \cdot f_1}{E_{m,SW}} + \frac{\sigma_1 \cdot b(f_2 - f_1)}{E_{m,UL}}$$

$$0,12 = 0 + \frac{\sigma_1 \cdot 4,0(0,5347 - 0,1816)}{6000}$$

$$\Rightarrow \sigma_1 = \frac{720}{1,4124} = 509,8 \ kN/m^2$$

zulässiger Sohldruck $\sigma_{0,zul} = \sigma_1 + \sigma_a = 509,8 + 18 \cdot 3,0 = 563,8 \ kN/m^2$

Das ergibt eine zulässige Belastung von

$$V_{zul} = V_k = \sigma_{0,zul} \cdot a \cdot b = 563,8 \cdot 6,0 \cdot 4,0 = 13530 \quad kN$$

Nachweis der Grenztiefe:

$$\frac{a}{b} = 1,5$$

Kote	z	d+z	$\sigma_ü$ *)	$0,2\sigma_ü$	z/b	i	$i \cdot \sigma_1$
m	m	m	kN/m²	kN/m²	1	1	kN/m²
-7,0	4,0	7,0	132,4	26,5	1,0	0,2786	142,0

*) $\sigma_ü = 3,8 \cdot 18 + 3,2 \cdot 20 = 132,4 \ kN/m^2$

Fazit: *Da 0,2 $\sigma_ü$ << $i \cdot \sigma_1$, ist die Grenztiefe bei z = 4,0 m noch nicht erreicht, so dass die vorausgegangene Annahme zutreffend ist.*

□ 3.47: Beispiel: Setzung eines mittig belasteten Fundaments

Ges.: *Zu überprüfen ist, ob für die im vorangegangenen Beispiel nach Setzungskriterien ermittelte zulässige Belastung V_{zul} = 13.530 kN ausreichende Sicherheit gegen Grundbruch gegeben ist.*
Der Anteil der veränderlichen Lasten beträgt maximal 40%.

Lösung: $V_{zul} = 0,6 \cdot V_{G,k} + 0,4 \cdot V_{Q,k} = V_k$

Ermittlung der Einflusstiefe der Grundbruchscholle für den direkt unter der Fundamentsohle anstehenden Boden.

SW: $\alpha = 45° + \frac{32,5°}{2} = 61,25° \qquad \hat{\alpha} = \frac{\pi \cdot 61,25°}{180°} = 1,069$

□ 3.47: Fortsetzung Beispiel: Setzung eines mittig belasteten Fundaments

$$d_{s0} = 4{,}0 \cdot \sin 61{,}25° \cdot e^{1{,}069 \cdot \tan 32{,}5°} = 6{,}93 \ m \,;$$

d.h. alle 3 Böden sind betroffen und die „Methode des gewogenen Mittels" muss angewendet werden (s. Abschnitt 2, □ 2.16):

$$\bar{\varphi}_0 = \frac{0{,}8 \cdot 32{,}5° + 3{,}2 \cdot 27{,}5° + 2{,}93 \cdot 35°}{6{,}93} = 31{,}2°$$

$$\Delta_1 = \frac{32{,}5° - 31{,}2°}{32{,}5°} \cdot 100 = 4\% \ > \ 3$$

1. Iterationsschritt

$$\varphi_{M,1} = \frac{32{,}5° + 31{,}2°}{2} = 31{,}85°$$

$$\alpha = 45° + \frac{31{,}85°}{2} = 60{,}9°$$

$$d_{s,1} = 4{,}0 \cdot \sin 60{,}9° \cdot e^{1{,}063 \cdot \tan 31{,}85°} = 6{,}76 \ m$$

$$\bar{\varphi}_1 = \frac{0{,}8 \cdot 32{,}5° + 3{,}2 \cdot 27{,}5° + 2{,}76 \cdot 35°}{6{,}76} = 31{,}25°$$

$$\Delta_2 = \frac{31{,}85° - 31{,}25°}{31{,}85°} \cdot 100 = 1{,}9\% \ < \ 3$$

Die Iteration wird abgebrochen.

Rechenwerte: $\varphi \approx 31{,}25° \Rightarrow d_s = 6{,}76 \ m$

$$\gamma_2 = \frac{0{,}8 \cdot 18 + 3{,}2 \cdot 20 + 0{,}5 \cdot 19 + 2{,}26 \cdot 11}{6{,}76} = 16{,}7 \ kN/m^3$$

Vorwerte: $N_{d0} = 21{,}5\,;\ \nu_d = 1 + \frac{4{,}0}{6{,}0} \cdot \sin 31{,}25° = 1{,}34$

$N_{b0} = 12{,}5\,;\ \nu_b = 1 - 0{,}3 \frac{4{,}0}{6{,}0} = 0{,}80$

Grundbruchwiderstand:

$$R_{V,k} = 4{,}0 \cdot 6{,}0 \cdot (0 + 18 \cdot 3{,}0 \cdot 21{,}5 \cdot 1{,}34 + 16{,}7 \cdot 4{,}0 \cdot 12{,}5 \cdot 0{,}80) = 53370 \ kN$$

Nachweis der Grundbruchsicherheit (Bemessungssituation BS-P):

$$V_d = 0{,}6 \cdot 13350 \cdot 1{,}35 + 0{,}4 \cdot 13350 \cdot 1{,}50 = 19077 \ kN \,;\ R_{V,d} = \frac{53370}{1{,}40} = 38121 \ kN$$

Damit wird $V_d = 19077 \ kN < R_{V,d} = 38121 \ kN$,

so dass Sicherheit gegen Grundbruch gegeben ist.

Fazit: *Das im vorangegangenen Beispiel konzipierte Fundament kann eine Last von* $V_{zul} = 0{,}6 \cdot V_{G,k} + 0{,}4 \cdot V_{Q,k} = V_k = 13{,}5$ *MN aufnehmen.*

4 Sohldruckverteilung

4.1 Grundlagen, „Einfache Annahme“

Sohldruck Die in der Gründungssohle infolge der äußeren Belastung wirkenden Sohlspannungen können in Sohlnormalspannungen und Sohlscherspannungen zerlegt werden. Im Folgenden werden nur die Sohlnormalspannungen (der „Sohldruck“) behandelt, weil diese vor allem für die Standsicherheits- und Festigkeitsnachweise des Fundaments benötigt werden.

SDV Die Größe des Sohldrucks erhält man aus den Gleichgewichtsbedingungen. Die Verteilung des Sohldrucks („Sohldruckverteilung = SDV“ oder „Sohldruckfigur“) hängt von so vielen Einflüssen ab (siehe Abschnitt 4.2), dass sie nur schwer zu bestimmen ist. Man begnügt sich daher meist mit Näherungen (siehe Abschnitt 4.3).

Einfache Annahme der SDV Bei vielen Berechnungen, z. B. beim Nachweis der Tragfähigkeit (siehe Abschnitt 2) und der Setzungen (siehe Abschnitt 3) von Fundamenten genügt es, die Sohldruckverteilung näherungsweise geradlinig begrenzt anzunehmen ("einfache Annahme"). Die Verteilung des Sohldrucks hängt dann - wie seine Größe - nur von den Gleichgewichtsbedingungen ab (□ 4.01).

□ 4.01: Beispiele: Geradlinig begrenzte SDV: Streifenfundament, einfache Ausmittigkeit (bei Rechteckfundament ist $\sigma_{0m} = V/(a \cdot b)$ zu setzen)

	$\frac{e_b}{b}$	Sohldruckverteilung	Randspannung	
			σ_{01}	σ_{02}
a	0	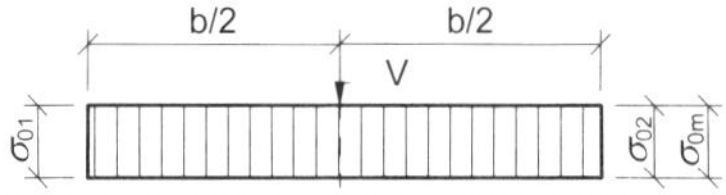 b/2, b/2, V, σ_{01}, σ_{02}, σ_{0m}	$\sigma_{0m} = \frac{V}{b}$	$\sigma_{0m} = \frac{V}{b}$
b	< 0,167	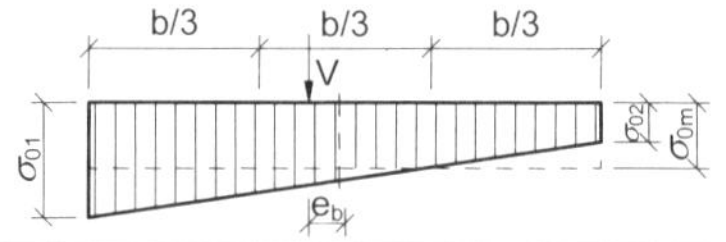 b/3, b/3, b/3, V, σ_{01}, σ_{02}, σ_{0m}, e_b	$\sigma_{0m}\left(1+\frac{6 \cdot e_b}{b}\right)$	$\sigma_{0m}\left(1-\frac{6 \cdot e_b}{b}\right)$
c	0,167	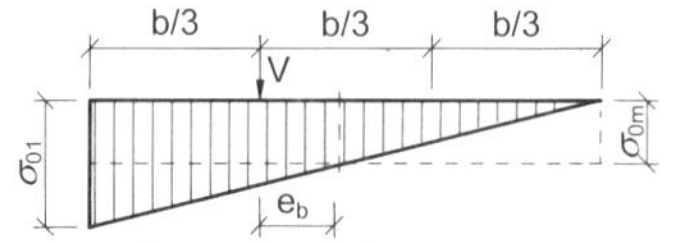 b/3, b/3, b/3, V, σ_{01}, σ_{0m}, e_b	$2 \cdot \sigma_{0m}$	-
d	> 0,167	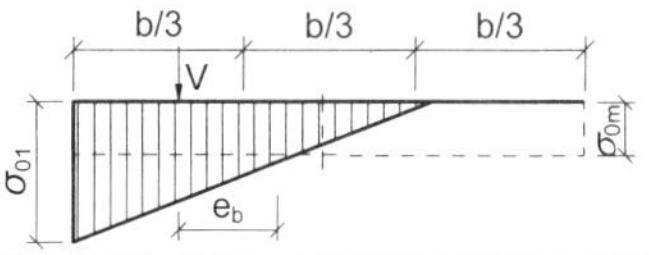 b/3, b/3, b/3, V, σ_{01}, σ_{0m}, e_b	$\frac{4 \cdot \sigma_{0m}}{3\left(1-\frac{2 \cdot e_b}{b}\right)}$	-
e	0,333	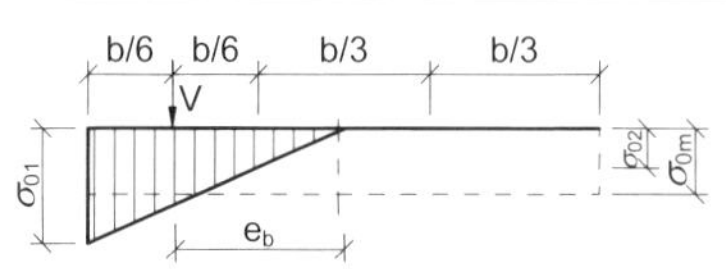 b/6, b/6, b/3, b/3, V, σ_{01}, σ_{02}, σ_{0m}, e_b	$4 \cdot \sigma_{0m}$	-

⇒ Berechnungsbeispiele □ 4.02 und □ 4.03.

4.02: Beispiel: Geradlinig begrenzte SDV: Verschiedene Ausmittigkeiten

Geg.: *Einzelfundament (a = 4,0 m; b = 2,0 m) wird durch eine Vertikallast V = 2 MN beansprucht.*

Ges.: *Geradlinig begrenzte Sohldruckfigur für*

a) $e_b = 0$*; b)* $e_b = 0{,}25$ *m; c)* $e_b = 0{,}33$ *m; d)* $e_b = 0{,}5$ *m; e)* $e_b = 0{,}66$ *m;*

Lösung:

a)

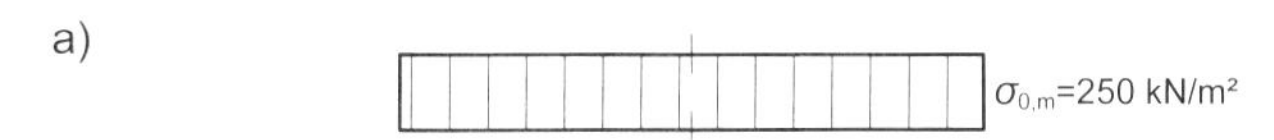

b)

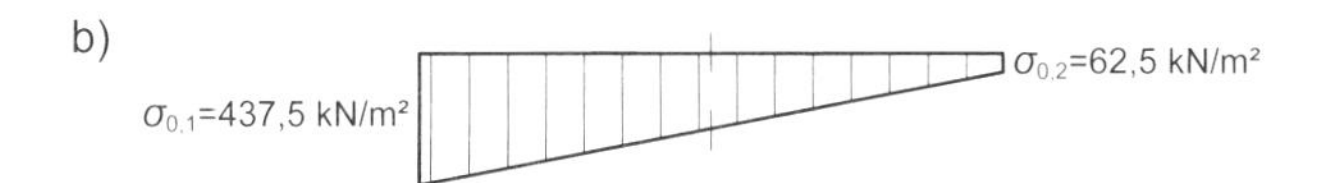

c)

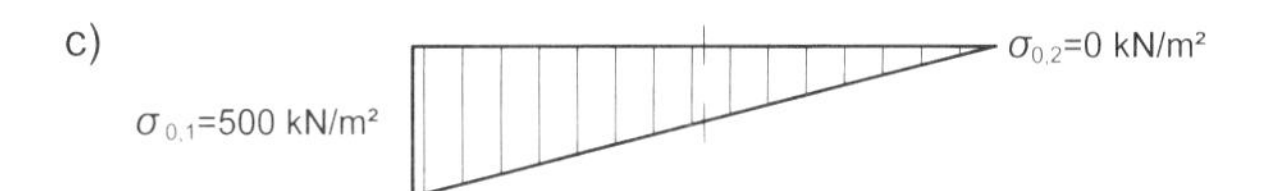

d)

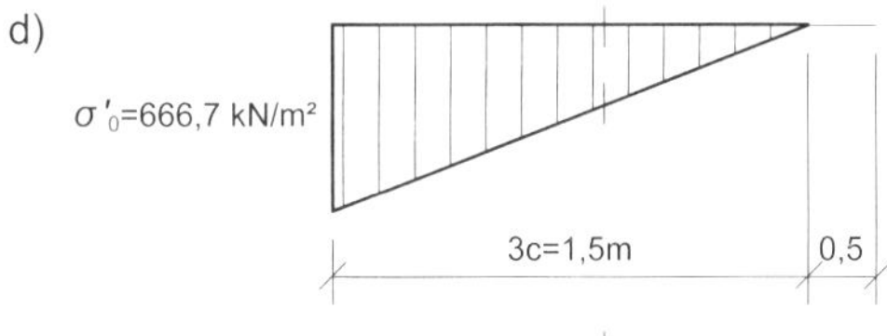

e)

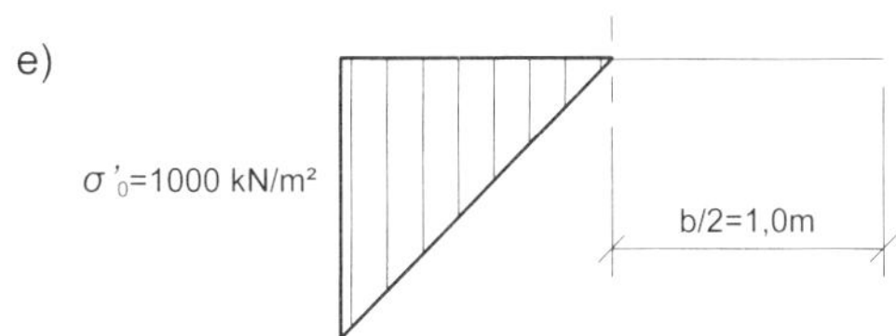

zu a: $\sigma_{0,m} = \dfrac{2000}{2{,}0 \cdot 4{,}0} = 250 \;\; kN/m^2$

zu b: $e_b = 0{,}25 \;\; m < \dfrac{b}{6}$

$$\sigma_{0,1,2} = \frac{2000}{2{,}0 \cdot 4{,}0}\left(1 \pm \frac{6 \cdot 0{,}25}{2{,}0}\right) \;\Rightarrow\; \sigma_{0,1} = 437{,}5 \;\; kN/m^2$$

$$\sigma_{0,2} = 62{,}5 \;\; kN/m^2$$

□ 4.02: Fortsetzung Beispiel: Geradlinig begrenzte SDV: Verschiedene Ausmittigkeiten

zu c: $e_b = 0{,}3\overline{3} \quad m = \frac{b}{6}$

$$\sigma_{0,1,2} = \frac{2000}{2{,}0 \cdot 4{,}0}\left(1 \pm \frac{6 \cdot 0{,}3\overline{3}}{2{,}0}\right) \Rightarrow \qquad \sigma_{0,1} = 500{,}0 \ kN/m^2$$

$$\sigma_{0,2} = 0{,}0 \ kN/m^2$$

zu d: $e_b = 0{,}50 \ m \quad \left(\frac{b}{6} < e_b < \frac{b}{3}\right)$

Randabstand:

$$c = \frac{b}{2} - e_b = \frac{2{,}0}{2} - 0{,}5 = 0{,}5 \ m \qquad \Rightarrow \qquad \sigma_0' = \frac{2 \cdot 2000}{3 \cdot 0{,}5 \cdot 4{,}0} = 666{,}7 \ kN/m^2$$

zu e: $e_b = 0{,}6\overline{6} \quad m = \frac{b}{3} \qquad \Rightarrow \qquad \sigma_0' = \frac{2 \cdot 2000}{3 \cdot 0{,}33 \cdot 4{,}0} = 1000 \ kN/m^2$

□ 4.03: Beispiel: Geradlinig begrenzte SDV: Verschiedene Horizontalbelastungen

Geg.: *Ein Einzelfundament wird durch eine Vertikallast und eine Horizontallast beansprucht.*

a) H = 0; b) H = 200 kN; c) H = 350 kN.

V = 1,5 MN

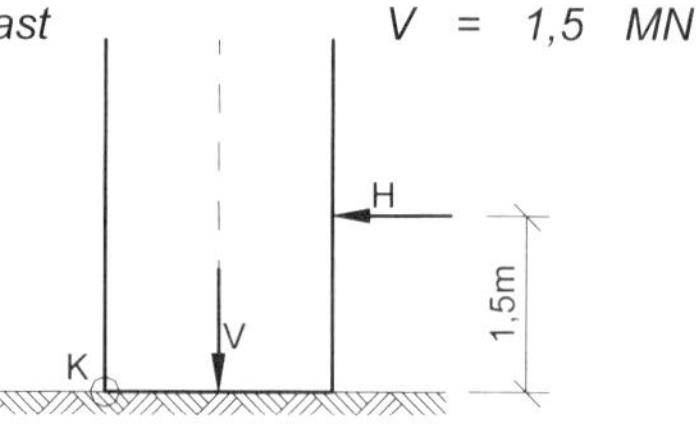

Ges.: *Geradlinig begrenzte Sohldruckfigur für*

Lösung:

zu a: $\sigma_{0,m} = \frac{1500}{2{,}0 \cdot 4{,}0} = 187{,}5 \ kN/m^2$

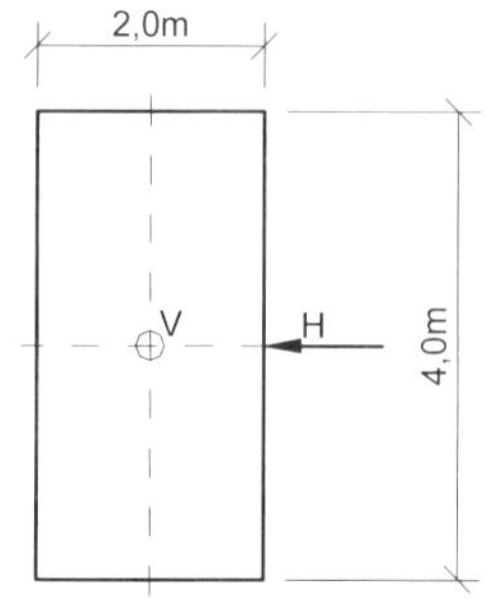

zu b: *Der Randabstand der Resultierenden $\sum V$ von der „gedrückten Seite" wird aus der Gleichgewichtsbedingung $\sum M_{(K)} = \sum V \cdot c$ ermittelt:*

$$c = \frac{\sum M_{(K)}}{\sum V} = \frac{1500 \cdot 1{,}0 - 200 \cdot 1{,}5}{1500} = 0{,}80 \ m$$

Ausmittigkeit:

$$e_b = \frac{b}{2} - c = \frac{2{,}0}{2} - 0{,}80 = 0{,}20 \ m < \frac{b}{6}$$

Randspannungen:

$$\sigma_{0,1} = 300{,}0 \ kN/m^2$$

$$\sigma_{0,2} = 75{,}0 \ kN/m^2$$

a)

b)

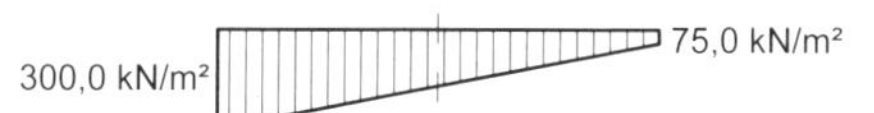

c)

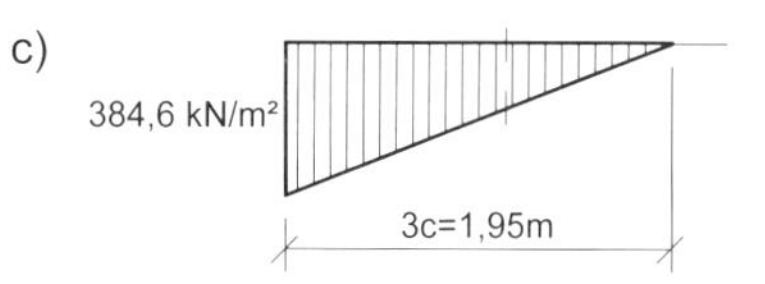

□ 4.03: Fortsetzung Beispiel: Geradlinig begrenzte SDV: Verschiedene Horizontalbelastungen

zu c: $c = \dfrac{1500 \cdot 1,0 - 350 \cdot 1,5}{1500} = 0,65 \ m$

$$e_b = \frac{2,0}{2} - 0,65 = 0,35 \ m \quad \left(\frac{b}{6} < e_b < \frac{b}{3}\right)$$

Randspannungen:

$$\sigma_0' = \frac{2 \cdot 1500}{3 \cdot 0,65 \cdot 4,0} = 384,6 \ kN/m^2$$

Unsymmetrische Fundamentflächen

Bei unregelmäßig begrenzten (unsymmetrischen) Fundamentflächen, die möglichst zu vermeiden sind, kann für die Berechnung des Sohldrucks und den Nachweis der Standsicherheit nach Smoltczyk (1976) ein Ersatzrechteck ermittelt werden.

Zahlenbeispiel: □ 4.04.

□ 4.04: Beispiel: Ersatzrechteck für eine unregelmäßig begrenzte Fundamentfläche

Geg.: *die unregelmäßige Fundamentfläche*

Ges.: *Umwandlung in ein Ersatzrechteck, um die für rechteckige Fundamentflächen entwickelten Berechnungsverfahren der Standsicherheitsnachweise anwenden zu können.*

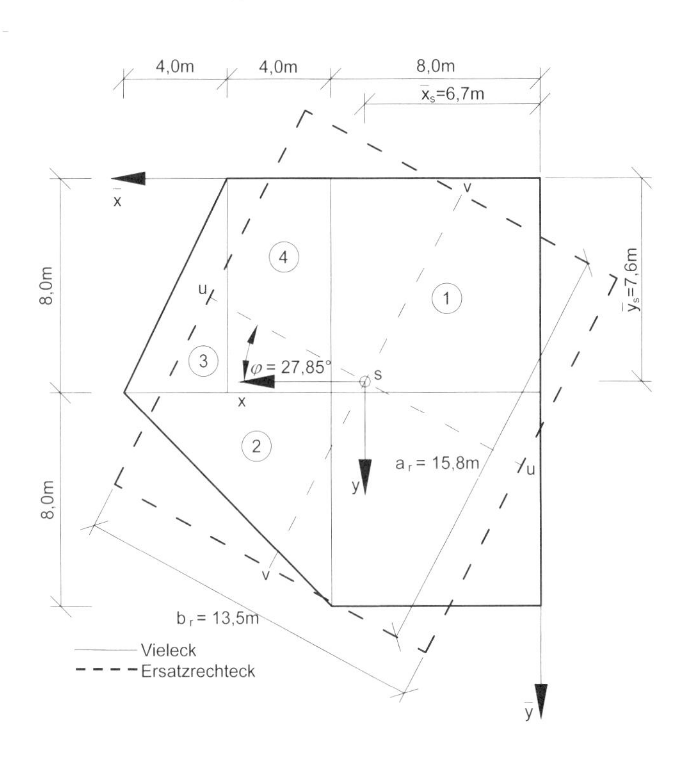

□ 4.04: Fortsetzung Beispiel: Ersatzrechteck für eine unregelmäßig begrenzte Fundamentfläche

Lösung:

Ermittlung des Flächenschwerpunktes (bezogen auf das Koordinatensystem $\bar{x}\,;\ \bar{y}$):

i	A_i	$\bar{y}_i$	$\bar{y}_i \cdot A_i$	$\bar{x}_i$	$\bar{x}_i \cdot A_i$
-	m²	m	m³	m	m³
1	128,0	8,00	1024,0	4,00	512,0
2	32,0	10,67	341,4	10,67	341,4
3	16,0	5,33	85,3	13,33	213,3
4	32,0	4,00	128,0	10,00	320,0
Σ	208,0		1578,7		1386,7

$$\bar{y}_s = \frac{\bar{y}_i \cdot A_i}{A_i} = \frac{1578,7}{208,0} = 7,6\ m$$

$$\bar{x}_s = \frac{\bar{x}_i \cdot A_i}{A_i} = \frac{1386,7}{208,0} = 6,7\ m$$

Ermittlung der Flächenmomente 2. Grades:

i	A_i	I_{x_i}	I_{y_i}	I_{xy_i}	x_i	y_i	$x_i^2 \cdot A_i$	$y_i^2 \cdot A_i$	$x_i \cdot y_i \cdot A_i$
-	m²	m⁴	m⁴	m⁴	m	m	m⁴	m⁴	m⁴
1	128,0	2730,7	682,7	0	-2,7	0,4	933,1	20,5	-138,2
2	32,0	113,8	113,8	-56,9	4,0	3,1	512,0	307,5	396,8
3	16,0	56,9	14,2	14,2	6,6	-2,3	697,0	84,6	-242,9
4	32,0	170,7	42,7	0	3,3	-3,6	348,5	414,7	-380,2
	Eigenanteile (Schwerachsen)				Schwerpunkt		Steineranteile		

$$I_x = \sum\left(I_{x_i} + y_i^2 \cdot A_i\right) = (2730,7 + 20,5) + (113,8 + 307,5) + (56,9 + 84,6) + (170,7 + 414,7)$$
$$= 3899,4\ m^4$$

$$I_y = \sum\left(I_{y_i} + x_i^2 \cdot A_i\right) = (682,7 + 933,1) + (113,8 + 512,0) + (14,2 + 697,0) + (42,7 + 348,5)$$
$$= 3344,0\ m^4$$

$$I_{xy} = \sum\left(I_{xy_i} + x_i \cdot y_i \cdot A_i\right) = -407,2\ m^4$$

Hauptflächenmomente 2. Grades und Achsenrichtungen:

$$\tan 2\varphi = \frac{2 I_{xy}}{I_y - I_x} = \frac{2\ (-407,2)}{3344,0 - 3899,4} = 1,4663 \Rightarrow\ \varphi = 27,85°$$

$$I_u = 0,5\ \left(I_x + I_y\right) + 0,5\ \left(I_x - I_y\right)\cos 2\varphi - I_{xy} \cdot \sin 2\varphi$$
$$= 0,5\ (3899,4 + 3344,0) + 0,5\ (3899,4 - 3344,0) \cdot 0,5635 - (-407,2)\ 0,8261 = 4114,6\ m^4$$

$$I_v = 0,5\ \left(I_x + I_y\right) - 0,5\ \left(I_x - I_y\right)\cos 2\varphi + I_{xy} \cdot \sin 2\varphi$$
$$= 0,5\ (3899,4 + 3344,0) - 0,5\ (3899,4 - 3344,0) \cdot 0,5635 + (-407,2)\ 0,8261 = 3128,8\ m^4$$

 4.04: Fortsetzung Beispiel: Ersatzrechteck für eine unregelmäßig begrenzte Fundamentfläche

Seitenabmessungen der Ersatzfläche A_E:

$$a_E = \sqrt{A\sqrt{\frac{I_u}{I_v}}} = \sqrt{208,0\sqrt{\frac{4114,6}{3128,8}}} = 15,4 \ m$$

$$b_E = \frac{A}{a_E} = \frac{208,0}{15,4} = 13,5 \ m$$

Doppelte Ausmittigkeit

Bei doppelter Ausmittigkeit ist die Lage des Kerns aus 2.02 zu entnehmen. Die Normalspannungen unter den Eckpunkten können aus den Gleichungen für die geradlinig begrenzte Sohldruckverteilung und die maximale Eckspannung nach dem Nomogramm von Hülsdünker berechnet werden.

Zahlenbeispiel mit Diagramm von Hülsdünker: 4.05.

 4.05: Beispiel: Geradlinig begrenzte SDV: Einzelfundament, doppelt ausmittig belastet

Geg.: *Das in der Draufsicht dargestellte Fundament wird beansprucht durch*

$V = 1,55$ MN
$M_x = 65$ kNm
$M_y = 950$ kNm.

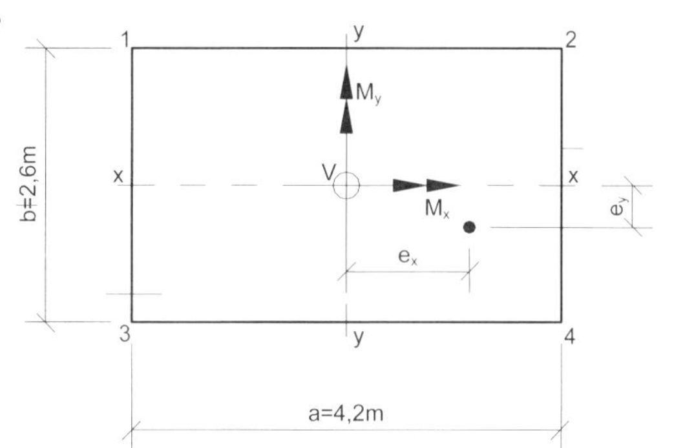

Ges.: *Geradlinig begrenzte Sohldruckfigur.*

Lösung: *$V = V_{G,k}$, $M_y = M_{y,G,k}$, $M_x = M_{x,G,k}$*

$$e_x = \frac{M_y}{V} = \frac{950}{1550} = 0,61 \ m$$

$$e_y = \frac{M_x}{V} = \frac{65}{1550} = 0,04 \ m$$

Die Resultierende steht im ersten Kern.

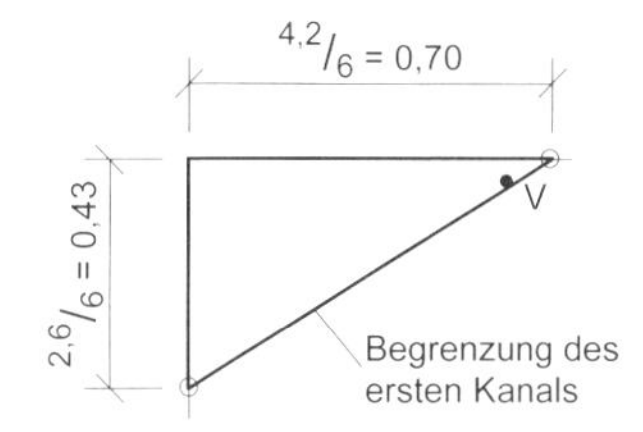

Sohldruck unter den Eckpunkten:

$$\sigma_0 = \frac{V}{a \cdot b}\left(1 \pm \frac{6 \cdot e_y}{b} \pm \frac{6 \cdot e_x}{a}\right) = \frac{1550}{4,2 \cdot 2,6}\left(1 \pm \frac{6 \cdot 0,04}{2,6} \pm \frac{6 \cdot 0,61}{4,2}\right) = 141,9 \quad (1 \pm 0,09 \pm 0,87)$$

$$\sigma_{0,1} = 141,9 \ (1 - 0,09 - 0,87) = 5,7 \ kN/m^2$$

$$\sigma_{0,2} = 141,9 \ (1 - 0,09 + 0,87) = 252,6 \ kN/m^2$$

$$\sigma_{0,3} = 141,9 \ (1 + 0,09 - 0,87) = 31,2 \ kN/m^2$$

$$\sigma_{0,4} = 141,9 \ (1 + 0,09 + 0,87) = 278,1 \ kN/m^2$$

Kontrolle von $\sigma_{0,max}$ mit dem Nomogramm von Hülsdünker (1964):

 4.05: Fortsetzung Beispiel: Geradlinig begrenzte SDV: Einzelfundament, doppelt ausmittig belastet

$$\delta = \frac{0,61}{4,20} = 0,145\,;\quad \varepsilon = \frac{0,04}{2,60} = 0,015$$

Nomogrammablesung: $\mu \approx 1,95$

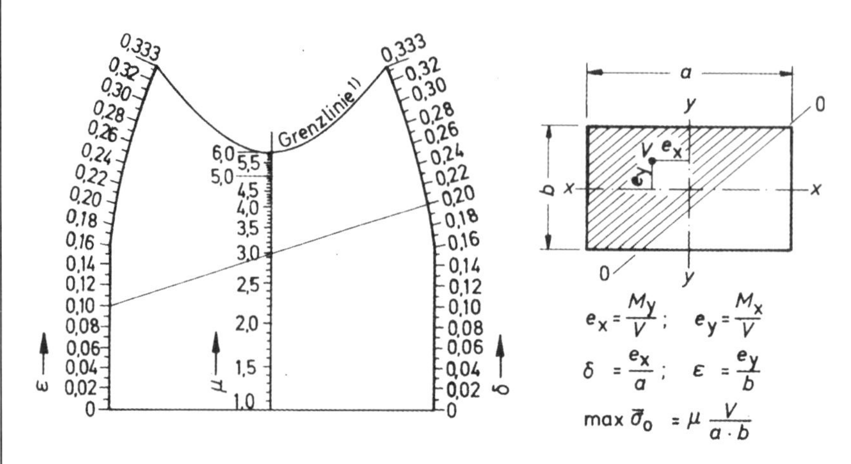

[1] *Solange die Ablesegerade die Grenzlinie nicht schneidet, ist mindestens die halbe Grundfläche an der Lastabtragung beteiligt.*

Damit wird: $\sigma_{0,\max} = 1,95 \cdot \frac{1550}{4,2 \cdot 2,6} = 276,8\ kN/m^2$

4.2 Genauere Sohldruckverteilung

Für die Berechnung der Schnittkräfte von Fundamenten wird eine genauere Verteilung des Sohldrucks benötigt, weil die Sohldruckfigur hierfür als äußere Belastung auf die Fundamentsohle aufgebracht werden muss.

 4.06: Beispiel: Biegemomente bei a) rechteckförmiger und b) sattelförmiger SDV

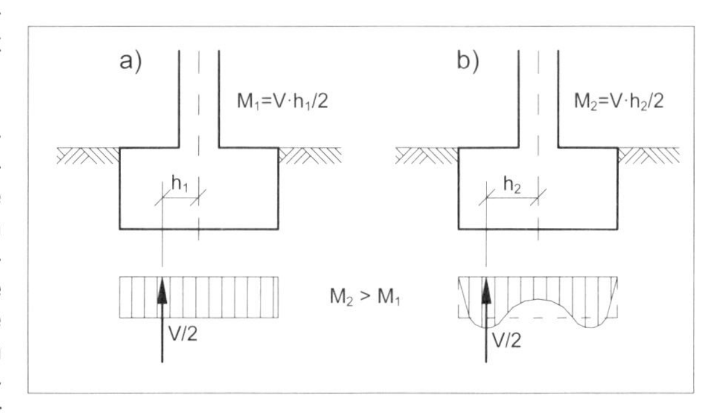

Theoretische Überlegungen und Messungen zeigen nämlich, dass die Sohldruckverteilung in Wirklichkeit nicht geradlinig begrenzt ist. Sie weist vielmehr eine Spannungshäufung am Fundamentrand auf ("sattelförmige" SDV). Daher liefert die "einfache Annahme" (geradlinig begrenzte SDV) zu geringe Biegemomente und liegt bei der Berechnung der Schnittkräfte "auf der unsicheren Seite" (4.06). Diese Tatsache wird zwar bei der Biegebemessung von Fundamenten unter kleineren Bauwerken meist nicht berücksichtigt, weil sie im Rahmen einer vertretbaren Ungenauigkeit und Unwirtschaftlichkeit liegt. Zur ausreichenden und wirtschaftlichen Bemessung hoch belasteter Gründungen sollte sie aber beachtet werden.

Außer von den Gleichgewichtsbedingungen hängt die genauere Sohldruckverteilung ab von

- der Steifigkeit des Bauwerks (siehe Abschnitt 4.2.1,
- der Art und Größe der Belastung (siehe Abschnitt 4.2.2),
- den Baugrundeigenschaften (siehe Abschnitt 4.2.3) und
- der Form des Fundaments (siehe Abschnitt 4.2.4).

Wegen der Vielzahl dieser Einflussfaktoren und deren gegenseitiger Abhängigkeit ist die Bestimmung der Sohldruckverteilung eines der schwierigsten Probleme der Bodenmechanik und nur näherungsweise möglich.

4.2.1 Steifigkeit des Bauwerks

Neben den Gleichgewichtsbedingungen ist der wichtigste Einflussfaktor auf die Sohldruckverteilung die Steifigkeit des Bauwerks. Die Steifigkeit des Gesamtbauwerks ist nur schwer und aufwändig zu erfassen. Daher berücksichtigt man meist nur die Steifigkeit der Gründung allein, was näherungsweise berechtigt ist (König / Sherif 1975).

Grenzfälle

"Schlaffe" (biegeweiche) und "starre" Gründung sind die theoretischen Grenzfälle der Steifigkeit. Dazwischen liegen die tatsächlich vorkommenden biegsamen Fundamente.

schlaff

Ein vollkommen schlaffes Fundament ($E \cdot I = 0$) gibt es nicht. Man kann sich vorstellen, dass der Fundamentbeton noch nicht abgebunden ist oder dass die Gründung aus vielen zusammenhanglosen Einzelteilen besteht.

In beiden Fällen können keine Biegemomente übertragen werden. Die Sohldruckverteilung unter einem schlaffen Fundament entspricht daher der Verteilung der äußeren Lasten. Dabei entsteht eine Setzungsmulde, bei der die Mittensetzung größer ist als die Randsetzungen (□ 4.07). Nach dem Erhärten des Betons bzw. bei einem biegesteifen Verbund der Einzelteile sehen Sohlduckverteilung und Setzungsmulde ganz anders aus.

starr

Ein vollkommen starres Fundament kann man sich als Betonklotz mit $E \cdot I = \infty$ vorstellen. Er kann sich nicht durchbiegen, so dass die Setzungen - bei mittiger Belastung - an allen Stellen der Fundamentsohle gleich groß sind.

□ 4.07: Beispiel: Schlaffes Fundament: SDV und Setzungsmulde

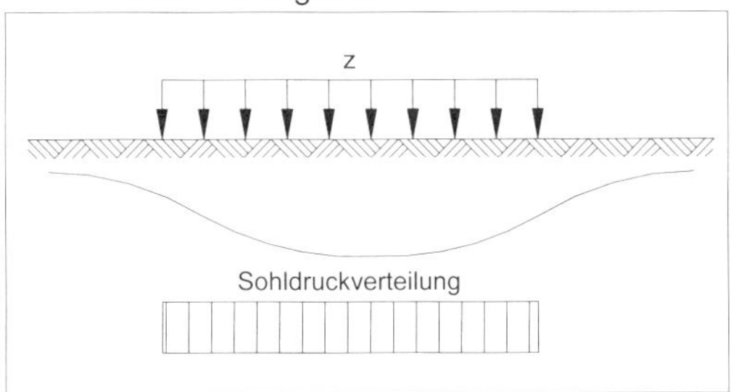

□ 4.08: Beispiel: starres Fundament: SDV und Setzungsmulde

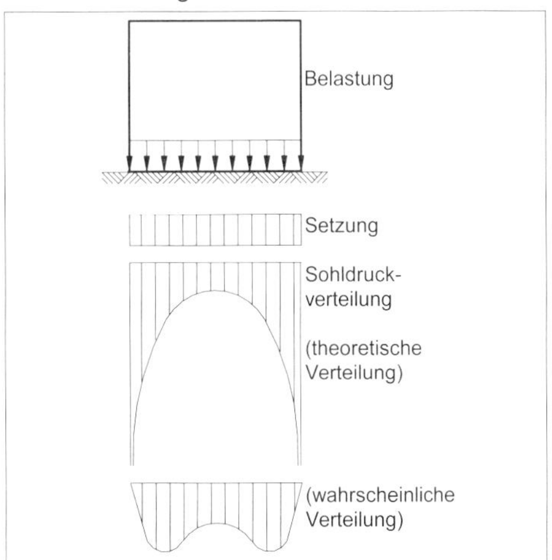

Setzungsberechnungen (siehe Abschnitt 3) zeigen aber, dass gleich große Setzungen überall unter dem Fundament nur auftreten können, wenn sehr große (theoretisch unendlich große) Randspannungen vorhanden sind (□ 4.08).

Diese theoretische Sohldruckverteilung mit unendlich großen Spannungen am Rand hat Boussinesq (1885) mit der Annahme eines elastisch-isotropen Halbraums mit konstantem Steifemodul E_s berechnet. Die Sohlspannung unter einem starren Streifenfundament ergibt sich danach an der Stelle y zu

$$\sigma_{0(y)} = \frac{2V}{\pi\, b \sqrt{1-\left(\frac{2y}{b}\right)^2}} = i_\sigma \cdot \sigma_{0,m} \qquad (4.01)$$

und das Biegemoment an der Stelle y zu

$$M_{(y)} = i_M \cdot \left(\frac{b}{2}\right)^2 \cdot \sigma_{0,m} \qquad (4.02)$$

Hierbei ist $\sigma_{o,m}$ die mittlere Sohlnormalspannung. Einflusswerte siehe □ 4.10, Bezeichnungen siehe □ 4.09.

□ 4.09: Beispiel: SDV eines mittig belasteten Streifenfundamentes (Boussinesq 1885)

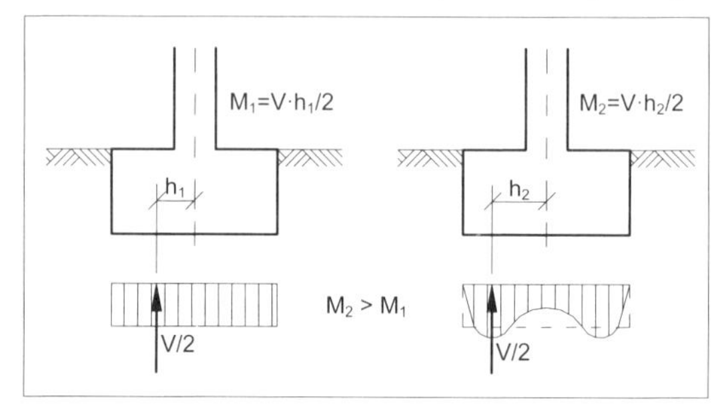

□ 4.10: Einflusswerte für die SDV und die Biegemomente (Boussinesq 1885)

$2 \cdot y/b$	0,0	0,2	0,4	0,6	0,8	0,9	1,0
i_σ	0,637	0,650	0,694	0,797	1,058	1,460	∞
i_M	0,637	0,449	0,288	0,155	0,054	0,019	0,000

Für ausmittige Belastung erhält Borowicka (1943) unter den gleichen Voraussetzungen wie Boussinesq die Sohlspannung an der Stelle y nach der Gleichung (□ 4.11)

$$\sigma_{0(y)} = \frac{2V}{\pi\, b \sqrt{1-\left(\frac{2y}{b}\right)^2}} \cdot \left(1 + 8\frac{e \cdot y}{b^2}\right) \qquad (4.03).$$

Sohldruckverteilungen für rechteckige und kreisförmige Fundamente: ⇒ Smoltczyk (1990)

Natürlich können unendlich große Spannungen vom Baugrund nicht aufgenommen werden: der Boden weicht - durch örtliches Auftreten des Grundbruchs - am Rand zur Seite hin aus. Aus diesem Grund bauen sich die Spannungen am Rand ab und verlagern sich zur Fundamentmitte hin. Somit entsteht eine sattelförmige Sohldruckvertei-

□ 4.11: Beispiel: SDV eines ausmittig belasteten Streifenfundamentes (Borowicka 1943)

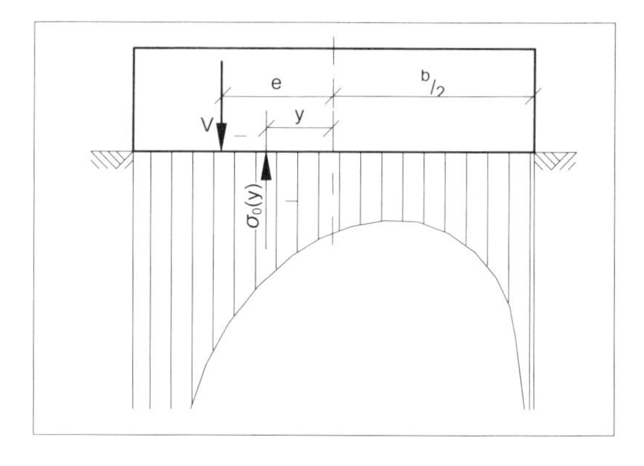

lung ("korrigierte" oder "elasto-plastische" SDV, □ 4.08 unten), wie sie auch bei Messungen unter tatsächlichen Fundamenten (z. B. Bub 1963) nachgewiesen wurde.

biegsam

Während gedrungene Gründungskörper (Einzel- und Streifenfundamente, siehe Abschnitt 5) i. A. als quasi-starr abgenommen werden können, sind Gründungsbalken und -platten (siehe Abschnitt 6) biegsame Gründungen ($0 < E \cdot I < \infty$): Sie drücken nicht nur den Baugrund zusammen, sondern verformen sich auch selbst infolge der Sohlspannungen. Daher spielt bei ihrer Berechnung sowohl die Fundament- als auch die Baugrundsteifigkeit eine Rolle.

System-steifigkeit

Das Verhältnis von Fundamentsteifigkeit zur Baugrundsteifigkeit wird durch die Systemsteifigkeit *K* ausgedrückt. Diese wird für Balken und Rechteckplatten näherungsweise aus der Gleichung

$$K = \frac{E \cdot d^3}{12 \cdot E_s \cdot b^3} \qquad (4.04)$$

berechnet. Hierin ist:

E Elastizitätsmodul des Fundaments (□ 4.12)
E_s Steifemodul des Baugrunds (siehe Dörken / Dehne, Teil 1, 1993)
b Abmessung des Fundaments in Richtung der untersuchten Biegeachse
d Dicke des Balkens / der Platte

□ 4.12: Rechenwerte des Elastizitätsmoduls a) alte und b) neue Bezeichnung

a)	Beton	B 10	B 15	B 25	B 35	B 45	B 55
	E [MN/m²]	22 000	26 000	30 000	34 000	37 000	39 000

b)	Beton	C 20/25	C 25/30	C 30/37	C 35/45	C 40/50	C 45/55	C 50/60
	E [MN/m²]	29 000	30 500	32 000	33 500	35 000	36 000	37 000

Folgende Bezeichnungen sind für die Systemsteifigkeit üblich (□ 4.13):

$K = 0$: vollkommen schlaff
$0 < K \leq 0{,}1$: biegsam
$K > 0{,}1$: quasi starr

□ 4.13: Beispiel: Systemsteifigkeit *K* von Gründungsplatten

Geg.: *Stahlbetonplatte (B25)*
Breite: 12 m; Dicke: a) 0,2 m; b) 0,5 m; c) 2,0 m

Baugrund
1) Sand, dicht; $E_s = 300$ *MN/m²*
2) Ton, weich; $E_s = 2$ *MN/m²*

Ges.: *Systemsteifigkeit für alle Kombinationen*

Lösung: *z.B. Kombination a/1* $K = \frac{30000 \cdot 0{,}2^3}{12 \cdot 300 \cdot 12^3} = 0{,}00004 = 4 \cdot 10^{-5}$

Zusammenstellung und Beurteilung:

Plattendicke [m]	*Sand*	*Beurteilung*	*Ton*	*Beurteilung*
0,2	$4 \cdot 10^{-5}$	*praktisch schlaff*	$6 \cdot 10^{-3}$	*biegsam*
0,5	$6 \cdot 10^{-4}$	*praktisch schlaff*	*0,25*	*starr*
2,0	$4 \cdot 10^{-2}$	*biegsam*	*5,80*	*starr*

Bei biegsamen Gründungskörpern konzentrieren sich die Sohlspannung-en - je nach Steifigkeit des Bau-grunds - mehr oder weniger stark unter den Lasteintrag-ungs-bereichen (Stützen, Wänden). Je größer die Steif-igkeit des Bau-grunds ist, desto größer wird auch die Spannungskon-zentration. Bei weichem Baugrund dagegen gleichen sich die Spannungs-unterschiede weitgehend aus (□ 4.14). Gedankenmodell: gleichmäßiger Wasserdruck auf einen Schwimmkörper im Wasser.

□ 4.14: Beispiel: SDV unter einem Fundament von geringerer Steifigkeit auf a) weichem, b) festem Baugrund

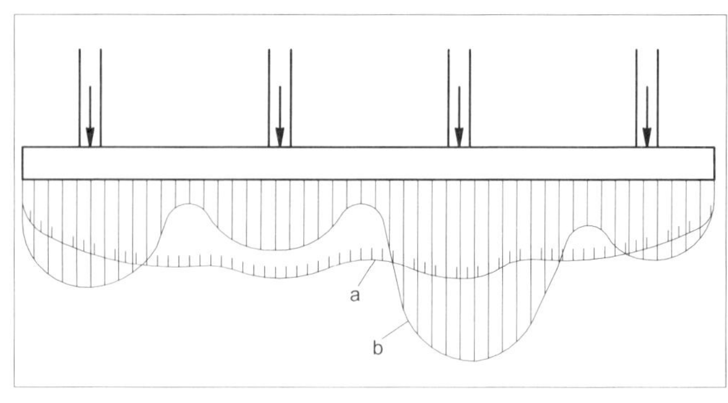

Daraus ergeben sich manchmal interessante Wechselwirkungen zwischen Bauwerk und Baugrund: Wenn z. B. eine biegsame Platte auf tragfähigem Baugrund liegt, konzentrieren sich die Sohlspannungen unter den Lasteintragungsstellen. Da diese Stellen die Auflager der Platte bilden, hat diese ungleichmäßige SDV eine Verringerung der Biegemomente zur Folge. Aus diesem Grund kann der Plattenquerschnitt vermindert werden, woraus schließlich eine größere Biegsamkeit der Platte resultiert (Széchy 1965). ⇒ DIN 4018.

4.2.2 Art und Größe der Belastung

Die SDV hängt - außer von den Gleichgewichtsbedingungen und der Steifigkeit - von der Art und Größe der Belastung ab.

Art der Belastung

Unter Art der Belastung wird hier verstanden, ob es sich um eine Flächen-, Linien- oder Einzellast handelt und ob diese mittig oder ausmittig angreift.
Bei einem schlaffen Gründungskörper ist die SDV unter einer Flächenlast spiegelbildlich zu dieser (□ 4.15). Linien- und Einzellasten erzeu-gen (theoretisch unendlich) große Span-nungen, weil keine Lastverteilung mög-lich ist (□ 4.16). Bei ausmittiger Belast-ung verschieben sich die Sohlspannungen zur Lastseite hin (□ 4.11).

□ 4.15: Beispiel: SDV unter einer Flächenlast: a) schlaffer, b) starrer Gründungskörper

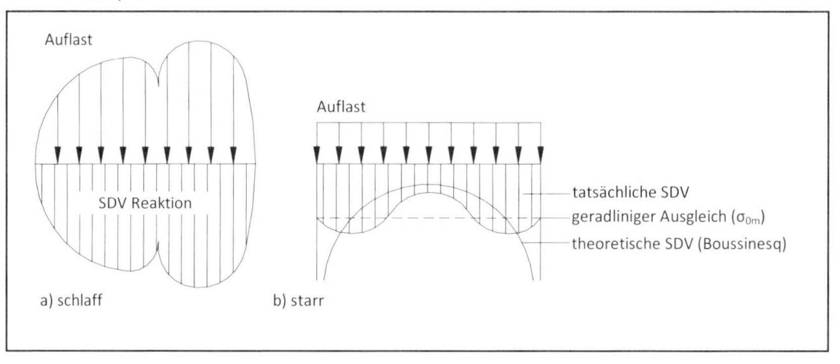

Größe der Belastung

Ebenfalls stark hängt die SDV von der Größe der Belastung und damit von dem Verhältnis der vorhandenen Last V_k zur Grundbruchlast $R_{V,k}$ ab (□ 4.17): Unter einem starren Streifenfundament ist die SDV bei kleinen Lasten ausgeprägt sattelförmig (sie ist - von oben gesehen - konvex.

□ 4.16: Beispiel: SDV unter einer Linien- oder Einzellast; schlaffer oder starrer Gründungskörper

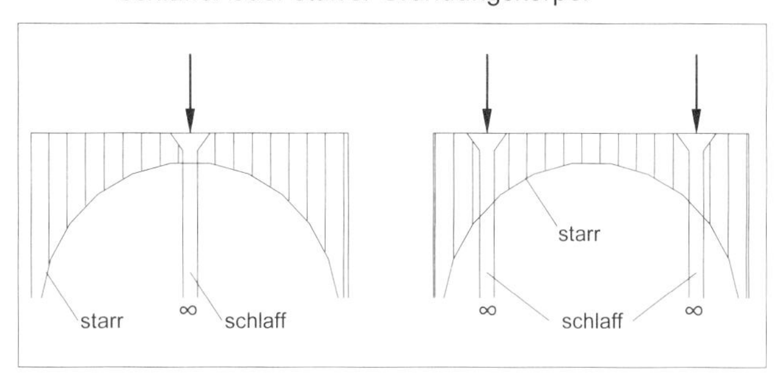

Mit zunehmender Last verlagern sich die Spannungen immer mehr vom Rand zur Mitte hin (am Rand weicht der Boden durch Auftreten von plastischen Bereichen zur Seite aus). Wenn der Grundbruch eintritt, hat die SDV die Form einer Parabel - sie ist von oben gesehen - konkav.

□ 4.17: Beispiel: Abhängigkeit der SDV von der Größe der Last

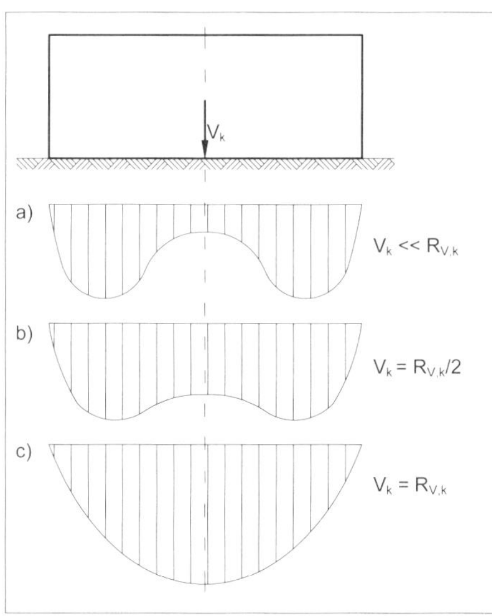

□ 4.18: Beispiel: SDV beim Grundbruch

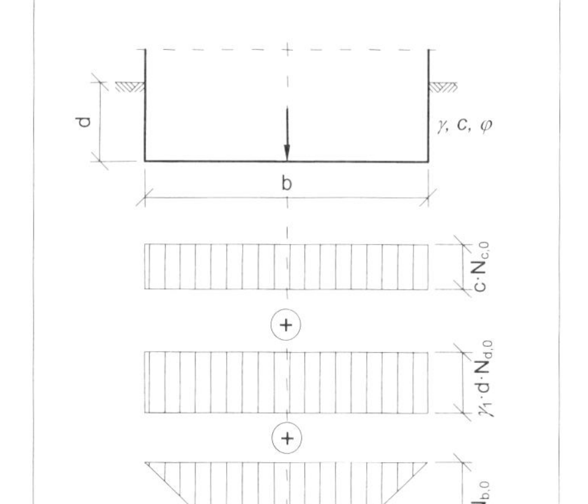

SDV beim Grundbruch

Die parabelförmige SDV bei der Lastgröße $V_k = R_{V,k}$ lässt sich mit der Grundbruchgleichung für mittige Last (siehe Abschnitt 2) erklären: Die Sohlspannungen aus Kohäsions- und Tiefenanteil sind unabhängig von der Gründungsbreite und deshalb gleichmäßig (rechteckförmig) verteilt. Der Breitenanteil nimmt nach der Grundbruchgleichung linear mit der Gründungsbreite zu. Die Sohldruckfigur aus dem Breitenanteil ist also dreieckförmig (□ 4.18). Rundet man die gesamte Sohldruckfigur aus, so ergibt sich die gleiche Parabel wie in □ 4.17 c.

SDV nach Schultze

Das genaueste Verfahren zur Ermittlung der SDV starrer Streifenfundamente hat Schultze (Smoltczyk 1990) durch Kombination der SDV nach Boussinesq (für den elastischen Bereich, □ 4.10) und der SDV beim Grundbruch (für den plastischen Bereich □ 4.18) entwickelt (□ 4.19). Die Sohldruckfigur von Schultze für den elasto-plastischen Bereich wird durch Ergebnisse von Sohldruckmessungen bestätigt.

□ 4.19: Beispiel: SDV für starre Streifenfundamente nach Schultze (aus Rübener/Stiegler 1982)

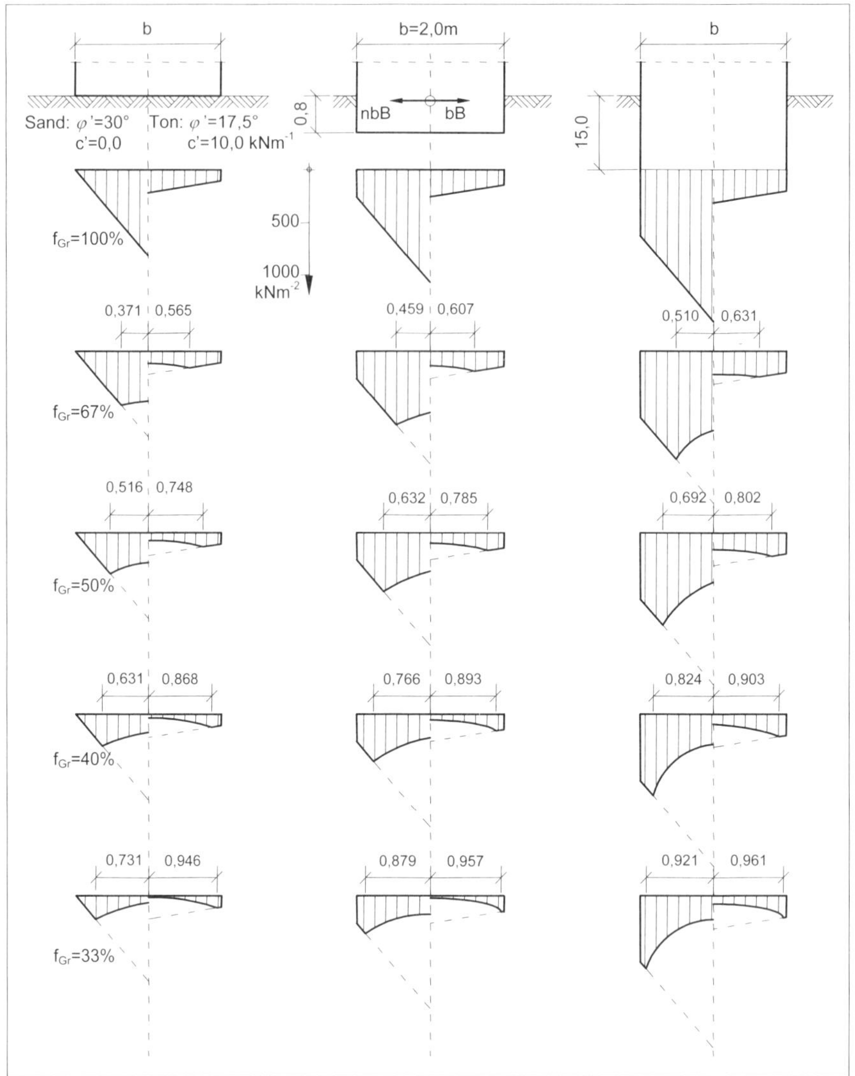

4.2.3 Baugrundeigenschaften

Die Abhängigkeit der SDV von den Baugrundeigenschaften zeigt sich deutlich an den Sohldruckfiguren von Schultze (□ 4.19): Bei nichtbindigem Boden hat der Breitenanteil der Sohldruckfigur eine steilere Neigung als bei bindigem Boden, weil der Reibungswinkel und damit der Tragfähigkeitsbeiwert für Reibung größer ist. Bei bindigem Boden hat die Sohldruckfigur (durch den Kohäsionsanteil) eine Randordinate auch in dem Fall, dass die Einbindetiefe Null ist.

4.2.4 Form des Fundaments

Je nach Form des Fundaments (Streifen, Rechteck, Quadrat oder Kreis) ist die SDV axialsymmetrisch oder mehr zentralsymmetrisch. ⇒ Zahlenbeispiel: (□ 4.20).

4.20: Beispiel: Sohldruckverteilung für den elasto-plastischen Fall (Schultze)

Geg.: *Mittig belastetes Streifenfundament.*
Baugrund: Sand; γ = 18 kN/m³; φ' = 35°.

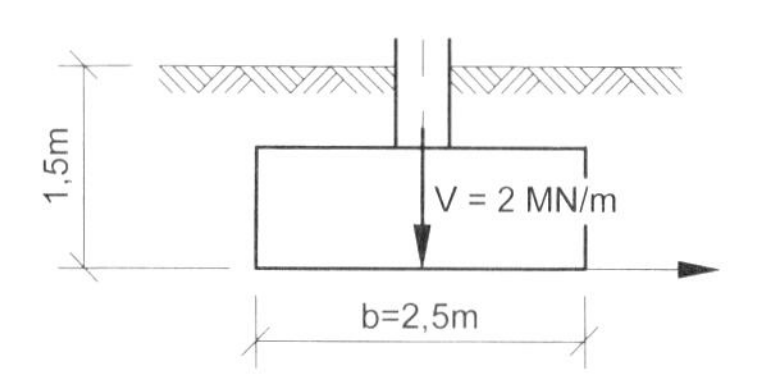

Ges.: *Sohldruckverteilung unter Berücksichtigung des elasto-plastischen Baugrundverhaltens.*

Lösung:

1) *SDV im ideal-elastischen Zustand*

$$\sigma_{0,\mathrm{m}} = \frac{2000}{2,5} = 800 \quad kN/m^2$$

SD-Werte nach Boussinesq:

y	*0*	*0,25*	*0,25*		*1,25*
$\sigma_{0(y)}$	*509,6*	*520,0*			∞

2) *SDV im plastischen Zustand*
Nach der Grundbruchgleichung DIN 4017 setzt sich die Bruchspannung σ_{0f} aus folgenden Anteilen zusammen:

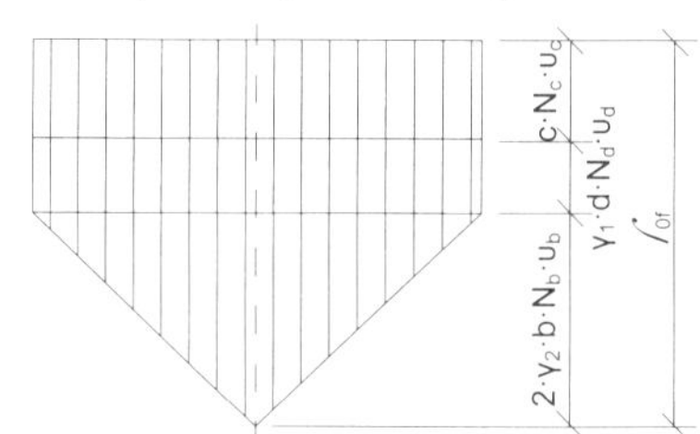

Mit c = 0

$N_{\mathrm{d}0} = 33\,; \ \nu_{\mathrm{d}} = 1,0$

$N_{\mathrm{b}0} = 23\,; \ \nu_{\mathrm{b}} = 1,0$

wird

$$c \cdot N_{\mathrm{c}0} = 0$$

$$\gamma_1 \cdot d \cdot N_{\mathrm{d}0} = 18 \cdot 1,5 \cdot 33 = 891 \quad kN/m^2$$

$$2 \cdot \gamma_2 \cdot b \cdot N_{\mathrm{b}0} = 2 \cdot 18 \cdot 2,5 \cdot 23 = 2070 \quad kN/m^2$$

3) *SDV im elasto-plastischen Zustand*

Durch Gleichsetzen der Beziehungen für den ideal-elastischen und den plastischen Zustand erhält man im Abstand $y_{\mathrm{s}} = \frac{b}{2} \cdot \xi_{\mathrm{s}}$ die Schnittstelle S, bei der die (theoretisch) hohen Randspannungen durch das plastische Verhalten des Baugrunds im Bruchzustand begrenzt werden.
Um die Gleichgewichtsbedingung $\sum V = 0$ zu erfüllen, muss der mittlere Bereich um den Anteil der wegfallenden Randspannungen „aufgefüllt“ werden.

☐ 4.20: Fortsetzung Beispiel: Sohldruckverteilung für den elasto-plastischen Fall (Schultze)

Dies geschieht analytisch durch Berechnung einer Ersatzlast $\bar{V}$:

$$\frac{2\bar{V}}{\pi\ b\ \sqrt{1-\xi_s^2}} = c \cdot N_{c0} + \gamma_1 \cdot d \cdot N_{d0} + 2\gamma_2 \cdot b \cdot N_{b0}\left(1-\xi_s\right). \qquad (a)$$

Für die weitere Berechnung wird die halbe Fundamentseite betrachtet:

$$\frac{V}{2} = A_1 + A_2 + A_3 = \frac{\bar{V}}{\pi}\int_0^{\xi_s}\frac{d_\xi}{\sqrt{1-\xi^2}} + \frac{b}{2}\ \left(1-\xi_s\right)\ \left(c \cdot N_{c0} + \gamma_1 \cdot d \cdot N_{d0}\right) + \frac{b^2}{2}\left(1-\xi_s\right)^2 \gamma_2 \cdot N_{b0} \qquad (b)$$

Mit den Konstanten

$$B = \frac{b}{2}\left(c \cdot N_{c0} + \gamma_1 \cdot d \cdot N_{d0}\right);\ C = \frac{b^2}{2} \cdot \gamma_2 \cdot N_{b0}$$

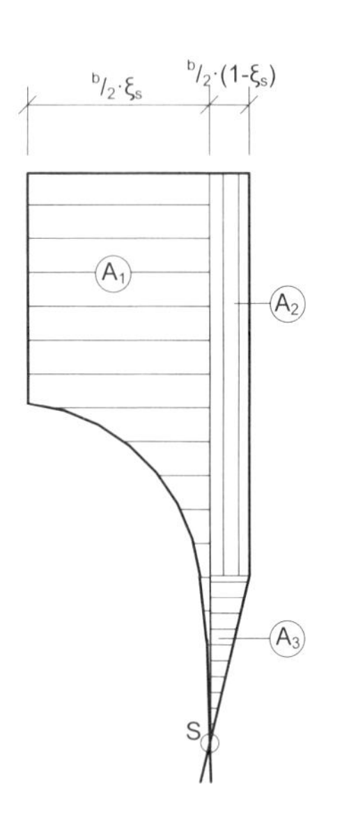

und der Lösung

$$\int_0^{\xi_s}\frac{d_\xi}{\sqrt{1-\xi^2}} = \arcsin \xi_s$$

schreibt sich (a):

$$\frac{\bar{V}}{\pi} = \sqrt{1-\xi_s^2}\left[B + 2C\ \left(1-\xi_s\right)\right] \qquad (c)$$

und (b):

$$\frac{V}{2} = \frac{\bar{V}}{\pi} \cdot \arcsin \xi_s + B\ \left(1-\xi_s\right) + C\ \left(1-\xi_s\right)^2 \qquad (d)$$

(c) in (d):

$$\frac{V}{2} = B\ \left[\sqrt{1-\xi_s^2} \cdot \arcsin \xi_s + \left(1-\xi_s\right)\right] + C\ \left[2\sqrt{1-\xi_s^2} \cdot \arcsin \xi_s \left(1-\xi_s\right) + \left(1-\xi_s\right)^2\right] \qquad (e)$$

Mit den Zahlen des Beispiels:

$$B = \frac{2,5}{2}\left(0 + 18 \cdot 1,5 \cdot 33\right) = 1113,8$$

$$C = \frac{2,5^2}{2} \cdot 18 \cdot 23 = 1293,8$$

wird (e):

□ 4.20: Fortsetzung Beispiel: Sohldruckverteilung für den elasto-plastischen Fall (Schultze)

$$\frac{2000}{2} = 1113{,}8\left[\sqrt{1-\xi_s^2}\cdot\arcsin\xi_s + (1-\xi_s)\right] + 1293{,}8\left[2\sqrt{1-\xi_s^2}\cdot\arcsin\xi_s(1-\xi_s) + (1-\xi_s)^2\right]$$

Mit der Lösung $\xi_s = 0{,}82$ *ergibt sich die Schnittstelle S bei:*

$$y_s = \frac{2{,}5}{2}\cdot 0{,}82 = 1{,}025\ m$$

Aus (c) erhält man die Ersatzlast

$$\bar{V} = \pi\sqrt{1-0{,}82^2}\left[1113{,}8 + 2\cdot 1293{,}8\ (1-0{,}82)\right] = 2840\ kN/m$$

Mit diesem Wert werden die verbesserten Ordinaten der SDV nach der Gleichung von Boussinesq berechnet und aufgetragen.

$$\sigma_{0,m} = \frac{2840}{2{,}5} = 1136\ kN/m$$

y [m]	*0*	*0,25*	*0,50*	*0,75*	*1,00*	*1,025*
$\sigma_{0(y)}$ *[kN/m²]*	*723,6*	*738,4*	*788,4*	*905,4*	*1201,9*	*1293,2*

Durch Ausrunden des gebrochenen Linienzugs erhält man in guter Näherung die Sohldruckverteilung.

4.3 Näherungen

Da die Berechnung der elasto-plastischen SDV aufwändig ist, wurden Näherungen vorgeschlagen.

Die Näherungen von Siemonsen und Schäfer (□ 4.21) berücksichtigen zwar die Lastgröße, aber nicht die Baugrundeigenschaften.

Da sich die SDV bei gleicher Lastgröße beträchtlich mit den Baugrundeigenschaften ändert (siehe Abschnitt 4.2.3), schlägt Leonhardt (Betonkalender, verschiedene Jahrgänge) für nichtbindige und bindige Böden zwei verschiedene Sohldruckfiguren für nichtbindigen und bindigen Boden vor, nach denen die Bemessungsmomente für Streifenfundamente berechnet werden können (□ 4.22). Näherungsansätze für die Bemessung: siehe Abschnitt 5.

4.21: Beispiele: Näherung für elasto-plastische SDV von a) Siemonsen und b) Schäfer

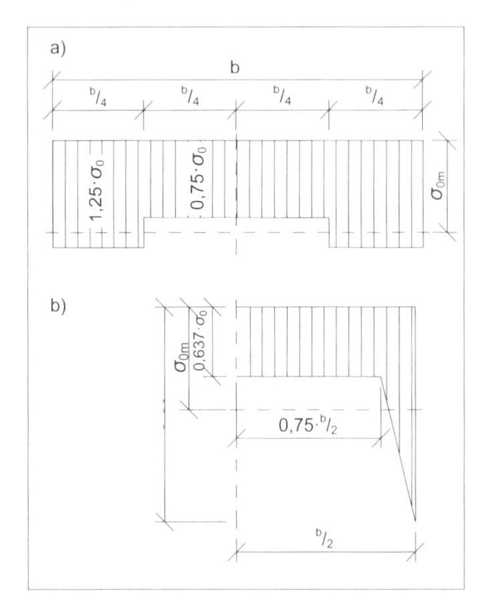

4.22: Biegemomente von Streifenfundamenten (nach Leonhardt) auf a) nichtbindigem Boden und Fels, b) bindigem Boden

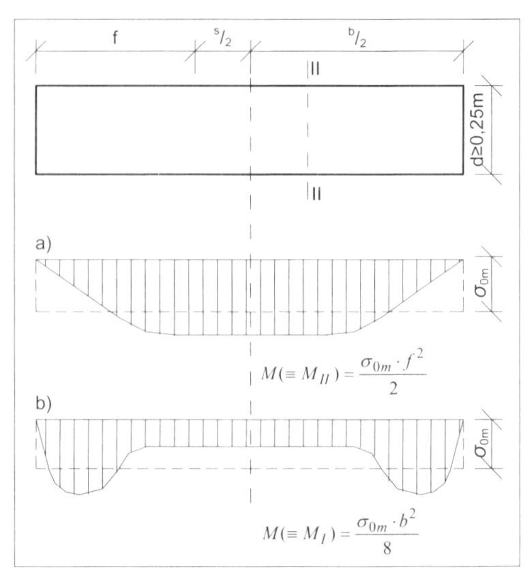

4.23: Beispiel: Streifenfundament: Berechnung der Biegemomente für verschiedene Näherungen der SDV

***Geg.**: das mittig belastete Streifenfundament aus Stahlbeton*

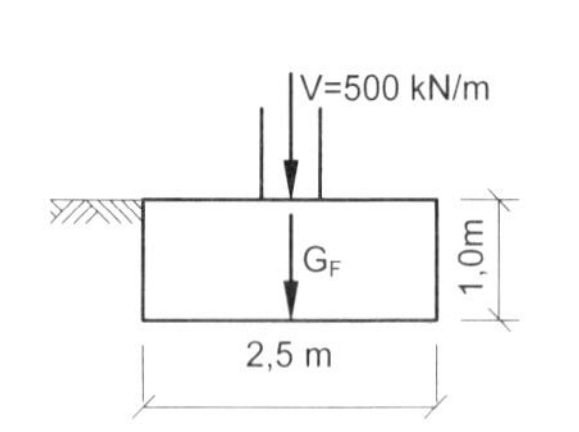

***Ges.**: 1. Sohldruckverteilung nach*

a) einfacher Annahme

b) Boussinesq

c) Siemonsen

d) Schäfer

2. Maximalmomente für die Ansätze a) bis d)

Lösung:

zu 1: Sohldruckverteilung

Fundamenteigenlast:

$$G_F = 25 \cdot 2,5 \cdot 1,0 = 62,5 \quad kN/m$$

a) $$\sigma_{0,m} = \frac{500 + 62,5}{2,5} = 225,0 \quad kN/m^2$$

b)

y	[m]	0	0,25	0,5	0,75	1,0	1,25
$\frac{2y}{b}$	[-]	0	0,2	0,4	0,6	0,8	1,0
$\sigma_{0(y)}$	[kN/m²]	143,3	146,3	156,2	179,3	238,1	∞

4.23: Fortsetzung Beispiel: Streifenfundament: Berechnung der Biegemomente für verschiedene Näherungen der SDV

c) $1{,}25 \cdot \sigma_{0,\mathrm{m}} = 1{,}25 \cdot 225{,}0 = 281{,}3 \;\; kN/m^2$

$0{,}75 \cdot \sigma_{0,\mathrm{m}} = 0{,}75 \cdot 225{,}0 = 168{,}8 \;\; kN/m^2$

d) $0{,}637 \cdot \sigma_{0,\mathrm{m}} = 0{,}637 \cdot 225{,}0 = 143{,}3 \;\; kN/m^2$

$2{,}680 \cdot \sigma_{0,\mathrm{m}} = 2{,}680 \cdot 225{,}0 = 603{,}0 \;\; kN/m^2$

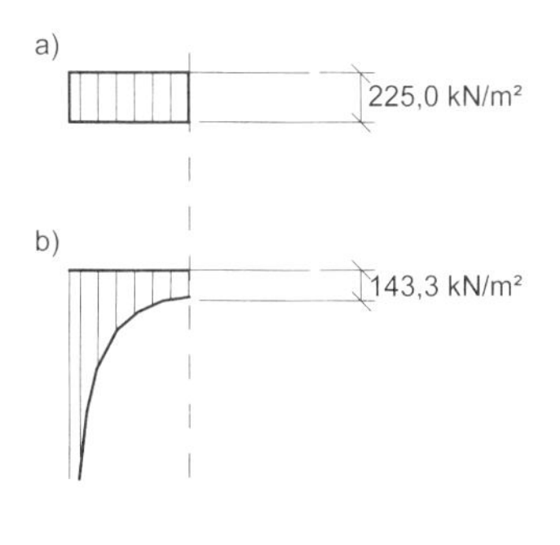

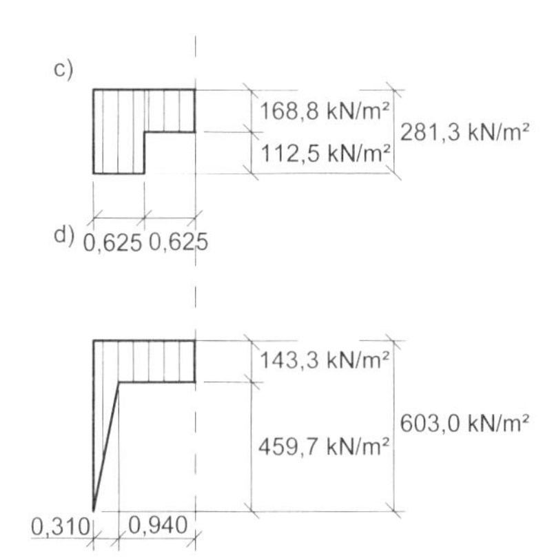

zu 2: Maximalmomente

Anmerkung: *Da die Fundamenteigenlast selbst kein Biegemoment erzeugt, verringert sich $\sigma_{0,\mathrm{m}}$ um den Anteil:*

$$\sigma_0^g = \frac{62{,}5}{2{,}5} = 25{,}0 \;\; kN/m^2$$

Die Momente werden für die Fundamentmitte berechnet.

a) $$M_{\max} = (225{,}0 - 25{,}0) \cdot \frac{1{,}25^2}{2} = 156{,}3 \;\; kNm/m$$

b) An der Stelle y = 0 wird der Tabellenwert i_M = 0,637

$$\Rightarrow M_{\max} = i_M \cdot \left(\frac{b}{2}\right)^2 \cdot \sigma_{0,\mathrm{m}} = 0{,}637 \cdot 1{,}25^2 (225{,}0 - 25{,}0) = 199{,}1 \;\; kNm/m$$

c) $$M_{\max} = (281{,}3 - 25{,}0) \cdot 0{,}625 \cdot \left(0{,}625 + \frac{0{,}625}{2}\right) + (168{,}8 - 25{,}0) \cdot \frac{0{,}625^2}{2} = 178{,}3 \;\; kNm/m$$

d) $$M_{\max} = (143{,}3 - 25{,}0) \cdot \frac{1{,}25^2}{2} + 459{,}7 \cdot \frac{1}{2} \cdot 0{,}31 \left(0{,}94 + \frac{2 \cdot 0{,}31}{3}\right) = 173{,}9 \;\; kNm/m$$

4.4 Kontrollfragen

- Sohlspannungen? Arten?
- Sohldruckverteilungen („Sohldruck“)?
- Wie erhält man die Größe de Sohldrucks?
- Sohldruckverteilung / Sohldruckfigur?
- „Einfache Annahme“ für die SDV? Wovon hängt sie allein ab?
- Berechnung des Sohldrucks bei unsymmetrischen Fundamentflächen?
- Geradlinig begrenzte SDV bei mittiger / wachsender ausmittiger Belastung? Skizzen mit Ordinatenangaben!
- Wann darf mit der „einfachen Annahme“ für die SDV gerechnet / nicht gerechnet werden?
- Ersatzrechteck bei unregelmäßig begrenzter Sohlfläche?
- Geradlinig begrenzte Sohldruckfigur bei doppelter Ausmittigkeit? Möglichkeiten der Berechnung?
- Wie sieht die genauere SDV aus? Von welchen Einflüssen hängt sie ab?
- Welches sind die beiden wichtigsten Einflussfaktoren, die auch bei allen anderen Berechnungsarten eine Rolle spielen?
- Welche Formen der Steifigkeit von Fundamenten werden unterschieden?
- Aus welchen Anteilen setzt sich die Bauwerkssteifigkeit zusammen?
- Gedankenmodelle für ein schlaffes Fundament?
- Zeichnen Sie a) Setzungsmulde, b) SDV für ein mittig belastetes schlaffes / starres Streifenfundament, und erläutern Sie die Zusammenhänge!
- Annahmen und Sohldruckfigur von Boussinesq für ein starres Streifenfundament? Skizze!
- "Korrigierte" SDV nach Boussinesq (elasto - plastische SDV)?
- Biegsamkeit des Fundaments in Abhängigkeit von der Fundamentform und -größe?
- Systemsteifigkeit? Wovon hängt sie ab?
- Was bedeutet $K = 0$ / $K = \infty$?
- Ein 0,8 m dickes und 2 m breites Streifenfundament liegt einmal auf einem weichen, einmal auf einem festen Baugrund. Unterschied der Systemsteifigkeit?
- Spannungskonzentration unter den Wänden bei festem / weichem Baugrund? Skizze!
- Zeichnen Sie die SDV für ein schlaffes und ein starres Fundament unter einer a) Flächenlast, b) Linienlast, c) bei ausmittiger Belastung.
- Gegeben: Drei 2 Meter breite Streifenfundamente auf Lehm. Fundament 1: Flächenlast; Fundament 2: Linienlast in Fundamentmitte; Fundament 3: 2 Linienlasten jeweils 0,3 m von den Fundamenträndern entfernt. Gesucht: Skizzen der SDV für den Fall a) schlaffes, b) für den Fall starres Fundament.
- Der Einfluss der Lastgröße auf die SDV unter einem starren Streifenfundament ist zeichnerisch darzustellen und zu erläutern.
- Erklären Sie den parabelförmigen Verlauf der SDV beim Grundbruch a) mit Hilfe der Veränderung der elasto - plastischen SDV bei steigender Last, b) mit Hilfe der Grundbruchgleichung für mittige Belastung.
- Zeichnen Sie die SDV unter einem starren Streifenfundament, und erläutern Sie daran die Grundbruchgleichung für mittige Belastung.
- Die Abhängigkeit der elasto - plastischen SDV von der Lastgröße und von der Bodenart (Verfahren von Schultze) ist anhand von Skizzen darzustellen und zu erläutern.
- Wie wirkt sich die Bodenart (nichtbindiger Boden / bindiger Boden) auf die SDV unter einem starren Streifenfundament aus?
- Einfluss der Fundamentform?
- Näherungen von Siemonsen und Schäfer für die elasto - plastische SDV?
- Näherung nach Leonhardt für die Berechnung des Bemessungsmoments eines Streifenfundaments? Warum ist sie für nichtbindigen Boden und bindigen Boden unterschiedlich?

4.5 Aufgaben

4.5.1 Durch die Bauwerkslast entsteht in der Sohlfuge die ...1... . Ihre Größe kann mit Hilfe der ...2... berechnet werden. Ihre Verteilung hängt vor allem ab von den ...3... und der ...4... , aber auch von ...5,6,7... und ...8... . Die SDV hat einen großen Einfluss auf die ...9... . Daher muss sie für die Berechnung der inneren ...10... bekannt sein.

4.5.2 Geg.: Rechteckquerschnitt b = 9 m, d = 0,5 m. Schluff E_s = 8 MN/m², Beton B 25.
Ges.: a) Systemsteifigkeit K und deren Bezeichnung. b) Wie dick müsste ein "quasi starrer" Querschnitt der gleichen Breite mindestens sein?

4.5..3 Geg.: Rechteckplatte, b = 7 m, Beton B 15, a) d = 20 cm; b) d = 50 cm; c) d = 200 cm. Baugrund: 1) dichter Sand, E_s = 200 MN/m²; 2) weicher Ton, E_s = 2 MN/m².
Ges.: Systemsteifigkeit und Bezeichnung der Steifigkeit für alle angegebenen Kombinationen.

4.5.4 Ein Fundament mit geringer Steifigkeit wird in folgendem Baugrund gegründet: a) dichter Kiessand, b) lockerer Mittelsand, c) weicher Schluff. Bei welchen Baugrundverhältnissen kann man das Fundament als schlaff, starr oder biegsam bezeichnen?

4.5.5 Die maximale Randspannung eines Streifenfundaments bei geradlinig begrenzter SDV und klaffender Fuge beträgt 2 V/3 c. Ableitung?

4.5.6 Skizzieren Sie die geradlinig begrenzte SDV, die zur maximal zulässigen Ausmittigkeit nach DIN 1054 gehört, und zwar a) für ständige Last, b) für Gesamtlast.

4.5.7 a) Wie heißt die Gleichung für die Randspannungen ("einfache Annahme") für den Fall, dass die Resultierende im Kern angreift? b) Warum gilt diese Gleichung außerhalb des Kerns nicht?

4.5.8 Bei welchen Berechnungen darf man z. B. eine geradlinig begrenzte Sohlspannungsfigur annehmen?

4.6 Weitere Beispiele

4.24: Beispiel: Geradlinig begrenzte SDV: Einzelfundament mit Sohlwasserdruck

Geg.: *Stahlbetonfundament (a = b = 2,0 m; d = 1,0 m) unter der quadratischen Stütze einer Seeuferstraße.*

Ges.: *Geradlinig begrenzte Sohldruckfigur.*

Lösung:

Fundamenteigenlast:

$$G_F = 25 \cdot 2{,}0^2 \cdot 1{,}0 = 100 \ kN$$

Sohlwasserdruckkraft:

$$D = \gamma_W \cdot h_W \cdot a \cdot b = 10 \cdot 3{,}0 \cdot 2{,}0^2 = 120 \ kN$$

Auftriebskraft:

Gewichtskraft der vom Baukörper verdrängten Wassermenge:

$$F_A = 10 \ \left(2{,}0^2 \cdot 1{,}0 + 0{,}5^2 \cdot 2{,}0\right) = 45 \ kN$$

Die Auftriebskraft ist in diesem Fall nicht gleich der Sohlwasserdruckkraft: Die Differenz entspricht der auf dem Fundament wirkenden Wasserlast G_W:

$$G_W = 10 \ \left(2{,}0^2 - 0{,}5^2\right) 2{,}0 = 75 \ kN \ .$$

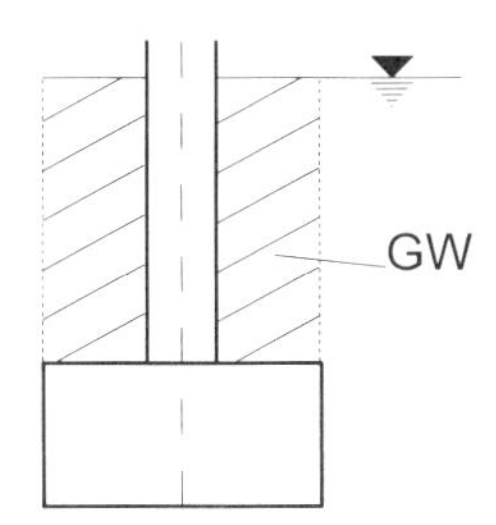

somit wird in Höhe der Fundamentsohle:

$$\sum V = V + G_W + G_F = 1000 + 75 + 100 = 1175 \ kN$$

und

$$\sigma_{0,m} = \frac{1175}{2{,}0^2} = 293{,}75 \ kN/m^2$$

5 Streifen- und Einzelfundamente

5.1 Grundlagen

Begriffe

Streifen- und Einzelfundamente sind Flächengründungen, weil sie ihre Lasten über ihre Gründungsfläche in den Baugrund übertragen. Sie gehören zu den Flachgründungen, die entweder im tragfähigen Baugrund gegründet werden und damit in geringer Tiefe ("flach") unter der Geländeoberfläche liegen oder - ebenfalls flach - auf verbesserten Baugrund gesetzt werden.

Anmerkung: Eine Gründung auf tief liegendem tragfähigen Baugrund wird als Tiefgründung bezeichnet und ebenfalls als Flächengründung (z.B. in Form von Brunnen) oder als Pfahlgründung (Lastabtragung über Spitzenwiderstand und Mantelreibung) ausgeführt.

Streifenfundamente

Lang gestreckte, unbewehrte oder bewehrte Fundamente unter Wänden (□ 5.01). Unbewehrte Streifenfundamente sind relativ hoch (□ 5.01 a), weil das Verhältnis *d/f* wegen der Lastausbreitung im Beton und in Hinblick auf das Kragmoment einen zulässigen Grenzwert nicht unterschreiten darf (siehe Abschnitt 5.4). Die Betonersparnis bei großen, unbewehrten Fundamenten mit Abtreppung (□ 5.01 b) kann beträchtlich sein. Sie werden jedoch wegen der aufwändigen Einschalung selten ausgeführt (Abschnitt 5.4).

□ 5.01: Beispiele: Steifen- und Einzelfundamente: a), b) unbewehrt, c), d), e) bewehrt

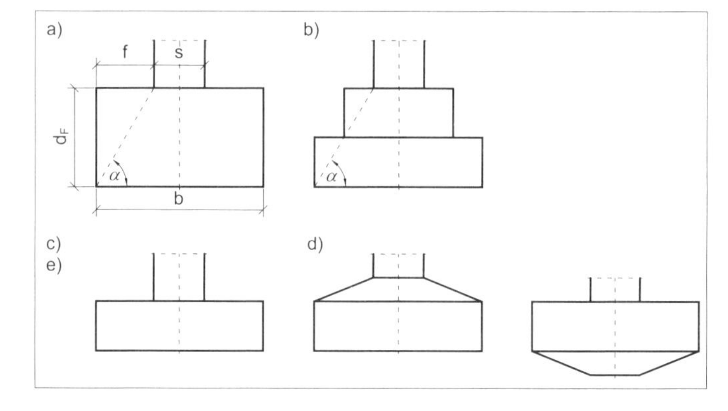

Bewehrte Streifenfundamente können wesentlich flacher ausgebildet werden. Den Kosten für die Bewehrung stehen Kosteneinsparungen beim Beton, beim Aushub und auch bei einer evtl. Wasserhaltung gegenüber. Wegen der einfacheren Ausführungen werden fast ausschließlich Rechteckquerschnitte ausgeführt (□ 5.01 c). Durch Abschrägen im oberen Fundamentteil (□ 5.01 d) kann Beton eingespart werden und das Sickerwasser auf dem Fundament besser abfließen. Schrägen im Sohlbereich (□ 5.01 e) wirken sich günstig auf die Zugspannungen, aber ungünstig auf die Grundbruchsicherheit aus.

Einzelfundamente

Gedrungene, unbewehrte oder bewehrte Fundamente unter Stützen mit den gleichen Querschnitten (□ 5.01) wie Streifenfundamente (⇒ Abschnitt 5.5).

Gründungssohle (Sohlfläche)

Aufstandsfläche von Flächengründungen auf dem Baugrund.

Gründungstiefe (Einbinde-

Senkrechter Abstand zwischen Geländeoberfläche bzw. Kellersohle und Gründungssohle.

Mindesttiefe Die Mindestgründungstiefe wird einmal dadurch festgelegt, dass die Gründungssohle frostfrei liegen muss: min $d \geq 0{,}8$ m, je nach Froststrenge des betreffenden Gebiets. Geringere Gründungstiefen sind nur bei Bauwerken untergeordneter Bedeutung (z.B. Einzelgaragen, Schuppen o. ä.) sowie bei Gründungen auf Fels zugelassen.
Zum anderen wird die Mindestgründungstiefe aufgrund der Forderung nach ausreichender Sicherheit gegen Grundbruch (siehe Abschnitt 2) bestimmt. (Daher müssen auch Fundamente in frostfreien Bereichen eine Mindesteinbindetiefe haben.)

Herstellung Bei standfestem Baugrund (z.B. bei bindigen Böden mit mindestens steifplastischer Konsistenz) wird die Baugrube bis zur Fundamentoberkante ausgeschachtet, von der Baugrubensohle aus ein Fundamentgraben ausgehoben und gegen "Erdschalung" betoniert. Bei nicht standfestem Baugrund (z.B. bei nichtbindigen oder weichen bindigen Böden) wird die Baugrube bis zur Fundamentunterkante ausgehoben, die Schalung aufgestellt (□ 5.02) und das Fundament betoniert.

□ 5.02: Beispiel: Fundamentschalung

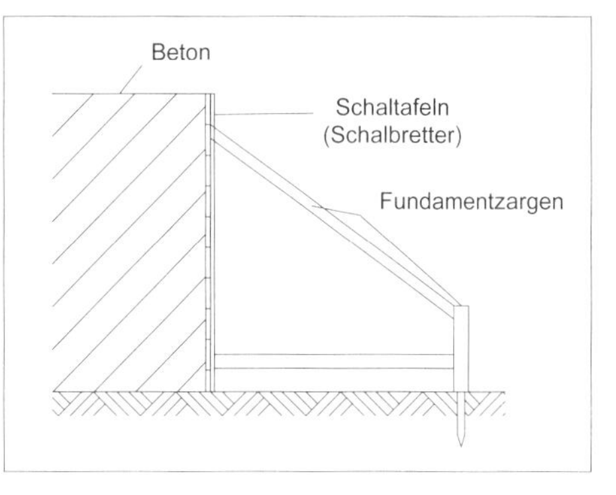

Der Baugrund in der Gründungssohle ist vor der Fundamentherstellung vor allen Einflüssen, die seine Eigenschaften verschlechtern können, zu schützen: Frost, Ausspülen, Aufweichen... Andernfalls sind aufgelockerte nichtbindige Bodenbereiche wieder zu verdichten und aufgeweichte bindige Bodenbereiche auszutauschen.

□ 5.03: Beispiel: Gründung auf bindigem Boden

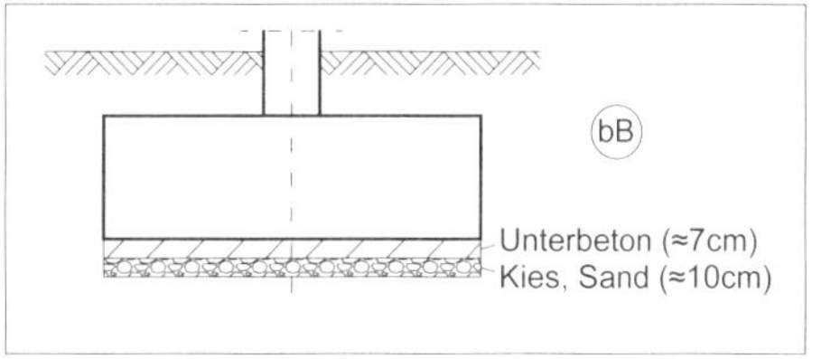

Bei bindigem Boden wird das Fundament auf eine kapillarbrechende Schicht aus Kiessand gesetzt. Eine Ausgleichsschicht aus Magerbeton verhindert Verschmutzungen des Betons und sichert bei bewehrten Fundamenten die Stahlüberdeckung (□ 5.03).

Abstand Um nachteilige gegenseitige Beeinflussungen benachbarter Fundamente gering zu halten, sollte ihr lichter Mindestabstand größer als die dreifache Breite des größeren Fundaments sein. Die Gründungstiefe von Nachbarfundamenten mit unterschiedlicher Gründungstiefe wird nach (□ 5.04) gewählt, damit das tiefer liegende Fundament keine maßgebliche Belastung aus dem höher liegenden erhält.

□ 5.04: Beispiel: Fundamente mit unterschiedlicher Gründungstiefe

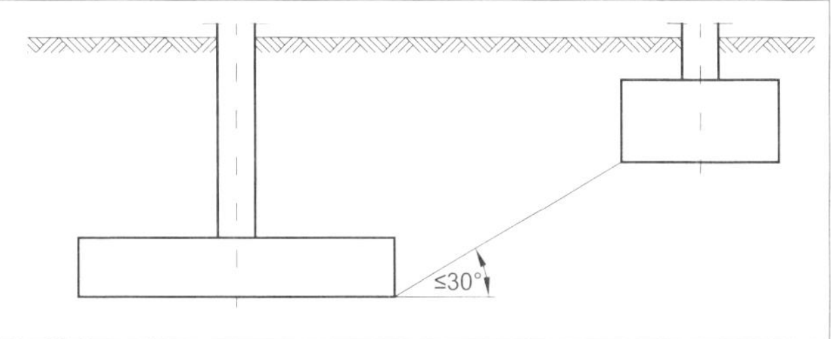

Äußere und innere Standsicherheit

Das Fundament ist so zu bemessen, dass die „äußere" und „innere" Standsicherheit gewährleistet sind.

a) **Bemessung nach der äußeren Standsicherheit:**
Diese Bemessung ist Aufgabe des Grundbaus (der Geotechnik). Hierfür gibt es zwei Möglichkeiten:

- Die „direkte Bemessung" (siehe Abschnitt 5.2) mit Hilfe der Nachweise für die Grenzzustände ULS und SLS (siehe Abschnitte 2 und 3).

- Die Bemessung in „einfachen Fällen" (Voraussetzungen hierfür siehe Abschnitt 5.3.2 durch Vergleich des einwirkenden und Bemessungswert des Sohlwiderstands $\sigma_{R,d}$ („Tabellenverfahren", siehe Abschnitt 5.3).

b) **Bemessung nach der inneren Standsicherheit:**
Unter Beachtung der zulässigen Spannungen der verwendeten Baustoffe (Beton und Stahl) sind die Fundamente konstruktiv so zu gestalten, dass die einwirkenden Kräfte und Momente schadlos aufgenommen werden können. Die Nachweise der inneren Standsicherheit (in Handbuch Eurocode 7, Band 1 (2011), Abschnitt 6.8 „Bemessung der Bauteile von Flächengründungen" genannt) sind Aufgaben der Statik und des Massivbaus (siehe Abschnitt 5.4 und 5.5).

5.2 Direkte Bemessung

Anwendung

Die „Direkte Bemessung" von Streifen- und Einzelfundamenten aufgrund der Nachweise für die Grenzzustände ULS und SLS (siehe Abschnitte 2 und 3) werden dann geführt, wenn die Voraussetzungen für „einfache Fälle/ Regelfälle", d.h. das „Tabellenverfahren" nach Abschnitt 5.3.2 nicht gegeben sind. Sie sind vor allem bei wichtigen und stark belasteten Fundamenten zu empfehlen, weil sie zu wirtschaftlicheren Fundamentabmessungen führen als das „Tabellenverfahren".

Probebelastung

Der Zusammenhang zwischen Grundbruchwiderstand und Setzungen wird an einem Last-Setzungs-Diagramm aus einer Fundamentprobebelastung erläutert:

□ 5.05: Beispiel: Last-Setzungs-Linie

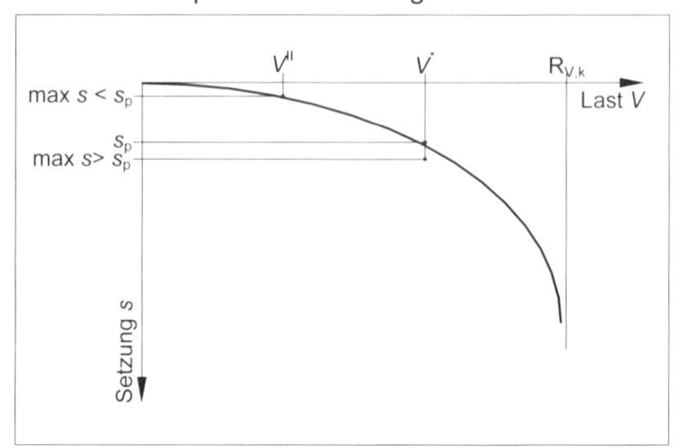

Bei wachsender Belastung eines Fundaments nimmt die Krümmung der Last-Setzungs-Linie immer mehr zu, um schließlich steil oder sogar senkrecht abzufallen. Dies bedeutet, dass jetzt der Grundbruchwiderstand (siehe Abschnitt 2) erreicht ist (□ 5.05).

Zur Demonstration der Zusammenhänge wird hier auf das bis 2005 gültige Global-Sicherheitskonzept für die Ermittlung der Grundbruchsicherheit („$V_k < R_{v,k}/\eta_p$" mit $\eta_p \sim \gamma_{R,v} \cdot (\gamma_G+\gamma_Q)/2$) zurückgegriffen: Durch Einführung der früher geforderten Sicherheit η_p gegen diese Bruchlast $V_b = R_{V,k}$ erhält man die mögliche (charakteristische) Maximalbelastung des Fundaments in Hinblick auf den Grundbruchwiderstand $V' = V_b / \eta_p = R_{V,k} / \eta_p$ und die zugehörige Setzung s_p (□ 5.05).

Ob die Belastung V' auch als zulässige Last V_{zul} angesehen werden kann, hängt davon ab, welches Setzungsmaß s_{max} für das Fundament zulässig ist (□ 5.05):

Ist $s_{max} < s_p$, so wird $V_{zul} = V''$. Dann wird die zulässige Last durch die zulässige Setzung und nicht durch die Sicherheit gegen Grundbruch bestimmt.
Ist dagegen $s_{max} > s_p$, so wird $V_{zul} = V'$. In diesem Fall wird die zulässige Last durch die Sicherheit gegen Grundbruch und nicht durch das zulässige Setzungsmaß bestimmt.

Mit den auf diese Weise erhaltenen Fundamentabmessungen werden die übrigen Standsicherheitsnachweise (siehe Abschnitt 1) geführt.

Berechnungsbeispiel: □ 5.31 sowie verschiedene weitere Beispiele in Abschnitt 7.

5.3 Vereinfachter Nachweis in Regelfällen („Tabellenverfahren“)

5.3.1 Einwirkender Sohldruck und Sohlwiderstand

Als Ersatz für die Nachweise für den Grenzzustand ULS und für den Grenzzustand SLS (Nachweis der Setzungen) (siehe Abschnitte 1 bis 3) kann nach Handbuch Eurocode 7, Band 1 (2011): DIN 1054 (2010), Abschnitt A 6.10 „Vereinfachter Nachweis in Regelfällen“ in einfachen Fällen (Voraussetzungen hierfür siehe Abschnitt 5.3.2) eine ausreichende Sicherheit gegen Grundbruch und die Gebrauchstauglichkeit der Setzungen als nachgewiesen angesehen werden, wenn folgende Bedingung erfüllt ist:

$$\sigma_{E,d} < \sigma_{R,d} \tag{5.01}$$

Dabei ist

Einwirkender Sohldruck

$\sigma_{E,d}$ Bemessungswert der auf die reduzierte Fundamentsohlfläche (siehe Stichwort unten) bezogene einwirkende Sohldruck

Aufnehmbarer Sohldruck

$\sigma_{R,d}$ Bemessungswert des Sohlwiderstandes („Aufnehmbarer Sohldruck“) nach Abschnitt 5.3.3 (bei nbB) bzw. Abschnitt 5.3.4 (bei bB).

Reduzierte Sohlfläche

Wenn die resultierenden Beanspruchung in der Fundamentsohlfläche ausmittig liegt, darf nach Handbuch Eurocode 7, Band 1 (2011): DIN 1054 (2010), Abschnitt A 6.10.1, A(3) nur derjenige Teil A' der Sohlfläche bei der Ermittlung des charakteristischen Sohldrucks angesetzt werden, für den die Resultierende der Einwirkungen im Schwerpunkt steht („reduzierte Sohlfläche“). Bei Rechteckfundamenten mit den Seitenlängen b und a und den zugeordneten Ausmittigkeiten e_x und e_y ist das die Fläche $A' = a' \cdot b'$ (□ 5.06). Der aufnehmbare Sohldruck ist dann für die kleinere Seite b' zu ermitteln.

$$A' = b'_x \cdot b'_y = (b_x - 2 \cdot e_x) \cdot (b_y - 2 \cdot e_y) \tag{5.02}$$

 5.06: Ausmittige Belastung und Teilfläche A' (Handbuch Eurocode 7, Band 1 (2011) (2010), Abschnitt A 6.10.1, A(3))

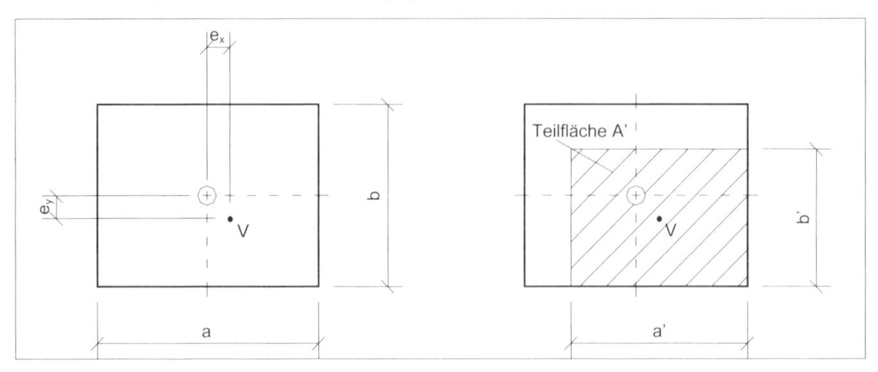

5.3.2 Voraussetzungen

Folgende Voraussetzungen müssen nach Handbuch Eurocode 7, Band 1 (2011): DIN 1054 (2010), Abschnitt A 6.10.1 erfüllt sein, damit die in Abschnitt 5.3.1 beschriebene Gegenüberstellung von einwirkendem Sohldruck und Sohlwiderstand zulässig ist:

(1) Geländeoberfläche, Schichtgrenzen und Gründungstiefe

Geländeoberfläche und Schichtgrenzen müssen annähernd waagerecht verlaufen.

Die Sohlfläche der Gründung dauernd genutzter Bauwerke muss nach Handbuch Eurocode 7, Band 1 (2011): DIN 1054 (2010), Abschnitt A 6.4, A(2) frostsicher sein. Dies bedeutet, dass der Abstand von der dem Frost ausgesetzten Fläche (in der Regel ist das der Außenbereich) bis zur Sohlfläche der Gründung mindestens 0,80 m betragen muss.

(2) Baugrund

a) Der Baugrund ist nach Handbuch Eurocode 7, Band 1 (2011), Abschnitt 6.4 (1) vor Erosion und Verringerung seiner Festigkeit durch Einwirkungen der Witterung, von strömendem Wasser und des Baubetriebs zu schützen.

b) Der Baugrund muss Handbuch Eurocode 7, Band 1 (2011): DIN 1054 (2010), Abschnitt A 6.10.1, A(1) bis in eine Tiefe unter der Gründungssohle, die der zweifachen Fundamentbreite entspricht ($z \geq 2b$), mindestens aber bis in 2,0 m Tiefe eine ausreichende Festigkeit aufweisen, d. h.

für nbB: die Anforderung der Tabelle 5.07 müssen erfüllt sein und
für bB: der Boden muss mindestens eine steifplastische Konsistenz ($I_C \geq$ 0,75) aufweisen.

(3) Belastung

a) Das Fundament darf nicht regelmäßig oder überwiegend dynamisch beansprucht werden.

b) In bindigen Schichten darf kein nennenswerter Porenwasserüberdruck entstehen, wie er z. B. bei Fertigbauweise auftreten kann.

□ 5.07 Voraussetzungen für die Anwendung der Werte für den Bemessungswert des Sohlwiderstands $\sigma_{R,d}$ nach der Tabelle □ 5.04 (A. 6.1 und A.6.2) bei nichtbindigem Boden (Tabelle A.6.3 aus Handbuch Eurocode 7, Band 1 (2011): DIN 1054 (2010), Abschnitt A 6.10.2.1)

Bodengruppe nach DIN 18196	Ungleichförmigkeitszahl nach DIN 18196	Mittlere Lagerungsdichte nach DIN 18126	Mittlerer Verdichtungsgrad nach DIN 18127	Mittlerer Spitzenwiderstand der Drucksonde
	C_U *(alt: U)*	D	D_{Pr}	q_c [MN/m²]
SE, GE SU, GU GT	≤ 3	$\geq 0{,}30$	$\geq 95\%$	$\geq 7{,}5$
SE, SW SI, GE GW, GT SU, GU	> 3	$\geq 0{,}45$	$\geq 98\ \%$	$\geq 7{,}5$

c) Die Neigung der Resultierenden in der Sohlfläche infolge charakteristischer Beanspruchung muss die Bedingung $\tan\delta = \frac{H_k}{V_k} \leq 0{,}2$ einhalten.

d) Beim Tragfähigkeitsnachweis (ULS) muss der Nachweis der Sicherheit gegen Gleichgewichtsverlust durch Kippen (EQU) in der Sohlfuge um den Drehpunkt D geführt sein (siehe auch Abschnitt 2.4):

$$M_{E,d}^{D} = (\sum M_{G,k,dst}^{D}) \cdot \gamma_{G,dst} + (\sum M_{Q,k,dst}^{D}) \cdot \gamma_{Q} \leq M_{R,d}^{D} = (\sum M_{G,k}^{D}) \cdot \gamma_{G,stb}$$

- $M_{E,d}^{D}$ das Bemessungsmoment $M_{E,d}$ um den Drehpunkt D aus einwirkenden („ungünstigen") ständigen (Index: *G,k*) und veränderlichen Einwirkungen (Index: *Q,k*)
- $\gamma_{G,dst}$ der Teilsicherheitsbeiwert für ungünstige ständige Einwirkungen im Grenzzustand EQU nach Tabelle □ 1.02 (Abschnitt 1);
- γ_{Q} der Teilsicherheitsbeiwert für ungünstige veränderliche Einwirkungen im Grenzzustand EQU nach Tabelle □ 1.02 (Abschnitt 1);
- $M_{R,d}^{D}$ das Bemessungsmoment $M_{R,d}$ um den Drehpunkt D aus widerstehenden („haltenden" = „günstigen") ständigen Einwirkungen (Index: *G,k*)
- $\gamma_{G,stb}$ der Teilsicherheitsbeiwert für günstige ständige Einwirkungen im Grenzzustand EQU nach Tabelle □ 1.02 (Abschnitt 1).

Beim Gebrauchstauglichkeitsnachweis (SLS) nach Abschnitt 3.1 darf die Ausmittigkeit der Sohldruckresultierenden infolge

(i) ständiger charakteristischer Einwirkungen (*g*) keine klaffende Fuge hervorrufen, d. h.

- bei einfacher (einachsiger) Ausmittigkeit gilt: $e^{g} \leq \frac{b}{6}$ bzw. $e^{g} \leq \frac{a}{6}$
- bei doppelter (zweiachsiger) Ausmittigkeit gilt: $\frac{e_x}{a} + \frac{e_y}{b} \leq \frac{1}{6}$

(ii) aller charakteristischer Einwirkungen (g + p; ständig und veränderlich) maximal so groß werden, dass die halbe Fundamentfläche noch an der Lastabtragung beteiligt ist, d. h.

- bei einfacher (einachsiger) Ausmittigkeit gilt: $e^{g+p} \leq \frac{b}{3}$ bzw. $e^{g+p} \leq \frac{a}{3}$
- bei doppelter (zweiachsiger) Ausmittigkeit gilt: $\left(\frac{e_x}{a}\right)^2 + \left(\frac{e_y}{b}\right)^2 \leq \frac{1}{9}$

(4) Sonderbestimmung für nbB:

Liegt der Grundwasserspiegel über der Fundamentsohle, so muss die Einbindetiefe d > 0,8 m und d > b (b') sein (siehe Handbuch Eurocode 7, Band 1 (2011): DIN 1054 (2010), Abschnitt A 6.10.2.2, A(3)).

5.3.3 Nichtbindiger Boden (nbB)

5.3.3.1 Bemessungswert des Sohlwiderstands

Tabellen

Nach Handbuch Eurocode 7, Band 1 (2011): DIN 1054 (2010), Abschnitt A 6.10.1 darf der Bemessungswert des Sohlwiderstands $\sigma_{R,d}$ für Streifenfundamente - unter den in Abschnitt 5.3.2 genannten Voraussetzungen und bei einem Boden mittlerer Festigkeit (siehe Tabelle □ 5.07) sowie bei senkrechter Richtung der Sohldruckbeanspruchung - aus □ 5.08 (Tabellen A.6.1 und A.6.2) in Abhängigkeit von der tatsächlichen Fundamentbreite b bzw. von der reduzierten Fundamentbreite b' (siehe Abschnitt 5.3.1) entnommen werden.

Die Werte der Tabelle □ 5.08 (A.6.1) wurden hierzu nach Grundbruchkriterien für setzungsunempfindliche Bauwerke ermittelt. Die Werte der Tabelle □ 5.08 (A.6.2) wurden dagegen bis 1,0 m Breite nach Grundbruchkriterien, für größere Breiten nach Setzungskriterien für setzungsempfindliche Bauwerke ermittelt.

□ 5.08 Bemessungswerte des Sohlwiderstands $\sigma_{R,d}$ für Streifenfundamente nach Handbuch Eurocode 7, Band 1 (2011): DIN 1054 (2010), Tabellen A.6.1 bis A.6.2

- Nicht bindiger Boden
- Voraussetzungen: Abschnitt 5.3.2 (DIN 1054 (2010), Abschnitt A 6.10.1)

Tab. A.6.1: Bemessungswert $\sigma_{R,d}$ auf der Grundlage einer ausreichenden Grundbruchsicherheit („setzungsunempfindlich")

Kleinste Einbindetiefe des Fundaments [m]	Bemessungswert $\sigma_{R,d}$ kN/m² b bzw. b'					
	0,5 m	1,0 m	1,5 m	2,0 m	2,5 m	3,0 m
0,5	280	420	560	700	700	700
1,0	380	520	660	800	800	800
1,5	480	620	760	900	900	900
2,0	560	700	840	980	980	980
bei Bauwerken mit Einbindetiefen 0,30 m ≤ d ≤ 0,50 m und mit Fundamentbreiten b bzw. b' ≥ 0,30 m	210					

Tab. A.6.2: Bemessungswert $\sigma_{R,d}$ auf der Grundlage einer ausreichenden Grundbruchsicherheit und einer Begrenzung der Setzungen („setzungsempfindlich")

Kleinste Einbindetiefe des Fundaments [m]	Bemessungswert $\sigma_{R,d}$ kN/m² b bzw. b'					
	0,5 m	1,0 m	1,5 m	2,0 m	2,5 m	3,0 m
0,5	280	420	460	390	350	310
1,0	380	520	500	430	380	340
1,5	480	620	550	480	410	360
2,0	560	700	590	500	430	390
bei Bauwerken mit Einbindetiefen 0,30 m ≤ d ≤ 0,50 m und mit Fundamentbreiten b bzw. b' ≥ 0,30 m	210					

Zwischenwerte

Bei den Tabellen 5.08 (A.6.1 und A.6.2) dürfen Zwischenwerte geradlinig interpoliert werden.

Wenn bei ausmittiger Belastung die kleinere reduzierte Seitenlänge $b' < 0{,}50$ m wird, dürfen die Tabellenwerte hierfür geradlinig extrapoliert werden.

***d* > 2,00 m**

Ist die Einbindetiefe auf allen Seiten des Gründungskörpers $d > 2{,}00$ m, so darf der aufnehmbare Sohldruck nach Handbuch Eurocode 7, Band 1 (2011): DIN 1054 (2010), Abschnitt A 6.10.1, A(5) um die Spannung erhöht werden, die sich aus der Bodenentlastung ergibt, die der Mehrtiefe entspricht, also:

$$\Delta\sigma = \Delta d \cdot \gamma \tag{5.03}$$

Dabei darf der Boden weder vorübergehend noch dauernd entfernt werden, solange die maßgebende charakteristische Beanspruchung vorhanden ist.

Tabellenwert

Der aus den Tabellen 5.08 (A.6.1 und A.6.2) entnommene Wert für den Bemessungswert des Sohlwiderstands $\sigma_{R,d}$ wird bei $d > 2$ m nach Gleichung (5.03) erhöht und anschließend „Tabellenwert“ genannt. Alle Erhöhungen nach Abschnitt 5.3.3.2 und Abminderungen nach Abschnitt 5.3.3.3 werden auf diesen „Tabellenwert“ bezogen.

Setzungen

Für mittige Belastung gilt nach Handbuch Eurocode 7, Band 1 (2011): DIN 1054 (2010), Abschnitt A 6.10.2.1, A(3):

- Die auf der Grundlage der Tabelle 5.08 (A.1) bemessenen Fundamente können sich bei Fundamentbreiten bis 1,50 m um etwa 2 cm, bei breiteren Fundamenten ungefähr proportional zur Fundamentbreite stärker setzen.

- Die auf der Grundlage der Tabelle 5.08 (A.2) bemessenen Fundamente können sich um ein Maß setzen, das bei Fundamentbreiten bis 1,50 m etwa 1 cm, bei breiteren Fundamenten etwa 2 cm nicht übersteigt.

Diese Setzungen beziehen sich nach Handbuch Eurocode 7, Band 1 (2011): DIN 1054 (2010), Abschnitt A 6.10.1, A(6) auf allein stehende Fundamente mit mittiger Belastung. Sie können sich bei gegenseitiger Beeinflussung benachbarter Fundamente vergrößern.

Bei ausmittig belasteten Fundamenten treten nach Handbuch Eurocode 7, Band 1 (2011): DIN 1054 (2010), Abschnitt A 6.10.1) Verkantungen auf, die nach Abschnitt 3.2 nachgewiesen werden müssen, sofern sie den Grenzzustand der Gebrauchstauglichkeit wesentlich beeinflussen.

ULS und SLS

In Fällen, die durch die Tabellen 5.08 (A.6.1 und A.6.2) nicht erfasst werden oder in denen die Voraussetzungen nach Abschnitt 5.3.2 nicht gegeben sind, müssen nach Handbuch Eurocode 7, Band 1 (2011): DIN 1054 (2010), Abschnitt A 6.10.2.1, A(5) die Grenzzustände ULS und SLS nachgewiesen werden.

5.3.3.2 Erhöhungen

Nach Handbuch Eurocode 7, Band 1 (2011): DIN 1054 (2010), Abschnitt A 6.10.2.2, A(1) bis A(3) kann der Bemessungswert des Sohlwiderstands $\sigma_{R,d}$ nach Abschnitt 5.3.3.1 bei Fundamenten mit einer Breite und Einbindetiefe $\geq 0{,}50$ m wie folgt erhöht und die einzelnen Erhöhungen gegebenenfalls addiert werden:

a) Rechteck- und Kreisfundamente
Bei Rechteckfundamenten mit einem Seitenverhältnis $b_x : b_y < 2$ bzw. $b'_x : b'_y < 2$ und bei Kreisfundamenten darf der in Tabelle □ 5.08 (A.6.1 und A.6.2) angegebene Bemessungswert des Sohlwiderstands $\sigma_{R,dl}$ um 20% erhöht werden.

Für die auf der Grundlage des Grundbruchs ermittelten Werte aus Tabelle □ 5.08 (A.6.1) gilt dies aber nur dann, wenn die Einbindetiefe größer ist als $0{,}60 \cdot b$ bzw. $0{,}60 \cdot b'$.

b) Hohe Baugrundfestigkeit
Nach Handbuch Eurocode 7, Band 1 (2011): DIN 1054 (2010), Abschnitt A 6.10.2.2, A(3) darf der in Tabelle □ 5.08 (A.6.1 und A.6.2) angegebene Bemessungswert des Sohlwiderstands $\sigma_{R,d}$ um bis zu 50 % erhöht werden, wenn der Boden bis in die in Abschnitt 5.3.2 unter dem Stichwort „Baugrund" angegebene Tiefe eine hohe Festigkeit aufweist. Dies ist der Fall, wenn eine der in Tabelle □ 5.09 genannten Bedingungen zutrifft.

□ 5.09 Voraussetzungen für die Erhöhung der Werte für den aufnehmbaren Sohldruck σ_{zul} bei nichtbindigem Boden (nach DIN 1054: 2003-01 und 2005, Tabelle A.8)

Bodengruppe nach DIN 18196	Ungleichförmigkeitszahl nach DIN 18196	Mittlere Lagerungsdichte nach DIN 18126	Mittlerer Verdichtungsgrad nach DIN 18127	Mittlerer Spitzenwiderstand der Drucksonde
	C_U *(alt: U)*	D	D_{Pr}	q_c [MN/m²]
SE, GE SU, GU GT	≤ 3	$\geq 0{,}50$	$\geq 98\%$	≥ 15
SE, SW SI, GE GW, GT SU, GU	> 3	$\geq 0{,}65$	$\geq 100\ \%$	≥ 15

5.3.3.3 Abminderungen

Betrifft Tabelle □ 5.08 (A.1):

a) Grundwasserspiegel
Nach Handbuch Eurocode 7, Band 1 (2011): DIN 1054 (2010), Abschnitt A 6.10.2.3, A(1) und A(2) gilt der in Tabelle □ 5.08 (A.6.1) Bemessungswert des Sohlwiderstands $\sigma_{R,d}$ für den Fall, dass der Abstand d_w zwischen Grundwasserspiegel und Gründungssohle mindestens so groß ist wie die maßgebende Fundamentbreite b bzw. b' nach Abschnitt 5.3.1. Ist der Abstand d_w kleiner als die maßgebende Fundamentbreite b bzw. b', so muss der Tabellenwert abgemindert werden, und zwar so:

$$\frac{d_w}{b(b')} = 1: \quad 0\ \%\ \text{Abminderung} \tag{5.04}$$

$$\frac{d_w}{b(b')} = 0: \quad 40\ \%\ \text{Abminderung} \tag{5.05}$$

Zwischenwerte dürfen geradlinig eingeschaltet werden (siehe Berechnungsbeispiele).

Liegt der Grundwasserspiegel über der Gründungssohle, dann reicht die Abminderung der in Tabelle □ 5.08 (A.6.1) angegebenen Werte für den Bemessungswert des Sohlwiderstands $\sigma_{R,d}$ um 40% nach Handbuch Eurocode 7, Band 1 (2011): DIN 1054 (2010), Abschnitt A 6.10.2.3, A(3) nur dann aus, wenn die Einbindetiefe größer ist als 0,80 m und außerdem noch größer ist als die Fundamentbreite b. Wenn diese beiden Voraussetzungen nicht zutreffen, dann müssen die Grenzzustände ULS und SLS nachgewiesen werden.

b) **Waagerechte Beanspruchungen**
Bei Fundamenten, die mit der resultierenden senkrechten Sohldruckbeanspruchung V_k und außerdem auch noch durch eine waagerechte Komponente H_k belastet sind, ist der nach Abschnitt 5.3.3.2 erhöhte bzw. nach dem o. a. Stichwort „Grundwasserspiegel verminderte Bemessungswert des Sohlwiderstands $\sigma_{R,d}$ nach Handbuch Eurocode 7, Band 1 (2011): DIN 1054 (2010), Abschnitt A 6.10.2.4, A(1) wie folgt abzumindern:

- wenn H_k parallel zur langen Fundamentseite angreift und das Seitenverhältnis a / b bzw. $a' / b' \geq 2$ ist, mit dem Faktor

$$\left(1 - \frac{H_k}{V_k}\right) \qquad (5.06)$$

- in allen anderen Fällen mit dem Faktor

$$\left(1 - \frac{H_k}{V_k}\right)^2 \qquad (5.07).$$

Betrifft Tabelle □ 5.08 (A.6.2):

Nach Handbuch Eurocode 7, Band 1 (2011): DIN 1054 (2010), Abschnitt A 6.10.2.4, A(2) darf der abgelesene und gegebenenfalls nach Abschnitt 5.3.3.2 erhöhte Wert der Tabelle □ 5.08 (A.6.2) beibehalten werden, so lange er nicht größer ist als der abgelesene und gegebenenfalls erhöhte und / oder abgeminderte Wert der Tabelle □ 5.08 (A.6.1). Maßgebend ist der kleinere Wert (Vergleichsberechnung: siehe Berechnungsbeispiele).

Berechnungsbeispiele: □ 5.10, □ 5.11, □ 5.12.

□ 5.08b Bemessungswerte des Sohlwiderstands $\sigma_{R,d}$ für Streifenfundamente nach Handbuch Eurocode 7, Band 1 (2011): DIN 1054 (2010), Tabellen A.6.5 bis A.6.8

- Bindiger Boden
- Voraussetzungen: Abschnitt 5.3.2 (DIN 1054 (2010), Abschnitt A 6.10.1)

Tab. A.6.5: Bemessungswert des Sohlwiderstands $\sigma_{R,d}$ auf reinem Schluff bei steifer bis halbfester Konsistenz oder einer mittleren einaxialen Druckfestigkeit $q_{u,k}$ > 120 kN/m² (UL nach DIN 18196)

Kleinste Einbindetiefe des Fundaments [m]	Bemessungswert des Sohlwiderstands $\sigma_{R,d}$ kN/m²
0,5	180
1,0	250
1,5	310
2,0	350

Tab. A.6.6: Bemessungswert des Sohlwiderstands $\sigma_{R,d}$ auf gemischtkörnigem Boden (SU*, ST, ST*, GU*, GT* nach DIN 18196, z.B. Geschiebemergel)

Kleinste Einbindetiefe des Fundaments [m]	Bemessungswert des Sohlwiderstands $\sigma_{R,d}$ kN/m² Mittlere Konsistenz		
	steif	halbfest	fest
0,5	210	310	460
1,0	250	390	530
1,5	310	460	620
2,0	350	520	700
Mittlere einaxiale Druckfestigkeit $q_{u,k}$ in kN/m²	120 bis 300	300 bis 700	> 700

Tab. A.6.7: Bemessungswert des Sohlwiderstands $\sigma_{R,d}$ auf tonig schluffigem Boden (UM, TL, TM nach DIN 18196)

Kleinste Einbindetiefe des Fundaments [m]	Bemessungswert des Sohlwiderstands $\sigma_{R,d}$ kN/m² Mittlere Konsistenz		
	steif	halbfest	fest
0,5	170	240	390
1,0	200	290	450
1,5	220	350	500
2,0	250	390	560
Mittlere einaxiale Druckfestigkeit $q_{u,k}$ in kN/m²	120 bis 300	300 bis 700	> 700

Tab. A.6.8: Bemessungswert des Sohlwiderstands $\sigma_{R,d}$ für Streifenfundamente auf Ton-Boden (TA nach DIN 18196)

Kleinste Einbindetiefe des Fundaments [m]	Bemessungswert des Sohlwiderstands $\sigma_{R,d}$ kN/m² Mittlere Konsistenz		
	steif	halbfest	fest
0,5	130	200	280
1,0	150	250	340
1,5	180	290	380
2,0	210	320	420
Mittlere einaxiale Druckfestigkeit $q_{u,k}$ in kN/m²	120 bis 300	300 bis 700	> 700

5.10: Beispiel: Standsicherheitsnachweis nach dem Verfahren „Vereinfachter Nachweis in Regelfällen" (nicht bindiger Baugrund)

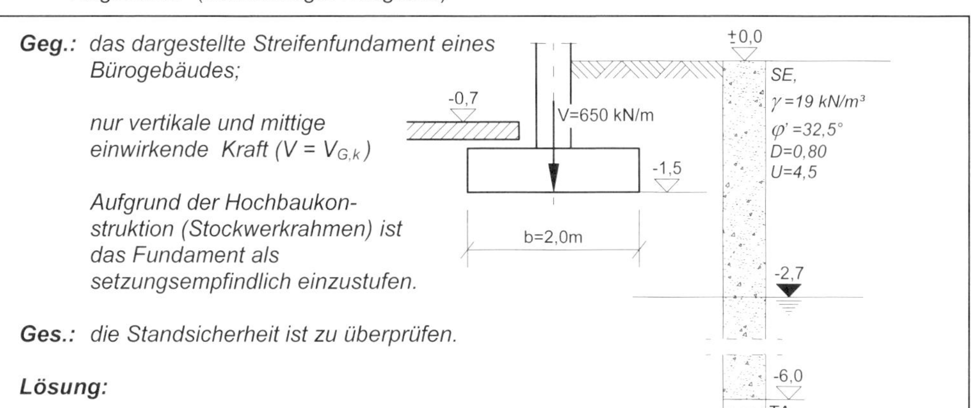

Geg.: *das dargestellte Streifenfundament eines Bürogebäudes;*

nur vertikale und mittige einwirkende Kraft ($V = V_{G,k}$)

Aufgrund der Hochbaukonstruktion (Stockwerkrahmen) ist das Fundament als setzungsempfindlich einzustufen.

Ges.: *die Standsicherheit ist zu überprüfen.*

Lösung:

Vorbemerkung: *Die Gliederung der Berechnung orientiert sich an der des Textteils Abschnitt 5.3. Das gilt auch weitgehend für alle nachfolgenden Beispiele dieses Abschnitts.*

Die gegebenen Werte können als charakteristische Werte betrachtet werden.

1. Voraussetzungen für das „Tabellenverfahren"

(1) Gründungstiefe (Außenbereich):

$$d_{\text{vorh}} = 1{,}5 \ m > 0{,}8 \ m$$

(2) Baugrund:

a) bauseits sicherzustellen

b) $z_{\text{vorh}} = 6{,}0 - 1{,}5 = 4{,}5 \ m > 2b = 4{,}0 \ m$

Nicht bindiger Boden: $D_{\text{vorh}} = 0{,}80 > D_{\text{erf}} = 0{,}45 \ (U > 3)$;
(Hinweis: $U = C_U$)

(3) Belastung:
1.
a) überwiegend statisch (Bürogebäude)
b) entfällt
c) $H = 0$
d) $e = 0$

(4) Sonderbestimmung für nbB:

Das Grundwasser liegt unterhalb der Fundamentsohle.

$\Rightarrow$ *Damit sind die Voraussetzungen des „Tabellenverfahrens" erfüllt.*

□ 5.10: Fortsetzung Beispiel: Standsicherheitsnachweis nach dem Verfahren „Vereinfachter Nachweis in Regelfällen“ (nicht bindiger Baugrund)

2. Bemessungswert des Sohlwiderstands $\sigma_{R,d}$ (nbB)

(1) Tabellenwert:

Setzungsempfindlich ⇒ Tabelle A6.2

$$b = 2{,}0\ m,\ d_{\min} = 0{,}8\ m \Rightarrow \sigma_{R,d}^{(A6.2)} = 414\ kN/m^2 \qquad \text{(interpoliert)}$$

(2) Erhöhungen:

a) $\frac{a}{b} = \infty \Rightarrow$ *keine Erhöhung*

b) $D_{\text{vorh}} = 0{,}80 > D_{\text{erf}} = 0{,}65$

Die mögliche Erhöhung wird zwischen den Grenzen D = 0,65 (entspricht: 0 %) und D = 1,00 (entspricht: 50 %) interpoliert:

$$\frac{0{,}80 - 0{,}65}{1{,}00 - 0{,}65} \cdot 50\% = 21{,}4\% \text{ Erhöhung}$$

Damit wird $\sigma_{R,d}^{(A6.2)} = 414 \cdot (1 + 0 + 0{,}214) = 502\ kN/m^2$

3. Vergleichsrechnung

(1) Tabellenwert:

Setzungsunempfindlich ⇒ Tabelle A6.1

$$b = 2{,}0\ m,\ d_{\min} = 0{,}8\ m \Rightarrow \sigma_{R,d}^{(A6.1)} = 760\ kN/m^2 \qquad \text{(interpoliert)}$$

(2) Erhöhungen:

a) $\frac{a}{b} = \infty \Rightarrow$ *keine Erhöhung*

b) wie vor: 21,4 % Erhöhung

(3) Abminderungen:

a) $\frac{d_w}{b} = \frac{1{,}20}{2{,}00} = 0{,}60 < 1$

$$\Rightarrow \left(1 - \frac{d_w}{b}\right) \cdot 40\% = (1 - 0{,}60) \cdot 40 = 16\% \text{ Abminderung}$$

b) H = 0 ⇒ keine Abminderung.

5.10: Fortsetzung Beispiel: Standsicherheitsnachweis nach dem Verfahren „Vereinfachter Nachweis in Regelfällen“ (nicht bindiger Baugrund)

Damit wird $\sigma_{R,d}^{(A6.1)} = 760 \cdot (1 + 0 + 0{,}214 - 0{,}160) = 801 \;kN/m^2$

4. Spannungsnachweis

Maßgebend ist der kleinere Wert aus beiden Berechnungen:

$$\sigma_{R,d} = \sigma_{R,d}^{(A6.2)} = 502 \;kN/m^2$$

$$V_d = V_{G,k} \cdot \gamma_G + V_{Q,k} \cdot \gamma_Q = 650 \cdot 1{,}35 = 877{,}5 \;kN/m$$

$$\sigma_{R,d} = 502 \;kN/m^2 > \sigma_{E,d} = \frac{877{,}5}{2{,}0} = 439 \;kN/m^2$$

Das Fundament ist standsicher.

5.11: Beispiel: Standsicherheitsnachweis nach dem Verfahren „Vereinfachter Nachweis in Regelfällen“ (nicht bindiger Baugrund)

Geg.: *das dargestellte Quadratfundament mit einachsig ausmittiger Belastung (V: $V_{G,k}$ =2,0 MN, $V_{Q,k}$ =1,1 MN, $H = H_{G,k}$ = 0,54 MN; statisch) Nachweis EQU ist erfüllt! Die dargestellte Belastung entspricht dem ungünstigsten Zustand. Die Konstruktion ist setzungsunempfindlich.*

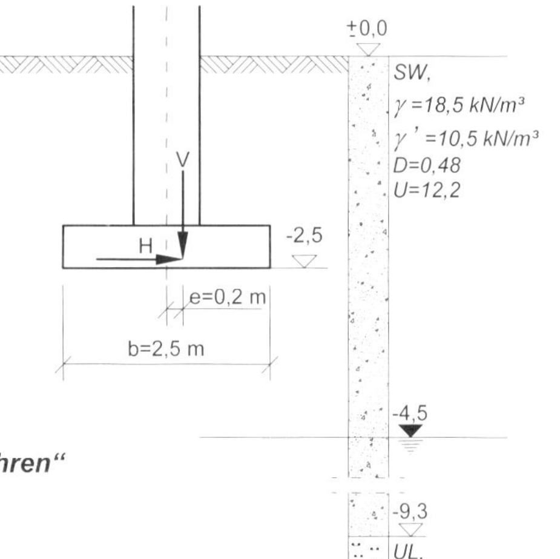

Ges.: *die Standsicherheit ist zu überprüfen.*

Lösung:

1. Voraussetzung für das „Tabellenverfahren“

(1) Gründungstiefe (Außenbereich):

$$d_{\text{vorh}} = 2{,}5 \;m > 0{,}8 \;m$$

(2) Baugrund:

a) bauseits sicherzustellen

b) $z_{\text{vorh}} = 9{,}3 - 2{,}5 = 6{,}8 \;m > 2b = 5{,}0 \;m$

Nicht bindiger Boden: $D_{\text{vorh}} = 0{,}48 > D_{\text{erf}} = 0{,}45 \;(U > 3)$ *(Hinweis: U = C_U)*

(3) Belastung:

a) statisch (s. Aufgabenstellung)
b) entfällt
c) $\frac{H}{V} = \frac{540}{3100} = 0{,}17 < 0{,}20$

□ 5.11: Fortsetzung Beispiel: Standsicherheitsnachweis nach dem Verfahren „Vereinfachter Nachweis in Regelfällen“ (nicht bindiger Baugrund)

d) $e^{g+q} = 0{,}2\ m < \frac{b}{6} = \frac{2{,}50}{6} = 0{,}42\ m$

Auch im ungünstigsten Belastungszustand liegt die Resultierende im 1. Kern.

Nachweis der Sicherheit gegen Gleichgewichtsverlust durch Kippen (EQU) Ist erfüllt (siehe Aufgabenstellung):

(4) Sonderbestimmung für nbB:

Das Grundwasser liegt unterhalb der Fundamentsohle.

⇒ Damit sind die Voraussetzungen des „Tabellenverfahrens“ erfüllt.

2. *Bemessungswert des Sohlwiderstands $\sigma_{R,d}$ (nbB)*

*Tabellenwert: setzungs**un**empfindlich ⇒ Tabelle A6.1*

Reduzierte Fläche:

$2,50 - 0 = 2,50\ \ m = a'$

$2,50 - 2 \cdot 0,20 = 2,10\ \ m = b'$

$$b' = 2{,}10\ m,\ d = 2{,}00\ m \Rightarrow \sigma_{R,d}^{(A6.1)} = 980\ kN/m^2$$

Da $d_{\text{vorh}} = 2,50\ \ m > 2,00\ \ m$ *, kann der abgelesene Wert um*

$\Delta\sigma_0 = \Delta d \cdot \gamma = (2,50 - 2,00) \cdot 18,5 = 9\ \ kN/m^2$ *erhöht werden.*

Damit ergibt sich ein Tabellenwert von $\sigma_{R,d}^{(A6.1)} = 980 + 9 = 989\ \ kN/m^2$

(1) Erhöhung:

a) $\frac{a'}{b'} = \frac{2,50}{2,10} < 2$

$d_{\text{vorh}} = 2,50\ \ m > 0,6 \cdot b' = 1,26\ \ m$

⇒ 20% Erhöhung

b) $D_{\text{vorh}} = 0,48 < D_{\text{erf}} = 0,65\ \ (U > 3)$ *; (Hinweis: U = C_U; U: alte Bezeichnung)*

⇒ keine Erhöhung

(2) Abminderung:

a) $\frac{d_w}{b'} = \frac{2,0}{2,1} = 0,9524 < 1,0$

$(1 - 0,9524) \cdot 40 = 1,9\%$ *Abminderung*

b) $\left(1 - \frac{H}{V}\right)^2 = \left(1 - \frac{540}{3100}\right)^2 = 0,682$

Damit wird $\sigma_{R,d}^{(A6.1)} = 989 \cdot (1 + 0{,}20 + 0 - 0{,}019) \cdot 0{,}682 = 796\ \ kN/m^2$

5.11: Fortsetzung Beispiel: Standsicherheitsnachweis nach dem Verfahren „Vereinfachter Nachweis in Regelfällen“ (nicht bindiger Baugrund)

3. Spannungsnachweis

$$V_d = V_{G,k} \cdot \gamma_G + V_{Q,k} \cdot \gamma_Q = 2000 \cdot 1{,}35 + 1100 \cdot 1{,}50 = 4350\ kN$$

$$\sigma_{R,d} = 796\ kN/m^2 < \sigma_{E,d} = \frac{4350}{2{,}5 \cdot 2{,}1} = 829\ kN/m^2$$

Die Fundamentabmessungen sind nicht ausreichend.

5.12: Beispiel: Verfahren „Vereinfachter Nachweis in Regelfällen“ (nicht bindiger Baugrund)

Geg.: *das Einzelfundament unter einem setzungsempfindlichen Wohngebäude; $V = V_{G,k}$; Seitenverhältnis des Fundamentes von* $\frac{a}{b} = 1{,}5$

Ges.: *die erforderlichen Seitenabmessungen*

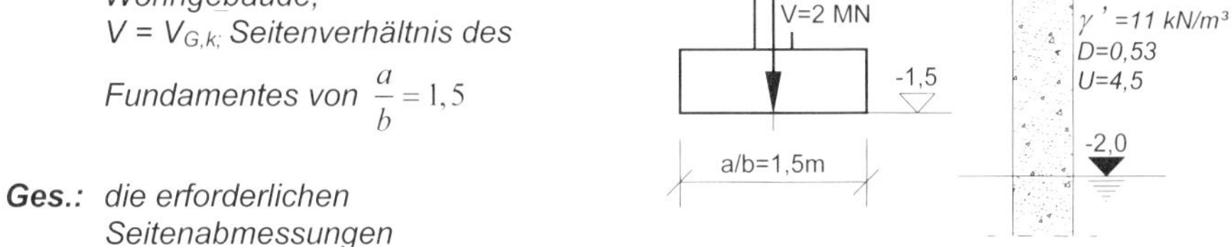

Lösung:

1. Voraussetzungen für das „Tabellenverfahren“

(1) Gründungstiefe (Außenbereich):

$$d_{\text{vorh}} = 1{,}5\ m > 0{,}8\ m$$

(2) Baugrund:

a) bauseits sicherzustellen

b) $z_{\text{vorh}} > 2b$ *(Schichtgrenze tiefliegend)*

Nicht bindiger Boden: $D_{\text{vorh}} = 0{,}53 > D_{\text{erf}} = 0{,}45\ (U > 3)$; *(Hinweis: $U = C_U$)*

(3) Belastung:

a) statisch (s. Aufgabenstellung)
b) entfällt
c) H = 0
d) e = 0

(4) Sonderbestimmung für nbB:

Das Grundwasser liegt unterhalb der Fundamentsohle.

⇒ Damit sind die Voraussetzungen des „Tabellenverfahrens“ erfüllt.

□ 5.12: Fortsetzung Beispiel: Verfahren „Vereinfachter Nachweis in Regelfällen" (nicht bindiger Baugrund)

2. Bemessungswert des Sohlwiderstands $\sigma_{R,d}$

Anmerkung: *Zur Lösung wird das Verfahren „trial and error" angewendet.*

gew.: *$b = 1{,}5\ m \Rightarrow a = 1{,}5 \cdot 1{,}5 = 2{,}25\ m$*

(1) Tabellenwert:

setzungsempfindlich ⇒ Tabelle A6.2

$$b = 1{,}5\ m,\ d = 1{,}5\ m \Rightarrow \sigma_{R,d}^{(A6.2)} = 550\ kN/m^2$$

(2) Erhöhungen:

a) $\frac{a}{b} = 1{,}5 \Rightarrow$ *20 % Erhöhung*

b) $D_{\mathrm{vorh}} = 0{,}53 < D_{\mathrm{erf}} = 0{,}65\ (U > 3) \Rightarrow$ *keine Erhöhung.*

Damit wird $\sigma_{R,d}^{(A6.2)} = 550 \cdot (1 + 0{,}20 + 0) = 660\ kN/m^2$

3. Vergleichsrechnung

(1) Tabellenwert:

Setzungsunempfindlich ⇒ Tabelle A6.1

$$b = 1{,}5\ m,\ d = 1{,}5\ m \Rightarrow \sigma_{R,d}^{(A6.1)} = 760\ kN/m^2$$

(2) Erhöhungen:

a) $\frac{a}{b} = 1{,}5 < 2;\ d = 1{,}5\ m > 0{,}6 \cdot 1{,}5 = 0{,}9\ m \Rightarrow$ *20 % Erhöhung*

b) keine Erhöhung

(3) Abminderungen:

a) $\frac{d_{\mathrm{w}}}{b} = \frac{0{,}5}{1{,}5} = 0{,}33 < 1{,}0$

$\left(1 - \frac{d_{\mathrm{w}}}{b}\right) \cdot 40\% = (1 - 0{,}33) \cdot 40 = 26{,}7\%$ *Abminderung*

b) H = 0 ⇒ keine Abminderung.

Damit wird $\sigma_{R,d}^{(A6.1)} = 760 \cdot (1 + 0{,}20 + 0 - 0{,}267) = 709\ kN/m^2$

Maßgebend ist der kleinere Wert aus beiden Berechnungen:

$$\sigma_{R,d} = \sigma_{R,d}^{(A6.2)} = 660\ kN/m^2$$

5.12: Fortsetzung Beispiel: Verfahren „Vereinfachter Nachweis in Regelfällen“ (nicht bindiger Baugrund)

4. Spannungsnachweis

$$V_d = V_{G,k} \cdot \gamma_G + V_{Q,k} \cdot \gamma_Q = 2000 \cdot 1{,}35 = 2700\ kN$$

$$\sigma_{R,d} = 660\ kN/m^2 < \sigma_{E,d} = \frac{2700}{1{,}5 \cdot 2{,}25} = 800\ kN/m^2$$

5. Neubemessung:

gew.: *b = 1,75 m ⇒ a = 1,5 · 1,75 = 2,60 m*

6. Tabellenwert:

$$b = 1{,}75\ m,\ d = 1{,}5\ m \Rightarrow \sigma_{R,d}^{(A6.2)} = 515\ kN/m^2$$

7. Erhöhungen:

a) 20 % Erhöhung

b) Keine Erhöhung

Damit wird $\sigma_{R,d}^{(A6.2)} = 515 \cdot (1 + 0{,}20 + 0) = 618\ kN/m^2$

8. Vergleichsrechnung

(1) Tabellenwert:

Setzungsunempfindlich ⇒ Tabelle A6.1

$$b = 1{,}75\ m,\ d = 1{,}5\ m \Rightarrow \sigma_{R,d}^{(A6.1)} = 830\ kN/m^2$$

(2) Erhöhungen:

a) $\frac{a}{b} = 1{,}5 < 2;\ d = 1{,}5\ m > 0{,}6 \cdot 1{,}75 = 1{,}05\ m$ *⇒ 20 % Erhöhung*

b) keine Erhöhung

(3) Abminderungen:

a) $\frac{d_w}{b} = \frac{0{,}5}{1{,}75} = 0{,}29 < 1{,}0$

$\left(1 - \frac{d_w}{b}\right) \cdot 40\% = (1 - 0{,}29) \cdot 40 = 28{,}4\%$ *Abminderung*

b) H = 0 ⇒ keine Abminderung.

Damit wird $\sigma_{R,d}^{(A6.1)} = 830 \cdot (1 + 0{,}20 + 0 - 0{,}284) = 760\ kN/m^2$

Maßgebend: $\sigma_{R,d} = \sigma_{R,d}^{(A6.2)} = 618\ kN/m^2$

□ 5.12: Fortsetzung Beispiel: Verfahren „Vereinfachter Nachweis in Regelfällen“ (nicht bindiger Baugrund)

9. Spannungsnachweis:

$$\sigma_{R,d} = 618\ kN/m^2 > \sigma_{E,d} = \frac{2700}{1{,}75 \cdot 2{,}60} = 594\ kN/m^2$$

Damit betragen die erforderlichen Fundamentabmessungen:

b = 1,75 m
a = 2,60 m

5.3.4 Bindiger Boden (bB)

5.3.4.1 Bemessungswert des Sohlwiderstands $\sigma_{R,d}$

Tabellen Nach Handbuch Eurocode 7, Band 1 (2011): DIN 1054 (2010), Abschnitt A 6.10.3 darf der Bemessungswert des Sohlwiderstands $\sigma_{R,d}$ bei bindigem Baugrund bei senkrechter oder geneigter Sohldruckbeanspruchung unter den in Abschnitt 5.3.2 genannten Voraussetzungen für Streifenfundamente aus Tabelle □ 5.13 (A.6.5 bis A.6.8) entnommen werden. Berücksichtigung einer ausmittigen Belastung: siehe Abschnitt 5.3.1.

Lößboden Die Werte in Tabelle □ 5.13 (A.6.5 bis A.6.8) sind nicht bei Bodenarten anwendbar, bei denen ein plötzlicher Zusammenbruch des Korngerüstes möglich ist, wie z. B. bei Lößboden.

ULS und SLS In Fällen, die in Tabelle □ 5.13 (A.6.5 bis A.6.8) nicht erfasst sind oder bei denen die Voraussetzungen nach Abschnitt 5.3.2 nicht zutreffen oder deren Breite > 5,0 m ist, müssen die Grenzzustände ULS und SLS nachgewiesen werden.

***d* > 2,00 m** Ist die Einbindetiefe auf allen Seiten des Gründungskörpers d > 2,00 m, so darf der aufnehmbare Sohldruck nach Handbuch Eurocode 7, Band 1 (2011): DIN 1054 (2010), Abschnitt A 6.10.1, A(5) um die Spannung erhöht werden, die sich aus der Bodenentlastung ergibt, die der Mehrtiefe entspricht (siehe Gleichung 5.03)

Solange die maßgebende charakteristische Beanspruchung vorhanden ist, darf der Boden weder vorübergehend noch dauernd entfernt werden

Tabellenwert Der aus den Tabellen A.3 und A.6 (□ 5.13) entnommene Wert für den Bemessungswert des Sohlwiderstands $\sigma_{R,d}$ wird bei d > 2 m nach Gleichung (5.03) erhöht und anschließend „Tabellenwert“ genannt. Alle Erhöhungen nach Abschnitt 5.3.4.2 und Abminderungen nach Abschnitt 5.3.4.3 werden auf diesen „Tabellenwert“ bezogen.

Setzungen Die Verwendung der genannten Werte für σ_{zul} kann nach Handbuch Eurocode 7, Band 1 (2011): DIN 1054 (2010), Abschnitt A 6.10.2.1, A(3) bei mittig belasteten Fundamenten zu Setzungen in der Größenordnung von 2 bis 4 cm führen.

Diese Setzungen beziehen sich nach Handbuch Eurocode 7, Band 1 (2011): DIN 1054 (2010), Abschnitt A 6.10.1, A(6) auf allein stehende Fundamente mit mittiger Belastung. Sie können sich bei gegenseitiger Beeinflussung benachbarter Fundamente vergrößern.

Bei ausmittig belasteten Fundamenten treten Verkantungen auf, die nach Abschnitt 3.2 nachgewiesen werden müssen, sofern sie den Grenzzustand der Gebrauchstauglichkeit wesentlich beeinflussen.

5.13 Bemessungswerte des Sohlwiderstands $\sigma_{R,d}$ für Streifenfundamente nach Handbuch Eurocode 7, Band 1 (2011): DIN 1054 (2010), Tabellen A.6.5 bis A.6.8

- Bindiger Boden
- Voraussetzungen: Abschnitt 5.3.2 (DIN 1054 (2010), Abschnitt A 6.10.1)
- Breiten *b* bzw. *b'* von 0,50 m bis 2,00 m

Tab. A.6.5: Bemessungswert des Sohlwiderstands $\sigma_{R,d}$ auf reinem Schluff bei steifer bis halbfester Konsistenz oder einer mittleren einaxialen Druckfestigkeit $q_{u,k}$ > 120 kN/m² (UL nach DIN 18196)

Kleinste Einbindetiefe des Fundaments [m]	Bemessungswert des Sohlwiderstands $\sigma_{R,d}$ kN/m²
0,5	180
1,0	250
1,5	310
2,0	350

Tab. A.6.6: Bemessungswert des Sohlwiderstands $\sigma_{R,d}$ auf gemischtkörnigem Boden (SU*, ST, ST*, GU*, GT* nach DIN 18196, z.B. Geschiebemergel)

Kleinste Einbindetiefe des Fundaments [m]	Bemessungswert des Sohlwiderstands $\sigma_{R,d}$ kN/m² Mittlere Konsistenz		
	steif	halbfest	fest
0,5	210	310	460
1,0	250	390	530
1,5	310	460	620
2,0	350	520	700
Mittlere einaxiale Druckfestigkeit $q_{u,k}$ in kN/m²	120 bis 300	300 bis 700	> 700

Tab. A.6.7: Bemessungswert des Sohlwiderstands $\sigma_{R,d}$ auf tonig schluffigem Boden (UM, TL, TM nach DIN 18196)

Kleinste Einbindetiefe des Fundaments [m]	Bemessungswert des Sohlwiderstands $\sigma_{R,d}$ kN/m² Mittlere Konsistenz		
	steif	halbfest	fest
0,5	170	240	390
1,0	200	290	450
1,5	220	350	500
2,0	250	390	560
Mittlere einaxiale Druckfestigkeit $q_{u,k}$ in kN/m²	120 bis 300	300 bis 700	> 700

Tab. A.6.8: Bemessungswert des Sohlwiderstands $\sigma_{R,d}$ auf Ton-Boden (TA nach DIN 18196)

Kleinste Einbindetiefe des Fundaments [m]	Bemessungswert des Sohlwiderstands $\sigma_{R,d}$ kN/m² Mittlere Konsistenz		
	steif	halbfest	fest
0,5	130	200	280
1,0	150	250	340
1,5	180	290	380
2,0	210	320	420
Mittlere einaxiale Druckfestigkeit $q_{u,k}$ in kN/m²	120 bis 300	300 bis 700	> 700

Baugrund-festigkeit Die für die Anwendung des Bemessungswerts des Sohlwiderstands $\sigma_{R,d}$ nach Tabelle 5.13 (A.6.5 bis A.6.8) geforderte Festigkeit des Bodens darf nach Handbuch Eurocode 7, Band 1 (2011): DIN 1054 (2010), Abschnitt A 6.10.3.1, A(4) als ausreichend angenommen werden, wenn eine der folgenden Bedingungen zutrifft:

- Entweder muss die Zustandsform (Konsistenz) aus Laborversuchen nach DIN EN 1997-2 (2010), Abschnitt 5.5.7 oder aus Handversuchen nach DIN EN ISO 14688-1 (2003), Abschnitt 5.14

- oder die einaxiale Druckfestigkeit nach DIN EN 1997-2 (2010), Abschnitt 5.8.4 bestimmt werden.

Ergeben sich bei mehreren Versuchen unterschiedliche Werte der Zustandsform oder der einaxialen Druckfestigkeit, dann ist jeweils der Mittelwert innerhalb des in Abschnitt 5.3.2 unter dem Stichwort „Baugrund“ beschriebenen Bodenbereichs maßgebend.

Wenn Versuche zur Ermittlung der Scherfestigkeit c_u des undränierten Bodens vorliegen, dann darf die einaxiale Druckfestigkeit q_u näherungsweise mit $\varphi_u = 0$ aus dem Ansatz

$$q_{u,k} = 2 \cdot c_{u,k} \tag{5.08}$$

ermittelt werden.

5.3.4.2 Erhöhung

Bei Rechteckfundamenten mit einem Seitenverhältnis $b_x : b_y < 2$ bzw. $b'_x : b'_y < 2$ und bei Kreisfundamenten darf der in Tabelle □ 5.13 (A.6.5 bis A.6.8) angegebene bzw. der nach Abschnitt 5.3.4.3 für größere Fundamentbreiten ermittelte Bemessungswert des Sohlwiderstands $\sigma_{R,d}$ nach Handbuch Eurocode 7, Band 1 (2011): DIN 1054 (2010), Abschnitt A 6.10.3.1, A(1) um 20 % erhöht werden.

5.3.4.3 Abminderung

Bei Fundamentbreiten zwischen 2,00 m und 5,00 m muss der in Tabelle □ 5.13 (A.6.5 bis A.6.8) angegebene Bemessungswert des Sohlwiderstands $\sigma_{R,d}$ um 10 % je m zusätzlicher Fundamentbreite nach Handbuch Eurocode 7, Band 1 (2011): DIN 1054 (2010), Abschnitt A 6.10.3.3, A(1) vermindert werden.

Berechnungsbeispiel: □ 5.14

□ 5.14: Beispiel: Ermittlung der zulässigen Belastung nach dem Verfahren „Vereinfachter Nachweis in Regelfällen“ (bindiger Baugrund)

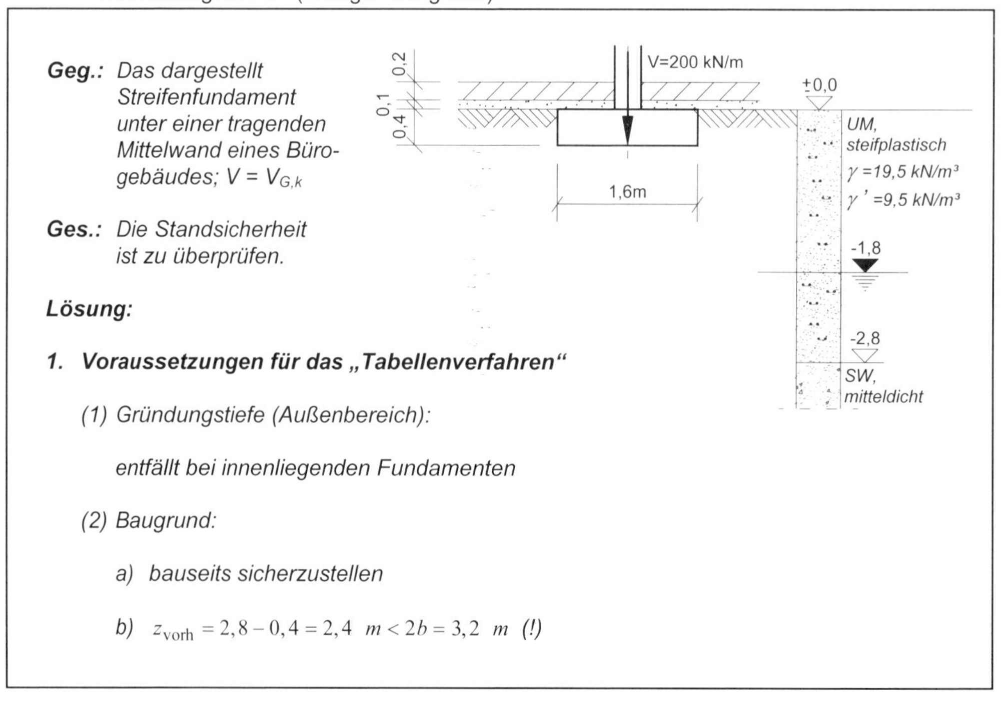

Geg.: *Das dargestellt Streifenfundament unter einer tragenden Mittelwand eines Bürogebäudes; $V = V_{G,k}$*

Ges.: *Die Standsicherheit ist zu überprüfen.*

Lösung:

1. Voraussetzungen für das „Tabellenverfahren“

(1) Gründungstiefe (Außenbereich):

entfällt bei innenliegenden Fundamenten

(2) Baugrund:

a) bauseits sicherzustellen

b) $z_{vorh} = 2,8 - 0,4 = 2,4\ m < 2b = 3,2\ m$ (!)

□ 5.14: Fortsetzung Beispiel: Ermittlung der zulässigen Belastung nach dem Verfahren „Vereinfachter Nachweis in Regelfällen“ (bindiger Baugrund)

Da der darunter anstehende Boden SW eine größere Tragfähigkeit als der Gründungsboden UM hat (Vergleich der Tabellenwerte) ist diese Voraussetzung trotzdem erfüllt.

Bindiger Boden:
Steifplastische Konsistenz $\Rightarrow I_c \geq 0,75$

(3) Belastung:

a) *statisch (s. Aufgabenstellung)*
b) *bauseits sicherzustellen (z.B. konventionelle Bauweise)*
c) *H = 0*
d) *e = 0*

$\Rightarrow$ *Damit sind die Voraussetzungen des „Tabellenverfahrens“ erfüllt.*

2. *Bemessungswert des Sohlwiderstands $\sigma_{R,d}$ (bB)*

(1) Tabellenwert:

UM $\Rightarrow$ *Tabelle A6.5*

$$b = 1{,}6\ m,\ d = 0{,}4 + 0{,}1 + 0{,}2 = 0{,}7\ m \Rightarrow \sigma_{R,d}^{(A6.5)} = 208\ kN/m^2$$

(Die Einbindetiefe kann bis OK Kellersohle angenommen werden.)

(2) Erhöhungen:

$\frac{a}{b} = \infty$ $\Rightarrow$ *keine Erhöhung*

Damit wird $\sigma_{R,d}^{(A6.5)} = 208\ kN/m^2$

3. *Spannungsnachweis*

$$V_d = V_{G,k} \cdot \gamma_G + V_{Q,k} \cdot \gamma_Q = 200 \cdot 1{,}35 = 270\ kN/m$$

$$\sigma_{R,d} = 208\ kN/m^2 > \sigma_{E,d} = \frac{270}{1{,}6} = 169\ kN/m^2$$

Die Fundamentabmessungen sind ausreichend.

5.3.5 Fels

Bemessungswert des Sohlwiderstands $\sigma_{R,d}$

Besteht der Baugrund aus gleichförmigem beständigem Fels in ausreichender Mächtigkeit, so dürfen Fundamente mit der Annahme eines Bemessungswertes des Sohlwiderstands $\sigma_{R,d}$ bemessen werden. Der für quadratische Fundamente maßgebende Bemessungswert des Sohlwiderstands $\sigma_{R,d}$ darf in Abhängigkeit von der einaxialen Druckfestigkeit und vom Kluftabstand des Gebirges nach Handbuch Eurocode 7, Band 1 (2011): DIN 1054 (2010), A 6.10.4 dem Diagramm in □ 5.15 entnommen werden.

□ 5.15: Bemessungswerte des Sohlwiderstands $\sigma_{R,d}$ für quadratische Einzelfundamente auf Fels (Bild A6.3 aus Handbuch Eurocode 7, Band 1 (2011): DIN 1054 (2010), A 6.10.4)

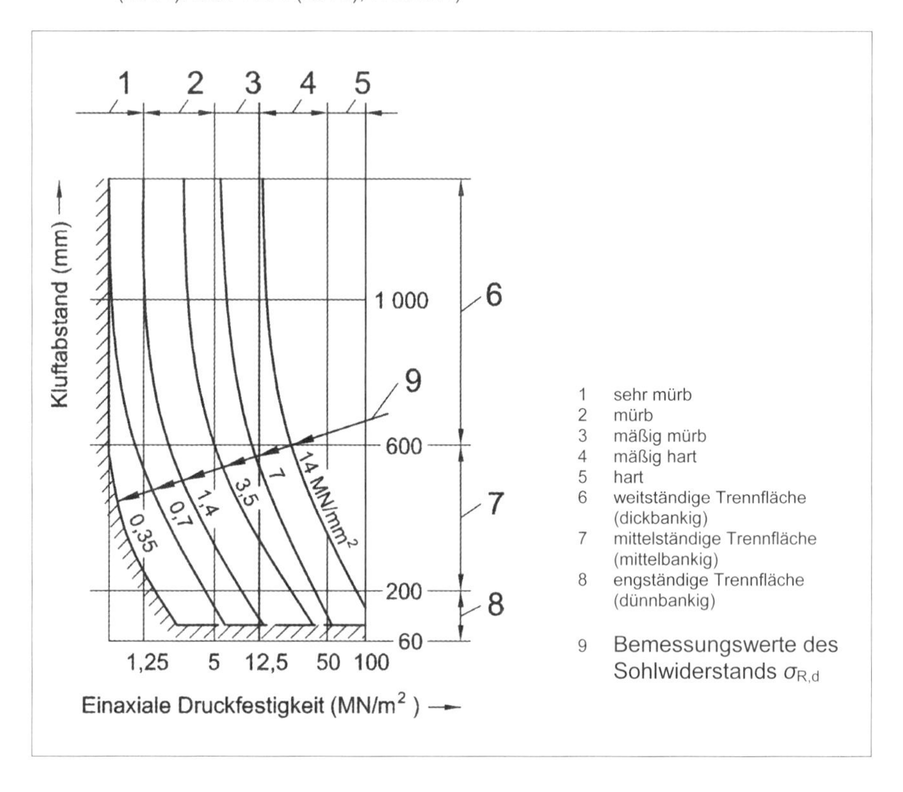

Der Inhalt des Bildes A 6.3 ist nach Handbuch Eurocode 7, Band 1 (2011): DIN 1054 (2010), A 6.10.4, A(1) modifizierter Teil des informativen Anhangs G aus DIN EN 1997-1 (2009). Lokale Erfahrungen haben in der Regel Vorrang.

Beständiger Fels

Nach Handbuch Eurocode 7, Band 1 (2011): DIN 1054 (2010), A 6.10.4 wird Fels als beständig eingestuft, wenn folgende Felseigenschaften gegebene sind:

Raumausfüllung: dicht oder porös (nach DIN EN ISO 14689-1:2004-04, NA.4);
Kornbindung: mindestens mäßig (nach DIN EN ISO 14689-1:2004-04, NA.5);
in Wasser: nicht veränderlich (nach DIN EN ISO 14689-1:2004-04, 2.4.6).

Nicht Beständiger Fels

Ist aufgrund eines Gehalts an Gips, Anhydrit, Salz oder quellfähigen Tonmineralen mit Quell- und Lösungserscheinungen zu rechnen und liegen die vorgenannten Felseigenschaften nicht vor, so sind nach Handbuch Eurocode 7, Band 1 (2011): DIN 1054 (2010), A 6.10.4, A(1) Einzelbetrachtungen erforderlich.

Bezeichnungen Als Orientierungshilfe dient die nicht mehr gültige DIN 1054: 2003-01 und 2005, Abschnitt 7.7.4. Danach wird der Fels nach seiner einaxialen Druckfestigkeit wie folgt bezeichnet:

		$q_{u,k}$	<	1,25 MN/m²:	sehr mürb;
1,25 MN/m²	≤	$q_{u,k}$	<	5,0 MN/m²:	mürb;
5,0 MN/m²	≤	$q_{u,k}$	<	12,5 MN/m²:	mäßig mürb;
12,5 MN/m²	≤	$q_{u,k}$	<	50,0 MN/m²:	mäßig hart;
		$q_{u,k}$	≥	50,0 MN/m²:	hart.

Setzungen Voraussetzung für den angegebenen aufnehmbaren Sohldruck ist nach Handbuch Eurocode 7, Band 1 (2011): DIN 1054 (2010), A 6.10.4, A(2), dass im Gebrauchszustand (SLS) Setzungen in der Größenordnung von 0,5 % der kleineren Fundamentbreite zulässig sind. Der aufnehmbare Sohldruck bei anderen Setzungsvorgaben darf geradlinig interpoliert werden.

5.3.6 Künstlich hergestellter Baugrund

Nach Handbuch Eurocode 7, Band 1 (2011): DIN 1054 (2010), A 6.10.5 dürfen die Werte für den aufnehmbaren Sohldruck nach den Abschnitten 5.3.3 bzw. 5.3.4 auch für Fundamente verwendet werden, die auf künstlich hergestelltem Baugrund gegründet werden, wenn folgende Voraussetzung erfüllt sind:

- künstlich hergestellter Baugrund oder Schüttungen müssen die unter Abschnitt 5.3.2 genannten Bedingungen erfüllen und

- bindige Schüttstoffe müssen einen Verdichtungsgrad D_{Pr} ≥ 100 % Mittelwert, mindestens aber 97% als Untergrenze aufweisen.

5.4 Unbewehrte Fundamente

Anwendung Bei geringen Bauwerkslasten und tragfähigem Baugrund ist die Fundamentauskragung a so gering (□ 5.16, □ 5.17), dass das Fundament unbewehrt bleiben kann. Unbewehrte Streifenfundamente sind daher die typische Gründungsform bei kleineren Hochbauten.

Bemessung Bei unbewehrten Fundamenten müssen die auftretenden Biegezugspannungen vom Beton aufgenommen werden. Die zulässige Fundamentbreite b ist daher begrenzt und setzt eine entsprechende Fundamenthöhe d_F voraus, die sich aus dem Verhältnis d_F/a ergibt (□ 5.16, □ 5.17).

□ 5.16: Mindestwerte tan $\alpha = d_F/a$ für unbewehrte Fundamente (nach DIN EN 1992-1-1)

Bemessungswert der Sohldruckbeanspruchung $\sigma_{E,d}$	in kN/m²	200	300	400	500
Betonfestigkeitsklasse	C12/15	1,17	1,43	1,65	unz.
	C16/20	1,07	1,31	1,52	1,70
	C20/25	1,00	1,22	1,41	1,58
	C25/30	unzulässig	1,12	1,29	1,44
	C30/37		1,06	1,22	1,37
	C35/45		1,01	1,17	1,30

□ 5.17: Beispiel: unbewehrtes Fundament

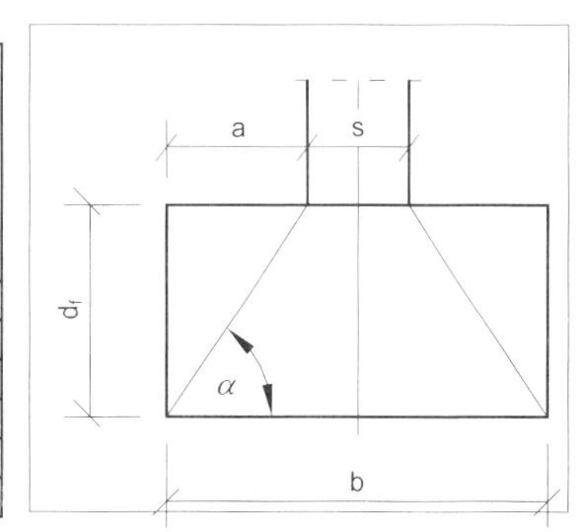

Bei bindigen Böden sollte das Verhältnis d_F/a auch bei geringem Sohldruck nicht kleiner als 1,2 werden. Eine evtl. Fundamentabtreppung darf die durch den Mindestwert gebildete Steigungsgerade nicht schneiden (□ 5.17).

Berechnungsbeispiel: □ 5.18.

□ 5.18: Beispiel: Bemessung eines unbewehrten Streifenfundaments

Geg.: *Das dargestellte Streifenfundament Unter der Außenwand eines Wohnhauses ist ein Fundament (C12/15) geplant.*
$V = V_{G,k}$

Ges.: *Bemessung als unbewehrtes Fundament*

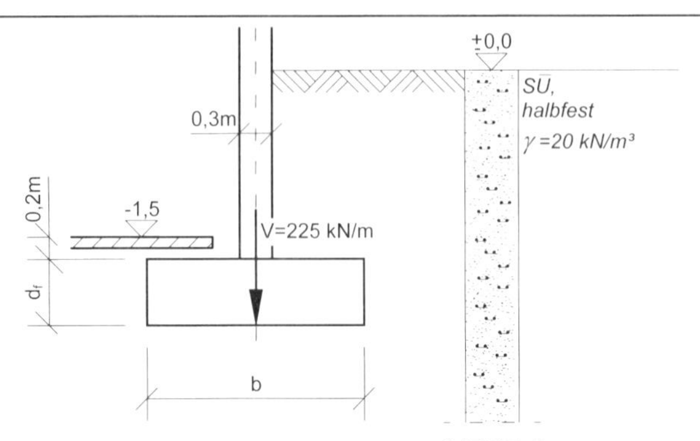

Lösung:

Vorbemerkungen:

Die Voraussetzungen des Verfahrens „Vereinfachter Nachweis in Regelfällen" *nach Handbuch Eurocode 7, Band 1 (2011): DIN 1054 (2010), Abschnitt A 6.10.3 sind erfüllt, selbst wenn sich nachträglich_z < 2b ergibt: Der Boden SU ist tragfähiger als der Boden SU = SU* (vgl. Tabellenwerte).*

Mit den geschätzten Ausgangswerten

$$b \leq 2{,}0 \quad m$$

$$d = 0{,}8 \quad m$$

erhält man aus Tabelle A 6.6, Handbuch Eurocode 7, Band 1 (2011): DIN 1054 (2010), Abschnitt A 6.10.3:

$$\sigma_{R,d}^{(A6.4)} = 358 \quad kN/m^2$$

Erhöhung: entfällt

Abminderung: entfällt

Damit wird $\sigma_{R,d} = 358 \quad kN/m^2$
und die erforderliche Fundamentbreite

$$V_d = V_{G,k} \cdot \gamma_G + V_{Q,k} \cdot \gamma_Q = 225 \cdot 1{,}35 = 304 \quad kN/m$$

$$\sigma_{R,d} = 358 \quad kN/m^2 \geq \sigma_{E,d} = \frac{304}{b_{erf}} \Rightarrow b_{erf} \geq \frac{304}{358} = 0{,}85 \quad m$$

Wegen der noch nicht berücksichtigten Fundamenteigenlast wird gewählt: b = 0,9 m

□ 5.18: Fortsetzung Beispiel: Bemessung eines unbewehrten Streifenfundaments

Mit den Ausgangswerten:

$\sigma_{E,d} \approx 300 \ kN/m^2$

Beton – Festigkeitsklasse C12/16

wird der Mindestwert $\frac{d_f}{a} = 1{,}43$

und die erforderliche Fundamenthöhe

$$d_{f,erf} \geq 1{,}43 \cdot a = 1{,}43 \cdot \frac{1}{2} \cdot (1{,}0 - 0{,}3) = 0{,}501 \ m$$

gew.: $d_F = 0{,}50 \ m$

$$\Rightarrow d = d_f + 0{,}20 = 0{,}50 + 0{,}20 = 0{,}70 \ m$$

Spannungsvergleich:

$$\sigma_{R,d} = 358 \ kN/m^2 \geq \sigma_{E,d} = \frac{304 + 23 \cdot 0{,}9 \cdot 0{,}50}{0{,}9} = 350 \ kN/m^2$$

Öffnungen Im Bereich von Wandöffnungen (Türen o. ä.) muss das Streifenfundament bewehrt werden. ⇒ DIN EN 1992.

Kreuzungen Kreuzungsstellen in unbewehrten Streifenfundamenten müssen bewehrt und gepolstert werden (□ 5.19).

□ 5.19: Beispiel: Kreuzung Grundleitung – Streifenfundament: a) Grundriss, b) Schnitt

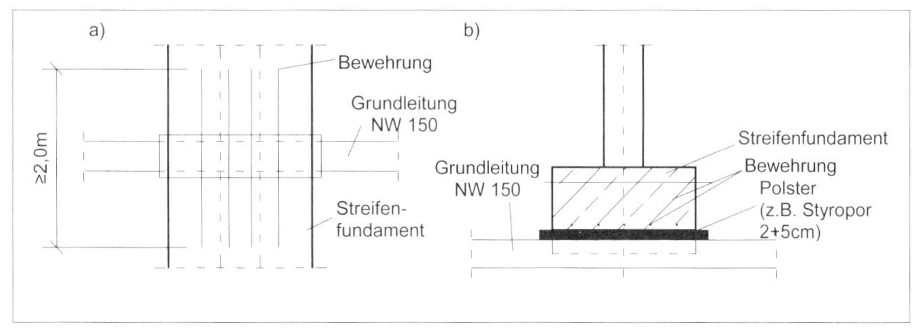

Anschlüsse Die Anschlüsse eines unbewehrten Streifenfundaments an eine unbewehrte Betonwand erfolgt über Steckeisen (□ 5.20 a), an eine bewehrte Wand mit Anschlussbewehrung, die unten Winkelhaken erhält (□ 5.20 b).

□ 5.20: Beispiel: Anschluss eines unbewehrten Streifenfundamentes an eine a) unbewehrte, b) bewehrte Wand

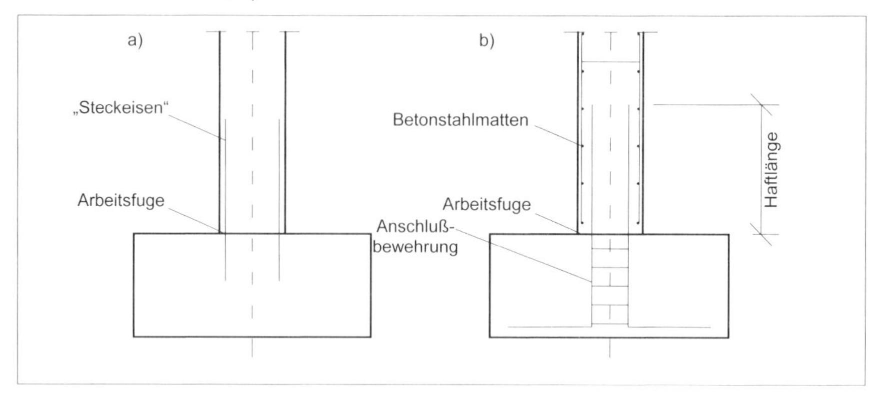

Beim Anschluss eines Beton(fuß)bodens an ein Streifenfundament muss darauf geachtet werden, dass der Betonboden nicht durchgehend über das Fundament betoniert und anschließend die Wand aufgesetzt wird (□ 5.21 c). Diese Lösung ist zwar ausführungstechnisch einfach, hat aber regelmäßig Risse im Beton(fuß)boden zur Folge. Der Fußboden sollte entweder mit entsprechenden Fugen auf das Fundament aufgelegt (□ 5.21 a) oder nur bis an das Fundament herangeführt werden (□ 5.21 b).

□ 5.21: Beispiel: Anschluss eines Beton(fuß)bodens an ein Streifenfundament: a), b) 1. und 2. Möglichkeit, c) falscher Anschluss

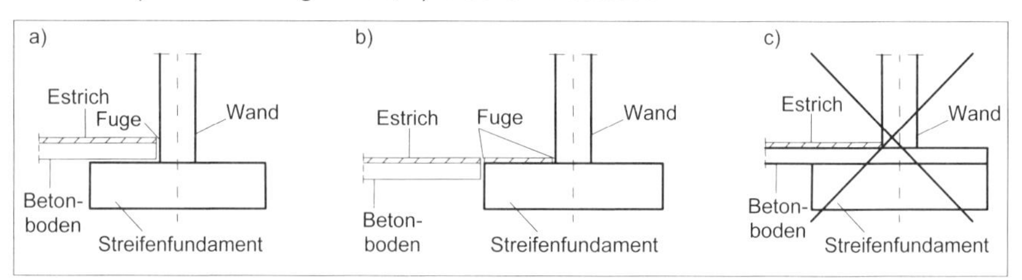

5.5 Bewehrte Fundamente

Anwendung Wenn unbewehrte Fundamente wegen großer Bauwerkslasten oder aus konstruktiven oder wirtschaftlichen Gründen nicht ausgeführt werden können.

Bemessung Die Bemessung nach der äußeren Standsicherheit (siehe Abschnitt 5.1) erfolgt wie in den Abschnitten 5.2 und 5.3 beschrieben.

Die Bemessung nach der inneren Standsicherheit (siehe Abschnitt 5.1) erfolgt bei bewehrten Einzel- und

□ 5.22: Verteilung von M_x, α-Werte (Kintrup 1994)

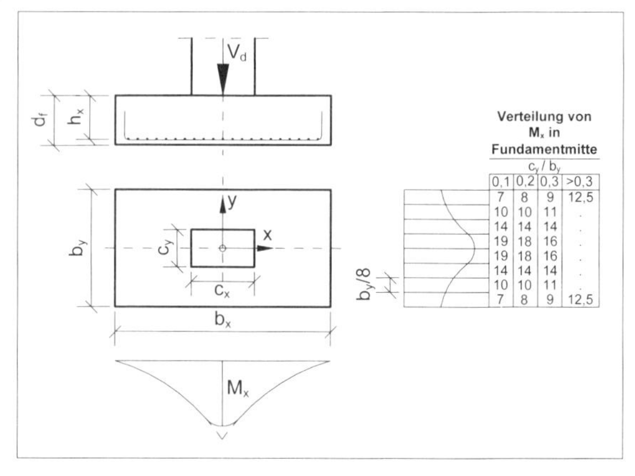

0,1	0,2	0,3	>0,3
7	8	9	12,5
10	10	11	.
14	14	14	.
19	18	16	.
19	18	16	.
14	14	14	.
10	10	11	.
7	8	9	12,5

Streifenfundamenten auf Biegung und - wegen ihrer geringen Höhe - auf Schub und Durchstanzen ⇒ DIN EN 1992-1-1

Bei der Ermittlung der Schnittgrößen müsste eigentlich die genauere, ungleichmäßige Sohlduckverteilung (siehe Abschnitt 4.2) berücksichtigt werden. Wegen der aufwändigen Ermittlung dieser Verteilung begegnet man diesem Problem jedoch in der Berechnungspraxis meist durch stark vereinfachende Annahmen und einen entsprechend erhöhten Bewehrungsaufwand.

Einzelfundamente Anstelle von Hauptmomenten werden die Momente M_x und M_y parallel zu den Fundamentseiten ermittelt (Grasser / Thielen 1991). Dabei wird vereinfachend von einer geradlinig begrenzten Sohldruckfigur ausgegangen (siehe Abschnitt 4.1) und die Vertikalkraft ohne Fundamenteigenlast angesetzt. Die Konzentration der Momente unter der Stütze wird durch Faktoren berücksichtigt (5.22), wobei das Fundament in Streifen von *b*/8 unterteilt wird.

Die Biegebewehrung von Einzel- und Streifenfundamenten sollte ohne Abstufung bis zum Rand verlegt werden.

Neben der Biegebemessung sind zu überprüfen: Sicherheit gegen Durchstanzen und Aufnahme der Schubspannungen.

⇒ Betonkalender (verschiedene Jahrgänge), Schlaich / Schäfer (1991), Schneider (2012)

Streifenfundamente Die Bewehrung quer zur Wand wird wie in *x*-Richtung bei Einzelfundamenten (siehe oben) berechnet. In Längsrichtung wird eine konstruktive Bewehrung eingelegt.

⇒ Betonkalender (verschiedene Jahrgänge), Schlaich / Schäfer (1991), Schneider (2012).

Stiefelfundamente Einseitige Streifenfundamente ("Stiefelfundamente") werden bei einer Grenzbebauung erforderlich. Durch die Ausmittigkeit entsteht das Moment $V \cdot e$, welches das Fundament verdrehen will. In einfachen Fällen und bei geeignetem Baugrund kann dieses Moment durch das Gegenmoment $R \cdot z$ aus Sohlreibung in Verbindung mit einer bewehrten Fußbodenplatte aufgenommen werden (5.23 a). Andere Möglichkeiten sind, das Moment durch Querwände oder -pfeiler aufzunehmen (5.23 b) oder das Fundament auf Torsion zu bewehren. Biegesteife Ausführung von Wand und Fundament: 5.23 c.

5.23: Beispiel: Einseitiges Fundament

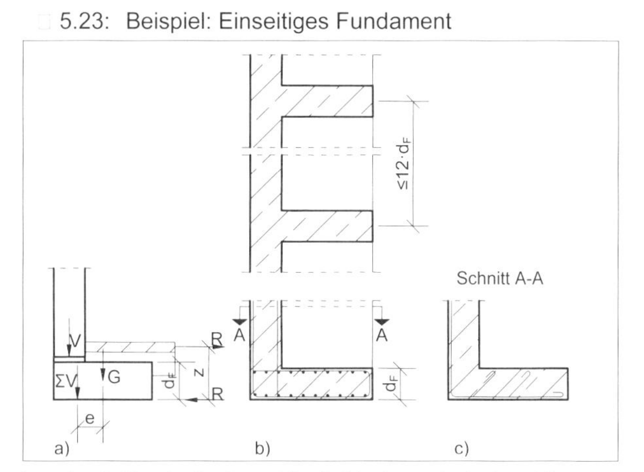

⇒ Kanya (1969), Watermann (1967).

5.6 Kontrollfragen

- Welche Aufgabe haben Fundamente?
- Flächengründung? Flachgründung? Flachgründung auf verbessertem Baugrund?
- Tiefgründung? Arten / Lastabtragung von Tiefgründungen? Unterschied Flächengründung - Pfahlgründung? Unterschied Flachgründung - Tiefgründung? Unterschied Flächengründung - Flachgründung?
- Streifenfundament? Einzelfundament?
- Formen von Einzel- und Streifenfundamenten? Skizzen! Vor- und Nachteile?
- Warum sind unbewehrte Fundamente höher als bewehrte?
- Möglichkeit der Betonersparnis bei unbewehrten Fundamenten? Beurteilung?
- Warum sind bewehrte Fundamente u. U. wirtschaftlicher als unbewehrte?
- Abschrägungen bei bewehrten Fundamenten? Beurteilung?
- Gründungssohle? Gründungstiefe?
- Mindesteinbindetiefe? Wovon hängt sie ab?
- Herstellung von Streifen- und Einzelfundamenten bei nichtbindigem / bindigem Baugrund?
- Erdschalung / Fundamentschalung?
- Schutz der Gründungssohle vor Erstellen des Fundaments?
- Vorbereitung der Gründungssohle bei bindigen Böden?
- Lichter Mindestabstand zwischen Fundamenten?
- Was muss bei Fundamenten mit unterschiedlicher Tiefenlage beachtet werden?
- Äußere / innere Standsicherheit von Fundamenten?
- Möglichkeiten der Bemessung nach der äußeren Standsicherheit?
- Bemessung nach der inneren Standsicherheit?
- Wann muss die direkte Bemessung angewendet werden?
- Der Verlauf einer Probebelastung ist zu beschreiben. Skizzen!
- Bemessung mit dem Tabellenverfahren / direkte Bemessung von Streifen- und Einzelfundamenten?
- Der Vorgang der direkten Bemessung eines Fundaments ist zu beschreiben!
- Erläutern Sie mit Hilfe der Last-Setzungs-Linie: Grundbruchlast, aufnehmbare Last in Hinblick auf den Grundbruch / auf die Setzungen!
- Was versteht man unter einem „einfachen Fall" (dem („Tabellenverfahren")?
- Welche Bedingung muss beim Tabellenverfahren eingehalten werden?
- Einwirkender / aufnehmbarer Sohldruck?
- Verfahren bei ausmittiger Belastung? Reduzierte Sohlfläche?
- Voraussetzungen für das Tabellenverfahren bezüglich Geländeoberfläche und Schichtgrenzen, Baugrund, Belastung? Frostsicherheit? Porenwasserdruck? Neigung der Resultierenden?
- Das Tabellenverfahren ist nicht anwendbar, was tun?
- Welche Beanspruchung darf nicht vorliegen, wenn das Tabellenverfahren angewendet werden soll?
- Wie groß ist die zulässige Ausmittigkeit / klaffende Fuge beim Tragfähigkeitsnachweise / Gebrauchstauglichkeitsnachweise bei a) ständige Last? b) Gesamtlast?
- Sonderbestimmung für nichtbindigen Boden und Grundwasser?
- Welche Fundamentformen und -größen umfasst das Tabellenverfahren?
- Aufnehmbarer Sohldruck in Abhängigkeit von der Bodenart / der Fundamentbreite / der Einbindetiefe?
- Baugrund: UM. Welche Tabelle ist maßgebend?
- Wogegen müssen die Böden bei der Gründung geschützt werden?
- Wie dick muss die tragfähige Schicht unter einem Fundament beim Tabellenverfahren mindestens sein?
- Wie muss ein nichtbindiger / bindiger Boden beschaffen sein, damit das Tabellenverfahren angewendet werden kann?
- Was ist ein setzungsempfindliches / ein setzungsunempfindliches Bauwerk?
- Wovon hängt der aufnehmbare Sohldruck bei nichtbindigen Böden ab?
- Was ist ein „Tabellenwert"?
- Warum nimmt σ_{zul} bei Tabelle A.2 mit b und d zu?
- Warum nehmen die Werte der Tabelle A.1 nach anfänglicher Zunahme wieder ab?
- In welchen Fällen dürfen die Tabellenwerte für nichtbindige Böden erhöht werden?
- In welchen Fällen müssen die Tabellenwerte für nichtbindige Böden herabgesetzt werden?
- Wie wird der aufnehmbare Sohldruck für bindigen Boden beim Tabellenverfahren bestimmt?
- Erhöhung / Abminderung der Tabellenwerte für bindige Böden?
- Welche Setzungen können bei nichtbindigen / bindigen Böden bei der Bemessung nach dem Tabellenverfahren auftreten?
- Aufnehmbarer Sohldruck bei Fels / künstlich hergestelltem Baugrund?
- Anwendung von unbewehrten / bewehrten Fundamenten?
- Bemessung eines unbewehrten Streifenfundaments?
- Bewehrung von unbewehrten Streifenfundamenten im Bereich von Wandöffnungen?
- Zeichnen Sie die Kreuzung einer Grundleitung mit einem unbewehrten Streifenfundament!
- Zeichnen Sie den Anschluss eines unbewehrten Streifenfundaments an eine a) unbewehrte, b) bewehrte Wand!
- Zeichnen Sie den Anschluss eines Beton(fuß)bodens an ein Streifenfundament!
- Bemessung von bewehrten Fundamenten?
- Bemessung von einseitigen Streifenfundamenten (Stiefelfundamenten)?

5.7 Aufgaben

5.7.1 Geg.: Streifenfundament, b = 4,5 m, d = 1 m, SW, C_U = U = 12, D = 0,48. Ges.: Bemessungswert des Sohlwiderstands a) für setzungsempfindliches, b) für setzungsunempfindliches Bauwerk nach dem Tabellenverfahren.

5.7.2 Geg.: Streifenfundament, b = 1 m, d = 3 m, SE, C_U = U = 2,8, D = 0,4, γ = 18 kN/m^3. Ges.: Bemessungswert des Sohlwiderstands für setzungsempfindliches Bauwerk nach dem „Tabellenverfahren".

5.7.3 Geg.: Streifenfundament, SE, C_U = U > 3, D = 0,8 b = 1 m, d = 2,4 m. Ges.: Bemessungswert des Sohlwiderstands?

5.7.4 Wie ist beim „Tabellenverfahren" die Größe der H-Kraft bei bindigen Böden begrenzt?

5.7.5 „Tabellenverfahren". Wo steht die Last auf der reduzierten Fläche, wenn e_{vorh} > 0?

5.7.6 „Tabellenverfahren“ bei bindigem Boden: Wann wird der Bemessungswert des Sohlwiderstands erhöht (e) / abgemindert (a) / unverändert gelassen (u)? a) ausmittige Belastung; b) b = 3 m, e = 0; c) a/b = 1, d) Horizontallast H < 1/4 V, e) Grundwasser d < b.

5.7.7 Stützenfundament auf bindigem Baugrund. $V = V_{G,k}$ = 1000 kN, H = = $H_{G,k}$ =200 kN, e^g < b/6. Sind die Voraussetzungen des Tabellenverfahren bezüglich der Belastung erfüllt?

5.7.8 In welchen Fällen darf der Bemessungswert des Sohlwiderstands beim „Tabellenverfahren“ a) bei nichtbindigen Böden erhöht, / muss sie b) bei bindigen Böden herabgesetzt werden?

5.7.9 Wichtigstes Kriterium für die Setzungsempfindlichkeit eines Bauwerks?

5.7.10 Geg.: Starres Rechteckfundament a = 6,0 m, b = 4,0 m; Gründungstiefe bei - 3,0 m. Baugrund: ± 0,0 bis - 4,6 m: Sand: φ' = 32,5°, γ = 18,0 kN/m^3, $E_m \approx \infty$; - 4,6 bis - 7,0 m: Schluff, φ' = 27,5°, γ = 20,0 kN/m^3, E_m = 6 MN/m²; ab - 7,0 m: Kies-Sand, φ' = 35,0°, γ = 19,0 kN/m^3, $E_m \approx \infty$. Ges.: Zulässige mittige Belastung $V_{zul} = V_{G,k}$, wenn 3 cm Setzung zugelassen werden.

5.7.11 Geg.: Streifenfundament in nichtbindigem Boden, b = 1,8 m; Wandlast $V = V_{G,k}$ = 340 kN/m, Wanddicke 0,3 m. Ges.: Mindesthöhe des unbewehrten Streifenfundaments in B 10.

5.7.12 Geg.: Rechteckfundament unter einem setzungsempfindlichen Bauwerk, a = 4,0 m, b = 3,2 m, Gründungstiefe bei - 1,5 m. Baugrund: SE, γ = 18,0 kN/m3, D = 0,62, $C_U = U$ = 7, Grundwasser bei - 1,8 m. Ges.: Zulässige mittige Vertikallast $V_{zul} = V_{G,k}$ nach dem Tabellenverfahren.

5.7.13 Bei einer Fundamentbemessung nach dem „Tabellenverfahren“ ergab sich die Gleichung $\sigma_{R,d}$ = 370 (1 - H/V)².
Ges.: Wie groß darf bei $V = V_{G,k}$ = 1700 kN die Horizontalkraft maximal werden, damit $\sigma_{R,d}$ = 200 kN/m² beträgt?

5.7.14 Geg.: Rechteckfundament unter der Stütze eines setzungsunempfindlichen Bauwerks, a = 2,4 m, b = 1,4 m; Gründungstiefe bei - 1,2 m. Baugrund: ± 0,0 bis - 6,0 m: SW, γ = 18,0 kN/m^3, D = 0,62, U = 10,0; ab - 6,0 m: UL, steifplastisch. Ges.: Zulässige Belastung V_{zul} nach dem Tabellenverfahren.

5.7.15 Bei dem „Tabellenverfahren“ muss die aus der Tabelle abgelesene zulässige Sohldruck abgemindert werden, wenn im Einflussbereich des Fundaments Grundwasser ansteht. Begründung?

5.7.16 Warum nimmt der Bemessungswert des Sohlwiderstands in den Tabellen der DIN 1054 (5.06) mit der Einbindetiefe zu?

5.7.17 Von welcher Bodenkennzahl hängt der zulässige Sohldruck in den Tabellen des Handbuchs Eurocode 7, Band 1 (2011): DIN 1054 (2010) bei bindigen Böden ab?

5.7.18 Wie berücksichtigt man bei der Setzungsermittlung die bekannte Tatsache, daß die Berechnungsverfahren zu große Werte liefern?

5.7.19 Geg.: Streifenfundament, b = 3,9 m, Gründungstiefe - 1,5 m. V = 1800 kN/m (mittig, einschließlich Fundamenteigenlast). Baugrund: SE mit ausreichender Lagerungsdichte bis in große Tiefe. Welche Ausmittigkeit ist nach DIN 1054 möglich, wenn $V = V_{G,k}$ eine ständige Last ist?

5.7.20 Warum nimmt der Bemessungswert des Sohlwiderstands in Tabelle 6.1 des Handbuchs Eurocode 7, Band 1 (2011): DIN 1054 (2010) (5.08) mit der Fundamentbreite zunächst zu und dann wieder ab?

5.7.21 Geg.: Streifenfundament, V = 400 kN/m (einschließlich Fundamenteigenlast), Lastfall 1, setzungsempfindliches Bauwerk, Einbindetiefe 3,5 m. Baugrund (einfach verdichtet): SW, U = 8, w = 0,1, n = 0,35, φ' = 35,0°, Grundwasserspiegel in Gründungssohle. Gesucht: a) Fundamentbreite nach dem „Tabellenverfahren“ DIN 1054, b) aufgrund ausreichender Grundbruchsicherheit (Setzungen nicht berücksichtigen).

5.7.22 Geg.: Streifenfundament mit schräger Belastung; Baugrund: Ton. Wie wird die H-Kraft bei dem „Tabellenverfahren“ berücksichtigt?

5.7.23 „Tabellenverfahren“ bei bindigem Baugrund. Geben Sie an, ob die Tabellenwerte in folgenden Fällen erhöht (e), herabgesetzt (h) werden oder unverändert (u) bleiben: a) ausmittige Last, b) Fundamentbreite 2...5 m, c) d > 2 m, d) a/b < 2, e) Horizontallast, f) Abstand Grundwasser - Fundament < b.

5.7.24 Geg.: Streifenfundament unter einem setzungsunempfindlichen Bauwerk, b = 2,4 m, Gründungstiefe bei - 1,0 m; Resultierende (ständige) Last V = 500 kN/m; H = 0; Ausmittigkeit e = 0,5 m. Baugrund: SE bis z = 6 m, U > 3, D_{Pr} = 99%, kein Auswaschen möglich, γ = 18,0 kN/m3; kein Grundwasser. Ges.: Bemessung nach dem „Tabellenverfahren“ des Fundaments.

5.7.25 Geg.: Starres Quadratfundament mit V = = $V_{G,k}$ = 500 kN (einschließlich Fundamenteigenlast); Einbindetiefe 3 m; Grundwasserspiegel in Höhe der Gründungssohle. Baugrund: bis - 1 m: mS mit φ' = 30°, γ = 17,0 kN/m^3; bis - 2 m: S,u mit φ' = 27,5°, γ = 20,0 kN/m3, c = 0; darunter L (einfach verdichtet) mit n = 0,4, w = 0,22, γ_s = 26,7 kN/m^3, φ' = 22,5°, c' = 5 kN/m², E_m = 8 MN/m². Ges.: a) Fundamentbreite („Tabellenverfahren“), b) Setzung.

5.7.26 Geg.: Rechteckfundament unter einem setzungsempfindlichen Bauwerk, b = 1,5 m, a = 2,0 m; Gründungstiefe bei - 3,5 m; Baugrund: SE bis z = 8 m, $C_U = U$ = 4, kein Auswaschen möglich, γ_d = 15,5 kN/m^3, w = 0,1, n_{max} = 0,48, n_{min} = 0,3, kein Grundwasser. Ges.: Bemessungswert des Sohlwiderstands nach Handbuch Eurocode 7, Band 1 (2011): DIN 1054 (2010).

5.8 Weitere Beispiele

Zahlenbeispiele: 5.24 bis 5.31.

5.24: Beispiel: Bemessung eines Mastfundaments nach dem Verfahren „Vereinfachter Nachweis in Regelfällen“

Geg.: *das Quadratfundament aus Beton (γ = 23 kN/m³) unter dem dargestellten Masten; BS-P*

Ges.: *die erforderlichen Abmessungen Des Mastfundamentes*

Lösung: *$U = C_U$*

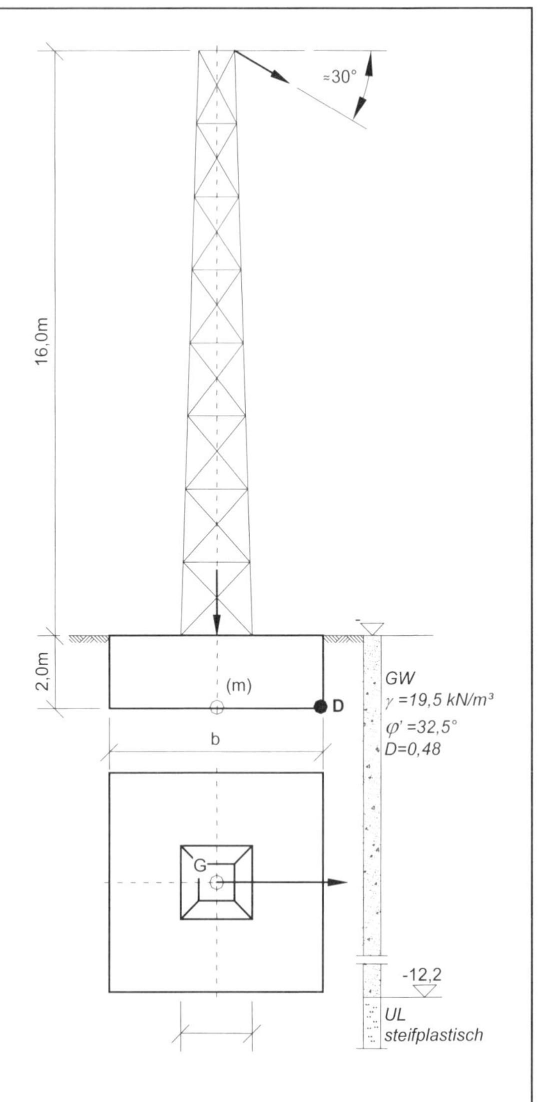

Vorbemerkung:

Als besonderes Kriterium für die Bemessung ist zu beachten, dass verhältnismäßig geringe Horizontallasten das Bauwerk mit einem großen Hebelarm beanspruchen. Vorrangig für die Bemessung ist somit die Begrenzung der Ausmittigkeit.

Alle Lasten sind charakteristische Lasten.

Lastzusammenstellung

Vertikallasten:

$G = 600 \ kN$

$G_F = 23 \cdot 2,0 \cdot b^2 = 46,0 \ b^2$

$S_V^g = 27,0 \ kN$

$S_V^p = 12,5 \ kN$

Horizontallasten:

$S_H^g = 46,8 \ kN$

$S_H^p = 21,7 \ kN$

$E_{p,red} = 0,5 \cdot \frac{1}{2} \cdot 19,5 \cdot 2,0^2 \cdot 3,32 \ b$

$= 64,7 \ b$

$\left(\alpha = \beta = \delta = 0 \Rightarrow K_{ph} = 3,32\right)$

1. Voraussetzungen für das „Tabellenverfahren“

(1) Belastung:

Mindestbreite für die Bedingung $e^g = \frac{b}{6}$:

□ 5.24: Fortsetzung Beispiel: Bemessung eines Mastfundaments nach dem Verfahren „Vereinfachter Nachweis in Regelfällen“ (nicht bindiger Baugrund)

$$e^{g} = \frac{\sum M_{(m)}}{\sum V} = \frac{46,8 \cdot 18,0 - 64,7b \cdot \frac{2,0}{3}}{600 + 27,0 + 46,0 \ b^2} \overset{!}{=} \frac{b}{6} \qquad \Rightarrow b_{erf} \approx 3,5 \ m$$

Mindestbreite für die Bedingung $e^{g+p} = \frac{b}{3}$:

$$e^{g+p} = \frac{46,8 \cdot 18 - 64,7 \ b \cdot \frac{2,0}{3} + 21,7 \cdot 18,0}{600 + 27,0 + 46,0 \ b^2 + 12,5} \overset{!}{=} \frac{b}{3}$$

$$\Rightarrow b_{erf} \approx 3,2 \ m$$

gew.: b = 3,5 m

Damit wird

$$e^{g} = 0,58 \ m = \frac{b}{6} = \frac{3,50}{6} = 0,58 \ m$$

$$e^{g+p} = 0,90 < \frac{b}{3} = \frac{3,50}{3} = 1,17 \ m$$

Kontrolle: *Der Nachweis der Sicherheit gegen Gleichgewichtsverlust durch Kippen (EQU) in der Sohlfuge um den Drehpunkt D muss ebenfalls erfüllt sein (siehe auch Abschnitt 2.4): D ist die rechte Außenkante (siehe Systembild)!*

$$M_{E,d}^{D} = (\sum M_{G,k,dst}^{D}) \cdot \gamma_{G,dst} + (\sum M_{Q,k,dst}^{D}) \cdot \gamma_{Q} \leq M_{R,d}^{D} = (\sum M_{G,k}^{D}) \cdot \gamma_{G,stb}$$

$$M_{E,d}^{D} = 46,8 \cdot 18,0 \cdot 1,1 + 21,7 \cdot 18,0 \cdot 1,5 = 1512,5 \ kNm$$

$$M_{R,d}^{D} = (600 + 27,0 + 46,0 \cdot 3,5^2) \cdot \frac{3,5}{2} \cdot 0,9 = 1875,0 \ kNm$$

$$\Rightarrow M_{E,d}^{D} = 1512,5 \ kNm < M_{R,d}^{D} = 1875,0 \ kNm$$

Nachweis EQU erfüllt!

(2) Gründungstiefe (Außenbereich):

$$d_{vorh} = 2,0 \ m > 0,8 \ m$$

(3) Baugrund:

a) bauseits sicherzustellen

b) $z_{vorh} = 12,2 - 2,0 = 10,2 \ m$

Unter der Voraussetzung, dass die erforderliche Fundamentbreite $b \leq 5,1 \ m$ *beträgt, ist o.a. Bedingung erfüllt.*

Nicht bindiger Boden: $D_{vorh} = 0,48 > D_{erf} = 0,45 \ (U > 3)$

□ 5.24: Fortsetzung Beispiel: Bemessung eines Mastfundaments nach dem Verfahren „Vereinfachter Nachweis in Regelfällen" (nicht bindiger Baugrund)

(4) Belastung (Fortsetzung):

a) statisch
b) entfällt

(5) Sonderbestimmung für nbB:

Grundwasser unterhalb Fundamentsohle.

$\Rightarrow$ *Damit sind die Voraussetzungen des „Tabellenverfahrens" erfüllt.*

2. Bemessungswert des Sohlwiderstands $\sigma_{R,d}$ (nbB)

Tabellenwert: *Setzungsunempfindlich* $\Rightarrow$ *Tabelle A.6.1*

reduzierte Fläche:

$$3{,}5 - 0 = 3{,}5 \;\; m \mathrel{\hat{=}} a'$$
$$3{,}5 - 2 \cdot 0{,}90 = 1{,}7 \;\; m \mathrel{\hat{=}} b'$$

$$b' = 1{,}7 \;\; m, \;\; d = 2{,}0 \;\; m \Rightarrow \sigma_{R,d}^{(A6.1)} = 896 \;\; kN/m^2$$ *(interpoliert)*

(1) Erhöhungen:

a) $\frac{a}{b} = 1{,}0 < 2; \;\; d_{\text{vorh}} = 2{,}0 \;\; m > 0{,}6 \cdot 1{,}7 = 1{,}0 \;\; m \Rightarrow$ *20% Erhöhung*

b) $D_{\text{vorh}} = 0{,}48 < D_{\text{erf}} = 0{,}65 \;\; (U > 3) \Rightarrow$ *keine Erhöhung*

(2) Abminderungen:

a) entfällt (kein Grundwasser im maßgebenden Bereich).
b) Abminderungsfaktor (ohne E_p!)

$$\left(1 - \frac{46{,}8 + 21{,}7}{600 + 27{,}0 + 12{,}5 + 46{,}0 \cdot 3{,}5^2}\right)^2 = \left(1 - \frac{68{,}5}{1203{,}0}\right)^2 = 0{,}889$$

Damit wird $\sigma_{R,d} = 896 \cdot (1 + 0{,}20 + 0 - 0) \cdot 0{,}889 = 955 \;\; kN/m^2$

3. Spannungsnachweis

$$V_d = V_{G,k} \cdot \gamma_G + V_{Q,k} \cdot \gamma_Q = (600 + 27{,}0 + 46{,}0 \cdot 3{,}5^2) \cdot 1{,}35 + 12{,}5 \cdot 1{,}50 = 1625{,}9 \;\; kN$$

$$\sigma_{R,d} = 955 \;\; kN/m^2 >> \sigma_{E,d} = \frac{1625{,}9}{3{,}5 \cdot 1{,}7} = 273{,}3 \;\; kN/m^2$$

Anmerkung: Wegen der übergreifenden Bedingung $e^g = \frac{b}{6}$ *kann die zulässige Spannung nicht besser ausgenutzt werden.*

Die erforderlichen Fundamentabmessungen betragen: a = b = 3,50 m.

5.25: Beispiel: Fundamentbemessung nach dem Verfahren „Vereinfachter Nachweis in Regelfällen" (nicht bindiger Baugrund)

Geg.: *Das dargestellte Fundament wird durch die Stütze mit den überwiegend statischen Vertikallasten V_1 und V_2 (ständige Lasten) sowie mit der Horizontallast H (Verkehrslast) beansprucht.*
Die Konstruktion kann als setzungsunempfindlich betrachtet werden.
Die gegebenen Werte können als charakteristische Werte betrachtet werden.

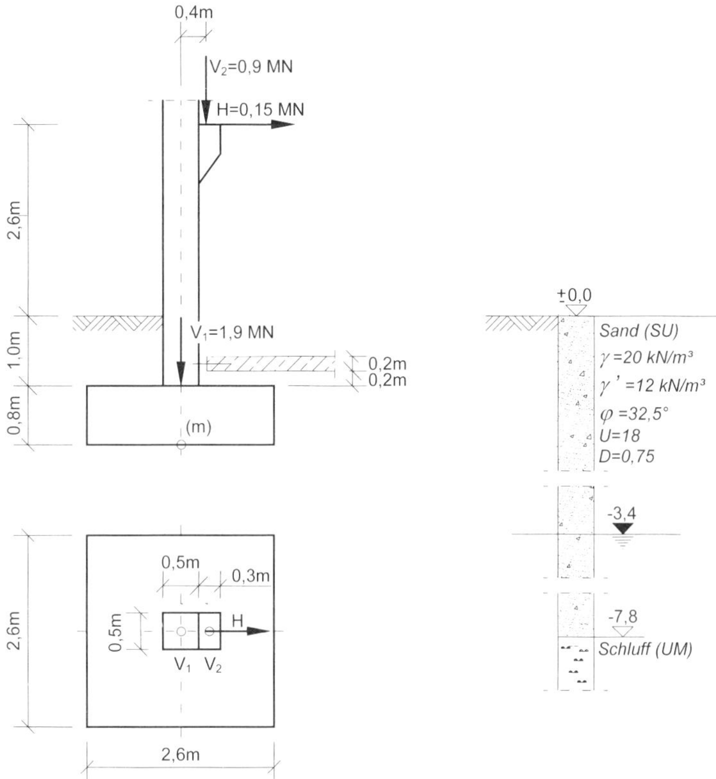

Ges.: *es ist zu überprüfen ist, ob die Fundamentabmessungen ausreichend sind.*

Lösung: $U = C_U$

1. Voraussetzungen für das „Tabellenverfahren"

(1) Gründungstiefe (Außenbereich):

$d_{vorh} = 1{,}80\ m > 0{,}80\ m$ *(frostfrei)*

(2) Baugrund:

a) bauseits sicherzustellen

b) $z_{vorh} = 6{,}0\ m > 2 \cdot 2{,}60 = 5{,}20\ m$

Nicht bindiger Boden: $D_{vorh} = 0{,}75 > D_{erf} = 0{,}45\ (U > 3)$

□ 5.25: Fortsetzung Beispiel: Fundamentbemessung nach dem Verfahren „Vereinfachter Nachweis in Regelfällen“ (nicht bindiger Baugrund).

(3) Belastung:

a) zutreffend
b) entfällt
c) $\sum H_k = 150 \ kN$

$\sum V_k = 1900 + 900 + 25 \cdot 2{,}6^2 \cdot 0{,}8 = 2935 \ kN$

$$\Rightarrow \tan\delta = \frac{H_k}{V_k} = \frac{150}{2935} = 0{,}05 \le 0{,}2$$

c) Tragfähigkeit (EQU):

$$M_{E,d}^D = (\sum M_{G,k,dst}^D) \cdot \gamma_{G,dst} + (\sum M_{Q,k,dst}^D) \cdot \gamma_Q \le M_{R,d}^D = (\sum M_{G,k}^D) \cdot \gamma_{G,stb}$$

$$M_{E,d}^D = 150 \cdot 4{,}4 \cdot 1{,}5 = 990 \ kNm$$

$$M_{R,d}^D = \left[(1900 + 25 \cdot 2{,}6^2 \cdot 0{,}8) \cdot \frac{2{,}6}{2} + 900 \cdot (\frac{2{,}6}{2} - 0{,}4)\right] \cdot 0{,}9 = 3110{,}2 \ kNm$$

$$\Rightarrow M_{E,d}^D = 990 \ kNm < M_{R,d}^D = 3110{,}2 \ kNm$$

Gebrauchstauglichkeit (SLS)

$$e^{g+p} = \frac{\sum M_{(m)}^{g+p}}{\sum V^{g+p}} = \frac{900 \cdot 0{,}4 + 150 \cdot 4{,}4}{2935} = 0{,}35 \ m \ < \ \frac{2{,}60}{3} = 0{,}87 \ m$$

$$e^{g} = \frac{\sum M_{(m)}^{g}}{\sum V^{g}} = \frac{900 \cdot 0{,}4}{2935} = 0{,}12 \ m \ < \ \frac{2{,}60}{6} = 0{,}43 \ m$$

(4) Sonderbestimmung für nbB:

Der Grundwasserspiegel liegt unter der Gründungssohle

⇒ Damit sind die Voraussetzungen des „Tabellenverfahrens“ erfüllt.

2. Bemessungswert des Sohlwiderstands

(1) Tabellenwert:

Setzungsunempfindlich ⇒ Tabelle A 6.1

$b' = 2{,}60 - 2 \cdot 0{,}35 = 1{,}90 \ m$

$d = 1{,}20 \ m$

b' / d	1,0	1,2	1,5
1,5	620		760
1,9	684	740	824
2,0	700		840

5.25: Fortsetzung Beispiel: Fundamentbemessung nach dem Verfahren „Vereinfachter Nachweis in Regelfällen“ (nicht bindiger Baugrund).

$$\Rightarrow \sigma_{R,d}^{(A6.1)} = 740 \ kN/m^2$$

(2) Erhöhungen:

a) $\frac{a'}{b'} = \frac{2,60}{1,90} = 1,37 \ < \ 2$

$d = 1,2 \ m \ > \ 0,6 \cdot 1,9 = 1,14 \ m$ $\Rightarrow$ *+ 20% Erhöhung*

b) *D_{vorh} = 0,75 > D_{erf} = 0,65 (U > 3) $\Rightarrow$ Erhöhung ist möglich.*

Der Prozentsatz zwischen den Grenzen D_{erf} = 0,50 (U < 3) bzw. 0,65 (U > 3) und D_{max} = 1,00 wird linear interpoliert:

$$\frac{(D_{vorh} - D_{erf}) \cdot 50[\%]}{(D_{erf} - D_{erf})} = \frac{(0,75 - 0,65) \cdot 50[\%]}{(1,00 - 0,65)} = \text{ + 14,3\% Erhöhung}$$

(3) Abminderungen:

a) *d_w = 1,60 m < b' = 1,90 m $\Rightarrow$ Abminderung.*

$$\left(1 - \frac{d_W}{b(b')}\right) \cdot 40[\%] = \left(1 - \frac{1,60}{1,90}\right) \cdot 40[\%] = 6,3\%$$

b) *H_k parallel zur kurzen Seite:*

$$\left(1 - \frac{\sum H_k}{\sum V_k}\right)^2 = \left(1 - \frac{150}{2935}\right)^2 = 0,90$$

3. Spannungsvergleich:

$$\sigma_{R,d} = 740 \cdot (1 + 0,20 + 0,143 - 0,063) \cdot 0,90 = 852,5 \ kN/m^2$$

$$V_d = V_{G,k} \cdot \gamma_G + V_{Q,k} \cdot \gamma_Q = 2935 \cdot 1,35 = 3962,3 \ kN$$

$$\sigma_{R,d} = 852,5 \ kN/m^2 > \sigma_{E,d} = \frac{3962,3}{2,6 \cdot 1,9} = 802,1 \ kN/m^2$$

$\Rightarrow$ *Die Fundamentabmessungen sind ausreichend.*

□ 5.26: Beispiel: Fundamentbemessung nach dem Verfahren „Vereinfachter Nachweis in Regelfällen" (bindiger Baugrund)

Geg.: *der dargestellte Gründungskörper einer Stützwand:* $R = R_k = R_{G,k} + R_{Q,k}$

Die gegebenen Werte können als charakteristische Werte betrachtet werden.

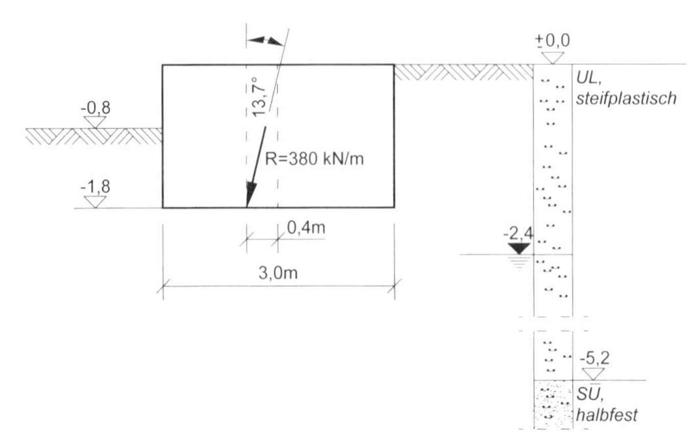

Geg.: *die Standsicherheit ist zu überprüfen.*

Lösung:

1. Voraussetzung für das „Tabellenverfahren"

(1) Gründungstiefe (Außenbereich):

$$d_{\text{vorh}} = 1{,}0 \;\; m > 0{,}8 \;\; m$$

(2) Baugrund:

a) bauseits sicherzustellen

b) $z_{\text{vorh}} = 3{,}4 \;\; m < 2b = 6{,}0 \;\; m$;

Jedoch: Tabellenvergleich: SŪ mindestens gleichwertig!

Bindiger Boden: Steifplastische Konsistenz $\Rightarrow I_c \geq 0{,}75$

(3) Belastung:

a) statisch (s. Aufgabenstellung)
b) bauseits sicherzustellen (z.B. konventionelle Bauweise)
c) $V = 380 \cdot \cos 13{,}7° = 369{,}2 \;\; kN/m$

$$H = 380 \cdot \sin 13{,}7° = 90{,}0 \;\; kN/m$$

$$\Rightarrow \frac{H}{V} = \frac{90{,}0}{369{,}2} = 0{,}24 > 0{,}20!$$

Somit kann das „Tabellenverfahren" nicht angewendet werden: Direkter Nachweis für ULS und SLS erforderlich.

5.27: Beispiel: Zulässige Ausmittigkeit nach dem Verfahren „„Vereinfachter Nachweis in Regelfällen“ (nicht bindiger Baugrund)

Geg.: *Streifenfundament unter einer Gewichtsstützwand*

Nachweis EQU ist erbracht.

Belastung: $V = V_k = 500$ *kN/m*

$H = H_k = 100$ *kN/m*

Baugrund: *bis in größere Tiefe: SE, mitteldicht gelagert.*

Fall A: *ständige Lasten*
Fall B: *Gesamtlasten zu ermitteln, wobei 70% ständig und 30% veränderlich*

Ges.: *die zulässige Ausmittigkeit*

Lösung:

1. Voraussetzung für das „Tabellenverfahren“

(1) Gründungstiefe (Außenbereich):

$$d_{\text{vorh}} = 1{,}0 \ m > 0{,}8 \ m$$

(2) Baugrund:

a) bauseits sicherzustellen
b) $z_{\text{vorh}} > 2b$ *bis in größere Tiefe*

Nicht bindiger Boden: mitteldicht gelagert (s. Aufgabenstellung)

(3) Belastung:

a) überwiegend statisch (Stützwand)
b) entfällt
c) $\frac{H}{V} = \frac{100}{500} = 0{,}20$ *(noch zulässig)*
d) Fall A: $e_{\max} = \frac{b}{6} = \frac{2{,}5}{6} = 0{,}42 \ m$

Fall B: $e_{\max} = \frac{b}{3} = \frac{2{,}5}{3} = 0{,}83 \ m$

(4) Sonderbestimmung für nbB:

Das Grundwasser liegt unterhalb der Fundamentsohle.

⇒ Damit sind die Voraussetzungen für das „Tabellenverfahrens“ erfüllt.

2. Bemessungswert des Sohlwiderstands $\boldsymbol{\sigma_{R,d}}$ ***(nbB)***

Tabellenwert: Setzungsunempfindlich (Stützwand) → Tabelle A 6.1

□ 5.27: Fortsetzung Beispiel: Zulässige Ausmittigkeit nach dem Verfahren „Vereinfachter Nachweis in Regelfällen“ (nicht bindiger Baugrund)

Fall A: Kleinstmögliche reduzierte Breite: $b' = 2,50 - 2 \cdot 0,42 = 1,66 \ m$

$\Rightarrow \sigma_{R,d}^{(A6.1)} = 704 \ kN/m^2$

Fall B: Kleinstmögliche reduzierte Breite: $b' = 2,50 - 2 \cdot 0,83 = 0,84 \ m$

$\Rightarrow \sigma_{R,d}^{(A6.1)} = 475 \ kN/m^2$

(1) Erhöhungen:

a) $\frac{a}{b} = \infty \Rightarrow$ *keine Erhöhung*

b) *nur ausreichend dichte Lagerung* $\Rightarrow$ *keine Erhöhung*

(3) Abminderungen:

a) *entfällt (s. Aufgabenstellung)*

b) $\left(1 - \frac{100}{500}\right)^2 = 0,640$

Damit wird

Fall A: $\sigma_{R,d} = 704 \cdot 0,640 = 450 \ kN/m^2$

Fall B: $\sigma_{R,d} = 475 \cdot 0,640 = 304 \ kN/m^2$

3. Spannungsnachweis

Fall A: $V_d = V_{G,k} \cdot \gamma_G + V_{Q,k} \cdot \gamma_Q = 500 \cdot 1,35 = 675 \ kN/m$

$$\sigma_{R,d} = 450 \ kN/m^2 > \sigma_{E,d} = \frac{675}{1,66} = 407 \ kN/m^2$$

Maßgebend ist somit die Begrenzung der Ausmittigkeit

$\left(e = \frac{b}{6}\right) \Rightarrow e_{zul} = 0,42 \ m$

Fall B: $V_d = V_{G,k} \cdot \gamma_G + V_{Q,k} \cdot \gamma_Q = 0,7 \cdot 500 \cdot 1,35 + 0,3 \cdot 500 \cdot 1,50 \approx 698 \ kN$

$$\sigma_{R,d} = 304 \ kN/m^2 << \sigma_{E,d} = \frac{698}{0,84} = 831 \ kN/m^2$$

Maßgebend ist somit eine ausreichende Fundamentbreite b'.
Durch Probieren wird ermittelt:

$\Rightarrow e_{zul} = 0,45 \ m$

$\Rightarrow$ *b' = 1,60 m;* $\sigma_{R,d} = 440 \ kN/m^2 > \sigma_{E,d} = \frac{698}{1,60} \approx 437 \ kN/m^2$

5.28: Beispiel: Zulässige Horizontalkraft nach dem Verfahren „Vereinfachter Nachweis in Regelfällen“ (nicht bindiger und bindiger Baugrund)

Geg.: *Streifenfundament unter einer Gewichtsstützwand*

Nachweis EQU ist erbracht.

Belastung: $V = V_{G,k}$

$H = H_k = 100\ kN/m$

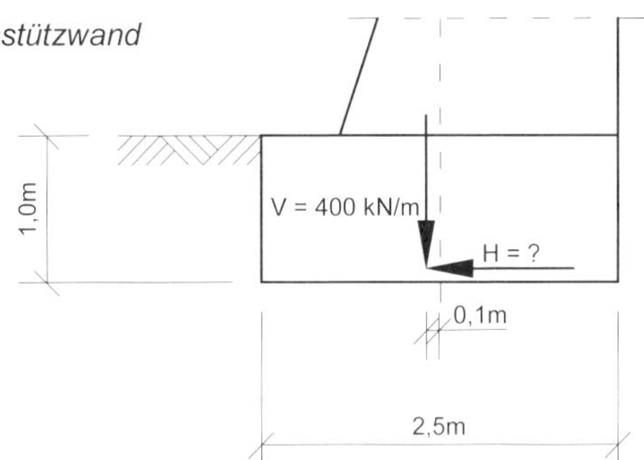

Baugrund:
Fall A: SW, mitteldicht gelagert
Fall B: TA, steifplastisch

Ges.: *die zulässige Horizontallast in der Gründungssohle ist zu ermitteln.*

Lösung:

1. Voraussetzungen für das „Tabellenverfahren“

(1) Gründungstiefe (Außenbereich):

$d_{\text{vorh}} = 1{,}0\ m > 0{,}8\ m$

(2) Baugrund:

a) bauseits sicherzustellen

b) $z_{\text{vorh}} > 2b$ *(Schichtgrenze tiefliegend)*

Fall A: ausreichende Lagerungsdichte
Fall B: steifplastischer bB $\Rightarrow I_c \geq 0{,}75$

(3) Belastung:

a) statisch (Stützwand)
b) entfällt
c) betrifft Fall A und B:
$\frac{H}{400} \leq 0{,}2;$ *d.h.* $H_{\max} = 80\ kN$
d) $e_{\text{vorh}} = 0{,}10\ m < \frac{b}{6} = \frac{2{,}50}{6} = 0{,}42\ m$

(4) Sonderbestimmung für Fall A:

Das Grundwasser liegt unterhalb der Fundamentsohle.

$\Rightarrow$ *Mit der Einschränkung* $H_{\max} = 80\ kN$ *sind die Voraussetzungen des „Tabellenverfahrens“ erfüllt.*

□ 5.28: Fortsetzung Beispiel: Zulässige Horizontalkraft nach dem Verfahren „Vereinfachter Nachweis in Regelfällen“ (nicht bindiger und bindiger Baugrund)

2.1 Fall A: Bemessungswert des Sohlwiderstands $\sigma_{R,d}$ (nbB)

(1) Tabellenwert:

Setzungsunempfindlich (Stützwand) $\Rightarrow$ Tabelle A 6.1

$$b' = 2{,}50 - 2 \cdot 0{,}10 = 2{,}30 \ m, \ d = 1{,}0 \ m \Rightarrow \sigma_{R,d}^{(A6.1)} = 800 \ kN/m^2$$

(2) Erhöhungen:

a) $\frac{a}{b} = \infty \Rightarrow$ *keine Erhöhung*

b) $\Rightarrow$ *keine Erhöhung (s. Aufgabenstellung)*

(3) Abminderungen:

a) entfällt

b) mit $H_{max} = 80 \ kN/m$ *wird*

$$\left(1 - \frac{80}{400}\right)^2 = 0{,}640$$

Damit wird $\sigma_{R,d} = 800 \cdot (1 + 0 + 0 - 0) \cdot 0{,}640 = 512 \ kN/m^2$

2.2 Fall B: Bemessungswert des Sohlwiderstands $\sigma_{R,d}$ (bB)

(1) Tabellenwert:

TA $\Rightarrow$ Tabelle A 6.8

$$b' = 2{,}50 - 2 \cdot 0{,}10 = 2{,}30 \ m$$
$$b = 2{,}0 \ m, \ d = 1{,}0 \ m \Rightarrow \sigma_{R,d}^{(A6.8)} = 210 \ kN/m^2$$

$b = 2{,}3 \ m \Rightarrow$ *3% Abminderung*

Das ergibt den „Tabellenwert“ $\sigma_{R,d}^{(A6.8)} = 210 \cdot (1 - 0{,}03) = 203 \ kN/m^2$

(2) Erhöhungen:

$\frac{a}{b} = \infty$ *keine Erhöhung*

Damit wird $\sigma_{R,d} = 203 \ kN/m^2$

□ 5.28: Fortsetzung Beispiel: Zulässige Horizontalkraft nach dem Verfahren „Vereinfachter Nachweis in Regelfällen" (nicht bindiger und bindiger Baugrund)

3.1 Spannungsnachweis für den Fall A (nbB):

$$V_d = V_{G,k} \cdot \gamma_G + V_{Q,k} \cdot \gamma_Q = 400 \cdot 1{,}35 = 540 \ kN$$

$$\sigma_{R,d} = 512 \ kN/m^2 > \sigma_{E,d} = \frac{540}{2{,}30} = 235 \ kN/m^2$$

d.h. maßgebend ist die Begrenzung der Horizontallast: $H_{\text{zul}} = 80 \ kN/m.$

3.2 Spannungsnachweis für den Fall B:

$$\sigma_{R,d} = 203 \ kN/m^2 < \sigma_{E,d} = \frac{540}{2{,}30} = 235 \ kN/m^2$$

d.h. selbst bei $\frac{H}{V} \leq 0{,}20$ *ist keine ausreichende Sicherheit gegeben.*

□ 5.29: Beispiel: Ausmittig belastetes Fundament (nbB)

Geg.: *das dargestellte Fundament unter einem setzungsunempfindlichen Bauwerk (Bürogebäude)*
$V^g = V_{G,k}$; $V^p = V_{Q,k}$
$H^g = H_{G,k}$; $H^p = H_{Q,k}$; $U = C_U$

Ges.: *es ist mit dem „Tabellenverfahren" zu überprüfen, ob die Abmessungen für die angegebenen statischen Lasten ausreichend sind.*

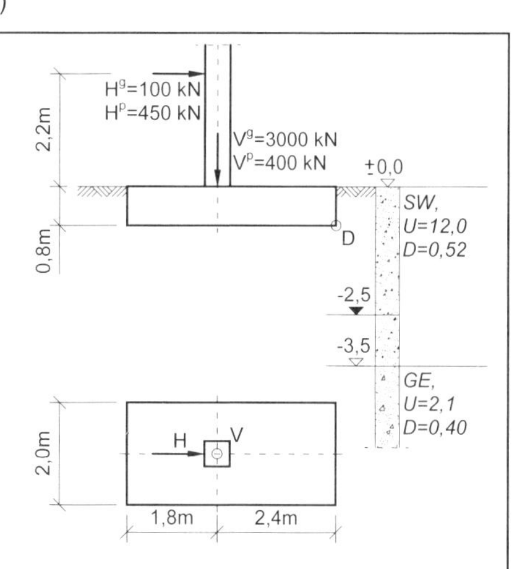

Lösung:

1. Voraussetzung für das „Tabellenverfahren"

(1) Gründungstiefe (Außenbereich):

$$d_{\text{vorh}} = 0{,}8 \ m = d_{\text{erf}}$$

(2) Baugrund:

a) bauseits sicherzustellen

b) $z_{\text{vorh}} = 2{,}70 \ m < 2b < 2 \cdot 2{,}0 = 4{,}0 \ m;$

jedoch ist der unterlagernde Boden GE gleichwertig.

Nicht bindiger Boden:

SW: $D_{\text{vorh}} = 0{,}52 \ > \ D_{\text{erf}} = 0{,}45 \ (U > 3)$
GE: $D_{\text{vorh}} = 0{,}40 \ > \ D_{\text{erf}} = 0{,}30 \ (U < 3)$

□ 5.29: Fortsetzung Beispiel: Ausmittig belastetes Fundament (nbB)

(3) Belastung:

a) statisch (s. Aufgabenstellung)
b) entfällt
c) Horizontalkraft:

Fundamenteigenlast: $G_F = 2,0 \cdot 4,2 \cdot 0,8 \cdot 25 = 168 \; kN$

$$\frac{H}{V} = \frac{100 + 450}{3000 + 400 + 168} = 0,15 < 0,20$$

d) Ausmittigkeit

***Tragfähigkeit (EQU)**:*

$$M_{E,d}^{D} = (\sum M_{G,k,dst}^{D}) \cdot \gamma_{G,dst} + (\sum M_{Q,k,dst}^{D}) \cdot \gamma_{Q} \leq M_{R,d}^{D} = (\sum M_{G,k}^{D}) \cdot \gamma_{G,stb}$$

$$M_{E,d}^{D} = 100 \cdot 3,0 \cdot 1,1 + 450 \cdot 3,0 \cdot 1,5 = 2355 \; kNm$$

$$M_{R,d}^{D} = M_{R,d}^{D} = (3000 \cdot 2,4 + 168 \cdot 2,1) \cdot 0,9 = 6797,5 \; kNm$$

$$\Rightarrow M_{E,d}^{D} = 2355 \; kNm < M_{R,d}^{D} = 6797,5 \; kNm$$

Gebrauchstauglichkeit (SLS)

Ständige charakteristische Lasten:

$$\sum M_{(D)}^{g} = 3000 \cdot 2,4 + 168 \cdot 2,1 - 100 \cdot 3,0 = 7252,8 \; kNm$$

$$\sum V^{g} = 3000 + 168 = 3168 \; kN$$

Charakteristische Gesamt-Lasten:

$$\sum M_{(D)}^{g+p} = 7252,8 + 400 \cdot 2,4 - 450 \cdot 3,0 = 6862,8 \; kNm$$

$$\sum V^{g+p} = 3168 + 400 = 3568 \; kN$$

Damit wird der Randabstand der Resultierenden:

$$c^{g} = \frac{7252,8}{3168,0} = 2,29 \; m$$

und die Ausmittigkeit

$$e^{g} = \frac{a}{2} - c^{g} = \frac{4,20}{2} - 2,29 = -0,19 \; m,$$

d.h. links von der Fundamentmitte!

$$e^{g} = |0,19 \; m| < \frac{4,20}{6} = 0,70 \; m.$$

5.29: Fortsetzung Beispiel: Ausmittig belastetes Fundament (nbB)

Randabstand:

$$c^{g+p} = \frac{6862,8}{3568,0} = 1,92 \;\; m$$

Ausmittigkeit:

$$e^{g+p} = \frac{4,20}{2} - 1,92 = 0,18 \;\; m,$$

d.h. rechts von der Fundamentmitte!

$$e^{g+p} = |0,18 \;\; m| < \frac{4,20}{3} = 1,40 \;\; m$$

(4) Sonderbestimmung für nbB:

Das Grundwasser liegt unterhalb der Fundamentsohle.

⇒ Damit sind die Voraussetzungen des „Tabellenverfahrens" erfüllt.

2. Bemessungswert des Sohlwiderstands $\sigma_{R,d}$ (nbB)

(1) Tabellenwert:

Setzungsunempfindlich ⇒ Tabelle A 6.1

$$b' = b = 2,0 \;\; m$$
$$a' = 4,20 - 2 \cdot 0,19 = 3,82 \;\; m$$

$$b' = 2,0 \;\; m, \;\; d_{\min} = 0,8 \;\; m \Rightarrow \sigma_{R,d}^{(A6.1)} = 760 \;\; kN/m^2$$

(2) Erhöhungen:

a) $\frac{a'}{b'} = \frac{3,82}{2,00} < 2; \;\; d = 0,8 < 0,6 \cdot 2,0 = 1,2 \;\; m$ ⇒ *keine Erhöhung*

b) $D_{\text{vorh}} = 0,52 \;\; < \;\; D_{\text{erf}} = 0,65 \;\; (U > 3)$ ⇒ *keine Erhöhung*

(3) Abminderungen:

a) $\frac{d_w}{b} = \frac{1,70}{2,0} = 0,85 \;\; < \;\; 1 \Rightarrow \left(1 - \frac{d_w}{b}\right) \cdot 40\% = (1 - 0,85) \cdot 40 = 6\%$

Abminderung

b) H wirkt parallel zur längeren Seite!

$$\frac{a'}{b'} = \frac{3,82}{2,0} < 2 \Rightarrow f = (1 - \frac{H}{V})^2 = (1 - \frac{550}{3568})^2 = 0,715$$

5.29: Fortsetzung Beispiel: Ausmittig belastetes Fundament (nbB)

Damit wird $\sigma_{R,d} = 760 \cdot (1 + 0 + 0 - 0{,}06) \cdot 0{,}715 = 510 \ kN/m^2$

3. Spannungsnachweis

$$V_d = V_{G,k} \cdot \gamma_G + V_{Q,k} \cdot \gamma_Q = (3000 + 168) \cdot 1{,}35 + 400 \cdot 1{,}50 = 4876{,}8 \ kN$$

$$\sigma_{R,d} = 510 \ kN/m^2 < \sigma_{E,d} = \frac{4876{,}8}{2{,}0 \cdot 3{,}82} \approx 638 \ kN/m^2$$

Die Fundamentabmessungen reichen nicht aus.

5.30: Beispiel: Fundamentbemessung nach dem Verfahren „Vereinfachter Nachweis in Regelfällen" (nicht bindiger Baugrund)

Geg.: *das Streifenfundament unter einem Verwaltungsgebäude (setzungsempfindliche Konstruktion)*

$V = V_{G,k}$; $U = C_U$

Die gegebenen Werte können als charakteristische Werte betrachtet werden.

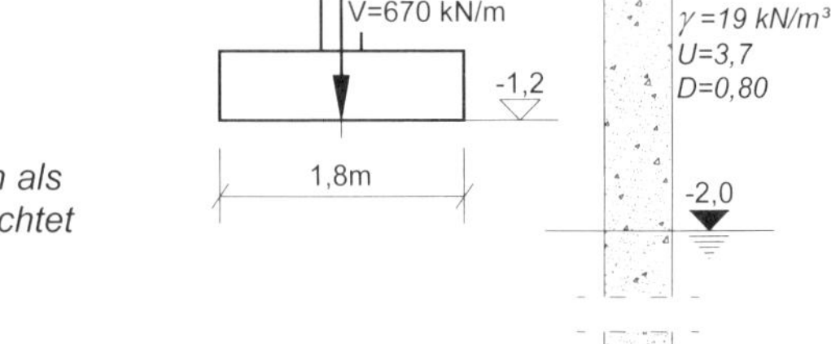

Ges.: *ist das Streifenfundament ausreichend bemessen?*

Lösung:

1. Voraussetzungen für das „Tabellenverfahren"

(1) Gründungstiefe (Außenbereich):

$d_{vorh} = 1{,}20\ m > 0{,}80\ m$ *(frostfrei)*

(2) Baugrund:

a) bauseits sicherzustellen

b) $z_{vorh} = 3{,}80\ m > 2b = 3{,}60\ m$

Nicht bindiger Boden: $D_{vorh} = 0{,}80 > D_{erf} = 0{,}45\ (U > 3)$

(3) Belastung:

a) zutreffend
b) entfällt
c) $H_k = 0$
d) $e = 0$

5.30: Fortsetzung Beispiel: Fundamentbemessung nach dem Verfahren „Vereinfachter Nachweis in Regelfällen“ (nicht bindiger Baugrund)

(1) Sonderbestimmung für nbB:

Grundwasser unterhalb Gründungssohle

$\Rightarrow$ Voraussetzungen erfüllt.

2. ***Bemessungswert des Sohlwiderstands $\sigma_{R,d}$ (nbB)***

Tabellenwert:

Setzungsempfindlich $\Rightarrow$ Tabelle A 6.2

b / d	1,5	1,8	2,0
1,0	500		430
1,2	520	478	450
1,5	550		480

$b = 1{,}8\ m,\ d = 1{,}2\ m \Rightarrow \sigma_{R,d}^{(A6.2)} = 478\ kN/m^2$

(1) Erhöhungen:

a) $\frac{a}{b} = \infty \Rightarrow$ *keine Erhöhung*

b) $D_{\text{vorh}} = 0{,}80 > D_{\text{erf}} = 0{,}65\ (U > 3)$

$\frac{0{,}80 - 0{,}65}{1{,}00 - 0{,}65} \cdot 50\% = 21{,}4\%$ *Erhöhung*

Damit wird $\sigma_{R,d}^{(A6.2)} = 478 \cdot (1 + 0 + 0{,}214) = 580\ kN/m^2$

3. Vergleichsrechnung

(1) Tabellenwert:

setzungsunempfindlich $\Rightarrow$ Tabelle A 6.1

b / d	1,5	1,8	2,0
1,0	660		800
1,2	700	784	840
1,5	760		900

$b = 1{,}8\ m,\ d = 1{,}2\ m \Rightarrow \sigma_{R,d}^{(A6.1)} = 784\ kN/m^2$

(2) Erhöhungen:

a) $\frac{a}{b} = \infty \Rightarrow$ *keine Erhöhung*

b) wie vor: 21,4% Erhöhung

□ 5.30: Fortsetzung Beispiel: Fundamentbemessung nach dem Verfahren „Vereinfachter Nachweis in Regelfällen" (nicht bindiger Baugrund)

(3) Abminderungen:

a) $\frac{d_w}{b} = \frac{0,80}{1,80} = 0,44 < 1$

$(1 - 0,44) \cdot 40\% = 22,4\%$ *Abminderung*

b) H = 0

Damit wird $\sigma_{R,d}^{(A6.1)} = 784 \cdot (1 + 0 + 0,214 - 0,224) = 776\ kN/m^2$

4. Spannungsnachweis

Maßgebend ist der kleinere Wert:

$\sigma_{R,d} = \sigma_{R,d}^{(A6.2)} = 580\ kN/m^2$

Spannungsvergleich:

$V_d = V_{G,k} \cdot \gamma_G + V_{Q,k} \cdot \gamma_Q = 670 \cdot 1,35 = 904,5\ kN/m$

$\sigma_{R,d} = 580\ kN/m^2 > \sigma_{E,d} = \frac{904,5}{1,8} = 502,5\ kN/m^2$

Das Fundament ist ausreichend bemessen.

□ 5.31: Beispiel: Bemessung a) nach dem Verfahren „Vereinfachter Nachweis in Regelfällen" (nicht bindiger Baugrund), b) durch direkte Standsicherheitsnachweise

Geg.: *Streifenfundament, setzungsempfindlich*

Der Anteil der veränderlichen Lasten beträgt maximal 40%.

$V = V_k$; $U = C_U$

E_s aus Laborversuchen

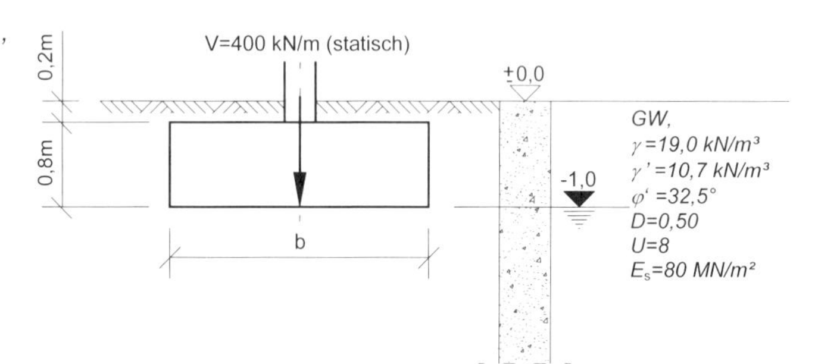

Die gegebenen Werte können als charakteristische Werte betrachtet werden.

Ges.: *die erforderliche Breite*

a) durch das Tabellenverfahren
b) nach Grundbruch- und Setzungskriterium

□ 5.31: Fortsetzung Beispiel: Bemessung a) nach dem Verfahren „Vereinfachter Nachweis in Regelfällen“ (nicht bindiger Baugrund), b) durch direkte Standsicherheitsnachweise

Lösung:

zu a) *„Tabellenverfahren“*

1. Voraussetzung für das „Tabellenverfahren“

(1) Gründungstiefe (Außenbereich):

$$d_{\text{vorh}} = 1{,}0 \;\; m > 0{,}8 \;\; m$$

(2) Baugrund:

a) bauseits sicherzustellen
b) $z_{\text{vorh}} > 2b$ *(Schichtgrenze tiefliegend)*

Nicht bindiger Boden: $D_{\text{vorh}} = 0{,}50 \;\; > \;\; D_{\text{erf}} = 0{,}45 \;\; (U > 3)$

(3) Belastung:

a) statisch (s. Aufgabenstellung)
b) entfällt
c) H = 0
d) e = 0

(4) Sonderbestimmung für nbB:

Das Grundwasser steht in der Fundamentsohle.

⇒ Damit sind die Voraussetzungen für das „Tabellenverfahren“ erfüllt.

3. Bemessungswert des Sohlwiderstands $\sigma_{R,d}$ ***(nbB)***

Anmerkung: Zur Lösung wird das Verfahren „trial and error“ angewendet.

gew.: b = 1,0 m

(1) Tabellenwert:

setzungsempfindlich ⇒ Tabelle A 6.2

$$b = 1{,}0 \;\; m, \;\; d = 1{,}0 \;\; m \Rightarrow \sigma_{R,d}^{(A6.2)} = 520 \;\; kN/m^2$$

(2) Erhöhungen:

a) $\frac{a}{b} = \infty \Rightarrow$ *keine Erhöhung*

b) $D_{\text{vorh}} = 0{,}50 \;\; < \;\; D_{\text{erf}} = 0{,}65 \;\; (U > 3) \Rightarrow$ *keine Erhöhung*

Damit wird $\sigma_{R,d}^{(A6.2)} = 520 \cdot (1 + 0 + 0) = 520 \;\; kN/m^2$

□ 5.31: Fortsetzung Beispiel: Bemessung a) nach dem Verfahren „Vereinfachter Nachweis in Regelfällen" (nicht bindiger Baugrund), b) durch direkte Standsicherheitsnachweise

2. *Vergleichsrechnung*

(1) Tabellenwert:

Setzungsunempfindlich ⇒ Tabelle A 6.1

$b = 1{,}0\ m,\ \ d = 1{,}0\ m \Rightarrow \sigma_{R,d}^{(A6.1)} = 520\ kN/m^2$

(2) Erhöhungen:

a) $\frac{a}{b} = \infty \Rightarrow$ *keine Erhöhung*

b) $D_{\text{vorh}} = 0{,}50\ <\ D_{\text{erf}} = 0{,}65\ (U > 3) \Rightarrow$ *keine Erhöhung*

(3) Abminderungen:

a) $\frac{d_{\text{w}}}{b} = 0 \Rightarrow$ *40% Abminderung*

b) H = 0 ⇒ keine Abminderung

Damit wird $\sigma_{R,d}^{(A6.1)} = 520 \cdot (1 + 0 + 0 - 0{,}40) = 312\ kN/m^2$

Maßgebend: $\sigma_{R,d} = \sigma_{R,d}^{(A6.1)} = 312\ kN/m^2$

3. *Spannungsnachweis:*

$$V_d = V_{G,k} \cdot \gamma_G + V_{Q,k} \cdot \gamma_Q = 400 \cdot 1{,}35 = 540\ kN/m$$

$$\sigma_{R,d} = 312\ kN/m^2 < \sigma_{E,d} = \frac{540}{1{,}0} = 540\ kN/m^2$$

4. *Neubemessung:*

Eine Bemessung mit b = 1,50 m ergibt

$$\sigma_{R,d} = 396\ kN/m^2 > \sigma_{E,d} = \frac{540}{1{,}5} = 360\ kN/m^2 .$$

Die erforderliche Fundamentbreite beträgt b = 1,50 m.

zu b) *Bemessung nach Grundbruch- und Setzungskriterien*

Grundbruchwiderstand:

$N_{\text{d}0} = 25\ ;\ \nu_{\text{d}} = 1{,}0$

$N_{\text{b}0} = 15\ ;\ \nu_{\text{b}} = 1{,}0$

$$R_{V,k} = b \cdot (0 + 19{,}0 \cdot 1{,}0 \cdot 25 \cdot 1{,}0 + 10{,}7 \cdot b \cdot 15 \cdot 1{,}0) = 475{,}0 \cdot b + 160{,}5 \cdot b^2$$

□ 5.31: Fortsetzung Beispiel: Bemessung a) nach dem Verfahren „Vereinfachter Nachweis in Regelfällen“ (nicht bindiger Baugrund), b) durch direkte Standsicherheitsnachweise

$$V_d = V_{G,k} \cdot \gamma_G + V_{Q,k} \cdot \gamma_Q = 0{,}6 \cdot 400 \cdot 1{,}35 + 0{,}4 \cdot 400 \cdot 1{,}50 = 564\ kN/m$$

Damit lautet die Ausgangsbedingung

$$R_{V,d} = \frac{475{,}0 \cdot b + 160{,}5 \cdot b^2}{1{,}40} \geq V_d = 564$$

mit der brauchbaren Lösung $b \approx 1{,}20\ m$

Nachtrag

Da das Fundament als setzungsempfindlich eingestuft ist, muss die Größe der Setzung ermittelt werden.

Setzungserzeugende Spannung

$$\sigma_1 = \sigma_0 - \gamma \cdot d = \frac{400}{1{,}2} - 19{,}0 \cdot 1{,}0 = 314{,}3\ kN/m^2$$

Grenztiefe

$$\frac{a}{b} = \infty$$

Kote	z	d + z	$\sigma_ü$	$0{,}2\sigma_ü$	z/b	i	$i \cdot \sigma_1$
[m]	[m]	[m]	[kN/m²]	[kN/m²]	1	1	[kN/m²]
-10,6	9,6	10,6	121,7	24,3	8,0	0,0814	25,6

$$d_s \approx 9{,}6\ m$$

Setzungsbeiwert

$$\frac{a}{b} = \infty; \quad \frac{z}{b} \hat{=} \frac{d_s}{b} = \frac{9{,}6}{1{,}2} = 8{,}0 \quad \rightarrow f = 1{,}8888$$

Zusammendrückungsmodul: Annahme κ~ 2/3 (0,67; siehe □ 3.05)

$$E_m = \frac{E_s}{\kappa} = \frac{80000 \cdot 3}{2} = 120000\ kN/m^2$$

Setzung

$$s = \frac{314{,}3 \cdot 1{,}2 \cdot 1{,}8888}{120000} = 0{,}006\ m \hat{=} 0{,}6\ cm$$

Die Setzung liegt innerhalb des in Handbuch Eurocode 7, Band 1 (2011): DIN 1054 (2010), Abschnitt A 6.10 „Vereinfachter Nachweis in Regelfällen“ angegebenen Bereichs für setzungsempfindliche Bauwerke.

6 Gründungsbalken und Gründungsplatten

6.1 Grundlagen

Norm
DIN 4018.

Gründungen
Je nach Tiefenlage des tragfähigen Bodens werden Flach- und Tiefgründungen unterschieden.

Flachgründungen
Gründungskörper mit geringer Einbindetiefe, welche die Lasten überwiegend in der Gründungssohle in den Baugrund übertragen (z. B. Einzelfundamente, Streifenfundamente, Gründungsbalken (auch Trägerrostfundamente) und Gründungsplatten) und auf natürlichem oder künstlich hergestelltem Baugrund stehen. Flachgründungen sind fast ausnahmslos Flächengründungen.

Flächengründungen
Gründungskörper mit geringer oder großer Einbindetiefe, welche die Lasten über eine großflächige Gründungssohle in den Baugrund überträgt. Diese umfasst meistens die gesamte Bauwerksfläche.

Tiefgründungen
Tiefgründungen sind vor allem Pfahlgründungen, die ihre Lasten über Spitzendruck und Mantelreibung an den Baugrund abgeben. Tiefgründungen können aber auch Flächengründungen sein, z. B. Pfeilergründungen, Brunnen, Senkkästen.

Kombinierte Pfahl-Plattengründung (KPP)
Verbundkonstruktion von Fundamentplatten und Pfählen zur Übertragung von Bauwerkslasten in den Baugrund. Sie werden vor allem bei Hochhäusern angewendet (siehe Abschnitt 6.6.3).

Gründungsbalken
Statt jeweils auf ein Einzelfundament können mehrere Einzelstützen in einer Reihe auf ein gemeinsames Fundament, einen „Gründungsbalken" gestellt werden. Hierdurch werden Schalungsaufwand und Setzungsunterschiede geringer als bei Einzelgründungen. Gründungsbalken sehen zwar wie Streifenfundamente aus, sind aber nicht wie diese in Längsrichtung durch die aufgehende Wand ausgesteift. Daher werden sie nach DIN 4018 als Biegeträger auf mehreren Stützen berechnet und bewehrt.

Im Gegensatz zu üblichen Trägern im Hochbau sind bei Gründungsbalken die Auflager-kräfte (die Stützenlasten) bekannt und die äußere Belastung (die Sohldruckverteilung) unbekannt. Letztere ist dann richtig gewählt, wenn sich aus ihr die bekannten Stützenlasten errechnen lassen.

□ 6.01: Beispiele: Formen von Gründungsplatten

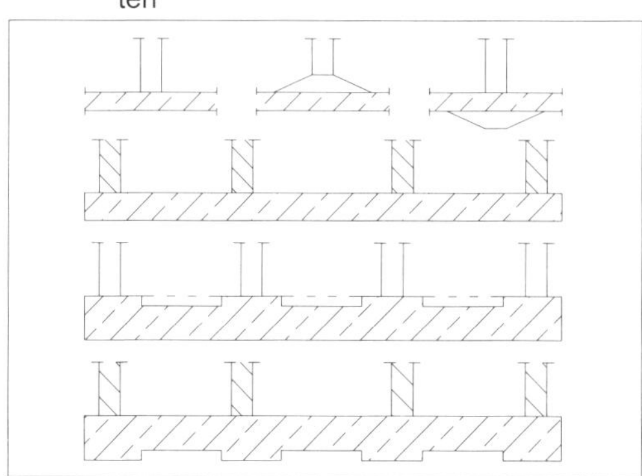

Gründungsplatten
Wenn Streifen- und Einzel-fundamente unter Wänden und Stützen - bedingt durch einen geringen aufnehmbaren Sohldruck - so groß werden, dass kaum noch Zwischenräume vor-

handen sind, werden sie wirtschaftlicher auf eine gemeinsame Gründungsplatte gestellt. Dadurch werden auch die Setzungsunterschiede verringert und die Ausführung einer wasserdichten Wanne ermöglicht.

Gründungsplatten werden in beiden Richtungen auf Biegung beansprucht. Sie werden heute meist mit durchgehend gleicher Plattendicke ausgeführt (□ 6.01), obwohl eine geringere Plattendicke in den Feldern und die Anordnung von oben- oder untenliegenden Verstärkungen unter den Lasteintragungen (□ 6.01) sinnvoll wäre. Diese Ausführung ist aber meist zu lohnaufwändig.

Berechnung

Für die Berechnung von Gründungsbalken und Gründungsplatten sind neben der Sohldruckverteilung vor allem die Setzungsunterschiede von Bedeutung, da sie zusätzliche Biegebeanspruchungen hervorrufen. Die maßgebende Verteilung des Sohldrucks ergibt sich aus der Forderung, dass die von den Sohlspannungen bewirkte Setzungsmulde mit der Biegelinie des Balkens oder der Platte übereinstimmen muss. Diese Verknüpfung der Formänderung der Gründung und des Baugrunds stellt ein vielfach statisch unbestimmtes Problem dar, das sich nicht mit geschlossenen mathematischen Formeln, sondern nur mit mehr oder weniger starken Vereinfachungen und Annahmen bezüglich der Sohldruckverteilung lösen lässt.

□ 6.02: Beispiel: Rechenmodell Gründungsplatte

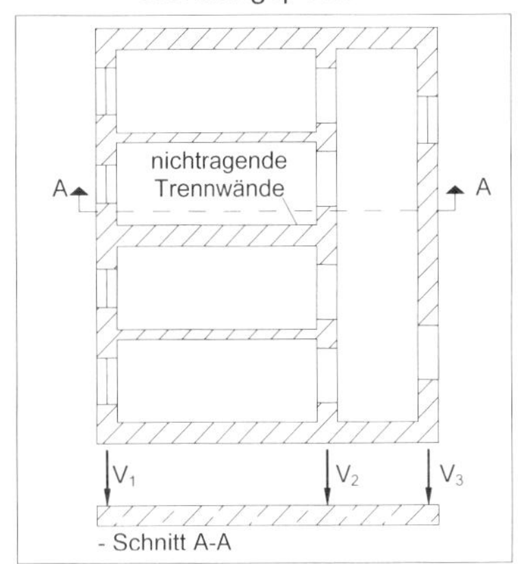

Rechentechnisch ist zwischen Gründungsbalken und -platten kein Unterschied. Ein Gründungsbalken wird mit seiner tatsächlichen Breite, eine Gründungsplatte mit einem Streifen von 1 m Breite, gegebenenfalls in mehreren kritischen Schnitten, berechnet (□ 6.02).
Gründungsplatten gleichen, auch bezüglich ihrer Bewehrung, umgekehrten Massivdecken. Der geeignete Ansatz für ihre Berechnung richtet sich nach der Einleitung der äußeren Lasten: Bei einer durch Wände belasteten Platte können die Wände als Auflager betrachtet und der Sohldruck als äußere Last angesetzt werden (Kany 1959). Wird die Platte durch annähernd regelmäßig angeordnete Stützen belastet, so kann die Platte als umgekehrte Pilzdecke betrachtet und z. B. nach dem Verfahren von Duddeck (1963) berechnet werden. Bei Stützenlasten in Randmitte, in Feldmitte oder in einer Ecke der Platte können z. B. die Bemessungsdiagramme von Westergaard (Schröder 1966) angewendet werden. Bei beliebig belasteter Platte kann nach Smoltczyk (Schröder 1966) gerechnet werden.

Verfahren

In der Praxis wird die Sohldruckfigur häufig - ohne Rücksicht auf die verschiedenen Einflüsse auf die Verteilung der Sohldrücke (siehe Abschnitt 4) - einfach angenommen ("vorgegeben"). Dies ist unter bestimmten Voraussetzungen zu vertreten (siehe Abschnitt 6.2).

Wenn diese Verfahrensweise aus Sicherheits- oder Wirtschaftlichkeitsgründen - vor allem bei großen Gründungsplatten - nicht zweckmäßig erscheint, wird mit verformungsabhängigen Sohldruckverteilungen gerechnet, und zwar je nach erforderlicher Genauigkeit und vertretbarem Aufwand nach dem Bettungsmodul-, dem Steifemodul- oder einem kombinierten Verfahren (siehe Abschnitte 6.3 bis 6.5). Das führt, vor allem bei großen Stützenlasten und -abständen, zu wesentlich wirtschaftlicheren Ergebnissen als eine vorgegebene Sohldruckverteilung. Denn die Bemessungsmomente können wegen der Berücksichtigung des elastischen Verhaltens gering gehalten werden. Keines dieser Verfahren gibt das wirkliche Kraft- und Verformungsbild wieder. Bei sachkundiger Anwendung sind diese Verfahren jedoch als Bemessungsgrundlage ausreichend (DIN 4018).

Die Wahl des für den jeweiligen Fall "richtigen" Verfahrens richtet sich nach dem vernünftigen Verhältnis zwischen Rechenaufwand und erzielbarer Genauigkeit. Eine unkritische Anwendung eines der im Folgenden beschriebenen Verfahren kann günstigenfalls zur unwirtschaftlichen Bemessung, in anderen Fällen aber zu unzureichenden Sicherheiten führen.

Gegenüberstellung und Grenzen der verschiedenen Berechnungsverfahren: ⇒ Graßhoff. ⇒ Hahn (1985), Kany (1974), Wölfer (1978), Flächengründungen und Fundamentsetzungen 1959. EWB. ⇒ DIN-Fachbericht 130 (2003)

Geotechnische Kategorien

Die Zuordnung einer Gründung zur Geotechnischen Kategorie GK 1 (siehe Abschnitt 1.3) setzt nach Handbuch Eurocode 7, Band 1 (2011): DIN 1054 (2010), Abschnitt A 2.1.2 die in den Abschnitten 5.3.1 und 5.3.2 genannten Baugrund- und Gründungsverhältnisse voraus.

Folgende Merkmale erfordern nach Handbuch Eurocode 7, Band 1 (2011): DIN 1054 (2010), Abschnitt A 2.1.2.4 in der Regel die Zuordnung zur Geotechnischen Kategorie GK 3 (siehe Abschnitt 1.3):

- ausgedehnte Plattengründung auf einem Boden mit unterschiedlichen Steifigkeitsverhältnissen im Grundriss;
- Gründungen neben bestehenden Gebäuden, wenn die Voraussetzungen der DIN 4123 nicht zutreffen;
- Ausführung der Gründung eines Bauwerks teils als Flach- oder Flächengründung, teils als Tiefgründung;
- Ausführung der Gründung als Kombinierte Pfahl-Plattengründung (KPP).

6.2 Vorgegebene Sohldruckverteilung

Spannungstrapezverfahren

Die einfache Annahme einer geradlinig begrenzten Sohldruckfigur (siehe Abschnitt 4.1) ist das älteste Berechnungsverfahren. Es wird Spannungstrapezverfahren genannt, weil die Sohldruckfigur im allgemeinen Fall ausmittiger Belastung trapezförmig ist (□ 6.03 a).

□ 6.03: Beispiele: Geradlinig begrenzte SNSV:
a) Spannungstrapezverfahren,
b) aufgesetzte Spannungsspitzen

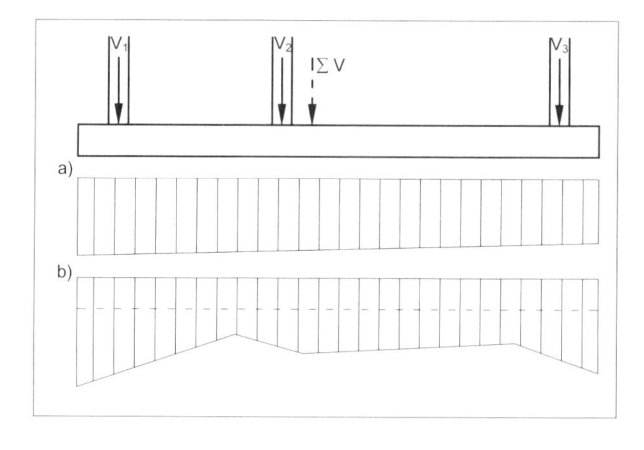

Dieses Verfahren liefert bei leichten Bauwerken mit an-nähernd gleichmäßiger Lastverteilung hinreichend genaue Ergebnisse und führt im Allgemeinen zu einer Überbemessung. In Hinblick darauf, dass durch das Spannungstrapezverfahren die Zugbereiche u. U. nicht an der richtigen Stelle berechnet werden, wird manchmal versucht, die Sicherheit dadurch zu erhöhen, dass die errechnete Bewehrung oben und unten in die Gründungsplatte einlegt wird.

Auch Gründungsbalken, die durch eine große Konstruktionshöhe möglichst steif gemacht worden sind, können mit einer geradlinig begrenzten Sohldruckfigur bemessen werden. Die große Bauhöhe führt zu einer wesentlich geringeren Schubbewehrung, und die Bewehrung kann aus geraden Stäben und Bügeln bestehen (□ 6.04).

□ 6.04: Beispiel: Konstruktion von Gründungsbalken

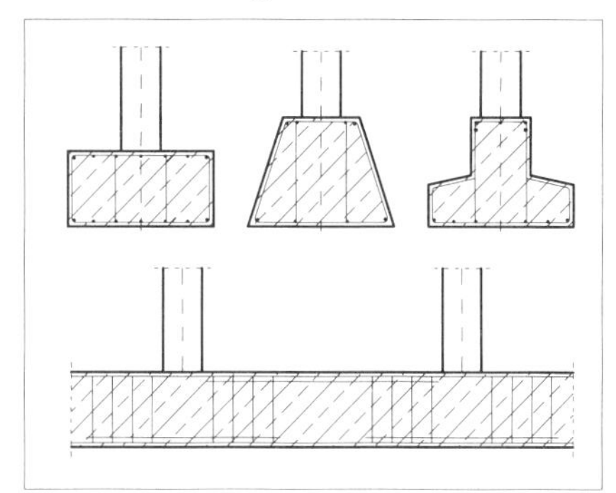

Berechnungsbeispiel: □ 6.05 a

□ 6.05: Beispiel: Berechnung der Momentenfläche für eine Gründungsplatte:
a) nach dem Spannungstrapezverfahren, b) nach dem Bettungsmodulverfahren

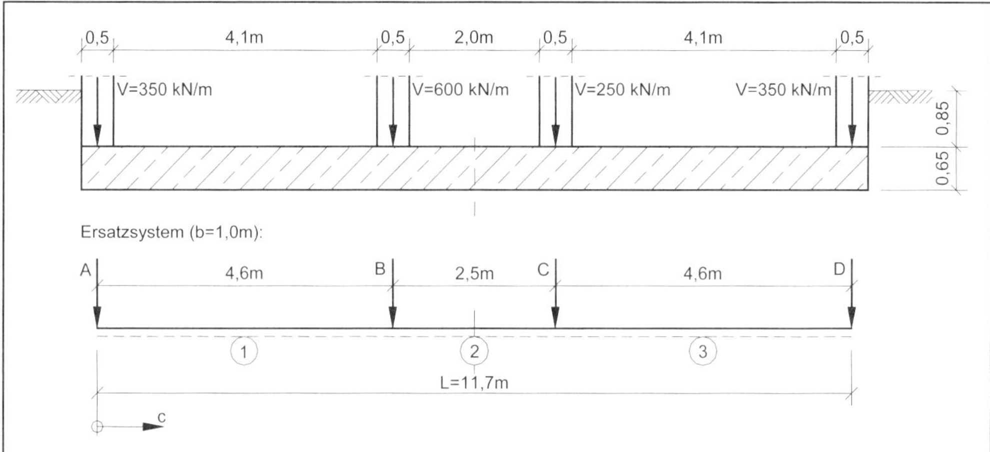

Geg.: *Gründungsplatte; Länge 24,5 m; Breite 12,2 m; B 25*

Baugrund: ± 0,0 bis –6,4: *Geschiebemergel*
$\gamma = 20\ kN/m^3$
$E_m = 75\ MN/m^2$

ab –6,4: *Kies*
$E_m \approx \infty$

Ges.: *Momentenfläche*

a) *nach dem Spannungstrapezverfahren*
b) *nach dem Bettungsmodulverfahren*

Lösung:

zu a): Die Eigenlast der Gründungsplatte erzeugt keine Biegemomente.

Lage der Resultierenden aus den Wandlasten (bezogen auf das „Auflager" A):

$$c = \frac{600 \cdot 4,6 + 250 \cdot 7,1 + 350 \cdot 11,7}{350 + 600 + 250 + 350} = 5,57\ m$$

□ 6.05: Fortsetzung Beispiel: Berechnung der Momentenfläche für eine Gründungsplatte: a) nach dem Spannungstrapezverfahren, b) nach dem Bettungsmodulverfahren

$$\Rightarrow e = \frac{b}{2} - c = \frac{11,7}{2} - 5,57 = 0,28 \ m$$

Sohldruckverteilung:

$$\sigma_{0,1,2} = \frac{1550}{11,7 \cdot 1,0}\left(1 \pm \frac{6 \cdot 0,28}{11,7}\right) \Rightarrow$$

$$\sigma_{0,1} = 151,5 \ kN/m^2; \ \sigma_{0,2} = 113,5 \ kN/m^2$$

Unter der Annahme einer geradlinigen Sohldruckverteilung erhält man das Spannungstrapez:

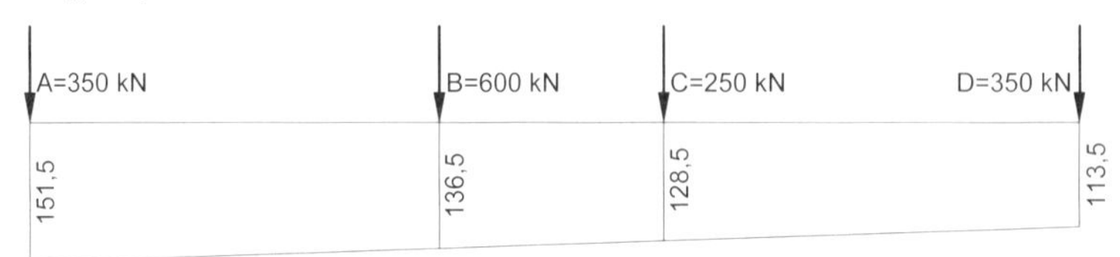

Ermittlung der Biegemomente:

Stützenmomente:

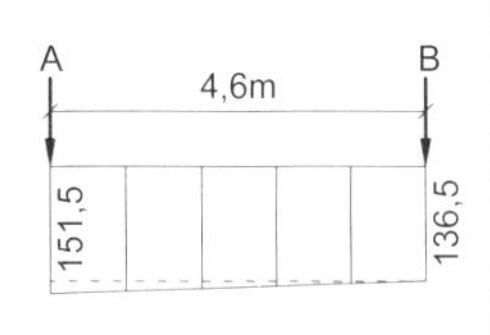

$$M_A = M_D = 0$$

$$M_B = 136,5 \cdot \frac{4,6^2}{2} + \frac{151,5 - 136,5}{2} \cdot 4,6 \cdot \frac{2 \cdot 4,6}{3} - 350 \cdot 4,6^2 = -60 \ kNm$$

$$M_C = 113,5 \cdot \frac{4,6^2}{2} + \frac{128,5 - 113,5}{2} \cdot 4,6 \cdot \frac{4,6}{3} - 350 \cdot 4,6 = -356,3 \ kNm$$

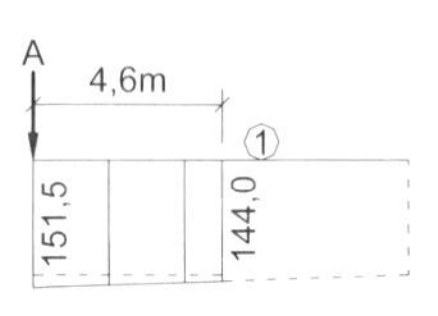

Feldmomente (näherungsweise in Feldmitte berechnet):

$$M_1 = 144,0 \cdot \frac{2,3^2}{2} + \frac{151,5 - 144,0}{2} \cdot 2,3 \cdot \frac{2 \cdot 2,3}{3} - 350 \cdot 2,3 = -410,9 \ kNm$$

Das gleiche Ergebnis erhält man durch „Einhängen einer Parabel mit $\frac{q \cdot l^2}{8}$“:

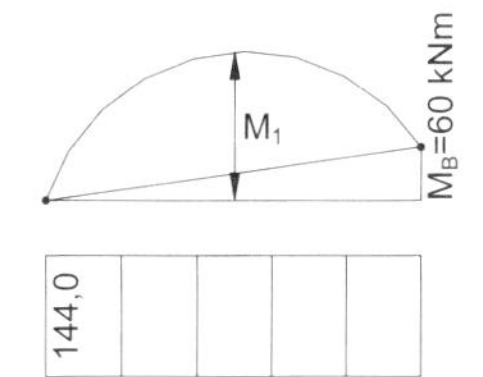

$$M_1 = \frac{0 - 60}{2} - \frac{144,0 \cdot 4,6^2}{8} = -410 \ kNm$$

Die übrigen Feldmomente werden ebenfalls durch „Einhängen“ ermittelt:

$$M_2 = \frac{-60,0 - 356,3}{2} - \frac{(136,5 + 128,5) \cdot 2,5^2}{2 \cdot 8} = -311,7 \ kNm$$

$$M_3 = \frac{-356,3 - 0}{2} - \frac{(128,5 + 113,5) \cdot 4,6^2}{2 \cdot 8} = -498,2 \ kNm$$

Darstellung der Momentenlinie: siehe letzter Seite des Beispiels.

6.05: Fortsetzung Beispiel: Berechnung der Momentenfläche für eine Gründungsplatte:
a) nach dem Spannungstrapezverfahren, b) nach dem Bettungsmodulverfahren

Werte zum Bettungsmodulverfahren für λ = 3,5; nach Hahn (1985):

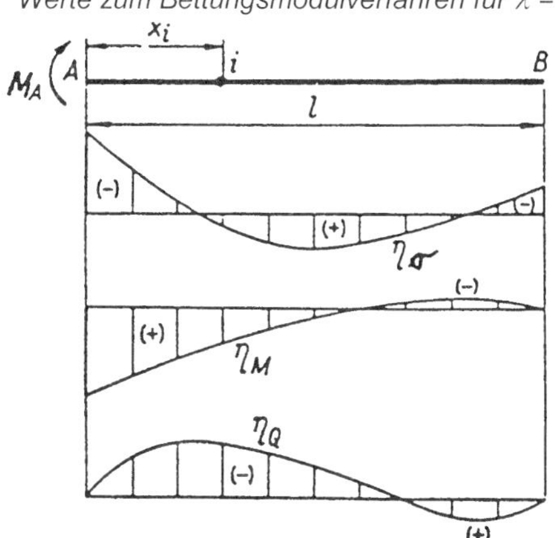

obere Zahl: η_0

$$\sigma_0 = \frac{\eta_0 \cdot F}{b \cdot l}$$

mittlere Zahl: $100\,\eta_M$

$$M_0 = \frac{\eta_M \cdot F \cdot l}{100}$$

untere Zahl: η_Q

$$Q_0 = \eta_Q \cdot F$$

Einflußzahlen der Punkte → (waagerecht ablesen)

x_0/l \ x_i/l	Zustandslinien bei Laststellung in ↓ (senkrecht ablesen)										
	0	0,1	0,2	0,3	0,4	0,5	0,6	0,7	0,8	0,9	1,0
0	7,01	4,64	2,66	1,22	0,29	-0,23	-0,45	-0,50	-0,44	-0,35	-0,25
	0	0	0	0	0	0	0	0	0	0	0
	-1,00	0	0	0	0	0	0	0	0	0	0
0,1	4,64	3,60	2,52	1,55	0,80	0,29	-0,02	-0,19	-0,28	-0,32	-0,35
	-6,90	2,15	1,31	0,66	0,23	-0,03	-0,15	-0,20	-0,19	-0,17	-0,14
	-0,420	-0,588	0,259	0,138	0,054	0,003	-0,024	-0,035	-0,036	-0,034	-0,030
0,2	2,66	2,52	2,28	1,83	1,29	0,81	0,41	0,12	-0,10	-0,28	-0,44
	-9,13	-2,11	5,13	2,87	1,26	0,23	-0,33	-0,59	-0,67	-0,66	-0,63
	-0,059	-0,282	-0,499	0,308	0,159	0,058	-0,005	-0,038	-0,055	-0,064	-0,070
0,3	1,22	1,55	1,83	1,93	1,71	1,31	0,87	0,47	0,12	-0,19	-0,50
	-8,65	-3,83	1,21	6,90	3,57	1,30	-0,10	-0,86	-1,23	-1,42	-1,56
	0,131	-0,080	-0,292	-0,502	0,311	0,164	0,060	-0,009	-0,054	-0,088	-0,117
0,4	0,29	0,80	1,29	1,71	1,90	1,72	1,33	0,87	0,41	-0,02	-0,45
	-6,91	-4,00	-0,89	2,82	7,58	3,66	1,01	-0,65	-1,67	-2,37	-2,98
	0,202	0,035	-0,136	-0,317	-0,507	0,316	0,170	0,057	-0,028	-0,100	-0,166
0,5	-0,23	0,29	0,81	1,31	1,72	1,91	1,72	1,31	0,81	0,29	-0,23
	-4,84	-3,34	-1,69	0,43	3,44	7,72	3,44	0,43	-1,69	-3,34	-4,84
	0,202	0,088	-0,032	-0,166	-0,323	-0,500	0,323	0,166	0,032	-0,088	-0,202
0,6	-0,45	-0,02	0,41	0,87	1,33	1,72	1,90	1,71	1,29	0,80	0,29
	-2,98	-2,37	-1,67	-0,65	1,01	3,66	7,58	2,82	-0,89	-4,00	-6,91
	0,166	0,100	0,028	-0,057	-0,170	-0,316	-0,493	0,317	0,136	-0,035	-0,202
0,7	-0,50	-0,19	0,12	0,47	0,87	1,31	1,71	1,93	1,83	1,55	1,22
	-1,56	-1,42	-1,23	-0,86	-0,10	1,30	3,57	6,90	1,21	-3,83	-8,65
	0,117	0,088	0,054	0,009	-0,060	-0,164	-0,311	-0,498	0,292	0,080	-0,131
0,8	-0,44	-0,28	-0,10	0,12	0,41	0,81	1,29	1,83	2,28	2,52	2,66
	-0,63	-0,66	-0,67	-0,59	-0,33	0,23	1,26	2,87	5,13	-2,11	-9,13
	0,070	-0,064	0,055	0,038	0,005	-0,058	-0,159	-0,308	-0,501	0,282	0,059
0,9	-0,35	-0,32	-0,28	-0,19	-0,02	0,29	0,80	1,55	2,52	3,60	4,64
	-0,14	-0,17	-0,19	-0,20	-0,15	-0,03	0,23	0,66	1,31	2,15	-6,90
	0,030	0,034	0,036	0,035	0,024	-0,003	-0,054	-0,138	-0,259	-0,412	0,420
1,0	-0,25	-0,35	-0,44	-0,50	-0,45	-0,23	0,29	1,22	2,66	4,64	7,01
	0	0	0	0	0	0	0	0	0	0	0
	0	0	0	0	0	0	0	0	0	0	1,00

zu b: *Mit* $\frac{a}{b} = \frac{24,5}{12,2} = 2,0$

$\frac{z}{b} = \frac{4,9}{12,2} = 0,4$ *(ab –6,4 m: $E_m \approx \infty$)*

6.05: Fortsetzung Beispiel: Berechnung der Momentenfläche für eine Gründungsplatte:
a) nach dem Spannungstrapezverfahren, b) nach dem Bettungsmodulverfahren

erhält man für den kennzeichnenden Punkt $f = 0,3203$ *und damit den Bettungsmodul*

$$k_s = \frac{E_m}{b \cdot f} = \frac{75}{12,2 \cdot 0,3203} \approx 20 \quad MN/m^3$$

Charakteristische Länge des System:

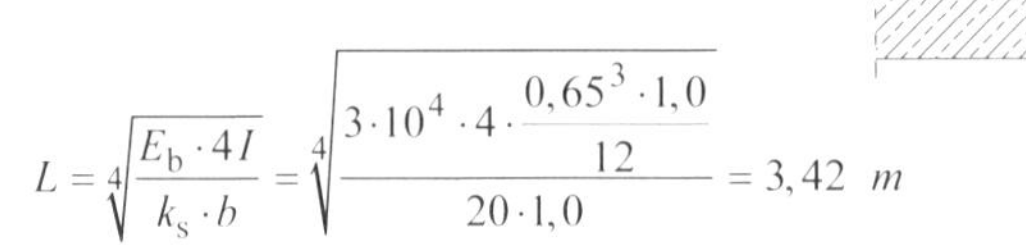

$$L = \sqrt[4]{\frac{E_b \cdot 4I}{k_s \cdot b}} = \sqrt[4]{\frac{3 \cdot 10^4 \cdot 4 \cdot \frac{0,65^3 \cdot 1,0}{12}}{20 \cdot 1,0}} = 3,42 \quad m$$

Das ergibt ein Längenverhältnis von

$$\lambda = \frac{l}{L} = \frac{11,7}{3,42} \approx 3,5$$

Die Einflusswerte für die Momentenlinie können im vorliegenden Fall direkt abgelesen werden (anderenfalls Interpolation zwischen zwei Tafeln):

Ermittlung der Biegemomente:

(1) Unterteilung des Plattenstreifens von der Länge l = 11,7 m in 10 Abschnitte:

$$\frac{x_i}{l} = 0 \; ; 0,1; \ldots 10$$

(2) Berechnung des Biegemoments für die Last A = 350 kN an der Stelle

$$x_i = 0 \rightarrow \frac{x_i}{l} = 0 :$$

Aus der Tafel werden in der Spalte $\frac{x_i}{l} = 0$ *die Werte 100* η_M *(mittlere Zahlen) abgelesen und in die Tabelle eingetragen. Das Moment infolge A ergibt sich aus:*

$$M = \frac{100 \; \eta_M \cdot A \cdot l}{100}$$

(3) Berechnung für die Last B = 600 kN an der Stelle $\frac{x_i}{l} = \frac{4,6}{11,7} \approx 0,4$ *; entsprechend für die Lasten C und D.*

(4) Die M-Linie ergibt sich durch Superposition der jeweiligen M_i*-Werte:*

6.05: Fortsetzung Beispiel: Berechnung der Momentenfläche für eine Gründungsplatte:
a) nach dem Spannungstrapezverfahren, b) nach dem Bettungsmodulverfahren

Stelle $\frac{x_i}{l}$ =		*0*	*0,1*	*0,2*	*0,3*	*0,4*	*0,5*	*0,6*	*0,7*	*0,8*	*0,9*	1,0
A= 350 kN	*100* η_M =	*0*	*-6,9*	*-9,13*	*-8,65*	*-6,91*	*-4,84*	*-2,98*	*-1,56*	*-0,63*	*-0,14*	0
$\frac{x_i}{l} = 0$	*M =*	*0*	*-282,6*	*-373,8*								
B= 600 kN	*100* η_M =	*0*	*0,23*	*1,26*								
$\frac{x_i}{l} \approx 0,4$	*M =*	*0*										
C= 250 kN	*100* η_M =	*0*	*-0,15*									
$\frac{x_i}{l} \approx 0,6$	*M =*	*0*										
D= 350 kN	*100* η_M =	*0*	*-0,14*	*-0,63*								
$\frac{x_i}{l} = 1,0$	*M =*	*0*										
$\sum M \approx$		*0*	*-277*	*-321*	*-170*	*-157*	*-54*	*-112*	*-321*	*-386*	*-292*	0

Vergleichende Gegenüberstellung der ermittelten Momentenlinien:

zu a:

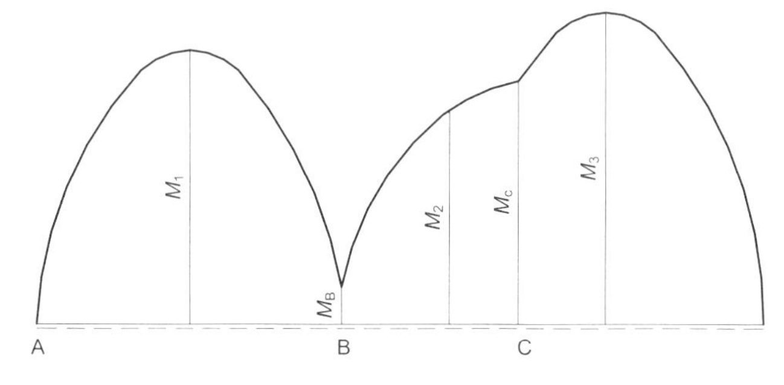

zu b:

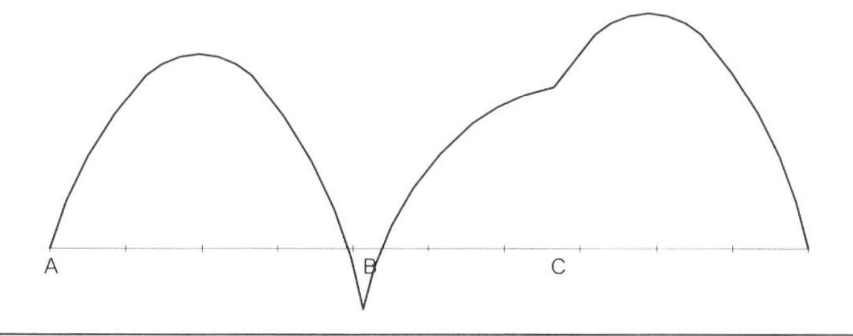

Spannungsspitzen Zur Berücksichtigung der Spannungskonzentration unter den Wänden und Stützen (siehe Abschnitt 4.2.1) kann eine geradlinig begrenzt angenommene Sohldruckfigur dadurch verbessert werden, dass im Bereich der Lasteintragungsstellen Spannungsspitzen aufgesetzt werden (6.03 b). Dies ist vor allem bei Gründungen zu empfehlen, die im Verhältnis zum Baugrund weich sind (6.06).

Unter sehr biegesteifen Bauwerken kann die korrigierte Sohldruckverteilung von Boussinesq (siehe Abschnitt 4.2.1) angesetzt werden, wenn direkt unter der Gründungssohle eine zusammendrückbare Schicht (Schichtdicke > b, $E_s \approx$ konst.) ansteht. Mit abnehmender Dicke dieser Schicht wird die Sohldruckverteilung immer gleichmäßiger.

Ist das Bauwerk einachsig durch Wände ausgesteift, kann die korrigierte Sohldruckfigur nach Boussinesq in Aussteifungsrichtung angenommen und quer zur Aussteifung mit einer verformungsabhängigen SDV (siehe Abschnitte 6.3 bis 6.5) gerechnet werden.

 6.06: Beispiel: Berechnungsvorschlag für Gründungsplatten von Tunnelbauwerken (Dienstvorschrift DS 804 der Bundesbahn)

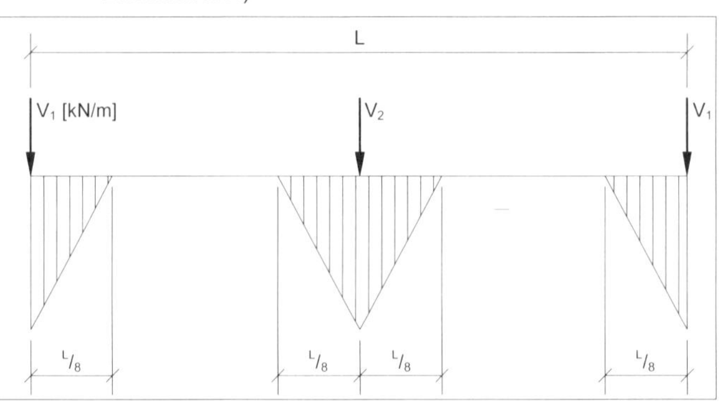

6.3 Bettungsmodulverfahren

Annahme Das Bettungsmodulverfahren (Federmodell) beruht auf der Annahme, dass die Setzung s an jeder Stelle des Fundaments proportional ist zu dem an der gleichen Stelle vorhandenen Sohldruck (6.07).

 6.07: Beispiel: Bettungsmodulverfahren: Proportionalität zwischen Sohlspannungen und Setzungen

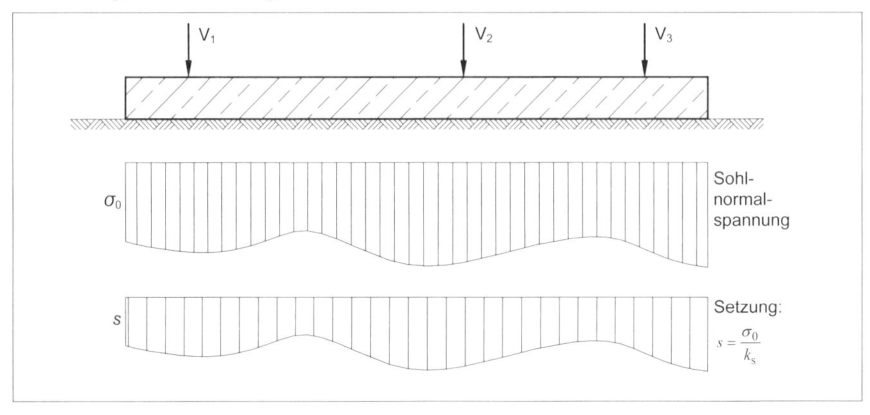

Der Proportionalitätsfaktor k_s (kN/m³)

$$k_s = \frac{\sigma_0}{s} \quad bzw. \quad \frac{\sigma_1}{s} \tag{6.01}$$

wird Bettungsmodul genannt. Er stellt eine Federkonstante dar, denn das Fundament wird nach dieser Annahme so behandelt, als sei es in zusammenhanglose Einzelteile zerschnitten, die auf Federn ruhen und sich unabhängig voneinander setzen können (6.08). Dies ist eine sehr starke Vereinfachung, denn in Wirklichkeit wird die Setzung eines Fundamentteils auch durch die Sohlspannungen unter den Nachbarteilen beeinflusst. Außerdem ist die Beziehung zwischen Spannungen und Setzungen tatsächlich nicht linear (siehe Abschnitt 3).

□ 6.08: Beispiel: Setzungsmulde a) nach dem Bettungsmodulverfahren (Federmodell), b) tatsächlich

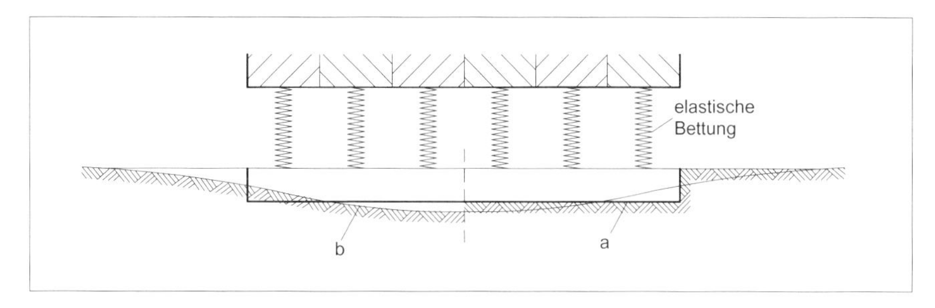

k_s

Es gibt verschiedene Möglichkeiten, den Bettungsmodul zu bestimmen:

Setzungsberechnung: Da der Bettungsmodul keine Bodenkonstante ist, sondern über die Setzung auch von den Fundamentabmessungen abhängt, wird er am besten aus einer Setzungsberechnung für den kennzeichnenden Punkt des Fundaments bestimmt. Durch Gleichsetzen von Gleichung (6.01) mit der geschlossenen Setzungsformel für mittige Belastung (siehe Abschnitt 3) ergibt sich

$$k_s = \frac{E_m}{b \cdot f_{s,c}} \qquad (6.02)$$

Plattendruckversuch: Die Berechnung des Bettungsmoduls aus dem Plattendruckversuch (siehe Dörken / Dehne/ Kliesch, Teil 1, 2009) dient nur der Kennzeichnung der Bettungsverhältnisse unter Straßen- und Flugplatzdecken. Zur Übertragung auf Gründungsbalken oder –platten muss er auf deren tatsächliche Breite umgerechnet werden. ⇒ Dehne 1982

Tabellenwerte: Da der Bettungsmodul keine Bodenkonstante ist, sind nur vom Boden abhängige Tabellenwerte mit Vorsicht zu verwenden. ⇒ Frisch / Simon (1974)

□ 6.09: Beispiel: Berechnungsbeispiel für einen veränderlichen Bettungsmodul

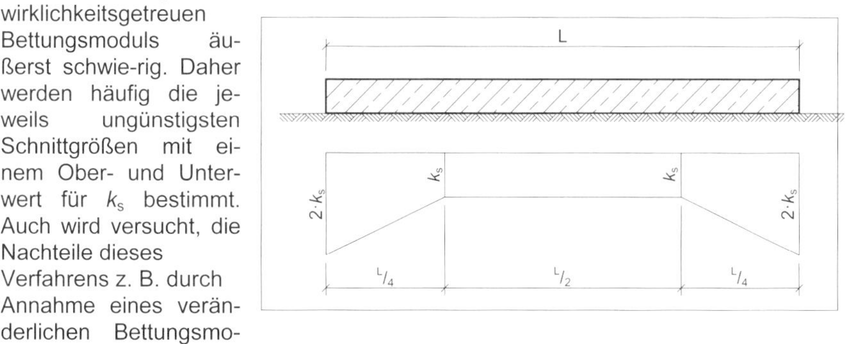

Trotz dieser verschiedenen Möglichkeiten ist die Bestimmung eines wirklichkeitsgetreuen Bettungsmoduls äußerst schwie-rig. Daher werden häufig die jeweils ungünstigsten Schnittgrößen mit einem Ober- und Unterwert für k_s bestimmt. Auch wird versucht, die Nachteile dieses Verfahrens z. B. durch Annahme eines veränderlichen Bettungsmoduls unter dem Gründungskörper zu umgehen (□ 6.09). Dabei geht allerdings der Vorzug dieses Verfahrens, seine relativ einfache und übersichtliche Handhabung, verloren.

Anwendung Obwohl die Voraussetzung des Bettungsmodulverfahrens tatsächlich nicht zutrifft, wird es wegen seiner einfachen Handhabung mit Hilfe von Tabellen und Nomogrammen (siehe unten) und mittels PC-Programmen in der Praxis häufig angewendet. Es liefert auch trotz seiner theoretischen Unzulänglichkeiten bei der Berechnung von langen, biegsamen Gründungsbalken und -platten mit wenigen Lasten sowie bei dünnen, weichen Schichten auf fester Unterlage brauchbare Ergebnisse. Es ist besonders geeignet bei der Berechnung von Kranbahnfundamenten und Fahrbahnplatten von Straßen und Flugpisten. Bei einem starren Gründungskörper (z. B. einem Bauwerk auf sehr nachgiebigem Baugrund) stimmen die Ergebnisse des Spannungstrapezverfahrens („einfache Annahme", siehe Abschnitt 6.2) mit denen des Bettungsmodulverfahrens überein.

Tabellen für den praktischen Gebrauch des Verfahrens: ⇒ Müllersdorf (1963), Graßhoff (1978), Wölfer (1978), Hahn (1985), Zhang (2012)

Berechnungsbeispiel: □ 6.05 b.

6.4 Steifemodulverfahren

Beim Steifemodulverfahren (Halbraummodell) werden die Formänderungen des Baugrunds über den Steifemodul E_s berücksichtigt, der nach der Theorie des elastisch-isotropen Halbraums berechnet wird. Ziel dieses Verfahrens ist, diejenige SDV zu ermitteln, bei der die Biegelinie des Fundaments mit der Setzungsmulde des Baugrunds übereinstimmt (□ 6.10). Streng mathematisch ist diese Forderung nicht lösbar, so dass auch bei diesem Verfahren rechentechnische Vereinfachungen notwendig sind.

□ 6.10: Beispiel: Steifemodulverfahren

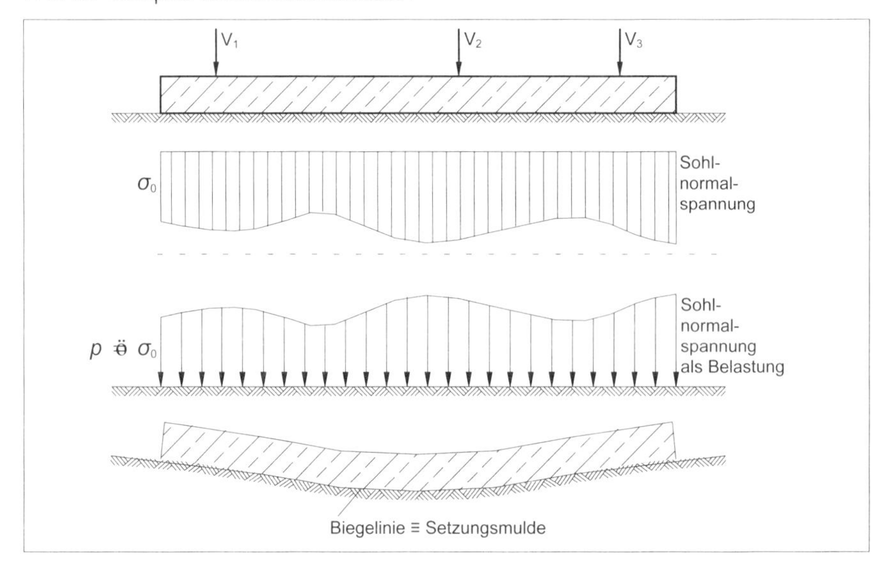

Die Biegelinie kann nach den bekannten Verfahren der Statik und die Setzungen nach Abschnitt 3 errechnet werden. Durch die Setzungsberechnung wird, im Gegensatz zum Bettungsmodulverfahren, die gegenseitige Beeinflussung benachbarter Bereiche unter dem Fundament berücksichtigt. Aus der so ermittelten Spannungsverteilung lassen sich die Schnittkräfte und Bemessungsmomente berechnen (□ 6.11).

Voraussetzung des Verfahrens ist eine möglichst genaue Bestimmung des Steifemoduls. In einfachen Fällen, insbesondere bei bindigen Böden, kann von einem über die Baugrundtiefe konstanten Steifemodul ausgegangen werden. Aber auch Lösungen für einen mit der Tiefe veränderlichen Steifemodul und für mehrfache Schichtung des Baugrunds liegen vor.

Bei einfachen Verhältnissen ist die Forderung nach Verträglichkeit von Biegelinie und Setzungsmulde durch schrittweise Annäherung verhältnismäßig leicht zu erfüllen. Bei Berücksichtigung unterschiedlicher Variablen wird das Verfahren sehr rechenaufwändig, so dass umfangreiche Tabellen und Nomogramme, aber vorrangig EDV-Program-me benötigt werden.

⇒ De Beer / Graßhoff / Kany (1966), El Kadi (1967), Graßhoff (1978), Kany (1974), Sherif / König (1975).

□ 6.11: Beispiel: U-Bahn Köln, Berechnung nach dem Steifemodulverfahren: a) Tunnelbauwerk, b) Sohlspannungsfigur, c) Biegelinie und Setzungsmulde (Betonkalender 1974)

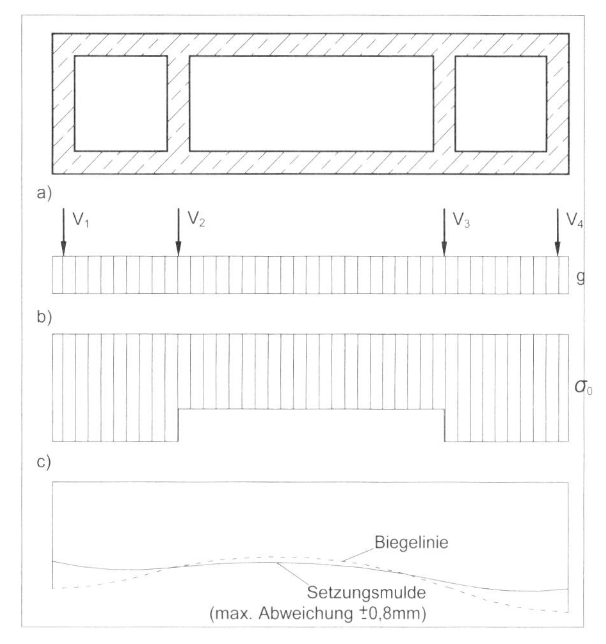

6.5 Kombiniertes Verfahren

Da Bettungsmodul- und Steifemodulverfahren in bestimmten Fällen (z. B. bei starren Gründungskörpern) übereinstimmen, wurde ein kombiniertes Verfahren (Halbraum- und Federmodell) entwickelt (□ 6.12). Voraussetzung ist ein linear mit der Tiefe zunehmender Steifemodul, der aber nicht bei Null beginnt.

⇒ Schultze (1970)

□ 6.12: Modell des kombinierten Verfahrens

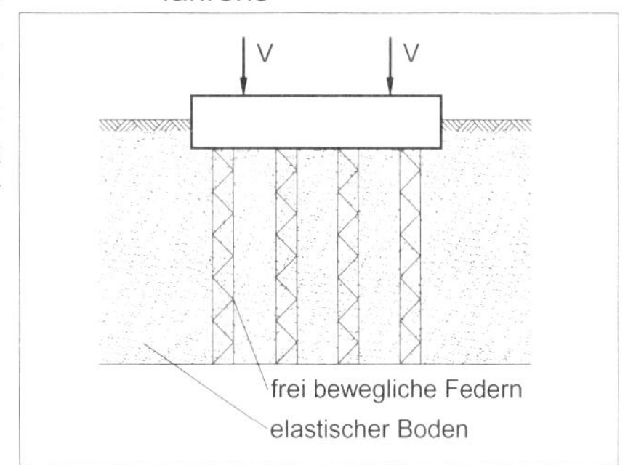

6.6 Ausführungsbeispiele

6.6.1 Gründung auf integrierter Sohlplatte

Bei Hochbauten mit wenigen Geschossen und einem Bemessungswert des Sohlwiderstands $\sigma_{R,d}$ („Aufnehmbarer Sohldruck") von 200...300 kN/m² können Streifen- und Einzelfundamente auf einer "integrierten Sohlplatte" gegründet werden, um den erforderlichen Fundamentaushub zu vermeiden.

Hierzu wurden u. a. von Lohmeyer (2004), Herzog (1983) und Kelemen (1984) Berechnungsverfahren entwickelt (□ 6.13).

□ 6.13: Beispiel: Fundamente mit integrierter Sohlplatte

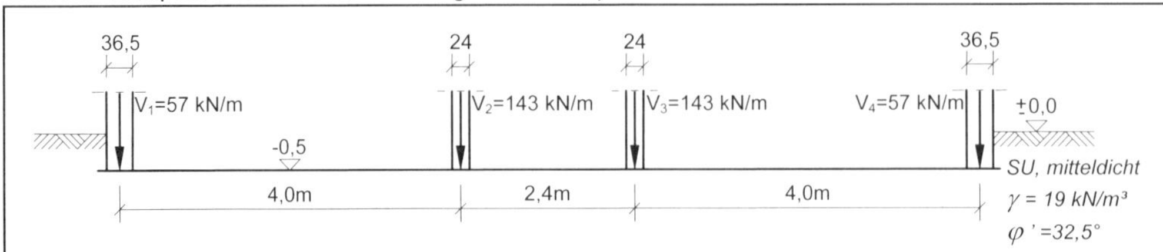

Geg.: *die oben angegebenen Last- und Bodenverhältnisse*

Alle Lasten sind charakteristische Lasten.

Ges.: *Entwurf einer Gründung mit integrierter Sohlplatte (C25/30)*

Lösung:

Vorbemerkung: *Die Berechnung soll nach dem Verfahren von Lohmeyer (2004) erfolgen.*

Mitwirkende Plattenbreite, erforderliche Plattendicke:
Die mitwirkende Plattenbreite b_m *unter den Wänden berechnet sich aus der Wandlast V und dem Bemessungswert des Sohlwiderstands* $\sigma_{R,d}$. *Der Bemessungswert des Sohlwiderstands* $\sigma_{R,d}$ *wird näherungsweise nach Handbuch Eurocode 7, Band 1 (2011): DIN 1054 (2010), Abschnitt A 6.10, Tabelle A 6.2, für setzungsempfindliche Bauwerke (s. Abschnitt 5.2) ermittelt, wobei als Einbindetiefe d der Abstand zwischen Geländeoberkante und Unterkante Bodenplatte angenommen wird.*

Maßgebend für die Bemessung der integrierten Sohlplatte ist der ungünstigste Belastungszustand:

Wandlast $V_2 = V_3 = 143 \ kN/m$

Wanddicke $s_2 = s_3 = 24 \ cm$

Unter der Voraussetzung, dass der vorhandene Sohldruck (=Bemessungswert des einwirkenden Sohldrucks) $\sigma_{E,d} < 300 \ kN/m^2$ *ist, muss die mitwirkende Breite größer als*

$b_m = \frac{143}{300} = 0,48 \ m$ *sein;* ⇒ *gewählt.:* $b_m = 0,70 \ m$

Die erforderliche Plattendicke d_P *wird unter der Annahme ermittelt, dass unter den Wänden eine Lasteinleitung wie bei einem unbewehrten Fundament erfolgt (s. Abschnitt 5.4):*

C 25/ 30: $200 \ kN/m^2 < \sigma_{E,d} < 300 \ kN/m^2 \Rightarrow \tan\alpha = 1,2$

$$\Rightarrow d_{P,erf} = \tan\alpha \cdot \frac{b_m - s}{2} = 1,2 \cdot \frac{0,70 - 0,24}{2} = 0,28 \ m$$

gew.: $d_P = 0,30 \ m$

□ 6.13: Fortsetzung Beispiel: Fundamente mit integrierter Sohlplatte

Bemessungswert des Sohlwiderstands $\sigma_{R,d}$

$$b_m = 0,70\ m$$

$$d = 0,50 + 0,30 = 0,80\ m \qquad \Rightarrow \sigma_{R,d} = 396\ kN/m^2 \quad \text{(Tabelle A 6.2)}$$

Kontrolle:

$$\sigma_{R,d} = 396\ kN/m^2 > \sigma_{E,d} = \frac{(143 + 0,3 \cdot 0,7 \cdot 25) \cdot 1,35}{0,7} = 286\ kN/m^2$$

Es kann mit den Abmessungen b_m = 0,70 m; d_P = 0,30 m weitergerechnet werden.

Aufzunehmende Zugkräfte:

Für entstehende Zugkräfte F_{ctd} aus unterschiedlichen Setzungen der „Fundamente" gegenüber der „Platte" wird ein Größtwert angesetzt, der auch die ungünstigsten Verhältnisse auffangen kann.

Mit $\sigma_{E,k}$ = *mittlere (charakteristische) Sohlnormalspannung*

$= \frac{\sum V}{B} + \gamma_b \cdot d$

B = *Plattenbreite*

μ = *Reibungsbeiwert*

$\geq$ *tan φ' = tan 35°= 0,70 für nicht bindige Böden*

$\geq$ *tan φ' = tan 15°= 0,26 für bindige Böden*

wird

$$F_{ctd} = \sigma_{E,k} \cdot \gamma_c \cdot \mu \cdot \frac{B}{2} = \left(\frac{2 \cdot 143 + 2 \cdot 57}{2 \cdot 4,8 + 2,4 + 0,365} + 0,3 \cdot 25 \right) \cdot 1,0 \cdot 0,70 \cdot \frac{12,365}{2} = 172,5\ kN/m$$

Erforderliche Zugbewehrung: (jeweils zur Hälfte oben und unten angeordnet)

$$A_{s,erf} = \frac{F_{ctd}}{\frac{f_{yk}}{\gamma_c}} \left[\frac{cm^2}{m} \right]$$

Sicherheit gegen Grundbruch:

Die bei der Plattenbemessung angesetzte Einbindetiefe d = 0,80 m ist für den Grundbruchnachweis nicht zu übernehmen. Entscheidend ist vielmehr die Austrittstelle der Grundbruchscholle, ausgedrückt durch die Länge L_F:

Unter sinngemäßer Anwendung der in Abschnitt 2.3 genannten Gleichungen zur Berechnung der Länge einer Grundbruchscholle wird

$$L_F = b_m \cdot \tan\left(45° + \frac{\varphi'}{2}\right) \cdot e^{1,571 \cdot \tan \varphi'} = 0,7 \cdot \tan\left(45° + \frac{32,5°}{2}\right) \cdot e^{1,571 \cdot \tan 32,5°} = 3,48\ m$$

□ 6.13: Fortsetzung Beispiel: Fundamente mit integrierter Sohlplatte

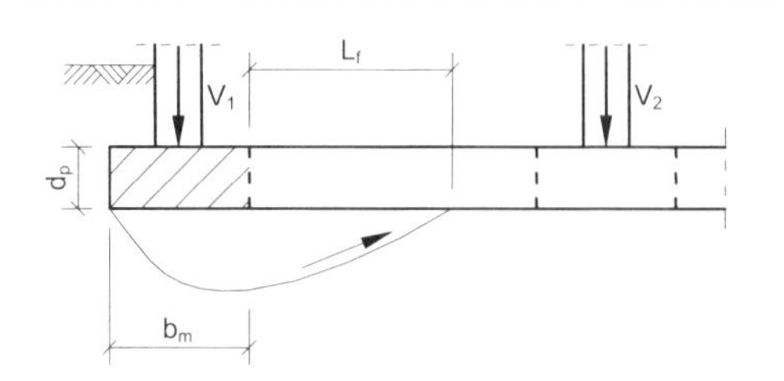

Fall A:
L_F reicht nicht bis zum benachbarten „Fundament":

Stützspannung =
$\gamma_b \cdot d_P$

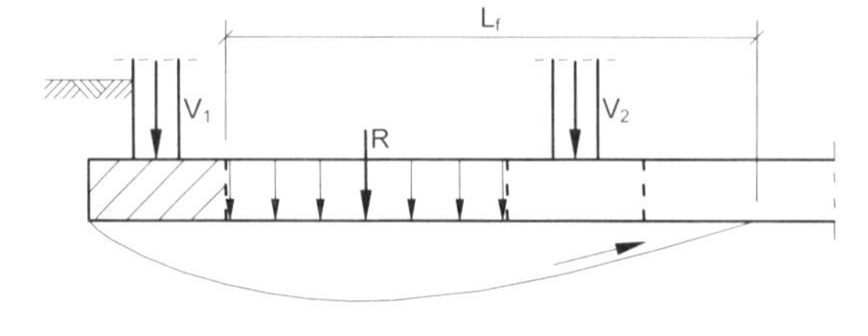

Fall B:
L_F reicht bis zum benachbarten „Fundament":

Stützspannung =
$\dfrac{R + V_2}{L_F}$

Damit erreicht z.B. die Grundbruchscholle des „Fundaments" 2 nicht das „Fundament" 1, und der (ungünstigere) Fall A wird maßgebend.

Stützspannung: $25 \cdot 0{,}3 = 7{,}5 \ kN/m^2$

Beiwerte: $N_{d0} = 25$; $\nu_d = 1{,}0$ *(„Streifenfundament")*
$N_{b0} = 15$; $\nu_b = 1{,}0$ *(„Streifenfundament")*

Grundbruchwiderstand des „Streifenfundaments" 2:

$$R_{V,k} = 0{,}7 \cdot (0 + 7{,}5 \cdot 25 \cdot 1{,}0 + 19 \cdot 0{,}7 \cdot 15 \cdot 1{,}0) = 271 \ kN/m$$

Spannungsnachweis:

$$R_{V,d} = \frac{271}{1{,}40} = 193{,}6 \ kN/m \geq V_d = (143 + 0{,}3 \cdot 0{,}7 \cdot 25) \cdot 1{,}35 = 200{,}1 \ kN/m$$

Die geringfügige Überschreitung kann hier zugelassen werden, da

$$d_{P,gew} = 0{,}30 \ m \ > \ d_{P,erf} = 0{,}28 \ m$$

ist, was zu einer (hier nicht berücksichtigten) Vergrößerung von b_m führt.

Anderenfalls müsste die Plattendicke d_P entsprechend vergrößert werden.

6.6.2 Turmgründungen

Türme werden bei kreisförmiger Querschnittsform meist auf einer kreis- oder kreisringförmigen Platte gegründet, die außer den symmetrischen Eigengewichtslasten hohe antimetrische Lasten aus Wind und Erdbeben sowie einseitige Verkehrslasten aufnehmen muss. Wegen ihrer großen Abmessungen werden sie häufig als Schalentragwerk ausgebildet.

6.15: Beispiel: Gründung des Fernsehturms Stuttgart (aus Klöckner, Engelhardt, Schmidt 1982)

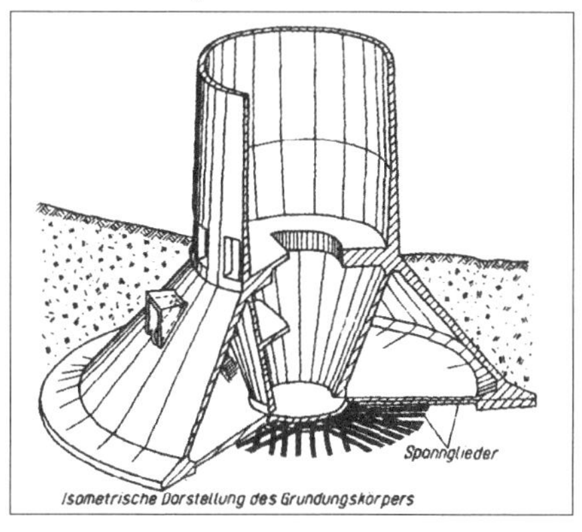

Fernsehturm Stuttgart Die antimetrische Beanspruchung wird durch ein räumliches Fachwerk aus zwei Kegelschalen und zwei kreisförmigen Platten aufgenommen (6.15). Die - zur Aufnahme der Spreizkräfte aus der äußeren Kegelschale - vorgespannte Bodenplatte liegt nur im inneren Bereich und mit einem äußeren Kreisring auf dem Boden auf. Hierdurch werden die Sohlspannungen (Sohldruck) aus Eigenlast erhöht, während der Spannungsanteil aus Windlast, bezogen auf den Eigenlastanteil, geringer wird (Leonhardt 1956).

Fernmeldeturm Hamburg Der Gründungskörper besteht aus einer Kegelschale, einer Zylinderschale und zwei Kreisplatten (6.16). Ein äußerer Spannring in der Bodenplatte nimmt die Spreizkräfte der äußeren Kegelschale auf (Wetzel 1968).

6.16: Beispiel: Gründung des Fernmeldeturms Hamburg (nach Klöckner, Engelhardt, Schmidt 1982)

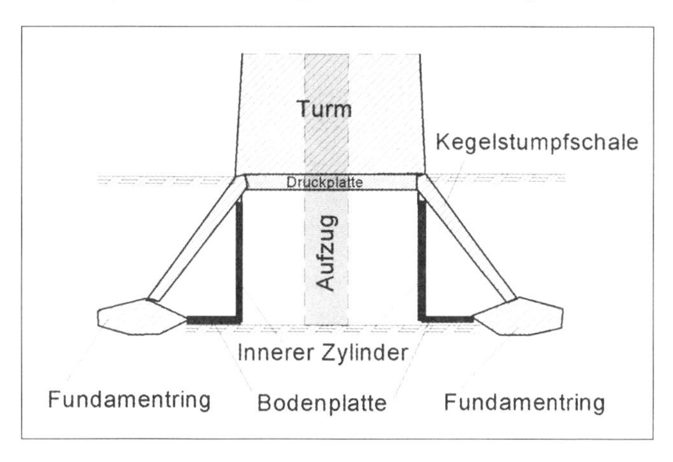

6.6.3 Hochhausgründungen

Grundlagen Bei felsigem Baugrund (wie z. B. in New York), der sogar Zugkräfte aufnehmen kann, ist die Gründung eines Hochhauses wesentlich einfacher als bei bindigem Baugrund (wie z. B. beim Frankfurter Ton). Hier rufen hohe Belastungen große Verformungen des Baugrunds unter dem Hochhaus und in seiner Umgebung hervor. Daher stellte der in den 60er Jahren in Frankfurt /Main einsetzende umfangreiche Hochhausbau zunehmender Bauwerkshöhe und Baugrubentiefe (bis über 20 m beim Messeturm) (□ 6.17) eine große Herausforderung an die Geotechniker dar und erforderte umfangreiche Berechnungen sowie aufwändige Messprogramme zur Kontrolle der Verformungen beim Baugrubenaushub und beim Hochhausbau, vor allem auch im Bereich der Nachbarbebauung. ⇒ Sommer (1976), (1978), (1991), Sommer / Hoffmann (1991).

□ 6.17: Beispiel: Entwicklung des Hochhausbaus in Frankfurt/Main (nach Sommer 1991)

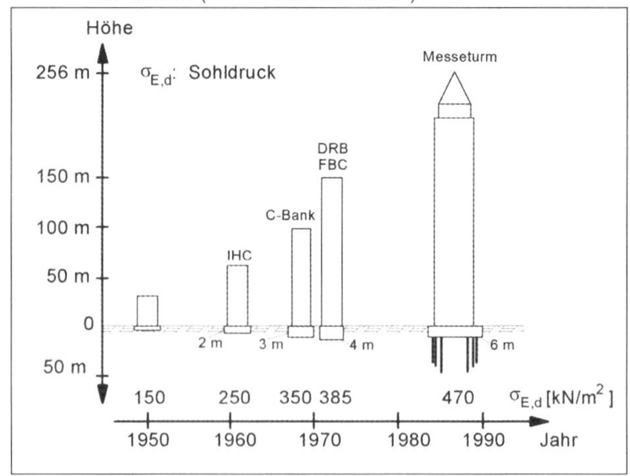

Plattengründung Der größte Teil der Frankfurter Hochhäuser wurde bis Ende der 80er Jahre auf Platten gegründet, deren Dicke mit der Bauwerkshöhe ständig zunahm (□ 6.17).

Verformungen Auch die Setzungen der Hochhäuser wurden mit der Belastung immer größer und erreichten mit 20 bis 35 cm (bei den 150 bis 180 m hohen Gebäuden) eine kritische Grenze, weil sie - je nach Steifigkeit des Systems Bauwerk / Gründung - zum einen zunehmende Durchbiegungen (Winkelverdrehungen) der Gründungsplatte und zum anderen Schiefstellungen des Hochhauses zur Folge haben, die nur zum Teil zu berechnen (vorhersagbar) sind, und weil die umgebende Bebauung durch Mitnahmesetzungen immer mehr gefährdet wurde.

Die Größe der Durchbiegungen und die negativen Einwirkungen auf die Nachbarbebauung können durch eine Erhöhung der Steifigkeit von Bauwerk und Gründung oder durch eine setzungsarme Gründung (Kombinierte Pfahl-Plattengründung (KPP) oder Pfahlgründung, siehe unten) begrenzt werden (Sommer 1991).

Der Teil der möglichen Schiefstellungen, welcher durch ausmittige Belastung oder / und asymmetrische Baugrube hervorgerufen wird, kann rechnerisch erfasst und durch konstruktive Maßnahmen (z.B. Druckkissen, siehe unten) reduziert werden.

Zusätzlich können aber - auch bei mittiger Belastung - nicht vorhersehbare Schiefstellungen von Hochhäusern auftreten, weil Baugrundinhomogenitäten durch Bohrungen nicht vollständig erkannt werden können. Setzungsmessungen haben ergeben, dass sie bei einer Gründung im Frankfurter Ton bis zu 20% der mittleren Setzungen betragen können (Sommer 1991). Diese Schiefstellungen können nur durch eine setzungsarme Gründung (Kombinierte Pfahl-Plattengründung (KPP) oder Pfahlgründung) verringert werden (Sommer 1991 mit weiteren Literaturangaben).

Druckkissen Beim Bau der 180 m hohen Dresdner Bank in Frankfurt/Main konnte eine nahezu mittige Belastung nur durch Unterschneidung der Gründungsplatte und zusätzlichen Einbau von Druckkissen erreicht werden (□ 6.18), deren Druck so verändert werden musste, dass - zumindest bei der Bauausführung - keine ausmittige Belastung auftrat (Sommer 1991 mit weiteren Literaturangaben).

KPP Bei der Kombinierten Pfahl-Platten-gründung (KPP) werden die Bauwerkslasten zur Verringerung der Setzungen, wegen der Gefahr einer Schiefstellung und möglicher Mitnahmesetzungen der Nachbarbebauung zum Teil über Bohrpfähle in tiefer liegende, weniger setzungsempfindliche Schichten, zum Teil über die Kontaktspannungen Gründungsplatte / Baugrund in den unter der Platte liegenden Baugrund übertragen.

Hierbei werden die Pfähle bis zu ihrem äußeren Bruchwiderstand (γ_b = 1) belastet und die Beanspruchung der Gründungsplatte durch die Anordnung der Pfähle vermindert (□ 6.19).

□ 6.18: Beispiel: Hochhaus Dresdner Bank in Frankfurt/Main: a) Unterschneidung der Gründungssohle, b) Kissenkraft zur Korrektur von Schiefstellungen

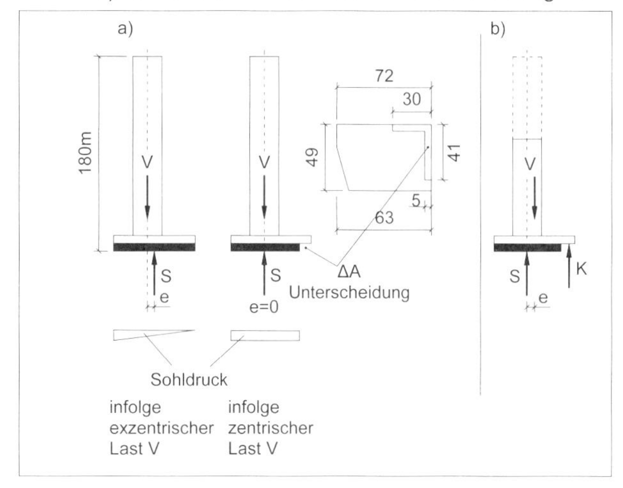

□ 6.19: Beispiel: Kombinierte Pfahl-Plattengründung (aus Sommer 1991)

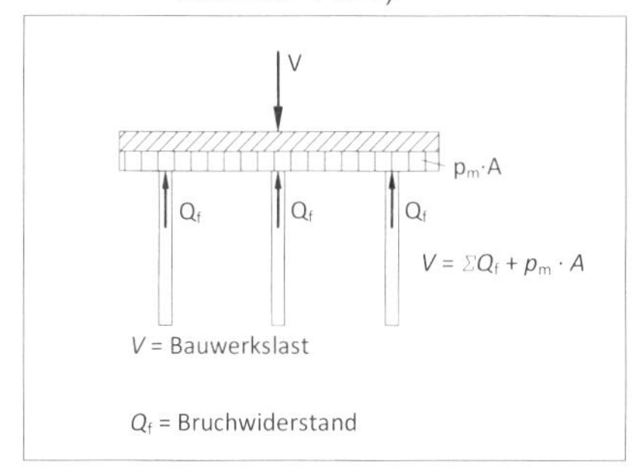

□ 6.20: Beispiel: Torhaus Frankfurt/Main mit kombinierter Pfahl-Plattengründung (aus El-Mossallamy 1996)

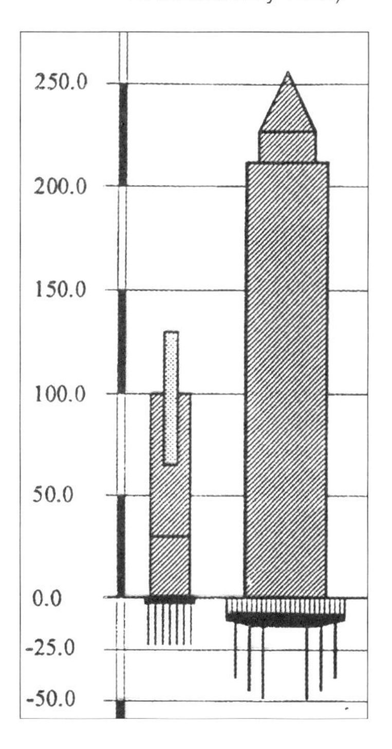

Torhaus Frankfurt/Main (□ 6.20): Eröffnung 1984, 117 m hoch. Gründung auf zwei getrennten Platten mit jeweils 42 Bohrpfählen von 90 cm Durchmesser und 20 m Länge. Nach den Messergebnissen betrugen die Lastanteile Pfähle/Platte 85% / 15%. Bei einer Gründungsplatte ohne Pfähle hätten sich rechnerisch Setzungen von ca. 25 cm ergeben. Bei der kombinierten Gründung wurde eine Setzung von 12 cm gemessen (Sommer 1991 mit weiteren Literaturangaben).

Messeturm Frankfurt/Main (□ 6.21): Eröffnung 1990, 256 m hoch (60 Ober- und 2 Untergeschosse). Gründung in 14 m Tiefe unter Geländeoberfläche auf einer in der Mitte 6 m dicken, 58,8 m breiten quadratischen Platte, die sich an den Rändern auf 3 m Dicke verringert, und auf 64 Bohrpfählen von 1,3 m Durchmesser, die in zwei Ringen angeordnet sind. Da Messungen beim Torhaus wesentlich höhere Pfahlkopflasten an den Rändern und Ecken als in der Mitte der Platte ergeben hatten, wurden die Pfähle am Rand kürzer (26,9 m lang) als zur Mitte hin (34,9 m lang) ausgeführt. Rechnerisch wurde ein Verhältnis der Lastanteile Pfähle / Platte zu 30...50% / 50...70% und eine Setzung der Kombinationsgründung von 15...20 cm erhalten, das ist etwa die Hälfte der Setzungen einer Gründung ohne Pfähle (Sommer 1991 mit weiteren Literaturangaben).

□ 6.21: Beispiel: Messeturm Frankfurt mit kombinierter Pfahl-Plattengründung aus (Sommer 1991)

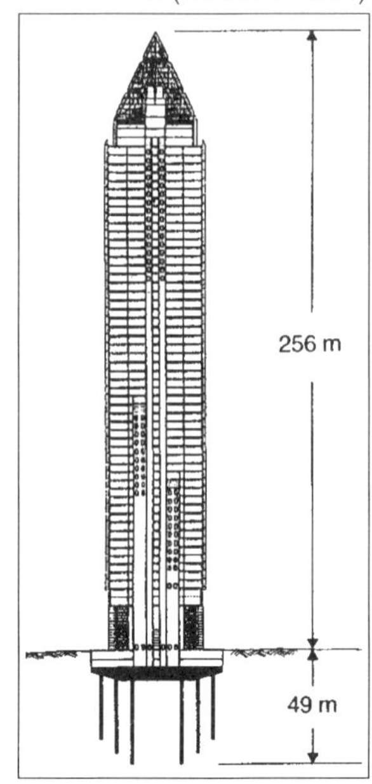

Commerzbank Frankfurt/Main (□ 6.22): Eröffnung 1997, 259 m hoch. Wegen des geringen Abstands zur angrenzenden Bebauung (u. a. unmittelbar neben dem bisherigen Commerzbank-Hochhaus von 109 m Höhe, das auf einer Gründungsplatte steht (□ 6.22), kam selbst eine Kombinierte Pfahl-Plattengründung nicht in Frage. Hierbei wäre nämlich eine Setzung von ca. 15 cm - und damit nicht vertretbare Mitnahmesetzungen der Nachbarbauwerke - zu erwarten gewesen.

Daher diente die Gründungsplatte in diesem Fall zur Lastübertragung für eine Pfahlgründung, die aus 111 Bohrpfählen mit einer Gebrauchslast von ca. 20 MN pro Pfahl besteht. Die Pfähle überbrücken den Frankfurter Ton und binden ca. 10 m tief in die mächtigen Kalk- und Dolomitsteinschichten ein, die in ca. 40 m Tiefe unter Geländeoberfläche lagern. Mantelreibung und Spitzenwiderstand der Pfähle wurden durch Zementinjektion im Bereich der Pfahlmantelfläche und bis in ca. 10 m Tiefe unter den Pfahlfüßen erhöht. Bei der Pfahlgründung ergaben sich lediglich Setzungen von wenigen Zentimetern.

□ 6.22: Beispiel: Neubau der Commerzbank Frankfurt/Main mit Pfahlgründung (aus El-Mossallamy 1996)

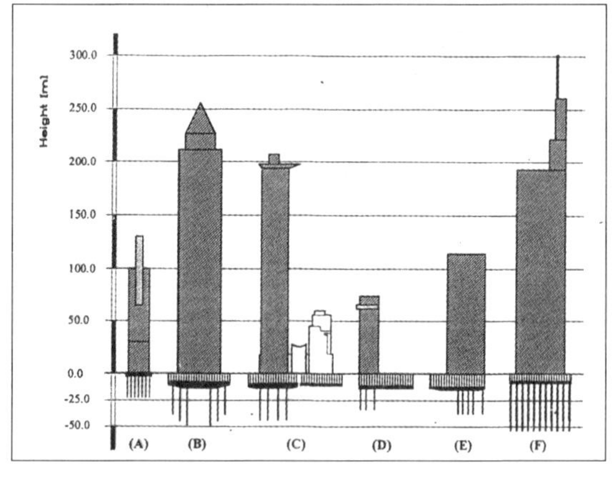

(A) Torhaus (B) Messeturm (C) Westendstr. 1
(D) American Express (E) Japan Center (F) Commerzbank

6.7 Kontrollfragen

- Norm für Gründungsbalken und Gründungsplatten?
- Arten von Gründungen nach der Tiefe der Lasteinleitung in den Baugrund?
- Unterschied Flachgründung – Flächengründung?
- Möglichkeiten von Flachgründungen / Tiefgründungen?
- Kombinierte Pfahl- Plattengründung (KPP)?
- Unterschied Streifenfundament - Gründungsbalken?
- Wann wird zweckmäßig eine Gründungsplatte ausgeführt?
- Wie wird ein Gründungsbalken (eine Gründungsplatte) statisch beansprucht? Welche Wechselwirkung tritt auf?
- Ausbildungsmöglichkeiten einer Gründungsplatte / eines Gründungsbalkens?
- Wie erhält man die maßgebende Verteilung des Sohldrucks?
- Rechenmodell für eine Gründungsplatte? Geotechnische Kategorie?
- Nach welchem Kriterium erhält man den geeigneten Ansatz für die Berechnung einer Gründungsplatte?
- Nennen Sie die wichtigsten Verfahren zur Berechnung von Gründungsbalken und -platten! Wann wird welches angewendet?
- Möglichkeiten einer vorgegebenen Sohldruckverteilung?
- Das Spannungstrapezverfahren zur Berechnung von Gründungsplatten (-balken) ist zu beschreiben. Wann reicht es aus? Wie kann man es etwas verbessern?
- Aufsetzen von Spannungsspitzen?
- Wann setzt man die korrigierte SDV von Boussinesq bei der Berechnung von Gründungsplatten (-balken) an?
- Welche Verfahren mit verformungsabhängiger SDV gibt es? Unterschied gegenüber den Verfahren mit vorgegebener Sohldruckverteilung?
- Was ist ein Bettungsmodul? Wovon hängt er ab?
- Beschreiben Sie das Bettungsmodulverfahren! Modellvorstellung? Annahmen?
- Warum trifft die Voraussetzung des Bettungsmodulverfahrens in der Praxis nicht zu? Warum wird es trotzdem häufig angewendet? Wann liefert es zutreffende Ergebnisse?
- Verschiedene Möglichkeiten für die Bestimmung des Bettungsmoduls? Beurteilung?
- Erläutern Sie das Steifemodulverfahren und den Unterschied zum Bettungsmodulverfahren! Welche Modellvorstellung liegt hier zugrunde? Nachteil?
- Was versteht man unter dem kombinierten Verfahren?
- Gründung auf integrierter Sohlplatte? Berechnung?
- Aufnahme der antimetrischen Belastungen bei Turmgründungen? Beispiele?
- Problematik bei Hochhausgründungen im Frankfurter Ton?
- Warum mussten Alternativen zur Plattengründung von Hochhäusern auf Frankfurter Ton gesucht werden?
- Konstruktive Möglichkeiten zur Begrenzung von Schiefstellungen bei Hochhausgründungen?
- Beschreiben Sie die Übertragung der Lasten bei einer Kombinierten Pfahl-Plattengründung (KPP) in den Baugrund! (Skizze).
- Beispiele für Kombinierte Pfahl-Plattengründungen! (Skizzen).
- Grenze der Kombinationsgründung? Beispiel?

6.8 Aufgaben

6.8.1 Bei der Berechnung eines Gründungsbalkens nach dem Bettungsmodulverfahren ist das Längenverhältnis λ eine kennzeichnende Systemgröße. Geg.: a) λ = 2,0; b) λ = 5,0. Ges.: Welcher Gründungsbalken ist weniger biegsam?

6.8.2 Warum liefert das Bettungsmodulverfahren relativ zutreffende Ergebnisse, obwohl der Bettungsmodul k_s nur sehr ungenau ermittelt werden kann?

6.8.3 Der Bettungsmodul wird vom Gründungsgutachter mit k_s = 10...15 MN/m^3 angegeben. Welchen Grenzwert müsste man in die Berechnung einsetzen, um die größten Bemessungsmomente für die Gründungsplatte zu erhalten?

6.8.4 Ein Statiker hat bei der Berechnung einer Gründungsplatte den Zusammendrückungsmodul E_m des Baugrunds um 50% zu hoch angesetzt. Welchen Einfluss hat dieser Fehler auf das Längenverhältnis λ beim Bettungsmodulverfahren?

6.8.5 Geg.: Platte; b = 7,8 m, a = 11,2 m, d = 0,8 m, darauf 4 Stützen mit je 500 kN und 2 Stützen mit je 700 kN. Baugrund: bis 2 m unter Plattensohle Mergel (E_s = 20 MN/m^2), darunter bis 7 m unter Plattensohle Sand (E_s = 60 MN/m²), darunter Fels ($E_s = \infty$). Ges.: Bettungsmodul (Platteneigenlast vernachlässigen).

6.8.6 a) Aus welchen Anteilen setzt sich die Bauwerkssteifigkeit zusammen? b) mit welchem Anteil wird meist nur gerechnet?

6.8.7 Geg.: Stahlbetonrechteckfundament (B 25), b = 1,8 m, a = 2,75 m, d = 0,65 m, Gründungstiefe d = 1,2 m; Baugrund: Sand, einfach verdichtet, Feuchtwichte 18 kN/m^3, Steifemodul 120 MN/m^2, ab 5 m unter Gründungssohle: Fels. Ges.: a) Bettungsmodul, b) Bezeichnung der Systemsteifigkeit.

6.8.8 Geg.: Gründungsbalken (B 25), b = 1,5 m, d = 0,7 m. Baugrund: U, s mit k_s = 50 MN/m^3. Ges.: Längenverhältnis λ für das Bettungsmodulverfahren nach Hahn.

6.8.9 Geg.: Platte als Gründung eines Verkehrstunnels, b = 10 m, 0,6 m dicke Tunnelwände mit V = 160 kN/m an den Plattenrändern. Ges.: Maximalmoment für eine Sohldruckfigur nach 6.06, wobei im vorliegenden Fall mit einer dreieckförmigen Spannungsfigur gerechnet werden soll, die bis in Feldmitte reicht.

6.8.10 Die Sohlplatte einer Schiffsschleuse ist zwischen den seitlichen Stützwänden eingehängt (seitliche Fugenbänder). Außenwasserstand (Grundwasser) 6,3 m über Unterkante Platte, Wasserstand in der Schleuse 3,5 m über Unterkante Platte, Betonwichte 24 kN/m^3. Ges.: a) Mindest-Sohlwasserdruck, um Biegung in der Platte hervorzurufen, b) max M in der Sohlplatte bei o. a. Wasserständen.

6.9 Weitere Beispiele

6.23: Beispiel: Momentenfläche für eine Gründungsplatte

Geg.:

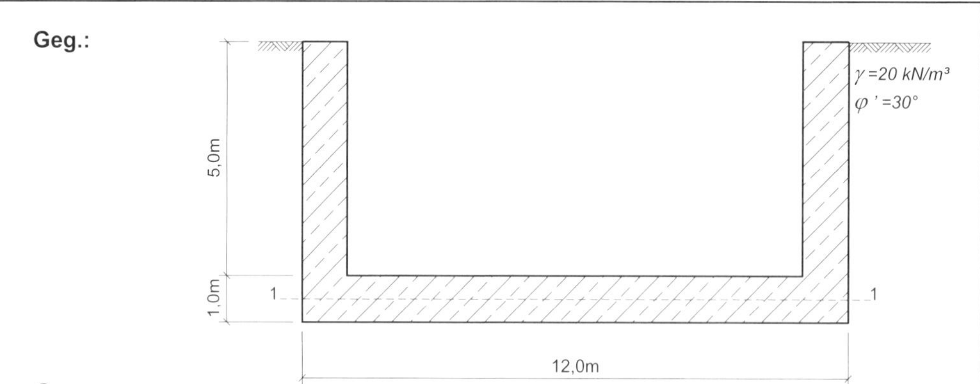

Ges.:

Momentenfläche für die Gründungsplatte infolge des auf die Seitenwände wirkenden Erdruhedrucks.
Anmerkung: Die Berechnung soll mit dem Bettungsmodulverfahren für ein Längenverhältnis λ = 5,0 geführt werden.

Lösung:

Der Erdruhedruck wird bis zur Plattenoberkante ermittelt. Der darunter liegende Anteil geht als Normalkraft in die Platte.

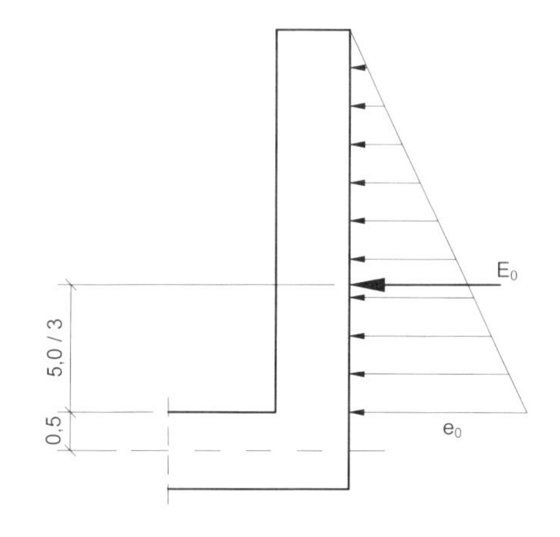

$$K_0 = 1 - \sin\varphi = 1 - 0,50 = 0,50$$

$$e_0 = 20 \cdot 5,0 \cdot 0,50 = 50,0 \quad kN/m^2$$

$$E_0 = \frac{1}{2} \cdot 50,0 \cdot 5,0 = 125,0 \quad kN/m$$

$$M_{1-1} = 125,0 \left(0,5 + \frac{5,0}{3}\right) = 270,8 \quad kNm/m$$

Statisches System:

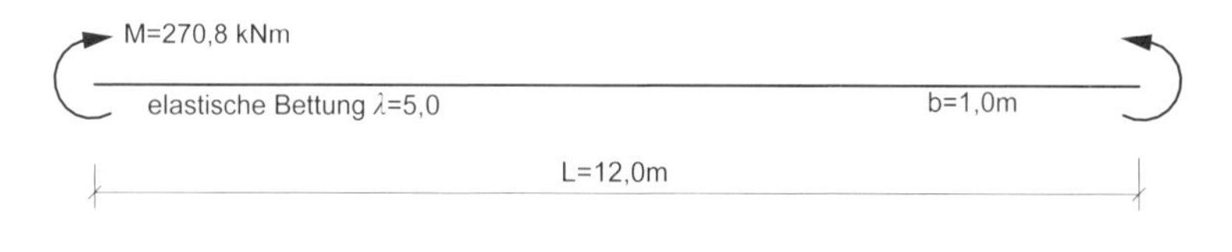

6.23: Fortsetzung Beispiel: Momentenfläche für eine Gründungsplatte

Werte zum Bettungsmodulverfahren für einen Momentangriff am Ende; nach Hahn (1985)

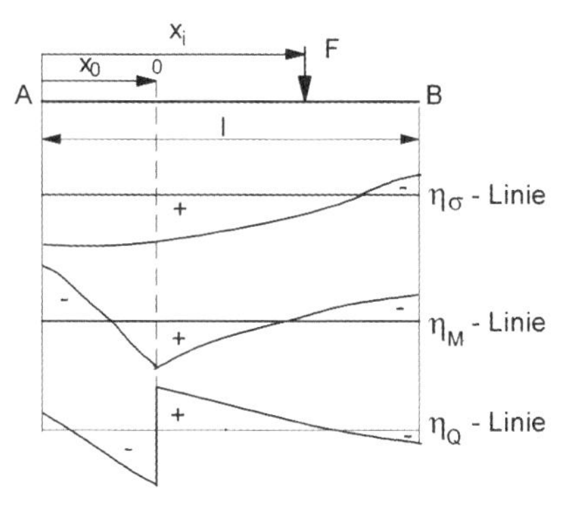

$$\sigma_0 = \frac{\eta_0}{b \cdot l^2} \cdot M_A$$

$$M = \eta_M \cdot M_A$$

$$Q = \frac{\eta_Q}{l} \cdot M_A$$

Obere Zahl: η_0
Mittlere Zahl: η_M
Untere Zahl: η_Q

λ \ x_i / l	0	0,1	0,2	0,3	0,4	0,5	0,6	0,7	0,8	0,9	1,0
0	-6,0 1,000 0	-4,8 0,972 -0,54	-3,6 0,896 -0,96	-2,4 0,784 -1,26	-1,2 0,648 -1,44	0 0,500 -1,50	1,2 0,352 -1,44	2,4 0,216 -1,26	3,6 0,104 -0,96	4,8 0,028 -0,54	6,0 0 0
1	-6,21 1,000 0	-4,88 0,971 -0,55	-3,59 0,894 -0,98	-2,34 0,780 -1,27	-1,12 0,643 -1,45	0,08 0,495 -1,50	1,26 0,348 -1,43	2,42 0,213 -1,25	3,58 0,102 -0,95	4,73 0,028 -0,53	5,88 0 0
1,5	-7,03 1,000 0	-5,19 0,968 -0,61	-3,55 0,884 -1,05	-2,09 0,764 -1,33	-0,78 0,623 -1,47	0,40 0,475 -1,49	1,49 0,330 -1,39	2,51 0,200 -1,19	3,49 0,095 -0,89	4,45 0,026 -0,49	5,40 0 0
2,0	-9,07 1,000 0	-5,95 0,960 -0,75	-3,43 0,860 -1,21	-1,47 0,726 -1,45	0,04 0,576 -1,52	1,17 0,426 -1,46	2,03 0,288 -1,29	2,71 0,170 -1,06	3,27 0,079 -0,76	3,78 0,021 -0,40	4,28 0 0
2,5	-12,75 1,000 0	-7,21 0,946 -0,99	-3,13 0,819 -1,49	-0,34 0,660 -1,65	1,43 0,496 -1,59	2,42 0,346 -1,39	2,87 0,219 -1,13	2,97 0,121 -0,83	2,88 0,053 -0,54	2,70 0,013 -0,26	2,50 0 0
3,0	-18,00 1,000 0	-8,76 0,928 -1,31	-2,50 0,763 -1,85	1,30 0,573 -1,90	3,24 0,394 -1,66	3,89 0,246 -1,29	3,74 0,136 -0,90	3,14 0,064 -0,56	2,31 0,022 -0,28	1,42 0,004 -0,10	0,51 0 0
3,5	-24,52 1,000 0	-9,75 0,904 -1,65	-1,37 0,700 -2,23	3,33 0,479 -2,11	5,13 0,290 -1,66	5,17 0,149 -1,14	4,28 0,060 -0,66	3,02 0,014 -0,29	1,65 -0,003 -0,06	0,30 -0,003 0,04	-1,04 0 0
4,0	-32,05 1,000 0	-11,40 0,878 -2,09	0,36 0,635 -2,58	5,61 0,390 -2,24	6,82 0,198 -1,59	5,95 0,072 -0,94	4,29 0,005 -0,43	2,54 -0,019 -0,09	0,96 -0,018 0,09	-0,45 -0,007 0,11	-1,78 0 0
4,5	-40,54 1,000 0	-12,03 0,851 -2,50	2,69 0,571 -2,87	8,01 0,309 -2,27	8,15 0,124 -1,44	6,14 0,017 -0,72	3,77 -0,027 -0,22	1,78 -0,034 0,05	0,32 -0,022 0,153	-0,79 -0,007 0,128	-1,76 0 0
5,0	-50,02 1,000 0	-12,08 0,823 -2,91	5,55 0,508 -3,10	10,36 0,238 -2,23	9,05 0,067 -1,23	5,81 -0,016 -0,48	2,89 -0,040 -0,05	0,92 -0,035 0,13	-0,20 -0,020 0,16	-0,83 -0,006 0,11	-1,29 0 0
6,0	-72,00 1,000 0	-10,30 0,763 -3,72	12,36 0,390 -3,37	14,30 0,123 -1,93	9,23 -0,006 -0,74	4,06 -0,042 -0,08	0,89 -0,037 0,15	-0,43 -0,020 0,16	-0,67 -0,008 0,09	-0,49 -0,002 0,03	-0,20 0 0
7,0	-98,00 1,000 0	-3,56 0,723 -4,33	19,71 0,285 -3,40	16,42 0,045 -1,48	7,61 -0,037 -0,29	1,73 -0,039 0,15	-0,58 -0,020 0,18	-0,88 -0,006 0,10	-0,53 0 0,03	-0,13 0,001 -0,01	0,24 0 0
8,0	-128,01 1,000 0	1,19 0,635 -5,16	26,59 0,196 -3,23	16,41 -0,006 -0,98	4,91 -0,043 0,04	-0,24 -0,026 0,22	-1,15 -0,008 0,13	-0,68 0,001 0,04	-0,20 0,002 -0,005	0,04 0,001 -0,01	0,17 0 0

6.23: Fortsetzung Beispiel: Momentenfläche für eine Gründungsplatte

Stelle x_i / l=		0	0,1	0,2	0,3	0,4	0,5	0,6	0,7	0,8	0,9	1,0
A	η_M =	1,000	0,823	0,508	0,238	0,067	-0,016	-0,040	-0,035	-0,020	-0,006	0
	M = $\eta_M \cdot M_A$	270,8	222,9	137,6	64,4	18,1	-4,3	-10,8	-9,5	-5,4	-1,6	0
B	M =	0	-1,6	-5,4	-9,5	-10,8	-4,3	18,1	64,4	137,6	222,9	270,8
	$\sum M =$	270,8	221,3	132,2	54,9	7,3	-8,6	7,3	54,9	132,2	221,3	270,8

Momentenfläche:

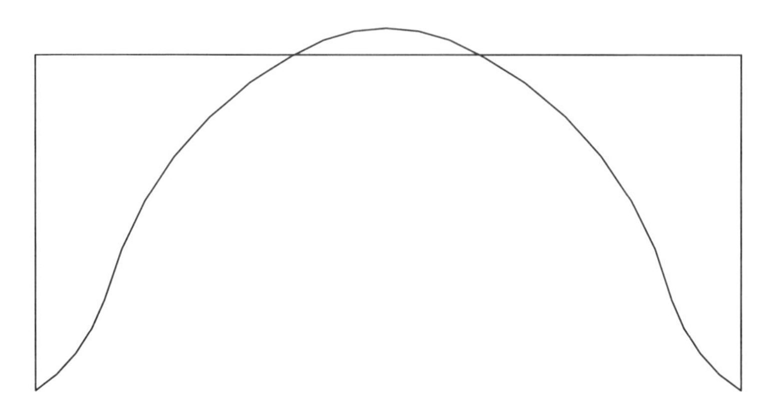

Anmerkung: Für die Bemessung der Platte müsste diese Momentenfläche mit der aus den Vertikallasten superponiert werden.

6.24: Beispiel: Momentenfläche für einen Gründungsbalken

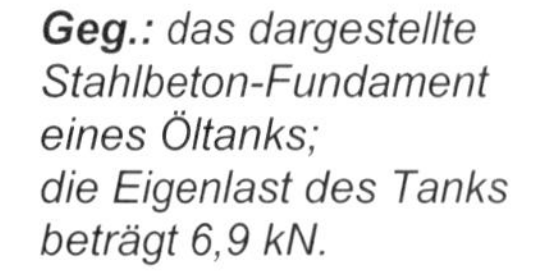

Geg.: *das dargestellte Stahlbeton-Fundament eines Öltanks; die Eigenlast des Tanks beträgt 6,9 kN.*

Geg.: *Bemessungsmomente bei voller Füllung ($\gamma \approx 10$ kN/m³) mit dem Spannungstrapez-Verfahren*

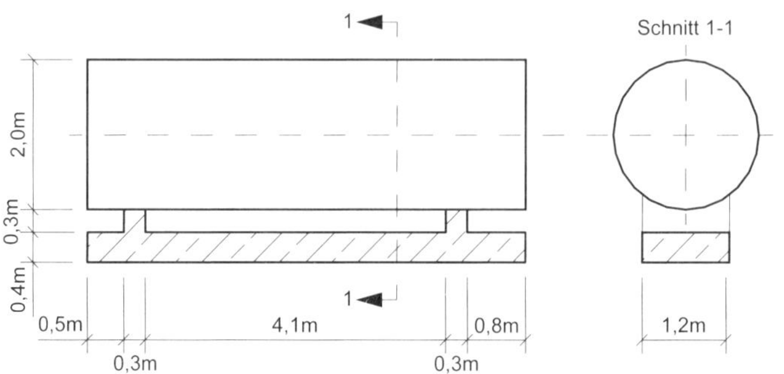

Lösung:

Die Eigenlast des Fundaments soll unberücksichtigt bleiben, da sie kein Biegemoment erzeugt.

Tankgewicht bei voller Füllung:

$$G = 6,9 + \pi \cdot 1,0^2 \cdot 10 \cdot 6,0 = 195,4 \quad kN$$

$$\Rightarrow g = \frac{195,4}{6,0} = 32,6 \quad kN/m$$

6.24: Fortsetzung Beispiel: Momentenfläche für einen Gründungsbalken

Statisches System:

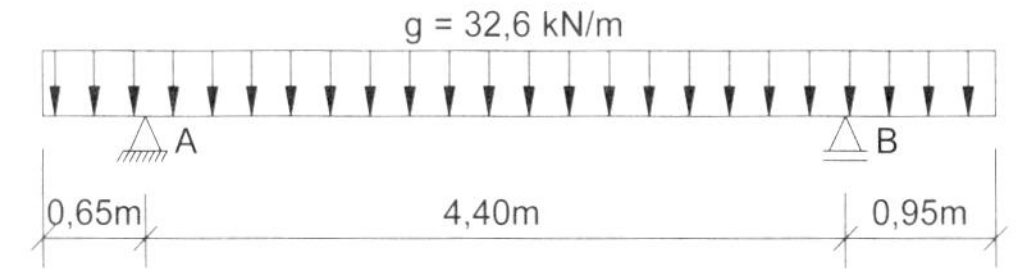

Auflagerkräfte:

$$A = 91{,}1\ kN \mathrel{\hat{=}} \frac{91{,}1}{1{,}2} = 75{,}9\ \ kN/m$$

$$B = 104{,}5\ kN \mathrel{\hat{=}} \frac{104{,}5}{1{,}2} = 87{,}1\ \ kN/m$$

Beanspruchung des Gründungsbalkens:

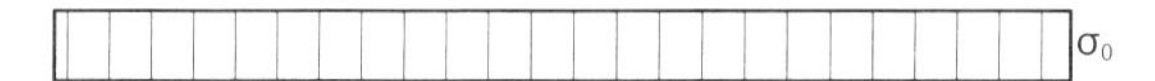

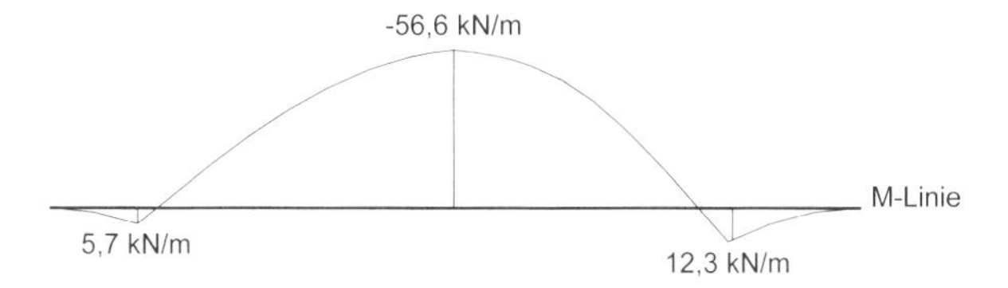

$$c = \frac{\sum M_{(D)}}{\sum V} = \frac{91{,}1 \cdot 0{,}65 + 104{,}5\ \left(0{,}65 + 4{,}40\right)}{91{,}1 + 104{,}5} = 3{,}00\ \ m$$

$\Rightarrow$ *Ausmittigkeit* $e = \frac{b}{2} - c = \frac{6{,}00}{2} - 3{,}00 = 0$ *(!)*

Sohldruckverteilung:

$$\sigma_{0,1} = \sigma_{0,2} = \frac{g}{b} = \frac{32{,}6}{1{,}2} = 27{,}2\ \ kN/m^2$$

Stelle und Größe des maximalen Feldmoments:

$$M_{(x)} = 27{,}2 \cdot \frac{x^2}{2} - 75{,}9\ \left(x - 0{,}65\right) = 13{,}6x^2 - 75{,}9x + 49{,}34$$

□ 6.24: Fortsetzung Beispiel: Momentenfläche für einen Gründungsbalken

$$\frac{dM_{(x)}}{dx} = Q_{(x)} = 27,2x - 75,9 \overset{!}{=} 0 \qquad \Rightarrow x_0 = 2,79\ m$$

$$M_{(x=2,79)} = M_{F,max} = 13,6 \cdot 2,79^2 - 75,9 \cdot 2,79 + 49,34 = -56,6\ \ kNm/m$$

Stützenmomente:

$$M_A = 27,2 \cdot \frac{0,65^2}{2} = 5,7\ \ kNm/m$$

$$M_B = 27,2 \cdot \frac{0,95^2}{2} = 12,3\ \ kNm/m$$

7 Stützkonstruktionen

7.1 Grundlagen

Stützkonstruktionen Bauliche Anlagen zur ständigen oder vorübergehenden Sicherung eines Geländesprungs, einer Böschung oder eines Hangs. „Stützkonstruktionen" ist nach Handbuch Eurocode 7, Band 1 (2011): DIN 1054 (2010) der Oberbegriff für „Stützbauwerke" und „konstruktive Böschungssicherungen" (siehe unten). Im vorliegenden Abschnitt werden nur dauerhafte Sicherungen besprochen. „Vorübergehende Sicherungen": siehe Abschnitt „Baugruben" in Dörken / Dehne/ Kliesch: Grundbau in Beispielen, Teil 3.

Stützbauwerke Gewichtsstützwände (siehe Abschnitt 7.3) oder Winkelstützwände (siehe Abschnitt 7.4), die waagerechte und senkrechte Lasten aufnehmen und in den Baugrund übertragen können. Hierzu gehören auch ausgesteifte bzw. verankerte Wände mit Fußeinbindung, die im vorliegenden Abschnitt nur dann behandelt werden, wenn es sich um ständige Bauwerke handelt.

Konstruktive Böschungssicherung Hierbei handelt es sich nach Handbuch Eurocode 7, Band 1 (2011): DIN 1054 (2010) um eine Stützkonstruktion zur dauernden oder vorübergehenden Sicherung einer Böschung oder eines Hangs, die aus Sicherungselementen und einer Oberflächensicherung besteht. Sie kann nur ihr Eigengewicht, aber nicht weitere waagerechte oder senkrechte Kräfte in den Baugrund übertragen. Im vorliegenden Abschnitt wurden nur konstruktive Böschungssicherungen aufgenommen, wenn es sich um ständige Bauwerke handelt.

Formen Gewichtsstützwände (□ 7.01 a) und Winkelstützwände (□ 7.01 b) sind die Grundformen von Stützbauwerken. Außerdem gibt es zahlreiche Sonderformen (siehe Abschnitt 7.5). Wände für den Baugrubenverbau und Spundwände als bleibende Bauwerke sind ebenfalls Stützbauwerke (siehe hierzu den Abschnitt „Baugruben" in Dörken / Dehne/ Kliesch: Grundbau in Beispielen, Teil 3.)

□ 7.01: Beispiel: Grundformen von Stützwänden mit Berechnungsquerschnitten: a) Gewichtsstützwand, b) Winkelstützwand

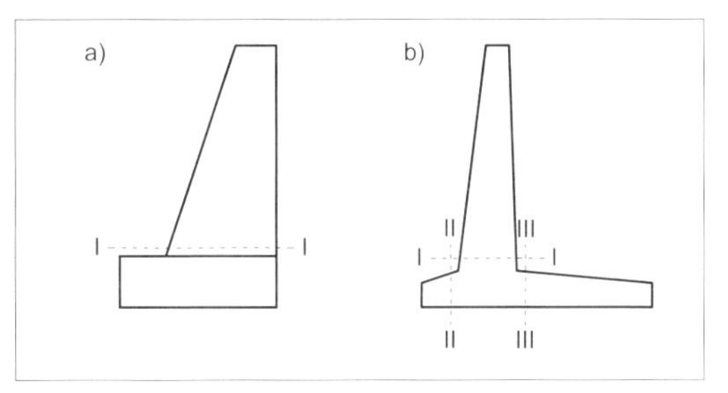

Die Auswahl der für die jeweilige Situation zweckmäßigsten Form erfolgt im Wesentlichen nach folgenden Kriterien:

- Höhe und Form des Geländesprungs, Einschnitt oder Auftrag, bereits bestehende Böschung,
- Art und Größe der Verkehrslasten,
- Scherfestigkeit und Zusammendrückbarkeit des Baugrunds,
- Platzbedarf bei der Herstellung, Abstand von Nachbarbebauung,
- Herstellungskosten,
- Verfügbarkeit des Baumaterials (Kiessand transportnah und preisgünstig: Gewichtsstützwand, sonst Winkelstützwand),
- luftseitige Wandgestaltung und Abdeckung der Wandkrone, Höhenstaffelung im geneigten Gelände, Fugenanordnung und -ausbildung, Einfügung in das Landschaftsbild (Sichtbeton, Natursteinverblendung),
- verfügbare Bauzeit, voraussichtliche Standdauer der Wand.

Einwirkende Kräfte

Die auf eine Stützwand einwirkenden Kräfte werden am Beispiel einer Uferwand (□ 7.02) beschrieben:

□ 7.02: Beispiel: Äußere (charakteristische) Kräfte bei einer Uferwand

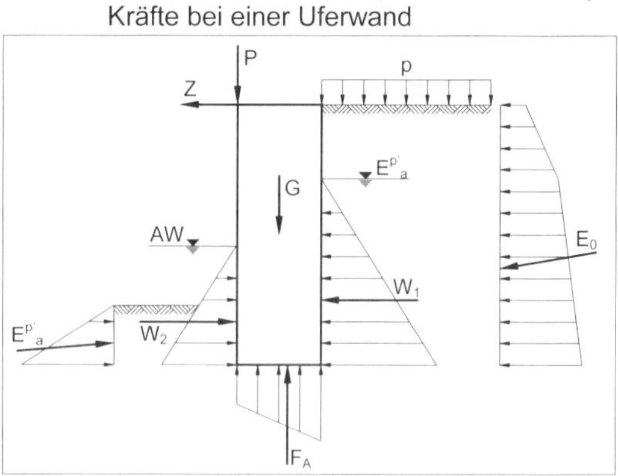

- **Eigenlast *G*:** Bei unbewehrtem Beton mit der Wichte 23 kN/m^3, bei Stahlbeton mit 25 kN/m^3 zu errechnen.
- **Hydrostatische Wasserdruckkräfte *W*** und
- **Sohlwasserdruck (Auftrieb) F_A;** nach DIN 19 702 als äußere Lasten gesondert in Rechnung zu stellen.
- **Nutzlasten *p*, *P* bzw. *Z*** (z.B. Verkehrslast, Kranlast bzw. Pollerzug) sind - sofern sie nicht günstig wirken - in voller Höhe in die Rechnung einzuführen, jedoch ohne Schwingbeiwerte und Stoßzahlen.
- **Erddruck E_a:** Wenn die notwendigen Verdrehungen der Wand möglich sind, kann mit aktivem Erddruck gerechnet werden. Anderenfalls ist der Erdruhedruck anzusetzen. Die Richtung der Erddruckkraft und damit die Neigung der Resultierenden in der Sohlfuge der Wand wird wesentlich durch die Neigung der Wandrückseite und den Wandreibungswinkel beeinflusst.
- **Erdwiderstand E_p:** Die Voraussetzungen für den Ansatz des Erdwiderstands vor der Wand (siehe Abschnitt 1.2) sind selten erfüllt.
- **Widerstandskraft W_N aus den Sohlnormaldrücken:** Die Sohldruckfigur kann in einfachen Fällen (siehe Abschnitt 5.3) geradlinig begrenzt angenommen werden.
- **Widerstandskraft W_T aus den Tangentialspannungen:** setzt sich aus Reibungs- und Kohäsionsanteil zusammen, wobei letzterer nicht in Rechnung gestellt wird (siehe Abschnitt 2.5).

Statik

Die statische Untersuchung der Stützwand umfasst die

- Festigkeitsuntersuchung in besonderen Querschnitten der Wand (□ 7.01 b) und die
- Standsicherheitsuntersuchung in der Sohlfuge (□ 7.01 a und b), in Arbeitsfugen (□ 7.01 a) sowie im Bereich des umgebenden Erdkörpers (siehe Abschnitte 1 bis 3).

Beton

Gewichtsstützwände sollten in Hinblick auf Schwind- und Temperaturspannungen in dem massigen Baukörper aus schwindarmem Beton hergestellt und durch Fugen unterteilt werden. Hohe Druck- und Anfangsfestigkeiten sind selten erforderlich.

Fugen

In Stützwänden werden im Bedarfsfall Arbeitsfugen, Dehnungs-/Setzungsfugen und u. U. Scheinfugen angeordnet zur

- Unterteilung in Betonierabschnitte und zur
- Verhinderung von Rissen aus Schwind- und Temperaturspannungen oder aus unterschiedlichen Setzungen.

Arbeitsfugen liegen z.B. bei Gewichtsstützwänden zwischen Fundament und aufgehender Wand (□ 7.01 a). Ein gewisser Verbund (zur Aufnahme von evtl. Zugspannungen auf der Mauerrückseite und zur zusätzlichen Sicherung gegen Gleiten) kann in dieser Fuge durch Steckeisen und / oder Einbringung von groben Zuschlagstoffen in den frischen Beton im Bereich der Fundamentoberkante hergestellt werden.

Dehnungs-/Setzungsfugen sollten in Längsrichtung der Wand im Abstand $\leq$ 10 m angeordnet werden. Der Fugenabstand hängt von der Größe der zu erwartenden Bewegungen / Zwängungen ab. Der Fugenabstand muss z. B. verringert werden, wenn das

Schwinden des Betons dadurch behindert wird, dass die Wand auf festem Untergrund (z. B. Fels) oder auf ein früher betoniertes Fundament aufgesetzt wird.

Die Bewehrung von Stützwänden aus Stahlbeton sollte möglichst so angeordnet werden, dass sie auch als Netz zur Aufnahme von Schwind- und Temperaturspannungen wirkt und somit keine zusätzlichen Risssicherungsmatten erforderlich sind.

□ 7.03: Beispiele: a), b) eben, c), d) verzahnt

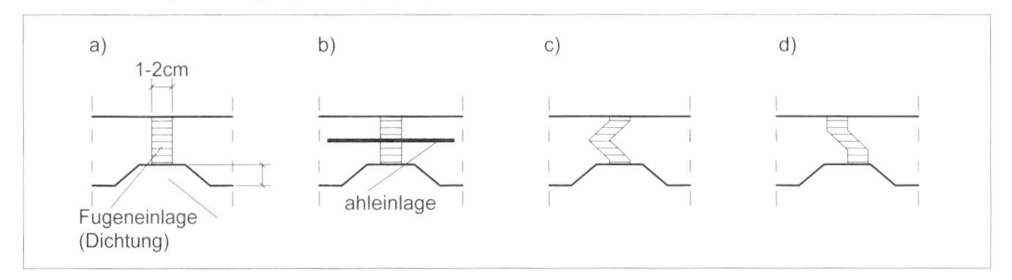

Durch die einfache, ebene Fuge (□ 7.03 a) können Verschiebungen der einzelnen Wandabschnitte in horizontaler Richtung gegeneinander nicht verhindert werden. Auch eingelegte Steckeisen (□ 7.03 b) bringen keine wesentliche Verbesserung. Eine wirksame Verzahnung kann nur durch eine Verzahnung nach dem Nut-Feder-Prinzip (□ 7.03 c) erreicht werden, das jedoch nur bei ausreichend breiten Wänden ausgeführt werden kann. Die bei schmalen Wänden nur mögliche Z-Verzahnung (□ 7.03 d) verhindert bei jedem zweiten Wandabschnitt nicht die gegenseitige Verschiebung.

Fugeneinlagen (Dichtungen) sollen ein Auslaufen von Hinterfüllungsmaterial und Wasser verhindern (□ 7.03). Diesem Zweck dienen vor allem Fugenbänder, welche die Fuge von oben bis unten verschließen, jedoch keine wirksame Kippverzahnung ermöglichen.

Da auch bei ordnungsgemäßer Fugenausführung immer gewisse Bewegungen und Auslaufvorgänge möglich sind, wird aus optischen Gründen auf der Luftseite der Wand im Fugenbereich häufig eine Vertiefung (Sichtphase) angeordnet (□ 7.03).

Scheinfugen werden nachträglich auf der Luftseite einer Sichtbetonwand einige Zentimeter tief senkrecht in die Mauer eingeschnitten, wenn Schalungsstöße nicht sichtbar sein oder große Flächen in Abschnitte unterteilt werden sollen.

Schäden an Stützwänden sind häufig auf unsachgemäße Hinterfüllung zurückzuführen. Daher sind die Regeln für die Hinterfüllung von Bauwerken (⇒ Dörken / Dehne/ Kliesch, Teil 1) genau zu beachten.

Hinterfüllungen

Der Hinterfüllungsboden darf nur so stark verdichtet werden, dass keine Nachsetzungen entstehen. Eine zu starke Verdichtung erzeugt den Verdichtungserddruck (siehe Dörken / Dehne/ Kliesch, Grundbau in Beispielen, Teil 1), der erheblich größer sein kann als der bei der Berechnung angesetzte aktive Erddruck. Bei Gründungen auf festem Untergrund (z.B. Fels) ist darauf zu achten, dass die Wand die für den aktiven Erddruck erforderliche Bewegung durchführen kann. Dies ist vor allem auch bei dünnen Wänden wichtig, in deren Hinterfüllungsbereich evtl. Frost eindringen kann.

⇒ ZTVE-StB und Merkblatt für die Hinterfüllung von Bauwerken.

Entwässerung

Die Rückseite der Stützwand erhält einen Dichtungsanstrich und muss ordnungsgemäß entwässert werden. Eine ausreichende und ständig wirksame Entwässerung ist erforderlich, damit zusätzlich zum Erddruck nicht noch Wasserdruck entsteht. Dieser gefährdet nämlich die Standsicherheit der Wand, wenn er in der statischen Berechnung aus Kostengründen nicht berücksichtigt wurde.

Die Entwässerung umfasst Maßnahmen zur Ableitung des

- Sickerwassers und des
- Oberflächenwassers.

Sickerwasser wird hinter der Stützwand nach den in DIN 4095 angegebenen Regeln (siehe Dörken / Dehne/ Kliesch, Teil 1, Grundbau in Beispielen, Abschnitt 7) durch eine mineralische Dränschicht oder mittels Dränelementen abgeleitet, die in eine Dränleitung mit ausreichender Vorflut entwässern (□ 7.04).

□ 7.04: Beispiele: Entwässerung von Stützwänden: a) mineralische Dränschicht, b) Dränelemente, c) Hinterfüllungsbereich = Entwässerungsbereich

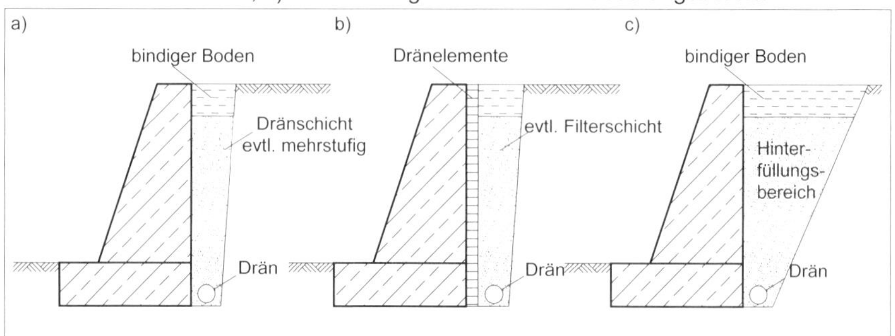

Einbau und Verdichtung einer senkrechten mineralischen Dränschicht sind vor allem bei Mehrstufenfiltern schwierig, weil sie gleichzeitig mit der Hinterfüllung mit Hilfe von Ziehblechen eingebracht werden muss. Sie sollte daher mindestens einen Meter dick sein. Wegen dieser Schwierigkeiten wird häufig der gesamte Hinterfüllungsbereich als Entwässerungsbereich ausgebildet, indem geeigneter grobkörniger Boden eingebaut wird (siehe Dörken / Dehne, Grundbau in Beispielen, Teil 1).

Steinpackungen ohne entsprechende Filterschicht kommen als Hinterfüllung nicht in Frage, weil sie schnell zuschlämmen und dadurch unwirksam werden. Auch beim Einbau von Dränelementen kann - bei feinkörnigem und gemischtkörnigem Boden - eine zusätzliche Filterschicht erforderlich werden (□ 7.04 b).

⇒ ZTVE-StB und Merkblatt für die Hinterfüllung von Bauwerken.

Oberflächenwasser darf nicht in größeren Mengen in die Dränschicht, in die Dränelemente bzw. den Entwässerungsbereich gelangen, weil es mit Feinteilen befrachtet ist, welche die Anlage auf Dauer zuschlämmen. Bei kleiner Geländeneigung und geringem Wasseranfall genügt eine Abdeckung der Sickerschicht mit bindigem Boden oder einer Betonmulde. Bei stärkerer Geländeneigung und entsprechend größerem Wasseranfall sollte die Dränschicht hinter der Stützwand mit einem Betongerinne abgedeckt oder das Oberflächenwasser mit einem weiter oberhalb im Gelände liegenden Fanggraben abgeleitet werden (□ 7.05).

Gestaltung

Stützwände sollten optisch der Umgebung angepasst werden.

Sichtbeton stellt hohe Anforderungen an Schalung, Auswahl und Einbau des Betons.
Natursteinverblendung erfolgt meist mit örtlich vorkommendem Gestein. Sie wird fast immer nachträglich ausgeführt und an eingelassenen Stahleinlagen im Wandbeton verankert.

□ 7.05: Beispiele: Abfangungen des Oberflächenwassers: a) kleine, b) stärkere Geländeneigung

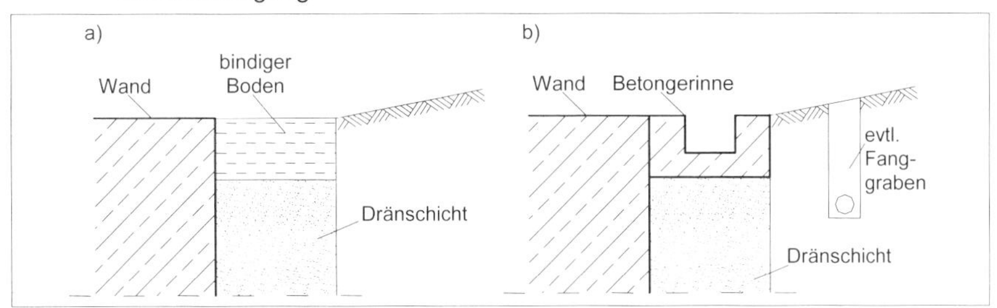

7.2 Regelungen des Handbuches zum EC 7

7.2.1 Schutzanforderungen

Wenn der Boden vor einem ständigen Stützbauwerk zur Stützung herangezogen wird, ist seine freie Oberfläche nach Handbuch Eurocode 7, Band 1 (2011), Abschnitt 9.3.2.2: DIN 1054 (2010), A(5) und A(6) möglichst durch Begrünung, Befestigung oder sonstige Maßnahmen gegen Abgraben oder Erosion durch Oberflächenwasser bzw. durch strömendes Wasser zu schützen. Stützbauwerke dürfen keine schädlichen Änderungen im Wasserhaushalt des Untergrunds hervorrufen.

Abgrabungen oder Auskolkungen vor dem Fuß eines Stützbauwerks sind entweder durch Überwachung und Schutzmaßnahmen auszuschließen oder beim Nachweis der Standsicherheit zu berücksichtigen.

7.2.2 Geotechnischen Kategorien

Nach Handbuch Eurocode 7, Band 1 (2011), Abschnitt 2.1: DIN 1054 (2010), A 2.1.2 gilt für die Einordnung von Stützbauwerken in geotechnische Kategorien:

GK 1 Ständige Stützbauwerke bis 2,0 m Höhe bei waagerechtem, unbelastetem Gelände.

GK 3

a) Dicht angrenzende, verschiebungs- oder setzungsempfindliche Bauwerke.

b) Über den Erdruhedruck hinausgehender Erddruck infolge Bergsenkung oder Tektonik.

c) Zunahme der Beanspruchung oder der Verschiebungen von Bauteilen mit der Zeit, z. B. bei Ankern infolge ausgeprägter Kriechfähigkeit des Bodens.

d) Gespannter Grundwasserspiegel.

7.2.3 Einwirkungen

Erddruck

a) Der charakteristische Erddruck auf Stützbauwerke darf nach Handbuch Eurocode 7, Band 1 (2011), Abschnitt 9.5.1: DIN 1054 (2010), A (2b) in der Regel als aktiver Erddruck ermittelt werden. Verformungsarme Stützbauwerke bzw. im Boden eingebettete Bauwerke werden mit einem erhöhten aktiven Erddruck, in Ausnahmefällen mit Erdruhedruck, gegebenenfalls mit einem Verdichtungserddruck bemessen.

b) Geländeform und Wandneigung werden nach Handbuch Eurocode 7, Band 1 (2011), Abschnitt 9.5.1: DIN 1054 (2010), A(7) mit ihren Nennwerten in der Berechnung berücksichtigt. Bei der Bestimmung des aktiven Erddrucks darf der Winkel δ_a zwischen der Erddruckkraft und der Normalen zur Wand gleich dem charakteristischen Wert des Wandreibungswinkels gesetzt werden, wenn eine ausreichende Relativverschiebung möglich ist und wenn das Gleichgewicht der parallel zur Wand wirkenden Kräfte dies zulässt.

⇒ Handbuch Eurocode 7, Band 1 (2011), Abschnitt 9.5.1: DIN 1054 (2010) sowie DIN 4085, EAB und EAU.

Wasser-druck

Für die Ermittlung des charakteristischen Wasserdrucks werden nach Handbuch Eurocode 7, Band 1 (2011), Abschnitt 9.6: DIN 1054 (2010) der höchste als auch der niedrigste Wasserstand bestimmt. Beide Wasserstände können bei der Bemessung von Bauwerken oder ihrer Teile zu den maßgebenden Beanspruchungen beitragen.

Der für die Bemessung maßgebende höchste Wasserstand kann nach Handbuch Eurocode 7, Band 1 (2011), Abschnitt 9.6: DIN 1054 (2010) z. B. sein:

- der höchste Wasserstand, der während der voraussichtlichen Nutzungs- bzw. Lebensdauer des Bauwerks zu erwarten ist,
- der höchste Wasserstand, der in einem bestimmten Zeitraum, z. B. während der Bauzeit, zu erwarten ist,
- der Wasserstand, bei dem das Wasser die Oberkante des Bauwerks überströmen kann,
- der durch eine Entwässerungseinrichtung vorgegebene Grundwasserspiegel,
- ein vertraglich vereinbarter Wasserstand, bei dessen Auftreten das Bauwerk bzw. die Baugrube planmäßig geflutet wird.

Der niedrigste für die Bemessung maßgebende Wasserstand kann nach Handbuch Eurocode 7, Band 1 (2011), Abschnitt 9.6: DIN 1054 (2010) z. B. sein:

- der niedrigste Wasserstand, der während der voraussichtlichen Nutzungs- bzw. Lebensdauer des Bauwerks zu erwarten ist,
- der niedrigste Wasserstand, der in einem bestimmten Zeitraum, z.B. während der Bauzeit, zu erwarten ist,
- ein vertraglich vereinbarter Wasserstand, der durch eine Grundwasserabsenkung erreicht werden soll.

⇒ Handbuch Eurocode 7, Band 1 (2011), Abschnitt 9.6: DIN 1054 (2010) sowie DIN 4085, EAB und EAU.

7.2.4 Bemessungswerte der Beanspruchungen

a) Charakteristische Beanspruchungen, die mit charakteristischen Werten der Einwirkungen in Form von Auflagerkräften, Schnittgrößen oder Spannungen bestimmt wurden, sind nach Handbuch Eurocode 7, Band 1 (2011), Abschnitt 9.7.1: DIN 1054 (2010), A 9.7.1.3, A(2) durch Multiplikation mit den Teilsicherheitsbeiwerten γ_G bzw. γ_Q für den Grenzzustand (ULS: GEO-2) nach Tabelle □ 1.01 (siehe Abschnitt 1) in Bemessungswerte der Beanspruchungen umzurechnen, wenn nicht der Fall eines erhöhten aktiven Erddrucks oder eines Erdruhedrucks (siehe folgenden Abschnitt) vorliegt.

b) Bei annähernd unnachgiebigen Stützbauwerken, insbesondere bei wandartigen Stützbauwerken mit vorgespannten Verpressankern und bei im Boden eingebetteten Bauwerken, dürfen die Bemessungswerte der Beanspruchungen infolge des Erdruhedrucks aus Bodeneigengewicht nach Handbuch Eurocode 7, Band 1 (2011), Abschnitt 9.7.1: DIN 1054 (2010), A 9.7.1.3, A(3) mit dem Teilsicherheits-

beiwert $\gamma_{G,E0}$ nach Tabelle 1.01 bestimmt werden, wenn der Erdruhedruck in Rechnung gestellt werden soll.
Wenn ein erhöhter aktiver Erddruck angesetzt wird, ist ein Teilsicherheitsbeiwert zu verwenden, der zwischen dem Teilsicherheitsbeiwert $\gamma_{G,E0}$ für Erdruhedruck und dem Teilsicherheitsbeiwert γ_G für aktiven Erddruck interpoliert wird.

Für den Erddruck aus veränderlichen Einwirkungen, z. B. aus Nutzlasten, ist der Teilsicherheitsbeiwert γ_Q maßgebend, wenn diese über eine großflächige Nutzlast von 10 kN/m² hinausgehen.

c) Die Bemessungswerte der Beanspruchungen von Steifen werden aus den charakteristischen Beanspruchungen Handbuch Eurocode 7, Band 1 (2011), Abschnitt 9.7.1: DIN 1054 (2010), A 9.7.1.3, A(4) durch Multiplikation mit den Teilsicherheitsbeiwerten für die Bemessungssituation BS-P nach Tabelle 1.01 ermittelt. Dies gilt auch in dem Fall, dass die Bemessung der übrigen Teile mit den Teilsicherheitsbeiwerten für den Lastfall LF 2 vorgenommen wird.

⇒ Handbuch Eurocode 7, Band 1 (2011), Abschnitt 9.7.1: DIN 1054 (2010), A 9.7.1.3.

7.2.5 Widerstände

Sohlwiderstände

Bei Stützbauwerken mit einer flächigen Gründungssohle ist nach Handbuch Eurocode 7, Band 1 (2011), Abschnitt 9.7.3 der Gleitwiderstand nach Abschnitt 2.5 und der Grundbruchwiderstand nach Abschnitt 2.6 zu ermitteln.

Fußwiderstände

a) Nach Handbuch Eurocode 7, Band 1 (2011), Abschnitt 9.7.1: DIN 1054 (2010), A 9.7.1.4, A(1) wird der charakteristische Erdwiderstand beim Nachweis des Erdwiderlagers für die jeweils gleiche wirksame Einbindetiefe ermittelt. Dabei spielt keine Rolle, ob bei der Ermittlung der Schnittgrößen an einer im Boden eingebundenen Stützwand nach DIN 1054 (2010), A 9.7.1.4, A(1a) der seitliche Fußwiderstand in Form von teilmobilisiertem Erdwiderstand oder DIN 1054 (2010), A 9.7.1.4, A(1b) als verformungsabhängige Bodenreaktion in die Berechnung eingeführt wird.

b) Wenn beim Wasserdruck bzw. beim Erddruck auf der Erdseite der Wand eine mögliche Umströmung des Stützbauwerks nach DIN 1054 (2010), A 9.7.1.4, A(6), Anmerkung zu A(6) berücksichtigt wird, ist die Verminderung der Wichte des Bodens und damit die ungünstige Wirkung der Grundwasserströmung auf die Größe des Erdwiderstands auf der Luftseite der Wand zu berücksichtigen.

⇒ Handbuch Eurocode 7, Band 1 (2011), Abschnitt 9.7.1: DIN 1054 (2010), A 9.7.1.4.

Bemessungswerte

a) Nach Handbuch Eurocode 7, Band 1 (2011), Abschnitt 9.7.1: DIN 1054 (2010), A 9.7.1.4, A(2) sind die Bemessungswerte der Bodenwiderstände nach Abschnitt 1.8.4.2 für den Grenzzustand GEO-2 aus den charakteristischen Werten durch Abminderung mit den Teilsicherheitsbeiwerten nach 1.02 zu ermitteln

b) Lässt sich eine vorübergehende Abgrabung vor dem Fuß einer Stützwand nicht durch Überwachung oder Schutzmaßnahmen ausschließen, dann darf dieser Zustand nach DIN 1054: 2003-01 und 2005, Abschnitt 10.5.4 mit dem entsprechenden Teilsicherheitsbeiwert für den Lastfall LF 2 nach 1.02 als Bauzustand nachgewiesen werden.

c) Zu den Bemessungswerten der Materialwiderstände siehe Abschnitt 7.2.6.4.

7.2.6 Nachweise der Tragfähigkeit

7.2.6.1 Nachweise im Grenzzustand GEO-2

a) Nach Handbuch Eurocode 7, Band 1 (2011), Abschnitt 9.7.3 bis 9.7.6 ist der Nachweis zu erbringen, dass die Grenzzustandsbedingung (Gleichung 1.01 in Abschnitt 1) im Grenzzustand GEO-2 sowohl für das Bauwerk als Ganzes als auch für seine Einzelteile eingehalten wird. Dazu müssen alle Bruchmodelle betrachtet werden, die beim Versagen eines Stützbauwerks eine Rolle spielen können, also vor allem Nachweise der Standsicherheit gegen

- Grundbruch;
- Gleiten;
- Versagen des Erdwiderlagers;
- Aufbruch des Verankerungsbodens vor Ankerplatten und Ankerwänden;
- Versagen der Lastübertragung durch Zugpfähle bzw. Ankerverpresskörper;
- Versinken von Bauteilen;
- Versagen in der tiefen Gleitfuge;
- Versagen des Materials.

b) Bei diesen Nachweisen sind nach Handbuch Eurocode 7, Band 1 (2011), Abschnitt 9.3 die Lasten aus Eigengewicht nach Abschnitt 1.8.1.2, die Einwirkungen aus Erddruck (siehe Abschnitt 7.2.3) und, wenn vorhanden, die Einwirkungen aus Wasserdruck (siehe Abschnitt 7.2.3), veränderliche statische Einwirkungen nach Abschnitt 1.8.1.2 und dynamische Einwirkungen nach Abschnitt 1.8.1.3 anzusetzen. Die ergänzenden Angaben in den Abschnitten 7.2.6.2 und 7.2.6.5 sind zu beachten.

7.2.6.2 Grundbruch und Gleiten

a) Bei flach gegründeten Stützbauwerken, z. B. bei Gewichtsstützwänden, ist nach Handbuch Eurocode 7, Band 1 (2011), Abschnitt 9.7.3 der Nachweis der Sicherheit gegen Gleiten nach Abschnitt 2.5 und der Nachweis der Sicherheit gegen Grundbruch nach Abschnitt 2.6 unter Berücksichtigung der in Abschnitt 7.2.6.1 genannten Einwirkungen zu führen.

b) Diese Angaben gelten nach Handbuch Eurocode 7, Band 1 (2011), Abschnitt 9.7.3: DIN 1054 (2010), A(3) auch für Raumgitterkonstruktionen und andere aus Einzelteilen zusammengesetzte Stützkörper, z. B. Gabionen (Draht-Schotter-Körbe). Hierbei wird die untere Breite des Stützkörpers wie die Sohlbreite einer massiven Gewichtsstützwand angesetzt.

7.2.6.3 Versagen des Erdwiderlagers

a) Bei ausgesteiften oder verankerten wandartigen Stützbauwerken, deren Standsicherheit zum Teil durch Erdwiderstandskräfte erreicht wird, und bei wandartigen Stützwänden, deren Standsicherheit ausschließlich durch Erdwiderstandskräfte gewährleistet wird, muss nach Handbuch Eurocode 7, Band 1 (2011), Abschnitt 9.7.4 nachgewiesen werden, dass die Konstruktion ausreichend tief in den Boden einbindet. Das ist notwendig, damit nicht der Grenzzustand der Tragfähigkeit durch ein überwiegend waagerechtes Verschieben oder Verdrehen der gesamten Stützkonstruktion oder eines Bauteils erreicht wird.

b) Der Nachweis einer ausreichenden Sicherheit ist nach Handbuch Eurocode 7, Band 1 (2011), Abschnitt 9.7.4: DIN 1054 (2010), A(4) dann erbracht, wenn die Grenzzustandsbedingung

$$B_{h,d} \leq R_{Ph;d} = E_{ph,d} \qquad (7.01)$$

erfüllt ist. Hierbei ist:

$B_{h,d}$ der Bemessungswert der Horizontalkomponente der resultierenden Auflagerkraft;

$R_{ph,d}$ der Bemessungswert der Horizontalkomponente des Erdwiderstands nach Abschnitt 7.2.5, Stichwort „Bemessungswerte".

c) Wenn die Schnittgrößen von im Boden frei aufgelagerten oder eingespannten Wänden nach Handbuch Eurocode 7, Band 1 (2011): DIN 1054 (2010), Abschnitt 9.7.1.4, A(1b) auf der Grundlage eines verformungsabhängigen seitlichen Fußwiderstands - z. B. mit Hilfe des Bettungsmodulverfahrens – bestimmt werden, dann ist nach Handbuch Eurocode 7, Band 1 (2011), Abschnitt 9.7.4: DIN 1054 (2010), A(5) nachzuweisen, dass der Bemessungswert der Horizontalkomponente $B_{h,d}$ der resultierenden Auflagerkraft nicht größer ist als der Bemessungswert des Erdwiderstands für den zugehörigen Teil der Einbindetiefe.

d) Sofern die Fußverschiebungen einer Wand mit Rücksicht auf die Gebrauchstauglichkeit begrenzt werden müssen, z. B. bei Baugrubenwänden neben Gebäuden oder bei Stützung des Wandfußes in weichem bindigem Boden, wird nach Handbuch Eurocode 7, Band 1 (2011), Abschnitt 9.7.4: DIN 1054 (2010), A(4) empfohlen, entsprechend Abschnitt 1.5 der Norm den charakteristischen Erdwiderstand mit einem Anpassungsfaktor $\eta < 1$ abzumindern und den Nachweis der Sicherheit gegen Versagen des Erdwiderlagers mit dem abgeminderten Bemessungswert des Erdwiderstands zu führen:

$$R_{Ph;d} = E_{ph,d} = \eta \cdot \frac{R_{ph;k}}{\gamma_{R,e}} = \eta \cdot \frac{R_{ph;k}}{\gamma_{R,e}} \qquad (7.02)$$

e) Nach Handbuch Eurocode 7, Band 1 (2011): DIN 1054 (2010), Abschnitt A 9.7.8 ist nachzuweisen, dass der bei der Ermittlung des Erdwiderstands zugrunde gelegte negative Wandreibungswinkel $\delta_p = \delta_{p,k}$ nach Abschnitt 1.8.2.4 entsprechend der Bedingung

$$V_k = \sum V_{k,i} \geq B_{v,k} \qquad (7.03)$$

mit der Gleichgewichtsbedingung $\sum V = 0$ im Einklang steht. Hierbei ist:

V_k die Vertikalkomponente der beteiligten, von oben nach unten gerichteten charakteristischen Einwirkungen;

$B_{v,k}$ die nach oben gerichtete Vertikalkomponente der charakteristischen Auflagerkraft.

7.2.6.4 Materialversagen von Bauteilen

a) Nach Handbuch Eurocode 7, Band 1 (2011), Abschnitt 9.7.8 ist die Sicherheit gegen Materialversagen (Inneres Versagen) für alle Bauteile eines Stützbauwerks nach den dafür geltenden bauartspezifischen Regeln nachzuweisen:

$$E_d \leq R_{M,d} \qquad (7.04)$$

b) Nach Handbuch Eurocode 7, Band 1 (2011): DIN 1054 (2010), Abschnitt A 9.7.1.3, A(2) sind die maßgebenden Bemessungswerte E_d der Beanspruchungen nach Abschnitt 7.2.4 aus den charakteristischen Beanspruchungen E_k zu bestimmen, die sich nach DIN 1054 (2010), Abschnitt A 9.7.1.3, A(1) als Schnittgrößen oder als Spannungen in den Bemessungsquerschnitten ergeben.

c) Nach Handbuch Eurocode 7, Band 1 (2011), Abschnitt 9.7.6: DIN 1054 (2010), A(6) sind die in den jeweiligen Bauartnormen angegebenen Materialkenngrößen und Teilsicherheitsbeiwerte bei der Ermittlung der Bemessungswerte $R_{M,d}$ der Bauteilwiderstände maßgebend. Die Korrosion von Bauteilen aus Stahl ist durch Abminderung der Widerstände zu berücksichtigen, wenn sie nicht durch bauliche und betriebliche Maßnahmen vermieden wird.

d) Bei aus einzelnen Blöcken oder Fertigelementen gestapelten Stützkonstruktionen ist nach Handbuch Eurocode 7, Band 1 (2011), Abschnitt 9.7.6: DIN 1054 (2010), A(8) der Nachweis der Sicherheit gegen Gleiten in den waagerechten bzw. geneigten Kontaktflächen in Anlehnung an Abschnitt 2.5 zu führen.

7.2.6.5 Nachweise für die Grenzzustände UPL, HYD und GEO-3

Nach Handbuch Eurocode 7, Band 1 (2011), Abschnitt 9.2 ist zu beachten:

a) Außer den oben aufgeführten Nachweisen sind noch folgende weitere Standsicherheitsnachweise zu führen, wenn die Voraussetzungen dafür vorliegen:

- Nachweis der Sicherheit gegen Aufschwimmen nach Handbuch Eurocode 7, Band 1 (2011), Abschnitt 10.2 (UPL),
- Nachweis der Sicherheit gegen hydraulischen Grundbruch nach Handbuch Eurocode 7, Band 1 (2011), Abschnitt 10.3 (HYD),
- Nachweis der Gesamtstandsicherheit nach Handbuch Eurocode 7, Band 1 (2011), Abschnitt 11 (GEO-3).

b) Bei Gewichtsstützwänden und bei verankerten Stützwänden ist der Nachweis der Gesamtstandsicherheit vor allem dann zu führen, wenn ein Geländebruch möglich ist, z. B. wenn

- die Rückseite der Wand stark zum Erdreich hin geneigt ist,
- das Gelände hinter der Wand ansteigt,
- das Gelände vor der Wand abfällt,
- unterhalb des Wandfußes ein Boden mit geringer Tragfähigkeit ansteht;
- im Bereich des steilen Bereichs der möglichen Gleitflächen besonders große Lasten wirken.

7.2.7 Nachweise der Gebrauchstauglichkeit

7.2.7.1 Nachweise auf der Grundlage von Erfahrungen

Nach Handbuch Eurocode 7, Band 1 (2011), Abschnitt 9.8: DIN 1054 (2010), A 9.8.1.2 gilt für die hier behandelten Stützbauwerke:

a) Die in Abschnitt 7.2.6 geforderten Nachweise für die Grenzzustände GEO-2 und GEO-3 sind bei mindestens mitteldicht gelagerten nichtbindigen Böden und bei mindestens steifen bindigen Böden erfahrungsgemäß mit der Erwartung verbunden, dass die eintretenden Verschiebungen und Verformungen vom Stützbauwerk und seiner Umgebung bei den Beanspruchungen für die Bemessungssituation BS-P nach Abschnitt 1.8.3.3 ohne schädliche Auswirkungen aufgenommen werden können. Damit darf auf einen gesonderten Nachweis der Gebrauchstauglichkeit verzichtet werden, wenn keine erhöhten Ansprüche gestellt werden. Dabei kann von den folgenden Erfahrungen ausgegangen werden:

b) Bei Stützbauwerken mit Flach- bzw. Flächengründung werden schädliche Verkantungen vermieden, wenn die zulässige Lage der Sohldruckresultierenden nach Abschnitt 3.1.2 eingehalten wird. Unzuträgliche Verschiebungen in der Sohlfuge werden durch die Begrenzung der Bodenreaktion an der Stirnseite des Fundamentkörpers nach 7.6.2 vermieden, unzulässige Setzungen durch die Einhaltung des aufnehmbaren Sohldrucks nach den Abschnitten 5.3.3 bzw. 5.3.4.

c) Bei wandartigen Stützbauwerken mit Einbindung in den Untergrund ergibt sich durch den Nachweis nach 7.2.6.3 ein ausreichend großer Abstand zwischen dem mobilisierten und dem charakteristischen Erdwiderstand, so dass eine zusätzliche Abminderung des Bemessungswerts des Erdwiderstands in der Regel nicht erforderlich ist, um die Abhängigkeit vom Bewegungsmaß zu berücksichtigen.

7.2.7.2 Rechnerische Nachweise

Diese sind nach Handbuch Eurocode 7, Band 1 (2011), Abschnitt 9.8: DIN 1054 (2010), A 9.8.1.1 unter folgenden Bedingungen erforderlich:

a) Wenn benachbarte Gebäude, Leitungen, andere bauliche Anlagen oder Verkehrsflächen gefährdet sind, z. B.

- durch Setzung bzw. Verkantung einer Gewichtsstützwand,
- durch große Verschiebungen bei geringer Steifigkeit des stützenden Bodens vor einem wandartigen Stützbauwerk oder
- durch Verschiebung und Verkantung eines durch Verpressanker zusammengehaltenen Bodenblocks,

und immer dann, wenn mit einem höheren als dem aktiven Erddruck gerechnet wird.

b) Der Nachweis der Gebrauchstauglichkeit ist mit charakteristischen Werten der Einwirkungen zu führen. Maßgebend ist das gleiche statische System wie bei der Ermittlung der Schnittgrößen bzw. der Beanspruchungen im Grenzzustand GEO-2. Veränderliche Einwirkungen sind nur insoweit zu berücksichtigen, wie sie irreversible Verschiebungen oder Verformungen erzeugen.

c) Zur Ermittlung der Verschiebung und Verkantung eines durch Verpressanker zusammengehaltenen Bodenblocks: siehe EAB.

d) Vor allem bei Stützbauwerken mit ausgeprägter Wechselwirkung zwischen Baugrund und Bauwerk sowie bei Stützbauwerken in weichen Böden wird die Beobachtungsmethode nach Abschnitt 1.6 empfohlen.

7.3 Gewichtsstützwände

Form

Der günstigste Querschnitt der Stützwand nimmt die angreifenden Kräfte mit dem geringsten Materialverbrauch auf. Je nach den örtlichen Gegebenheiten wird er aus den Grundrechtecken für Fundament und aufgehende Wand dadurch entwickelt, dass Teile dieser Rechtecke abgeschnitten werden, um Beton einzusparen und den Erddruck in eine günstigere Richtung zu drehen (7.06).

□ 7.06: Beispiel: Formen von Gewichtsstützwänden

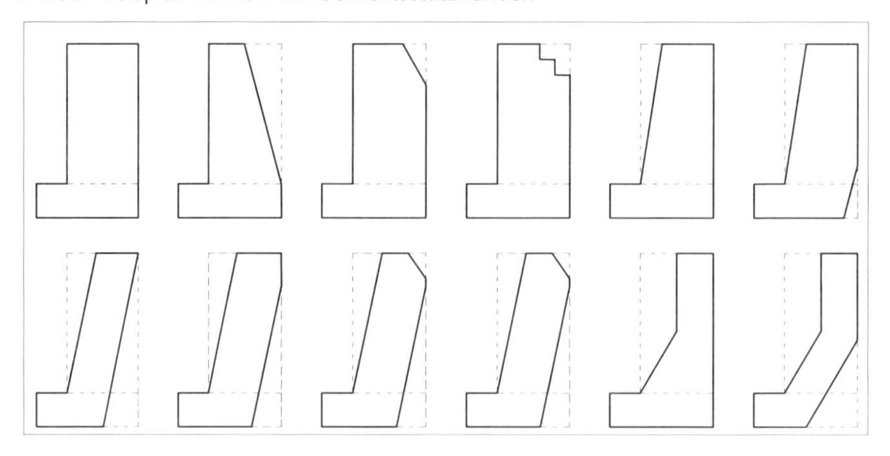

Stütz-wirkung

Die angreifenden Kräfte werden überwiegend durch das Eigengewicht der Wand aufgenommen. Gewichtsstützwände werden aus unbewehrtem oder nur leicht bewehrtem Beton, selten noch aus Mauerwerk mit natürlichen oder künstlichen Steinen erstellt. Da Zugspannungen nicht aufgenommen werden können, muss die resultierende Schnittkraft in jedem Mauerquerschnitt im Innenkern liegen (Stützlinienbedingung).

□ 7.07: Beispiel: Bezeichnungen für die Bemessung einer Gewichtsstützwand

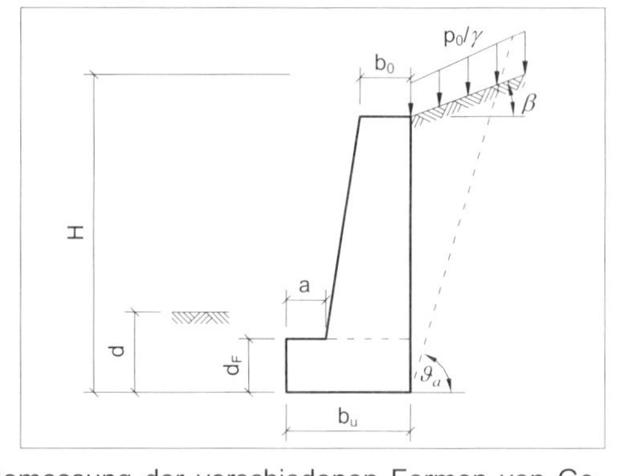

Bemessung, Berechnung

Einfache Formeln zur endgültigen Bemessung der verschiedenen Formen von Gewichtsstützwänden gibt es nicht. Man wählt zunächst die Abmessungen (□ 7.07) nach den im Folgenden beschriebenen Anhaltspunkten und führt dann die erforderlichen Standsicherheitsberechnungen durch (siehe Abschnitte 1 und 2). Gegebenenfalls werden die gewählten Abmessungen verbessert und erneut gerechnet (□ 7.08).

Obere Breite: $b_o \geq 0{,}4$ m, je nach Wandhöhe, um den Beton in die Schalung einbringen zu können.

Neigung der Luftseite: Der Ansatz des aktiven Erddrucks setzt eine Bewegung der Wand zur Luftseite voraus. Lotrechte Wände sind nach dieser Bewegung daher leicht nach vorn geneigt. Wegen dieses "optischen Kippeffekts" führt man sie daher nur dann aus, wenn es aus funktionstechnischen Gründen erforderlich ist (z.B. bei Uferwänden, an denen Schiffe anlegen). Übliche Neigungen liegen zwischen 3 : 1 und 10 : 1, wobei steilere Neigungen bevorzugt werden.

Ausbildung der Rückseite: Durch entsprechende Neigung und Ausbildung der Rückseite kann die Größe des Erddrucks wesentlich beeinflusst werden. Eine Neigung der Rückseite zur Hinterfüllung hin ("Unterschnittene Wand", □ 7.06) verringert den Erddruck (Neigung = Reibungswinkel des Bodens: Erddruck = Null). Die Ausführung von Schalung und Entwässerungseinrichtungen ist allerdings bei senkrechter Rückwand am einfachsten. Durch eine Neigung zur Luftseite (□ 7.06) oder eine Abtreppung (□ 7.06) entsteht ein rückdrehendes Moment aus Erdauflast.

7.08: Beispiel: Berechnung einer Gewichtsstützwand

Geg.: *Gewichtsstützwand*

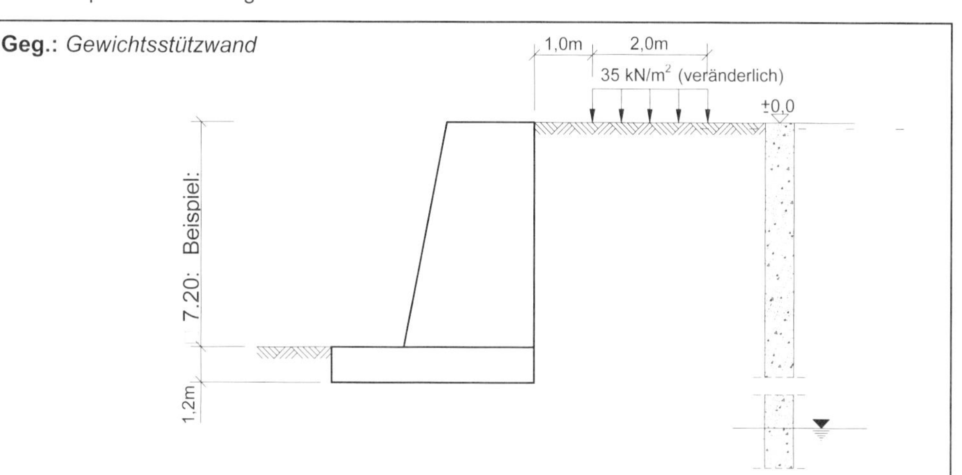

***Ges.:** es ist zu bemessen:*

1. *Bemessung mit dem Verfahren „Vereinfachter Nachweis in Regelfällen" (Tabellenverfahren) nach Handbuch Eurocode 7, Band 1 (2011): DIN 1054 (2010), Abschnitt A 6.10*
2. *Vergleichsberechnung mit direkten Standsicherheitsnachweisen*
3. *Überprüfung der Standsicherheit in der Arbeitsfuge.*

Lösung:

Vorbemerkungen:

Bei nur durch Erddruck beanspruchten Gewichtsstützwänden sind - verglichen mit den vorhandenen Vertikalkräften - verhältnismäßig große Horizontalkräfte abzutragen. Das verlangt von vornherein eine großzügige Festlegung der Einbindetiefe (Sicherheit gegen Gleiten, Grundbruch) sowie der Fundamentbreite.

1. Bemessung mit dem „Tabellenverfahren":

Vorbemessung:

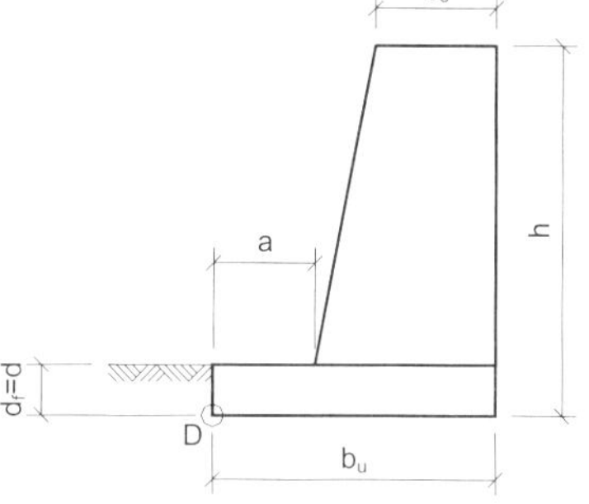

$d \geq 1{,}0\ m \Rightarrow d_{gew.} = 1{,}2\ m$
$b_0 \geq 0{,}4\ m \Rightarrow b_{0,gew.} = 0{,}75\ m$
$b \approx 0{,}3 \ldots 0{,}5\ h \Rightarrow b_{gew.} = 2{,}0\ m$
$a \leq 0{,}6\ d_F \Rightarrow a_{gew.} = 0{,}5\ m$

***1.1 Lastermittlung:** charakteristische Einwirkungen!*

Erddruckermittlung

$\alpha = 0;\ \beta = 0;\ \varphi' = 32{,}5°;\ \delta_a = \frac{2}{3}\varphi' \quad \Rightarrow K_a^g = 0{,}27$

Aktiver Erddruck infolge Bodeneigenlast g

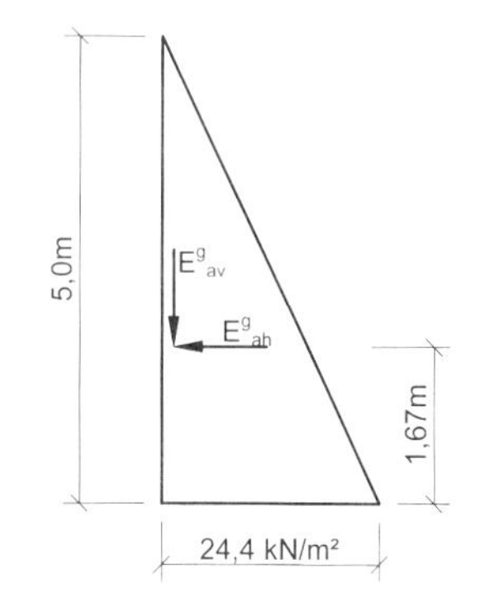

$e_a^g = 18{,}1 \cdot 5{,}0 \cdot 0{,}27 = 24{,}4\ kN/m^2$

$E_a^g = 0{,}5 \cdot 24{,}4 \cdot 5{,}0 = 61{,}0\ kN/m$

$E_{ah}^g = 61{,}0 \cdot \cos\frac{2}{3} \cdot 32{,}5° = 56{,}7\ kN/m$

$E_{av}^g = 61{,}0 \cdot \sin\frac{2}{3} \cdot 32{,}5° = 22{,}6\ kN/m$

□ 7.08: Fortsetzung Beispiel: Berechnung einer Gewichtsstützwand

Aktiver Erddruck infolge Streifenlast p'(veränderlich)
Es muss zunächst festgestellt werden, ob die Streifenlast „schmal“ oder „breit“ ist. ⇒ Dörken/Dehne/ Kliesch, T. 1 (2009)

Mit $\alpha = 0$; $\beta = 0$; $\varphi' = 32{,}5°$; $\delta_a = \frac{2}{3}\varphi'$

ergibt sich für den Gleitflächenwinkel

$$\tan\vartheta_a = \frac{\sin\varphi + \sqrt{\dfrac{\tan\varphi - \tan\beta}{\tan\varphi + \tan\delta_a}}}{\cos\varphi} = \frac{\sin 32{,}5° + \sqrt{\dfrac{\tan 32{,}5° - \tan 0}{\tan 32{,}5° + \tan\frac{2}{3}\cdot 32{,}5°}}}{\cos 32{,}5°} = 1{,}57$$

Damit ergeben sich folgende Schnittpunkte mit der Wandrückseite:

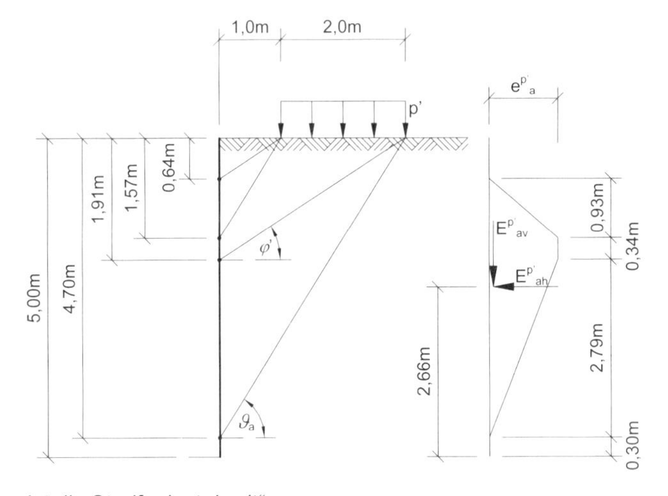

Da $y_3 > y_2$*, ist die Streifenlast „breit“.*

$$e_a^{p'} = p' \cdot K_a^g = 35 \cdot 0{,}27 = 9{,}5\ kN/m^2$$
$$E_a^{p'} = 0{,}5 \cdot 9{,}5 \cdot 0{,}93 + 9{,}5 \cdot 0{,}34 + 0{,}5 \cdot 9{,}5 \cdot 2{,}79 = 4{,}4 + 3{,}2 + 13{,}3 = 20{,}9\ kN/m^2$$
$$E_{ah}^{p'} = 19{,}4\ kN/m^2\ ;\ E_{av}^{p'} = 7{,}7\ kN/m^2;$$

Angriffspunkt von $E_{ah}^{p'}$ *(bezogen auf die Fundamentsohle):*

$$y_s^{p'} = 0{,}30 + \frac{4{,}4 \cdot \left(2{,}79 + 0{,}34 + \dfrac{0{,}93}{3}\right) + 3{,}2 \cdot \left(2{,}79 + \dfrac{0{,}34}{2}\right) + 13{,}3 \cdot \dfrac{2 \cdot 2{,}79}{3}}{20{,}9} = 2{,}66\ m$$

Erdwiderstand vor der Stützwand (Handbuch Eurocode 7, Band 1 (2011), Abschnitte A 9.5.6 und 9.7.4)

Für die Ermittlung des vollmobilisierten charakteristischen Erdwiderstands sind die Nennwerte der Geländeneigung und der Wandneigung sowie die charakteristischen Werte des Reibungswinkels, der Kohäsion und der Wichte des Bodens maßgebend (Handbuch Eurocode 7, Band 1 (2011): DIN 1054 (2010), Abschnitt A 9.5.6).

7.08: Fortsetzung Beispiel: Berechnung einer Gewichtsstützwand

Der Wandreibungswinkel δ_p sollte wegen fehlender Relativbewegung zwischen Wand und Boden zu $\delta_p = 0$ festgelegt werden.

Im vorliegenden Fall wird davon ausgegangen, dass der Erdwiderstand im zulässigen Maß angesetzt werden kann.

$\alpha = 0;\ \beta = 0;\ \varphi' = 32{,}5°;\ \delta_p = 0 \Rightarrow K_p^g \left(\hat{=} K_{ph}^g\right) = 3{,}32$

Aus Handbuch Eurocode 7, Band 1 (2011): DIN 1054 (2010), Tabelle A 2.3, erhält man den Teilsicherheitsbeiwert $\gamma_{R,e} = 1{,}40$ (BS-P).

Somit wird

$$e_{ph}^g = 18{,}1 \cdot 1{,}2 \cdot 3{,}32 = 72{,}1\ kN/m^2$$

$$R_{Ph,k} = E_{ph,k} = \frac{1}{2} \cdot 72{,}1 \cdot 1{,}2 = 43{,}3\ kN/m$$

$$\Rightarrow R_{Ph,d} = \frac{43{,}3}{1{,}40} = 30{,}9\ kN/m$$

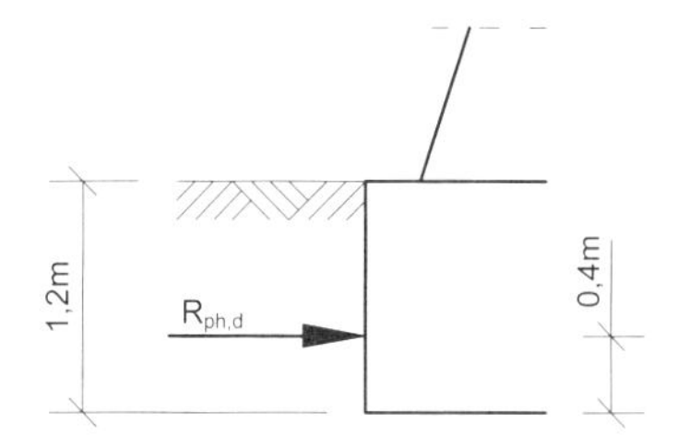

Eigenlasten der Stützwand (charakteristische Werte):

$$G_1 = 23 \cdot 0{,}5 \cdot 0{,}75 \cdot 3{,}8 = 32{,}8\ kN/m$$

$$G_2 = 23 \cdot 0{,}75 \cdot 3{,}8 = 65{,}6\ kN/m$$

$$G_3 = 23 \cdot 1{,}2 \cdot 2{,}0 = 55{,}2\ kN/m$$

$$\sum G = 153{,}6\ kN/m$$

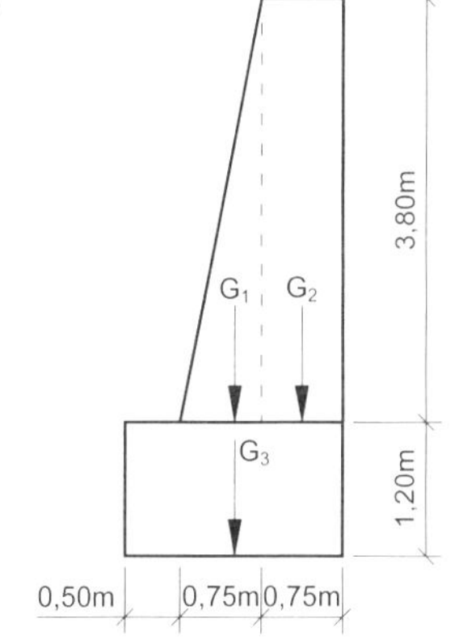

1.2 Voraussetzung für das Tabellenverfahren

(1) Gründungstiefe (Außenbereich)

$$d_{\text{vorh}} = 1{,}2\ m > 0{,}8\ m$$

(2) Baugrund:

a) bauseits sicherzustellen
b) $z_{\text{vorh}} = 5{,}8\ m > 2b = 4{,}0\ m$

Nicht bindiger Boden: $D_{\text{vorh}} = 0{,}50 > D_{\text{erf}} = 0{,}45\ (U > 3)$

(3) Belastung:

a) überwiegend statisch (Stützwand)
b) entfällt
c) $\dfrac{H}{V} = \dfrac{E_{ah}^g + E_{ah}^{p'} - R_{ph,d}^g}{G + E_{av}^g + E_{av}^{p'}} = \dfrac{56{,}7 + 19{,}4 - 30{,}9}{153{,}6 + 22{,}6 + 7{,}7} = 0{,}25 > 0{,}20\ (!)$

$\Rightarrow$ *Damit sind die Voraussetzungen für das „Tabellenverfahren" verletzt: Direkte Standsicherheitsnachweise sind erforderlich.*

□ 7.08: Fortsetzung Beispiel: Berechnung einer Gewichtsstützwand

2. Berechnung mit direkten Standsicherheitsnachweisen

2.1 Nachweis der Sicherheit gegen Kippen

2.1.1 Tragfähigkeitsnachweis (EQU)

Einwirkendes (ungünstiges; „treibendes“) Moment $M_{E,k}$ um den Drehpunkt D

$$\sum M^D_{G,k},dst = 56{,}7 \cdot 1{,}67 = 94{,}7 \ kNm/m;\ \gamma_{G,dstb} = 1{,}1$$

$$\sum M^D_{Q,k,dst} = 19{,}4 \cdot 2{,}66 = 51{,}6 \ kNm/m;\ \gamma_Q = 1{,}5$$

$$\Rightarrow \quad M^D_{E,d} == 94{,}7 \cdot 1{,}1 + 51{,}6 \cdot 1{,}5 = 181{,}6 \ kNm/m$$

Widerstehendes (günstiges; „haltendes“) Moment $M_{R,k}$ um den Drehpunkt D

$$M^D_{R,k} = \sum M^D_{G,k} = 32{,}8 \cdot \left(0{,}5 + \frac{2 \cdot 0{,}75}{3}\right) + 65{,}6 \cdot \left(0{,}5 + 0{,}75 + \frac{0{,}75}{2}\right) + 55{,}2 \cdot \frac{2{,}0}{2} + 22{,}6 \cdot 2{,}0 = 239{,}8 \ kNm/m$$

$\gamma_{G,stb} = 0{,}9$ *(Hinweis: auf der sicheren Seite liegend $\Rightarrow$ ohne Erdwiderstand!)*

$$\Rightarrow \quad M^D_{R,d} = 239{,}8 \cdot 0{,}9 = 215{,}8 \ kNm/m$$

Nachweis: $M^D_{E,k} = 181{,}6 \ kNm/m < \ 215{,}8 \ kNm/m$ *ist erbracht!*

2.1.2 Gebrauchstauglichkeit (SLS):

Die ungünstigste Lastkombination ergibt sich im vorliegenden Fall aus dem Lastzustand g+p:

$$\sum M^{g+p}_{(D)} = 32{,}8 \cdot \left(0{,}5 + \frac{2 \cdot 0{,}75}{3}\right) + 65{,}6 \cdot \left(0{,}5 + 0{,}75 + \frac{0{,}75}{2}\right) + 55{,}2 \cdot \frac{2{,}0}{2} + (22{,}6 + 7{,}7) \cdot 2{,}0 +$$
$$+ 30{,}9 \cdot 0{,}4 - 56{,}7 \cdot 1{,}67 - 19{,}4 \cdot 2{,}66$$
$$= \sum M^D_{R,d} + 7{,}7 \cdot 2{,}0 + M^D_{Rph,d} - \sum M^D_{G,k,dst} - \sum M^D_{G,k,dst}$$
$$= 239{,}8 + 15{,}4 + 12{,}4 - 94{,}7 - 51{,}6 = 121{,}2 \ kNm/m$$

$$\sum V^{g+p} = 32{,}8 + 65{,}6 + 55{,}2 + 22{,}6 + 7{,}7 = 183{,}9 \ kN/m$$

Damit ergibt sich ein Randabstand der Resultierenden von

$$c^{g+p} = \frac{\sum M^{g+p}_{(D)}}{\sum V^{g+p}} = \frac{121{,}2}{183{,}9} = 0{,}66 \ m$$

und eine Ausmittigkeit von

$$e^{g+p} = \frac{2{,}0}{2} - 0{,}66 = 0{,}34 \ m \ < \ \frac{b}{3} = 0{,}67 \ m$$

$$\sum M^{g}_{(D)} = 32{,}8\left(0{,}5 + \frac{2 \cdot 0{,}75}{3}\right) + 65{,}6\left(0{,}5 + 0{,}75 + \frac{0{,}75}{2}\right) + 55{,}2\frac{2{,}0}{2} 22{,}6 \cdot 2{,}0$$
$$+ 30{,}9 \cdot 0{,}4 - 56{,}7 \cdot 1{,}67 = 157{,}4 \ kNm/m$$

7.08: Fortsetzung Beispiel: Berechnung einer Gewichtsstützwand

$$\sum V^{g} = 153{,}6 + 22{,}6 = 176{,}2 \ kN/m$$

Damit wird

$$c^{g} = \frac{157{,}4}{176{,}2} = 0{,}88 \ m \quad \Rightarrow \quad e^{g} = \frac{2{,}0}{2} - 0{,}88 = 0{,}12 \ m < \frac{b}{6}$$

Die Sicherheit gegen Kippen ist gegeben.

2.2 Nachweis der Sicherheit gegen Gleiten

2.2.1 Tragfähigkeitsnachweis (GEO-2)

Mit dem unter 1. ermittelten Erdwiderstand wird

$$R_{Ph,d} = \frac{R_{Ph,k}}{\gamma_{R,e}} = \frac{E_{ph,k}}{\gamma_{R,e}} = \frac{43{,}3}{1{,}40} = 30{,}9 \ kN/m$$

Die ungünstigste Lastkombination ergibt sich im vorliegenden Fall aus dem Lastzustand g+p.

Für die Bemessungssituation BS-P gelten die Teilsicherheitsbeiwerte

$\gamma_G = 1{,}35$; $\gamma_Q = 1{,}50$; $\gamma_{R,h} = 1{,}10$

Ermittlung der Bemessungswerte:

$$H_d = E^{g}_{ah,k} \cdot \gamma_G + E^{p'}_{ah,k} \cdot \gamma_Q = 56{,}7 \cdot 1{,}35 + 19{,}4 \cdot 1{,}50 = 105{,}6 \ kN/m$$

$$R_{h,d} = (G_k + E^{g}_{aV,k} + E^{p'}_{aV,k}) \cdot \frac{\tan \varphi_k}{\gamma_{R,h}} = (153{,}6 + 22{,}6 + 7{,}7) \cdot \frac{\tan 32{,}5°}{1{,}10} = 106{,}5 \ kN/m$$

$$H_d = 105{,}6 \ kN/m < R_{h,d} + R_{Ph,d} = 106{,}5 + 30{,}9 = 137{,}4 \ kN/m$$

2.2.2 Gebrauchstauglichkeitsnachweis (SLS)

Der Nachweis der Gebrauchstauglichkeit (SLS) ist nach Handbuch Eurocode 7, Band 1 (2011): DIN 1054 (2010), Abschnitt A 6.6.6 erbracht, wenn auf der Stirnseite des Fundaments bei der Überprüfung der Sicherheit gegen Gleiten (ULS: GEO-2) keine Bodenreaktion $R_{p,d}$ angesetzt wird

$$H_d = E^{g}_{ah,k} \cdot \gamma_G + E^{p'}_{ah,k} \cdot \gamma_Q = 56{,}7 \cdot 1{,}35 + 19{,}4 \cdot 1{,}50 = 105{,}6 \ kN/m$$

$$R_{h,d} = (G_k + E^{g}_{aV,k} + E^{p'}_{aV,k}) \cdot \frac{\tan \varphi_k}{\gamma_{R,h}} = (153{,}6 + 22{,}6 + 7{,}7) \cdot \frac{\tan 32{,}5°}{1{,}10} = 106{,}5 \ kN/m$$

$$H_d = 105{,}6 \ kN/m < R_{h,d} = 106{,}5 \ kN/m$$

Die Sicherheit gegen Gleiten ist gegeben.

2.3 Nachweis der Sicherheit gegen Grundbruch

Im GEO-2 muss die Bedingung $V_d \leq R_{V,d}$ erfüllt sein.

Für das vorliegende Beispiel wird mit $E_{ph,k}$ = 43,3 kN/m (s. im Beispiel 1.1.2) die ansetzbare Bodenreaktion an der Stirnseite

□ 7.08: Fortsetzung Beispiel: Berechnung einer Gewichtsstützwand

$$B_k \left(= E_{ph,mob,k}\right) = 0,5 \cdot 43,3 = 21,7 \ kN/m$$

und

$$\tan\delta = \frac{H}{V} = \frac{E_{ah}^{g} + E_{ah}^{p'} - B_k}{G + E_{av}^{g} + E_{av}^{p'}} = \frac{56,7 + 19,4 - 21,7}{153,6 + 22,6 + 7,7} = \frac{54,4}{183,9} = 0,296 > 0,20 \ (!)$$

Reduzierte Breite:

Die ungünstigste Lastkombination ergibt sich aus dem Lastzustand g+p (s. Abschnitt 2.1)

$$\sum M_{(D)}^{g+p} = 32,8\left(0,5 + \frac{2 \cdot 0,75}{3}\right) + 65,6\left(0,5 + 0,75 + \frac{0,75}{2}\right) + 55,2\frac{2,0}{2} + (22,6 + 7,7) \cdot 2,0$$
$$+ 21,7 \cdot 0,4 - 56,7 \cdot 1,67 - 19,4 \cdot 2,66 = 117,5 \ kNm/m$$

$$\sum V^{g+p} = 32,8 + 65,6 + 55,2 + 22,6 + 7,7 = 183,9 \ kN/m$$

Damit wird

$$c^{g+p} = \frac{117,5}{183,9} = 0,64 \ m \quad \textit{und}$$
$$e^{g+p} = \frac{2,0}{2} - 0,64 = 0,36 \ m$$
$$b' = 2,0 - 2 \cdot 0,36 = 1,28 \ m$$

Wegen des anstehenden Grundwassers muss die Einflusstiefe der Grundbruchscholle ermittelt werden:

$$\vartheta_1 = 45° - \frac{32,5°}{2} = 28,75°$$
$$a = \frac{1 - \tan^2 28,75°}{2\frac{56,7 + 19,4 - 21,7}{183,9}} = 1,1815$$
$$\tan\alpha_2 = 1,1815 + \sqrt{1,1815^2 - \tan^2 28,75°} = 2,2279 \quad \Rightarrow \quad \alpha_2 = 65,82°$$
$$\vartheta_2 = 65,82° - 28,75° = 37,07° \text{ A} \alpha_1$$

Damit wird

$$d_s = 1,28 \cdot \sin 37,07° \cdot e^{0,6470 \cdot \tan 32,5°} = 1,17 \ m \ < \ 2,0 \ m$$

was bedeutet, das Grundwasser hat keinen Einfluss.

Ermittlung der Sicherheit gegen Grundbruch

Beiwerte:

$N_{d0} = 25; \ \nu_d = 1,0$

$N_{b0} = 15; \ \nu_b = 1,0$

7.08: Fortsetzung Beispiel: Berechnung einer Gewichtsstützwand

Neigungsbeiwerte für den Fall

- *H parallel b'*
- $\varphi' \neq 0; c' \geq 0; \delta > 0; \omega = 90°$

Mit m = 2 (Streifenfundament) wird

$$i_d = (1 - 0,296)^2 = 0,496\ ;\ i_b = (1 - 0,296)^{2+1} = 0,349$$

Grundbruchwiderstand:

$$R_{V,k} = 1,28 \cdot (0 + 18,1 \cdot 1,2 \cdot 25 \cdot 1,0 \cdot 0,496 + 18,1 \cdot 1,28 \cdot 15 \cdot 1,0 \cdot 0,349) = 500\ kN/m$$

Beanspruchung:

$$V_d = V_{G,k} \cdot \gamma_G + V_{Q,k} \cdot \gamma_Q = (153,6 + 22,6) \cdot 1,35 + 7,7 \cdot 1,50 = 249\ kN/m$$

$$V_d = 249\ kN/m < R_{V,d} = \frac{500}{1,40} = 357\ kN/m$$

Die Sicherheit gegen Grundbruch ist gegeben.

Ausnutzungsgrad

$$\mu = \frac{249}{357} = 70\%$$

2.4 Setzungsermittlung (ULS)

Dieser Nachweis ist bei den vorliegenden Bauwerks- und Baugrundverhältnissen nicht erforderlich.

3. Überprüfung der Arbeitsfuge

Anmerkung:

Dieser Nachweis wird nach den Regeln der Festkörpermechanik geführt.

3.1 Erddruckermittlung

$$e_a^g = 18,1 \cdot 3,8 \cdot 0,27 = 18,6\ kN/m^2$$

$$E_a^g = \frac{1}{2} \cdot 18,6 \cdot 3,8 = 35,3\ kN/m$$

$$E_{ah}^g = 35,3 \cdot \cos\frac{2}{3} \cdot 32,5° = 32,8\ kN/m$$

$$E_{av}^g = 35,3 \cdot \sin\frac{2}{3} \cdot 32,5° = 13,0\ kN/m$$

$$y_s^g = \frac{3,8}{3} = 1,27\ m$$

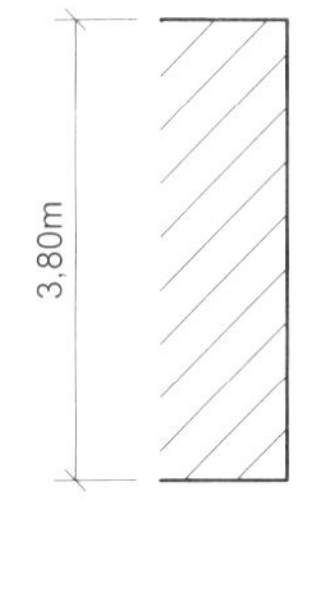

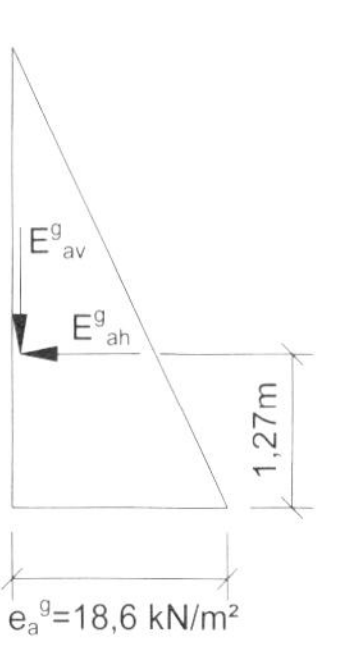

☐ 7.08: Fortsetzung Beispiel: Berechnung einer Gewichtsstützwand

$$E_a^{p'} = \frac{1}{2} \cdot 9,5 \cdot 0,93 + 9,5 \cdot 0,34 + 3,0 \cdot 1,89 + \frac{1}{2} \cdot 6,5 \cdot 1,89 =$$

$$= 4,4 + 3,2 + 5,7 + 6,1 = 19,4 \ kN/m$$

$$E_{ah}^{p'} = 18,0 \ kN/m; \ E_{av}^{p'} = 7,2 kN/m$$

$$y_s^{p'} = 1,59 \ m$$

3.2 Sicherheit gegen Kippen

Einwirkendes (ungünstiges; „treibendes“) Moment $M_{E,k}$ um den Drehpunkt D (s. im Beispiel: 2.1.1)

$$\sum M_{G,k}^{D}, dst = 32,8 \cdot 1,27 = 41,7 \ kNm/m; \gamma_{G,dstb} = 1,1$$

$$\sum M_{Q,k,dst}^{D} = 18,0 \cdot 1,59 = 28,7 \ kNm/m; \gamma_Q = 1,5$$

$$\Rightarrow \quad M_{E,d}^{D} == 41,7 \cdot 1,1 + 28,7 \cdot 1,5 = 88,9 \ kNm/m$$

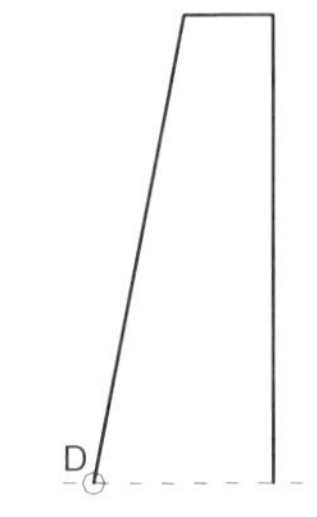

Widerstehendes (günstiges; „haltendes“) Moment $M_{R,k}$ um den Drehpunkt D

Nur ständige Einwirkungen!

$$M_{R,k}^{D} = \sum M_{G,k}^{D} = 32,8 \cdot \left(\frac{2 \cdot 0,75}{3}\right) + 65,6 \cdot \left(0,75 + \frac{0,75}{2}\right) + 13,0 \cdot 1,50 = 109,7 \ kNm/m$$

$$\gamma_{G,stb} = 0,9 \Rightarrow M_{R,d}^{D} = 109,7 \cdot 0,9 = 98,7 \ kNm/m$$

Nachweis: $M_{E,k}^{D} = 88,9 \ kNm/m < 98,7 \ kNm/m$ *ist erbracht!*

3.3 Sicherheit gegen Gleiten

Anmerkung: Dieser Nachweis wird nach den Regeln der Festkörpermechanik geführt.

$\mu = \tan \delta_{s,k} = 0,75$ (Beton/Beton)

$$R_{h,k} = V_K' \cdot \tan \delta_{s,k} = (32,8 + 65,6 + 13) \cdot 0,75 = 83,5 \ kN/m$$ *Nur ständige Einwirkungen!*

$$R_{h,d} = \frac{R_{h,k}}{\gamma_{R,h}} = \frac{83,5}{1,10} = 75,9 \ kN/m$$

$$H_d = H_{G,k} \cdot \gamma_G + H_{Q,k} \cdot \gamma_Q = 32,8 \cdot 1,35 + 18,0 \cdot 1,50 = 71,3 \ kN/m$$

Damit wird der Nachweis erbracht:

$$H_d = 71,3 \ kN/m < R_{h,d} = 75,9 \ kN/m$$

Breite des Talsporns: $a \leq 0,6 \cdot d_F$. Bei größerer Breite muss der Sporn bewehrt werden. Weil die Ausführung eines Talsporns zu erheblicher Materialeinsparung führt, werden Wände ohne Talsporn nur bei geringer Ausmittigkeit der Resultierenden ausgeführt.

Untere Breite: Sie ergibt sich häufig von selbst aus der Wandhöhe, wenn die obere Breite, die Breite des Talsporns und die Neigungen der Luft- und Rückseite gewählt wurden. Überschläglich kann für den Trapezquerschnitt mit Talsporn und senkrechter Rückseite angenommen werden:

$$b_u = (0,3 \ldots 0,5) \cdot H \tag{7.05}$$

wobei die größeren Werte für kleinere Reibungswinkel der Hinterfüllung gelten. Die Höhe H ergibt sich nach (□ 7.07). Eine Auflast wird in zusätzliche Geländehöhe umgerechnet. Die endgültige untere Breite ergibt sich aus den Standsicherheitsnachweisen.

Einbindetiefe an der Luftseite: $d \geq 0,8$ m, je nach Frosttiefe.

Sohle: Zur Erhöhung der Sicherheit gegen Gleiten kann die Sohle der Gewichtsstützwand leicht geneigt, abgetreppt oder mit einem hinteren Sporn versehen werden (siehe Abschnitt 2.5).

Bemessungshilfen: Für bestimmte Mauer- und Geländeformen, Verkehrslasten und Bodenwerte wurden Bemessungstafeln für Gewichtsstützwände entwickelt (z.B. Vereinigung Schweizerischer Straßenfachmänner, 1966).

Zur Sicherung eines Geländesprungs, wenn keine Böschung möglich ist oder gewünscht wird.

An Ufern werden Gewichtsstützwände häufig zwischen Spundwänden betoniert, die später bis zur Gewässersohle abgeschnitten werden, und auf Steinschüttungen gesetzt. Die Luftseite wird zum Anlegen von Schiffen möglichst senkrecht ausgeführt (□ 7.09). ⇒ Empfehlungen des Arbeits-ausschusses Ufereinfassungen (EAU).

□ 7.09: Beispiel: Uferwand

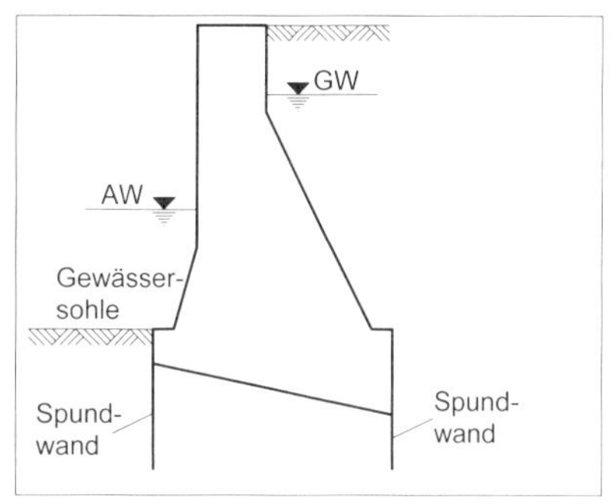

□ 7.10: Beispiel: Sondernachweis bei überwiegend horizontaler Beanspruchung

***Geg.**: das vorangehende Beispiel einschließlich Bemessung als Gewichtsstützwand*

***Ges.**: Sondernachweis eines überwiegend horizontal beanspruchten Bauwerks*

Lösung:

Vorgegebene Schiefstellung: ⇒ Abschnitt 2.6.4, „Schlanke Baukörper", Formel 2.46

Mit $W = \frac{1,0 \cdot 2,0^2}{6} = 0,67 \ m^3/m$

$$h_s = \frac{32,8\left(1,2 + \frac{3,8}{3}\right) + 65,6\left(1,2 + \frac{3,8}{2}\right) + 55,2 \cdot \frac{1,2}{2}}{32,8 + 65,6 + 55,2} = 2,07 \ m$$

$$A = 2,0 \cdot 1,0 = 2,0 \ m^2/m$$

wird $\tan\alpha = \frac{W}{h_s \cdot A} = \frac{0,67}{2,07 \cdot 2,0} = 0,161 \ \Rightarrow \ \alpha = 9,15°$

□ 7.10: Fortsetzung Beispiel: Sondernachweis bei überwiegend horizontaler Beanspruchung

Die vorgegebene Schiefstellung führt zu einer größeren rechnerischen Ausmittigkeit:

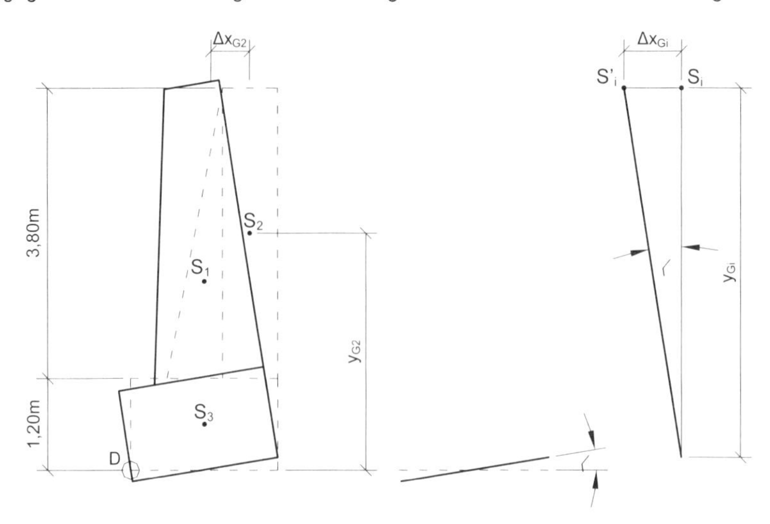

$$\Delta x_{G_1} = \left(1,2 + \frac{3,8}{3}\right) \cdot \tan 9,15° = 0,40 \ m$$

$$\Delta x_{G_2} = \left(1,2 + \frac{3,8}{2}\right) \cdot \tan 9,15° = 0,50 \ m$$

$$\Delta x_{G_3} = \frac{1,2}{2} \cdot \tan 9,15° = 0,10 \ m$$

Ausmittigkeit:

$$\sum M_{(D)}^{g} = 32,8 \left(0,5 + \frac{2 \cdot 0,75}{3} - 0,40\right) + 65,6 \left(0,5 + 0,75 + \frac{0,75}{2} - 0,50\right)$$

$$+ 55,2 \left(\frac{2,0}{2} - 0,10\right) + 22,6 \cdot 2,0 + 21,6 \cdot 0,4 - 56,7 \cdot 1,67 = 102,3 \ kNm/m$$

$$\sum V^{g} = 176,2 \ kN/m \Rightarrow c^{g} = \frac{102,3}{176,2} = 0,58 \ m$$

$$e^{g} = \frac{b}{2} - c = \frac{2,0}{2} - 0,58 = 0,42 \ m$$

$$\sum M_{(D)}^{g+p} = 102,3 + 7,7 \cdot 2,0 - 19,4 \cdot 2,66 = 66,1 \ kNm/m$$

$$\sum V^{g+p} = 183,9 \ kN/m \Rightarrow c^{g+p} = \frac{66,1}{183,9} = 0,40 \ m \ ; \ e^{g+p} = 0,60 \ m$$

Grundbruchnachweis:

Zunächst muss geprüft werden, ob das Grundwasser Einfluss hat:

Einflusstiefe der Grundbruchscholle: $d_s = b' \cdot \sin \vartheta_2 \cdot e^{\alpha_1 \cdot \tan \varphi'}$

mit $b' = 2,0 - 2 \cdot 0,60 = 0,80 \ m$

$$\vartheta_1 = 45° - \frac{32,5°}{2} = 28,75°$$

7.10: Fortsetzung Beispiel: Sondernachweis bei überwiegend horizontaler Beanspruchung

$$a = \frac{1-\tan^2 28,75°}{2 \cdot \frac{56,7+19,4-21,6}{183,9}} = 1,1794$$

$$\tan\alpha_2 = 1,1794 + \sqrt{1,1794^2 - \tan^2 28,75°} = 2,2234 \Rightarrow \alpha_2 = 65,78°$$

$$\vartheta_2 = 65,78° - 28,75° = 37,03 \hat{=} \alpha_1$$

Damit wird $d_s = 0,80 \cdot \sin 37,03° \cdot e^{0,6463 \cdot \tan 32,5°} = 0,73\ m$,

was bedeutet: Das Grundwasser hat keinen Einfluss.

Beiwerte: $N_{d0} = 25;\ \nu_d = 1,0;\ N_{b0} = 15;\ \nu_b = 1,0$

Neigungswerte für den Fall

- *H parallel b'*
- $\varphi' > 0;\ c' \geq 0;\ \delta_E > 0;\ \omega = 90°$

$$\tan\delta = \frac{H}{V} = \frac{E_{ah}^g + E_{ah}^{p'} - B_k}{G + E_{av}^g + E_{av}^{p'}} = \frac{56,7+19,4-21,7}{153,6+22,6+7,7} = \frac{54,4}{183,9} = 0,296 > 0,20\ (!)$$

Mit m = 2 (Streifenfundament) wird

$i_d = (1-0,296)^2 = 0,496;\ i_b = (1-0,296)^{2+1} = 0,349$

Damit wird der Grundbruchwiderstand

$$R_{V,k} = 0,80 \cdot (0 + 18,1 \cdot 1,2 \cdot 25 \cdot 1,0 \cdot 0,496 + 18,1 \cdot 0,80 \cdot 15 \cdot 1,0 \cdot 0,349) = 276\ kN/m$$

Nachweis der Grundbruchsicherheit für BS-T:

$$V_d = V_{G,k} \cdot \gamma_G + V_{Q,k} \cdot \gamma_Q = (153,6 + 22,6) \cdot 1,20 + 7,7 \cdot 1,30 = 221\ kN/m$$

Damit wird $V_d = 221\ kN/m > R_{V,d} = \frac{276}{1,30} = 212\ kN/m$

so dass die Sicherheit rechnerisch knapp verfehlt wird.

7.4 Winkelstützwände

Form

Bei der Regelausführung (□ 7.11) ist der lotrechte Wandteil in eine Sohlplatte eingespannt, die aus einem längeren rückseitigen und aus einem kurzen luftseitigen Sporn besteht.

□ 7.11: Regelausführung einer Winkelstützwand

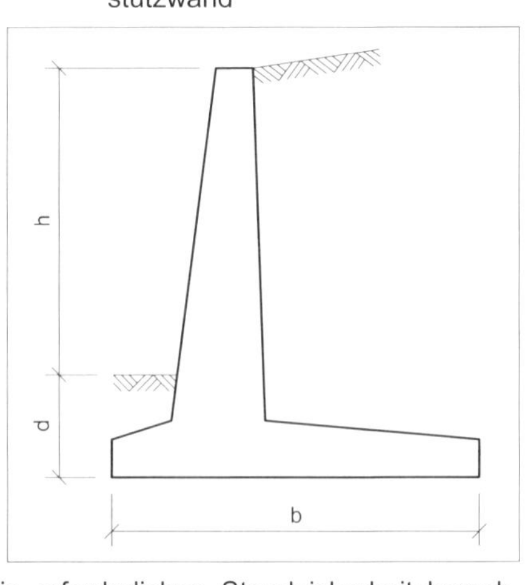

Stützwirkung

Die Stützwirkung beruht im Wesentlichen auf der Vergrößerung des Standmoments durch die Erdauflast auf dem rückseitigen Sporn. Der luftseitige Sporn erhöht die Sicherheit gegen Kippen und vermindert die Randspannungen aus der ausmittig angreifenden Resultierenden in der Sohlfuge.

Bemessung

Wie bei Gewichtsstützwänden gibt es auch für Winkelstützwände keine einfachen Bemessungsformeln. Nach den im folgenden beschriebenen Anhaltspunkten werden die Abmessungen gewählt, die erforderlichen Standsicherheitsberechnungen (siehe Abschnitte 1 und 2) durchgeführt und gegebenenfalls die Abmessungen verbessert und erneut gerechnet (□ 7.17).

Obere Breite: ≥ 0,3 m in Hinblick auf die Einbringung des Betons in die Schalung.

Neigung der Luftseite: Geringer als bei Gewichtsstützwänden: 20 : 1 bis 10 : 1.

Ausbildung der Rückseite: Meist lotrechte Wand mit Rücksicht auf Schalung und Entwässerung.

Sohlplatte: Ihre Breite ergibt sich aus der Standsicherheitsberechnung, wobei der luftseitige Sporn < *b/3* sein sollte.

Die Dicke der Sohlplatte sollte am Rand ≥ 0,3 m betragen und kann auf die statisch erforderliche Dicke des lotrechten Wandteils anwachsen. Die hierdurch bedingte geringfügige Neigung der Oberfläche der Sohlplatte ist für die Entwässerung der Platte günstig. Wegen des Herstellungsaufwands wird heute jedoch meist darauf verzichtet.

Auch bei Winkelstützwänden kann die Sicherheit gegen Gleiten durch eine geneigte Sohle erhöht werden.

□ 7.12: Beispiel: Rutschkeil bei einer Winkelstützwand

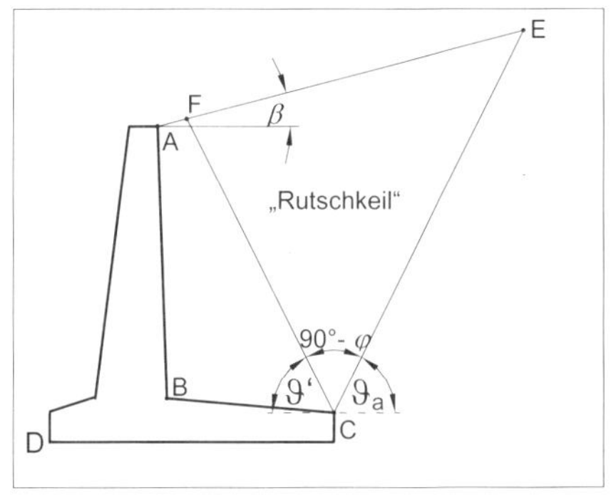

Berechnung

Eine Winkelstützwand kann kinematisch einwandfrei nach dem Rutschkeilverfahren (□ 7.12) oder näherungsweise mit Hilfe einer fiktiven lotrechten Gleitfläche berechnet werden (□ 7.15). Letztgenanntes Verfahren führt schneller zum Ziel und liefert nur unwesentlich abweichende Ergebnisse. In bestimmten Fällen ist mit Erdruhedruck zu rechnen.

Rutschkeilverfahren:

Bei der Berechnung der Regelausführung der Winkelstützwand wird von der bei Versuchen beobachteten Tatsache ausgegangen, dass bei einer geringfügigen Drehbewegung um den hinteren Eckpunkt E der Wand und kohäsionslosem Boden ein Rutschkeil entsteht (□ 7.12).

Da der Rutschkeil im Hinterfüllungsbereich liegt, in dem eine eventuell vorhandene Kohäsion aus Sicherheitsgründen nicht in Rechnung gestellt wird, ist die Annahme kohäsionslosen Bodens (siehe oben) berechtigt.

Der Öffnungswinkel des Rutschkeils hat - unabhängig von der Geländeneigung β - immer die Größe 90° - φ, wobei φ der innere Reibungswinkel des Bodens ist. Der Gleitflächenwinkel ϑ' wird aus □ 7.13 erhalten.

□ 7.13: Gleitflächenwinkel ϑ'

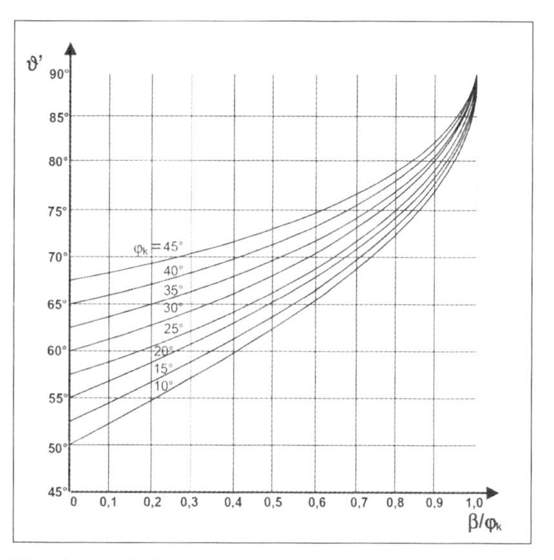

Schneidet die wandseitige Gleitfläche FC des Rutschkeils die Geländeoberfläche (□ 7.14 a), so ergibt sich die Resultierende des Erddrucks auf die Wand aus der Eigenlast des Erdprismas (G_k) und dem Erddruck, der unter dem Winkel δ_a = φ gegen das Lot auf die Gleitfläche geneigt ist.

Trifft dagegen die Gleitfläche FC - wie bei kurzem rückseitigen Sporn oder hoher Wand möglich - den lotrechten Wandteil (□ 7.14 b), so setzt sich die Resultierende des Erddrucks auf die Wand zusammen aus der Eigenlast G_k des Erdprismas, dem Erddruck auf den Wandteil (unter dem Wandreibungswinkel δ_a gegen das Lot auf die Wand geneigt), der sich aus der dreieckförmigen Erddruckfigur ergibt, und dem Erddruck auf den Gleitflächenabschnitt EFC (unter dem Winkel δ_a = φ gegen das Lot auf die Gleitfläche geneigt). Zur Bestimmung wird die Gleitfläche FC bis zum Schnittpunkt mit der Geländeoberfläche verlängert und das Erddruckdreieck FCL ermittelt. Hiervon wirkt nur der trapezförmige Anteil CLK, der den Erddruck E_{a22} ergibt.

□ 7.14: Beispiele: Rutschkeilverfahren: Wandseitige Gleitfläche schneidet a) die Geländeoberfläche, b) den lotrechten Wandteil

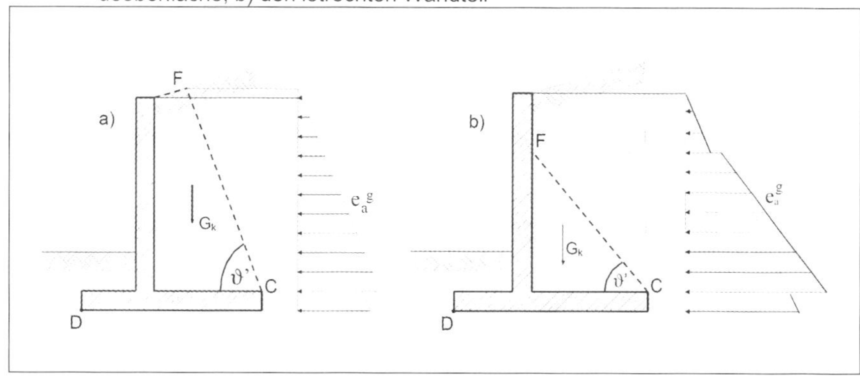

Verfahren mit fiktiver, lotrechter Gleitfläche (Näherung):

Die Gleitfläche wird vom Punkt C des rückseitigen Sporns ausgehend vereinfachend lotrecht angenommen (□ 7.15). Die Resultierende wird aus der Eigenlast G_k des Erdprismas und dem Erddruck bestimmt. Dieser ist nach Rankine unter dem Winkel $\delta_a = \beta$ gegen das Lot auf die fiktive, lotrechte Gleitfläche geneigt.

Anmerkung:
Nach DIN 4085 soll das Näherungsverfahren in folgenden Fällen nicht angewendet werden:
- Hinterfüllung mit verschiedenen Bodenschichten,
- begrenzte Auflasten,
- gebrochene Geländeoberfläche.

□ 7.15: Beispiel: Winkelstützwand: Verfahren mit fiktiver, lotrechter Gleitfläche

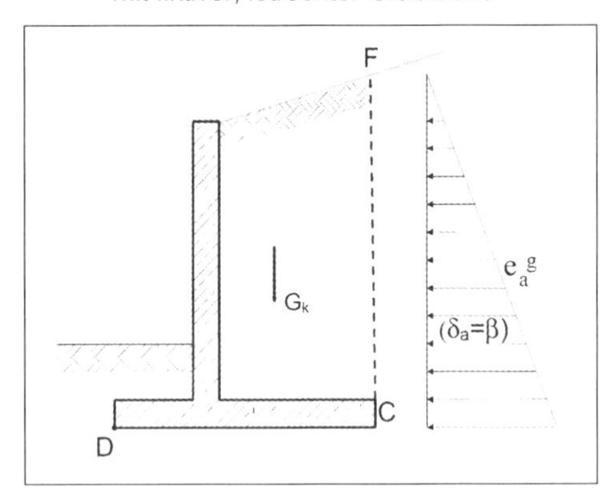

Schnitt-kräfte

Näherungsweise wird für die folgende Beschreibung der Schnittkräfte das Verfahren mit fiktiver, lotrechter Gleitfläche zugrunde gelegt. Die Beanspruchung der Wand wird in drei Schnitten untersucht (□ 7.16), für die folgende Kräfte maßgebend sind:

□ 7.16: Beispiel: Winkelstützwand: Ermittlung von Schnittkräften und Standsicherheit

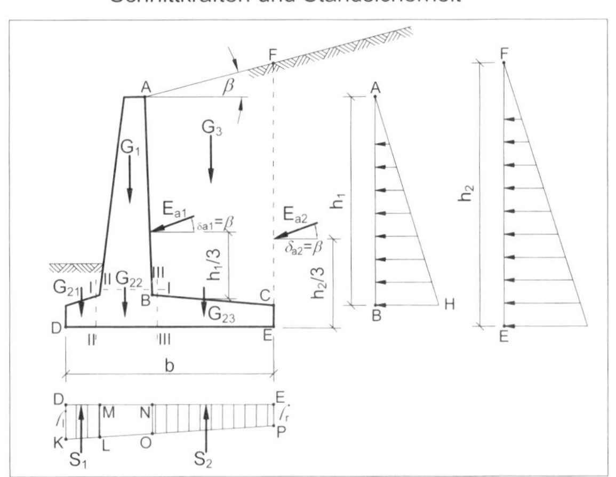

Schnitt I-I (am Fuß des lotrechten Wandteils):
Die Eigenlast G_1 des lotrechten Wandteils und der Erddruck E_{a1} aus der Erddruckfigur ABH. Dieser Erddruck ist unter dem Wandreibungswinkel $\delta_{a1} = \beta$ gegen das Lot auf die Wand geneigt. Er wird aus einer Erddruckfigur bestimmt, die nach DIN 4085, Abschnitt 5.9.2, zur Berücksichtigung möglicher Erddruckumlagerungen trapezförmig über die Wandhöhe verteilt angenommen wird. Dabei soll die untere Erddruckordinate doppelt so groß sein wie die obere.

Schnitt II-II (am Ansatz des luftseitigen Sporns):
Die Eigenlast G_{21} des luftseitigen Sporns und die Kraft S_1 aus dem Sohlspannungsanteil DKLM. Die Erdauflast über dem luftseitigen Sporn wird - wie der Erdwiderstand vor der Wand - meist vernachlässigt.

Schnitt III-III (am Ansatz des rückseitigen Sporns):
Die Eigenlast G_3 des Erdprismas ABCF, die Vertikalkomponente des Erddrucks E_{a2} aus der Erddruckfigur FEI (dieser ist nach Rankine unter dem Winkel $\delta_{a2} = \beta$ gegen das Lot auf die fiktive, lotrechte Gleitfläche CF geneigt), die Eigenlast G_{23} des rückseitigen Sporns und die Kraft S_2 aus dem Sohlspannungsanteil NOPE.

7.17: Beispiel: Bemessung einer Winkelstützwand

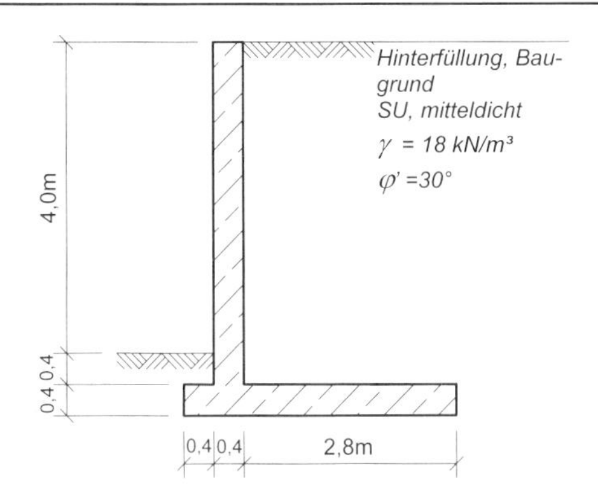

Geg.: *Winkelstützwand, Bodenverhältnisse*

Ges.:

1. *Angriffspunkt und Größe der Resultierenden in der Gründungssohle nach dem*

   1.1. Rutschkeilverfahren
   1.2. Näherungsverfahren

2. *Bemessungsschnittgrößen*
3. *Standsicherheit für den Fall, dass hinter der Stützwand eine unbegrenzte Flächenlast p = 20 kN/m² wirkt.*

Anmerkung: *Auf den Ansatz von Erdwiderstand soll verzichtet werden.*

Lösung:

zu 1.1.:

Geometrie des Rutschkeils:

$$\varphi' = 30°$$

$$\frac{\beta}{\varphi'} = 0 \;\Rightarrow\; \vartheta' = 60°$$

$$a = \frac{4,40}{\tan 60°} = 2,55 \; m\,;\; a' = 0,25 \; m$$

Erddruck:

- *im Rutschkeilbereich*
  $\alpha = -30°;\ \beta = 0;\ \varphi' = 30°;\ \delta_a = \varphi' = 30° \Rightarrow K^g_{a1} = 0,67$

$$e^g_{a1} = 18 \cdot 4,4 \cdot 0,67 = 53,1 \; kN/m^2$$

$$E^g_{a1} = \frac{1}{2} \cdot 53,1 \cdot 4,4 = 116,8 \; kN/m$$

$$\Rightarrow E^g_{a1H} = 58,4 \; kN/m\,;\; E^g_{a1V} = 101,2 \; kN/m$$

Hebelarme (bezogen auf D):

$$x^g_1 = 3,60 - \frac{4,4}{3 \cdot \tan 60°} = 2,75 \; m$$

$$y^g_1 = 0,40 + \frac{4,4}{3} = 1,87 \; m$$

- *hinter der Sohlplatte:*
  $\alpha = 0;\ \beta = 0;\ \varphi' = 30°;\ \delta_a = \frac{2}{3}\varphi' \Rightarrow K^g_{a_2} = 0,30$

$$e^{oben}_{a2} = 18 \cdot 4,4 \cdot 0,30 = 23,8 \; kN/m^2$$

□ 7.17: Fortsetzung Beispiel: Bemessung einer Winkelstützwand

$$e_{a2}^{unten} = 18 \cdot 4,8 \cdot 0,30 = 25,9 \quad kN/m^2$$

$$E_{a2}^{g} = \frac{1}{2} \ (23,8 + 25,9) \cdot 0,40 = 9,9 \quad kN/m$$

$$\Rightarrow E_{a2H}^{g} = 9,3 \quad kN/m \ ; \ E_{a2V}^{g} = 3,4 \quad kN/m$$

Hebelarme (bezogen auf D):

$$x_2^g = 3,60 \quad m$$

$$y_2^g \approx \frac{0,40}{2} = 0,20 \quad m$$

Eigenlast der Stützwand:

$$G_1 = 25 \cdot 0,4 \cdot 4,4 = 44,0 \quad kN/m$$

$$G_2 = 25 \cdot 0,4 \cdot 3,6 = 36,0 \quad kN/m$$

Hebelarme (bezogen auf D):

$$x_{G_1} = 0,4 + \frac{0,4}{2} = 0,60 \quad m$$

$$x_{G_2} = \frac{3,60}{2} = 1,80 \quad m$$

Erdauflast:

$$G_E = \frac{1}{2} \ (0,25 + 2,80) \cdot 4,4 \cdot 18 = 120,8 \quad kN/m$$

$$x_{G_E} = 0,80 + \frac{0,25^2 + 0,25 \cdot 2,80 + 2,80^2}{3 \ (0,25 + 2,80)} = 1,74 \quad m$$

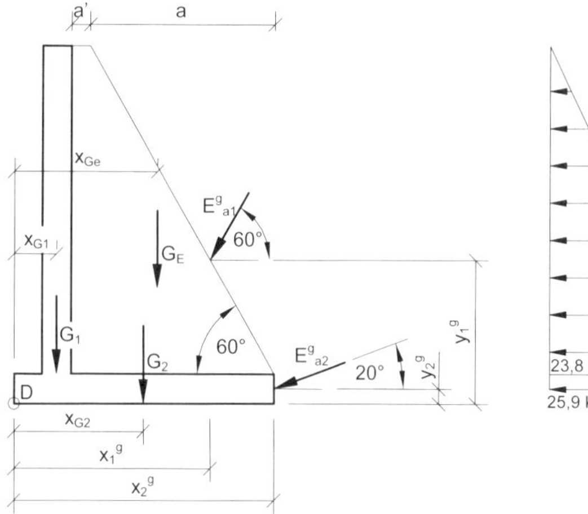

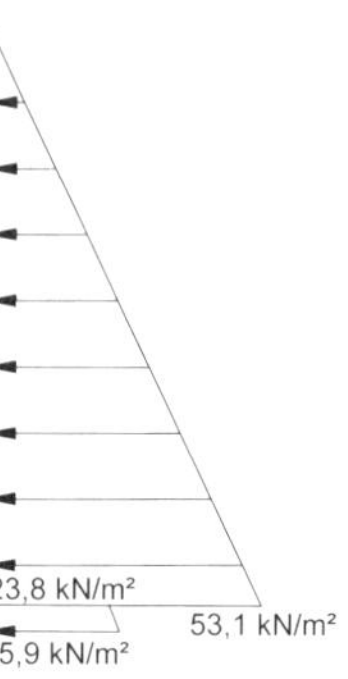

□ 7.17: Fortsetzung Beispiel: Bemessung einer Winkelstützwand

Angriffspunkt der Resultierenden in der Sohlfuge (bezogen auf D):

$$\sum M_{(D)} = 101,2 \cdot 2,75 + 3,4 \cdot 3,60 + 44,0 \cdot 0,6 + 36,0 \cdot 1,80 + 120,8 \cdot 1,74 - 58,4 \cdot 1,87 - 9,3 \cdot 0,20 = 480,9 \ kNm/m$$

$$\sum V = 101,2 + 3,4 + 44,0 + 36,0 + 120,8 = 305,4 \ kN/m$$

$$\Rightarrow c = \frac{\sum M_{(D)}}{\sum V} = \frac{480,9}{305,4} = 1,58 \ m$$

Größe und Neigung der Resultierenden:

$$\sum H = 58,4 + 9,3 = 67,7 \ kN/m$$

$$\Rightarrow R = \sqrt{305,4^2 + 67,7^2} = 312,8 \ kN/m$$

$$\tan\delta_E = \frac{\sum H}{\sum V} = \frac{67,7}{305,4} \quad \Rightarrow \delta_s = 12,5°$$

zu 1.2.:

Geometrie der Stützwand:

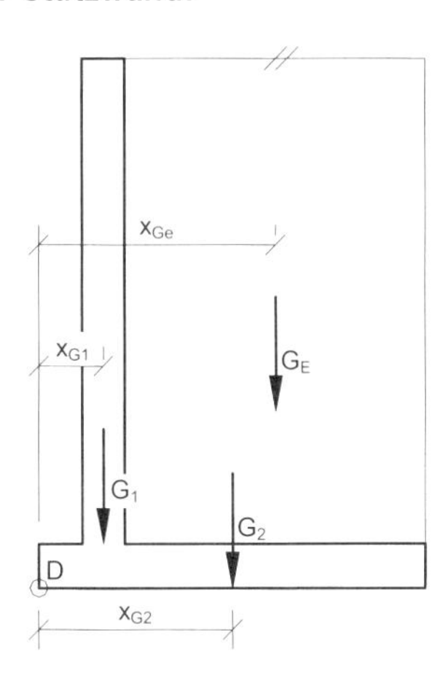

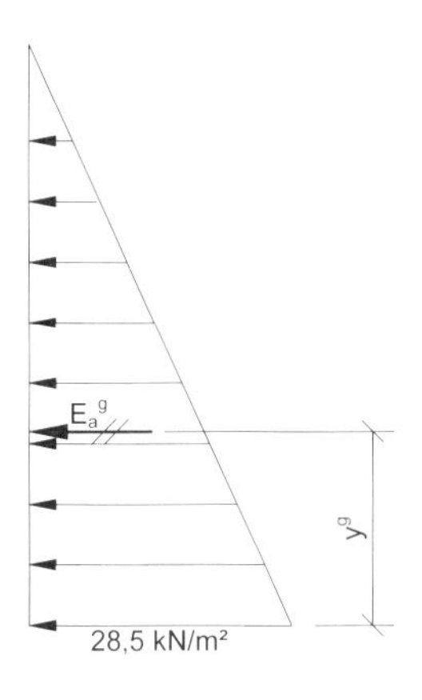

Erddruck:

α = 0; β = 0; φ' = 30°; $\delta_a \hat{=} \beta = 0 \Rightarrow K_a^g = 0,33$

$$e_a^g = 18 \cdot 4,8 \cdot 0,33 = 28,5 \ kN/m^2$$

$$E_a^g \hat{=} E_{aH}^g = \frac{1}{2} \cdot 28,5 \cdot 4,8 = 68,4 \ kN/m$$

$$E_{aV}^g = 0$$

Hebelarm (bezogen auf D):

$$y^g = \frac{4,8}{3} = 1,60 \ m$$

□ 7.17: Fortsetzung Beispiel: Bemessung einer Winkelstützwand

Eigenlast der Stützwand:

$$G_1 = 44,0 \; kN/m \; ; \; G_2 = 36,0 \; kN/m \; \text{(s. 1.1.)}$$

Hebelarme (bezogen auf D):

$$x_{G_1} = 0,60 \; m \; ; \; x_{G_2} = 1,80 \; m \; \text{(s. 1.1.)}$$

Erdauflast:

$$G_E = 4,4 \cdot 2,8 \cdot 18 = 221,8 \; kN/m$$

$$x_{G_E} = 0,80 + \frac{2,80}{2} = 2,20 \; m$$

Angriffspunkt der Resultierenden:

$$\sum M_{(D)} = 44,0 \cdot 0,60 + 36,0 \cdot 1,80 + 221,8 \cdot 2,20 - 68,4 \cdot 1,60 = 469,7 \; kNm/m$$

$$\sum V = 44,0 + 36,0 + 221,8 = 301,8 \; kN/m$$

$$\Rightarrow c = \frac{469,7}{301,8} = 1,56 \; m$$

Größe und Neigung der Resultierenden:

$$\sum H = 68,4 \; kN/m$$

$$\Rightarrow R = \sqrt{301,8^2 + 68,4^2} = 309,6 \; kN/m$$

$$\tan \delta_E = \frac{68,4}{301,8} \Rightarrow \delta_s = 12,8°$$

Vergleich:

Beide Berechnungsverfahren liefern nahezu identische Ergebnisse. Da die Einschränkungen für die Anwendung des Näherungsverfahrens (s. Text, Abschnitt 7) nicht vorliegen, werden der weiteren Berechnung die Ergebnisse dieses Verfahrens zugrunde gelegt.

zu 2.:

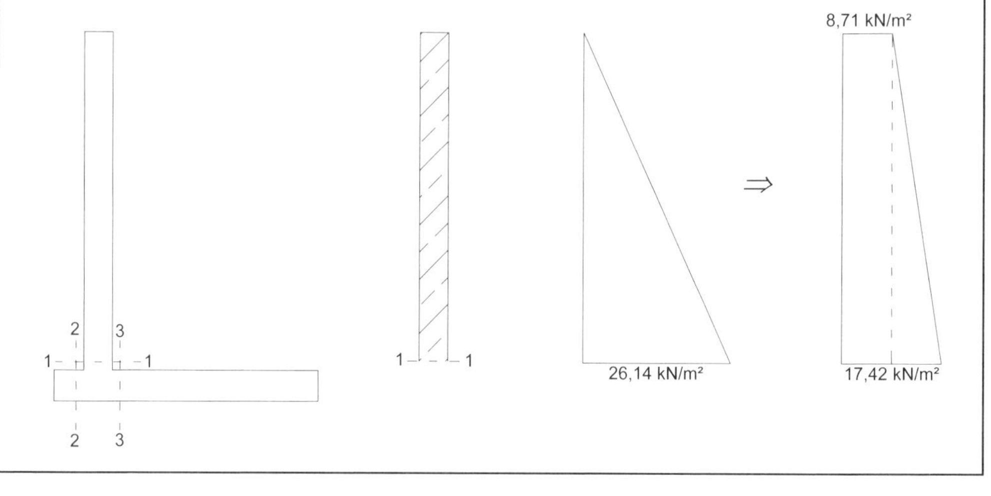

7.17: Fortsetzung Beispiel: Bemessung einer Winkelstützwand

Schnitt 1-1

$\alpha = 0;\ \beta = 0;\ \varphi' = 30°;\ \delta_a \mathrel{\hat{=}} \beta = 0 \Rightarrow K_a^g = 0,33$

$$E_a^g \mathrel{\hat{=}} E_{aH}^g = 8,71 \cdot 4,4 + \frac{1}{2} \cdot 8,71 \cdot 4,4 = 38,3 + 19,2 = 57,5\ \ kN/m$$

$$E_{aV}^g = 0$$

$$Q_1 \mathrel{\hat{=}} E_{aH}^g = 57,5\ \ kN/m$$

$$M_1 = 38,3 \cdot \frac{4,4}{2} + 19,2 \cdot \frac{4,4}{3} = 112,4\ \ kNm/m$$

Schnitt 2-2

Der Sohldruck wird vereinfachend als geradlinig verteilt angenommen.

$$e = \frac{b}{2} - c = \frac{3,60}{2} - 1,56 = 0,24\ \ m < \frac{b}{6}$$

$$\sigma_{0,1,2} = \frac{301,8}{3,60} \pm \frac{301,8 \cdot 0,24 \cdot 6}{3,60^2} \Rightarrow \sigma_{0,1} = 117,4\ \ kN/m^2;\ \ \sigma_{0,2} = 50,3\ \ kN/m^2$$

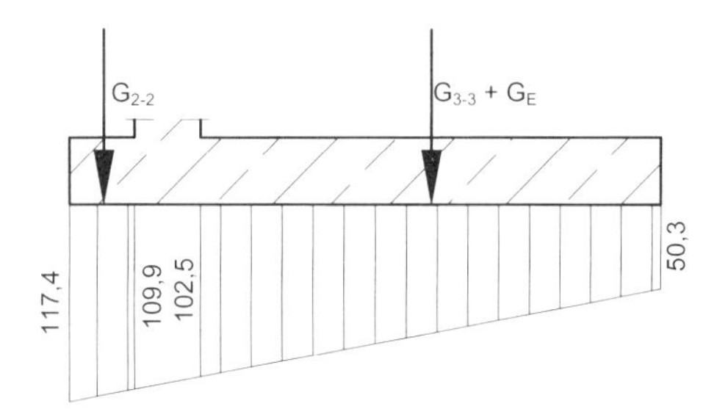

Die Erdauflast über dem Sporn wird vernachlässigt.

$$G_{2-2} = 0,4 \cdot 0,4 \cdot 25 = 4,0\ \ kN/m$$

$$Q_2 = \frac{1}{2}(117,4 + 109,9) \cdot 0,4 - 4,0 = 41,5\ \ kN/m$$

$$M_2 = 109,9 \cdot \frac{0,4^2}{2} + \frac{1}{2}(117,4 - 109,9) \cdot 0,4 \cdot \frac{2 \cdot 0,4}{3} - 4,0 \cdot \frac{0,4}{2} = 8,4\ \ kNm/m$$

Schnitt 3-3

$$G_{3-3} = 2,8 \cdot 0,4 \cdot 25 = 28,0\ \ kN/m$$

$$Q_3 = 221,8 + 28,0 - \frac{1}{2}(102,5 + 50,3) \cdot 2,80 = 35,9\ \ kN/m$$

$$M_3 = 221,8 \cdot \frac{2,8}{2} + 28,0 \cdot \frac{2,8}{2} - 50,3 \cdot \frac{2,8^2}{2} - \frac{1}{2}(102,5 - 50,3) \cdot 2,8 \cdot \frac{2,8}{3} = 84,3\ \ kNm/m$$

□ 7.17: Fortsetzung Beispiel: Bemessung einer Winkelstützwand

zu 3.:

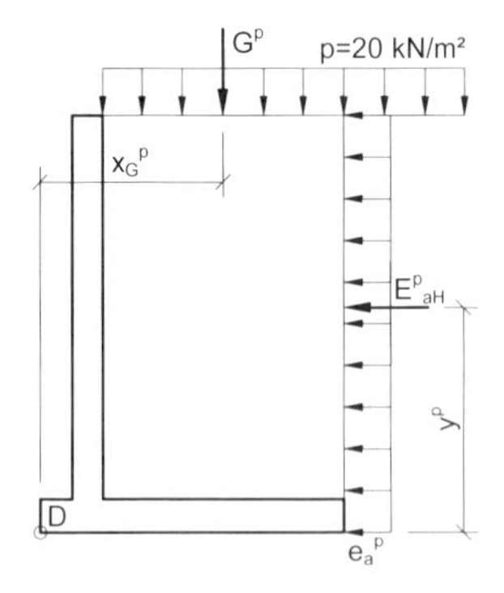

Durch die Verkehrslast kommen folgende Belastungen hinzu:

Auflast auf Sohlplatte

$$G^{\mathrm{p}} = 20 \cdot 2,8 = 56,0 \ \ kN/m$$

Erddruck

$$e_{\mathrm{a}}^{\mathrm{p}} = 20 \cdot 0,33 = 6,6 \ \ kN/m^2$$

$$E_{\mathrm{a}}^{\mathrm{p}} = 6,6 \cdot 4,8 = 31,7 \ \ kN/m$$

$$E_{\mathrm{aH}}^{\mathrm{p}} \mathrel{\hat{=}} E_{\mathrm{a}}^{\mathrm{p}} = 31,7 \ \ kN/m \ ; \ E_{\mathrm{aV}}^{\mathrm{p}} = 0$$

Hebelarme (bezogen auf D)

$$x_{\mathrm{G}}^{\mathrm{p}} = 0,8 + \frac{2,8}{2} = 2,20 \ \ m$$

$$y^{\mathrm{p}} = \frac{4,80}{2} = 2,40 \ \ m$$

Vorbemerkung:

- *Bei dieser besonderen Aufgabenstellung (Verkehrslast wirkt teilweise günstig!) wird die gesamte Auflast als veränderliche Last betrachtet.*
- *Die Standsicherheit muss durch direkte Nachweise überprüft werden, da die Voraussetzungen des „Tabellenverfahrens" wegen* $\frac{H}{V} \leq 0,20$ *nicht gegeben sind.*
- *Für jeden Standsicherheitsnachweis muss die jeweils „ungünstigste Lastkombination" (Handbuch Eurocode 7, Band 1 (2011): DIN 1054 (2010)) überprüft werden.*

Lösung:

3.1 Sicherheit gegen Kippen

3.1.1 Nachweis der Tragfähigkeit (ULS: EQU)

Einwirkendes (ungünstiges; „treibendes") Moment $M_{E,k}$ *um den Drehpunkt D*

$$\sum M_{G,k,dst}^{D} = 68,4 \cdot 1,60 = 109,5 \ \ kNm/m \ ; \ \gamma_{G,dstb} = 1,1$$

$$\sum M_{Q,k,dst}^{D} = 31,7 \cdot 2,40 = 76,1 \ \ kNm/m \ ; \ \gamma_{Q} = 1,5$$

$$\Rightarrow \quad M_{E,d}^{D} == 109,5 \cdot 1,1 + 76,1 \cdot 1,5 = 234,6 \ \ kNm/m$$

Widerstehendes (günstiges; „haltendes") Moment $M_{R,k}$ *um den Drehpunkt D*

$$M_{R,k}^{D} = \sum M_{G,k}^{D} = 44,0 \cdot 0,60 + 36,0 \cdot 1,80 + 221,8 \cdot 2,20 = 579,1 \ \ kNm/m \ ; \ \gamma_{G,stb} = 0,9$$

$$\Rightarrow \quad M_{R,d}^{D} = 579,1 \cdot 0,9 = 521,1 \ \ kNm/m$$

Nachweis: $M_{E,k}^{D} = 234,6 \ \ kNm/m < \ 521,1 \ \ kNm/m$ *ist erbracht*

□ 7.17: Fortsetzung Beispiel: Bemessung einer Winkelstützwand

3.1.2 Nachweis der Gebrauchstauglichkeit (SLS)

$e^{g} = 0{,}24\ m < \frac{b}{6}$ *(s. Aufgabenstellung)*

Für den zusätzlich zu führenden Nachweis „Gesamtlast" ergibt sich der ungünstigste Zustand durch Vernachlässigung von G^{p} und Ansatz von E_{a}^{p}:

$$c^{g+p} = \frac{469{,}7 - 31{,}7 \cdot 2{,}40}{301{,}8} = \frac{393{,}6}{301{,}8} = 1{,}30\ m$$

$$\Rightarrow e^{g+p} = \frac{3{,}60}{2} - 1{,}30 = 0{,}50\ m < \frac{b}{3}$$

Der Nachweis der Gebrauchstauglichkeit ist erbracht

Damit ist die Sicherheit gegen Kippen ist gegeben.

3.2 Sicherheit gegen Gleiten

3.2.1 Nachweis der Tragfähigkeit (GEO-2)

Ständige Lasten: $F_{v}^{g} = 301{,}8\ kN/m$

$F_{h}^{g} = 68{,}4\ kN/m$

Veränderliche Lasten: $F_{v}^{p} = 0$

$F_{h}^{p} = 31{,}7\ kN/m$

$$H_d = H_{G,k} \cdot \gamma_G + H_{Q,k} \cdot \gamma_Q = F_H^g \cdot \gamma_G + F_H^p \cdot \gamma_Q$$

$$= 68{,}4 \cdot 1{,}35 + 31{,}7 \cdot 1{,}50 = 139{,}9\ kN/m$$

$$R_{h,k} = V_K' \cdot \tan\delta_k = F_V \tan\delta_k = (301{,}8 + 0) \cdot \tan 30° = 174{,}2\ kN/m$$

$$R_{h,d} = \frac{R_{h,k}}{\gamma_{R,h}} = \frac{174{,}2}{1{,}10} = 158{,}4\ kN/m$$

Damit wird

$$H_d = 139{,}9\ kN/m < R_{h,d} = 158{,}4\ kN/m$$

So dass Sicherheit gegen Gleiten gegeben ist.

3.2.2 Nachweis der Gebrauchstauglichkeit (SLS)

Dieser Nachweis muss hier nicht geführt werden, da die Sicherheit gegen Gleiten im SLS ***ohne Bodenreaktion*** *nachgewiesen wurde.*

3.3 Sicherheit gegen Grundbruch

Vorbemerkung: Da einerseits der Grundbruchwiderstand stark von der Ausmittigkeit der Resultierenden abhängt, andererseits die Größe der Einwirkungen von Bedeutung ist, sollen hier im Sinne der „ungünstigsten Lastkombinationen" (Handbuch Eurocode 7, Band 1 (2011): DIN 1054 (2010))) exemplarisch zwei Fälle untersucht werden.

□ 7.17: Fortsetzung Beispiel: Bemessung einer Winkelstützwand

3.3.1 Lastkombination „e_{max}"

Dieser Zustand ergibt sich aus dem Lastansatz „Gesamtlast" nach 3.1:

$$e^{g+p} = 0{,}50 \ m; \ \sum V = 301{,}8 \ kN/m; \ \sum H = 100{,}1 \ kN/m$$
$$b' = 3{,}60 - 2 \cdot 0{,}50 = 2{,}60 \ m$$

Beiwerte:

$$N_{d0} = 18; \ \nu_d = 1{,}0$$
$$N_{b0} = 10; \ \nu_b = 1{,}0$$

Die Neigungsbeiwerte sind für den Fall
- *H parallel zur Seite b'*
- $\varphi' > 0; \ c' \geq 0; \ \delta_E > 0; \ \omega = 90°$

zu ermitteln:

Mit m = 2 (Streifenfundament) wird

$$i_d = \left(1 - \frac{100{,}1}{301{,}8}\right)^2 = 0{,}447$$

$$i_b = \left(1 - \frac{100{,}1}{301{,}8}\right)^{2+1} = 0{,}298$$

Grundbruchwiderstand:

$$R_{V,k} = 2{,}6 \cdot (0 + 18{,}0 \cdot 0{,}8 \cdot 18 \cdot 1{,}0 \cdot 0{,}447 + 18 \cdot 2{,}60 \cdot 10 \cdot 1{,}0 \cdot 0{,}298) = 664 \ kN/m$$

Nachweis der Grundbruchsicherheit (Bemessungssituation BS-P):

$$V_d = 301{,}8 \cdot 1{,}35 + 0 = 407 \ kN/m$$
$$R_{V,d} = \frac{664}{1{,}40} = 474 \ kN/m$$

Damit wird

$$V_d = 407 \ kN/m < R_{V,d} = 474 \ kN/m$$

so dass Sicherheit gegen Grundbruch gegeben ist.

3.3.2 Lastkombination „V_{max}"

Hier wird der Auflastanteil G^p berücksichtigt.

$$c^{g+p} = \frac{393{,}6 + 56{,}0 \cdot 2{,}20}{301{,}8 + 56{,}0} = \frac{516{,}8}{357{,}8} = 1{,}45 \ m$$
$$\Rightarrow e^{g+p} = \frac{3{,}60}{2} - 1{,}45 = 0{,}35 \ m < \frac{b}{3}$$
$$\sum V = 301{,}8 + 56{,}0 = 357{,}8 \ kN/m; \ \sum H = 100{,}1 \ kN/m$$

 7.17: Fortsetzung Beispiel: Bemessung einer Winkelstützwand

$$b' = 3,60 - 2 \cdot 0,35 = 2,90 \; m$$

Beiwerte:

$$N_{d0} = 18; \; \nu_d = 1,0$$
$$N_{b0} = 10; \; \nu_b = 1,0$$

Die Neigungsbeiwerte sind für den Fall

- *H parallel zur Seite b'*
- $\varphi' > 0; \; c' \geq 0; \; \delta_E > 0; \; \omega = 90°$

zu ermitteln:

Mit m = 2 (Streifenfundament) wird

$$i_d = \left(1 - \frac{100,1}{357,8}\right)^2 = 0,519$$

$$i_b = \left(1 - \frac{100,1}{357,8}\right)^{2+1} = 0,373$$

Grundbruchwiderstand:

$$R_{V,k} = 2,90 \cdot (0 + 18,0 \cdot 0,8 \cdot 18 \cdot 1,0 \cdot 0,519 + 18 \cdot 2,90 \cdot 10 \cdot 1,0 \cdot 0,373) = 955 \; kN/m$$

Nachweis der Grundbruchsicherheit:

$$V_d = 357,8 \cdot 1,35 + 0 = 483 \; kN/m$$

$$R_{V,d} = \frac{955}{1,40} = 682 \; kN/m$$

$$N_d = 357,8 \cdot 1,35 + 0 = 483 \; kN/m$$

$$R_{n,d} = \frac{955}{1,40} = 682 \; kN/m$$

Damit wird

$$V_d = 483 \; kN/m < R_{V,d} = 682 \; kN/m$$

So dass auch in diesem Fall Sicherheit gegen Grundbruch gegeben ist.

Erdruhedruck

Ist eine geringfügige Drehung der Stützwand - z.B. auf hartem Untergrund (Fels) - nicht möglich, muss mit Erdruhedruck gerechnet werden.

Für die Bemessung der Winkelstützwand (Ermittlung der Baustoff-Festigkeit) wird auch bei normalem Baugrund in der Praxis manchmal verlangt, den Erdruhedruck zugrunde zu legen, weil dieser wirkt, bevor die Drehung eintreten kann. Bei der Berechnung der Standsicherheit wird aber der aktive Erddruck angenommen, wenn die Voraussetzungen dafür gegeben sind.

Standsicherheit

Bei den Standsicherheitsnachweisen (siehe Abschnitte 1 und 2) wird - wenn z.B. das Verfahren mit fiktiver, lotrechter Gleitfläche zugrunde gelegt wird - die Wand mit dem Erdprisma ABCF (7.16) als ein zusammenhängender Block aufgefasst, auf den der

Erddruck E_{a2} aus der Erddruckfigur FEI wirkt, der nach Rankine unter dem Winkel $\delta_{a2} = \beta$ gegen das Lot auf die fiktive, lotrechte Gleitfläche geneigt ist.

Bewehrung Die Winkelstützwand wird nach den Regeln des Stahlbetonbaus bewehrt (□ 7.18).

Anwendung Zur Sicherung eines Geländesprungs, wenn keine Böschung möglich ist oder gewünscht wird. Als Widerlager von Balkenbrücken mit seitlichen Flügeln zur Fassung der anschließenden Dämme ("Flügelwand", □ 7.19).

□ 7.18: Beispiel: Bewehrung einer Winkelstützwand

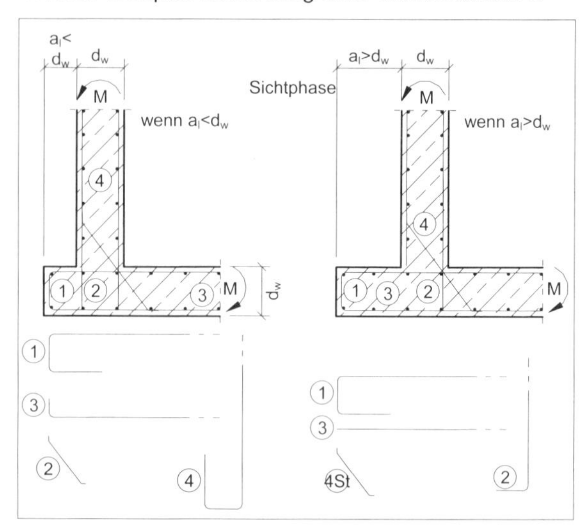

□ 7.19: Beispiel: Winkelstützwand als Brückenwiderlager mit seitlichen Flügeln: a) Schnitt, b) Grundriss

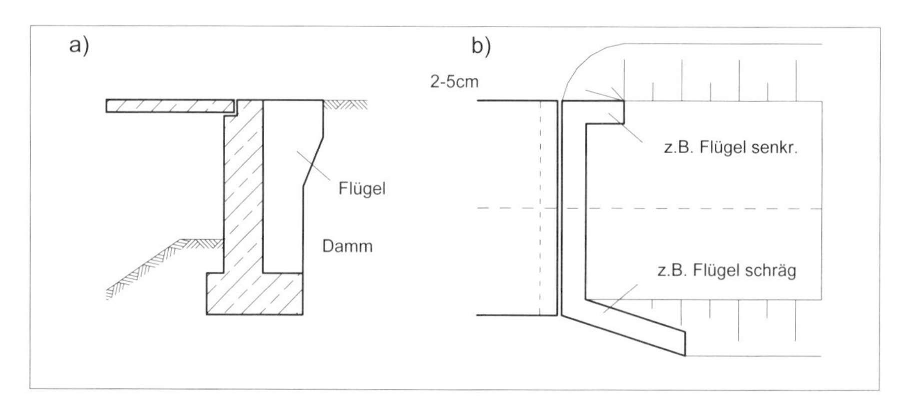

7.5 Sonderformen

7.5.1 Stützwand mit Entlastungssporn

Form Eine erhebliche Materialersparnis kann durch Anbringen eines Entlastungssporns auf der Rückseite von Schwergewichts- oder Winkelstützwänden erreicht werden. Nachdem Dauerverankerungen von Wänden möglich geworden sind, ist

□ 7.20: Beispiel: Herstellen einer Stützwand mit Entlastungssporn a) im Abtrag, b) im Auftrag

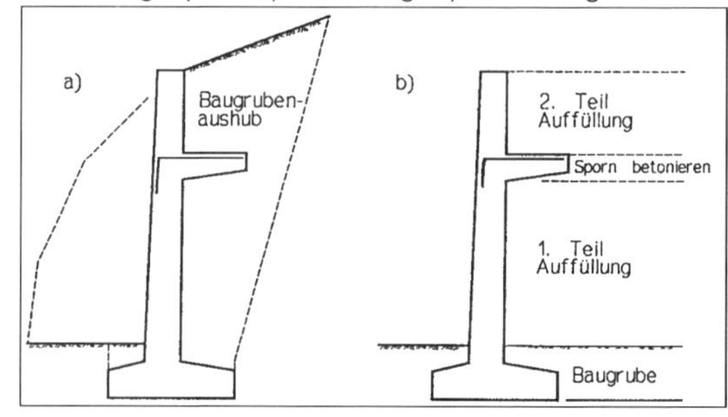

diese Lösung zwar seltener gewählt worden. Sie ist aber weiterhin empfehlenswert, wenn eine Rückverankerung nicht möglich oder zu aufwändig ist.

Der Entlastungssporn aus Stahlbeton ist biegesteif mit der Wand verbunden und meist 1,0...2,5 m lang. Bei hohen Wänden werden auch mehrere Sporne, z.T. von unterschiedlicher Länge, übereinander angeordnet. Ihre Höhenlage wird so gewählt, dass keine Zugspannungen in der Wand entstehen.

□ 7.21: Beispiel: Stützwand mit Entlastungssporn: Erddruckabschirmung

Der Erdaushub für diese Wandform ist geringer als für Winkelstützwände. Der Sporn wird im Auftragsquerschnitt auf Erdschalung betoniert (□ 7.20).

Stützwirkung

Die entlastende Wirkung beruht auf dem rückdrehenden Moment, das durch die Erdauflast oberhalb des Sporns erzeugt wird, vor allem aber auch auf der Abschirmung des Erddrucks unterhalb des Sporns. Sie wird wie bei einer einseitig begrenzten Flächenlast (Dörken / Dehne/ Kliesch, Teil 1) auf einer gedachten Geländeoberfläche in Höhe der Unterkante des Sporns ermittelt. Die Flächenlast entspricht der Erdauflast bis zur tatsächlichen Geländeoberfläche und beginnt am Ende des Entlastungssporns (□ 7.21).

Berechnung

□ 7.22: Beispiel: Stützwand mit Entlastungssporn: Schnittkräfte und Standsicherheit

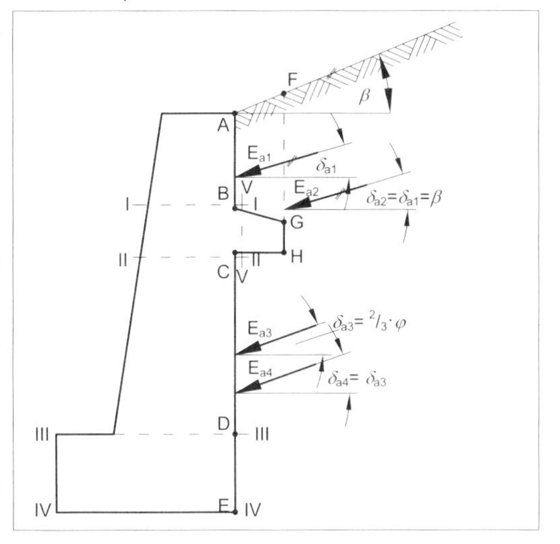

Festigkeit und Standsicherheit (siehe Abschnitte 1 und 2) einer Stützwand mit einem Entlastungssporn werden in fünf Schnitten untersucht (□ 7.22), für die folgende Kräfte maßgebend sind:

Schnitt I-I (direkt oberhalb des Sporns):
Eigenlast der Wand oberhalb dieses Schnitts (unbewehrter Beton: γ = 23 kN/m^3) und aktiver Erddruck E_{a1} auf den Wandabschnitt AB, der unter $\delta_{a1} = \beta$ gegen das Lot auf die Wand geneigt ist. Wie bei einer Winkelstützwand (siehe Abschnitt 7.4) wird dieser Erddruck aus einer Erddruckfigur bestimmt, die nach DIN 4085, Abschnitt 5.9.2, zur Berücksichtigung möglicher Erddruckumlagerungen trapezförmig über die Wandhöhe AB verteilt angenommen wird. Dabei soll die untere Erddruckordinate doppelt so groß sein wie die obere.

Schnitt II-II (direkt unterhalb des Sporns):
Eigenlast der Wand oberhalb dieses Schnitts, Eigenlast des Bodenprismas ABGF, Erddruck E_{a2} auf den gedachten lotrechten Bodenschnitt FH (nach Rankine parallel zur Geländeoberfläche).

Schnitt III-III (Arbeitsfuge):
Eigenlast der Wand oberhalb dieses Schnitts, Eigenlast des Bodenprismas ABGF und Erddruck E_{a2} wie in Schnitt II-II, Erddruck E_{a3} auf den Wandabschnitt CD, der unter $\delta_{a3} = 2/3 \cdot \varphi$ gegen das Lot auf die Wand geneigt ist.

Schnitt IV-IV (Sohlfuge):
Eigenlast der gesamten Wand, Eigenlast des Bodenprismas ABGF und Erddruck E_{a2} wie in Schnitt II-II, Erddruck E_{a4} auf den Wandabschnitt CE, der unter $\delta_{a3} = 2/3 \cdot \varphi$ gegen das Lot auf die Wand geneigt ist.

Schnitt V-V (am Ansatz des Sporns):
Eigenlast des Sporns, Eigenlast des Bodenprismas ABGF, Vertikalkomponente des Erddrucks E_{a2}.

Anwendung Zur Materialersparnis bei großen Wandhöhen.

7.5.2 Stützwand mit Schlepp-Platte

Form Auch durch Anbringen einer Schlepp-Platte kann eine erhebliche Materialersparnis erreicht werden. Die Stahlbetonplatte wird auf eine Konsole an der Wand gelegt. Unter der Platte kann ein Hohlraum bleiben. Der anschließende Boden erhält eine Auflagerkraft aus der Konsole und muss standsicher abgeböscht werden (□ 7.23).

□ 7.23: Beispiel: Stützwand mit Schlepp-Platte

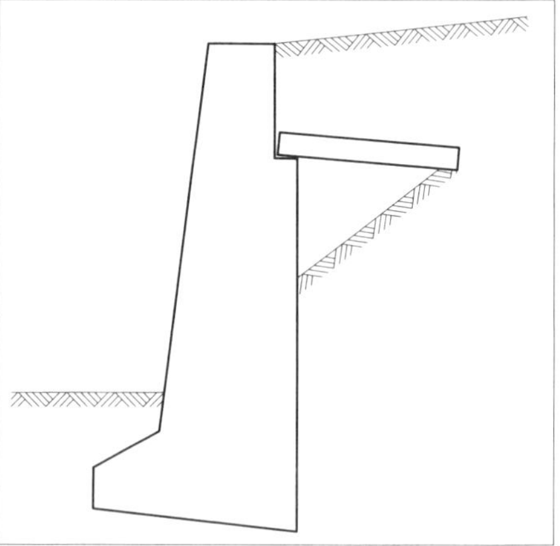

Die Schlepp-Platte kann länger ausgeführt werden als der Entlastungssporn (siehe Abschnitt 7.5.1). Sie hat außerdem den Vorteil, dass sie durch Aufgraben der Hinterfüllung noch nachträglich an Wänden angebracht werden kann, die infolge von eingetretenen Bewegungen oder Schäden entlastet werden müssen. Dies ist bei einem Entlastungssporn jedoch kaum möglich, weil dessen Bewehrung tief in der Mauer verankert werden muss. Das rückdrehende Moment und die Abschirmwirkung einer Schlepp-Platte sind allerdings geringer als beim Entlastungssporn.

Stützwirkung Die Abschirmwirkung der Schlepp-Platte ist deshalb geringer als bei dem biegesteif angeschlossenen Entlastungssporn, weil die Platte auf der einen Seite auf dem Baugrund aufgelagert ist. Hierdurch wird ca. die Hälfte der abgefangenen Last des über der Platte lagernden Bodens nach unten weitergeleitet und bewirkt wieder Erddruck auf die Wand. Das rückdrehende Moment aus dem auflagernden Boden wird kleiner, weil nur die wandseitige Auflagerkraft, und zwar mit einem beträchtlich geringeren Hebelarm, wirksam ist.

Statisch meist nicht erfasst wird die Ankerwirkung der Schlepp-Platte infolge der Reibung zwischen Boden und Platte. Zwar wird die entsprechende Reaktionskraft im tiefer liegenden Boden als zusätzlicher Erddruck wieder auf die Wand übertragen, der Hebelarm dieser Erddruckkraft ist aber geringer als der Reibungskraft, so dass ein rückdrehendes Moment übrig bleibt.

Gitterwand Durch Anordnung mehrerer Schleppplatten im richtigen Abstand übereinander und Hohlräumen unter den Platten (□ 7.24) kann der Erddruck völlig ausgeschaltet werden. Diese Gitterwand aus Stahlbeton braucht also nur Vertikalkräfte aufzunehmen und kann entsprechend schlank ausgebildet werden.

□ 7.24: Beispiel: Gitterwand

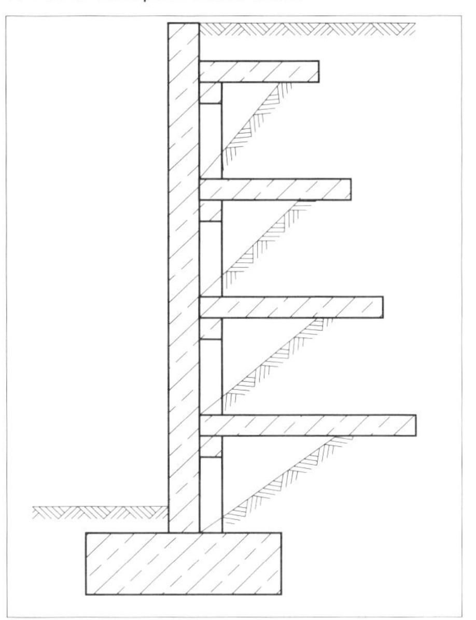

Anwendung Zur Materialersparnis bei großen Wandhöhen. Zur Sanierung nicht standsicherer Wände.

7.5.3 Winkelstützwand mit Querschotten

Form Bei dieser Stützwand werden zwischen lotrechtem Wandteil und rückseitigem Sporn lotrechte Stahlbetonrippen (Querschotten) in Abständen von 1,5...3 m angeordnet (□ 7.25).

Stützwirkung Wie bei der gewöhnlichen Winkelstützwand (siehe Abschnitt 7.4).

Berechnung Während die gewöhnliche Winkelstützwand als Kragträger berechnet wird, ist der lotrechte Wandteil hier eine Durchlaufplatte über mehrere Stützen, den Querschotten. Letztere wirken als Auflager für die Zugkräfte aus dem Erddruck. Der lotrechte Wandteil kann auch als dreiseitig gelagerte Platte berechnet werden. Die Ermittlung der Schnittkräfte, die Festigkeitsuntersuchung und Bewehrung erfolgen nach den Regeln des Stahlbetonbaus. Die äußere Standsicherheit wird wie bei einer gewöhnlichen Winkelstützwand berechnet (siehe Abschnitte 1, 2 und 7.4).

□ 7.25: Beispiel: Winkelstützwand mit Querschotten

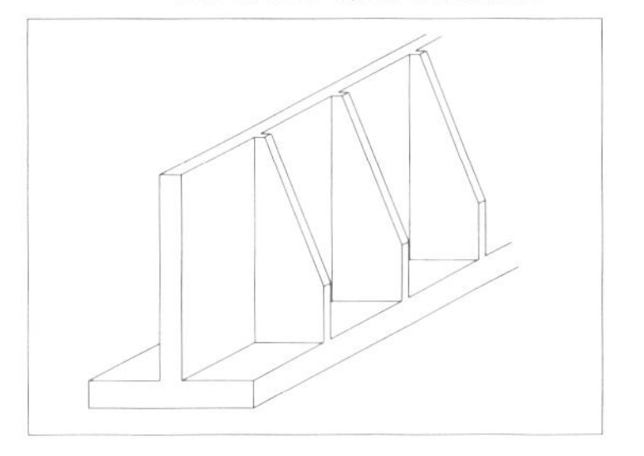

Anwendung Zur Sicherung von Geländesprüngen. In geringer Höhe (bis ca. 1,5 m) als Fertigteile, z.B. zur Abstützung von Bahnsteigkanten.

7.5.4 Winkelstützwand mit einseitigem Sporn

Sporn vorn Eine Winkelstützwand mit einseitigem Sporn auf der Luftseite der Wand (□ 7.26) wird wie eine Gewichtsstützwand berechnet (siehe Abschnitt 7.3). Die Bemessung erfolgt für das Eckmoment aus dem Erddruck.

Anwendung Wenn eine Grundstücksgrenze bei der Abschachtung eines Geländesprungs nicht überschritten werden darf, die Wand aber dicht an der Grenze stehen soll. Als Platz sparende Konstruktion bei Abtragsproblemen an der Grundstücksgrenze oder an einem steileren Hang kann zunächst eine Spundwand gerammt werden, die im Boden bleibt und die Standsicherheit erhöht. Die Spundwand wird auf der Talseite abschnittsweise frei geschachtet und evtl. mit der vorgesetzten Stützwand verbunden.

Sporn hinten Eine Winkelstützwand mit einseitigem Sporn auf der Rückseite (□ 7.27) wird wie eine Winkelstützwand berechnet (siehe Abschnitt 7.4).

 7.26: Beispiel: Winkelstützwand mit einseitigem Sporn auf der Luftseite

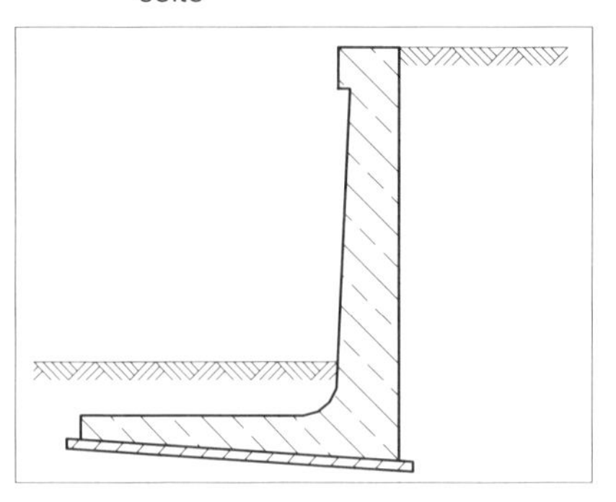

 7.27: Beispiel: Winkelstützwand mit einseitigem Sporn auf der Rückseite

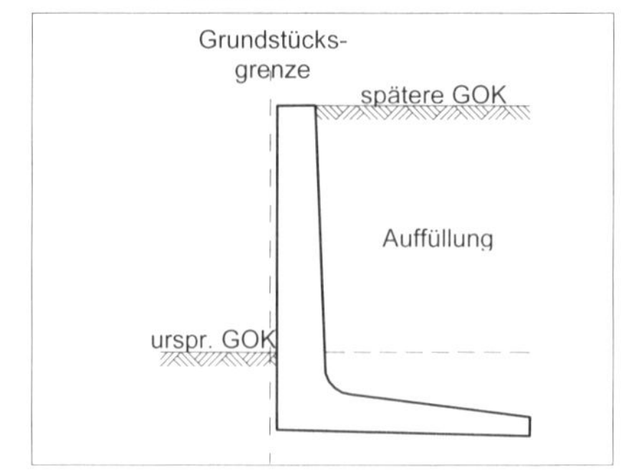

Anwendung Bei einer späteren Aufhöhung des Geländes an der Grundstücksgrenze. Sie werden bis zu bestimmten Höhen (aus Gewichtsgründen) auch vorgefertigt und im Garten- und Landschaftsbau eingesetzt (7.28). Vor dem Hinterfüllen werden die einbetonierten Ösen mit Längseisen verbunden, um unterschiedliche Bewegungen zu verhindern.

 7.28: Beispiel: Stuttgarter Mauerscheibe DBGM

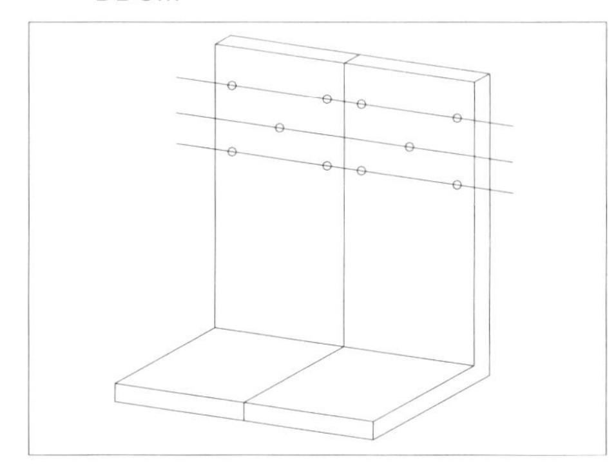

7.5.5 Raumgitterwände

Form Stützkonstruktionen, die aus nach dem Blockhausprinzip aufeinander gelegten Stahlbetonfertigteilen bestehen (7.29). Die kastenförmigen Zellen werden mit nichtbindigem Boden gefüllt. Wegen der hohen Stückkosten wird die Wand erst bei größeren Wandflächen wirtschaftlich interessant. Mit Mutterboden bedeckt, können die Nischen der Wandkonstruktion bepflanzt und auf diese Weise die Wände begrünt werden.

 7.29: Beispiel: Raumgitterwände a) Krainer Wand, b) Evergreen-Wand (aus Rübener/Stiegler 1982)

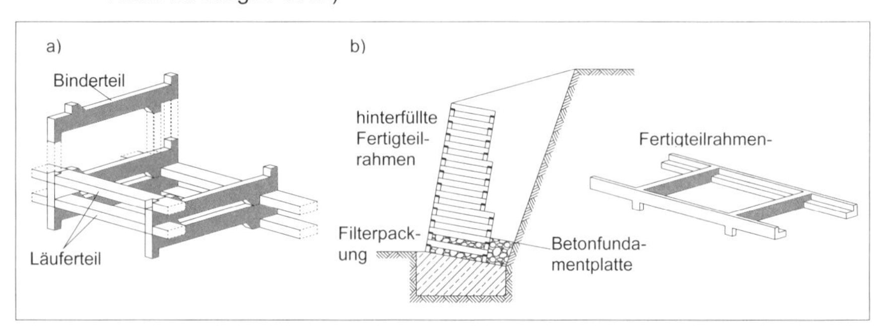

Vorteile Kurze Bauzeit, unabhängig von der Jahreszeit. Wiederverwendbarkeit: Die Konstruktion kann ohne weiteres abgebaut und an anderer Stelle wieder aufgebaut werden. Praktisch unempfindlich gegen Setzungen des Baugrunds. Problemlose Entwässerung durch die Wand selbst. Gute Einpassung in die Landschaft.

Anwendung Als Lärmschutzwände. Zur Abfangung von Geländesprüngen.

7.5.6 Verankerte Stützbauwerke

Massive Wände Bei hohen Geländesprüngen können Stützwände ein- oder mehrfach verankert werden. Hierdurch werden erhebliche Massen eingespart. Als Anker werden Daueranker für Lockergestein oder Fels angewendet (□ 7.30).

Element-wände Stützwände, die aus einzelnen verankerten Platten (Fertigteilen) bestehen (□ 7.31). Sie können mit dem Aushub fortlaufend von oben nach unten eingebracht werden und erfordern keine zusätzliche Baugrubensicherung.

Anwendung Zur Materialersparnis bei großen Wandhöhen. Zur Sanierung nicht standsicherer Wände.

□ 7.30: Beispiel: Verankerte Stützwand, Hafen Huckingen (aus Rübener/Stiegler 1982)

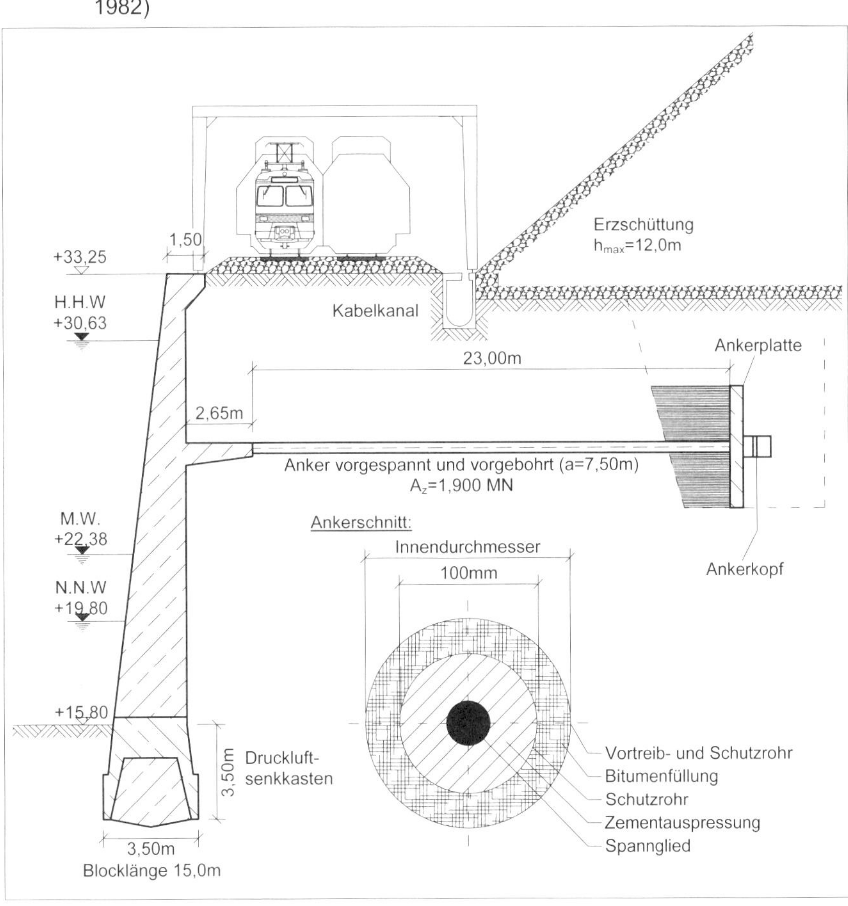

□ 7.31: Beispiel: Elementwand (aus Rübener/Stiegler 1982)

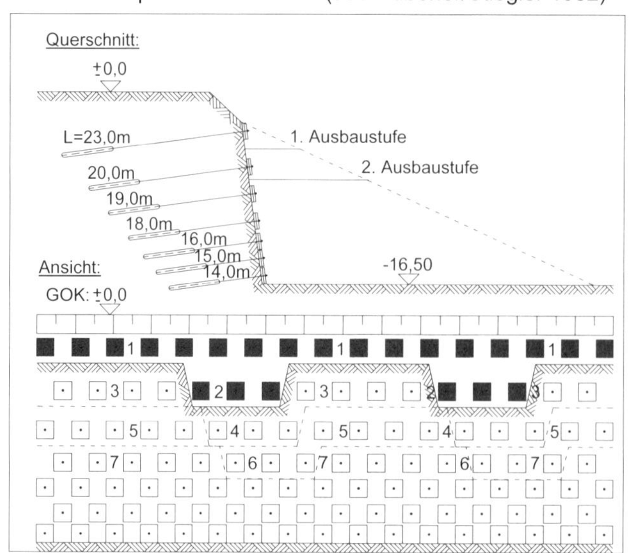

7.5.7 Bewehrte Erde

Form Schlaffe, setzungsunempfindliche Stützbauwerke aus einem Verbund von Boden und Bewehrungsbändern aus Stahl. Bewährt haben sich z.B. folgende Abmessungen (□ 7.32 c): Breite des Stützkörpers: *0,6...0,7·H*, Einbindetiefe *0,1 · H* (im ebenen Gelände), *0,2 · H* (im geneigten Gelände).

Aufbau Zwei Lagen von Wandelementen (Fertigteile aus Stahlbeton oder Stahl) werden aufeinander gesetzt und bis zur Anschlusshöhe des oberen Elements mit nichtbindigem Boden hinterfüllt (□ 7.32 a, b). Der Boden wird verdichtet, die Bewehrungsbänder werden verlegt und an die Wandelemente angeschlossen. Dann werden die nächsten Elemente aufgesetzt und Boden weiter verfüllt und verdichtet. Die Hinterfüllung erfolgt also gleichzeitig mit dem Aufbau des Stützkörpers.

Elemente Z.B. kreuzförmige Stahlbeton-Fertigteilplatten (1,5 m x 1,5 m, Dicke 18,2 bzw. 26 cm) mit vier Ankeranschlüssen. Sie werden durch Dorne und Buchsen (PVC-Rohr) verbunden. In die Fugen eingelegtes elastisches Material verhindert hohe Kantenspannungen. Die untere Lage ruht auf einem unbewehrten Streifenfundament, neben dem eine Dränung zur Entwässerung des Bauwerks verlegt wird. Alternativ werden als Wandelemente auch Stahlprofilschalen (z.B. halbelliptische Bleche, Höhe 33 cm, Dicke 3 mm, Länge bis 10 m) verwendet. In der Verbindungsebene schließen sich die Bewehrungsbänder an.

□ 7.32: Beispiel: Stützbauwerke aus bewehrter Erde (nach Rübener/Stiegler 1982): Wandelemente a) aus Stahlbeton, b) aus Stahl, c) Querschnitt des Verbundbauwerks

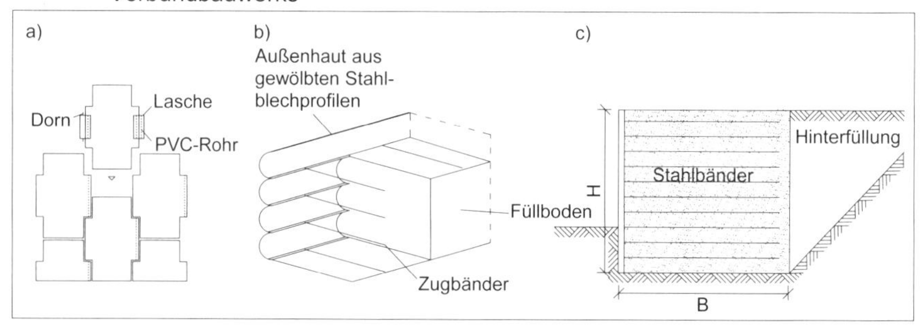

Bewehrungsbänder Z.B. verzinkte Stahlbänder (Dicke ca. 3 mm, Breite 60...120 mm). Sie werden im Abstand von 30 bis 40 cm verlegt und mittels verzinkter Schrauben an den Wandelementen befestigt. Die Bewehrungsbänder nehmen Zugspannungen auf und geben diese über Reibung an den Verfüllboden ab, so dass in Bewehrungsrichtung - durch den Überlagerungsdruck - eine anisotrope Kohäsion (Reibungskräfte zwischen Band und Boden) erzeugt wird.

Berechnung Zur Bestimmung der äußeren Standsicherheit wird der Stützkörper bis zum Bandende als massiver Block betrachtet und für diesen die üblichen Standsicherheitsnachweise (siehe Abschnitte 1 und 2) durchgeführt. Die Ermittlung der Sicherheit gegen Bandbruch und Herausziehen der einzelnen Bänder dient zum Nachweis der inneren Sicherheit.

Anwendung Abfangung von Geländesprüngen, Anlage von Terrassen in geneigtem Gelände, Widerlager von Brücken, Ufereinfassungen.

 7.33: Beispiel: Futtermauer

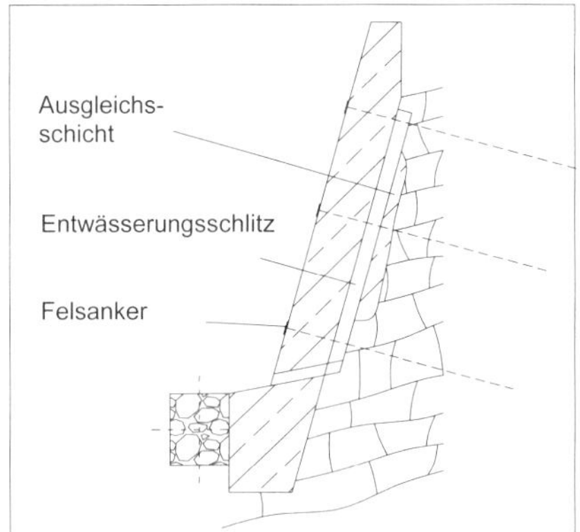

7.5.8 Felssicherung

Futtermauern Relativ dünne Wände (bei frostschiebendem Boden ≥ 1 m) aus Beton oder Natursteinmauerwerk. Sie werden durch Dränschichten, Entwässerungsschlitze und -rohre entwässert (7.33).

Futtermauern werden im Abstand von 20...50 cm vor der natürlichen Böschung erstellt. Der Zwischenraum wird mit einer Dränschicht (siehe Dörken / Dehne/ Kliesch, Teil 1) ausgefüllt und, wenn erforderlich, mit Daueranker oder Bodennägeln verankert.

 7.34: Beispiel: Spritzbetonverkleidung (Graßhoff, Siedeck, Floss, T.1, 1982)

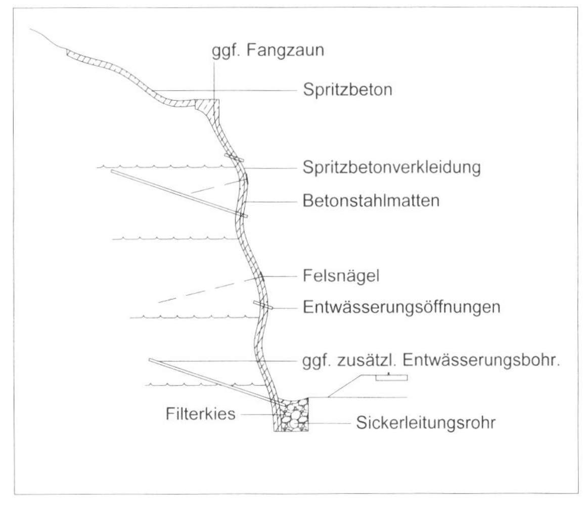

Spritzbeton Nach Entfernen lockerer Felsteile werden Baustahlgewebematten befestigt und eine mindestens 6 cm dicke Spritzbetonschicht aufgebracht (7.34). Die Schale wird durch Felsnägel oder Spreizdübel verankert und ausreichend entwässert.

Anwendung Zur dauerhaften Verkleidung von Fels, der unter steiler Neigung standfest ist. Felssicherungen haben also keine Stützfunktion, sondern sollen einen bestehenden Standsicherheitszustand gegen äußere Einflüsse (Sonnenbestrahlung, Frost, Regen, Sickerwasser) bewahren.

7.6 Kontrollfragen

-
- Stützkonstruktionen? Stützbauwerke? Konstruktive Böschungssicherungen? Dauerhafte / vorübergehende Sicherungen? Ausgesteifte / verankerte Wände mit / ohne Fußeinbindung?
- Grundformen / Sonderformen von Stützwänden?
- Gesichtspunkte für die Auswahl der Stützwandform?
- Einwirkende Kräfte auf eine Stützwand? Skizze!
- Ansatz von folgenden Einwirkungen: Eigenlast (Wichten von Beton)? Hydrostatische Wasserdruckkräfte und Sohlwasserdruck (Auftrieb)? Nutzlasten? Erddruck / Erdwiderstand / Erdruhedruck? Widerstandskraft aus den Sohlnormaldrücken / Tangentialspannungen?
- Aus welchen Anteilen setzt sich die Tangentialspannung in der Sohlfuge zusammen? Welcher Anteil wird vernachlässigt? Warum?
- In welchen Querschnitten werden Festigkeit und Standsicherheit einer a) Gewichts-, b) Winkelstützwand untersucht?
- Welche Standsicherheitsuntersuchungen sind bei einer Stützwand zu führen a) wenn der Bemessungswert der Sohlwiderstands (bzw. aufnehmbare Sohldruck) in einfachen Fällen ermittelt werden kann, b) wenn die Voraussetzungen hierfür nicht erfüllt sind?
- Warum wird der Sohldruck einer Stützwand für Eigenlast und Gesamtlast getrennt ermittelt?
- Warum müssen bei Stützwänden Fugen ausgeführt werden?
- Sohlfuge? Arbeitsfuge? Dehnungs- / Setzungsfuge? Scheinfuge? Lage und Ausbildung im Einzelnen? Steckeisen? Fugeneinlagen / Dichtungen / Fugenbänder / Kippverzahnung? Sichtphase? Ebene Fuge? Verzahnte Fuge? Arten der Verzahnung? Riss-Sicherungsmatte? Verbund in Arbeitsfugen? Lage und Abstand von Fugen?
- Wie erhält man Lage, Durchstoßpunkt und Neigung der Resultierenden aller Kräfte in der Sohlfuge einer Stützwand?
- Wo steht die Resultierende in der Arbeitsfuge einer Gewichtsstützwand bei 1,5facher Sicherheit gegen Kippen?
- Nachweis der Sicherheit gegen Kippen in der Arbeitsfuge einer Gewichtsstützwand: Gehört die Vertikalkomponente des Erddrucks in das Standmoment / Kippmoment?
- Die Sicherheit gegen Gleiten einer Stützwand in der Sohlfuge reicht nicht aus und soll durch Neigung der Sohle erreicht werden: Wie wird die Sohlneigung berechnet / ausgeführt?
- Wichtige Regeln für die Hinterfüllung von Stützbauwerken?
- Warum muss eine Stützwand ausreichend entwässert werden? Gegen welche Wasserarten?
- Möglichkeiten der Entwässerung einer Stützwand gegen Sickerwasser?
- Mineralische Dränschicht? Mehrstufenfilter? Dränelement? Dränleitung? Vorflut? Ziehblech? Hinterfüllungsbereich? Entwässerungsbereich? Grobkörniger / gemischtkörniger / feinkörniger Boden? Filterschicht? Fanggraben?
- Warum kommt eine Steinpackung oder Kiesschüttung als Hinterfüllung einer Mauer nicht in Frage, wenn der Baugrund feinsandiger Schluff ist? Wie kann man die Dränschicht in diesem Fall ausbilden?
- Warum darf Oberflächenwasser nicht in die Dränschicht gelangen? Maßnahmen?
- Erläutern Sie die Festlegung eines Mehrschichtenfilters an einem Beispiel!
- Möglichkeiten für die Gestaltung der Luftseite einer Stützwand?
- Schutzanforderungen nach Handbuch Eurocode 7 a) für den Stützboden b) vor Abgrabungen und Auskolkungen vor dem Fuß eines Stützbauwerks?
- Einordnung von Stützbauwerken in geotechnische Kategorien?
- Wie wird der charakteristische Erddruck auf Stützbauwerke nach Handbuch Eurocode 7 als aktiver Erddruck / Erdruhedruck / Verdichtungserddruck ermittelt?
- Berücksichtigung von Geländeform / Wandneigung / Wandreibungswinkel nach Handbuch Eurocode 7?
- Ermittlung des charakteristischen Wasserdrucks auf Stützbauwerke nach Handbuch Eurocode 7: höchster / niedrigster Wasserstand?
- Bemessungswerte der Beanspruchungen von Stützkonstruktionen und ihrer Teile nach Handbuch Eurocode 7?
- Widerstände bei Stützbauwerken nach Handbuch Eurocode 7? Ermittlung ihrer Bemessungswerte?
- Nachweise der Tragfähigkeit im Grenzzustand ULS von Stützbauwerken bzw. ihrer Einzelteile nach Handbuch Eurocode 7? Welche Nachweise der Standsicherheit sind im Einzelnen zu führen?
- Regelungen des Handbuchs Eurocode 7 bezüglich Grundbruch und Gleiten / Versagen des Erdwiderlagers / Materialsversagen von Bauteilen von Stützbauwerken?
- Welche Nachweise für die Grenzzustände EQU, UPL, HYD und GEO-3 sowie der Gebrauchstauglichkeit SLS sind bei Stützbauwerken nach Handbuch Eurocode 7 zu führen?
- Erläutern Sie anhand von Skizzen mögliche Formen von Gewichtsstützwänden, die sich aus den Grundrechtecken ableiten lassen!
- Stützwirkung einer Gewichtsstützwand? Stützlinienbedingung?
- Wie geht man bei der Bemessung / Berechnung einer Gewichtsstützwand vor?
- Gesichtspunkte für die Wahl von oberer Breite, Neigung der Luftseite, Ausbildung der Rückseite, Breite des Talsporns, unterer Breite, Einbindetiefe auf der Luftseite, Sohlneigung einer Gewichtsstützwand?
- Bemessungstafeln für Gewichtsstützwände?
- Anwendung von Gewichtsstützwänden?
- Bau einer Uferwand? Wo findet man ausführliche Hinweise?
- Regelausführung einer Winkelstützwand? Stützwirkung?
- Wie geht man bei der Bemessung einer Winkelstützwand vor?
- Gesichtspunkte für die Wahl von oberer Breite, Neigung der Luftseite, Ausbildung der Rückseite, Breite der Sohlplatte, Aufteilung der Sohlplatte in vorderen und hinteren Sporn, Dicke der Sohlplatte und Neigung ihrer Oberfläche, Neigung der gesamten Sohlplatte einer Winkelstützwand?
- Beschreiben Sie die beiden Möglichkeiten der Berechnung einer Winkelstützwand: Rutschkeilverfahren und Näherungsverfahren mit fiktiver, lotrechter Gleitfläche (Skizzen mit angreifenden Kräften.) Kinematische Gesichtspunkte? Vergleich der Ergebnisse?
- Wird eine Winkelstützwand für den aktiven Erddruck oder für den Erdruhedruck berechnet?
- Ansatz der Kohäsion?
- Wie wird die Erddruckresultierende einer Winkelstützwand bestimmt a) bei Annahme einer fiktiven, lotrechten Gleitfläche, b) wenn beim Rutschkeilverfahren die wandseitige Gleitfläche die Geländeoberfläche / den lotrechten Wandteil schneidet?
- Wie ist der Erddruck auf eine fiktive, lotrechte Wand im Boden gerichtet?
- Erläutern Sie die Bestimmung der Schnittkräfte einer Winkelstützwand in den verschiedenen Schnitten?
- Nachweis der Standsicherheit einer Winkelstützwand?
- Die Bewehrung einer Winkelstützwand ist zu skizzieren.

- Anwendung von Winkelstützwänden?
- Skizzieren Sie eine Winkelstützwand als Widerlager für eine Balkenbrücke mit anschließendem Erddamm!
- Stützwand mit Entlastungssporn(en): Form, Stützwirkung, Herstellung? Berechnung?
- Beschreiben Sie die Erddruckabschirmung bei einer Stützwand mit Entlastungssporn!
- Bestimmung der Schnittkräfte in den verschiedenen Schnitten bei einer Stützwand mit Entlastungssporn?
- Skizzieren Sie eine Stützwand mit Schlepp-Platte! Stützwirkung?
- Vor- und Nachteile einer Schlepp-Platte gegenüber einem anbetonierten Sporn?
- Gitterwand?
- Winkelstützwand mit Querschotten? Stützwirkung? Berechnung? Anwendung?
- Stützwand mit einseitigem Sporn vorn / hinten? Berechnung? Anwendung? Herstellung?
- Raumgitterwand? Vorteile / Nachteile / Anwendung?
- Verankerte massive Stützwand? Elementwand? Stützwirkung? Herstellung?
- Bewehrte Erde? Erläutern Sie den Aufbau eines Stützbauwerks aus bewehrter Erde! Wandelemente? Bewehrungsbänder? Berechnung? Anwendung?
- Möglichkeiten der Felssicherung? Aufbau und Herstellung?

7.7 Aufgaben

7.7.1 Beim Nachweis der Sicherheit gegen Kippen einer Stützwand stellt man fest, dass in der Sohlfuge für Gesamtlast $b/3 > e > b/6$ ist. Welcher Nachweis gegen Kippen muss jetzt noch geführt werden?

7.7.2 Vor einer Stützwand kann ein reduzierter Erdwiderstand zur Aufnahme der Horizontalkraft angesetzt werden, wenn ...

7.7.3 Eine Gewichtsstützwand hat den in 7.01 a) dargestellten Querschnitt. Obere Breite/Höhe des Trapezquerschnitts = 0,4 m/4 m. Hinterfüllung mit horizontaler Oberfläche: Sand, γ = 18 kN/m^3, φ' = 32,5°, c = 0, δ = 0. Ges.: Breite b des Trapezquerschnitts, so dass die Sicherheit gegen Kippen in der Arbeitsfuge gerade noch ausreicht.

7.7.4 Geg.: Gewichtsstützwand mit Rechteckquerschnitt, b = 2,8 m, Gesamthöhe 6 m (freie Standhöhe 5 m, Einbindetiefe auf der Luftseite im Baugrund 1 m), Hinterfüllung mit horizontaler Oberfläche: UL, w_L = 0,25, w_P = 0,2, w = 0,21, n = 0,35, γ_s = 26,7 kN/m^3, φ' = 25°, c = 0, δ = 2/3 φ'. Ges.: Standsicherheit nach dem Verfahren „Aufnehmbarer Sohldruck in einfachen Fällen" (Der Erdwiderstand vor der Wand darf hier nicht angesetzt werden, weil vor der Wand mit Aufgrabungen zu rechnen ist).

7.7.5 Geg.: Gewichtsstützwand in Form von Grundrechtecken (siehe 7.06, 1. Bild); Höhe / Breite des oberen rechteckförmigen Wandteils: 4,7 m / 2,0 m; Hinterfüllung mit horizontaler Oberfläche: γ = 17,5 kN/m^3, c = 0, δ = 0. Ges.: a) Wie groß muss der Reibungswinkel des Hinterfüllungsmaterials sein, damit in der Arbeitsfuge gerade noch Druckspannungen herrschen (Lösungshilfe: für $\alpha = \beta = \delta = 0$ gilt $K_a = \tan^2 (45° - \varphi'/2)$; b) Sicherheit gegen Gleiten und Kippen in der Arbeitsfuge für φ' = 30°, c = 0, δ = 2/3 φ'.

7.7.6 Geg.: 1,8 m hohe Winkelstützwand mit einseitigem Sporn auf der Rückseite (7.27); Dicke des Winkelquerschnitts 0,25 m. Auflast auf der horizontalen Hinterfüllungsoberfläche 20 kN/m²; Hinterfüllung SE, γ = 17 kN/m^3, φ' = 32,5°, c = 0, μ = 0,6. Ges.: Länge des einseitigen Sporns auf der Wandrückseite, damit die Sicherheit gegen Gleiten im Lastfall 1 gewährleistet ist. (Einbindetiefe vor der Wand vernachlässigen und mit fiktiver, lotrechter Gleitfläche rechnen.)

7.7.7 Geg.: 5 m hohe Ortbeton-Stützwand mit lotrechter Rückseite. Aus einer Kranbahn wirken auf der horizontalen Hinterfüllungsoberfläche im Abstand von 2,5 m die Linienlast P_1 = 80 kN/m und im Abstand von 4,5 m die Linienlast P_2 = 40 kN/m. Hinterfüllung: Sand mit γ = 18 kN/m^3, φ' = 35°. Ges.: Zusätzliche V- und H-Belastung der Stützwand.

7.7.8 Welche Richtung hat der Erddruck auf eine fiktive, senkrechte Wand im Baugrund (nach Rankine)?

7.7.9 Winkelstützwand, Rutschkeilverfahren. Aus welchen beiden Gründen springt die Erddruckfigur hinter der Sohlplatte zurück?

7.7.10 Eine Futtermauer hat nicht die Aufgabe ... a). ..., sondern soll ... b) ...

7.7.11 Warum ist die erddruckentlastende Wirkung einer Schlepp-Platte geringer als die eines Entlastungssporns?

7.7.12 Geg.: Gewichtsstützwand mit Rechteckquerschnitt, freie Standhöhe 5 m, Einbindetiefe 1 m, Breite 2,8 m. Baugrund und Hinterfüllung UL bis in 8 m Tiefe unter Gründungssohle, darunter GE. Bodenkennzahlen UL: w_L = 0,25, w_P = 0,20, w = 0,21, n = 0,35, φ' = 25°, c' = 0, γ_s = 26,7 kN/m^3, δ = 2/3 φ'. Ges.: Zulässiger Sohldruck nach DIN 1054 (Tabellenverfahren).

7.7.13 Geg.: Winkelstützwand mit einseitigem Sporn auf der Luftseite (7.26); Dicke/Höhe des lotrechten, rechteckförmigen Winkelquerschnitts 0,5 m / 3,3 m, Dicke des waagerechten, rechteckförmigen Winkelquerschnitts 0,6 m, untere Wandbreite 1,8 m, Einbindetiefe auf der Luftseite 0,6 m. Hinterfüllung SW, γ = 18 kN/m^3, φ' = 32,5°, c = 0. Ges.: Wie groß darf die Verkehrslast p auf der Hinterfüllung maximal werden, damit noch ausreichende Sicherheit gegen Kippen und Gleiten gegeben ist. (Der Erdwiderstand kann in zulässiger Weise berücksichtigt werden).

7.7.14 Geg.: Stützwand mit Entlastungssporn, senkrechte Rückwand; waagerechte Geländeoberfläche; einseitig begrenzte Flächenlast von 20 kN/m² beginnt 1,5 m hinter der Wand; Unterkante des 0,8 m langen Entlastungssporns: 2,9 m unter Wandoberkante. Hinterfüllung: γ = 18 kN/m^3, φ' = 32,5°, δ = 2/3 φ', c' = 0. Ges.: Größe der Erddrucks bis Unterkante Sporn.

7.8 Weitere Beispiele

□ 7.35: Beispiel: Erforderliche Breite des erdseitigen Sporns

Geg.:

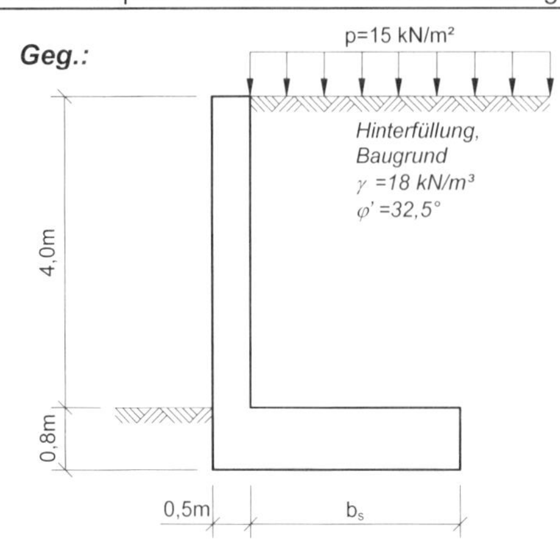

Ges.:
Wie groß muss die Breite b_s des erdseitigen Sporns der Winkelstützwand werden, damit ausreichende Standsicherheit gegeben ist?
Auf den Ansatz von Erdwiderstand soll verzichtet werden.

Lösung:
Vorbemerkung: Im besonderen Fall dieser Aufgabenstellung (Verkehrslast wirkt teilweise günstig!) wird die gesamte Auflast als veränderliche Last betrachtet.

Im vorliegenden Fall kann die Stützwand mit dem Näherungsverfahren nach Rankine berechnet werden.

Lastermittlung: *alle Lasten sind charakteristische*

Erddruck:

$\alpha = \beta = \delta_a = 0 \Rightarrow K_a \hat{=} K_{ah} = 0,30$

$$E_a^g = E_{ah}^g = \frac{1}{2} \cdot 18 \cdot 4,8^2 \cdot 0,30 = 62,2 \ kN/m$$

$$E_a^p = E_{ah}^p = 15 \cdot 0,30 \cdot 4,8 = 21,6 \ kN/m$$

Wandeigenlast:

$$G_1 = 25 \cdot 0,5 \cdot 4,8 = 60,0 \ kN/m$$

$$G_2 = 25 \cdot 0,8 \cdot b_s = 20,0 \ b_s$$

$$G_E = 18 \cdot 4,0 \cdot b_s = 72,0 \ b_s$$

$$G^p = 15,0 \ b_s$$

Zusammenstellung:

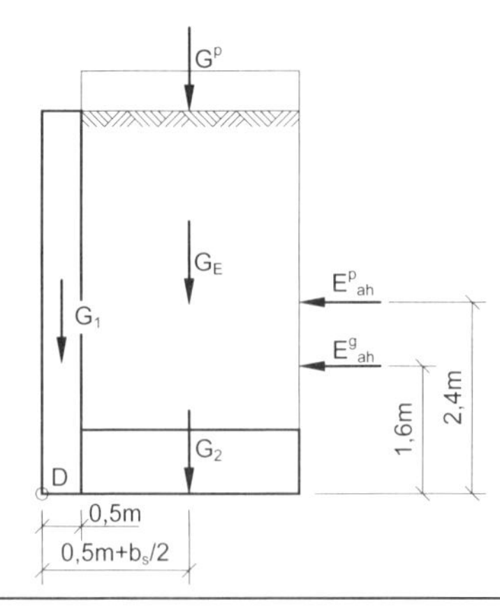

7.35: Fortsetzung Beispiel: Erforderliche Breite des erdseitigen Sporns

Standsicherheitsnachweise

Da bei Stützwänden erfahrungsgemäß die Sicherheit gegen Kippen ein entscheidendes Kriterium darstellt, soll die erforderliche Breite b_s zunächst aus dieser Untersuchung ermittelt und damit die weitere Überprüfung geführt werden.

1. Sicherheit gegen Kippen

Nachweis der Gebrauchstauglichkeit (SLS)

Bedingung: $e^{g+p} \leq \frac{b}{3}$

Die Last G^p wird – weil günstig wirkend – nicht berücksichtigt.

$$\sum M_{(D)}^{g+p} = 60{,}0 \cdot 0{,}25 + (20{,}0 + 72{,}0) b_s \left(0{,}5 + \frac{b_s}{2}\right) - 62{,}2 \cdot 1{,}6 - 21{,}6 \cdot 2{,}4$$

$$= 46{,}0 b_s^2 + 46{,}0 b_s - 136{,}3$$

$$\sum V^{g+p} = 60{,}0 + 20{,}0 b_s + 72{,}0 b_s = 92{,}0 b_s + 60{,}0$$

Aus der Bedingung

$$e^g = \frac{\sum M_{(D)}^g}{\sum V^g} = \frac{0{,}5 + b_s}{3}$$

Erhält man die Gleichung

$$184{,}0\ b_s^2 + 170{,}0\ b_s - 787{,}8 = 0$$

mit der brauchbaren Lösung b_s = 1,75 m.

Die von dem Wert b_s abhängigen Größen ergeben sich zu

$$G_2 = 20{,}0 \cdot 1{,}75 = 35{,}0\ kN/m$$
$$G_E = 72{,}0 \cdot 1{,}75 = 126{,}0\ kN/m$$
$$G^p = 15{,}0 \cdot 1{,}75 = 26{,}25\ kN/m$$

Kontrolle: Nachweis der Tragfähigkeit (Nachweisverfahren EQU):

Einwirkendes (ungünstiges; „treibendes“) Moment $M_{E,k}$ um den Drehpunkt D

$$\sum M_{G,k,dst}^D = 62{,}2 \cdot 1{,}6 = 99{,}6\ kNm/m\ ;\ \gamma_{G,dstb} = 1{,}1$$
$$\sum M_{Q,k,dst}^D = 21{,}6 \cdot 2{,}4 = 51{,}9\ kNm/m\ ;\ \gamma_Q = 1{,}5$$
$$\Rightarrow \quad M_{E,d}^D = 99{,}6 \cdot 1{,}1 + 51{,}9 \cdot 1{,}5 = 187{,}5\ kNm/m$$

Widerstehendes (günstiges; „haltendes“) Moment $M_{R,k}$ um den Drehpunkt D

$$M_{R,k}^D = \sum M_{G,k}^D = 60{,}0 \cdot 0{,}25 + 92{,}0 \cdot 1{,}75 \cdot (0{,}5 + \frac{1{,}75}{2}) = 236{,}3\ kNm/m\ ;\ \gamma_{G,stb} = 0{,}9$$
$$\Rightarrow \quad M_{R,d}^D = 236{,}3 \cdot 0{,}9 = 212{,}6\ kNm/m$$

□ 7.35: Fortsetzung Beispiel: Erforderliche Breite des erdseitigen Sporns

Nachweis: $M_{E,d}^{D} = 187{,}5\ kNm/m\ <\ 212{,}6\ kNm/m$ *ist erbracht*

2. Sicherheit gegen Gleiten

2.1 Nachweis der Tragfähigkeit (GEO-2)

Die Last G^p wird – weil günstig wirkend – nicht berücksichtigt.

Ständige Lasten: $F_v^g = 60{,}0 + 35{,}0 + 126{,}0 = 221{,}0\ kN/m$

$F_h^g = 62{,}2\ kN/m$

Veränderliche Lasten: $F_v^p = 0$

$F_h^p = 21{,}6\ kN/m$

Bemessungswert der Beanspruchung:

$$H_d = H_{G,k} \cdot \gamma_G + H_{Q,k} \cdot \gamma_Q = F_h^g \cdot \gamma_G + F_h^p \cdot \gamma_Q = 62{,}2 \cdot 1{,}35 + 21{,}6 \cdot 1{,}50 = 116{,}4\ kN/m$$

Bemessungswert des Gleitwiderstands:

$$R_{h,k} = V_K{}' \cdot \tan\delta_k = F_V \cdot \tan\delta_k = (221{,}0 + 0) \cdot \tan 32{,}5° = 140{,}8\ kN/m$$

$$\Rightarrow R_{h,d} = \frac{R_{h,k}}{\gamma_{R,h}} = \frac{140{,}8}{1{,}10} = 128{,}0\ kN/m$$

Damit wird

$$H_d = 116{,}4\ kN/m < R_{h,d} = 128{,}0\ kN/m$$

So dass Sicherheit gegen Gleiten gegeben ist.

3. Sicherheit gegen Grundbruch

Da dieser Nachweis einerseits von der Ausmittigkeit e und andererseits von der maximal möglichen Vertikallast abhängt, werden zwei getrennte Nachweise geführt („ungünstige Lastkombinationen“)

3.1 Lastkombination „e_{max}“

Dieser Zustand ergibt sich bei Vernachlässigung von G^p.

$$\sum M_{(D)}^{g+p} = 60{,}0 \cdot 0{,}25 + (35{,}0 + 126{,}0) \cdot \left(0{,}5 + \frac{1{,}75}{2}\right) - 62{,}2 \cdot 1{,}6 - 21{,}6 \cdot 2{,}4 = 85{,}0\ kN/m$$

$$\sum V^{g+p} = 221{,}0\ kN/m$$

$$c^{g+p} = \frac{85{,}0}{221{,}0} = 0{,}38\ m$$

$$\Rightarrow e^{g+p} = \frac{0{,}5 + 1{,}75}{2} - 0{,}38 = 0{,}75\ m = \frac{2{,}25}{3}$$

Die Ausmittigkeit liegt gerade noch im 2. Kern!

7.35: Fortsetzung Beispiel: Erforderliche Breite des erdseitigen Sporns

$$b' = 2{,}25 - 2 \cdot 0{,}75 = 0{,}75 \ m$$

Beiwerte:

$$N_{d0} = 25; \ \nu_d = 1{,}0$$
$$N_{b0} = 15; \ \nu_b = 1{,}0$$

Neigungsbeiwerte für den Fall
- *H parallel zur Seite b'*
- *φ' = 0; c' > 0; δ > 0; ω= 90°*

$$\frac{\sum H}{\sum V} = \frac{62{,}2 + 21{,}6}{221{,}0} = 0{,}379$$

Mit m = 2 (Streifenfundament) wird

$$i_\mathrm{d} = (1 - 0{,}379)^2 = 0{,}386 \ ; \ i_\mathrm{b} = (1 - 0{,}379)^{2+1} = 0{,}239$$

Grundbruchwiderstand:

$$R_{V,k} = 0{,}75 \cdot (0 + 18 \cdot 0{,}8 \cdot 25 \cdot 1{,}0 \cdot 0{,}386 + 18 \cdot 0{,}75 \cdot 15 \cdot 1{,}0 \cdot 0{,}239) = 141 \ kN/m$$

Nachweis der Grundbruchsicherheit:

$$V_d = 221{,}0 \cdot 1{,}35 + 0 = 298 \ kN/m$$
$$R_{V,d} = \frac{141}{1{,}40} = 101 \ kN/m$$

Damit wird

$$V_d = 298 \ kN/m >> R_{V,d} = 101 \ kN/m$$

so dass keine Sicherheit gegen Grundbruch gegeben ist.

Fazit: Bereits hier zeigt sich, dass die zuvor ermittelte Breite b_s = 1,75 m nicht ausreicht. Mit einer neu gewählten Breite b_s = 2,30 m ergibt sich für diesen Lastzustand

$$e^{\mathrm{g+p}} = 0{,}62 \ m < \frac{b}{3}$$
$$b = 1{,}56 \ m$$
$$\sum V^{\mathrm{g+p}} = 271 \ kN/m; \quad \sum H^{\mathrm{g+p}} = 83{,}8 \ kN/m$$
$$V_d = 367 \ kN/m$$
$$R_{V,k} = 485 \ kN/m$$

und somit

$$V_d = 367 \ kN/m \approx R_{V,d} = 346 \ kN/m$$

Eine geringfügige Vergrößerung auf b_s = 2,40 m ergibt ausreichende Sicherheit gegen Grundbruch (ohne gesonderten Nachweis).

□ 7.35: Fortsetzung Beispiel: Erforderliche Breite des erdseitigen Sporns

3.2 Lastkombination „V_{max}“

Diese Berechnung muss nach dem gleichen Muster unter Einbeziehung von

$$G_p = 15,0 \cdot b_s = 15,0 \cdot 2,40 = 36,0 \;\; kN/m$$

geführt werden.

□ 7.36: Beispiel: Stützwand mit Schlepp-Platte

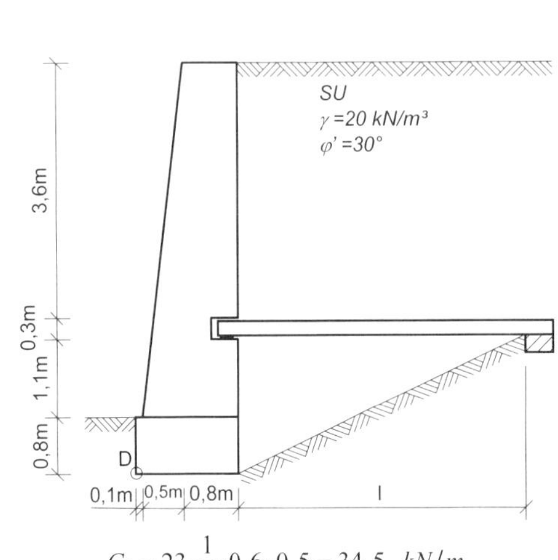

Geg.: *Die dargestellte Stützwand aus Beton ist zur Erhöhung der Standsicherheit zusätzlich mit einer sogenannten Schlepp-Platte versehen worden.*

Ges.:
Überprüfung der Sicherheit gegen Kippen und Gleiten.

Lösung:

Lastermittlung:
alle Lasten sind charakteristische

Eigenlast Wand

$$G_1 = 23 \cdot \frac{1}{2} \cdot 0,6 \cdot 0,5 = 34,5 \;\; kN/m$$

$$G_2 = 23 \cdot 0,8 \cdot 5,0 = 92,0 \;\; kN/m$$

$$G_3 = 23 \cdot 1,5 \cdot 0,8 = 27,6 \;\; kN/m$$

Schlepp-Platte

Länge $l = \frac{0,8+1,1}{\tan 25°} \approx 4,0 \;\; m$

Eigenlast: $g = 25 \cdot 0,3 = 7,5 \;\; kN/m^2$

Erdauflast: $p = 20 \cdot 3,6 = 72,0 \;\; kN/m^2$

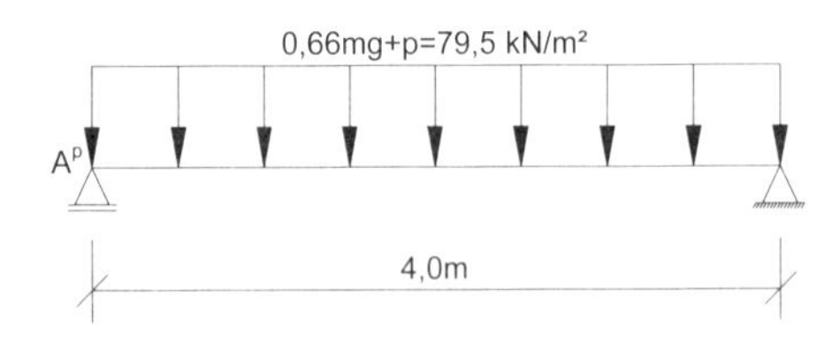

$$A = B = \frac{1}{2}(72,0 + 7,5) \cdot 4,0 = 159,0 \;\; kN/m$$

Die Auflagerkraft wird in die Standsicherheitsnachweise einbezogen.

Erddruck

$$\alpha = 0;\ \beta = 0;\ \delta_a = \frac{2}{3}\varphi' \;\Rightarrow K_a = 0,30$$

$$\alpha = 0;\ \beta = 0;\ \delta_p = 0 \Rightarrow K_p = 3,00$$

7.36: Fortsetzung Beispiel: Stützwand mit Schlepp-Platte

$$E_a = \frac{1}{2} \cdot 20 \cdot 3{,}6^2 \cdot 0{,}30 = 38{,}9 \ \ kN/m$$

$$E_{ah} = 36{,}6 \ \ kN/m \ ; \ E_{av} = 13{,}3 \ \ kN/m$$

Ansetzbarer Bemessungswert des Erdwiderstandes:

$$R_{P,d} = \frac{R_{P,k}}{\gamma_{R,e}} = \frac{0{,}5 \cdot 20 \cdot 0{,}8^2 \cdot 3{,}00}{1{,}40} = 13{,}7 \ \ kN/m$$

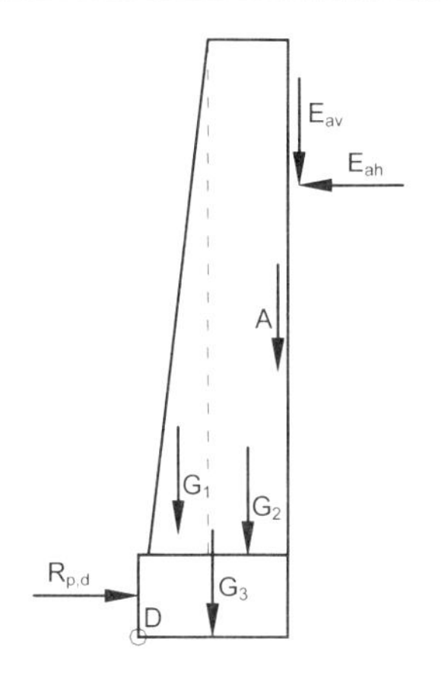

Sicherheit gegen Kippen (SLS)

1. Nachweis der Tragfähigkeit (Nachweisverfahren EQU):

Einwirkendes (ungünstiges; „treibendes") Moment $M_{E,k}$ um den Drehpunkt D

$$\sum M^D_{G,k,dst} = 36{,}6 \cdot (0{,}8 + 1{,}1 + 0{,}3 + \frac{3{,}6}{3}) = 124{,}5 \ \ kNm/m ; \gamma_{G,dstb} = 1{,}1$$

$$\sum M^D_{Q,k,dst} = 0 ; \gamma_Q = 1{,}5$$

$$\Rightarrow \quad M^D_{E,d} = 124{,}5 \cdot 1{,}1 + 0 = 137{,}0 \ \ kNm/m$$

Widerstehendes (günstiges; „haltendes") Moment $M_{R,k}$ um den Drehpunkt D:
ohne Berücksichtigung des Erdwiderstands (auf der sicheren Seite!)

$$M^D_{R,k} = \sum M^D_{G,k} = 34{,}5 \cdot (0{,}1 + \frac{2 \cdot 0{,}6}{3}) + 92{,}0 \cdot (0{,}1 + 0{,}6 + \frac{0{,}8}{2}) + 27{,}6 \cdot \frac{1{,}5}{2} + 13{,}3 \cdot 1{,}5 + 159{,}0 \cdot (1{,}5 - \frac{0{,}4}{2})$$

$$= 365{,}8 \ \ kNm/m$$

$$; \gamma_{G,stb} = 0{,}9$$

$$\Rightarrow \quad M^D_{R,d} = 365{,}8 \cdot 0{,}9 = 329{,}2 \ \ kNm/m$$

$\Rightarrow$ Nachweis: $M^D_{E,d} = 137{,}0 \ \ kNm/m \ < \ 329{,}2 \ \ kNm/m$ ist erbracht

2. Nachweis der Gebrauchstauglichkeit (SLS)

$$\sum M_{(D)} = 34{,}5\left(0{,}1 + \frac{2 \cdot 0{,}6}{3}\right) + 92{,}0\left(0{,}1 + 0{,}6 + \frac{0{,}8}{2}\right)$$

$$+ 27{,}6 \cdot \frac{1{,}5}{2} + 13{,}7 \cdot \frac{0{,}8}{3} + 13{,}3 \cdot 1{,}5$$

$$+ 159{,}0\left(1{,}5 - \frac{0{,}4}{2}\right) - 36{,}6\left(0{,}8 + 1{,}1 + 0{,}3 + \frac{3{,}6}{3}\right)$$

$$= 244{,}9 \ \ kNm$$

$$\sum V = 34{,}5 + 92{,}0 + 27{,}6 + 13{,}3 + 159{,}0 = 326{,}4 \ \ kN/m$$

$$c = \frac{244{,}9}{326{,}4} = 0{,}75 \ \ m$$

$$\Rightarrow e = \frac{1{,}5}{2} - 0{,}75 = 0$$

□ 7.36: Fortsetzung Beispiel: Stützwand mit Schlepp-Platte

Sicherheit gegen Gleiten (GEO-2 und SLS)

Gleitwiderstand:

$$R_{h,k} = V_K' \cdot \tan\delta_k = 326{,}4 \cdot \tan 30° = 188{,}4 \ kN/m$$

Bemessungswert der Beanspruchung:

$$H_d = F_h^g \cdot \gamma_G = 36{,}6 \cdot 1{,}35 = 47{,}6 \ kN/m$$

Bemessungswert des Gleitwiderstands:

$$R_{h,d} = \frac{R_{h,k}}{\gamma_{R,h}} = \frac{188{,}4}{1{,}10} = 171{,}3 \ kN/m$$

Damit wird (auch ohne Berücksichtigung des Erdwiderstands)

$$H_d = 47{,}6 \ kN/m < R_{h,d} = 171{,}3 \ kN/m$$

und der Gleitnachweis (GEO-2) ist erbracht.

Da dieser Nachwies auch ohne Berücksichtigung des Erdwiderstands erbracht wird, ist ebenfalls die Gebrauchstauglichkeit (SLS) nachgewiesen.

- *Durch die Anordnung einer Schlepp-Platte erhält die Stützwand ausreichende Sicherheit gegen Kippen und Gleiten.*
- *Nachweis der Aufnahme der Horizontalkraft im rechten Auflager:*

Gleitwiderstand:

$$R_{h,k} = V_K' \cdot \tan\delta_k = 159{,}0 \cdot \tan 30° = 91{,}8 \ kN/m$$

Bemessungswert der Beanspruchung:

$$H_d = F_h^g \cdot \gamma_G = 36{,}6 \cdot 1{,}35 = 47{,}6 \ kN/m$$

Bemessungswert des Gleitwiderstands:

$$R_{h,d} = \frac{R_{h,k}}{\gamma_{R,h}} = \frac{91{,}8}{1{,}10} = 83{,}4 \ kN/m$$

Damit wird

$$H_d = 47{,}6 \ kN/m < R_{h,d} = 83{,}4 \ kN/m$$

Auch im rechten Auflager ist die Sicherheit gegen Gleiten (GEO-2 und SLS) gegeben.

7.37: Beispiel: Winkelstützwand als Widerlager einer Brücke

***Geg.**: das als Winkelstützwand auszubildende Widerlager einer Brücke*

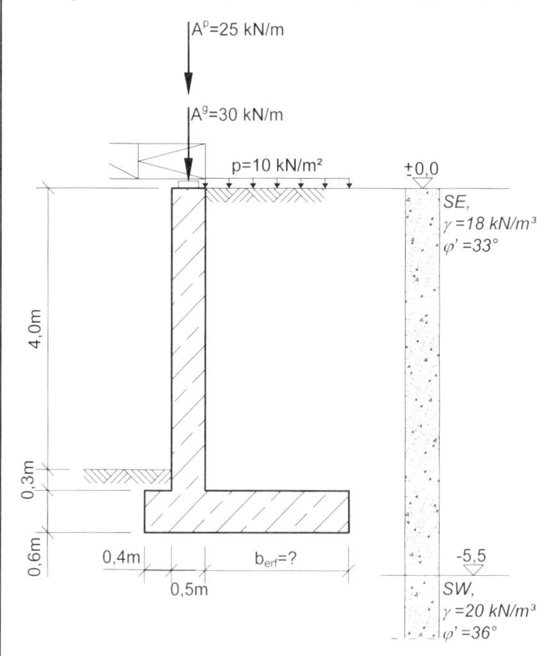

***Ges:**.*
die erforderliche Mindestbreite b_E des erdseitigen Sohlplattenteils durch direkte Standsicherheitsnachweise (Kippen, Gleiten, Grundbruch)

(Berechnungsverfahren: Näherungsverfahren nach Rankine).

Dabei ist die jeweils ungünstigste Lastkombination zu berücksichtigen.

Dies muss aus der Berechnung ersichtlich sein.

Erdwiderstand soll aus Sicherheitsgründen nicht angesetzt werden.

Lösung:

Berechnung nach Rankine – Verfahren

1. Zusammenstellung aller möglichen Lastkombinationen

Tabelle: Mögliche Lastkombinationen

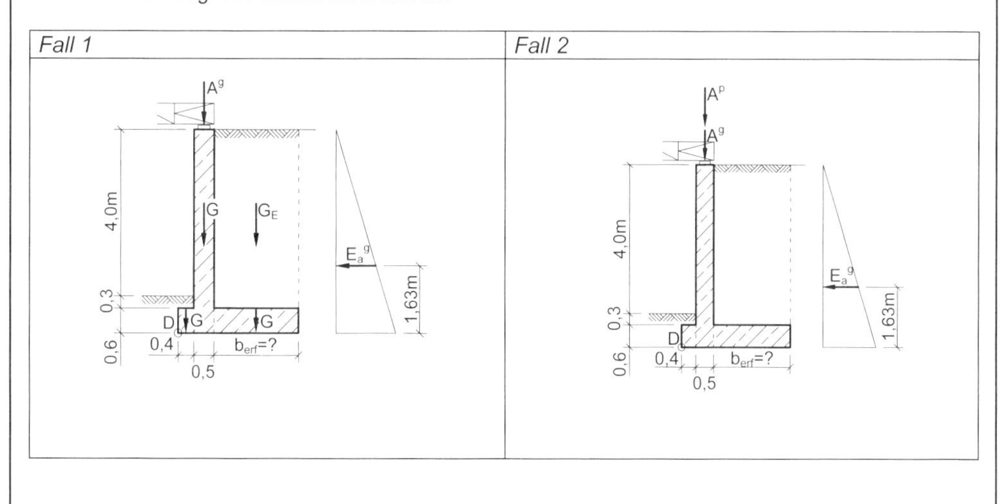

□ 7.37: Fortsetzung Beispiel: Winkelstützwand als Widerlager einer Brücke

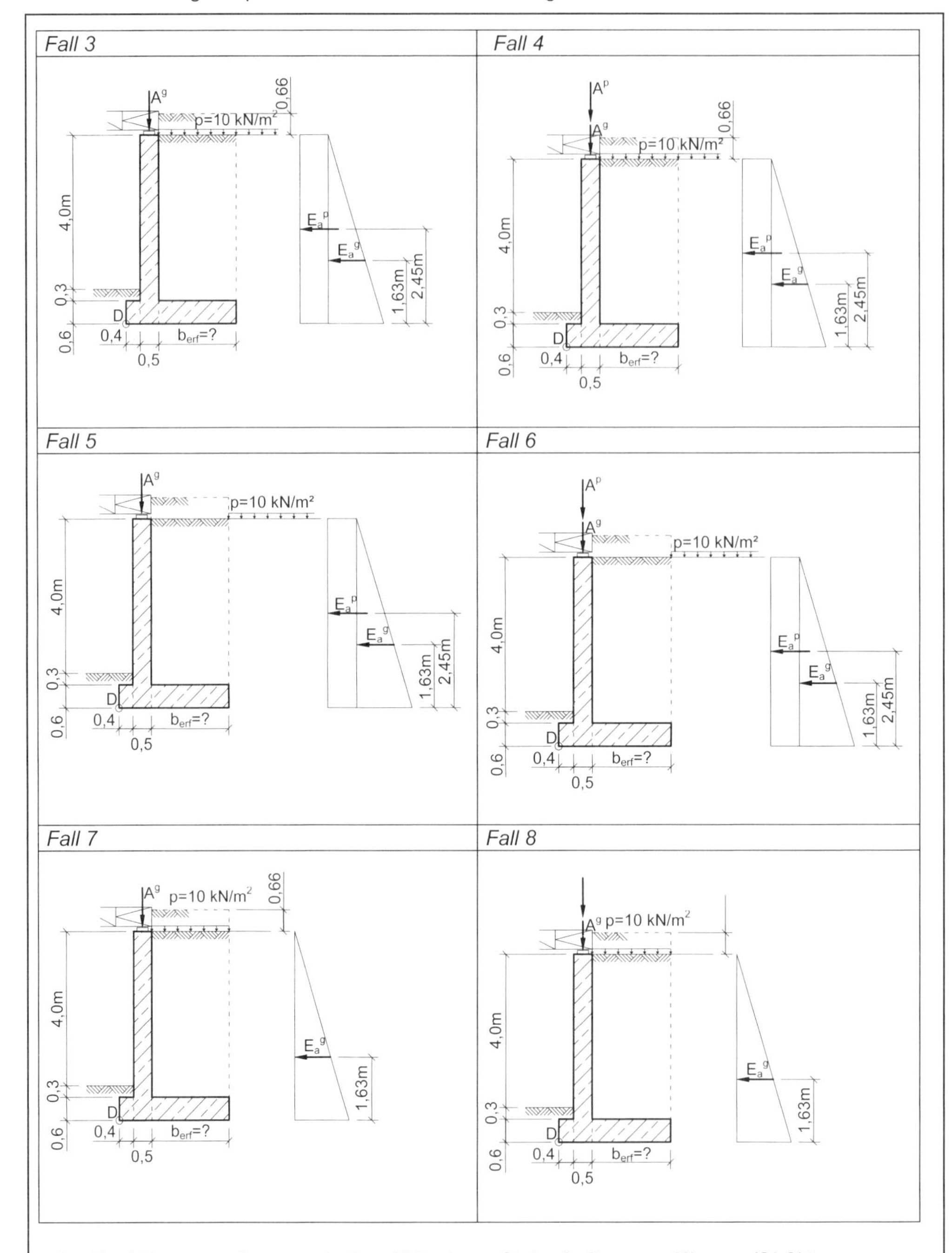

2. Ermittlung von $b_{E,erf}$ nach dem Kriterium „Sicherheit gegen Kippen (SLS)"

Aus der Zusammenstellung unter Punkt 1.1. ist zu erkennen, dass für

- *ständige Lasten (g) der Fall 1*
- *Gesamtlasten (g+p) der Fall 5*

als die ungünstigsten Lastkombinationen betrachtet werden müssen.

7.37: Fortsetzung Beispiel: Winkelstützwand als Widerlager einer Brücke

2.1 Lastermittlung: *alle Lasten sind charakteristische!*

Eigenlasten:

$$G_1 = 4{,}9 \cdot 0{,}5 \cdot 25 = 61{,}25 \;\; kN/m$$

$$G_2 = 0{,}6 \cdot 0{,}4 \cdot 25 = 6{,}0 \;\; kN/m$$

$$G_3 = 0{,}6 \cdot b_\mathrm{E} \cdot 25 = 15{,}0 \;\; b_\mathrm{E}$$

$$G_\mathrm{E} = 4{,}3 \cdot b_\mathrm{E} \cdot 18 = 77{,}4 \;\; b_\mathrm{E}$$

Aktiver Erddruck infolge Bodeneigenlast:

φ = 33°; α = 0; β = 0; δ_a = 0 (Rankine'scher Sonderfall):
$\Rightarrow K_\mathrm{a}^\mathrm{g} = 0{,}294$ *(int. bzw. Formel)*

$$e_\mathrm{a}^\mathrm{g} = 18 \cdot 4{,}9 \cdot 0{,}294 = 25{,}93 \;\; kN/m^2$$

$$E_\mathrm{a}^\mathrm{g} \mathrel{\hat{=}} E_\mathrm{ah}^\mathrm{g} = 25{,}93 \cdot 4{,}9 \cdot \frac{1}{2} = 63{,}53 \;\; kN/m$$

Aktiver Erddruck infolge Verkehrslast:

$$e_\mathrm{a}^\mathrm{p} = 10 \cdot 0{,}294 = 2{,}94 \;\; kN/m^2$$

$$E_\mathrm{a}^\mathrm{p} \mathrel{\hat{=}} E_\mathrm{ah}^\mathrm{p} = 2{,}94 \cdot 4{,}9 = 14{,}41 \;\; kN/m$$

2.2 Sicherheit gegen Kippen: Nachweis der Gebrauchstauglichkeit (SLS)

Ständige Einwirkungen

$$\sum M_\mathrm{(D)}^\mathrm{g} = 6{,}0 \cdot 0{,}2 + 30 \cdot 0{,}65 + 61{,}25 \cdot 0{,}65 - 63{,}53 \cdot 1{,}63 + (77{,}4 + 15{,}0) \cdot b_\mathrm{E} \cdot \left(0{,}9 + \frac{b_\mathrm{E}}{2}\right)$$

$$= 46{,}2 \;\; b_\mathrm{E}^2 + 83{,}16 \;\; b_\mathrm{E} - 43{,}23$$

$$\sum V^\mathrm{g} = 6{,}0 + 30{,}0 + 61{,}25 + 15{,}0 \;\; b_\mathrm{E} + 77{,}4 \;\; b_\mathrm{E} = 92{,}4 \;\; b_\mathrm{E} + 97{,}25$$

Aus der Bedingung

$$c^\mathrm{g} = \frac{\sum M_\mathrm{(D)}^\mathrm{g}}{\sum V^\mathrm{g}} = \frac{46{,}2 \;\; b_\mathrm{E}^2 + 83{,}16 \;\; b_\mathrm{E} - 43{,}23}{92{,}4 \;\; b_\mathrm{E} + 97{,}25} \stackrel{!}{=} \frac{(b_\mathrm{E} + 0{,}9)}{3}$$

ergibt sich (z.B. durch Probieren) $b_{E,erf}$ = 1,55 m.

Ständige und veränderliche Einwirkungen

$$\sum M_\mathrm{(D)}^\mathrm{g+p} = 46{,}2 \;\; b_\mathrm{E}^2 + 83{,}16 \;\; b_\mathrm{E} - 43{,}23 - 14{,}14 \cdot 2{,}45 = 46{,}2 \;\; b_\mathrm{E}^2 + 83{,}16 b_\mathrm{E} - 78{,}54$$

$$\sum V^{g+p} \mathrel{\hat{=}} \sum V^g$$

Aus der Bedingung

$$c^\mathrm{g+p} = \frac{\sum M_\mathrm{(D)}^\mathrm{g+p}}{\sum V^\mathrm{g+p}} = \frac{46{,}2 \;\; b_\mathrm{E}^2 + 83{,}16 \;\; b_\mathrm{E} - 78{,}54}{92{,}4 \;\; b_\mathrm{E} + 97{,}25} \stackrel{!}{=} \frac{(b_\mathrm{E} + 0{,}9)}{6}$$

□ 7.37: Fortsetzung Beispiel: Winkelstützwand als Widerlager einer Brücke

ergibt sich $b_{E,erf}$ = 1,08 m

Somit ist nach den Kriterien „Sicherheit gegen Kippen" eine Breite von b_E = 1,55 m erforderlich.

2.3 Sicherheit gegen Kippen (Kontrolle): Nachweis der Tragfähigkeit (EQU)

Einwirkendes (ungünstiges; „treibendes") Moment $M_{E,k}$ um den Drehpunkt D

$$\sum M^D_{G,k,dst} = 63{,}53 \cdot 1{,}63 = 103{,}6 \;kNm/m;\; \gamma_{G,dstb} = 1{,}1$$

$$\sum M^D_{Q,k,dst} = 14{,}41 \cdot 2{,}45 = 35{,}3 \;kNm/m;\; \gamma_Q = 1{,}5$$

$$\Rightarrow \quad M^D_{E,d} = 103{,}6 \cdot 1{,}1 + 35{,}3 \cdot 1{,}5 = 167{,}0 \;kNm/m$$

Widerstehendes (günstiges; „haltendes") Moment $M_{R,k}$ um den Drehpunkt D

$$M^D_{R,k} = \sum M^D_{G,k} = 6{,}0 \cdot 0{,}2 + 30{,}0 \cdot 0{,}65 + 61{,}25 \cdot 0{,}65 + (77{,}4 + 15{,}0) \cdot 1{,}55 \cdot (0{,}9 + \frac{1{,}55}{2}) = 300{,}4 \;kNm/m$$

$$\gamma_{G,stb} = 0{,}9$$

$$\Rightarrow \quad M^D_{R,d} = 300{,}4 \cdot 0{,}9 = 270{,}3 \;kNm/m$$

Nachweis: $M^D_{E,d} = 167{,}0 \;kNm/m \;<\; 270{,}3 \;kNm/m$ *ist erbracht*

3. Sicherheit gegen Gleiten

Da bei der Überprüfung der Sicherheit gegen Gleiten die Lastkombination maßgebend ist, bei der die geringsten Vertikalkräfte den größtmöglichen Horizontalkräften gegenüberstehen, ist der Fall 5 als maßgebend zu erkennen.
Die Frage ist, ob für den anstehenden Sand mit der unter Punkt 2.2 ermittelten Breite b_E = 1,55 m ausreichende Sicherheit gegen Gleiten gegeben ist.

Lastzusammenstellung

$$G_1 = 61{,}25 \;kN/m$$

$$G_2 = 6{,}0 \;kN/m$$

$$G_3 = 15{,}0 \;b_E = 15{,}0 \cdot 1{,}55 = 23{,}25 \;kN/m$$

$$G_E = 77{,}4 \;b_E = 77{,}4 \cdot 1{,}55 = 119{,}97 \;kN/m$$

$$A^g = 30{,}0 \;kN/m$$

$$\sum V^g = 240{,}47 \;kN/m$$

$$E^g_{ah} = 63{,}53 \;kN/m$$

$$E^p_{ah} = 14{,}41 \;kN/m$$

$$H_d = H_{G,k} \cdot \gamma_G + H_{Q,k} \cdot \gamma_Q = F^g_h \cdot \gamma_G + F^p_h \cdot \gamma_Q = 63{,}53 \cdot 1{,}35 + 14{,}41 \cdot 1{,}50 = 107{,}4 \;kN/m$$

$$R_{h,k} = V_K' \cdot \tan\delta_k = F_V \cdot \tan\delta_k = 240{,}47 \cdot \tan 33° = 156{,}2 \;kN/m$$

□ 7.37: Fortsetzung Beispiel: Winkelstützwand als Widerlager einer Brücke

$$R_{h,d} = \frac{R_{h,k}}{\gamma_{R,h}} = \frac{156{,}2}{1{,}10} = 142{,}0\ kN/m$$

Damit wird

$$H_d = 107{,}4\ kN/m < R_{h,d} = 142{,}0\ kN/m$$

Die Sicherheit gegen Gleiten ist gegeben.

4. Sicherheit gegen Grundbruch

Die Sicherheit gegen Grundbruch soll ebenfalls auf der Basis der unter Abschnitt 2. ermittelten Breite b_E = 1,55 m überprüft werden. Hierbei sind als ungünstig die Lastkombinationen „e_{max}“ sowie „V_{max}“ anzusetzen.

Aus der Zusammenstellung unter Punkt 1. ist zu erkennen:
„e_{max}“ entsteht im Fall 5
„V_{max}“ entsteht im Fall 4.

4.1. Lastkombination „e_{max}“

Überprüfung der Ausmittigkeit

$$e^{g} = \frac{b}{6} = \frac{0{,}4 + 0{,}5 + 1{,}55}{6} = 0{,}41$$

(mit diesem Ansatz wurde unter Abschnitt 2. die Breite b_E = 1,55 m ermittelt).

Mit dem unter Abschnitt 2.1. entwickelten Ansatz wird

$$c^{g+p} = \frac{46{,}2 \cdot 1{,}55^2 + 83{,}16 \cdot 1{,}55 - 78{,}54}{92{,}4 \cdot 1{,}55 + 97{,}25} = \frac{161{,}35}{240{,}47} = 0{,}67\ m$$

$$\Rightarrow e^{g+p} = \frac{0{,}4 + 0{,}5 + 1{,}55}{2} - 0{,}67 = 0{,}56\ m$$

$$b' = 2{,}45 - 2 \cdot 0{,}56 = 1{,}33\ m$$

$$F^{g}_{h,k} = 63{,}53\ kN/m$$

$$F^{p}_{h,k} = 14{,}41\ kN/m$$

$$F^{g}_{v,k} = 240{,}47\ kN/m$$

$$F^{p}_{v,k} = 0$$

Da zu erkennen ist, dass auch die Schicht 2 von der Grundbruchscholle betroffen ist, müssen die maßgebenden Bodenkennwerte nach der „Methode des gewogenen Mittels“ ermittelt werden.

Methode des gewogenen Mittels:
Um dieses Iterationsverfahren abzukürzen, wird der Start mit einem Reibungswinkel φ' = 35° (nach Augenschein) begonnen:

Einflusstiefe d_{so} für φ_o = 35°:

 7.37: Fortsetzung Beispiel: Winkelstützwand als Widerlager einer Brücke

$$\vartheta_1 = 45° - \frac{\varphi_0}{2} = 45° - \frac{35°}{2} = 27,5°$$

$$a = \frac{1 - \tan^2 \vartheta_1}{2 \cdot \tan \delta_s} = \frac{1 - \tan^2 27,5°}{2 \cdot \frac{77,94}{240,47}} = 1,125$$

$$\tan \alpha_2 = a + \sqrt{a^2 - \tan^2 \vartheta_1} = 1,125 + \sqrt{1,125^2 - 0,271} = 2,125 \Rightarrow \alpha_2 = 64,8°$$

$$\vartheta_2 = \alpha_2 - \vartheta_1 = 64,8° - 27,5° = 37,3° \hat{=} \alpha_1$$

$$\Rightarrow d_{s0} = b' \cdot \sin \vartheta_2 \cdot e^{\alpha_1 \cdot \tan 35°} = 1,33 \cdot \sin 37,3^2 \cdot e^{0,651 \cdot \tan 35°} = 1,27 \ m$$

Gewogenes Mittel $\overline{\varphi_0}$ aller betroffenen Schichten:

$$\overline{\varphi_0} = \frac{0,6 \cdot 33° + 0,67 \cdot 36°}{1,27} = 34,6°$$

Fehlerabweichung:

$$\Delta_1 = \frac{\varphi_0 - \overline{\varphi_0}}{\varphi_0} = \frac{35° - 34,6°}{35°} \cdot 100 = 1,1\% < 3\%$$

Die Iteration kann abgebrochen werden.

Rechenwerte:
Der für die Grundbruchberechnung maßgebende Reibungswinkel beträgt

$$\varphi = \frac{35° + 34,6°}{2} \approx 35°$$

Einflusstiefe der Grundbruchscholle:

$d_s \approx 1,27 \ m$ *(s. vorhergehende Berechnung)*

Die Wichte des Bodens unterhalb der Fundamentsohle berechnet sich mit dieser Einflusstiefe zu

$$\gamma_2 = \frac{0,6 \cdot 18 + 0,67 \cdot 20}{1,27} = 19,1 \ kN/m^3$$

Vorwerte zur Grundbruchberechnung:

$$N_{d0} = 33; \ \nu_d = 1,0$$

$$N_{b0} = 23; \ \nu_b = 1,0$$

Neigungsbeiwerte für den Fall

- *H parallel zur Seite b'*
- *$\varphi' = 0$; $c' > 0$; $\delta > 0$; $\omega = 90°$ zu ermitteln:*

$$\tan \delta = \frac{H}{V} = \frac{F_h}{F_V} = \frac{77,94}{240,47} = 0,324; \ \delta > 0$$

Mit m = 2 (Streifenfundament) wird

$$i_d = (1 - 0,324)^2 = 0,457 \ ; \qquad i_b = (1 - 0,324)^{2+1} = 0,309$$

□ 7.37: Fortsetzung Beispiel: Winkelstützwand als Widerlager einer Brücke

Grundbruchwiderstand:

$$R_{V,k} = 1{,}33 \cdot (0 + 18 \cdot 0{,}9 \cdot 33 \cdot 1{,}0 \cdot 0{,}457 + 19{,}1 \cdot 1{,}33 \cdot 23 \cdot 1{,}0 \cdot 0{,}309) = 565 \quad kN/m$$

Nachweis der Grundbruchsicherheit:

$$V_d = 240{,}47 \cdot 1{,}35 + 0 = 325 \quad kN/m$$

$$R_{V,d} = \frac{565}{1{,}40} = 404 \quad kN/m$$

Damit wird

$$V_d = 325 \quad kN/m < R_{V,d} = 404 \quad kN/m$$

So dass für diese Lastkombination ausreichend Sicherheit gegeben ist.

4.2 Lastkombination „V_{max}“

Die Lastkombination „V_{max}“ entsteht im Fall 4.

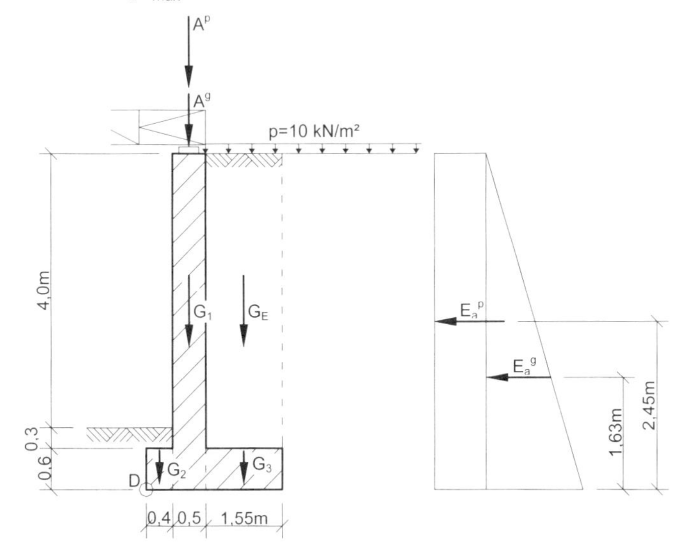

Lastzusammenstellung

$$G_1 = 61{,}25 \quad kN/m$$

$$G_2 = 6{,}0 \quad kN/m$$

$$G_3 = 23{,}25 \quad kN/m$$

$$G_E^{g+p} = 119{,}97 + 10 \cdot 1{,}55 = 135{,}47 \quad kN/m$$

$$A^g = 30{,}0 \quad kN/m$$

$$A^p = 25{,}0 \quad kN/m$$

$$\sum V = 280{,}97 \quad kN/m$$

□ 7.37: Fortsetzung Beispiel: Winkelstützwand als Widerlager einer Brücke

$$E_{ah}^{g} = 63{,}53 \quad kN/m$$

$$E_{ah}^{p} = 14{,}41 \quad kN/m$$

$$\sum H = 77{,}94 \quad kN/m$$

Ermittlung der Ausmittigkeit (SLS: Ständige und veränderliche Einwirkungen)

$$\sum M_{(D)}^{g+p} = 61{,}25 \left(0{,}4+\frac{0{,}5}{2}\right)+6{,}0\cdot 0{,}2+\left(23{,}25+135{,}47\right)\left(0{,}9+\frac{1{,}55}{2}\right)$$

$$+\left(30{,}0+25{,}0\right)\left(0{,}4+\frac{0{,}5}{2}\right)-63{,}53\cdot 1{,}63-14{,}41\cdot 2{,}45 = 203{,}76 \quad kNm/m$$

$$\sum V^{g+p} = 280{,}97 \quad kN/m$$

$$\Rightarrow c^{g+p} = \frac{203{,}76}{280{,}97} = 0{,}725 \quad m$$

$$e^{g+p} = \frac{b}{2} - c^{g+p} = \frac{2{,}45}{2} - 0{,}725 = 0{,}50 \quad m$$

Berechnungswerte

$$b' = 2{,}45 - 2\cdot 0{,}50 = 1{,}45 \quad m$$

$$\sum V = 280{,}97 \quad kN/m$$

$$\sum H = 77{,}94 \quad kN/m$$

Da zu erkennen ist, dass auch die Schicht 2 von der Grundbruchscholle betroffen ist, müssen die maßgebenden Bodenkennwerte nach der „Methode des gewogenen Mittels" bestimmt werden.

Methode des gewogenen Mittels:
Um dieses Iterationsverfahren abzukürzen, wird der Start mit einem Reibungswinkel φ' = 35° (nach Augenschein) begonnen:

Einflusstiefe d_{s0} für φ_0 = 35°:

$$\vartheta_1 = 45° - \frac{35°}{2} = 27{,}5°$$

$$a = \frac{1-\tan^2 27{,}5°}{2\cdot\dfrac{77{,}94}{280{,}97}} = 1{,}314$$

$$\tan\alpha_2 = 1{,}314+\sqrt{1{,}314^2-0{,}271} = 2{,}520 \;\Rightarrow\; \alpha_2 = 68{,}36°$$

$$\vartheta_2 = 68{,}36° - 27{,}5° = 40{,}86° \mathrel{\hat{=}} \alpha_1$$

$$\Rightarrow d_{s0} = 1{,}45\cdot\sin 40{,}86^2\cdot e^{0{,}713\cdot\tan 35°} = 1{,}56 \quad m$$

gewogenes Mittel $\overline{\varphi_0}$ aller betroffenen Schichten:

$$\overline{\varphi_0} = \frac{0{,}6\cdot 33° + 0{,}96\cdot 36°}{1{,}56} = 34{,}8°$$

7.37: Fortsetzung Beispiel: Winkelstützwand als Widerlager einer Brücke

Fehlerabweichung:

$$\Delta_1 = \frac{35° - 34,8°}{35°} \cdot 100 = 0,5\% < 3\%$$

Die Iteration kann abgebrochen werden.

Rechenwerte:
Der für die Grundbruchberechnung maßgebende Reibungswinkel beträgt

$$\varphi = \frac{35° + 34,8°}{2} \approx 35°$$

Einflusstiefe der Grundbruchscholle $d_s \approx 1,56$ m (s. vorhergehende Berechnung).

Wichte des Bodens unterhalb der Fundamentsohle:

$$\gamma_2 = \frac{0,6 \cdot 18 + 0,96 \cdot 20}{1,56} = 19,2 \ kN/m^3$$

Vorwerte zur Grundbruchberechnung

$$N_{d0} = 33; \ \nu_d = 1,0$$
$$N_{b0} = 23; \ \nu_b = 1,0$$

Neigungsbeiwerte für den Fall

- *H parallel b'*
- *$\varphi' = 0$; $c' > 0$; $\delta > 0$; $\omega = 90°$*

$$\tan\delta = \frac{H}{V} = \frac{F_h}{F_V} = \frac{77,94}{280,97} = 0,277; \ \delta > 0$$

Mit m = 2 (Streifenfundament) wird

$$i_d = (1 - 0,277)^2 = 0,523; \quad i_b = (1 - 0,277)^{2+1} = 0,378$$

Grundbruchwiderstand:

$$R_{V,k} = 1,45 \cdot (0 + 18 \cdot 0,9 \cdot 33 \cdot 1,0 \cdot 0,523 + 19,2 \cdot 1,45 \cdot 23 \cdot 1,0 \cdot 0,378) = 756 \ kN/m$$

Nachweis der Grundbruchsicherheit:

$$V_d = 240,47 \cdot 1,35 + 40,0 \cdot 1,50 = 385 \ kN/m$$
$$R_{V,d} = \frac{756}{1,40} = 540 \ kN/m$$

Damit wird $V_d = 385 \ kN/m < R_{V,d} = 540 \ kN/m$ $N_d = 385 < R_{n,d} = 540 \ kN/m,$

So dass auch hier ausreichend Sicherheit gegeben ist.

5. Zusammenfassung

Die erforderliche Mindestbreite beträgt $b_E = 1,55$ m

 7.38: Beispiel: Ausmittige Stütze

Geg.: *Gründungskörper unter einem setzungsunempfindlichen Bauwerk*

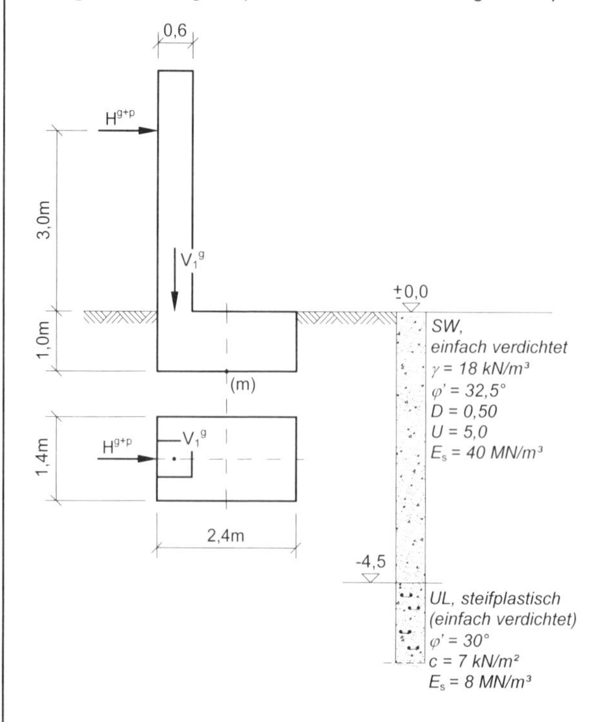

Belastung:

ständige Lasten:

Stützenlast $V_1^g = 500\ kN$

Fundamentlast V_2^g

$H^g = 60\ kN$

Verkehrslasten: $H^p = 20\ kN$

Ges.:

die Standsicherheit ist zu überprüfen:

1. *„Tabellenverfahren“ nach Handbuch Eurocode 7*
2. *Direkte Standsicherheitsnachweise*
   2.1 Kippen
   2.2 Gleiten
   2.3 Grundbruch
3. *Unter Vernachlässigung des Verkehrslastanteils ist die Setzung/ Schiefstellung zu ermitteln.*

Anmerkung: Erddruck und Erdwiderstand brauchen nicht berücksichtigt werden.

Lösung:

1. „Tabellenverfahren“ (Handbuch Eurocode 7: DIN 1054)

1.1 Voraussetzungen für das „Tabellenverfahren“

Fundamenteigenlast:

$$G_F = 25 \cdot 1,4 \cdot 2,4 \cdot 1,0 = 84,0\ kN$$

(1) Gründungstiefe (Außenbereich):

$$d_{vorh} = 1,0\ m > 0,8\ m$$

(2) Baugrund:

a) bauseits sicherzustellen

b) $z_{vorh} = 3,5\ m > 2b = 2,8\ m$

Nicht bindiger Boden: $D_{vorh} = 0,50 > D_{erf} = 0,45 \quad (U > 3)$

□ 7.38: Fortsetzung Beispiel: Ausmittige Stütze

(3) Belastung:

a) überwiegend statisch
b) entfällt
c) $\frac{H}{V} = \frac{60+20}{500+84} = \frac{80}{584} = 0{,}14 < 0{,}20$

d) Tragfähigkeit (EQU): Drehpunkt D (rechte Außenkante!)

$$M_{E,d}^{D} = (\sum M_{G,k,dst}^{D}) \cdot \gamma_{G,dst} + (\sum M_{Q,k,dst}^{D}) \cdot \gamma_{Q} \leq M_{R,d}^{D} = (\sum M_{G,k}^{D}) \cdot \gamma_{G,stb}$$

$$M_{E,d}^{D} = 60 \cdot 4{,}0 \cdot 1{,}1 + 20 \cdot 4{,}0 \cdot 1{,}50 = 384 \ kNm$$

$$M_{R,d}^{D} = \left[500 \cdot (2{,}4 - \frac{0{,}6}{2}) + 84 \cdot \frac{2{,}4}{2}\right] \cdot 0{,}9 = 1035 \ kNm$$

$$\Rightarrow M_{E,d}^{D} = 384 \ kNm < M_{R,d}^{D} = 1035 \ kNm$$

Nachweis EQU erbracht.

Gebrauchstauglichkeitsnachweis (SLS: ständige Einwirkungen):

$$e^{g} = \frac{\sum M_{(m)}}{\sum V} = \frac{500 \left(\frac{2{,}4-0{,}6}{2}\right) - 60 \cdot 4{,}0}{500+84} = \frac{210}{584} = 0{,}36 \ m < \frac{a}{6} = \frac{2{,}4}{6} = 0{,}40 \ m$$

Gebrauchstauglichkeitsnachweis (SLS: ständige + veränderliche Einwirkungen):

$$e^{g+p} = \frac{210 - 20 \cdot 4{,}0}{584} = \frac{130}{584} = 0{,}22 \ m < \frac{2{,}4}{3} = 0{,}80 \ m$$

Lastzustand „ständige Last" ist ungünstiger und wird somit weiterverfolgt.

(4) Sonderbestimmung für nbB:

Das Grundwasser liegt unterhalb der Fundamentsohle.

Damit sind die Voraussetzungen des „Tabellenverfahrens" erfüllt.

1.2 Bemessungswert des Sohlwiderstandes (nbB)

(1) Tabellenwert:

Setzungsunempfindlich $\Rightarrow$ *Tabelle A 6.1*

reduzierte Fläche:

$$2{,}40 - 2 \cdot 0{,}36 = 1{,}68 \ m \mathrel{\hat{=}} a'$$

$$1{,}40 - 0 = 1{,}40 \ m \mathrel{\hat{=}} b'$$

$$\Rightarrow \sigma_{R,d}^{(A6.1)} = 632 \ kN/m^{2}$$

□ 7.38: Fortsetzung Beispiel: Ausmittige Stütze

(2) Erhöhungen:

a) $\frac{a'}{b'} = \frac{1,68}{1,40} < 2; \; d_{\text{vorh}} = 1,0 \; m > 0,6b' = 0,84 \; m$ $\Rightarrow$ *20% Erhöhung*

b) $D_{\text{vorh}} = 0,50 \; < \; D_{\text{erf}} = 0,65 \; (U > 3)$ $\Rightarrow$ *keine Erhöhung (U = C_U)*

(3) Abminderungen:

a) $\frac{d_w}{b'} = \frac{3,5}{1,40} > 1$ $\Rightarrow$ *keine Abminderung*

b) $\left(1 - \frac{H}{V}\right)^2 = \left(1 - \frac{60}{584}\right)^2 = 0,805$

Damit wird $\sigma_{R,d} = 632 \cdot (1 + 0,20 + 0 - 0) \cdot 0,805 = 610,5 \; kN/m^2$

1.3 Spannungsnachweis:

$$V_d = V_{G,k} \cdot \gamma_G + V_{Q,k} \cdot \gamma_Q = (500 + 84) \cdot 1,35 = 788,4 \; kN$$

$$\sigma_{R,d} = 610,5 \; kN/m^2 > \sigma_{E,d} = \frac{788,4}{1,68 \cdot 1,40} = 335,2 \; kN/m^2$$

Das Fundament ist ausreichend bemessen.

2. Direkte Standsicherheitsnachweise

2.1 Sicherheit gegen Kippen

s. Punkt 1:

EQU: $M_{E,d}^D = 384 \; kNm < M_{R,d}^D = 1035 \; kNm$

SLS: ständige Einwirkungen: $e^g = 0,36 < \frac{a}{6}$

Ständige + veränderliche Einwirkungen: $e^{g+p} = 0,22 < \frac{a}{6}$

Die Sicherheit reicht aus.

2.2 Sicherheit gegen Gleiten

2.2.1 Tragfähigkeitsnachweis (GEO-2):

Ständige Lasten: $F_{v,k} = 584 \; kN$

$F_{h,k} = 60 \; kN$

Veränderliche Lasten: $F_{v,k} = 0$

$F_{h,k} = 20 \; kN$

$$H_d = H_{G,k} \cdot \gamma_G + H_{Q,k} \cdot \gamma_Q = F_h^g \cdot \gamma_G + F_h^p \cdot \gamma_Q = 60 \cdot 1,35 + 20 \cdot 1,50 = 111 \; kN$$

7.38: Fortsetzung Beispiel: Ausmittige Stütze

$$R_{h,k} = V_K' \cdot \tan\delta_k = F_V \cdot \tan\delta_k = 584 \cdot \tan 32{,}5° = 372\ kN$$

$$R_{h,d} = \frac{R_{h,k}}{\gamma_{R,h}} = \frac{372}{1{,}10} = 338\ kN$$

Damit wird

$$H_d = 111\ kN < R_{h,d} = 338\ kN \cdot$$

Ausreichende Sicherheit ist gegeben.

2.2.2 Gebrauchstauglichkeitsnachweis (GZ 2)

Dieser Nachweis muss nicht geführt werden, da der Nachweis 3.2.1 ohne Ansatz von Erdwiderstand erbracht wurde.

2.3 Sicherheit gegen Grundbruch (GZ 1B)

Aus der Berechnung zu Punkt 1 hat sich ergeben, dass der Zustand „ständige Last" die ungünstigste Lastkombination darstellt.

$$\sum V^{g} = 584\ kN$$

$$\sum H^{g} = 60\ kN$$

a' = 1,68 m; b' = 1,40 m

Zunächst ist zu prüfen, ob die Grundbruchscholle bis in die Schicht UL reicht:

$$\vartheta_1 = 45° - \frac{32{,}5°}{2} = 28{,}75°$$

$$a = \frac{1 - \tan^2 28{,}75°}{2\frac{60}{584}} = \frac{0{,}6990}{0{,}2055} = 3{,}4015$$

$$\tan\alpha_2 = 3{,}4015 + \sqrt{3{,}4015^2 - \tan^2 28{,}75°} = 6{,}7585 \Rightarrow \alpha_2 = 81{,}58°$$

$$\vartheta_2 = 81{,}58° - 28{,}75° = 52{,}83° \hat{=} \alpha_1$$

Damit wird die Tiefe der Grundbruchscholle

$$d_s = 1{,}40 \cdot \sin 52{,}83° \cdot e^{0{,}9221 \cdot \tan 32{,}5°} = 2{,}01\ m$$

$\Rightarrow$ *Grundbruchscholle innerhalb der Schicht SW.*

Beiwerte:

$$N_{d_0} = 25\ ;\ \nu_d' = 1 + \frac{1{,}40}{1{,}68} \cdot \sin 32{,}5° = 1{,}45$$

$$N_{b_0} = 15\ ;\ \nu_b' = 1 - 0{,}3\frac{1{,}40}{1{,}68} = 0{,}75$$

□ 7.38: Fortsetzung Beispiel: Ausmittige Stütze

Neigungsbeiwerte für den Fall

- *H parallel a'*
- *$\varphi' = 0$; $c' > 0$; $\delta > 0$; $\omega = 90°$*

$$m_a = \frac{2+\frac{a'}{b'}}{1+\frac{a'}{b'}} = \frac{2+\frac{1,68}{1,40}}{1+\frac{1,68}{1,40}} = 1,455$$

$$m = 1,455 \cdot 1,0 + 0 = 1,455$$

Damit wird

$$i_\mathrm{d} = \left(1-\frac{60}{584}\right)^{1,455} = 0,854$$

$$i_\mathrm{b} = \left(1-\frac{60}{584}\right)^{1,455+1} = 0,766$$

Grundbruchwiderstand:

$$R_{V,k} = 1,68 \cdot 1,40 \cdot (0 + 18 \cdot 1,0 \cdot 25 \cdot 1,45 \cdot 0,845 + 18 \cdot 1,40 \cdot 15 \cdot 0,75 \cdot 0,766) = 1821 \quad kN$$

Nachweis der Grundbruchsicherheit:

$$V_d = 584 \cdot 1,35 + 0 = 788 \quad kN$$

$$R_{V,d} = \frac{1821}{1,40} = 1300 \quad kN$$

Damit wird

$$V_d = 788 \quad kN < R_{V,d} = 1300 \quad kN$$

so dass ausreichend Sicherheit vorliegt.

3 Setzung/Schiefstellung

Ausgangswerte: $\sum V = 584 \quad kN$

$e = 0,36 \quad m$

Baugrundspannungen:

Sohlnormalspannung: $\sigma_0 = \frac{584}{1,4 \cdot 2,4} = 173,8 \quad kN/m^2$

Aushubentlastung: $\sigma_\mathrm{a} = 18 \cdot 1,0 = 18,0 \quad kN/m^2$

Setzungserzeugende Spannung: $\sigma_1 = 173,8 - 18,0 = 155,8 \quad kN/m^2$

Grenztiefe:

$$\frac{a}{b} = \frac{2,4}{1,4} \approx 1,7$$

7.38: Fortsetzung Beispiel: Ausmittige Stütze

Kote	z	d+z	$\sigma_ü$	$0,2\sigma_ü$	z/b	i	$i \cdot \sigma_1$
m	m	m	kN/m²	kN/m²	1	1	kN/m²
-4,5	3,5	4,5	81,0	16,2	2,5	0,1046	16,3

Die Grenztiefe kann bei $d_s \approx 3,5$ m angenommen werden.

Gleichmäßiger Setzungsanteil:

$$\frac{z}{b} = \frac{d_s}{b} = \frac{3,5}{1,4} = 2,5$$

$$\frac{a}{b} = 1,7 \Rightarrow f = 0,7989$$

$$\Rightarrow s_m = \frac{155,8 \cdot 1,4 \cdot 0,7989 \cdot 2}{40000 \cdot 3} = 0,003 \; m \mathrel{\hat{=}} 0,3 \; cm$$

Schiefstellung infolge $M = V \cdot e$:

Die Ausmittigkeit e_x erzeugt ein Moment M_y (mit α_y und f_x).

Tabellenwert:

$$n = \frac{a}{b} = \frac{2,4}{1,4} = 1,7 \Rightarrow f_x \approx 1,5$$

$$b_E = \frac{2}{\sqrt{\pi}} \cdot 1,4 = 1,53 \; m$$

Verdrehungswinkel:

$$\tan \alpha_y = \frac{584 \cdot 0,36 \cdot 2}{1,53^3 \cdot 40000 \cdot 3} \cdot 1,5 = 0,0015$$

Damit ergeben sich die Randsetzungen

$$s_{max} = 0,3 + \frac{240}{2} \cdot 0,0015 = 0,48 \; cm$$

$$s_{min} = 0,3 - \frac{240}{2} \cdot 0,0015 = 0,12 \; cm$$

7.39: Beispiel: Gewichtsstützwand mit erdseitigem Knick

Geg.:

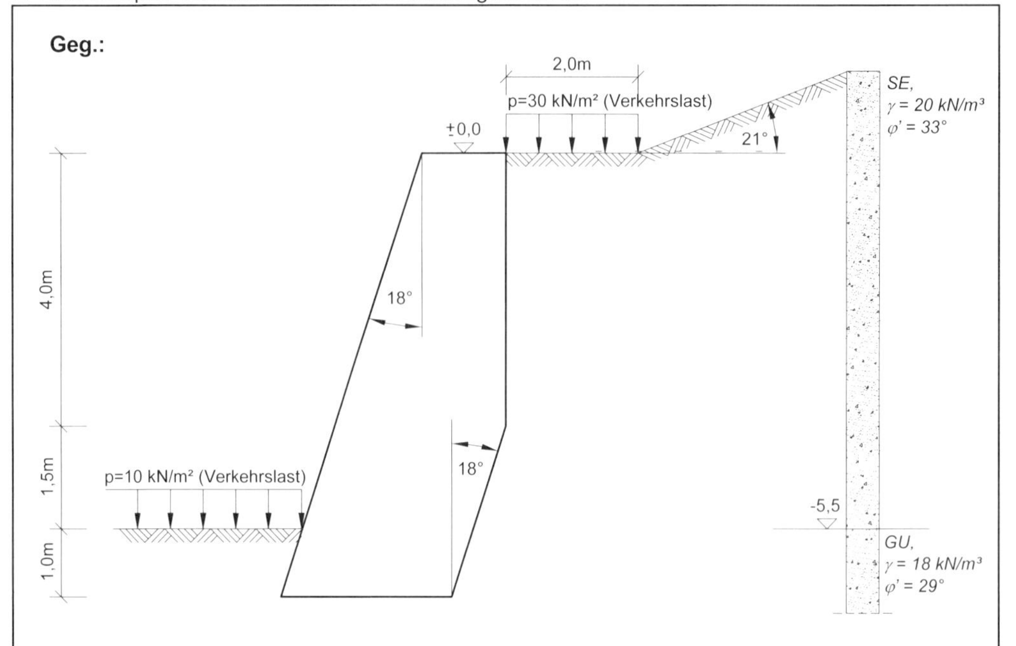

Ges.: *Die für die zu bemessende Stützwand anzusetzenden Erddrucklasten sind zu ermitteln.*

Anmerkung: *Erdwiderstand kann im zulässigen Maß angesetzt werden.*

Lösung: *alle Lasten sind charakteristische*

Anmerkungen:

- *Bei der Auflast hinter der Stützwand handelt es sich um eine „einseitig begrenzte Flächenlast". Sie beeinflusst – wie die nachfolgende Berechnung und Skizze zeigen – nur den oberen Boden SE im Bereich der senkrechten Wandrückseite.*
- *Die unbegrenzte Flächenlast vor der Stützwand darf als günstig wirkende Verkehrslast nicht berücksichtigt werden.*

1. Aktiver Erddruck

Erddruckbeiwerte (interpoliert oder mit Formel):

Boden SE $\left(\varphi' = 33°; \delta_a = \frac{2}{3}\varphi'\right)$

$\alpha = 0$: $\beta = 0 \quad \Rightarrow \quad K_a^g \approx 0,26$

$\beta = 21° \quad \Rightarrow \quad K_a^g \approx 0,36$

$\alpha = 18°$: $\beta = 0 \quad \Rightarrow \quad K_a^g \approx 0,15$

$\beta = 21° \quad \Rightarrow \quad K_a^g \approx 0,20$

Boden GU $\left(\varphi' = 29°; \delta_a = \frac{2}{3}\varphi'\right)$

$\alpha = 18°$: $\beta = 0 \quad \Rightarrow \quad K_a^g \approx 0,20$

7.39: Fortsetzung Beispiel: Gewichtsstützwand mit erdseitigem Knick

$$\beta = 21^\circ \qquad \Rightarrow \qquad K_a^g \approx 0{,}28$$

Größe und Verteilung der einseitig begrenzten Streifenlast:

Gleitflächenwinkel:

$$\tan \vartheta_a = \frac{\sin\varphi + \sqrt{\dfrac{\tan\varphi - \tan\beta}{\tan\varphi + \tan\delta_a}}}{\cos\varphi} = \frac{\sin 33^\circ + \sqrt{\dfrac{\tan 33^\circ - \tan 0^\circ}{\tan 33^\circ + \tan 22^\circ}}}{\cos 33^\circ} = 1{,}586 \Rightarrow \vartheta_a = 57{,}76^\circ$$

$$e_a^p = p \cdot K_a^g = 30 \cdot 0{,}26 = 7{,}8 \;\; kN/m^2$$

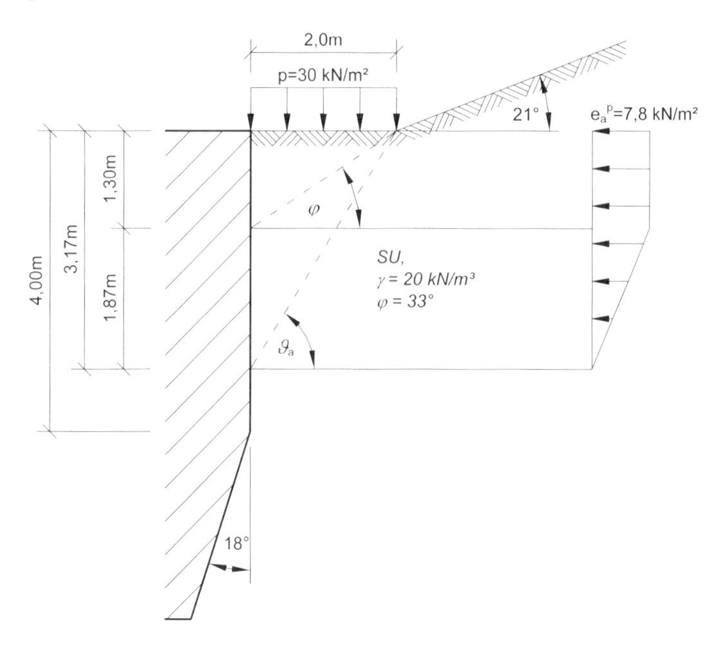

$$y_1 = \tan 33^\circ \cdot 2{,}00 = 1{,}30 \;\; m$$

$$y_2 = \tan 57{,}76^\circ \cdot 2{,}00 = 3{,}17 \;\; m$$

Da y_2 =3,17 m < 4,00 m ist, war die zuvor getroffene Annahme richtig.

Erddruck infolge Bodeneigenlast g

Für die Berücksichtigung des unregelmäßigen Geländes sowie der unterschiedlich geneigten Wandrückseite werden die in Teil 1 der Buchreihe Dörken/Dehne, Abschnitt 6 dargestellten Verfahren angewendet.
Dazu wird die Berechnung in 2 Fälle (β = 0°; β = 21°) aufgeteilt und deren Ergebnisse anschließend überlagert.

 7.39: Fortsetzung Beispiel: Gewichtsstützwand mit erdseitigem Knick

Fall 1: β = 0

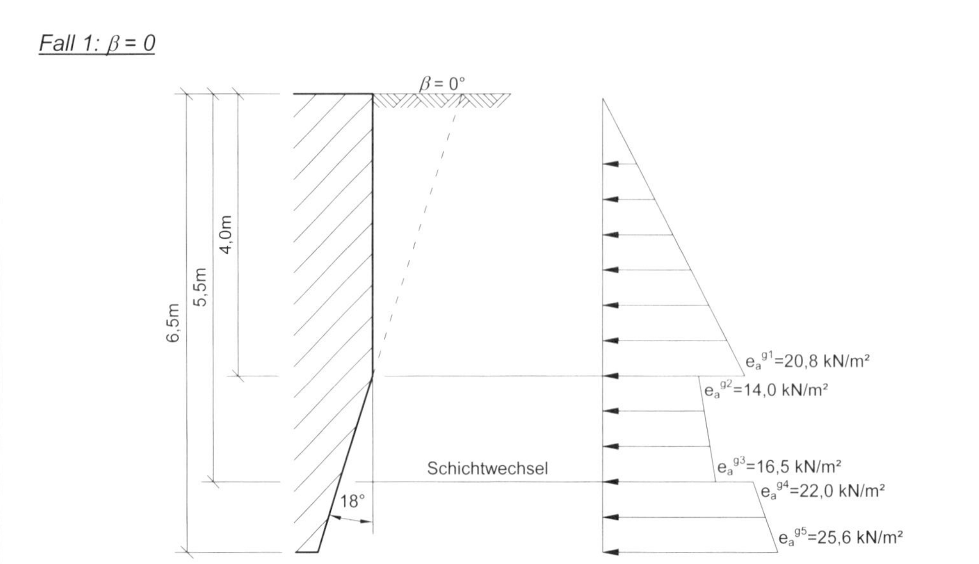

Erddruckordinaten für Boden SE:

$\alpha = 0;\ \beta = 0$

$$e_a^{g1} = K_a^g \cdot \gamma \cdot h = 0{,}26 \cdot 20 \cdot 4{,}00 = 20{,}8 \quad kN/m^2$$

$\alpha = +18°;\ \beta = 0$

$$e_a^{g2} = 0{,}15 \cdot 20 \cdot 4{,}00 = 12{,}0 \quad kN/m^2$$

$$e_a^{g3} = 0{,}15 \cdot 20 \cdot 5{,}50 = 16{,}5 \quad kN/m^2$$

Erddruckordinaten für Boden GU:

$\alpha = +18°;\ \beta = 0$

$$e_a^{g4} = 0{,}20 \cdot 20 \cdot 5{,}50 = 22{,}0 \quad kN/m^2$$

$$e_a^{g5} = 0{,}20 \ (20 \cdot 5{,}50 + 18 \cdot 1{,}00) = 25{,}6 \quad kN/m^2$$

Fall 2: β = 21°

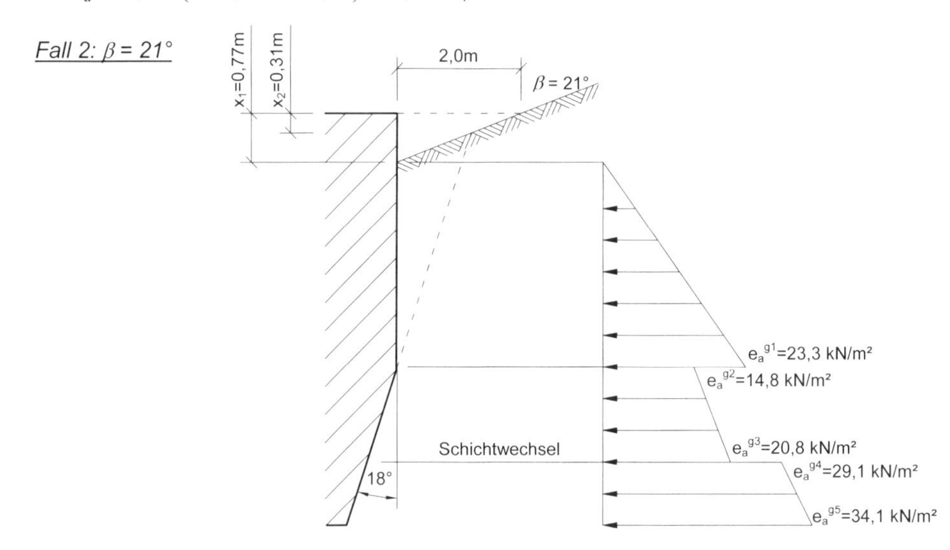

□ 7.39: Fortsetzung Beispiel: Gewichtsstützwand mit erdseitigem Knick

Erddruckordinaten für Boden SE:

$\alpha = 0;\ \beta = 21°$

$e_a^{g1} = 0,36 \cdot 20 \cdot (4,00 - 0,77) = 23,3\ kN/m^2$

$\alpha = +18°;\ \beta = 21°$

$e_a^{g2} = 0,20 \cdot 20 \cdot (4,00 - 0,31) = 14,8\ kN/m^2$

$e_a^{g3} = 0,20 \cdot 20 \cdot (5,50 - 0,31) = 20,8 kN/m^2$

Erddruckordinaten für Boden GU:

$\alpha = +18°;\ \beta = 21°$

$e_a^{g4} = 0,28 \cdot 20 \cdot (5,50 - 0,31) = 29,1\ kN/m^2$

$e_a^{g5} = 0,28\ \left[20\ (5,50 - 0,31) + 18 \cdot 1,00\right] = 34,1\ kN/m^2$

Überlagerung beider Verteilungen

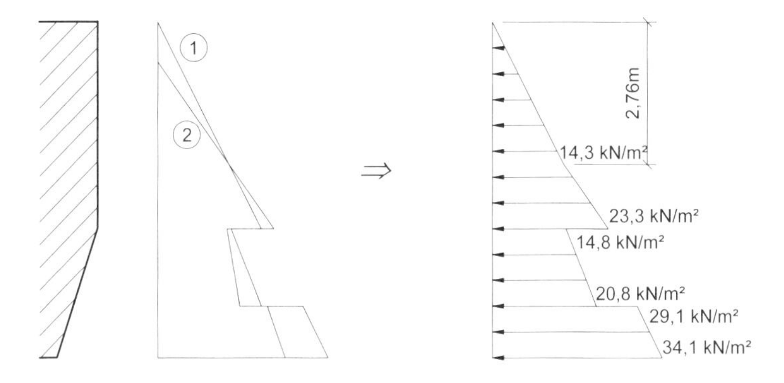

Der Schnittpunkt des Übergangs von Fall 1 zu Fall 2 kann aus einer maßstäblichen Zeichnung ausreichend genau abgelesen oder mathematisch als Schnittpunkt zweier Geraden ermittelt werden:

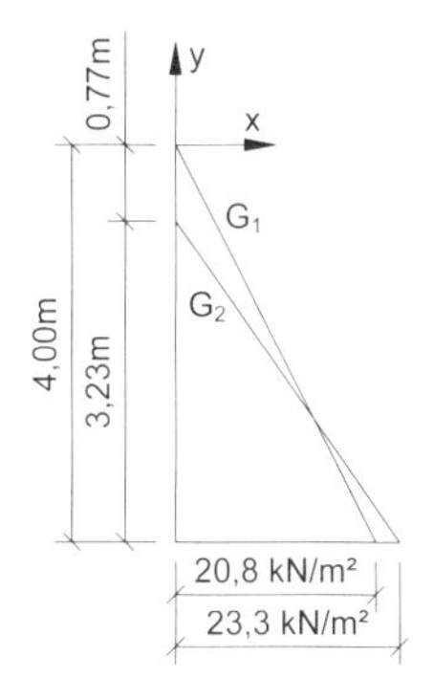

Aufstellen der Geradengleichungen:

G1: $y = -x \cdot \frac{4,00}{20,8} + 0$

G2: $y = -x \cdot \frac{3,23}{23,3} - 0,77$

Gleichsetzen:

$$-x \cdot \frac{4,00}{20,8} + 0 = -x \cdot \frac{3,23}{23,3} - 0,77$$

$$\Rightarrow x = 14,3\ kN/m^2 \qquad \Rightarrow y = -2,76\ m$$

□ 7.39: Fortsetzung Beispiel: Gewichtsstützwand mit erdseitigem Knick

Zusammenstellung der Erddruckverteilungen:

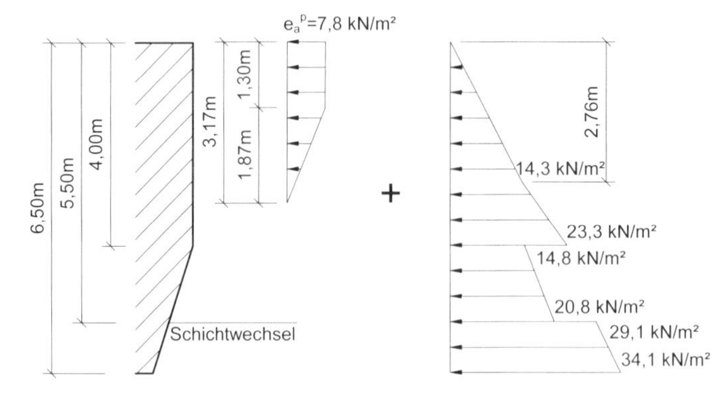

2. *Erdwiderstand vor der Stützwand*

Anmerkung: Obwohl in der Praxis im vorliegenden Fall vereinfachend und näherungsweise α = 0 angesetzt wird, soll hier aus Demonstrationsgründen mit der tatsächlichen Wandneigung gerechnet werden.

Erdwiderstandsbeiwert für den Boden GU:

α = -18°; β = 0°; φ' = 29°; δ_p = 0 $\Rightarrow$ $K_p^g = 2{,}25$

- *Erdwiderstand infolge Bodeneigenlast g:*

$$e_p^g = 18 \cdot 1{,}00 \cdot 2{,}25 = 40{,}5 \ kN/m^2$$

$$E_{p,k} = R_{P;k} = \frac{1}{2} \cdot 40{,}5 \cdot 1{,}00 = 20{,}3 \ kN/m$$

Ansetzbarer Bemessungswert:

$$R_{P,d} = \frac{R_{p,k}}{\gamma_{R,e}} = \frac{20{,}3}{1{,}40} = 14{,}5 \ kN/m$$

$$R_{P,d,h} = 14{,}5 \cdot \cos 18° = 13{,}8 \ kN/m$$

$$R_{P,d,V} = 14{,}5 \cdot \sin 18° = 4{,}5 \ kN/m$$

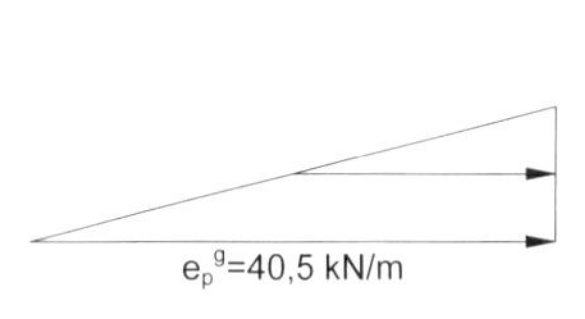

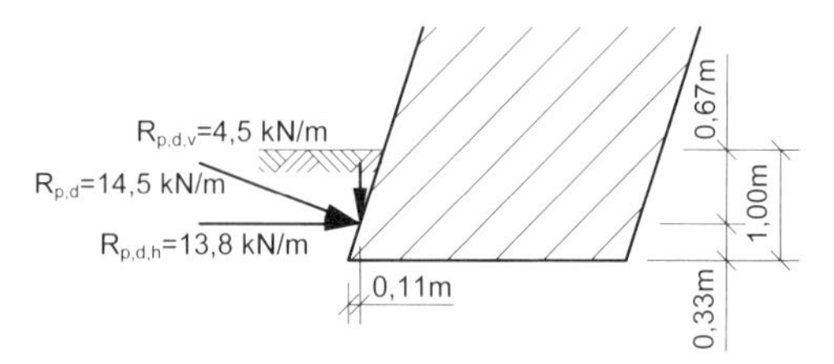

- *Erdwiderstand infolge Verkehrslast p:*

Dieser Erdwiderstand darf – da günstig wirkend – nicht angesetzt werden.

8 Nachweise nach DIN 1054 (2005)

In diesem Abschnitt werden die wichtigsten Regelungen und Berechnungen des Nachweisverfahrens (neues Sicherheitskonzept) nach DIN 1054: 2003-1 und 2005 aus der 4. Auflage von Teil 2 unserer Buchreihe in sehr kurzer Form zusammengefasst. Sie sind den in der Praxis tätigen Ingenieuren und Architekten aus dem Gebrauch der letzten Jahre vertraut. Dabei handelt es sich um die Abschnitte 1 (Kippen, Gleiten), 2 (Grundbruch), 5.2 (Aufnehmbarer Sohldruck in einfachen Fällen) und 7.3 (Gewichtsstützwände).

Dies hat den Zweck, einen Vergleich mit den Regelungen und Berechnungen nach dem Handbuch Eurocode 7, Band 1 (2011) zu ermöglichen, die in der vorliegenden 5. Auflage von Teil 2 unserer Buchreihe dargestellt und für viele Ingenieure und Architekten neu und ungewohnt sind. Hier geht es um die entsprechenden Teilgebiete: Kippen, Gleiten und Grundbruch (siehe Abschnitte 2.4 bis 2.6), das „Tabellenverfahren“ (siehe Abschnitt 8.4) und die Gewichtsstützwände (siehe Abschnitt 7.3).

Der Vergleich kann noch ausgedehnt und vertieft werden, wenn auch die vielen weiteren Regelungen und Berechnungsbeispiele aus der 4. Auflage herangezogen werden, auf die hier aus Platzgründen verzichtet werden musste.

8.1 Teilsicherheitsbeiwerte

a) Teilsicherheitsbeiwerte für Einwirkungen und Beanspruchungen

Nach DIN 1054: 2003-01 und 2005, Abschnitt 6.4.1 sind folgende Teilsicherheitsbeiwerte für die Grenzzustände GZ 1B und GZ 2 für Einwirkungen (Tabelle 8.01) anzusetzen:

8.01: Teilsicherheitsbeiwerte für Einwirkungen und Beanspruchungen beim Nachweis des Grenzzustandes GZ 1B bei Flachgründungen (aus DIN 1054:2003-01 und 2005 sowie Berichtigungen 2007-1, 2008-01, 2008-10)

Einwirkung	Formelzeichen	Lastfall		
		LF 1	LF 2	LF 3
GZ 1B: Grenzzustand des Versagens von Bauwerken und Bauteilen				
Beanspruchungen aus ständigen Einwirkungen allgemein[a]	γ_G	1,35	1,20	1,10
Beanspruchungen aus ständigen Einwirkungen aus Erdruhedruck	γ_{E0g}	1,20	1,10	1,00
Beanspruchungen aus ungünstigen veränderlichen Einwirkungen	γ_Q	1,50	1,30	1,10
GZ 2: Grenzzustand der Gebrauchstauglichkeit				
γ_G=1,00 für ständige Einwirkungen bzw. Beanspruchungen				
γ_Q=1,00 für veränderliche Einwirkungen bzw. Beanspruchungen				
[a] einschließlich ständigem und veränderlichem Wasserdruck				

⇒ DIN 1054: 2003-01 und 2005, Abschnitt 6.4.1.

b) Teilsicherheitsbeiwerte für Widerstände

Nach DIN 1054: 2003-01 und 2005, Abschnitt 6.4.1 sind für Widerstände beim Nachweis des Grenzzustandes GZ 1B bei Flachgründungen folgende Teilsicherheitsbeiwerte (Tabelle 8.02) anzusetzen:

8.02: Teilsicherheitsbeiwerte für Widerstände (aus DIN 1054:2003-01 und 2005)

Widerstand	Formelzeichen	Lastfall LF 1	LF 2	LF 3
GZ 1B: Grenzzustand des Versagens von Bauwerken und Bauteilen				
Bodenwiderstände				
Erdwiderstand und Grundbruchwiderstand	γ_{Ep}, γ_{Gr}	1,40	1,30	1,20
Gleitwiderstand	γ_{E0g}	1,10	1,10	1,10

8.2 Kippen

a) Nachweis der Tragfähigkeit (Grenzzustand GZ 1B):

Sohlfläche

Bei einem Gründungskörper auf nichtbindigen und bindigen Böden kann ein Nachweis der Sicherheit gegen Gleichgewichtsverlust durch Kippen (GZ 1 A) in der Sohlfuge nicht geführt werden, weil die Kippkante unbekannt ist. An seiner Stelle darf nach DIN 1054: 2003-01 und 2005, Abschnitt 7.5.1 nachgewiesen werden, dass die Sohldruckresultierende eine zulässige Ausmittigkeit nicht überschreitet.

Zulässige Ausmittigkeit

Die Ausmittigkeit der Sohldruckresultierenden darf höchstens so groß werden, dass die Gründungssohle des Fundaments noch bis zu ihrem Schwerpunkt durch Druck belastet wird (2. Kernweite, d.h. "klaffende Fuge" maximal bis zur Fundamentmitte).

b) Nachweis der Gebrauchstauglichkeit (Grenzzustand GZ 2):

c)

Nach DIN 1054: 2003-01 und 2005, (Abschnitt 7.6.1) darf bei Gründungen auf nichtbindigen und bindigen Böden in der Sohlfläche infolge der aus ständigen Einwirkungen resultierenden charakteristischen Beanspruchung keine klaffende Fuge auftreten. Hierdurch soll eine Plastifizierung des Bodens unter Dauerlast verhindert werden.

Bei Rechteckfundamenten ist diese Bedingung eingehalten, wenn die Sohldruckresultierende innerhalb der 1. Kernweite liegt.

Arbeitsfuge

Der Nachweis der Sicherheit gegen Kippen in der Arbeitsfuge ist unabhängig vom Sicherheitskonzept der DIN 1054 und bereits in Abschnitt 2.4 beschrieben.

8.03: Beispiel: Nachweis der Sicherheit gegen Kippen

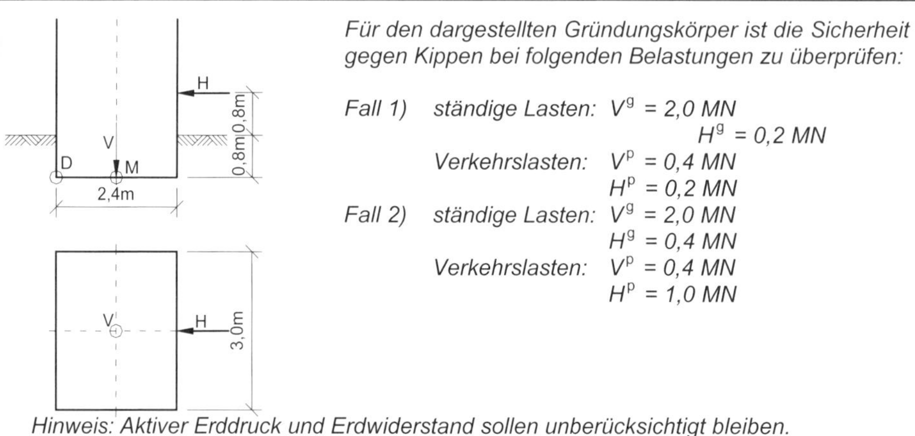

Für den dargestellten Gründungskörper ist die Sicherheit gegen Kippen bei folgenden Belastungen zu überprüfen:

Fall 1) *ständige Lasten:* $V^g = 2{,}0\ MN$, $H^g = 0{,}2\ MN$
Verkehrslasten: $V^p = 0{,}4\ MN$, $H^p = 0{,}2\ MN$

Fall 2) *ständige Lasten:* $V^g = 2{,}0\ MN$, $H^g = 0{,}4\ MN$
Verkehrslasten: $V^p = 0{,}4\ MN$, $H^p = 1{,}0\ MN$

Hinweis: Aktiver Erddruck und Erdwiderstand sollen unberücksichtigt bleiben.

V^p und H^p entstehen aus der gleichen Ursache.

8.03: Fortsetzung Beispiel: Nachweis der Sicherheit gegen Kippen

1. Nachweis der Tragfähigkeit (Grenzzustand GZ1B):

Bei einfacher (einachsiger) Ausmittigkeit vereinfacht sich der Nachweis $\left(\frac{x_e}{b_x}\right)^2 + \left(\frac{y_e}{b_y}\right)^2 = \frac{1}{9}$ *zu:*

$$e^{g+p} \leq \frac{b}{3} \text{ bzw. } \frac{a}{3}.$$

2. Nachweis der Gebrauchstauglichkeit (GZ2)

Hierbei darf bei Ansatz der ständigen Lasten (g) keine klaffende Fuge auftreten. Somit ist nachzuweisen:

$$\frac{e_a}{a} + \frac{e_b}{b} \leq \frac{1}{6} \qquad \text{(1. Kernweite).}$$

Bei einfacher (einachsiger) Ausmittigkeit vereinfacht sich dieser Nachweis zu

$$e^{g} \leq \frac{b}{6} \text{ bzw. } \frac{a}{6}.$$

3. Lösung:

Die angegebenen Belastungen sind als charakteristische Lasten zu betrachten.

3.1 Fall 1)
Nachweis der Tragfähigkeit (GZ1B)

Die ungünstigste Kombination der charakteristischen Werte ergibt sich hier durch Ansatz der ständigen (g) und veränderlichen (p) Einwirkungen:

$$e^{g+p} = \frac{\sum M_{(M)}^{g+p}}{\sum V^{g+p}} = \frac{(200+200)\cdot(0,8+0,8)}{2000+400} = 0,27 \ m < \frac{b}{3}$$

Nachweis der Gebrauchstauglichkeit (GZ2)

$$e^{g} = \frac{\sum M_{(M)}^{g}}{\sum V^{g}} = \frac{200(0,8+0,8)}{2000} = 0,16 \ m < \frac{b}{6}$$

Die Sicherheit gegen Kippen reicht aus.

3.2 Fall 2) Nachweis der Tragfähigkeit (GZ1B)

Die ungünstigste Kombination der charakteristischen Werte ergibt sich hier durch Ansatz der ständigen (g) und der veränderlichen (p) Einwirkungen:

$$e^{g+p} = \frac{(400+1000)\cdot(0,8+0,8)}{2000+400} = 0,93 \ m > \frac{b}{3}$$

Die Sicherheit gegen Kippen reicht nicht aus.

8.3 Gleiten

Gleit-widerstand

a) Nach DIN 1052: 2003-01 und 2005, Abschnitt 7.4.3 wird der charakteristische Gleitwiderstand $R_{t,k}$ von Gründungskörpern im Grenzzustand GZ 1B aus der Normalkraftkomponente der charakteristischen Beanspruchung in der Sohlfläche und den charakteristischen Werten der Scherparameter bestimmt.

b) Der charakteristische Gleitwiderstand $R_{t,k}$ in der Sohlfläche ergibt sich wie folgt:

b1) Bei rascher Beanspruchung eines wassergesättigten Bodens (Anfangszustand) aus:

$$R_{t,k} = A \cdot c_{u,k} \qquad (8.01)$$

b2) Bei vollständiger Konsolidierung des Bodens (Endzustand) aus:

$$R_{t,k} = N_k \cdot \tan \delta_{S,k} \qquad (8.02)$$

b3) Bei vollständiger Konsolidierung des Bodens (Endzustand) und wenn die Bruchfläche durch den Boden verläuft - wie z. B. bei Anordnung eines Fundamentsporns - aus:

$$R_{t,k} = N_k \cdot \tan \varphi'_k + A \cdot c'_k \qquad (8.03)$$

Hierin ist:

A Maßgebende Sohlfläche für die Kraftübertragung.

$c_{u,k}$ Charakteristischer Wert der Scherfestigkeit des undränierten Bodens.

N_k Komponente der charakteristischen Beanspruchung in der Sohlfläche, die rechtwinklig zur Sohlfläche bzw. Bruchfläche gerichtet ist bzw. in der Bruchfläche liegt und aus der ungünstigsten Kombination senkrechter und waagerechter Einwirkungen berechnet wird.

$\delta_{S,k}$ Charakteristischer Wert des Sohlreibungswinkels.

φ'_k Charakteristischer Wert des Reibungswinkels des Bodens in der Bruchfläche durch den Boden.

c'_k Charakteristischer Wert der Kohäsion des Bodens in der Bruchfläche durch den Boden.

Zwischenzustände mit Teilkonsolidierung sind in Sonderfällen auch zu beachten.

c) Wenn der Sohlreibungswinkel $\delta_{S,k}$ nicht speziell bestimmt wird, darf er bei Ortbetonfundamenten gleich dem charakteristischen Wert φ'_k des Reibungswinkels gesetzt werden. Er darf jedoch $\varphi'_k = 35°$ nicht überschreiten. Bei vorgefertigten Fundamenten ist er auf $2/3 \cdot \varphi'_k$ abzumindern, wenn die Fertigteile nicht im Mörtelbett verlegt werden.

d) Der Bemessungswert des Gleitwiderstands $R_{t,d}$ wird nach Abschnitt 1.8.4.2 aus dem charakteristischen Gleitwiderstand $R_{t,k}$ durch Division durch den Teilsicherheitsbeiwert γ_{Gl} (Tabelle □ 8.02, siehe Abschnitt 1) im Grenzzustand GZ 1B erhalten aus:

$$R_{t,d} = \frac{R_{t,k}}{\gamma_{Gl}} \tag{8.04}$$

Nachweis der Sicherheit gegen Gleiten

a) Nach DIN 1054: 2003-01 und 2005, Abschnitt 7.5.3 ist in Hinblick auf eine ausreichenden Sicherheit gegen Gleiten nachzuweisen, dass für den Grenzzustand GZ 1B die Bedingung

$$T_d \leq R_{t,d} + E_{p,d} \tag{8.05}$$

erfüllt ist. Hierin ist:

T_d Bemessungswert der Beanspruchung parallel zur Fundamentsohlfläche nach Abschnitt 2.2.2.

$R_{t,d}$ Bemessungswert des Gleitwiderstands nach dem Stichwort „Gleitwiderstand" (siehe oben am linken Textrand).

$E_{p,d}$ Bemessungswert des Erdwiderstands parallel zur Sohlfläche an der Stirnseite des Fundaments.

Für den Fall, dass beim Nachweis der Sicherheit gegen Gleiten an der Stirnseite des Gründungskörpers eine Bodenreaktion angesetzt werden soll, ist ihre Größe als charakteristischer Erdwiderstand $E_{p,k}$ nach Abschnitt 1.8.4.2 zu bestimmen. Hiernach ergibt sich der größte zulässige Bemessungswert $E_{p,d}$ aus dem charakteristischen Erdwiderstand $E_{p,k}$ durch Division durch den Teilsicherheitsbeiwert γ_{Ep} nach Tabelle 8.02 für den Grenzzustand GZ 1B nach der Gleichung:

$$E_{p,d} = \frac{E_{p,k}}{\gamma_{Ep}} \tag{8.06}$$

8.04: Beispiel: Nachweis der Sicherheit gegen Gleiten bei horizontaler Sohle

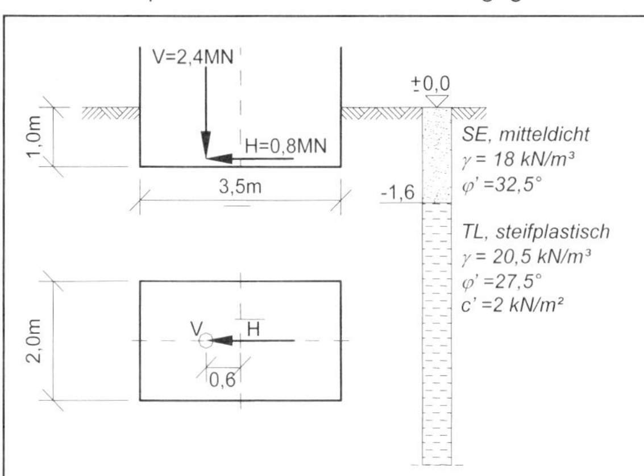

Für den dargestellten Gründungskörper ist die Sicherheit gegen Gleiten bei den angegebenen Lasten (Lastfall 1) zu überprüfen.

Hinweis: Erdwiderstand kann im zulässigen Maße berücksichtigt werden.

Lösung:

Die angegebenen Werte können als charakteristische Werte betrachtet werden:

$V = F_{v,k} = N_k$
$H = F_{h,k} = T_{G,k}$

□ 8.04: Fortsetzung Beispiel: Nachweis der Sicherheit gegen Gleiten bei horizontaler Sohle

1. Nachweis der Tragfähigkeit (GZ 1B)
a) Untersuchung in der Sohlfuge

Gleitwiderstand:

$$R_{t,k} = N_k \cdot \tan\delta_{s,k} = 2400 \cdot \tan 32,5° = 1529,0 \ kN$$

Erdwiderstand:

$$\varphi'_k = 32,5°;\ \alpha = 0;\ \beta = 0;\ \delta_p = 0 \Rightarrow K_p = 3,32$$

$$E_{p,k} = 0,5 \cdot \gamma_k \cdot d^2 \cdot K_p \cdot B = 0,5 \cdot 18 \cdot 1,0^2 \cdot 3,32 \cdot 2,0 = 59,8 \ kN$$

Anmerkung: *$B = b_{vorh}$ = 2,0 m (DIN 1054 11.76, Bbl. zu Abschnitt 4.1.2: „Bei der Erdwiderstandsberechnung vor Einzelfundamenten sollte vorläufig keine mitwirkende Breite angesetzt werden, da hier zu wenige gesicherte Erfahrungen vorliegen.")*

Ansetzbarer Bemessungswert:

$$E_{p,d} = \frac{E_{p,k}}{\gamma_{Ep}} = \frac{59,8}{1,40} = 42,7 \ kN$$

Bemessungswert der Beanspruchung:

$$T_d = T_{d,k} \cdot \gamma_G = 800 \cdot 1,35 = 1080,0 \ kN$$

Bemessungswert des Gleitwiderstands:

$$R_{t,d} = \frac{R_{t,k}}{\gamma_{Gl}} = \frac{1529,0}{1,10} = 1390,0 \ kN$$

Damit wird:

$$T_d = 1080,0 < R_{t,d} + E_{p,d} = 1390,0 + 42,7 = 1432,7 \ kN$$

Die Sicherheit gegen Gleiten ist gegeben.

Ausnutzungsgrad: $f_{Gl} = \frac{T_d}{R_{t,d} + E_{p,d}} = \frac{1080,0}{1432,7} \mathrel{\hat{=}} 75\%$

b) Untersuchung in der Grenzschicht SE/ TL

Da in unmittelbarer Nähe unter der Gründungssohle eine „schlechtere" Bodenschicht ansteht, ist die Möglichkeit des Gleitens entlang der Oberfläche dieser Schicht zu überprüfen.
Dieser Grenzbereich wird durch die Baumaßnahme nicht beeinträchtigt, so dass die Kohäsion angesetzt werden kann.

Berücksichtigung der Ausmittigkeit:

8.04: Fortsetzung Beispiel: Nachweis der Sicherheit gegen Gleiten bei horizontaler Sohle

In Anlehnung an die Vorgehensweise bei der Grundbruchberechnung und beim Tabellenverfahren wird hier mit einer Ersatzfläche A' gerechnet:

$$a' = 3,5 - 2 \cdot 0,6 = 2,3 \; m$$

$$b' = b = 2,0 \; m$$

Gleitwiderstand:

$$R_{\mathrm{t,k}} = N_{\mathrm{k}} \cdot \tan \delta_{\mathrm{s,k}}$$

Mit der Vertikalkraft, der Bodenauflast bis zur Schichtgrenze, der Kohäsionskraft in der Grenzschicht und dem Reibungswinkel des Bodens TL wird

$$\begin{aligned} R_{\mathrm{t,k}} &= (N_{\mathrm{k}} + \gamma_{\mathrm{k}} \cdot h \cdot A') \cdot \tan \delta_{\mathrm{s,k}} + c_{\mathrm{k}}' \cdot a' \cdot b' \\ &= (2400 + 18 \cdot 0,6 \cdot 2,3 \cdot 2,0) \cdot \tan 27,5° + 2 \cdot 2,3 \cdot 2,0 \\ &= 1275,2 + 9,2 = 1284,4 \; kN \end{aligned}$$

Erdwiderstand:

$$E_{\mathrm{p,k}} = 0,5 \cdot \gamma_{\mathrm{k}} \cdot d^2 \cdot K_{\mathrm{p}} \cdot B = 0,5 \cdot 18 \cdot 1,6^2 \cdot 3,32 \cdot 2,0 = 153,0 \; kN$$

Ansetzbarer Bemessungswert:

$$E_{\mathrm{p,d}} = \frac{E_{\mathrm{p,k}}}{\gamma_{\mathrm{Ep}}} = \frac{153,0}{1,40} = 109,3 \; kN$$

Bemessungswert der Beanspruchung:

$$T_{\mathrm{d}} = T_{\mathrm{G,k}} \cdot \gamma_{\mathrm{G}} = 800 \cdot 1,35 = 1080,0 \; kN$$

Bemessungswert des Gleitwiderstandes:

$$R_{\mathrm{t,d}} = \frac{R_{\mathrm{t,k}}}{\gamma_{\mathrm{Gl}}} = \frac{1284,4}{1,10} = 1167,6 \; kN$$

Damit wird:

$$T_{\mathrm{d}} = 1080,0 < R_{\mathrm{t,d}} + E_{\mathrm{p,d}} = 1167,6 + 109,3 = 1276,9 \; kN$$

Die Sicherheit gegen Gleiten ist gegeben.

8.4 Grundbruch

8.4.1 Grundlagen

Vorgang

Die Vorgänge im Boden unterhalb und neben einem Fundament bis zum Eintritt des Grundbruchs und die Ausbildung eines Grundbruchkörpers wurden bereits in Abschnitt 2.6.1 beschrieben (siehe hierzu auch □ 2.09 und □ 2.10).

Für den Grundbruchwiderstand gilt nach DIN 1054: 2003 – 01 und 2005, Abschnitt 7.4.2:

a) Der charakteristische Grundbruchwiderstand $R_{n,k}$ im Grenzzustand GZ 1B ist nach DIN 4017 zu ermitteln. Dabei sind Neigung und Ausmittigkeit der resultierenden charakteristischen Beanspruchung in der Sohlfläche nach Abschnitt 2.2.1 zu berücksichtigen.

b) Wenn die resultierende charakteristische Beanspruchung in der Sohlfläche bestimmt wird, darf eine Bodenreaktion B_k an der Stirnseite des Fundaments wie eine charakteristische Einwirkung angesetzt werden. Diese darf jedoch höchstens so groß sein wie die parallel zur Sohlfläche angreifende charakteristische Beanspruchung aus den Einwirkungen nach Abschnitt 1.8.1. Außerdem darf sie mit Rücksicht auf die Grenzzustandsbedingung an der Stirnseite und auf die Verschiebungen beim Wecken des Erdwiderstands höchstens mit der Größe

$$B_{\mathrm{k}} = 0,5 \cdot E_{\mathrm{p,k}} \quad (8.07)$$

angesetzt werden.

c) Der Bemessungswert $R_{n,d}$ des Grundbruchwiderstands ergibt sich nach Abschnitt 1.8.4.2 aus dem charakteristischen Grundbruchwiderstand $R_{n,k}$ durch Division durch den Teilsicherheitsbeiwert γ_{Gr} (siehe oben und Tabelle □ 1.02 in Abschnitt 1) für den Grenzzustand GZ 1B aus:

$$R_{\mathrm{n,d}} = \frac{R_{\mathrm{n,k}}}{\gamma_{\mathrm{Gr}}} \quad (8.08)$$

Für den Nachweis einer ausreichenden Sicherheit gegen Grundbruch gilt nach DIN 1054: 2003 – 01 und 2005, Abschnitt 7.5.2:

a) Für den Grenzzustand GZ 1B muss die Bedingung

$$N_{\mathrm{d}} \leq R_{\mathrm{n,d}} \quad (8.09)$$

erfüllt sein. Hierin ist:

N_d Bemessungswert der Beanspruchung senkrecht zur Fundamentsohlfläche nach Abschnitt 2.2.2;

$R_{n,d}$ Bemessungswert des Grundbruchwiderstands (siehe oben am linken Textrand unter dem Stichwort „Grundbruchwiderstand").

b) Die möglicherweise maßgebenden Kombinationen von ständigen und veränderlichen Einwirkungen sind zu untersuchen, insbesondere

b1) die Kombination der größten Normalkraft $N_{k,max}$ mit der zugehörigen größten Tangentialkraft $T_{k,max}$ und

b2) die Kombination der kleinsten Normalkraft $N_{k,min}$ mit der zugehörigen größten Tangentialkraft $T_{k,max}$.

c) Bei Einzel- und Streifenfundamenten unter Bauteilen sowie bei flach gegründeten Stützwänden ist der Nachweis der Grundbruchsicherheit für jedes Fundament für den Grenzzustand GZ 1B einzeln zu führen.

Bei Flächengründungen, Trägerrostfundamenten und bei Einzel- und Streifenfundamenten mit geringem gegenseitigen Abstand sowie bei Einzel- und Streifenfundamenten, die durch einen steifen Überbau zu Fundamentgruppen verbunden sind und über die gesamte Grundfläche des Bauwerks als einheitlicher Gründungskörper wirken, kann es in Sonderfällen, z. B. bei geneigtem Gelände oder bei einer tiefer liegenden weichen Bodenschicht, notwendig sein, zusätzlich den Nachweis der Grundbruchsicherheit für das Gesamtbauwerk zu führen. Dieser Nachweis darf auch als Nachweis der Gesamtstandsicherheit im Grenzzustand GZ 1C nach Abschnitt 12.3 der DIN 1054: 2003-01 und 2005 geführt werden.

d) In Bauzuständen oder wenn spätere, zeitlich begrenzte Abgrabungen neben dem Fundament zu erwarten sind, bei denen die Bodenreaktion auf die Stirnfläche vorübergehend entfällt, dann darf für den Nachweis der Grundbruchsicherheit der Lastfall LF 2 zugrunde gelegt werden.

Für den Nachweis der Grundbruchsicherheit wird die normal zur Sohlfläche wirkende Komponente des Grundbruchwiderstands R_n verwendet (siehe Abschnitt 2.6.2 und 2.6.3).

8.4.2 Grundbruchwiderstand bei lotrecht mittiger Belastung

Die normal auf die Sohlfläche wirkende Komponente R_n des Grundbruchwiderstands ergibt sich nach DIN 4017, Abschnitt 7.2.1 bei lotrecht mittiger Belastung aus der Gleichung:

$$R_n = a \cdot b \cdot (c_k \cdot N_{c0} \cdot \nu_c \cdot i_c + \gamma_1 \cdot d \cdot N_{d0} \cdot \nu_d \cdot i_d + \gamma_2 \cdot b \cdot N_{b0} \cdot \nu_b \cdot i_b) \quad (8.10)$$

Hierin ist:

R_n Grundbruchwiderstand (beim Ansatz charakteristischer Werte $R_{n,k}$)
σ_{0f} $R_n / a \cdot b$ = mittlere Sohlnormalspannung im Grenzzustand
b Breite des Gründungskörpers bzw. Durchmesser des Kreisfundaments, $b < a$
a Länge des Gründungskörpers

d kleinste maßgebende Einbindetiefe des Gründungskörpers
c Kohäsion des Bodens unterhalb der Sohle
$N_{c,0}$ Tragfähigkeitsbeiwert im Kohäsionsglied ((□ 2.11) oder (2.19))
$N_{d,0}$ Tragfähigkeitsbeiwert im Tiefenglied ((□ 2.11) oder (2.20))
$N_{b,0}$ Tragfähigkeitsbeiwert im Breitenglied ((□ 2.11) oder (2.21))
$\nu_{c,d,b}$ Formbeiwerte (□ 2.13)
γ_1 Wichte des Bodens oberhalb der Sohle
γ_2 Wichte des Bodens unterhalb der Sohle.

8.05: Beispiel: Lotrecht mittige Belastung (homogener Baugrund)

***Geg.**: Fälle a), b) und c); Lastfall 1;*
nur vertikale und mittige einwirkende Kräfte ($V = V_{G,k}$ bzw. $V = V_{Q,k}$)

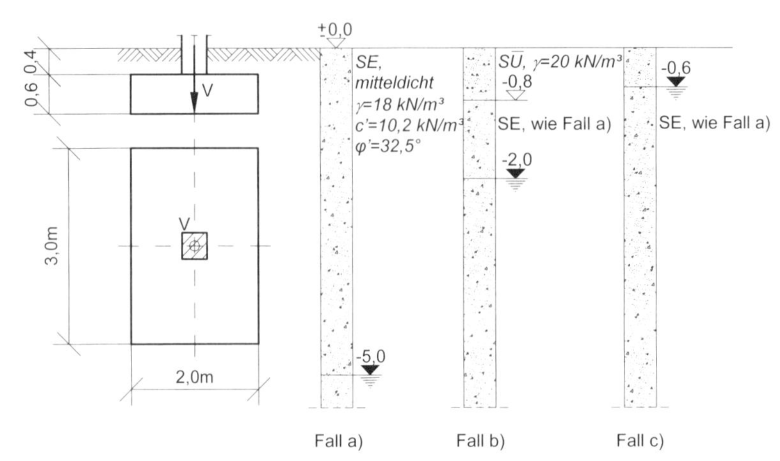

***Ges.**: maximale Werte für $V = V_{G,k}$ für die Nachweise Kippen, Gleiten sowie Grundbruch*

Lösung:

Die gegebenen Werte können als charakteristische Werte betrachtet werden.

1. *Nachweis gegen Kippen:* $e = 0 \Rightarrow$ *Nachweis ist erbracht bzw. nicht erforderlich*

2. *Nachweis gegen Gleiten:* $H_{G,k} = H_{Q,k} = 0 \Rightarrow$ *Nachweis ist erbracht bzw. nicht erforderlich*

2. *Nachweis gegen Grundbruch*

Fall a)

Zunächst muss geprüft werden, ob das Grundwasser innerhalb der Grundbruchscholle liegt:

$$d_s = b \cdot \sin\alpha \cdot e^{\alpha \cdot \tan\varphi'} = 2{,}0 \cdot \sin 61{,}25° \cdot e^{1{,}0685 \cdot \tan 32{,}5°} = 3{,}46 \ m$$

Das Grundwasser kann unberücksichtigt bleiben.

Vorwerte:

$$N_{d0} = 25; \ \nu_d = 1 + \frac{2{,}0}{3{,}0} \cdot \sin 32{,}5° = 1{,}36$$

$$N_{b0} = 15; \ \nu_b = 1 - 0{,}3 \cdot \frac{2{,}0}{3{,}0} = 0{,}80$$

Grundbruchwiderstand:

$$R_{n,k} = 3{,}0 \cdot 2{,}0 \cdot (0 + 18 \cdot 1{,}0 \cdot 25 \cdot 1{,}36 + 18 \cdot 2{,}0 \cdot 15 \cdot 0{,}80) = 6264 \ kN$$

8.05: Fortsetzung Beispiel: Lotrecht mittige Belastung (homogener Baugrund)

$$\Rightarrow R_{n,d} = \frac{R_{n,k}}{\gamma_{Gr}} = \frac{6264}{1,40} = 4474 \ kN$$

Bemessungsbeiwert der Beanspruchung senkrecht zur Fundamentsohle:

$$N_d = N_{G,k} \cdot \gamma_G + N_{R,k} \cdot \gamma_Q = N_{G,k} \cdot 1,35 + N_{Q,k} \cdot 1,50$$

Die Bestimmungsgleichung für die zulässige Belastung lautet somit:

$$1,35 \cdot N_{G,k} + 1,50 \cdot N_{Q,k} \leq 4474 \ kN$$

Annahme 1: Bei der Belastung handelt es sich nur um ständige Lasten:

$$N_d = 1,35 \cdot N_{G,k} + 0 = 4474$$

$$\Rightarrow N_{G,k,zul} (\hat{=} V_{zul}) = \frac{4474}{1,35} = 3315 \ kN$$

Annahme 2: Bei der Belastung sind 30% Anteile aus veränderlichen Lasten (Verkehrslasten, Nutzlasten):

$$1,35 \cdot 0,7 \cdot N_{G,k} + 1,50 \cdot 0,3 \cdot N_{G,k} = 4474 \ kN$$

$$\Rightarrow N_{G,k,zul} (\hat{=} V_{zul}) = \frac{4474}{0,945 + 0,450} = 3207 \ kN$$

Fall b)

Da der Boden von GOK bis zur Gründungssohle wechselt und das Grundwasser innerhalb der Grundbruchscholle liegt, müssen sowohl für γ_1 als auch für γ_2 „gewogene Mittelwerte" berechnet werden:

$$\gamma_{1,m} = \frac{0,8 \cdot 20 + 0,2 \cdot 18}{0,8 + 0,2} = 19,60 \ kN/m^3$$

$$\gamma_{2,m} = \frac{1,0 \cdot 18 + 2,46 \cdot 10,2}{3,46} = 12,45 \ kN/m^3$$

(Einflusstiefe d_s siehe Fall a).

Grundbruchwiderstand:

$$R_{n,k} = 3,0 \cdot 2,0 \cdot (0 + 19,60 \cdot 1,0 \cdot 25 \cdot 1,36 + 12,45 \cdot 2,0 \cdot 15 \cdot 0,80) = 5791 \ kN$$

$$\Rightarrow R_{n,d} = \frac{5791}{1,40} = 4136 \ kN$$

Bestimmungsgleichung für die zulässige Belastung:

$$1,35 \cdot N_{G,k} + 1,50 \cdot N_{Q,k} \leq 4136 \ kN$$

Annahme 1 (s. Fall a):

$$\Rightarrow N_{G,k,zul} (\hat{=} V_{zul}) = \frac{4136}{1,35} = 3064 \ kN$$

□ 8.05: Fortsetzung Beispiel: Lotrecht mittige Belastung (homogener Baugrund)

Annahme 2 (s. Fall a):

$$\Rightarrow F_{\text{Q,k,zul}}(\hat{=} V_{\text{zul}}) = \frac{4136}{0{,}945 + 0{,}450} = 2965 \; kN$$

Fall c)

Da das Fundament 0,4 m im Grundwasser steht, wirkt die entlastende Auftriebskraft (Sohlwasserdruckkraft):

$$D = \gamma_{\text{w}} \cdot h_{\text{w}} \cdot a \cdot b = 10 \cdot 0{,}4 \cdot 3{,}0 \cdot 2{,}0 = 24 \; kN \, .$$

Mit der gemittelten Wichte

$$\gamma_{1,\text{m}} = \frac{0{,}6 \cdot 18 + 0{,}4 \cdot 10{,}2}{1{,}0} = 14{,}88 \; kN/m^3 \quad \text{und}$$

$$\gamma_2 = \gamma' = 10{,}20 \; kN/m^3$$

wird der Grundbruchwiderstand

$$R_{\text{n,k}} = 3{,}0 \cdot 2{,}0 \cdot (0 + 14{,}88 \cdot 1{,}0 \cdot 25 \cdot 1{,}36 + 10{,}20 \cdot 2{,}0 \cdot 15 \cdot 0{,}80) = 4504 \; kN$$

$$\Rightarrow R_{\text{n,d}} = \frac{4504}{1{,}40} = 3217 \; kN$$

Bestimmungsgleichung für die zulässige Belastung:

$$N_d = 1{,}35 \cdot (N_{\text{G,k}} - D) + 1{,}50 \cdot N_{\text{Q,k}} \leq 3217 \; kN$$

$$1{,}35 \cdot N_{\text{G,k}} - 1{,}35 \cdot 24 + 1{,}50 \cdot N_{\text{Q,k}} \leq 3217 \; kN$$

Annahme 1 (s. Fall a):

$$N_{\text{G,k,zul}}(\hat{=} V_{\text{zul}}) = \frac{3217 + 32{,}4}{1{,}35} = \frac{3249{,}4}{1{,}35} = 2407 \; kN$$

8.4.3 Schräge und / oder ausmittige Belastung

Gleitscholle Mit zunehmender Ausmittigkeit und Neigung der Last verschiebt sich der Bruchkörper immer mehr zu der Fundamentseite hin, auf der die Last liegt bzw. ihre Horizontalkomponente hinweist und bildet sich nur noch unter einem Teil des Fundaments aus.

Tiefe und Länge der Gleitscholle (der Einflussbereich des Grundbruchs werden nach den Gleichungen unter dem Stichwort „Grundbruchkörper“ in Abschnitt 2.6.3 bestimmt. Sie sind unabhängig vom Sicherheitskonzept und stammen daher aus DIN 4017 (siehe Abschnitt 2.6.3).

Ausmittigkeit Die Ausmittigkeit wird nach den Gleichungen unter dem Stichwort „Ausmittigkeit“ in Abschnitt 2.6.3 bestimmt. Sie sind unabhängig vom Sicherheitskonzept und sind daher nach DIN 4017 gültig (siehe Abschnitt 2.6.3).

Lastneigung

Zur Berücksichtigung der Neigung der Last werden Neigungsbeiwerte berechnet. Sie sind unabhängig vom Sicherheitskonzept und sind daher nach DIN 4017 gültig (siehe Abschnitt 2.6.3).

$R_n = R_{n,k}$

Die normal auf die Sohlfläche wirkende Komponente des Grundbruchwiderstands R_n ergibt sich bei ausmittiger und / oder schräger Belastung nach DIN 4017 aus der Gleichung:

$$R_n = a' \cdot b' \cdot \sigma_{0f} = a' \cdot b' \cdot \left(c \cdot N_{c0} \cdot \nu_c \cdot i_c + \gamma_1 \cdot d \cdot N_{d0} \cdot \nu_d \cdot i_d + \gamma_2 \cdot b' \cdot N_{b0} \cdot \nu_b \cdot i_b\right) \quad (8.11)$$

Hierin sind die Bezeichnungen wie in Gleichung (8.10) zu verwenden. Außerdem ist:

b' rechnerische (reduzierte) Breite des Gründungskörpers bzw. Durchmesser des Kreisfundaments, $b' < a'$ (siehe □ 2.19 b) und c) sowie Gleichungen (2.35) bis (2.38),

a' rechnerische (reduzierte) Länge des Gründungskörpers (siehe □ 2.19 b) und c) sowie Gleichungen (2.35) bis (2.38),

$i_{c,d,b}$ Lastneigungsbeiwerte (□ 2.21).

Beim Ansatz charakteristischer Werte wird R_n zu $R_{n,k}$.

⇒ Berechungsbeispiele: □ 8.06 und □ 8.07

□ 8.06: Beispiel 1: Schräge und ausmittige Belastung (homogener Baugrund)

Geg.: *Lastfall 1,*

$V^g = V_{G,k}$ bzw. $V^p = V_{Q,k}$ und $H^g = T_{G,k} = H_{G,k}$ bzw. $H^p = H_{Q,k} = T_{Q,k}$

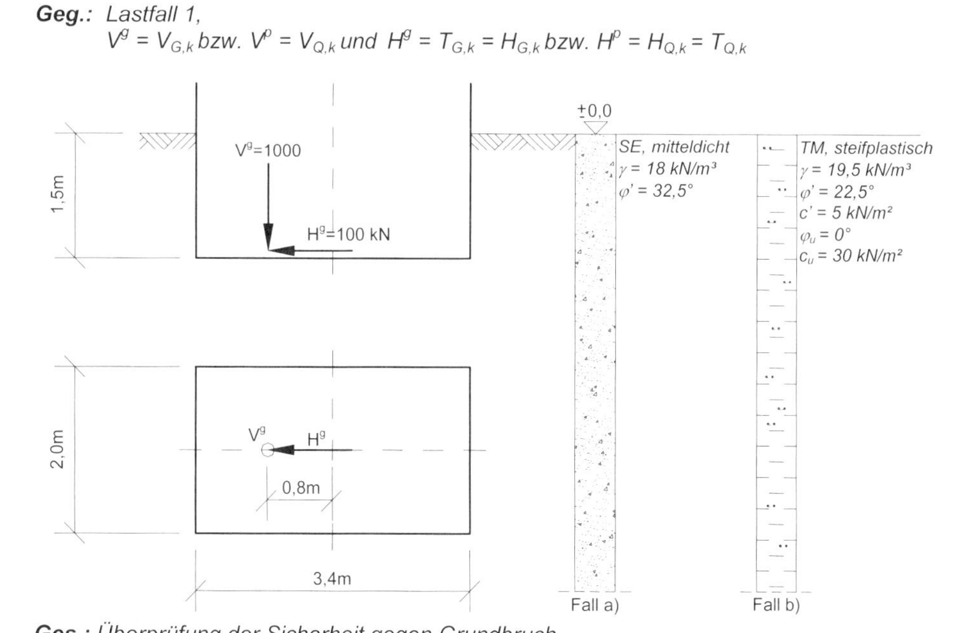

Ges.: *Überprüfung der Sicherheit gegen Grundbruch.*

Lösung:

Ersatzfläche: $2{,}0 - 0 = 2{,}0 \quad m \mathrel{\hat{=}} a'$

$3{,}4 - 2 \cdot 0{,}8 = 1{,}8 \quad m \mathrel{\hat{=}} b'$

Die H-Kraft greift parallel zur kleineren Seite an. Neigung der Resultierenden R:

□ 8.06: Fortsetzung Beispiel 1: Schräge und ausmittige Belastung (homogener Baugrund)

$$\tan\delta = \frac{H}{V} = \frac{100}{1000} = 0{,}100;\ \delta > 0$$

Fall a)

Beiwerte:

$$N_{d0} = 25;\ \nu_d = 1 + \frac{1{,}8}{2{,}0} \cdot \sin 32{,}5° = 1{,}484$$

$$N_{b0} = 15;\ \nu_b = 1 - 0{,}3 \cdot \frac{1{,}8}{2{,}0} = 0{,}730$$

Die Neigungsbeiwerte sind für

- *H parallel b'*
- $\varphi' > 0;\ c' \geq 0;\ \delta > 0;\ \omega = 90°$

zu ermitteln:

$$m_b = \frac{2 + \frac{b'}{a'}}{1 + \frac{b'}{a'}} = \frac{2 + \frac{1{,}8}{2{,}0}}{1 + \frac{1{,}8}{2{,}0}} = 1{,}526$$

$$m = m_a \cdot \cos^2\omega + m_b \cdot \sin^2\omega = 0 + 1{,}526 \cdot 1{,}0 = 1{,}526$$

Damit wird:

$$i_d = (1 - \tan\delta)^m = (1 - 0{,}1)^{1{,}526} = 0{,}852$$

$$i_b = (1 - \tan\delta)^{m+1} = (1 - 0{,}1)^{2{,}526} = 0{,}766$$

Grundbruchwiderstand:

$$R_{n,k} = 2{,}0 \cdot 1{,}8 \cdot (0 + 18 \cdot 1{,}5 \cdot 25 \cdot 1{,}484 \cdot 0{,}852 + 18 \cdot 1{,}8 \cdot 15 \cdot 0{,}730 \cdot 0{,}766) = 4050\ kN$$

Nachweis der Grundbruchsicherheit:

$$N_d = 1000 \cdot 1{,}35 = 1350\ kN$$

$$R_{n,d} = \frac{4050}{1{,}40} = 2893\ kN$$

Damit wird

$$N_d = 1350\ kN < R_{n,d} = 2893\ kN,$$

so dass Sicherheit gegen Grundbruch gegeben ist.

Fall b)

Hier müssen Anfangsstandsicherheit und Endstandsicherheit überprüft werden.

Anfangsstandsicherheit ($\varphi_k = \varphi_u$, $c_k = c_u$):

Beiwerte:

$$N_{c0} = 5{,}14;\ \nu_c = 1 + 0{,}2 \cdot \frac{1{,}8}{2{,}0} = 1{,}180$$

8.06: Fortsetzung Beispiel 1: Schräge und ausmittige Belastung (homogener Baugrund)

$$N_{d0} = 1{,}0;\ \nu_d = 1 + \frac{1{,}8}{2{,}0} \cdot \sin 0° = 1{,}000$$

$$N_{b0} = 0;$$

ν_b *: nicht erforderlich*

Die Neigungsbeiwerte sind für

- *H parallel b'*
- $\varphi_u = 0;\ c_u > 0;\ \delta > 0;\ \omega = 90°$ *zu ermitteln:*

$$i_d = 1$$

$$i_c = 0{,}5 + 0{,}5 \cdot \sqrt{1 - \frac{H}{A' \cdot c_u}} = 0{,}5 + 0{,}5 \cdot \sqrt{1 - \frac{100}{2{,}0 \cdot 1{,}8 \cdot 30}} = 0{,}5 + 0{,}5 \cdot 0{,}272 = 0{,}636$$

Grundbruchwiderstand:

$$R_{n,k} = 2{,}0 \cdot 1{,}8 \cdot (30 \cdot 5{,}14 \cdot 1{,}180 \cdot 0{,}636 + 19{,}5 \cdot 1{,}5 \cdot 1{,}0 \cdot 1{,}000 \cdot 1{,}0 + 0) = 522\ kN$$

Nachweis der Grundbruchsicherheit (Lastfall 2):

$$N_d = 1000 \cdot 1{,}20 = 1200\ kN$$

$$R_{n,d} = \frac{522}{1{,}30} = 402\ kN$$

Damit wird

$$N_d = 1200\ kN > R_{n,d} = 402\ kN\,,$$

so dass Sicherheit gegen Grundbruch nicht gegeben ist.

Endstandsicherheit ($\varphi_k = \varphi'$, $c_k = c'$):

Beiwerte:

$$N_{c0} = 17{,}5;\ \nu_c = \frac{1{,}344 \cdot 8{,}0 - 1}{8{,}0 - 1} = 1{,}393$$

$$N_{d0} = 8{,}0;\ \nu_d = 1 + \frac{1{,}8}{2{,}0} \cdot \sin 22{,}5° = 1{,}344$$

$$N_{b0} = 3{,}0;\ \nu_b = 1 - 0{,}3 \cdot \frac{1{,}8}{2{,}0} = 0{,}730$$

Die Neigungsbeiwerte sind für

- *H parallel b'*
- $\varphi' > 0;\ c' \geq 0;\ \delta > 0;\ \omega = 90°$ *zu ermitteln:*

m = 1,526 (s. Fall a)
$i_d = 0{,}852$
$i_b = 0{,}766$

$$i_c = \frac{0{,}852 \cdot 8{,}0 - 1}{8{,}0 - 1} = 0{,}831$$

□ 8.06: Fortsetzung Beispiel 1: Schräge und ausmittige Belastung (homogener Baugrund)

Grundbruchwiderstand:

$$R_{n,k}$$
$$= 2{,}0 \cdot 1{,}8 \cdot (5 \cdot 17{,}5 \cdot 1{,}393 \cdot 0{,}831 + 19{,}5 \cdot 1{,}5 \cdot 8{,}0 \cdot 1{,}344 \cdot 0{,}852 + 19{,}5 \cdot 1{,}8 \cdot 3{,}0 \cdot 0{,}730 \cdot 0{,}766)$$
$$= 1541 \; kN$$

Nachweis der Grundbruchsicherheit (Lastfall 1):

$$N_d = 1000 \cdot 1{,}35 = 1350 \; kN$$

$$R_{n,d} = \frac{1541}{1{,}40} = 1101 \; kN$$

Damit wird

$$N_d = 1350 \; kN > R_{n,d} = 1101 \; kN,$$

so dass auch hier keine Sicherheit gegen Grundbruch gegeben ist.

□ 8.07: Beispiel 2: Schräge und ausmittige Belastung (homogener Baugrund)

Geg.: *Bauwerks- und Baugrundverhältnisse wie im vorangehenden Beispiel; jedoch Ausmittigkeit e = 0,30 m*

Ges.: *Überprüfung der Sicherheit gegen Grundbruch.*

Lösung: *Ersatzfläche:* $2{,}0 - 0 = 2{,}0 \mathrel{\hat{=}} b'$

$$3{,}4 - 2 \cdot 0{,}30 = 2{,}8 \; m \mathrel{\hat{=}} a'$$

Die H-Kraft greift parallel zur größeren Seite an. Neigung der Resultierenden R:

Die H-Kraft greift parallel zur größeren Seite an. Neigung der Resultierenden R:

$$\tan\delta = \frac{H}{V} = \frac{100}{1000} = 0{,}100; \quad \delta > 0$$

Fall a)

Beiwerte:

$$N_{d0} = 25; \quad \nu_d = 1 + \frac{1{,}8}{2{,}8} \cdot \sin 32{,}5° = 1{,}384$$

$$N_{b0} = 15; \quad \nu_b = 1 - 0{,}3 \cdot \frac{1{,}8}{2{,}8} = 0{,}786$$

Die Neigungsbeiwerte sind für

- *H parallel a'*
- *$\varphi' > 0$; $c' \geq 0$; $\delta > 0$; $\omega = 0°$ zu ermitteln:*

$$m_a = \frac{2 + \frac{a'}{b'}}{1 + \frac{a'}{b'}} = \frac{2 + \frac{2{,}8}{2{,}0}}{1 + \frac{2{,}8}{2{,}0}} = 1{,}417$$

□ 8.07: Fortsetzung Beispiel 2: Schräge und ausmittige Belastung (homogener Baugrund)

$$m = m_a \cdot \cos^2 \omega + m_b \cdot \sin^2 \omega = 1{,}417 \cdot 1{,}0 + 0 = 1{,}417$$

Damit wird:

$$i_d = (1 - \tan \delta)^m = (1 - 0{,}1)^{1{,}417} = 0{,}861$$

$$i_b = (1 - \tan \delta)^{m+1} = (1 - 0{,}1)^{2{,}471} = 0{,}775$$

Grundbruchwiderstand:

$$R_{n,k} = 2{,}8 \cdot 2{,}0 \cdot (0 + 18 \cdot 1{,}5 \cdot 25 \cdot 1{,}384 \cdot 0{,}861 + 18 \cdot 2{,}0 \cdot 15 \cdot 0{,}786 \cdot 0{,}775) = 6346 \quad kN$$

Nachweis der Grundbruchsicherheit:

$$N_d = 1000 \cdot 1{,}35 = 1350 \quad kN$$

$$R_{n,d} = \frac{6346}{1{,}40} = 4533 \quad kN$$

Damit wird

$N_d = 1350 \; kN < R_{n,d} = 4533 \; kN$, *so dass Sicherheit gegen Grundbruch gegeben ist.*

Fall b)

Anfangsstandsicherheit ($\varphi_k = \varphi_u$, $c_k = c_u$):

Beiwerte:

$$N_{c0} = 5{,}14; \quad \nu_c = 1 + 0{,}2 \cdot \frac{2{,}0}{2{,}8} = 1{,}143$$

$$N_{d0} = 1{,}0; \quad \nu_d = 1 + \frac{2{,}0}{2{,}8} \cdot \sin 0° = 1{,}000$$

$$N_{b0} = 0;$$

ν_b *: nicht erforderlich*

Die Neigungsbeiwerte sind für

- *H parallel a'*
- *$\varphi_u = 0$; $c_u > 0$; $\delta > 0$; $\omega = 0°$ zu ermitteln:*

$$i_d = 1$$

$$i_c = 0{,}5 + 0{,}5\sqrt{1 - \frac{H}{A' \cdot c_u}} = 0{,}5 + 0{,}5\sqrt{1 - \frac{100}{2{,}8 \cdot 2{,}0 \cdot 30}} = 0{,}5 + 0{,}5 \cdot 0{,}636 = 0{,}818$$

Grundbruchwiderstand:

$$R_{n,k} = 2{,}8 \cdot 2{,}0 \cdot (30 \cdot 5{,}14 \cdot 1{,}143 \cdot 0{,}818 + 19{,}5 \cdot 1{,}5 \cdot 1{,}0 \cdot 1{,}0 \cdot 1{,}0 + 0) = 970 \quad kN$$

Nachweis der Grundbruchsicherheit (Lastfall 1):

$$N_d = 1000 \cdot 1{,}20 = 1200 \quad kN$$

$$R_{n,d} = \frac{970}{1{,}30} = 746 \quad kN$$

□ 8.07: Fortsetzung Beispiel 2: Schräge und ausmittige Belastung (homogener Baugrund)

Damit wird

$$N_d = 1200 \; kN > R_{n,d} = 746 \; kN ,$$

so dass Sicherheit gegen Grundbruch nicht gegeben ist.

Endstandsicherheit ($\varphi_k = \varphi'$, $c_k = c'$):

Beiwerte:

$$N_{c0} = 17{,}5; \; \nu_c = \frac{1273 \cdot 8{,}0 - 1}{8{,}0 - 1} = 1{,}312$$

$$N_{d0} = 8{,}0; \; \nu_d = 1 + \frac{2{,}0}{2{,}8} \cdot \sin 22{,}5° = 1{,}273$$

$$N_{b0} = 3{,}0; \; \nu_b = 1 - 0{,}3 \cdot \frac{2{,}0}{2{,}8} = 0{,}786$$

Die Neigungsbeiwerte sind für

- *H parallel a'*
- *$\varphi' > 0$; $c' \geq 0$; $\delta > 0$; $\omega = 90°$ zu ermitteln:*

$m = 1{,}417$ (s. Fall a)
$i_d = 0{,}861$
$i_b = 0{,}775$

$$i_c = \frac{0{,}861 \cdot 8{,}0 - 1}{8{,}0 - 1} = 0{,}841$$

Grundbruchwiderstand:

$$R_{n,k}$$
$$= 2{,}8 \cdot 2{,}0 \cdot (5 \cdot 17{,}5 \cdot 1{,}312 \cdot 0{,}841 + 19{,}5 \cdot 1{,}5 \cdot 8{,}0 \cdot 1{,}273 \cdot 0{,}861 + 19{,}5 \cdot 2{,}0 \cdot 3{,}0 \cdot 0{,}786 \cdot 0{,}775)$$
$$= 2376 \; kN$$

Nachweis der Grundbruchsicherheit (Lastfall 1):

$$N_d = 1000 \cdot 1{,}35 = 1350 \; kN$$

$$R_{n,d} = \frac{2376}{1{,}40} = 1697 \; kN$$

Damit wird

$$N_d = 1350 \; kN < R_{n,d} = 1697 \; kN ,$$

so dass in diesem Fall Sicherheit gegen Grundbruch gegeben ist.

***H* nicht achsen-parallel**

In diesem Fall kann die Resultierende in zwei zu den Seiten der (Ersatz-)Fläche parallele Komponenten R_a und R_b zerlegt und der Grundbruchnachweis für beide Komponenten getrennt geführt werden (□ 8.08).

8.08: Beispiel: Nicht achsenparallele Belastung: Nachweis der Sicherheit gegen Grundbruch

Geg.: *Lastfall 2 (Bauzustand)*

$V = V^g = V_{G,k} = 3000\ kN$
$H_a = H_a^p = H_{Q,k,a} = 210\ kN$
$H_b = H_b^p = H_{Q,k,b} = 250\ kN$
$e_a = 0{,}50m$
$e_b = 0{,}25m$

SW, dicht

Charakteristische Bodenkennwerte:

$\varphi_k' = 35°;\ \gamma_k = 19\ kN/m^3;$

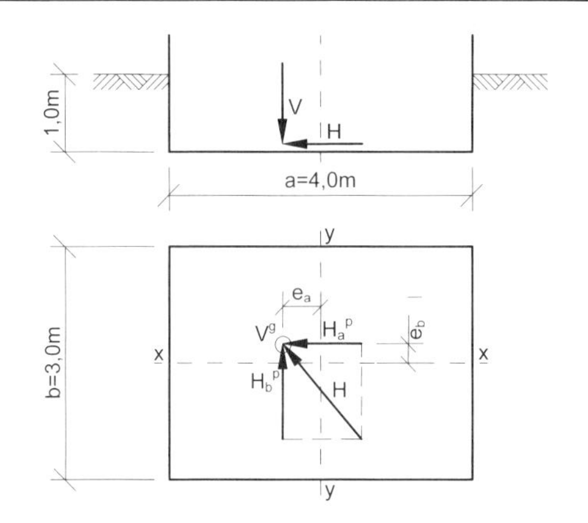

Ges.: *Überprüfung der Sicherheit gegen Grundbruch.*

Lösung:

Ersatzfläche:

$4{,}00 - 2 \cdot 0{,}50 = 3{,}00\ \ m \mathrel{\hat{=}} a'$

$3{,}00 - 2 \cdot 0{,}25 = 2{,}50\ \ m \mathrel{\hat{=}} b'$

Resultierende Horizontallast

$$H = \sqrt{H_a^{\ 2} + H_b^{\ 2}} = \sqrt{210^2 + 250^2} = 326{,}5\ \ kN$$

Lastneigungswinkel der resultierenden Last

$$\tan\delta = \frac{H}{V} = \frac{326{,}5}{3000} = 0{,}109 \rightarrow \delta = 6{,}2°$$

Winkel zwischen x-Achse und resultierender Horizontallast

$$\cos\omega = \frac{H_a}{H} = \frac{210}{326{,}5} = 0{,}6432 \rightarrow \omega = 50{,}0°$$

Neigungsbeiwerte: $\delta = \delta_E$*!*

$$m_a = \frac{2 + \frac{3{,}0}{2{,}5}}{1 + \frac{3{,}0}{2{,}5}} = 1{,}455$$

$$m_b = \frac{2 + \frac{2{,}5}{3{,}0}}{1 + \frac{2{,}5}{3{,}0}} = 1{,}545$$

$$m = 1{,}455 \cdot \cos^2 50{,}0° + 1{,}545 \cdot \sin^2 50{,}0° = 1{,}508$$

$$i_d = (1 - \tan\delta_E)^m = (1 - 0{,}109)^{1{,}508} = 0{,}840$$

$$i_b = (1 - \tan\delta_E)^{m+1} = (1 - 0{,}109)^{2{,}508} = 0{,}749$$

□ 8.08: Fortsetzung Beispiel: Nicht achsenparallele Belastung: Nachweis der Sicherheit gegen Grundbruch

Grundbruchwiderstand:

Beiwerte:

$$N_{d0} = 33; \ \nu_d = 1 + \frac{2{,}5}{3{,}0} \cdot \sin 35° = 1{,}478$$

$$N_{b0} = 23; \ \nu_b = 1 - 0{,}3 \cdot \frac{2{,}5}{3{,}0} = 0{,}750$$

$$R_{n,k} = 3{,}0 \cdot 2{,}5 \cdot (0 + 19 \cdot 33 \cdot 1{,}478 \cdot 0{,}840 + 19 \cdot 2{,}5 \cdot 23 \cdot 0{,}750 \cdot 0{,}749) = 10.441 \ kN$$

Nachweis der Grundbruchsicherheit (Bemessungssituation BS-T):

$$N_d = 3.000 \cdot 1{,}20 = 3.600 \ kN$$

$$R_{n,d} = \frac{10.441}{1{,}30} = 8.032 \ kN$$

Damit wird

$$N_d = 3.600 \ kN < R_{n,d} = 8.032 \ kN$$

so dass Sicherheit gegen Grundbruch gegeben ist.

8.5 Aufnehmbarer Sohldruck in einfachen Fällen

In diesem Abschnitt wird noch einmal die Bemessung nach dem Verfahren „Aufnehmbarer Sohldruck in einfachen Fällen“ aus DIN 1054: 2005 an Hand von Berechnungsbeispielen gezeigt, wie sie in Abschnitt 5.2 der 4. Auflage von Dörken / Dehne: „Grundbau in Beispielen“, Teil 2 enthalten ist. Auf diese Weise ist ein Vergleich mit den Beispielen möglich, die in Abschnitt 8.4 „Tabellenverfahren“ der vorliegenden 5. Auflage nach dem Konzept „Vereinfachter Nachweis in Regelfällen (Tabellenverfahren)“ berechnet wurden.

8.5.1 Grundlagen: Einwirkender und aufnehmbarer Sohldruck

Als Ersatz für die Nachweise für den Grenzzustand GZ 1B und für den Grenzzustand GZ 2 (siehe Abschnitte 1 bis 3) kann nach DIN 1054: 2003-01 und 2005, Abschnitt 7.7.1 in einfachen Fällen (Voraussetzungen hierfür siehe Abschnitt 8.4.2) eine ausreichende Sicherheit gegen Grundbruch als nachgewiesen angesehen werden, wenn folgende Bedingung erfüllt ist:

$$\sigma_{\text{vorh}} \leq \sigma_{\text{zul}} \tag{8.12}$$

Dabei ist

Einwirkender Sohldruck

σ_{vorh} der auf die reduzierte Fundamentsohlfläche (siehe Stichwort unten) bezogene einwirkende charakteristische Sohldruck.

Aufnehmbarer Sohldruck

σ_{zul} der aufnehmbare Sohldruck nach Abschnitt 8.4.3 (bei nbB) bzw. Abschnitt 8.4.4 (bei bB).

Reduzierte Sohlfläche

Wenn die resultierenden Beanspruchung in der Fundamentsohlfläche ausmittig liegt, darf nach DIN 1054: 2003-01 und 2005, Abschnitt 7.7.1 nur derjenige Teil *A'* der Sohlfläche bei der Ermittlung des charakteristischen Sohldrucks angesetzt werden, für den die Resultierende der Einwirkungen im Schwerpunkt steht („reduzierte Sohlfläche"). Bei Rechteckfundamenten mit den Seitenlängen *b* und *a* und den zugeordneten Ausmittigkeiten e_x und e_y ist das die Fläche $A' = a' \cdot b'$ (□ 8.09). Der aufnehmbare Sohldruck ist dann für die kleinere Seite *b'* zu ermitteln.

□ 8.09: Ausmittige Belastung und Teilfläche *A'* (nach DIN 1054: 2003-01 und 2005)

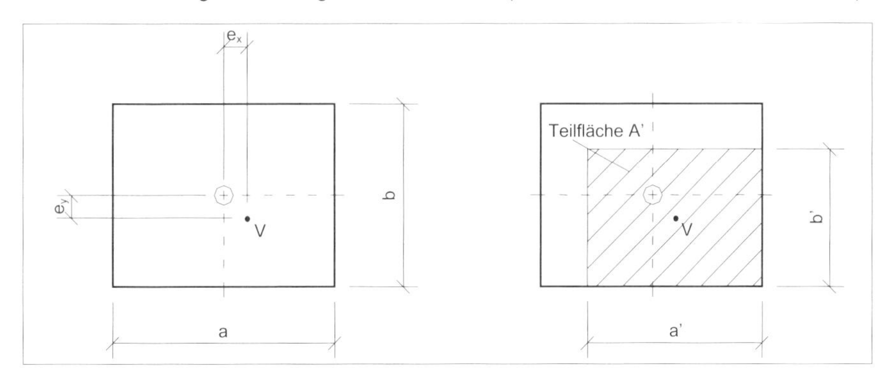

$$A' = b'_x \cdot b'_y = (b_x - 2 \cdot e_x) \cdot (b_y - 2 \cdot e_y) \qquad (8.13)$$

8.5.2 Voraussetzungen

Folgende Voraussetzungen müssen nach DIN 1054: 2003-01 und 2005, Abschnitt 7.7.1 erfüllt sein, damit die in Abschnitt 8.4.1 beschriebene Gegenüberstellung von einwirkendem und aufnehmbarem Sohldruck zulässig ist:

(1) Geländeoberfläche, Schichtgrenzen und Gründungstiefe

Geländeoberfläche und Schichtgrenzen müssen annähernd waagerecht verlaufen.

Die Sohlfläche der Gründung dauernd genutzter Bauwerke muss nach DIN 1054: 2003-01 und 2005, Abschnitt 7.1.2 frostsicher sein. Dies bedeutet, dass der Abstand von der dem Frost ausgesetzten Fläche (in der Regel ist das der Außenbereich) bis zur Sohlfläche der Gründung mindestens 0,80 m betragen muss.

(2) Baugrund

a) Der Baugrund ist nach DIN 1054: 2003-01 und 2005, Abschnitt 7.1.3 vor Erosion und Verringerung seiner Festigkeit durch Einwirkungen der Witterung, von strömendem Wasser und des Baubetriebs zu schützen.

b) Der Baugrund muss bis in eine Tiefe unter der Gründungssohle, die der zweifachen Fundamentbreite entspricht ($z \geq 2b$), mindestens aber bis in 2,0 m Tiefe eine ausreichende Festigkeit aufweisen, d. h.

für nbB: die Anforderung der Tabelle □ 8.10 müssen erfüllt sein und
für bB: der Boden muss mindestens eine steifplastische Konsistenz ($I_C \geq$ 0,75) aufweisen.

□ 8.10 Voraussetzungen für die Anwendung der Werte für den aufnehmbaren Sohldruck σ_{zul} nach der Tabelle □ 8.11 (A. 1 und A.2) bei nichtbindigem Boden (Tabelle A.7 aus DIN 1054: 2003-01 und 2005)

Bodengruppe nach DIN 18196	Ungleichförmigkeitszahl nach DIN 18196	Mittlere Lagerungsdichte nach DIN 18126	Mittlerer Verdichtungsgrad nach DIN 18127	Mittlerer Spitzenwiderstand der Drucksonde
	U	D	D_{Pr}	q_c [MN/m²]
SE, GE SU, GU GT	≤ 3	$\geq 0{,}30$	$\geq 95\%$	$\geq 7{,}5$
SE, SW SI, GE GW, GT SU, GU	> 3	$\geq 0{,}45$	$\geq 98\ \%$	$\geq 7{,}5$

(3) Belastung

a) Das Fundament darf nicht regelmäßig oder überwiegend dynamisch beansprucht werden.

b) In bindigen Schichten darf kein nennenswerter Porenwasserüberdruck entstehen, wie er z. B. bei Fertigbauweise auftreten kann.

c) Die Neigung der Resultierenden in der Sohlfläche infolge charakteristischer Beanspruchung muss die Bedingung $\tan\delta_s = \dfrac{H_k}{V_k} \leq 0{,}2$ einhalten.

d) In Hinblick auf die zulässige Lage der Sohldruckresultierenden nach Abschnitt 2.4 bzw. Abschnitt 3.1 darf beim Tragfähigkeitsnachweis (GZ 1B) die Ausmittigkeit der Resultierenden infolge Gesamtlast ($g + p$) maximal so groß werden, dass die halbe Fundamentfläche noch an der Lastabtragung beteiligt ist, d. h.

- bei einfacher (einachsiger) Ausmittigkeit gilt: $e^{g+p} \leq \dfrac{b}{3}$ bzw. $e^{g+p} \leq \dfrac{a}{3}$

- bei doppelter (zweiachsiger) Ausmittigkeit gilt: $\left(\dfrac{e_x}{a}\right)^2 + \left(\dfrac{e_y}{b}\right)^2 \leq \dfrac{1}{9}$

Beim Gebrauchstauglichkeitsnachweis (GZ 2) darf die Ausmittigkeit der Resultierenden infolge ständiger Last (g) keine klaffende Fuge hervorrufen, d. h.

- bei einfacher (einachsiger) Ausmittigkeit gilt: $e^{g} \leq \frac{b}{6}$ bzw. $e^{g} \leq \frac{a}{6}$

- bei doppelter (zweiachsiger) Ausmittigkeit gilt: $\frac{e_{x}}{a} + \frac{e_{y}}{b} \leq \frac{1}{6}$

(4) Sonderbestimmung für nbB:

Liegt der Grundwasserspiegel über der Fundamentsohle, so muss die Einbindetiefe $d > 0{,}8$ m und $d > b$ *(b')* sein.

8.5.3 Nicht bindiger Boden (nbB)

8.5.3.1 Aufnehmbarer Sohldruck

Tabellen

Nach DIN 1054: 2003-01 und 2005, Abschnitt 7.7.2.1 darf der aufnehmbare Sohldruck σ_{zul} für Streifenfundamente - unter den in Abschnitt 8.4.2 genannten Voraussetzungen und bei einem Boden mittlerer Festigkeit (siehe Tabelle □ 8.10) sowie bei senkrechter Richtung der Sohldruckbeanspruchung - aus □ 8.11 (Tabellen A.1 und A.2) in Abhängigkeit von der tatsächlichen Fundamentbreite b bzw. von der reduzierten Fundamentbreite b' (siehe Abschnitt 8.4.1) entnommen werden.

Die Werte der Tabelle □ 8.11 (A.1) wurden hierzu nach Grundbruchkriterien für setzungsunempfindliche Bauwerke ermittelt. Die Werte der Tabelle □ 8.11 (A.2) wurden dagegen bis 1,0 m Breite nach Grundbruchkriterien, für größere Breiten nach Setzungskriterien für setzungsempfindliche Bauwerke ermittelt.

Zwischenwerte

Bei den Tabellen □ 8.11 (A.1 und A.2) dürfen Zwischenwerte geradlinig interpoliert werden.

Wenn bei ausmittiger Belastung die kleinere reduzierte Seitenlänge $b' < 0{,}50$ m wird, dürfen die Tabellenwerte hierfür geradlinig extrapoliert werden.

$d > 2{,}00$ m

Ist die Einbindetiefe auf allen Seiten des Gründungskörpers $d > 2{,}00$ m, so darf der aufnehmbare Sohldruck nach DIN 1054: 2003-01 und 2005, Abschnitt 7.7.1 um die Spannung erhöht werden, die sich aus der Bodenentlastung ergibt, die der Mehrtiefe entspricht, also:

$$\Delta\sigma = \Delta d \cdot \gamma \tag{8.14}$$

Dabei darf der Boden weder vorübergehend noch dauernd entfernt werden, solange die maßgebende charakteristische Beanspruchung vorhanden ist.

Tabellenwert

Der aus den Tabellen □ 8.11 (A.1 und A.2) entnommene Wert für den aufnehmbaren Sohldruck σ_{zul} wird bei $d > 2$ m nach Gleichung (8.14) erhöht und anschließend „Tabellenwert" genannt. Alle Erhöhungen nach Abschnitt 8.4.3.2 und Abminderungen nach Abschnitt 8.4.3.3 werden auf diesen „Tabellenwert" bezogen.

Setzungen

Für mittige Belastung gilt nach DIN 1054: 2003-01 und 2005, Abschnitt 7.7.2.1:

- Die auf der Grundlage der Tabelle □ 8.11 (A.1) bemessenen Fundamente können sich bei Fundamentbreiten bis 1,50 m um etwa 2 cm, bei breiteren Fundamenten ungefähr proportional zur Fundamentbreite stärker setzen.

8.11 Aufnehmbarer Sohldruck nach DIN 1054: 2003-01 und 2005, Tabellen A.1 bis A.6

Tab. A.1: Aufnehmbarer Sohldruck σ_{zul} für Streifenfundamente auf nichtbindigem Boden auf der Grundlage einer ausreichenden Grundbruchsicherheit mit den Voraussetzungen nach Tab. A.7

Kleinste Einbindetiefe des Fundaments [m]	Aufnehmbarer Sohldruck σ_{zul} b bzw. b' kN/m²					
	0,5 m	1,0 m	1,5 m	2,0 m	2,5 m	3,0 m
0,5	200	300	400	500	500	500
1,0	270	370	470	570	570	570
1,5	340	440	540	640	640	640
2,0	400	500	600	700	700	700
bei Bauwerken mit Einbindetiefen 0,30 m ≤ d ≤ 0,50 m und mit Fundamentbreiten b bzw. b' ≥ 0,30 m	150					

Tab. A.2: Aufnehmbarer Sohldruck σ_{zul} für Streifenfundamente auf nichtbindigem Boden auf der Grundlage einer ausreichenden Grundbruchsicherheit und einer Begrenzung der Setzungen mit den Voraussetzungen nach Tab. A.7

Kleinste Einbindetiefe des Fundaments [m]	Aufnehmbarer Sohldruck σ_{zul} *b* bzw. *b'* kN/m²					
	0,5 m	1,0 m	1,5 m	2,0 m	2,5 m	3,0 m
0,5	200	300	330	280	250	220
1,0	270	370	360	310	270	240
1,5	340	440	390	340	290	260
2,0	400	500	420	360	310	280
bei Bauwerken mit Einbindetiefen 0,30 m ≤ *d* ≤ 0,50 m und mit Fundamentbreiten *b* bzw. *b'* ≥ 0,30 m	150					

Tab. A.3: Aufnehmbarer Sohldruck σ_{zul} für Streifenfundamente auf reinem Schluff (UL nach DIN 18196) mit Breiten *b* bzw. *b'* von 0,50 m bis 2,00 m bei steifer bis halbfester Konsistenz oder einer mittleren einaxialen Druckfestigkeit $q_{u,k}$ > 120 kN/m²

Kleinste Einbindetiefe des Fundaments [m]	Aufnehmbarer Sohldruck σ_{zul} kN/m²
0,5	130
1,0	180
1,5	220
2,0	250

Tab. A.4: Aufnehmbarer Sohldruck σ_{zul} für Streifenfundamente auf gemischtkörnigem Boden (SU*, ST, ST*, GU*, GT* nach DIN 18196, z.B. Geschiebemergel) mit Breiten *b* bzw. *b'* von 0,50 m bis 2,00 m

Kleinste Einbindetiefe des Fundaments [m]	Aufnehmbarer Sohldruck σ_{zul} kN/m² Mittlere Konsistenz		
	steif	halbfest	fest
0,5	150	220	330
1,0	180	280	380
1,5	220	330	440
2,0	250	370	500
Mittlere einaxiale Druckfestigkeit $q_{u,k}$ in kN/m²	120 bis 300	300 bis 700	> 700

Tab. A.5: Aufnehmbarer Sohldruck σ_{zul} für Streifenfundamente auf tonig schluffigem Boden (UM, TL, TM nach DIN 18196) mit Breiten *b* bzw. *b'* von 0,50 m bis 2,00 m

Kleinste Einbindetiefe des Fundaments [m]	Aufnehmbarer Sohldruck σ_{zul} kN/m² Mittlere Konsistenz		
	steif	halbfest	fest
0,5	120	170	280
1,0	140	210	320
1,5	160	250	360
2,0	180	280	400
Mittlere einaxiale Druckfestigkeit $q_{u,k}$ in kN/m²	120 bis 300	300 bis 700	> 700

Tab. A.6: Aufnehmbarer Sohldruck σ_{zul} für Streifenfundamente auf Ton-Boden (TA nach DIN 18196) mit Breiten *b* bzw. *b'* von 0,50 m bis 2,00 m

Kleinste Einbindetiefe des Fundaments [m]	Aufnehmbarer Sohldruck σ_{zul} kN/m² Mittlere Konsistenz		
	steif	halbfest	fest
0,5	90	140	200
1,0	110	180	240
1,5	130	210	270
2,0	150	230	300
Mittlere einaxiale Druckfestigkeit $q_{u,k}$ in kN/m²	120 bis 300	300 bis 700	> 700

- Die auf der Grundlage der Tabelle □ 8.11 (A.2) bemessenen Fundamente können sich um ein Maß setzen, das bei Fundamentbreiten bis 1,50 m etwa 1 cm, bei breiteren Fundamenten etwa 2 cm nicht übersteigt.

Diese Setzungen beziehen sich nach DIN 1054: 2003-01 und 2005, Abschnitt 7.7.1 auf allein stehende Fundamente mit mittiger Belastung. Sie können sich bei gegenseitiger Beeinflussung benachbarter Fundamente vergrößern.

Bei ausmittig belasteten Fundamenten treten nach DIN 1054: 2003-01 und 2005, Abschnitt 7.7.1 Verkantungen auf, die nachgewiesen werden müssen, sofern sie den Grenzzustand der Gebrauchstauglichkeit wesentlich beeinflussen.

GZ 1B und GZ 2

In Fällen, die durch die Tabellen □ 8.11 (A.1 und A.2) nicht erfasst werden oder in denen die Voraussetzungen nach Abschnitt 8.4.2 nicht gegeben sind, müssen nach DIN 1054: 2003-01 und 2005, Abschnitt 7.7.2.1 die Grenzzustände GZ 1B und GZ 2 nachgewiesen werden.

8.5.3.2 Erhöhungen

Nach DIN 1054: 2003-01 und 2005, Abschnitt 7.7.2.2 kann der aufnehmbaren Sohldruck nach Abschnitt 8.4.3.1 bei Fundamenten mit einer Breite und Einbindetiefe ≥ 0,50 m wie folgt erhöht und die einzelnen Erhöhungen gegebenenfalls addiert werden:

a) **Rechteck- und Kreisfundamente**
Bei Rechteckfundamenten mit einem Seitenverhältnis $b_x : b_y < 2$ bzw. $b'_x : b'_y < 2$ und bei Kreisfundamenten darf der in Tabelle □ 8.11 (A.1 und A.2) angegebene aufnehmbare Sohldruck σ_{zul} um 20% erhöht werden.

Für die auf der Grundlage des Grundbruchs ermittelten Werte aus Tabelle □ 8.11 (A.1) gilt dies aber nur dann, wenn die Einbindetiefe größer ist als $0{,}60 \cdot b$ bzw. $0{,}60 \cdot b'$.

b) **Hohe Baugrundfestigkeit**
Nach DIN 1054: 2003-01 und 2005, Abschnitt 7.7.2.2 darf der in Tabelle □ 8.11 (A.1 und A.2) angegebene aufnehmbare Sohldruck σ_{zul} um bis zu 50 % erhöht werden, wenn der Boden bis in die in Abschnitt 8.4.2 unter dem Stichwort „Baugrund" angegebene Tiefe eine hohe Festigkeit aufweist. Dies ist der Fall, wenn eine der in Tabelle □ 8.12 genannten Bedingungen zutrifft.

□ 8.12 Voraussetzungen für die Erhöhung der Werte für den aufnehmbaren Sohldruck σ_{zul} bei nichtbindigem Boden (nach DIN 1054: 2003-01 und 2005, Tabelle A.8)

Bodengruppe nach DIN 18196	Ungleichförmigkeitszahl nach DIN 18196	Mittlere Lagerungsdichte nach DIN 18126	Mittlerer Verdichtungsgrad nach DIN 18127	Mittlerer Spitzenwiderstand der Drucksonde
	U	D	D_{Pr}	q_c [MN/m²]
SE, GE SU, GU GT	≤ 3	≥ 0,50	≥ 98%	≥ 15
SE, SW SI, GE GW, GT SU, GU	> 3	≥ 0,65	≥ 100 %	≥ 15

8.5.3.3 Abminderungen

Betrifft Tabelle □ 8.11 (A.1):

a) **Grundwasserspiegel**
Nach DIN 1054: 2003-01 und 2005, Abschnitt 7.7.2.3 gilt der in Tabelle □ 8.11 (A.1) angegebene aufnehmbare Sohldruck σ_{zul} für den Fall, dass der Abstand d_w zwischen Grundwasserspiegel und Gründungssohle mindestens so groß ist wie die maßgebende Fundamentbreite b bzw. b' nach Abschnitt 8.4.1. Ist der Abstand d_w kleiner als die maßgebende Fundamentbreite b bzw. b', so muss der Tabellenwert abgemindert werden, und zwar so:

$$\frac{d_w}{b(b')} = 1: \quad 0\ \%\ \text{Abminderung} \tag{8.15}$$

$$\frac{d_w}{b(b')} = 0: \quad 40\ \%\ \text{Abminderung} \tag{8.16}$$

Zwischenwerte dürfen geradlinig eingeschaltet werden (siehe Berechnungsbeispiele).

Liegt der Grundwasserspiegel über der Gründungssohle, dann reicht die Abminderung der in Tabelle □ 8.11 (A.1) angegebenen Werte für den aufnehmbaren Sohldruck um 40% nach DIN 1054: 2003-01 und 2005, Abschnitt 7.7.2.3 nur dann aus, wenn die Einbindetiefe größer ist als 0,80 m und außerdem noch größer ist als die Fundamentbreite b. Wenn diese beiden Voraussetzungen nicht zutreffen, dann müssen die Grenzzustände GZ 1B und GZ 2 nachgewiesen werden.

b) **Waagerechte Beanspruchungen**
Bei Fundamenten, die mit der resultierenden senkrechten Sohldruckbeanspruchung V_k und außerdem auch noch durch eine waagerechte Komponente H_k belastet sind, ist der nach Abschnitt 8.4.3.2 erhöhte bzw. nach dem o. a. Stichwort „Grundwasserspiegel verminderte aufnehmbare Sohldruck σ_{zul} nach DIN 1054: 2003-01 und 2005, Abschnitt 7.7.2.4 wie folgt abzumindern:

- wenn H_k parallel zur langen Fundamentseite angreift und das Seitenverhältnis a / b bzw. $a' / b' \geq 2$ ist, mit dem Faktor

$$\left(1 - \frac{H_k}{V_k}\right) \tag{8.17}$$

- in allen anderen Fällen mit dem Faktor

$$\left(1 - \frac{H_k}{V_k}\right)^2 \tag{8.18}$$

Betrifft Tabelle □ 8.11 (A.2):

Nach DIN 1054: 2003-01 und 2005, Abschnitt 7.7.2.4 darf der abgelesene und gegebenenfalls nach Abschnitt 8.4.3.2 erhöhte Wert der Tabelle □ 8.11 (A.2) beibehalten werden, solange er nicht größer ist als der abgelesene und gegebenenfalls erhöhte und / oder abgeminderte Wert der Tabelle □ 8.11 (A.1). Maßgebend ist der kleinere Wert (Vergleichsberechnung: siehe Berechnungsbeispiele).

Berechnungsbeispiele: □ 8.13, □ 8.14, □ 8.15.

8.13: Beispiel: Standsicherheitsnachweis nach dem Verfahren „Aufnehmbarer Sohldruck in einfachen Fällen“ (nicht bindiger Baugrund)

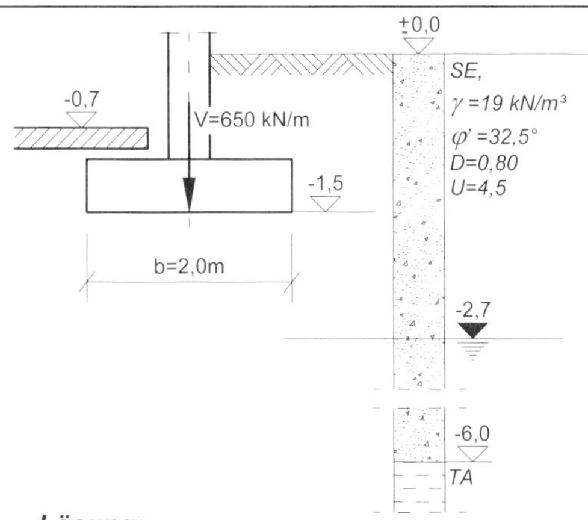

Geg.: *das dargestellte Streifenfundament eines Bürogebäudes*

Aufgrund der Hochbaukonstruktion (Stockwerkrahmen) ist das Fundament als setzungsempfindlich einzustufen.

Ges.: *die Standsicherheit ist zu überprüfen.*

Lösung:

Vorbemerkung: *Die Gliederung der Berechnung orientiert sich an der des Textteils Abschnitt 8.4. Das gilt auch weitgehend für alle nachfolgenden Beispiele dieses Abschnitts.*

Die gegebenen Werte können als charakteristische Werte betrachtet werden.

1. Voraussetzungen für das „Tabellenverfahren“

(1) Gründungstiefe (Außenbereich):

$d_{\text{vorh}} = 1,5 \ m > 0,8 \ m$

(2) Baugrund:

a) bauseits sicherzustellen

b) $z_{\text{vorh}} = 6,0 - 1,5 = 4,5 \ m > 2b = 4,0 \ m$

Nicht bindiger Boden: $D_{\text{vorh}} = 0,80 > D_{\text{erf}} = 0,45 \ (U > 3)$

1.

(3) Belastung:

1.

a) überwiegend statisch (Bürogebäude)
b) entfällt
c) H = 0
d) e = 0

(4) Sonderbestimmung für nbB:

Das Grundwasser liegt unterhalb der Fundamentsohle.

⇒ Damit sind die Voraussetzungen des „Tabellenverfahrens“ erfüllt.

2. Aufnehmbarer Sohldruck (nbB)

(1) Tabellenwert:

□ 8.13: Fortsetzung Beispiel: Standsicherheitsnachweis nach dem Verfahren „Aufnehmbarer Sohldruck in einfachen Fällen“ (nicht bindiger Baugrund)

Setzungsempfindlich ⇒ Tabelle A2

$$\left.\begin{array}{l} b = 2,0 \; m \\ d_{\min} = 0,8 \; m \end{array}\right\} \sigma_0^{(A2)} = 298 \; kN/m^2$$ *(interpoliert)*

(2) Erhöhungen:

a) $\frac{a}{b} = \infty \Rightarrow$ *keine Erhöhung*

b) $D_{\text{vorh}} = 0,80 > D_{\text{erf}} = 0,65$

Die mögliche Erhöhung wird zwischen den Grenzen D = 0,65 (ö 0 %) und D = 1,00 (ö 50 %) interpoliert:

$$\frac{0,80 - 0,65}{1,00 - 0,65} \cdot 50\% = 21,4\%$$ *Erhöhung*

Damit wird $\sigma_{0,\text{zul}}^{(A2)} = 298(1 + 0 + 0,214) = 362 \; kN/m^2$

3. Vergleichsrechnung

(1) Tabellenwert:

Setzungsunempfindlich ⇒ Tabelle A1

$$\left.\begin{array}{l} b = 2,0 \; m \\ d_{\min} = 0,8 \; m \end{array}\right\} \sigma_0^{(A1)} = 542 \; kN/m^2$$ *(interpoliert)*

(2) Erhöhungen:

a) $\frac{a}{b} = \infty \Rightarrow$ *keine Erhöhung*

b) wie vor: 21,4 % Erhöhung

(3) Abminderungen:

a) $\frac{d_w}{b} = \frac{1,20}{2,00} = 0,60 < 1$

$\Rightarrow \left(1 - \frac{d_w}{b}\right) \cdot 40\% = (1 - 0,60) \cdot 40 = 16\%$ *Abminderung*

b) H = 0 ⇒ keine Abminderung.

Damit wird

☐ 8.13: Fortsetzung Beispiel: Standsicherheitsnachweis nach dem Verfahren „Aufnehmbarer Sohldruck in einfachen Fällen“ (nicht bindiger Baugrund)

$$\sigma_{\text{zul}}^{(A1)} = 542(1 + 0 + 0{,}214 - 0{,}160) = 571 \quad kN/m^2$$

4. Spannungsnachweis

Maßgebend ist der kleinere Wert aus beiden Berechnungen: $\sigma_{\text{zul}}^{(A1)} = 362 \quad kN/m^2$

$$\sigma_{\text{zul}} = 362 \quad kN/m^2 > \sigma_{\text{vorh}} = \frac{650}{2{,}0} = 325 \quad kN/m^2$$

Das Fundament ist standsicher.

☐ 8.14: Beispiel: Standsicherheitsnachweis nach dem Verfahren „Aufnehmbarer Sohldruck in einfachen Fällen“ (nicht bindiger Baugrund)

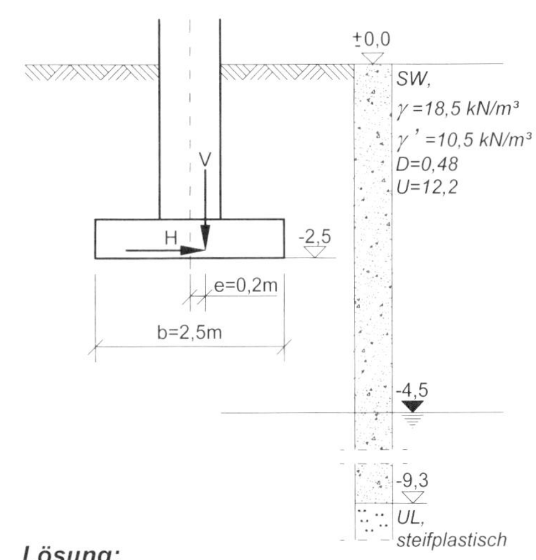

Geg.: *das dargestellte Quadratfundament mit einachsig ausmittiger Belastung (V = 3,1 MN, H = 0,54 MN; statisch)*

Die dargestellte Belastung entspricht dem ungünstigsten Zustand. Die Konstruktion ist setzungsunempfindlich.

Ges.: *die Standsicherheit ist zu überprüfen.*

Lösung:

Die gegebenen Werte können als charakteristische Werte betrachtet werden.

1. Voraussetzung für das „Tabellenverfahren“

(1) Gründungstiefe (Außenbereich):

$$d_{\text{vorh}} = 2{,}5 \quad m > 0{,}8 \quad m$$

(2) Baugrund:

a) bauseits sicherzustellen

b) $z_{\text{vorh}} = 9{,}3 - 2{,}5 = 6{,}8 \quad m > 2b = 5{,}0 \quad m$

Nicht bindiger Boden: $D_{\text{vorh}} = 0{,}48 > D_{\text{erf}} = 0{,}45 \quad (U > 3)$

□ 8.14: Fortsetzung Beispiel: Standsicherheitsnachweis nach dem Verfahren „Aufnehmbarer Sohldruck in einfachen Fällen“ (nicht bindiger Baugrund)

(3) Belastung:

a) statisch (s. Aufgabenstellung)
b) entfällt
c) $\frac{H}{V} = \frac{540}{3100} = 0{,}17 < 0{,}20$
d) $e = 2{,}0 \ m < \frac{b}{6} = \frac{2{,}50}{6} = 0{,}42 \ m$

Auch im ungünstigsten Belastungszustand liegt die Resultierende im 1. Kern.

(4) Sonderbestimmung für nbB:

Das Grundwasser liegt unterhalb der Fundamentsohle.

⇒ Damit sind die Voraussetzungen des „Tabellenverfahrens“ erfüllt.

2. Aufnehmbarer Sohldruck (nbB)

(1) Tabellenwert:

setzungsempfindlich ⇒ Tabelle A1

Reduzierte Fläche:

$$2{,}50 - 0 = 2{,}50 \ m = a'$$
$$2{,}50 - 2 \cdot 0{,}20 = 2{,}10 \ m = b'$$

$$\left.\begin{array}{l} b' = 2{,}10 \ m \\ d = 2{,}00 \ m \end{array}\right\} \rightarrow \sigma_{zul} = 700 \ kN/m^2$$

Da $d_{\text{vorh}} = 2{,}50 \ m > 2{,}00 \ m$ *, kann der abgelesene Wert um*
$\Delta\sigma_0 = \Delta d \cdot \gamma = (2{,}50 - 2{,}00) \cdot 18{,}5 = 9 \ kN/m^2$ *erhöht werden.*

Damit ergibt sich ein Tabellenwert von $\sigma_{\text{zul}} = 700 + 9 = 709 \ kN/m^2$

(2) Erhöhung:

a) $\frac{a'}{b'} = \frac{2{,}50}{2{,}10} < 2$

$d_{\text{vorh}} = 2{,}50 \ m > 0{,}6 \cdot b' = 1{,}26 \ m$

⇒ 20% Erhöhung

b) $D_{\text{vorh}} = 0{,}48 < D_{\text{erf}} = 0{,}65 \ (U > 3)$

⇒ keine Erhöhung

(3) Abminderung:

a) $\frac{d_{\text{w}}}{b'} = \frac{2{,}0}{2{,}1} = 0{,}9524 < 1{,}0$

8.14: Fortsetzung Beispiel: Standsicherheitsnachweis nach dem Verfahren „Aufnehmbarer Sohldruck in einfachen Fällen“ (nicht bindiger Baugrund)

$(1-0,9524)\cdot 40 = 1,9\%$ *Abminderung*

b) $\left(1-\frac{H}{V}\right)^2 = \left(1-\frac{540}{3100}\right)^2 = 0,682$

Damit wird $\sigma_{zul} = 709(1+0,20+0-0,019)\cdot 0,682 = 571\ kN/m^2$

3. Spannungsnachweis

$$\sigma_{zul} = 571\ kN/m^2 < \sigma_{vorh} = \frac{3100}{2,5\cdot 2,1} = 590\ kN/m^2$$

Die Fundamentabmessungen sind nicht ausreichend.

8.15: Beispiel: Bemessungsverfahren „Aufnehmbarer Sohldruck in einfachen Fällen“ (nicht bindiger Baugrund)

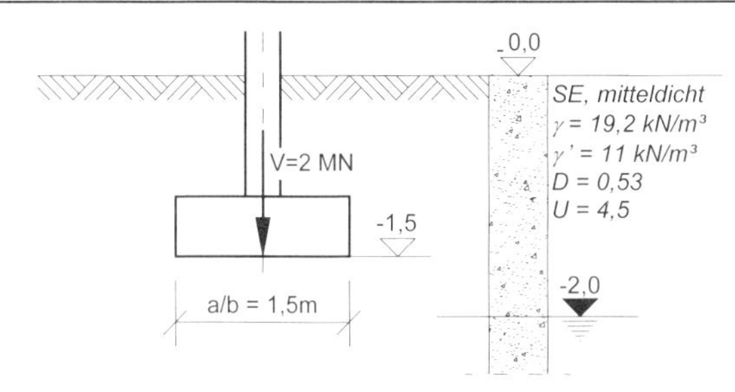

Geg.: *das Einzelfundament unter einem setzungsempfindlichen Wohngebäude;*

Seitenverhältnis von $\frac{a}{b} = 1,5$.

Ges.: *die erforderlichen Seitenabmessungen*

1. Lösung: Voraussetzungen für das „Tabellenverfahren“

(1) Gründungstiefe (Außenbereich):

$d_{vorh} = 1,5\ m > 0,8\ m$

(2) Baugrund:

a) bauseits sicherzustellen

b) $z_{vorh} > 2b$ *(Schichtgrenze tiefliegend)*

Nicht bindiger Boden: $D_{vorh} = 0,53 > D_{erf} = 0,45\ (U > 3)$

(3) Belastung:

a) statisch (s. Aufgabenstellung)
b) entfällt
c) H = 0
d) e = 0

(4) Sonderbestimmung für nbB:

Das Grundwasser liegt unterhalb der Fundamentsohle.

$\Rightarrow$ *Damit sind die Voraussetzungen des „Tabellenverfahrens“ erfüllt.*

□ 8.15: Fortsetzung Beispiel: Bemessungsverfahren „Aufnehmbarer Sohldruck in einfachen Fällen" (nicht bindiger Baugrund)

2. *Aufnehmbarer Sohldruck*

Anmerkung: *Zur Lösung wird das Verfahren „trial and error" angewendet.*

gew.: *b = 1,5 m ⇒ a = 1,5 · 1,5 = 2,25 m*

(1) Tabellenwert:

setzungsempfindlich ⇒ Tabelle A2

$$\left.\begin{array}{l} b = 1{,}5 \ m \\ d = 1{,}5 \ m \end{array}\right\} \rightarrow \sigma_{\text{zul}} \overset{(A2)}{=} 390 \ kN/m^2$$

(2) Erhöhungen:

a) $\frac{a}{b} = 1{,}5$ *⇒ 20 % Erhöhung*

b) $D_{\text{vorh}} = 0{,}53 < D_{\text{erf}} = 0{,}65 \ (U > 3)$ *⇒ keine Erhöhung.*

Damit wird $\sigma_{\text{zul}} \overset{(A2)}{=} 390(1 + 0{,}20 + 0) = 468 \ kN/m^2$

3. *Vergleichsrechnung*

(1) Tabellenwert:

Setzungsunempfindlich ⇒ Tabelle A1

$$\left.\begin{array}{l} b = 1{,}5 \ m \\ d = 1{,}5 \ m \end{array}\right\} \rightarrow \sigma_{\text{zul}} \overset{(A1)}{=} 540 \ kN/m^2$$

(2) Erhöhungen:

a) $\frac{a}{b} = 1{,}5 < 2; \ d = 1{,}5 \ m > 0{,}6 \cdot 1{,}5 = 0{,}9 \ m$ *⇒ 20 % Erhöhung*

b) keine Erhöhung

(3) Abminderungen:

a) $\frac{d_w}{b} = \frac{0{,}5}{1{,}5} = 0{,}33 < 1{,}0$

$$\left(1 - \frac{d_w}{b}\right) \cdot 40\% = (1 - 0{,}33) \cdot 40 = 26{,}7\%$$ *Abminderung*

b) H = 0 ⇒ keine Abminderung.

Damit wird $\sigma_{\text{zul}} \overset{(A1)}{=} 540(1 + 0{,}20 + 0 - 0{,}267) = 504 \ kN/m^2$

Maßgebend: $\sigma_{\text{zul}} \overset{(A2)}{=} 468 \ kN/m^2$

□ 8.15: Fortsetzung Beispiel: Bemessungsverfahren „Aufnehmbarer Sohldruck in einfachen Fällen" (nicht bindiger Baugrund)

4. Spannungsnachweis

$$\sigma_{\text{zul}} = 468 \;\; kN/m^2 < \sigma_{\text{vorh}} = \frac{2000}{1,5 \cdot 2,25} = 593 \;\; kN/m^2$$

5. Neubemessung:

***gew.**: b = 1,75 m ⇒ a = 1,5 · 1,75 = 2,60 m*

6. Tabellenwert:

$$\left.\begin{array}{l} b = 1,75 \;\; m \\ d = 1,50 \;\; m \end{array}\right\} \rightarrow \sigma_0 \overset{(A2)}{=} 365 \;\; kN/m^2$$

7. Erhöhungen:

a) 20 % Erhöhung

b) Keine Erhöhung

Damit wird $\sigma_{\text{zul}} \overset{(A2)}{=} 365(1+0,20+0) = 438 \;\; kN/m^2$

8. Vergleichsrechnung

(1) Tabellenwert:

Setzungsunempfindlich ⇒ Tabelle A1

$$\left.\begin{array}{l} b = 1,75 \;\; m \\ d = 1,50 \;\; m \end{array}\right\} \rightarrow \sigma_{\text{zul}} \overset{(A1)}{=} 590 \;\; kN/m^2$$

(2) Erhöhungen:

a) $\frac{a}{b} = 1,5 < 2; \;\; d = 1,5 \;\; m > 0,6 \cdot 1,75 = 1,05 \;\; m$ *⇒ 20 % Erhöhung*

b) keine Erhöhung

(3) Abminderungen:

a) $\frac{d_{\text{w}}}{b} = \frac{0,5}{1,75} = 0,29 < 1,0$

$\left(1 - \frac{d_{\text{w}}}{b}\right) \cdot 40\% = (1-0,29) \cdot 40 = 28,4\%$ *Abminderung*

b) H = 0 ⇒ keine Abminderung.

Damit wird $\sigma_{\text{zul}} \overset{(A1)}{=} 590(1+0,20+0-0,284) = 540 \;\; kN/m^2$

Maßgebend: $\sigma_{\text{zul}} \overset{(A2)}{=} 438 \;\; kN/m^2$

□ 8.15: Fortsetzung Beispiel: Bemessungsverfahren „Aufnehmbarer Sohldruck in einfachen Fällen“ (nicht bindiger Baugrund)

9. Spannungsnachweis:

$$\sigma_{\text{zul}} = 438 \ \ kN/m^2 \ \approx \ \sigma_{\text{vorh}} = \frac{2000}{1,75 \cdot 2,60} = 439 \ \ kN/m^2$$

Damit betragen die erforderlichen Fundamentabmessungen:

b = 1,75 m
a = 2,60 m

8.5.4 Bindige Böden (bB)

a) Aufnehmbarer Sohldruck

Tabellen

Nach DIN 1054: 2003-01 und 2005, Abschnitt 7.7.3.1 darf der aufnehmbare Sohldruck σ_{zul} bei bindigem Baugrund bei senkrechter oder geneigter Sohldruckbeanspruchung unter den in Abschnitt 8.4.2 genannten Voraussetzungen für Streifenfundamente aus Tabelle □ 8.11 (A.3 bis A.6) entnommen werden. Berücksichtigung einer ausmittigen Belastung: siehe Abschnitt 8.4.1.

Lößboden

Die Werte in Tabelle □ 8.11 (A.3 bis A.6) sind nicht bei Bodenarten anwendbar, bei denen ein plötzlicher Zusammenbruch des Korngerüstes möglich ist, wie z. B. bei Lößboden.

GZ 1B und GZ 2

In Fällen, die in Tabelle □ 8.11 (A.3 bis A.6) nicht erfasst sind oder bei denen die Voraussetzungen nach Abschnitt 8.4.2 nicht zutreffen oder deren Breite > 5,0 m ist, müssen die Grenzzustände GZ 1B und GZ 2 nachgewiesen werden.

***d* > 2,00 m**

Ist die Einbindetiefe auf allen Seiten des Gründungskörpers d > 2,00 m, so darf der aufnehmbare Sohldruck nach DIN 1054: 2003-01 und 2005, Abschnitt 7.7.1 um die Spannung erhöht werden, die sich aus der Bodenentlastung ergibt, die der Mehrtiefe entspricht (siehe Gleichung 8.14)

Solange die maßgebende charakteristische Beanspruchung vorhanden ist, darf der Boden weder vorübergehend noch dauernd entfernt werden

Tabellenwert

Der aus den Tabellen A.3 und A.6 (□ 8.11) entnommene Wert für den aufnehmbaren Sohldruck σ_{zul} wird bei $d > 2$ m nach Gleichung (8.14) erhöht und anschließend „Tabellenwert“ genannt. Alle Erhöhungen nach Abschnitt 8.4.4.2 und Abminderungen nach Abschnitt 8.4.4.3 werden auf diesen „Tabellenwert“ bezogen.

Setzungen

Die Verwendung der genannten Werte für σ_{zul} kann nach DIN 1054: 2003-01 und 2005, Abschnitt 7.7.3.1 bei mittig belasteten Fundamenten zu Setzungen in der Größenordnung von 2 bis 4 cm führen.

Diese Setzungen beziehen sich nach DIN 1054: 2003-01 und 2005, Abschnitt 7.7.1 auf allein stehende Fundamente mit mittiger Belastung. Sie können sich bei gegenseitiger Beeinflussung benachbarter Fundamente vergrößern.

Bei ausmittig belasteten Fundamenten treten Verkantungen auf, die nachgewiesen werden müssen, sofern sie den Grenzzustand der Gebrauchstauglichkeit wesentlich beeinflussen.

Baugrundfestigkeit

Die für die Anwendung des aufnehmbaren Sohldrucks σ_{zul} nach Tabelle □ 8.11 (A.3 bis A.6) geforderte Festigkeit des Bodens darf nach DIN 1054: 2003-01 und 2005, Abschnitt 7.7.3.1 als ausreichend angenommen werden, wenn eine der folgenden Bedingungen zutrifft:

- Entweder muss die Zustandsform (Konsistenz) aus Laborversuchen nach DIN 18122-1 oder aus Handversuchen nach DIN 4022-1
- oder die einaxiale Druckfestigkeit nach DIN 18136 bestimmt werden.

Ergeben sich bei mehreren Versuchen unterschiedliche Werte der Zustandsform oder der einaxialen Druckfestigkeit, dann ist jeweils der Mittelwert innerhalb des in Abschnitt 8.4.2 unter dem Stichwort „Baugrund" beschriebenen Bodenbereichs maßgebend.

Wenn Versuche zur Ermittlung der Scherfestigkeit c_u des undränierten Bodens vorliegen, dann darf die einaxiale Druckfestigkeit q_u näherungsweise mit $\varphi_u = 0$ aus dem Ansatz

$$q_{u,k} = 2 \cdot c_{u,k} \tag{8.19}$$

ermittelt werden.

b) Erhöhung

Bei Rechteckfundamenten mit einem Seitenverhältnis $b_x : b_y < 2$ bzw. $b'_x : b'_y < 2$ und bei Kreisfundamenten darf der in Tabelle □ 8.11 (A.3 bis A.6) angegebene bzw. der nach Abschnitt 8.4.4.3 für größere Fundamentbreiten ermittelte aufnehmbare Sohldruck σ_{zul} nach DIN 1054: 2003-01 und 2005, Abschnitt 7.7.3.2 um 20 % erhöht werden.

c) Abminderung

Bei Fundamentbreiten zwischen 2,00 m und 5,00 m muss der in Tabelle □ 8.11 (A.3 bis A.6) angegebene aufnehmbare Sohldruck σ_{zul} um 10 % je m zusätzlicher Fundamentbreite nach DIN 1054: 2003-01 und 2005, Abschnitt 7.7.3.3 vermindert werden.

Berechnungsbeispiel: □ 8.16

□ 8.16: Beispiel: Ermittlung der zulässigen Belastung nach dem Verfahren „Aufnehmbarer Sohldruck in einfachen Fällen" (bindiger Baugrund)

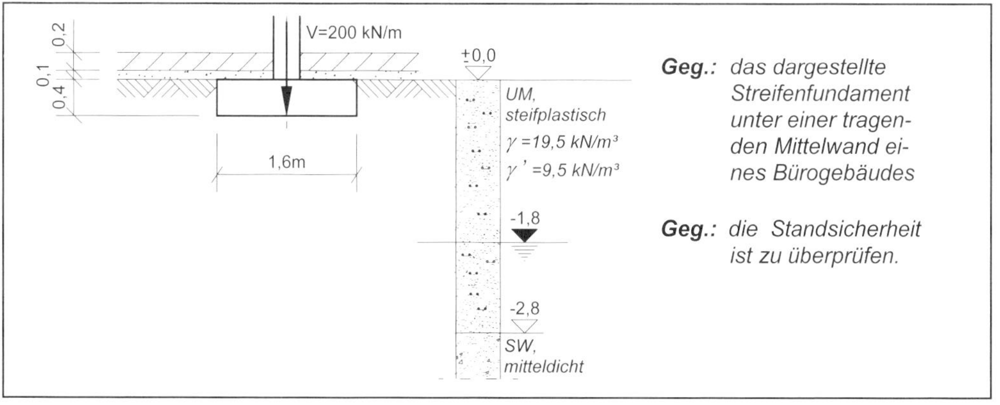

□ 8.16: Fortsetzung Beispiel: Ermittlung der zulässigen Belastung nach dem Verfahren „Aufnehmbarer Sohldruck in einfachen Fällen" (bindiger Baugrund)

Lösung:

1. Voraussetzungen für das „Tabellenverfahren"

(1) Gründungstiefe (Außenbereich):

entfällt bei innenliegenden Fundamenten

(2) Baugrund:

a) bauseits sicherzustellen

b) $z_{\text{vorh}} = 2,8 - 0,4 = 2,4 \;\; m < 2b = 3,2 \;\; m$ *(!)*

Da der darunter anstehende Boden SW eine größere Tragfähigkeit als der Gründungsboden UM hat (Vergleich der Tabellenwerte) ist diese Voraussetzung trotzdem erfüllt.

Bindiger Boden:
Steifplastische Konsistenz $\Rightarrow I_c \geq 0,75$

(3) Belastung:

a) statisch (s. Aufgabenstellung)
b) bauseits sicherzustellen (z.B. konventionelle Bauweise)
c) H = 0
d) e = 0

$\Rightarrow$ *Damit sind die Voraussetzungen des „Tabellenverfahrens" erfüllt.*

2. Aufnehmbarer Sohldruck (bB)

(1) Tabellenwert:

UM $\Rightarrow$ *Tabelle A5*

$$\left.\begin{aligned} b &= 1,6 \;\; m < 2,0 \;\; m \\ d &= 0,4 + 0,1 + 0,2 = 0,7 \;\; m \end{aligned}\right\} \rightarrow \sigma_{\text{zul}} = 128 \;\; kN/m^2$$

(Die Einbindetiefe kann bis OK Kellersohle angenommen werden.)

(2) Erhöhungen:

$\frac{a}{b} = \infty$ $\Rightarrow$ *keine Erhöhung*

Damit wird $\sigma_{\text{zul}} = 128 \;\; kN/m^2$

3. Spannungsnachweis

$$\sigma_{\text{zul}} = 128 \;\; kN/m^2 > \sigma_{\text{vorh}} = \frac{200}{1,6} = 125 \;\; kN/m^2$$

Die Fundamentabmessungen sind ausreichend.

8.5.5 Künstlich hergestellter Baugrund

Nach DIN 1054: 2003-01 und 2005, Abschnitt 7.7.5 dürfen die Werte für den aufnehmbaren Sohldruck nach den Abschnitten 8.4.3 bzw. 8.4.4 auch für Fundamente verwendet werden, die auf künstlich hergestelltem Baugrund gegründet werden, wenn folgende Voraussetzung erfüllt sind:

- künstlich hergestellter Baugrund oder Schüttungen müssen die unter Abschnitt 8.4.2 genannten Bedingungen erfüllen und

- bindige Schüttstoffe müssen einen Verdichtungsgrad $D_{Pr} \geq 100$ % Mittelwert, mindestens aber 97% als Untergrenze aufweisen.

8.5.6 Fels

Besteht der Baugrund aus gleichförmigem beständigem Fels in ausreichender Mächtigkeit, so dürfen Fundamente mit der Annahme eines aufnehmbaren Sohldrucks σ_{zul} bemessen werden. Der für quadratische Fundamente maßgebende aufnehmbare Sohldruck σ_{zul} darf in Abhängigkeit von der einaxialen Druckfestigkeit und vom Kluftabstand des Gebirges nach DIN 1054: 2003-01 und 2005, Abschnitt 7.7.4 den Diagrammen in □ 8.17 entnommen werden.

Klassifizierung

Nach DIN 1054: 2003-01 und 2005, Abschnitt 7.7.4 werden die Gesteinsarten wie folgt klassifiziert:

Felsgruppe 1: Reiner Kalkstein und Dolomit, karbonathaltiger Sandstein mit geringer Porosität;

Felsgruppe 2: Oolite und mergelige Kalksteine, Sandsteine mit guter Kornbindung, feste karbonathaltige Schluffsteine, Schiefer mit flachliegender Schieferung;

Felsgruppe 3: Stark mergelige Kalksteine, schwach gebundene Sandsteine, Schiefer mit steil stehender Schieferung;

Felsgruppe 4: Schwach gebundene Ton- und Schluffsteine.

Bezeichnungen

Nach seiner einaxialen Druckfestigkeit wird der Fels nach DIN 1054: 2003-01 und 2005, Abschnitt 7.7.4 wie folgt bezeichnet:

	1,25 $\mathrm{MN/m^2}$:	sehr mürb;
1,25 $\mathrm{MN/m^2}$	5,0 $\mathrm{MN/m^2}$:	mürb;
5,0 $\mathrm{MN/m^2}$	12,5 $\mathrm{MN/m^2}$:	mäßig mürb;
12,5 $\mathrm{MN/m^2}$	50,0 $\mathrm{MN/m^2}$:	mäßig hart;
	50,0 $\mathrm{MN/m^2}$:	hart.

Setzungen

Voraussetzung für den angegebenen aufnehmbaren Sohldruck ist nach DIN 1054: 2003-01 und 2005, Abschnitt 7.7.4, dass im Grenzzustand GZ 2 Setzungen in der Größenordnung von 0,5 % der kleineren Fundamentbreite zulässig sind. Der aufnehmbare Sohldruck bei anderen Setzungsvorgaben darf geradlinig interpoliert werden.

8.17: Aufnehmbarer Sohldruck σ_{zul} für quadratische Einzelfundamente auf Fels (Bild A.1 aus DIN 1054: 2003-01 und 2005)

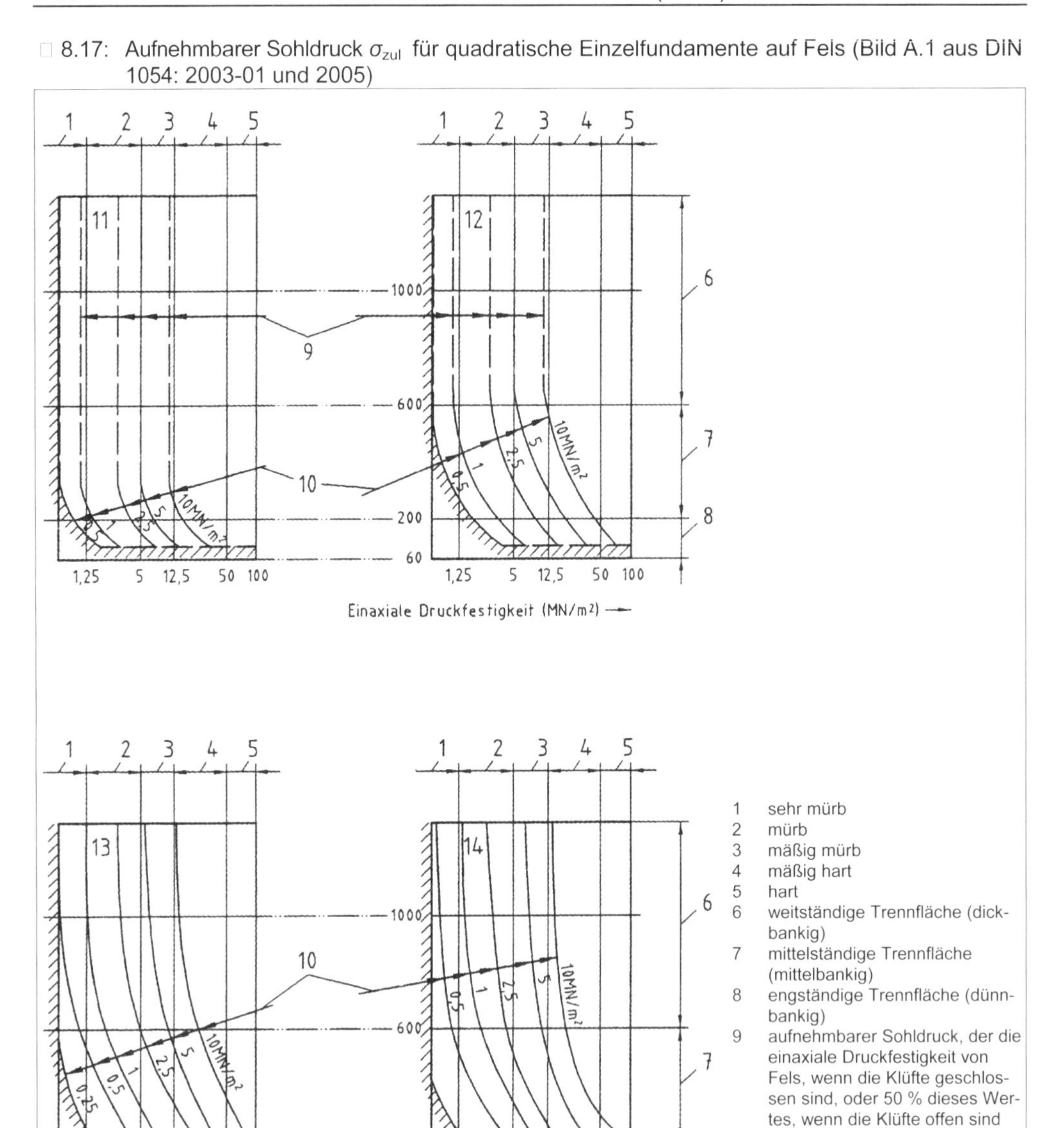

8.5 Gewichtsstützwand

Dieser Abschnitt enthält die Berechnung einer Gewichtsstützwand nach dem Nachweiskonzept (DIN 1054: 2005), das aus der 4. Auflage von Dörken / Dehne: „Grundbau in Beispielen", Teil 2, Abschnitt 7.3 entnommen wurde (7.08). Auf diese Weise ist ein Vergleich mit der Berechnung einer Gewichtsstützwand nach dem Nachweiskonzept nach Handbuch Eurocode 7 (2011) möglich, die in Abschnitt 7.3 der vorliegenden 5. Auflage enthalten ist.

8.18: Beispiel: Berechnung einer Gewichtsstützwand

Geg.:

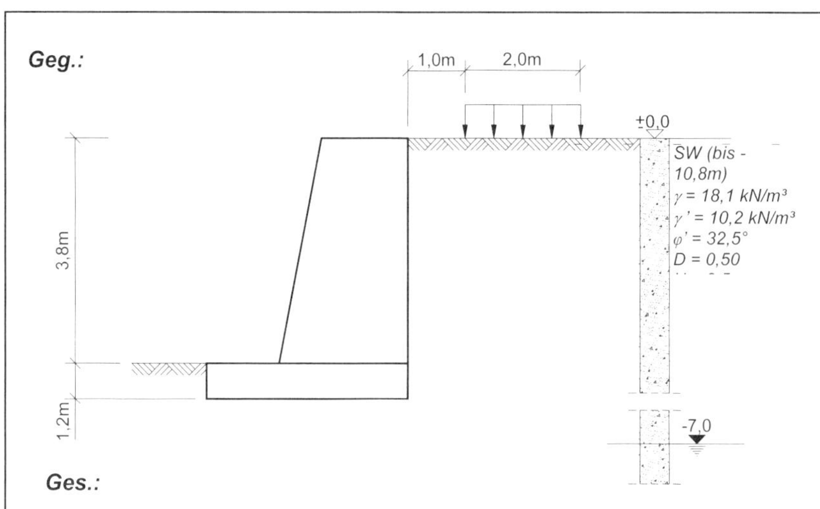

Ges.:

1. *Bemessung mit dem Verfahren „Aufnehmbarer Sohldruck in einfachen Fällen" (Tabellenverfahren) nach DIN 1045*
2. *Vergleichs-berechnung mit direkten Stand-sicherheitsnachweisen*
3. *Überprüfung der Standsicherheit in der Arbeitsfuge.*

Lösung:

Vorbemerkungen:

Bei nur durch Erddruck beanspruchten Gewichtsstützwänden sind - verglichen mit den vorhandenen Vertikalkräften - verhältnismäßig große Horizontalkräfte abzutragen. Das verlangt von vornherein eine großzügige Festlegung der Einbindetiefe (Sicherheit gegen Gleiten, Grundbruch) sowie der Fundamentbreite.

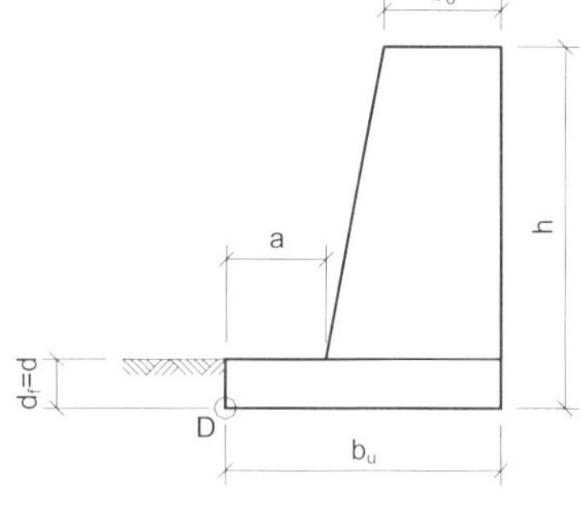

1. Bemessung mit dem „Tabellenverfahren":

Vorbemessung:

$d \geq 1{,}0\ m \Rightarrow d_{gew.} = 1{,}2\ m$

$b_0 \geq 0{,}4\ m \Rightarrow b_{0,gew.} = 0{,}75\ m$

$b \approx 0{,}3...0{,}5\ h \Rightarrow b_{gew.} = 2{,}0\ m$

$a \leq 0{,}6\ d_F \Rightarrow a_{gew.} = 0{,}5\ m$

1.1 Lastermittlung:

Erddruckermittlung

$\alpha = 0;\ \beta = 0;\ \varphi' = 32{,}5°;\ \delta_a = \frac{2}{3}\varphi' \Rightarrow K_a^g = 0{,}27$

Aktiver Erddruck infolge Bodeneigenlast g

$e_a^g = 18{,}1 \cdot 5{,}0 \cdot 0{,}27 = 24{,}4\ \ kN/m^2$

$E_a^g = 0{,}5 \cdot 24{,}4 \cdot 5{,}0 = 61{,}0\ \ kN/m$

$E_{ah}^g = 61{,}0 \cdot \cos\frac{2}{3} \cdot 32{,}5° = 56{,}7\ \ kN/m$

$E_{av}^g = 61{,}0 \cdot \sin\frac{2}{3} \cdot 32{,}5° = 22{,}6\ \ kN/m$

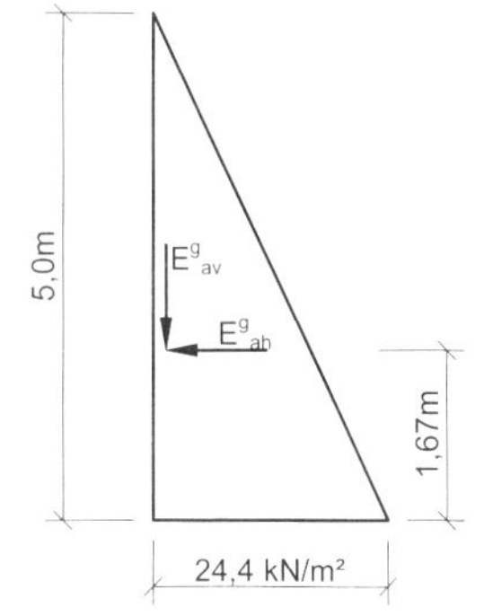

8.18: Fortsetzung Beispiel: Berechnung einer Gewichtsstützwand

Aktiver Erddruck infolge Streifenlast p'
Es muss zunächst festgestellt werden, ob die Streifenlast „schmal" oder „breit" ist.
⇒ Dörken/Dehne, T. 1 (2002)

Mit $\alpha = 0;\ \beta = 0;\ \varphi' = 32{,}5°;\ \delta_a = \frac{2}{3}\varphi'$

ergibt sich für den Gleitflächenwinkel

$$\tan\vartheta_a = \frac{\sin\varphi + \sqrt{\dfrac{\tan\varphi - \tan\beta}{\tan\varphi + \tan\delta_a}}}{\cos\varphi} = \frac{\sin 32{,}5° + \sqrt{\dfrac{\tan 32{,}5° - \tan 0}{\tan 32{,}5° + \tan\frac{2}{3}\cdot 32{,}5°}}}{\cos 32{,}5°} = 1{,}57$$

Damit ergeben sich folgende Schnittpunkte mit der Wandrückseite:

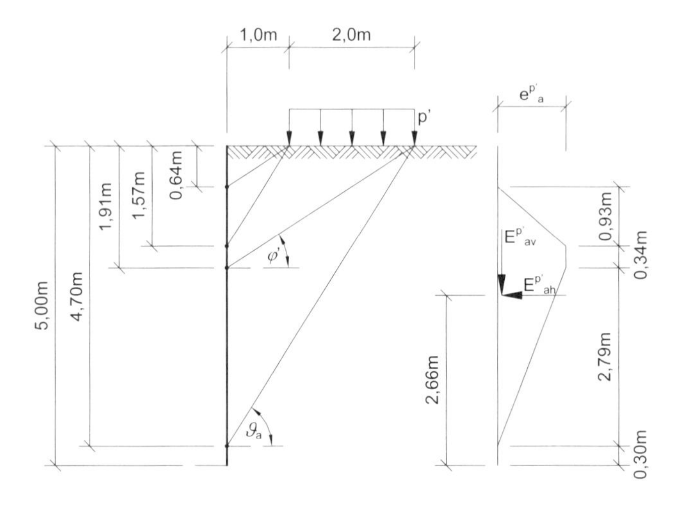

Da $y_3 > y_2$, *ist die Streifenlast „breit".*

$$e_a^{p'} = p' \cdot K_a^g = 35 \cdot 0{,}27 = 9{,}5\ \ kN/m^2$$

$$E_a^{p'} = 0{,}5 \cdot 9{,}5 \cdot 0{,}93 + 9{,}5 \cdot 0{,}34 + 0{,}5 \cdot 9{,}5 \cdot 2{,}79 = 4{,}4 + 3{,}2 + 13{,}3 = 20{,}9\ \ kN/m$$

$$E_{ah}^{p'} = 19{,}4 kN/m\ ;\ E_{av}^{p'} = 7{,}7\ \ kN/m$$

Angriffspunkt von $E_{ah}^{p'}$ *(bezogen auf die Fundamentsohle):*

$$y_s^{p'} = 0{,}30 + \frac{4{,}4\left(2{,}79 + 0{,}34 + \dfrac{0{,}93}{3}\right) + 3{,}2\left(2{,}79 + \dfrac{0{,}34}{2}\right) + 13{,}3 \cdot \dfrac{2 \cdot 2{,}79}{3}}{20{,}9} = 2{,}66\ \ m$$

8.18: Fortsetzung Beispiel: Berechnung einer Gewichtsstützwand

Erdwiderstand vor der Stützwand (DIN 1054: 2003-01 und 2005, 6.2.4)

Für die Ermittlung des vollmobilisierten charakteristischen Erdwiderstands sind die Nennwerte der Geländeneigung und der Wandneigung sowie die charakteristischen Werte des Reibungswinkels, der Kohäsion und der Wichte des Bodens maßgebend (DIN

1054: 2003-01, Abschnitte 5.3.1(5) und 6.2.1a).

Der Wandreibungswinkel ™p sollte wegen fehlender Relativbewegung zwischen Wand und Boden zu ™p = 0 festgelegt werden.

Im vorliegenden Fall wird davon ausgegangen, dass der Erdwiderstand im zulässigen Maß angesetzt werden kann.

$\alpha = 0;\ \beta = 0;\ \varphi' = 32{,}5°;\ \delta_p = 0 \Rightarrow K_p^g \left(\hat{=} K_{ph}^g\right) = 3{,}32$

Aus DIN 1054: 2003-1 und 2005, Tabelle 3, erhält man den Teilsicherheitsbeiwert $\gamma_{E_p} = 1{,}40$ *(LF 1).*

Somit wird

$$e_{ph}^g = 18{,}1 \cdot 1{,}2 \cdot 3{,}32 = 72{,}1\ kN/m^2$$

$$E_{ph,k}^g = \frac{1}{2} \cdot 72{,}1 \cdot 1{,}2 = 43{,}3\ kN/m$$

$$\Rightarrow E_{p,d} = \frac{43{,}3}{1{,}40} = 30{,}9\ kN/m$$

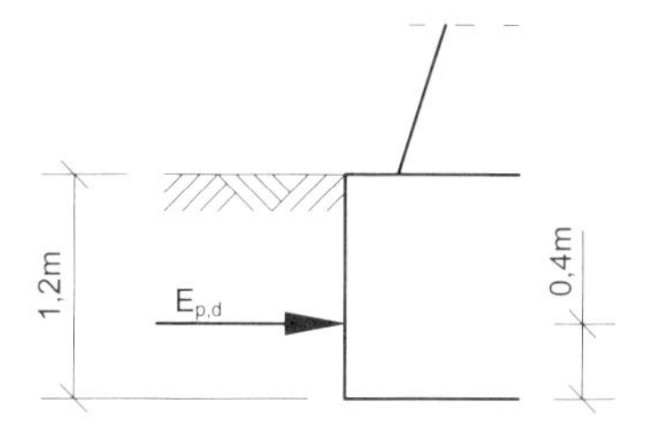

Eigenlasten der Stützwand (charakteristische Werte):

$$G_1 = 23 \cdot 0{,}5 \cdot 0{,}75 \cdot 3{,}8 = 32{,}8\ kN/m$$

$$G_2 = 23 \cdot 0{,}75 \cdot 3{,}8 = 65{,}6\ kN/m$$

$$G_3 = 23 \cdot 1{,}2 \cdot 2{,}0 = 55{,}2\ kN/m$$

$$\sum G = 153{,}6\ kN/m$$

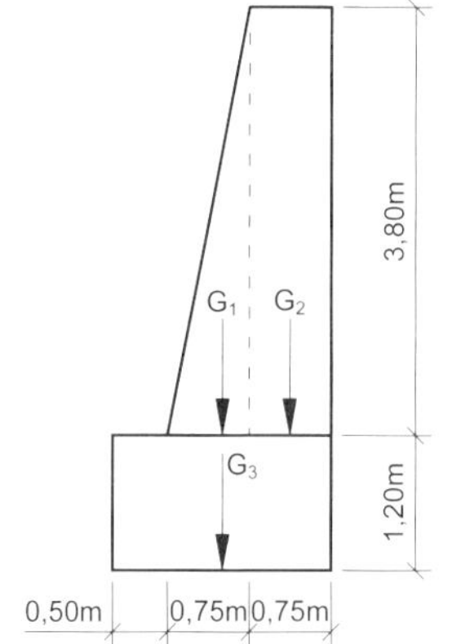

1.2 Voraussetzung für das Tabellenverfahren

(1) Gründungstiefe (Außenbereich)

$$d_{vorh} = 1{,}2\ m > 0{,}8\ m$$

(2) Baugrund:

a) bauseits sicherzustellen

b) $z_{vorh} = 5{,}8\ m > 2b = 4{,}0\ m$

Nicht bindiger Boden: $D_{vorh} = 0{,}50\ >\ D_{erf} = 0{,}45\ (U > 3)$

□ 8.18: Fortsetzung Beispiel: Berechnung einer Gewichtsstützwand

(3) Belastung:

a) überwiegend statisch (Stützwand)
b) entfällt

c) $$\frac{H}{V} = \frac{E_{ah}^{g} + E_{ah}^{p} - E_{ph,d}}{G + E_{av}^{g} + E_{av}^{p}} = \frac{56,7 + 19,4 - 30,9}{153,6 + 22,6 + 7,7} = 0,25 > 0,20 \ (!)$$

$\Rightarrow$ *Damit sind die Voraussetzungen für das „Tabellenverfahren" verletzt: Direkte Standsicherheitsnachweise sind erforderlich.*

2. Berechnung mit direkten Standsicherheitsnachweisen

2.1 Nachweis der Sicherheit gegen Kippen

2.1.1 Tragfähigkeitsnachweis (GZ 1B)

Die ungünstigste Lastkombination ergibt sich im vorliegenden Fall aus dem Lastzustand g+p:

$$\sum M_{(D)}^{g+p} = 32,8\left(0,5 + \frac{2 \cdot 0,75}{3}\right) + 65,6\left(0,5 + 0,75 + \frac{0,75}{2}\right) + 55,2\frac{2,0}{2}(22,6 + 7,7) \cdot 2,0$$
$$+ 30,9 \cdot 0,4 - 56,7 \cdot 1,67 - 19,4 \cdot 2,66 = 121,2 \ kNm/m$$

$$\sum V^{g+p} = 32,8 + 65,6 + 55,2 + 22,6 + 7,7 = 183,9 \ kN/m$$

Damit ergibt sich ein Randabstand der Resultierenden von

$$c^{g+p} = \frac{\sum M_{(D)}^{g+p}}{\sum V^{g+p}} = \frac{121,2}{183,9} = 0,66 \ m$$

und eine Ausmittigkeit von

$$e^{g+p} = \frac{2,0}{2} - 0,66 = 0,34 \ m \ < \ \frac{b}{3} = 0,67 \ m$$

2.1.2 Gebrauchstauglichkeit (GZ 2) *DIN 1054: 2003-01 und 2005, Absatz 7.6.1:*

$$\sum M_{(D)}^{g} = 32,8\left(0,5 + \frac{2 \cdot 0,75}{3}\right) + 65,6\left(0,5 + 0,75 + \frac{0,75}{2}\right) + 55,2\frac{2,0}{2}22,6 \cdot 2,0$$
$$+ 30,9 \cdot 0,4 - 56,7 \cdot 1,67 = 157,4 \ kNm/m$$

$$\sum V^{g} = 153,6 + 22,6 = 176,2 \ kN/m$$

Damit wird

$$c^{g} = \frac{157,4}{176,2} = 0,88 \ m \quad \Rightarrow \quad e^{g} = \frac{2,0}{2} - 0,88 = 0,12 \ m < \frac{b}{6}$$

Die Sicherheit gegen Kippen ist gegeben.

□ 8.18: Fortsetzung Beispiel: Berechnung einer Gewichtsstützwand

2.2 Nachweis der Sicherheit gegen Gleiten

2.2.1 Tragfähigkeitsnachweis (GZ 1B)

Mit dem unter 1. ermittelten Erdwiderstand wird

$$E_{p,d} = \frac{E_{ph,k}}{\gamma_{E_p}} = \frac{43,3}{1,40} = 30,9 \ kN/m$$

Die ungünstigste Lastkombination ergibt sich im vorliegenden Fall aus dem Lastzustand g+p.

Für den Lastfall LF 1 gelten die Teilsicherheitsbeiwerte

$\gamma_G = 1,35$; $\gamma_Q = 1,50$; $\gamma_{Gl} = 1,10$

Ermittlung der Bemessungswerte:

$$T_d = E^g_{ah,k} \cdot \gamma_G + E^p_{ah,k} \cdot \gamma_Q = 56,7 \cdot 1,35 + 19,4 \cdot 1,50 = 105,6 \ kN/m$$

$$R_{t,d} = \left(G_k + E^g_{av,k} + E^p_{av,k}\right)\frac{\tan\varphi_k}{\gamma_{Gl}} = (153,6 + 22,6 + 7,7)\frac{\tan 32,5°}{1,10} = 106,5 \ kN/m$$

$$T_d = 105,6 \ < \ R_{t,d} + E_{p,d} = 106,5 + 30,9 = 137,4 \ kN/m$$

2.2.2 Gebrauchstauglichkeitsnachweis (GZ 2)

Für den Lastfall LF 1 gelten die Teilsicherheitsbeiwerte

$\gamma_G = 1,0$; $\gamma_Q = 1,0$

$$T_d = E^g_{ah,k} \cdot \gamma_G + E^p_{ah,k} \cdot \gamma_Q = 56,7 \cdot 1,0 + 19,4 \cdot 1,0 = 76,1 \ kN/m$$

$$R_{t,d} = 106,5 \ \text{(s. oben)}$$

$$T_d = 76,1 \ < \ R_{t,d} = 106,5 \ kN/m$$

Die Sicherheit gegen Gleiten ist gegeben.

2.3 Nachweis der Sicherheit gegen Grundbruch

Im GZ 1B muss die Bedingung $N_d \leq R_{n,d}$ erfüllt sein.

Für das vorliegende Beispiel wird mit $E_{ph,k}$ = 43,3 kN/m (s. 1.1.2) die ansetzbare Bodenreaktion an der Stirnseite

$$B_k\left(= E_{ph,mob,k}\right) = 0,5 \cdot 43,3 = 21,7 \ kN/m$$

und

$$\tan\varphi_E = \frac{H}{V} = \frac{E^g_{ah,k} + E^p_{ah,k} - B_k}{G_k + E^g_{av,k} + E^p_{av,k}} = \frac{56,7 + 19,4 - 21,7}{153,6 + 22,6 + 7,7} = \frac{54,4}{183,9} = 0,296$$

□ 8.18: Fortsetzung Beispiel: Berechnung einer Gewichtsstützwand

Reduzierte Breite:

Die ungünstigste Lastkombination ergibt sich aus dem Lastzustand g+p (s. Abschnitt 2.1)

$$\sum M_{(D)}^{g+p} = 32,8\left(0,5+\frac{2\cdot 0,75}{3}\right)+65,6\left(0,5+0,75+\frac{0,75}{2}\right)+55,2\frac{2,0}{2}+(22,6+7,7)\cdot 2,0$$

$$+21,7\cdot 0,4-56,7\cdot 1,67-19,4\cdot 2,66=117,5\ kNm/m$$

$$\sum V^{g+p} = 32,8+65,6+55,2+22,6+7,7=183,9\ kN/m$$

Damit wird

$$c^{g+p}=\frac{117,5}{183,9}=0,64\ m \text{ und}$$

$$e^{g+p}=\frac{2,0}{2}-0,64=0,36\ m$$

$$b'=2,0-2\cdot 0,36=1,28\ m$$

Wegen des anstehenden Grundwassers muss die Einflusstiefe der Grundbruchscholle ermittelt werden:

$$\vartheta_1=45°-\frac{32,5°}{2}=28,75°$$

$$a=\frac{1-\tan^2 28,75°}{2\frac{56,7+19,4-21,7}{183,9}}=1,1815$$

$$\tan\alpha_2=1,1815+\sqrt{1,1815^2-\tan^2 28,75°}=2,2279 \quad\Rightarrow\quad \alpha_2 = 65,82°$$

$$\vartheta_2=65,82°-28,75°=37,07° \text{ A}\alpha_1$$

Damit wird

$$d_s=1,28\cdot\sin 37,07°\cdot e^{0,6470\cdot\tan 32,5°}=1,17\ m\ <\ 2,0\ m$$

was bedeutet, das Grundwasser hat keinen Einfluss.

Ermittlung der Sicherheit gegen Grundbruch

Beiwerte:

$N_{d0}=25$; $\nu_d' = 1,0$

$N_{b0}=15$; $\nu_b' = 1,0$

Neigungsbeiwerte für den Fall

- *H parallel b'*
- $\varphi'\neq 0;\ c\geq 0;\ \delta_E>0;\ \omega=90°$

Mit m = 2 (Streifenfundament) wird

$i_d=(1-0,296)^2=0,496$; $i_b=(1-0,296)^{2+1}=0,349$

8.18: Fortsetzung Beispiel: Berechnung einer Gewichtsstützwand

Grundbruchwiderstand:

$$R_\mathrm{d} = 1{,}28 \cdot \left(0 + 18{,}1 \cdot 1{,}2 \cdot 25 \cdot 1{,}0 \cdot 0{,}496 + 18{,}1 \cdot 1{,}28 \cdot 15 \cdot 1{,}0 \cdot 0{,}349\right) = 500 \quad kN/m$$

Beanspruchung:

$$\left(V_\mathrm{d} =\right) N_\mathrm{d} = N_\mathrm{G,k} \cdot \gamma_\mathrm{G} + N_\mathrm{Q,k} \cdot \gamma_\mathrm{Q} = \left(153{,}6 + 22{,}6\right) \cdot 1{,}35 + 7{,}7 \cdot 1{,}50 = 249 \quad kN/m$$

$$R_\mathrm{n,d} = \frac{R_\mathrm{k}}{\gamma_\mathrm{Gr}} = \frac{500}{1{,}40} = 357 \quad kN/m$$

Damit wird

$$N_\mathrm{d} = 249 \; < \; R_\mathrm{n,d} = 357 \quad kN/m$$

Die Sicherheit gegen Grundbruch ist gegeben.

Ausnutzungsgrad

$$f_\mathrm{Gr} = \frac{N_\mathrm{d}}{R_\mathrm{n,d}} = \frac{249}{357} \;\hat{=}\; 70\%$$

2.4 Setzungsermittlung (GZ2)

Dieser Nachweis ist bei den vorliegenden Bauwerks- und Baugrundverhältnissen nicht erforderlich.

3. Überprüfung der Arbeitsfuge

Anmerkung: Dieser Nachweis wird nach den Regeln der Festkörpermechanik geführt.

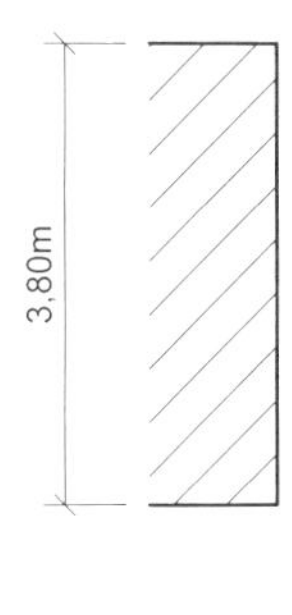

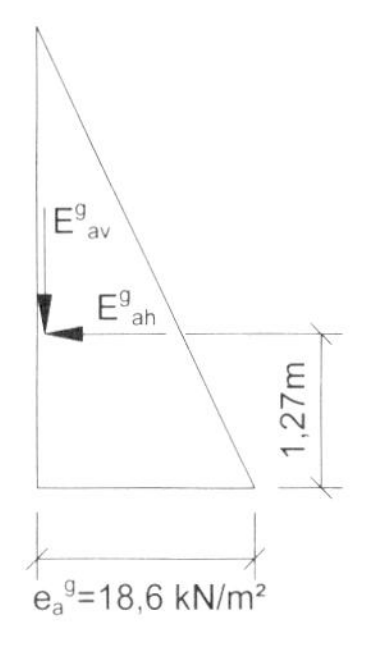

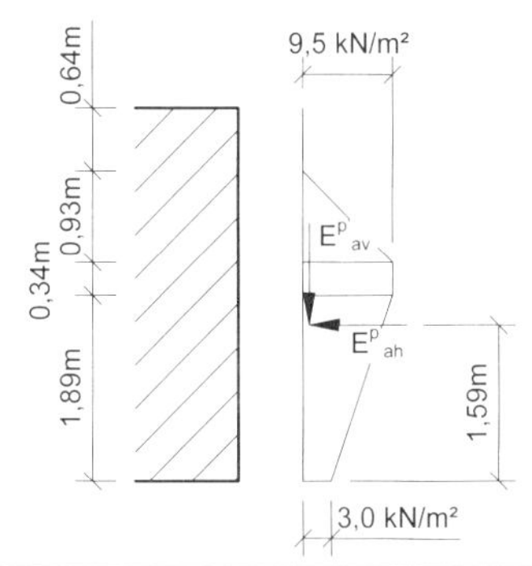

3.1 Erddruckermittlung

$$e_\mathrm{a}^\mathrm{g} = 18{,}1 \cdot 3{,}8 \cdot 0{,}27 = 18{,}6 \quad kN/m^2$$

$$E_\mathrm{a}^\mathrm{g} = \frac{1}{2} \cdot 18{,}6 \cdot 3{,}8 = 35{,}3 \quad kN/m$$

$$E_\mathrm{ah}^\mathrm{g} = 35{,}3 \cdot \cos\frac{2}{3} \cdot 32{,}5° = 32{,}8 \quad kN/m$$

$$E_\mathrm{av}^\mathrm{g} = 35{,}3 \cdot \sin\frac{2}{3} \cdot 32{,}5° = 13{,}0 \quad kN/m$$

$$y_\mathrm{s}^\mathrm{g} = \frac{3{,}8}{3} = 1{,}27 \quad m$$

$$E_\mathrm{a}^\mathrm{p'} = \frac{1}{2} \cdot 9{,}5 \cdot 0{,}93 + 9{,}5 \cdot 0{,}34 + 3{,}0 \cdot 1{,}89 + \frac{1}{2} \cdot 6{,}5 \cdot 1{,}89 =$$

$$= 4{,}4 + 3{,}2 + 5{,}7 + 6{,}1 = 19{,}4 \quad kN/m$$

$$E_\mathrm{ah}^\mathrm{p'} = 18{,}0 \quad kN/m\,; \; E_{av}^{p'} = 7{,}2 kN/m$$

$$y_\mathrm{s}^\mathrm{p'} = 1{,}59 \quad m$$

8.18: Fortsetzung Beispiel: Berechnung einer Gewichtsstützwand

3.2 Sicherheit gegen Kippen

Standmoment und Kippmoment, bezogen auf D:

$$M_s = 32,8\frac{2\cdot 0,75}{3} + 65,6\left(0,75+\frac{0,75}{2}\right) = 90,2 \;\; kNm/m$$

$$M_k = 32,8\cdot 1,27 + 18,0\cdot 1,59 - (13,0+7,2)\cdot 1,50 = 40,0 \;\; kNm/m$$

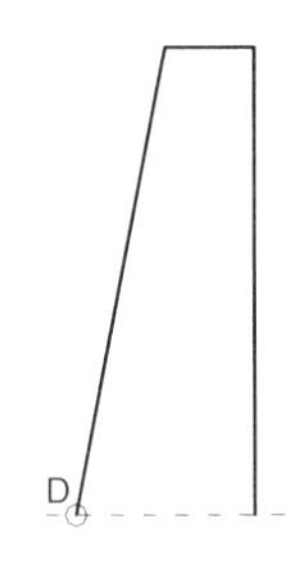

Damit wird

$$\eta_k = \frac{90,2}{40,0} = 2,26 \; > \; \eta_{k,erf} = 1,5$$

3.3 Sicherheit gegen Gleiten

Anmerkung: Dieser Nachweis wird nach den Regeln der Festkörpermechanik geführt.

μ = 0,75 (Beton/Beton)

$$\sum V = 32,8 + 65,6 + 13,0 + 7,2 = 118,6 \;\; kN/m$$

$$\sum H = 32,8 + 18,0 = 50,8 \;\; kN/m$$

Damit wird

$$\eta_g = \frac{0,75\cdot 118,6}{50,8} = 1,75 \; > \; \eta_{g,erf} = 1,5$$

9 Risse im Bauwerk

Dieser Abschnitt wurde in wesentlichem Umfang auf Grund von Unterlagen und Zeichnungen von Herrn Dipl.-Ing. Wolf Ackermann erstellt (siehe Ackermann 1995,1999 und 2006).

9.1 Vorbemerkung

Die folgenden Ausführungen und Beispiele können dabei helfen zu entscheiden, ob Rissschäden an Bauwerken durch die Wechselwirkung von Bauwerk und Baugrund oder durch andere Ursachen bedingt sind.

Eine Einführung in die Problematik der Rissentstehung und Beispiele aus der Praxis sollen die Beantwortung dieser Frage erleichtern.

9.2 Grundlagen

Riss-entstehung Spannungen in Bauwerken (Bauteilen) haben Formänderungen zur Folge. Risse entstehen, wenn die Spannungen (Verformungen) so groß werden, dass die Festigkeit (Bruchdehnung) des Baustoffs erreicht wird.

Statisches System In Bauteilen, die sich ohne Behinderung verformen können, treten keine Spannungen infolge dieser Formänderungen auf. Beispiel: statisch bestimmt gelagertes Tragwerk. Dieser Fall ist in der Praxis allerdings selten, denn jedes Bauteil ist auf irgendeine Weise mit anderen Bauteilen verbunden, und die Systeme sind geplant oder unbeabsichtigt (□ 9.01) statisch unbestimmt.

□ 9.01: Beispiele: Unbeabsichtigte statische Unbestimmtheit von Tragwerken

- In einer Richtung gespannte Geschoßdecken tragen ihre Last auch quer zur angenommenen Spannrichtung ab.
- Mauerwerks-Wandscheiben als gebäudeaussteifende Elemente verhindern auch die Dehnungen der mit ihnen verbundenen Deckenplatten.
- An den Auflagern von Massivdecken auf Mauerwerk entstehen Einspannmomente.

Zwang Bei behinderter Verformung oder Bewegung eines Bauteils durch äußere Kräfte ("Zwang") entstehen (Zwangs-)Spannungen. Dies ist z.B. bei miteinander verbundenen Bauteilen, die sich unterschiedlich verformen, der Fall.

Eigen-spannung In einem Bauteil können aber auch ohne die Einwirkung von äußeren Kräften Spannungen und damit lastunabhängige Verformungen entstehen, z.B. durch Temperaturänderung, Schwinden/Quellen und Kriechen. Diese Spannungen werden als Eigenspannungen bezeichnet.

Relaxation Zeitabhängiger Abbau der Spannungen durch Dehnung. Eine durch Temperaturdehnung hervorgerufene Anfangsspannung verringert sich z.B. im Laufe der Zeit infolge Relaxation auf einen wesentlich kleineren Endwert. Die Relaxation ist vor allem bei langzeitigen Formänderungen, z.B. bei Schwinden und Kriechen, zu beachten.

Spannungs-arten Von den verschiedenen Spannungsarten erzeugen vor allem Zug- und Scher- (Schub-) spannungen Risse, weil die Zug- und Scher- (Schub-) festigkeit der Baustoffe - im Vergleich zu ihrer Druckfestigkeit - meist gering ist.

Ein klaffender Riss ist in der Regel auf Zugspannungen senkrecht zur Rissfuge zurückzuführen. Scherspannungen erzeugen Scherbrüche. Dabei wird ein Bauteil in Wirkungsrichtung der Scherkräfte durchtrennt. Zusätzlich können sich die Rissufer gegeneinander verschieben. Der Schubbruch, der bei Biegung mit Querkraft auftritt, wird ebenfalls durch Zugspannungen bewirkt (□ 9.02).

Rissstellen In einem homogenen Baustoff müßte sich eigentlich ein Riss dort bilden, wo die größte Spannung auftritt. Infolge von Inhomogenitäten treten aber auch Risse an Stellen mit geringerer Spannung auf.

□ 9.02: Beispiele: Spannungsarten und Rissbildungen

- Zugrisse klaffen häufig, weil die Zugspannung senkrecht zur Querschnittsfläche wirkt.
- Scher- (Schub-)risse entstehen an vorgegebenen Bauteilübergängen oder an materialbedingten Schwachstellen (z.B. Mauerwerksfugen). Sie können aber auch durch räumlich dicht wirkende Scherspannungen in einem homogenen Baustoff ohne vorgegebene Schwachstellen auftreten.

Risse entstehen bevorzugt an Querschnittsänderungen ("Schwachstellen") des Bauteils selbst oder an Übergängen zu anderen Bauteilen. Wenn sich nämlich in einem Bauteil die Querschnittsfläche nicht ändert, bleibt z.B. die Größe der Zugkraft als Produkt aus Zugspannung und Bauteilquerschnit-tsfläche unverändert. Im Bereich von Querschnittsverengungen (an "Schwach-Stellen") des Bauteils steigt aber die Zugspannung sprunghaft an, weil die gleichbleibende Zugkraft auf eine kleinere Querschnittsfläche wirkt als zuvor, so daß die Zugfestigkeit des Baustoffs erreicht werden kann.

Häufig sind Rissbildungen an Fenster- und Türöffnungen zu beobachten. Zu der Verengung der Wand in Längsrichtung im Bereich der Öffnung kommt oft noch eine Querschnitts-reduzierung durch Nischenausbildung im Bereich der Fensterbrüstung hinzu (□ 9.03).

□ 9.03: Beispiel: Rissbildung an einer Fensteröffnung (Ackermann 1995)

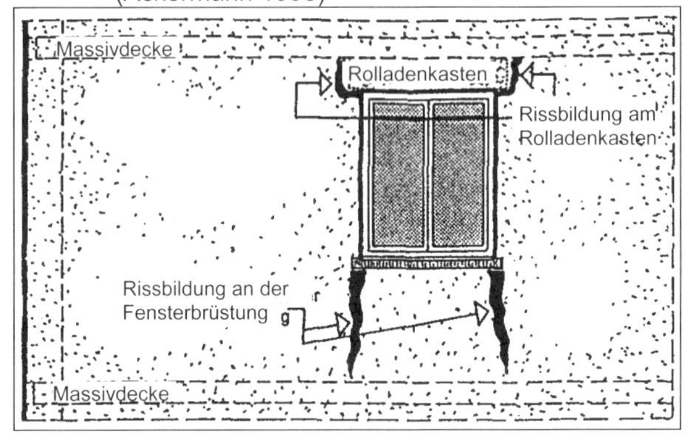

Ursachen Da unterschiedliche Ursachen an einer Rissbildung beteiligt sein können, ist es häufig unmöglich, die Einzelursachen anteilmäßig zu ermitteln.

Grenzwerte Mit bloßem Auge sichtbare Risse erwecken bei einem Nichtfachmann immer den Eindruck eines "Schadens" im Sinne einer Schädigung oder einer Schwäche des Bauteils oder sogar des ganzen Bauwerks. Aber nicht alle Risse sind als Schäden (Mängel) zu bewerten. In Hinblick auf die Nutzung des Bauwerks und auf Umwelteinflüsse kann erst ab folgenden Rissweiten von Schäden gesprochen werden:

- in trockenen Innenräumen: > 0,3 mm
- im Freien: > 0,2 mm.

Maßnahmen Im Stahlbetonbau besteht die Möglichkeit, die Zugspannungen aus lastunabhängigen Spannungen durch einen größeren Stahlquerschnitt aufzunehmen. Dabei ist aber zu beachten, daß die Spannungen als Eigenspannung im Bauteil wirken und an den Übergängen zu anderen Bauteilen ein Riss entsteht.

□ 9.04: Beispiele: Beanspruchungen und Verformungen

Beanspruchung	Verformung
Zugspannung	Dehnung („Längung")
Druckspannung	Stauchung (Verkürzung)
Biegespannung	Durchbiegung
Schubspannung	Verschiebung
Torsionsspannung	Verdrehung

Da die Aufnahme von Zwangskräften im Bauteil oder Bauwerk selbst immer mit der Entstehung eines kaum kontrollierbaren Eigenspannungszustands und daher mit einem Schadensrisiko verbunden ist, empfiehlt sich die Anordnung von Fugen als bessere konstruktive Maßnahme.

Bewegungsmöglichkeiten in Form von Fugen sind dort anzuordnen, wo sich sonst Risse bilden würden. Eine Fuge ist also ein geplanter Riss.

Bei der Planung von Fugen muß das Verformungsverhalten der zu planenden Konstruktion ermittelt und die Verformungsverträglichkeit überprüft werden. Dabei sind alle Verformungsmöglichkeiten einzubeziehen, die auftreten können: aus äußeren Kräften, aus Temperatur, Schwinden/Quellen und Kriechen.

⇒ Simons (1988)

9.3 Verformungen

9.3.1 Lastabhängig

Verformungen infolge der das Bauwerk (das Bauteil) beanspruchenden Spannungen (□ 9.04) können im elastischen oder plastischen Bereich liegen.

Elastisch

Im Beanspruchungsbereich der Gebrauchslasten kann angenommen werden, dass Spannungen und Verformungen linear voneinander abhängen (Hooke'sches Gesetz): Je größer die Spannung, desto größer die Verformung.

Plastisch

Plastische (bleibende) Verformungen von Tragwerken bilden sich im Gegensatz zu den elastischen nicht mehr zurück, wenn die Beanspruchung nachlässt oder aufhört. Sie können durch Plastifizierung des Baustoffs (□ 9.05) oder in Form von Rissen entstehen.

□ 9.05: Beispiele: Plastifizierung von Baustoffen

- Fließen von Stahl beim Erreichen der Fließgrenze.
- Kriechen von Beton unter Langzeit-Druckbelastung (z. B. bei Spannbeton).

Anmerkung: Durch plastische Verformungen ändert sich das statische System des Tragwerks, die ursprünglichen Planungs- und Bemessungsgrundlagen treffen nicht mehr zu. Dieser Zusammenhang bildet die Grundlage des Traglastverfahrens: Durch die Überlastung elastisch hochbeanspruchter Bereiche verlagert sich die Last auf andere, bisher weniger beanspruchte Bereiche. Auf diese Weise wird die Traglast des gesamten Tragsystems erhöht.

Verformungsunverträglichkeit

Risse infolge lastabhängiger Verformungen von Einzelbauteilen sind auf Grund der Vorschriften über eine ausreichende Sicherheit gegen Versagen des Baustoffs relativ selten. Häufiger treten dagegen Risse infolge der Verformungsunverträglichkeit benachbarter Bauteile auf, wenn die aneinander angrenzenden Bauteile sich infolge ihrer lastabhängigen Verformung gegenseitig beeinträchtigen. Hierbei sind insbesondere folgende Fälle möglich:

- Die Verformung aus der Biegebeanspruchung ist oft um ein Vielfaches größer als aus anderen Beanspruchungsarten.
- Bei biegebeanspruchten Bauteilen mit unterschiedlichen Steifigkeiten ist die elastische Verformung ebenfalls unterschiedlich groß.

□ 9.06: Beispiel: Unterschiedliche Steifigkeiten von Balken und Wandscheibe (Ackermann 1995)

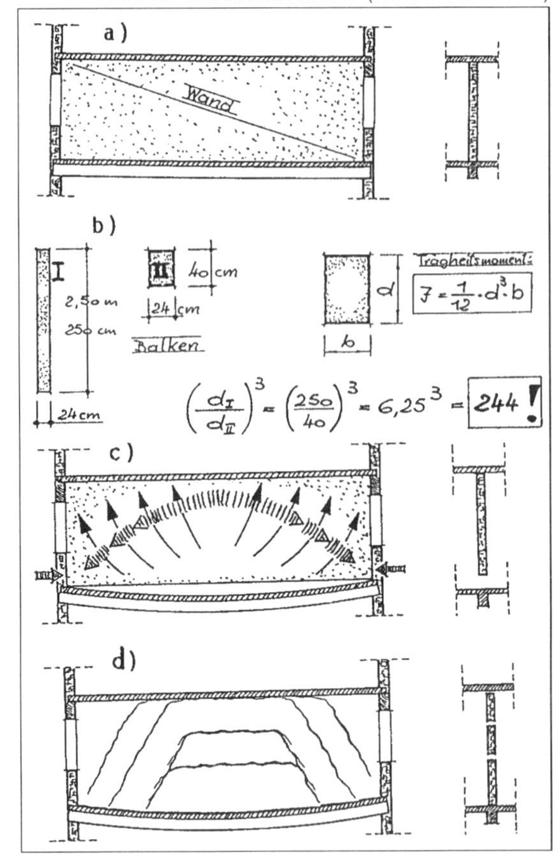

Beispiel

Ein in die Massivdecke integrierter Plattenbalken soll eine Wand abfangen (□ 9.06 a). Der Plattenbalken biegt sich stark durch. Die Wand wirkt als Scheibe und kann der Balkenbiegung nicht folgen.

Die Überprüfung der Steifigkeiten von Balken und Scheibe zeigt, dass die Scheibe ca. 240mal steifer ist als der Balken (□ 9.06 b).

Wenn die Wand in der Lage ist, sich selbst als Scheibe abzutragen und der Plattenbalken sich zusammen mit der Massivdecke unter Eigengewicht und Gebrauchslast durchbiegt, entsteht zwischen Wand und Massivdecke ein Spalt (□ 9.06 c).

Im anderen Fall folgt die Wand der Deckendurchbiegung und setzt sich auf der Massivdecke ab. Entsprechend dem Verlauf der Hauptspannungen (siehe Abschnitt 9.3.2) bilden sich Risse (□ 9.06 d).

Der Rissverlauf (siehe Abschnitt 9.3) wird weitgehend durch den Wandbaustoff bestimmt. Bei Mauerwerk aus Steinen geringer Festigkeit (z. B. Bimssteine) verlaufen die Risse nicht nur in den Fugen, sondern gehen auch durch die Steine. Bei Mauerwerk aus festen Steinen folgt die Rissbildung vorwiegend dem Fugenverlauf.

Eine weitere Verformungsunverträglichkeit liegt häufig zwischen Bauwerk und Baugrund vor, wenn die Nachgiebigkeit des Baugrunds wesentlich größer ist als die schadensfreie Biegeverformung der Gründung bzw. des Bauwerks insgesamt.

Beispielsweise hat sich bei dem mehrgeschossigen Gebäude auf wenig tragfähigem Baugrund (□ 9.07) das stärker belastete und breitere Mittelwandfundament stärker als die Außenwandfundamente gesetzt. Hierdurch ist eine Setzungsmulde entstanden (siehe Abschnitt 3), die zu Rissen in den Geschosswänden geführt hat.

□ 9.07: Beispiel: Setzungsrisse in einem mehrgeschossigen Gebäude (Ackermann 1995)

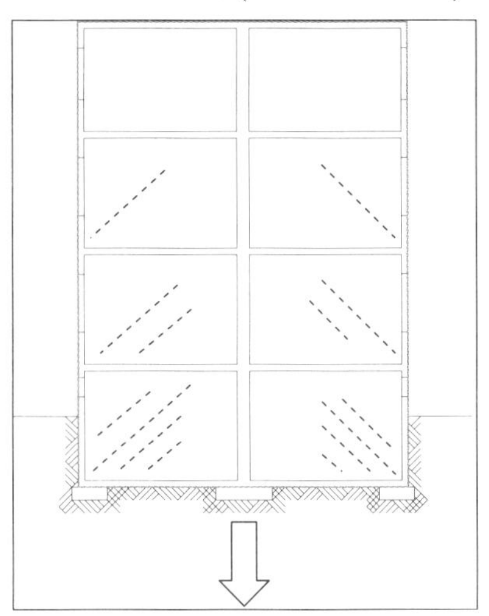

□ 9.08: Beispiel 1: Risse infolge behinderter Temperaturdehnung einer Dachdecke (Pfefferkorn 1980 und 1994)

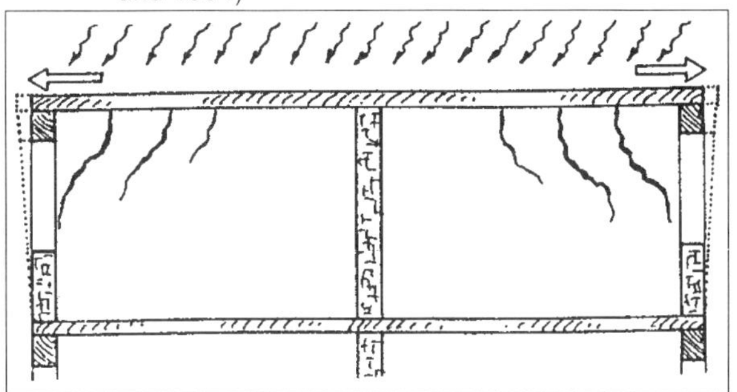

□ 9.09: Beispiel 2: Risse infolge behinderter Temperaturdehnung einer Dachdecke (Pfefferkorn 1980 und 1994)

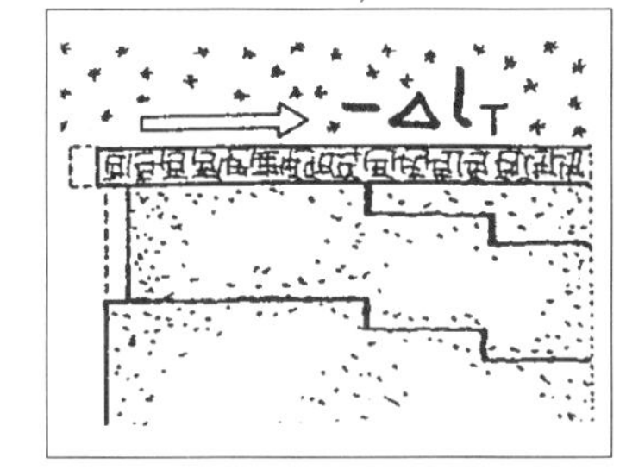

9.3.2 Lastunabhängig

Arten

Am häufigsten entstehen Risse an Bauwerken infolge von nachträglich aufgezwungenen Verformungen, die lastunabhängig sind: infolge von Temperaturänderungen, von Schwinden/Quellen und von Kriechen. Bei einer Behinderung dieser Verformungen entstehen Spannungen, welche häufig die (Bruch-) Festigkeit der Baustoffe erreichen.

Beispiele

Ausdehnungen oder Verkürzungen von Dachdecken, die ohne entsprechende Gleitmöglichkeit auf Wänden aufliegen, führen zu Rissen in den Auflagerwänden (□ 9.08), (□ 9.09).

Fensteröffnungen sind Schwachstellen in Wänden. Hier zeigen sich in Außenwänden häufig Schwindrisse (□ 9.10).

⇒ Cordes (1994), Rybicki (1979)

□ 9.10: Beispiel: Schwindrisse an Fensteröffnungen in einer Außenwand (Ackermann 1995)

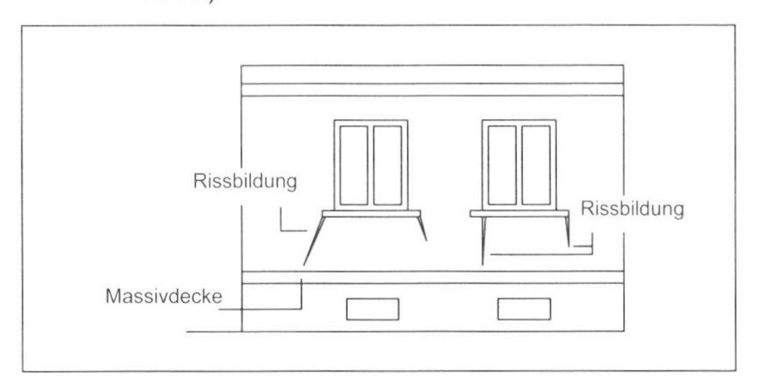

9.4 Rissverlauf

9.4.1 Orthogonale Risse

Zug

Wenn in einem Bauteil nur eine Zugkraft wirkt, bildet sich bei Erreichen der Zugfestigkeit ein Riss senkrecht (orthogonal) zur Richtung der Zugspannung (□ 9.11).

□ 9.11: Beispiel: Orthogonaler Rissverlauf infolge einer Zugspannung (Ackermann 1995)

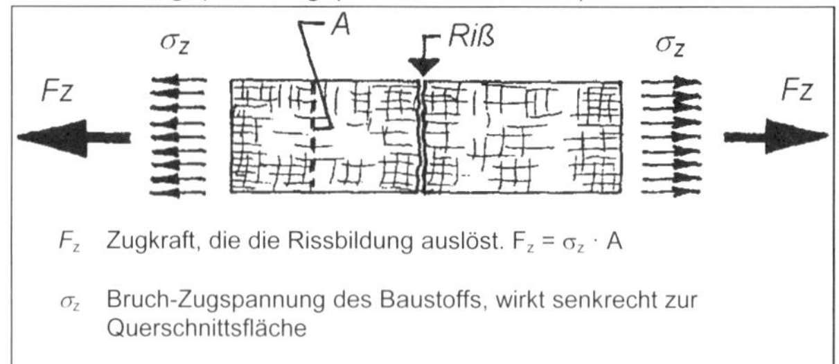

Schwinden

Auch die horizontale Schwindverkürzung in einer gemauerten Wand hat beim Erreichen der Zugfestigkeit des Wandbaustoffs orthogonale (im vorliegenden Fall senkrechte) Risse in der Wand zur Folge. Die Festigkeitsunterschiede des Baustoffs können den Rissverlauf etwas aus der Senkrechten auslenken.

9.4.2 Schrägrisse

□ 9.12: Beispiel: Spannungsverlauf nach der Scheibentheorie (Ackermann 1995)

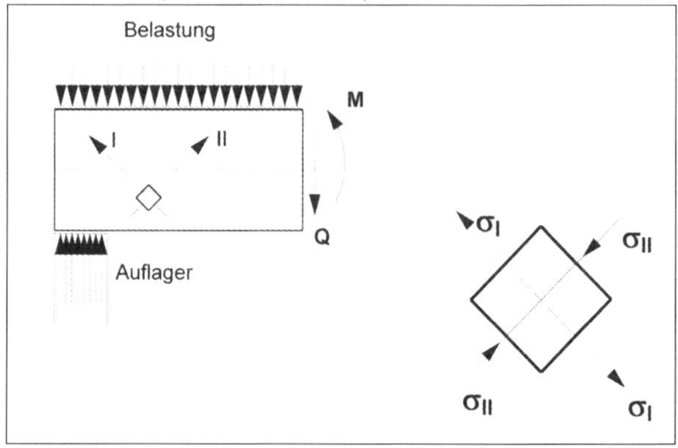

Wandscheiben

Zum Verständnis des Rissverlaufs in Wandscheiben dient die Scheibentheorie. Nach ihr werden Tragwerke berechnet, die im Vergleich zur Stützweite relativ hoch sind. Hiernach wird die Beanspruch-ung durch die Hauptspannungen bestimmt, die in jedem Punkt des Tragwerks unter einem bestimmten, veränderlichen Winkel ihren Maximalwert erreichen (□ 9.12).

Bei jedem Tragwerk lassen sich die Hauptspannungen in Abhängigkeit von den Bauteilabmessungen und den Lasteinwirkungen als Spannungstrajektorien darstellen. Diese zeigen den Verlauf der Zug- und Druckspannungen im homogen und isotrop angenommenen Bauteil an (□ 9.13, □ 9.14).

Die Spannungstrajektorien sind der Schlüssel zur Prognose und Analyse von Rissbildungen: Risse treten senkrecht zu den Zugtrajektorien auf, und zwar dort, wo die Zugfestigkeit des Baustoffs erreicht wird.

Beispiel Die Rissbildung in der Längswand, die auf der Zwischendecke einer Industriehalle steht (9.15 a), weist darauf hin, dass es sich um eine Mehrfeld-Wandscheibe handelt. Bezieht man die Auflager der Mehrfeld-Wandscheibe - hier Unterzüge der Zwischendecke - in die Betrachtung mit ein, so lässt sich der Rissverlauf deutlich sichtbar den Hauptspannungstrajektorien zuordnen (9.15 b). Die Gewölbeausbildung wird durch die Türöffnung gestört. Von den Türecken aus verlaufen die Risse nach oben. Die Fugen zwischen dem Mauerwerk und den Sturzbalken wirken sich ebenfalls auf den Rissverlauf aus.

9.13: Beispiel: Hauptspannungsverlauf in einer a) Einfeld-, b) Mehrfeld-Wandscheibe (Ackermann 1995)

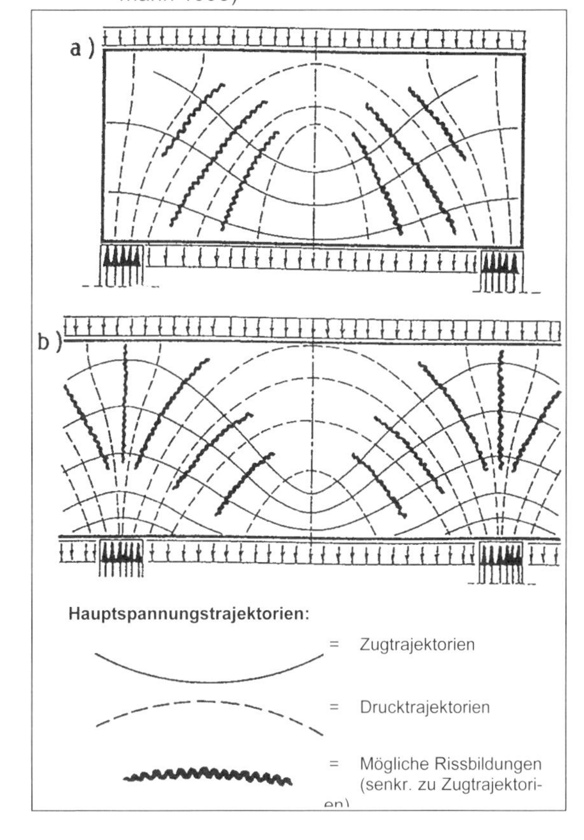

Ursache der Rissbildungen ist die Durchbiegung der Decke. Hierdurch wird der Wand in den Feldern das Auflager genommen, so dass sie "versucht", sich durch Gewölbebildung selbst zu tragen. An den Stellen der Wand, an denen die Zugfestigkeit des Wandbaustoffs erreicht ist, kommt es zu Rissen.

Ursachen der Deckendurchbiegung sind Schwindverformungen des Ortbetons. Die Deckenplatte besteht nämlich aus vorgefertigten Elementen mit nachträglich aufgebrachtem Ortbeton (9.15 c). Der Ortbeton verkürzt sich durch Schwinden und Kriechen, so dass sich der Deckenquerschnitt insgesamt verkrümmt (9.15 d).

Bild 9.14: Beispiel: Hauptspannungsverlauf in einer auskragenden Wandscheibe (Ackermann 1995)

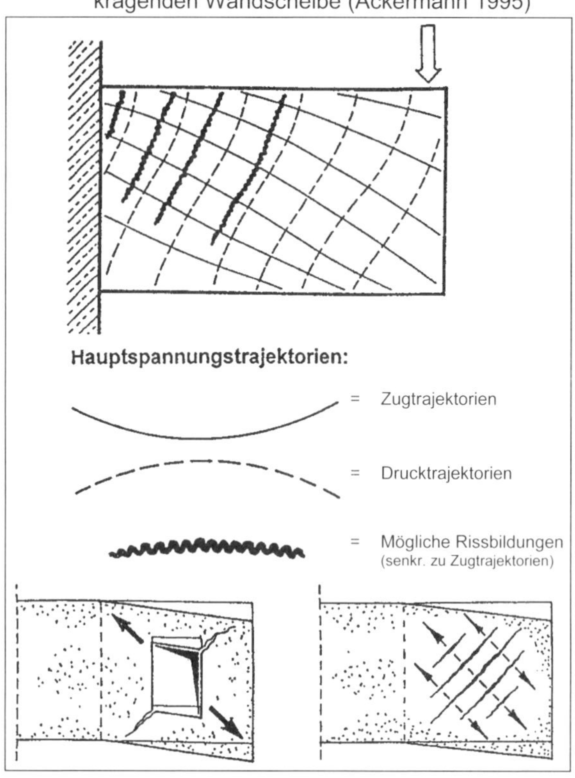

Bild 9.15: Beispiel: a) Rissbildung in der Mehrfeldwandscheibe einer Industriehalle, b) Hauptspannungstrajektorien, c) Aufbau und d) Verkrümmung der Decke (Ackermann 1995)

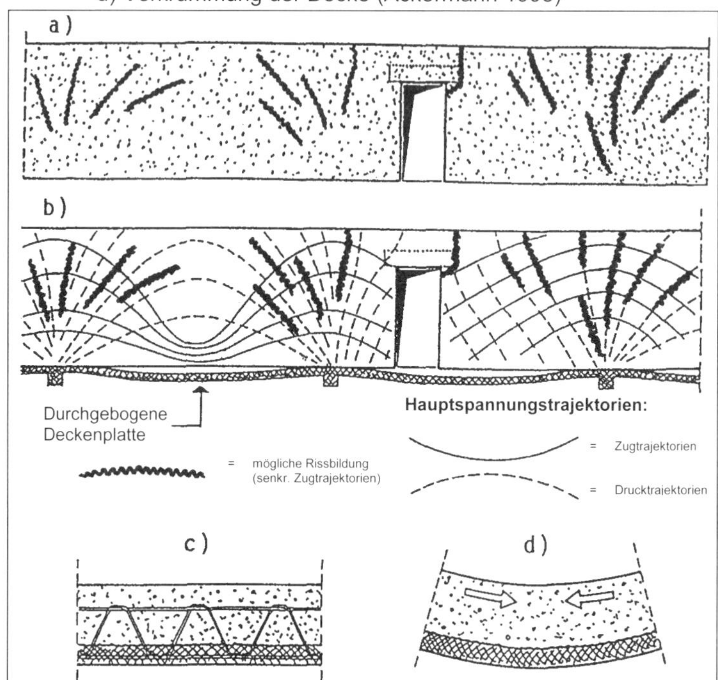

9.5 Kontrollfragen

- Wie entstehen Risse?
- Abhängigkeit behinderter Formänderungen vom statischen System?
- Beispiele für unbeabsichtigte statische Unbestimmtheit von Tragwerken?
- Zwang? Wann entsteht er?
- Eigenspannungen?
- Relaxation? Wie wirkt sie sich aus?
- Welche Spannungsarten führen vor allem zu Rissen? Warum?
- Welche Spannungen ruft einen klaffenden Riss / eine Verschiebung der Rissufer gegeneinander hervor?
- Wo kann sich ein Riss in einem homogenen Baustoff bilden?
- Schwachstellen, an denen sich vor allem Risse bilden?
- Wann stellt ein Riss einen Schaden dar?
- Maßnahmen zur Verhinderung von Rissen?
- Lastabhängige und lastunabhängige Verformungen?
- Elastische und plastische Verformungen?
- Beispiele für die Plastifizierung von Baustoffen?
- Grundlage des Traglastverfahrens?
- Verformungsunverträglichkeiten? Beispiele?
- Verformungsunverträglichkeit zwischen Bauwerk und Baugrund?
- Nennen Sie lastunabhängige Verformungen!
- Worauf können Rissbildungen im Bereich von Flachdächern beruhen?
- Rissbildungen im Bereich von Fensteröffnungen? (Skizze, Ursache?)
- Nennen Sie zwei mögliche Ursachen für einen Orthogonalriss!
- Spannungsverlauf nach der Scheibentheorie?
- Erläutern Sie die Erklärung von Schrägrissen mit Hilfe der Scheibentheorie!
- Hauptspannungen? Spannungstrajektorien?
- Hauptspannungsverlauf in einer Einfeld- / Mehrfeldwandscheibe in einer auskragenden Wandscheibe?
- Zeichnen Sie mögliche Rissbildungen in einer Wand, die auf einer sich durchbiegenden Decke steht!

9.6 Weitere Beispiele

Beispiel 1 Der Rissverlauf in den Wänden eines mehrgeschossigen Gebäudes ist - bis auf die Lage der Risse in unterschiedlichen Geschossen - ganz ähnlich wie in □ 9.07 (Abschnitt 9.2.1). Daher könnte man vermuten, dass sich auch das Mittelwandfundament stärker gesetzt hat als die Außenwandfundamente, dass es sich also um Setzungsrisse handelt. Das Gebäude steht aber auf sehr tragfähigem Baugrund. Rissursache sind hier beträchtliche Verkürzungen der Mittelwand durch Schwinden des KS-Mauerwerks. Hierdurch wer-den die Geschoßdecken und Wände in Gebäudemitte "heruntergezogen" (□ 9.16).

□ 9.16: Beispiel 1: Risse in einem mehrgeschossigen Gebäude durch Schwinden der Mittelwand (Ackermann 1995)

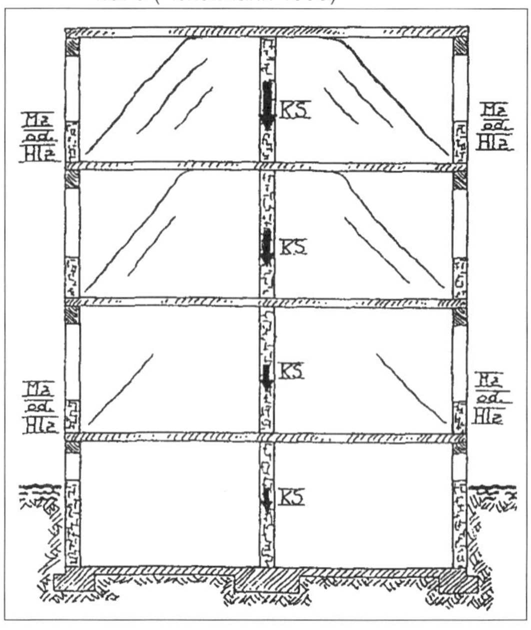

Beispiel 2 Bei einem mehrgeschossigen Gebäude zeigt der Rissverlauf, dass sich die Geschossdecken durchgebogen haben (□ 9.17). Infolge mangelnder Festigkeit und Verbundwirkung haben sich die Wände nicht als Scheiben abgetragen, sondern sind der Deckendurchbiegung gefolgt.

□ 9.17: Beispiel 2: Risse in einem mehrgeschossigen Gebäude infolge von Deckendurchbiegungen (Ackermann 1995)

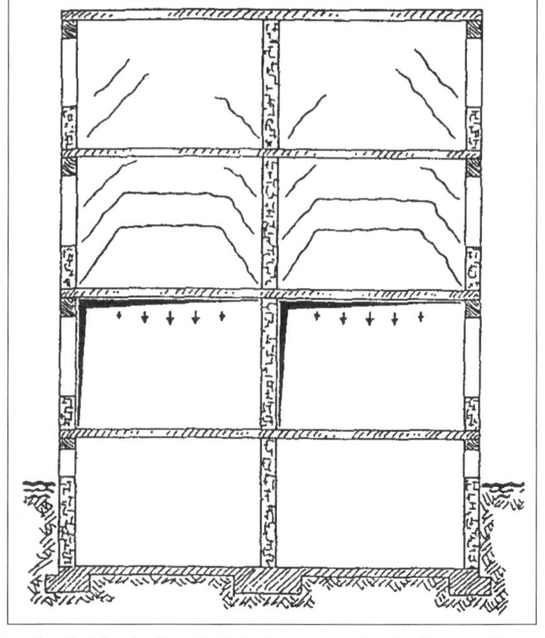

Beispiel 3 Lange Kelleraußenwände ohne Aussteifung durch Zwischenwände können durch den Erddruck nach innen verschoben werden. Die Verschiebung erfolgt in der Lagerfuge, in welcher der Reibungswiderstand im Wandquerschnitt überschritten wird. Dies geschieht vor allem in Lagerfugen, in denen die horizontale Sperrpappe liegt.

Dabei können folgende Schäden auftreten:

- In Höhe der unteren Pappenlage, also oberhalb der ersten Steinschicht, kann sich ein horizontaler Riss bilden (□ 9.18 a). Zusätzlich kann es oberhalb der Pappenlage zu Wanddurchfeuchtungen kommen. Durch die Horizontalverschiebung der Wand wird die Außenwandabdichtung abgeschert. Aus dem angrenzenden Boden kann Wasser eindringen.

- Die Horizontalverschiebung kann auch unter der ersten Steinschicht, also auf der horizontalen Abdichtung unmittelbar auf der Bodenplatte, erfolgen. Auch hierbei können Feuchtigkeitsschäden auftreten, weil die Wandabdichtung (Hohlkehle) beschädigt ist (9.18 b).

- Als dritte Möglichkeit kann sich ein Horizontalriss unterhalb der Kellerdecke zeigen, und zwar zwischen der vorletzten und der letzten Steinschicht. Denn beim Betonieren der Kellerdecke geht die obere Steinschicht mit dem Deckenbeton einen guten Haftverbund ein. Die Schwachstelle ist die nächst tiefere Lagerfuge (9.18 c).

9.18: Beispiel 3: Horizontalrisse in einer durch Erddruck belasteten Kellerwand (Ackermann 1995)

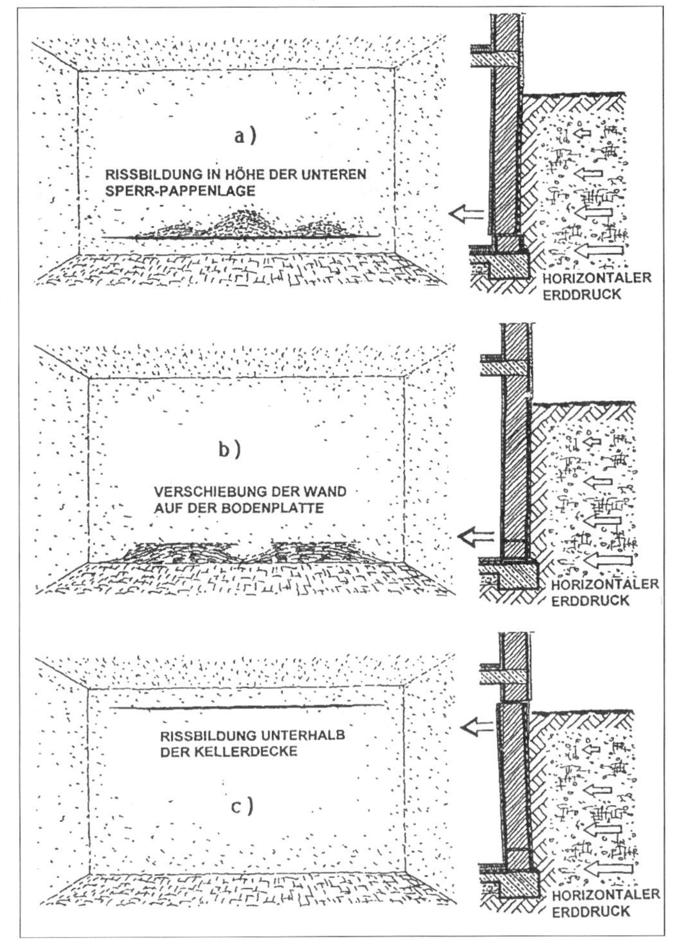

Beispiel 4 Auch in Kelleraußenwänden stellen Fensteröffnungen immer eine Schwächung des Wandquerschnitts dar. An den Sturzbalken und Fensterecken bilden sich Risse, wenn die Bruchfestigkeit des Wandbaustoffs durch die Erddruckbelastung erreicht wird (9.19). Der Brüstungsbereich des Kellerfensters ist besonders gefährdet, weil in diesem Wandabschnitt keine Auflast vorhanden ist.

Beispiel 5 Durch die hohe Schubkraft des horizontalen Erddrucks wird der untere Mauerstein mit großen Scherkräften beansprucht. Bei einer Ausführung des Kelleraussenmauerwerks z. B. aus Hochlochziegeln, mit feingliedrigen Stegsäulen zwischen den Luftkammern, zerstören die Scherkräfte die Steinstruktur (9.20, Ackermann / Knobloch 1960).

 9.19: Beispiel 4: Rissbildungen im Bereich eines Kellerfensters (Ackermann 1995)

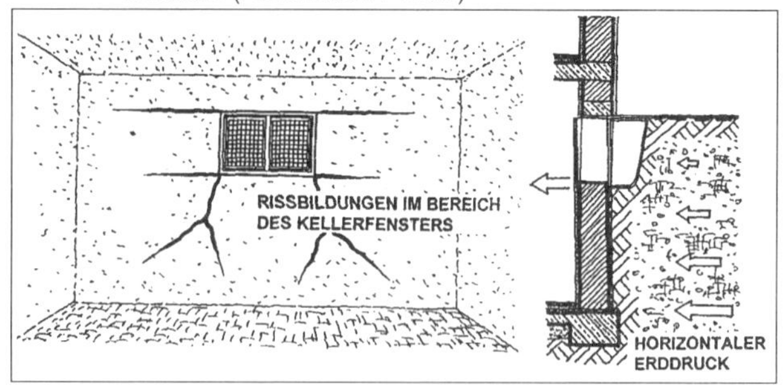

 9.20 Beispiel 5: Zerstörung des unteren Mauersteins infolge hoher Schubbelastung

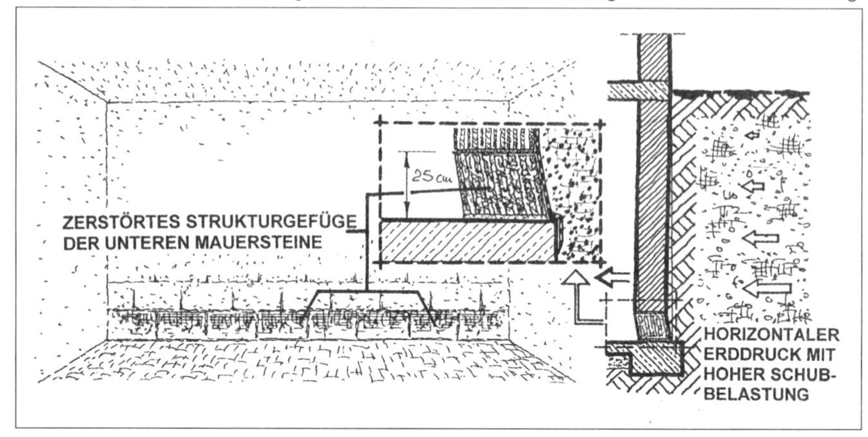

Beispiel 6 Zusammen mit der Auflast erzeugt die hohe Biegebeanspruchung aus dem horizontalen Erddruck eine große Ausmittigkeit der Last mit tiefer klaffender Fuge und hohem Druck an der belasteten Kante. Bei diesem Schadensbild ist die Standsicherheit der Wand nicht mehr gewährleistet (9.21, Ackermann / Knobloch 1960).

 9.21 Beispiel 6: Rissbildung in einer Lagerfuge infolge großer Biegebelastung:

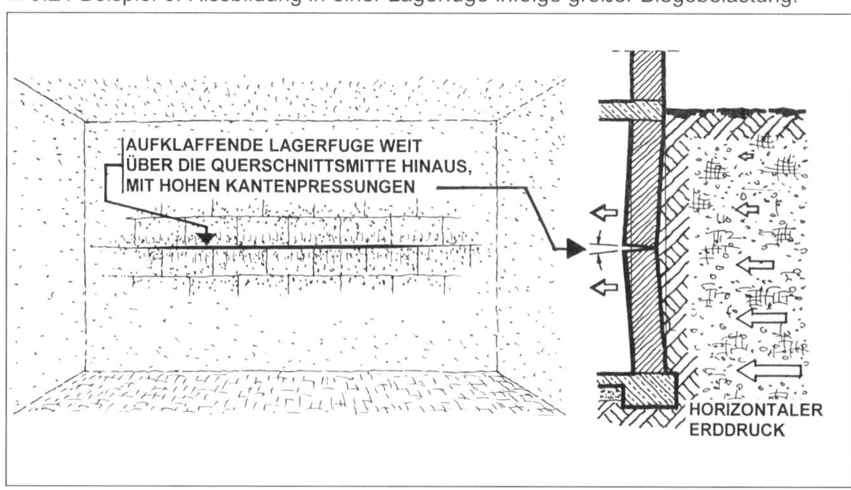

Beispiel 7 Durch die Last des Neubaus drückt sich die setzungsempfindliche Schicht im Baugrund zusammen. Eine Setzungsmulde entsteht, die bis unter den Altbau reicht (siehe Abschnitt 3). Durch die ungleichmäßigen Setzungen bilden sich Risse in den in der Nähe des Neubaus gelegenen Wandscheiben. Der Rissverlauf zeigt (9.22), dass eine Kragwirkung vorliegt (Scheibentheorie, siehe Abschnitt 9.3.2).

9.22: Beispiel 7: Rissbildungen in einem Altbau durch einen angrenzenden Neubau (Ackermann 1995)

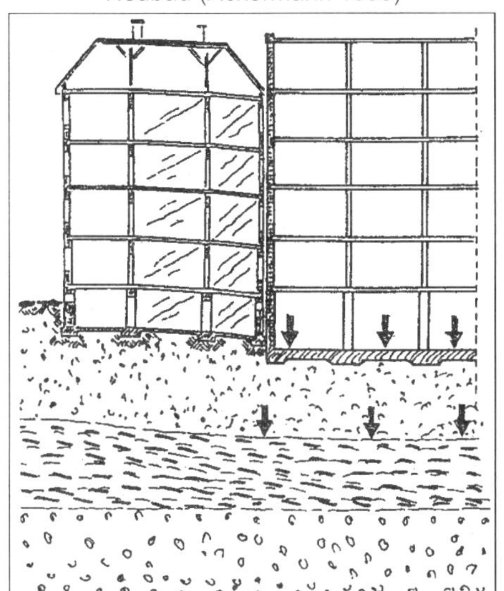

9.23: Beispiel 8: Rissbildungen in einem Altbau durch unsachgemäße Unterfangung (Ackermann 1995)

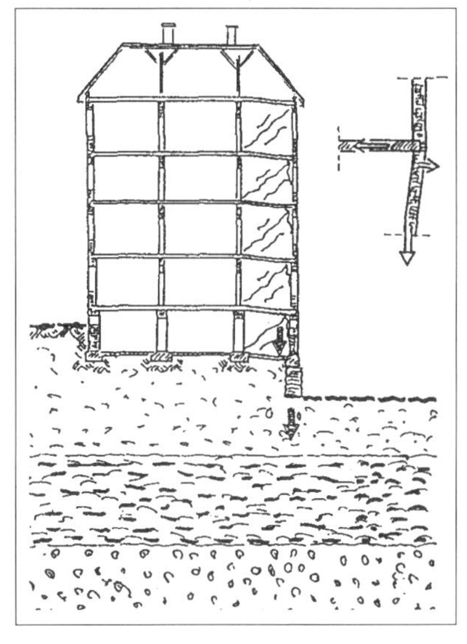

Beispiel 8 Ein ähnliches Rissbild wie in Beispiel 7 kann durch eine unsachgemäße Unterfangung der Grenzwand hervorgerufen werden. Die Rissschäden beschränken sich weitgehend auf den Gebäudebereich neben der Grenzwand. Neben Abrissen an den anschließenden Querwänden treten typische Schrägrisse auf (9.23), die durch die Hauptspannungstrajektorien bei auskragenden Wandscheiben bestimmt werden (siehe Abschnitt 9.3.2).

Beispiel 9 Ein Altbaukomplex besteht aus zwei gut ausgesteiften Fachwerkhäusern, die durch ein Treppenhaus (Schwachstelle der Gebäudeaussteifung!) verbunden sind (9.24 a, b). Durch Kanalverlegung in der Straße hat sich das Vorderhaus zur Straße hin insgesamt schiefgestellt. Hierdurch ist ein senkrechter Riss zwischen Vorder- und Hinterhaus entstanden (9.24 c), der nach oben zu immer breiter wird.

Die ermittelten Rissbreiten (Höhe bei I: ca. 2,5 m: Rissweite 4 mm, Höhe bei II: ca. 5,0 m: Rissweite 8 mm, Höhe bei III: ca. 9,0 m: Riss-Seite 15 mm) erlauben eine überschlägliche Abschätzung der Setzung der straßenseitigen Außenwand (9.24 c).

9.25: Beispiel 10: Abriss und Schiefstellung eines Treppenhauserkers infolge nicht ausreichend steifer Baugrubenumschließung (Ackermann 1995)

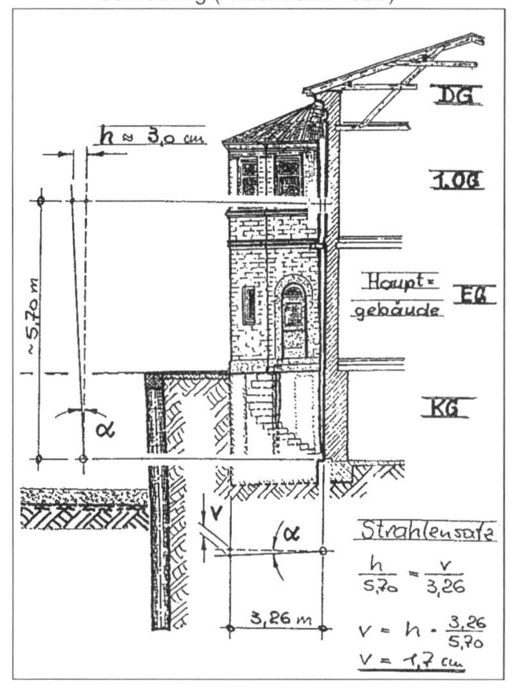

Beispiel 10 Der Aushub einer Baugrube für eine Tiefgarage neben einem Bahnhofsgebäude führte zur Entspannung des Bodens vor den Grundmauern des Treppenhauserkers, weil der Baugrubenverbau nicht steif genug war. Dies bewirkte eine Schiefstellung des Treppenhauserkers, wobei am Anschluss zum Hauptgebäude ein von unten nach oben immer breiter werdender Riss entstand (9.25).

In ca. 5,7 m Höhe im 1. Obergeschoß wurde eine Rissweite von 3 cm gemessen. Nach dem Strahlensatz konnte hieraus näherungsweise die Setzung der Grundmauervorderkante zu 1,7 cm ermittelt werden (9.25).

9.24: Beispiel 9: Schäden an einem Fachwerkhaus infolge von Kanalbauarbeiten: a) Schnitt A-B, b) Grundriss 1.OG, c) Abriss und Schiefstellung (Ackermann 1995)

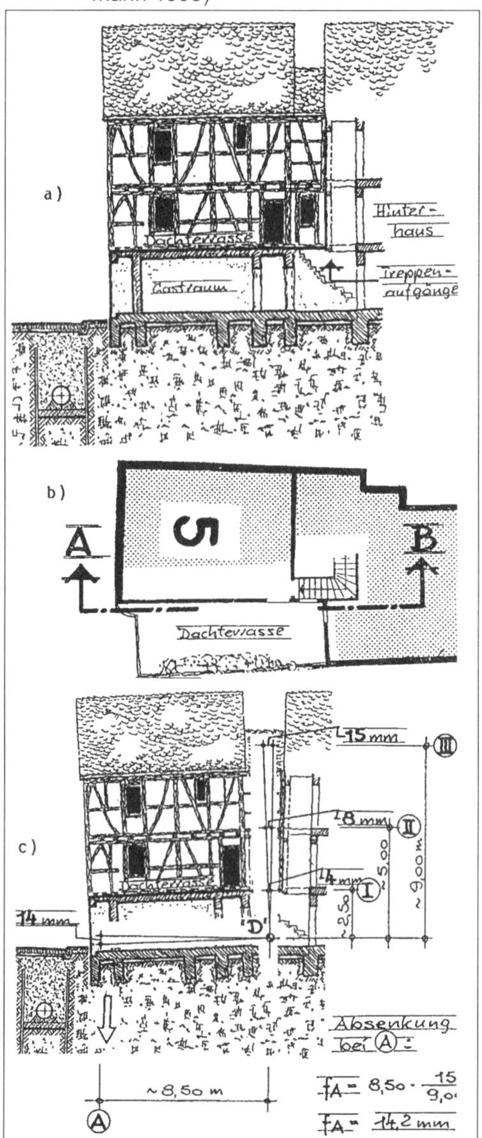

Beispiel 11 Ein nicht unterkellerter Teil eines Altbaus mit einer Hofdurchfahrt hat sich infolge einer Fundamentunterfangung für einen angrenzenden Neubau schief gestellt (□ 9.26). Schon vor Beginn der Arbeiten am Neubau war zwischen dem Hauptgebäude und dem nichtunterkellerten Teil des Altbaus ein Riss vorhanden. Dieser hat sich nach Fertigstellung des Neubaus vergrößert. Im Obergeschoß wurde eine Rissweite von ca. 4 cm gemessen. Daraus lässt sich die Setzung an der Grenze zum Neubau auf ca. 3 cm berechnen. Hierin ist allerdings auch die vor Beginn der Neubauarbeiten vorhandene Setzung an dieser Stelle enthalten (□ 9.26).

Beispiel 12 Bei der Beurteilung von Bauwerksrissen wird häufig von „Muldenlage" oder „Sattellage" eines Bauwerks oder von Bauwerksteilen gesprochen. Man erkennt sie an der Rissbildung. Denn die oberen Rissenden weisen stets zu dem Bauteil hin, das sich gesetzt hat.

□ 9.26: Beispiel 11: Abriss und Schiefstellung eines nicht unterkellerten Altbauteils infolge Unterfangung für einen angrenzenden Neubau (Ackermann 1995)

□ 9.27: Beispiel 12: Rissbildung bei Muldenlage a) Übersicht, b) Ausschnitte linke Ecke unten (nach Rybicki 1974)

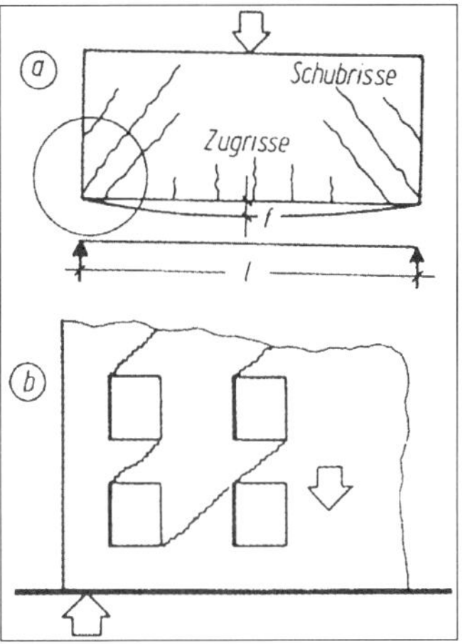

Eine Muldenlage oder „innere Freilage" des Bauwerks (□ 9.27 a und b) entsteht durch die Ausbildung einer Setzungsmulde infolge Spannungsüberlagerung (siehe Abschnitt 3). Wenn sich der Baugrund unter den Bauwerksrändern stärker setzt als in den mittleren Bauwerksbereichen, bildet sich eine Sattellage des Bauwerks („äußere Freilage" oder „Kraglage") dadurch aus, daß durch die unterschiedlichen Setzungen innerhalb der Gründungsfläche Teile des Bauwerks ein- oder beidseitig auskragen (□ 9.28 a und b). Die Achsen der Mulde oder des Sattels müssen nicht mit den Gebäudeachsen zusammenfallen (□ 9.29).

Bei gleichzeitiger Errichtung eines schweren Baukörpers mit angrenzenden leichteren Baukörpern gerät das hohe Bauwerk in Muldenlage, die umgebenden niedrigen Bauwerke dagegen in Sattellage (□ 9.30).

Bei etwa gleich schweren Gebäuden, die aber zu unterschiedlichen Zeiten errichtet werden (Schließen einer Baulücke), bildet sich unter dem neuen Bauwerk eine Setzungsmulde, bei den angrenzenden Gebäuden bildet sich eine Sattellage aus (□ 9.31).

 9.28: zu Beispiel 12: Rissbildung bei Sattellage a) Übersicht, b) Ausschnitte linke Ecke unten (nach Rybicki 1974)

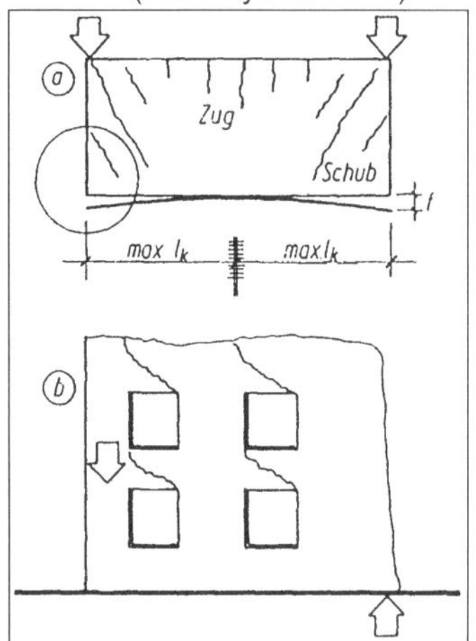

 9.29: zu Beispiel 12: Rissbildung bei Setzung der vorderen Hausecke, Sattelachse nicht parallel zur Gebäudeachse (nach Rybicki 1974)

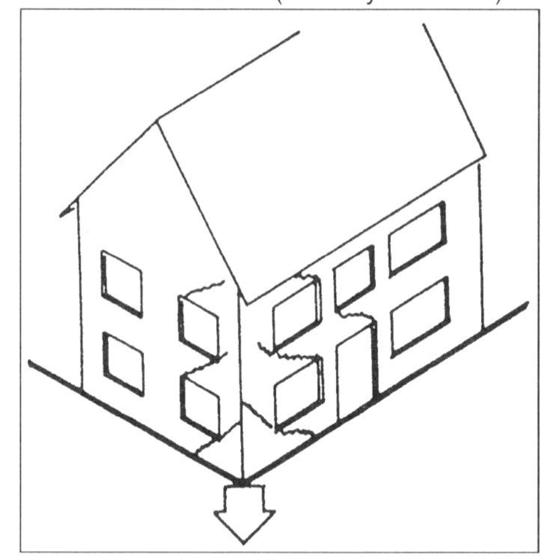

 9.30: zu Beispiel 12: Gleichzeitige Errichtung unterschiedlich schwerer Gebäudeteile (nach Rybicki 1974)

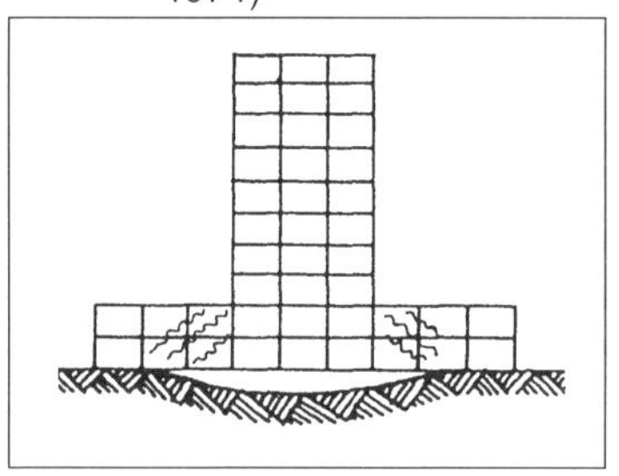

 9.31: zu Beispiel 12: Errichtung etwa gleich schwerer Gebäudeteile zu unterschiedlichen Zeiten (nach Rybicki 1974)

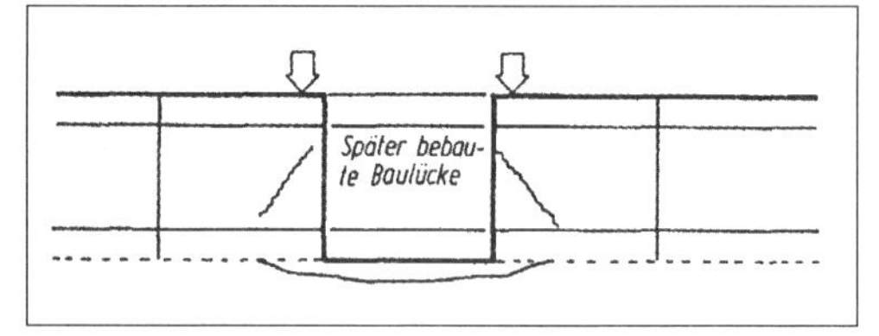

Beispiel 13 Bei einem zweigeschossigen Bürogebäude traten, ca. 20 Jahre nach seiner Errichtung, erhebliche Setzungen und Risse auf, die immer größer wurden. Setzungsmessungen ergaben, daß sich das Gebäude z. B. am Messpunkt 1 um ca. 10 cm stärker gesetzt hatte als am Messpunkt 4 (9.32).

Weil das Gebäude jahrzehntelang schadensfrei war, keine Umbauten mit zusätzlichen Lasten vorgenommen worden waren und auch keine anderen äußeren Einwirkungen in Frage kamen, mussten die üblichen Ursachen für unterschiedliche Setzungen (siehe Abschnitt 3) ausgeschlossen werden. Daher kamen als Ursache nur Bodenschrumpfungen durch Wasserentzug, und zwar durch die im Bereich der östlichen Giebelwand stehenden Pappeln (9.32), die inzwischen doppelt so hoch waren als das Gebäude, in Betracht. Für die Bäume als Schadensursache konnten folgende Argumente angeführt werden:

- die örtliche Begrenzung der Schäden auf den Einflussbereich der Bäume,
- die stetige Zunahme der Schäden in den letzten Jahren mit dem Wachstum der Bäume,
- die starke Zunahme der Schäden in den vergangenen, sehr trockenen Sommern.

Den endgültigen Beweis brachten:

- Bodenuntersuchungen an Proben aus Schürfgruben, die an der östlichen Giebelwand niedergebracht wurden. Bei dem stark durchwurzelten und staubtrockenen

Boden handelte es sich um einen schluffigen Ton mit Mergeleinschlüssen, der sehr schrumpfempfindlich war. Sein Wassergehalt lag in der Nähe der Schrumpfgrenze (siehe Dörken/ Dehne/ Kliesch Teil 1, Abschnitt 4),

- Setzungsbeobachtungen über eine längere Zeit (9.33). Sie zeigten einen zyklischen Verlauf von Setzungen und Hebungen: Zunahme der Setzungen in der Wachstumsperiode von Mai bis Oktober, Hebungen vor allem in den Monaten September bis Februar.

9.32: Beispiel 13: Setzungen/Risse durch den Einfluss von Bäumen (nach Dörken 1980)

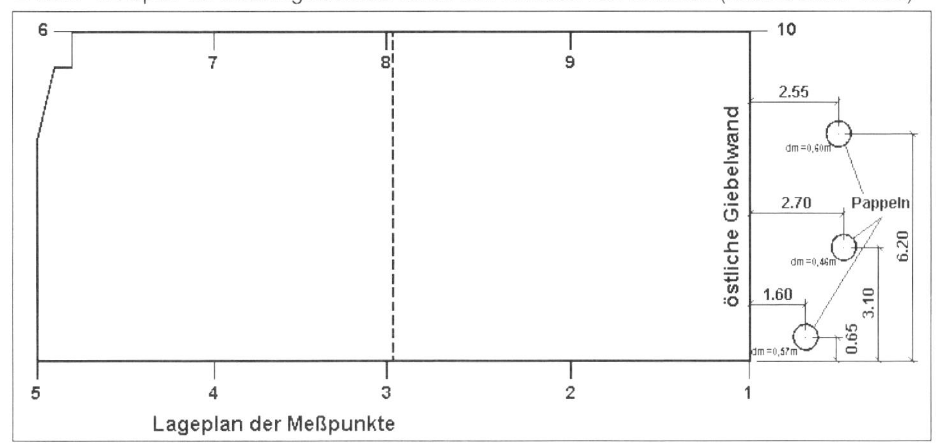

Beispiel 14 Rissschäden infolge Frostwirkungen treten auf, wenn die Gründung nicht in frostfreier Tiefe (siehe Abschnitt 5) vorgenommen wurde oder wenn Rohbauten im Winter nicht ausreichend vor Frosteinflüssen geschützt sind. Da die im Gebäudeinneren liegenden Fundamente nämlich im späteren Gebrauchszustand praktisch nie von Frosteinwirkungen betroffen sind, werden sie häufig nicht in frostfreier Tiefe gegründet.

Bei einem nicht ausreichend geschützten Rohbau (9.34) kann aber die Kaltluft während einer längeren Frostperiode durch die offenen Kellerfenster und die Kellerräume (1, 2) in den Baugrund (3) eindringen. Bei frostempfindlichem Boden können sich dann unter den Fundamenten Eislinsen bilden und sich die Fundamente - auch ungleichmäßig - anheben. Dies kann zu erheblichen Rissbildungen führen.

Beispiel 15 Bei einem überwinternden Rohbau (□ 9.35) hatten die "aufgefrorenen" Schalungsstützen die Decke so weit angehoben, daß das obere Auflager der bereits hinterfüllten Außenwand unwirksam wurde. Durch die Erddruckbelastung bildeten sich daraufhin nicht nur Risse in der Wand, sondern diese stürzte sogar ein.

Beispiel 16 Bei der Unterfangung der Grenzwand eines mehrgeschossigen Wohnhauses wurden die Regeln der DIN 4123 ("Gebäudesicherung im Bereich von Ausschachtungen, Gründungen und Unterfangungen") nur unzureichend beachtet. Wegen mangelhafter Sicherung rutschte der anstehende Kiesboden bis unter die Bodenplatte nach, so dass der Unterfangungsbeton nicht nur, wie üblich, von außen, sondern auch vom Gebäudeinneren her eingefüllt werden musste (□ 9.36). Hierbei sind in der Grenzwand und in den Wänden, welche in diese Grenzwand einbinden, erhebliche Verformungen und Rissbildungen aufgetreten (□ 9.37 a). Der Rissverlauf in der Grenzwand lässt sich mit Hilfe der Spannungstrajektorien für eine

□ 9.33: zu Beispiel 13: Setzungen und Hebungen der Messpunkte am Gebäude im Laufe des Jahres (nach Dörken 1980)

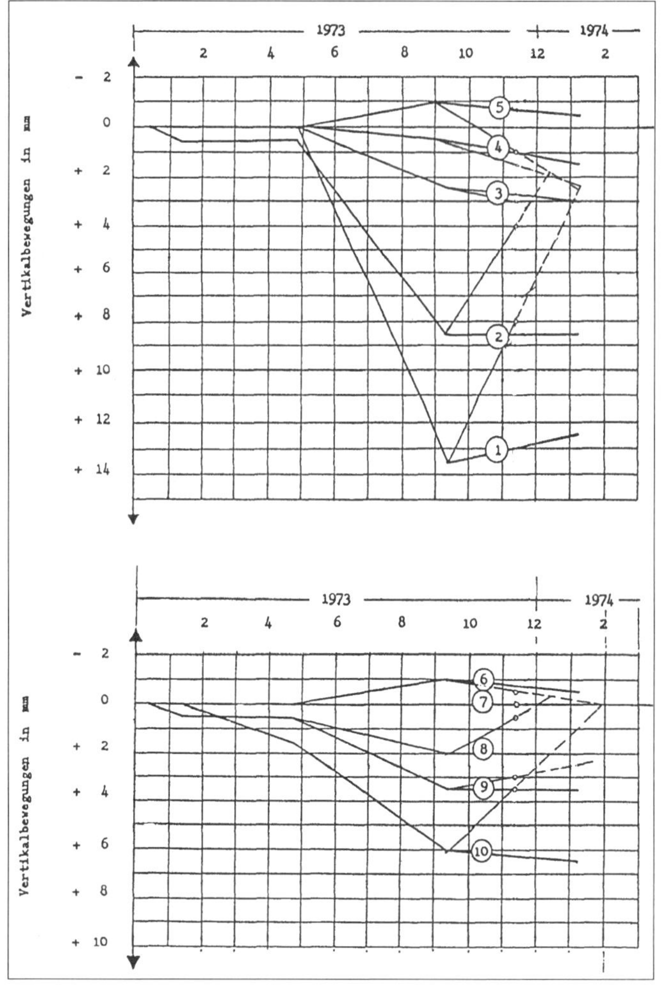

□ 9.34: Beispiel 14: Frosthebungen und Rissbildungen bei einem Rohbau (nach Rübener 1985)

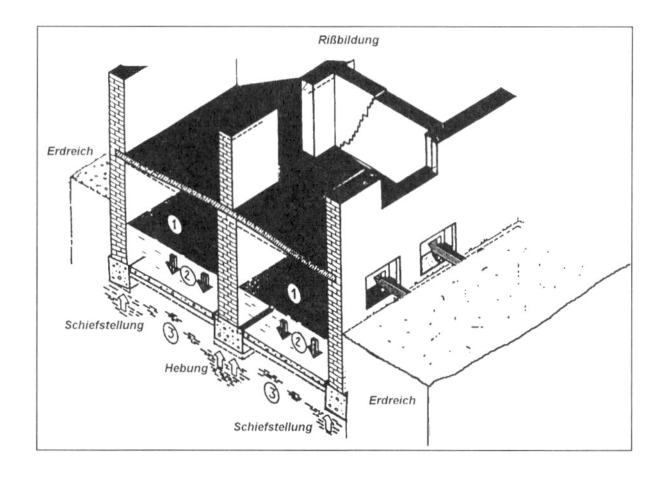

Mehrfeldwandscheibe (9.13 b), der Rissverlauf in den einbindenden Wänden mit Hilfe der Spannungstrajektorien für eine auskragende Wandscheibe (9.14) erklären (9.37 b).

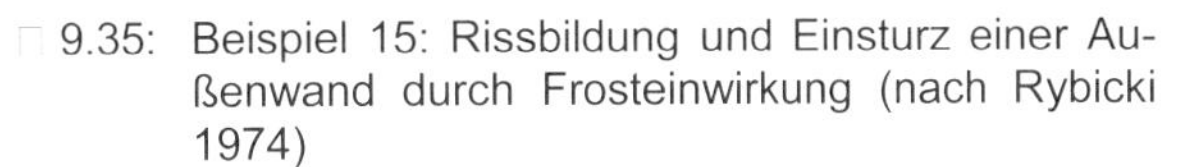

9.35: Beispiel 15: Rissbildung und Einsturz einer Außenwand durch Frosteinwirkung (nach Rybicki 1974)

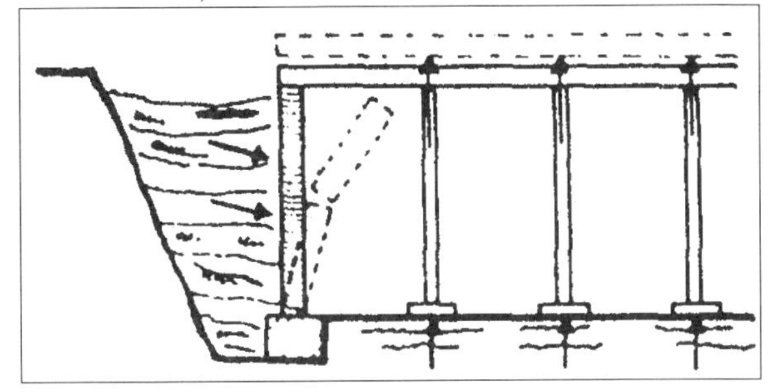

9.36: Beispiel 16: Unterfangung durch Einfüllen von Beton innen und außen (Ackermann 1999)

9.37: zu Beispiel 16: a) Rissverlauf in der Grenzwand (oben) und den einbindenden Wänden (unten) infolge von Fehlern bei der Unterfangung der Grenzwand, b) Spannungstrajektorien (Ackermann 1999)

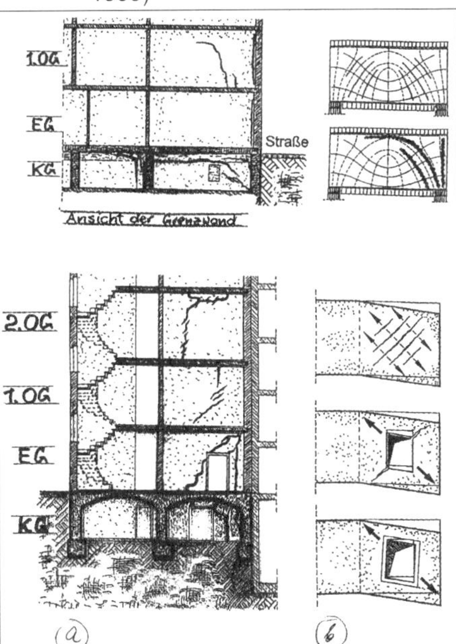

Beispiel 17 Durch mangelhafte Bauausführung eines 3,6 m tiefen Kanalgrabens, der im Abstand von ca. 80 cm an einem Einfamilienhaus vorbeiführt, hat sich das längs dieses Grabens verlaufende Streifenfundament dieses Hauses so stark gesetzt und schief gestellt, dass erhebliche Rissbildungen in der aufstehenden Wand und den in diese Traufwand einbindenden Giebelwänden aufgetreten sind (9.38).

9.38: Beispiel 17: Rissbildungen in einem Einfamilienhaus infolge mangelhafter Bauausführung eines in geringem Abstand verlaufenden Kanalgrabens (Ackermann 1999)

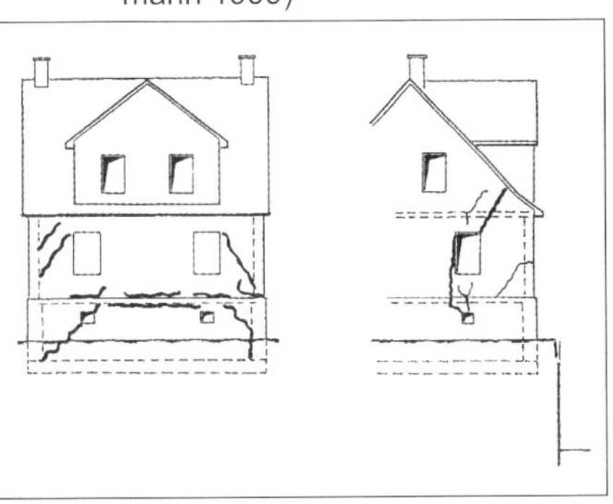

Beispiel 18 Durch horizontale Zwangszugspannungen aus Schwind- und / oder Temperaturverkürzungen entstehen vertikale Risse in Außenwänden, z. B. im Bereich von Fensteröffnungen (9.10), in breiteren, geschlossenen Wandabschnitten (9.39), an Aussteifungsstützen (9.40) und im Mauerverband von Wandecken (9.41).

9.39: Beispiel 18: Vertikaler Riss in einer breiten Außenwand infolge von Schwind- / Temperaturverkürzung (Ackermann 1999)

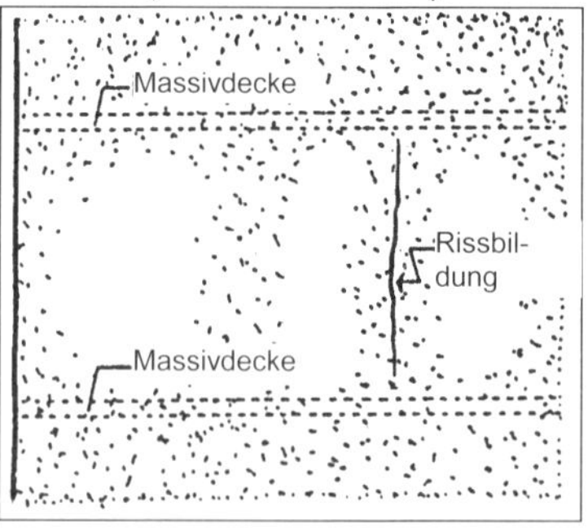

9.40: Beispiel 18: Vertikaler Riss in einer Außenwand an einer Aussteifungsstütze infolge von Schwind-/ Temperaturverkürzungen (Ackermann 1999)

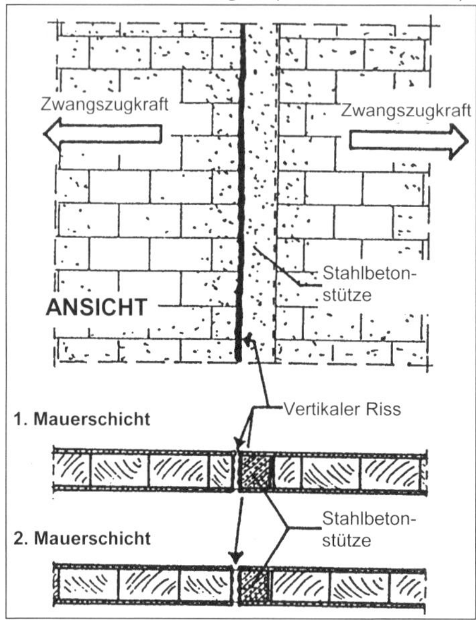

9.41: Beispiel 18: Vertikaler Riss in einer Außenwand im Mauerverband einer Wandecke infolge von Schwind-/ Temperaturverkürzungen (Ackermann 1999)

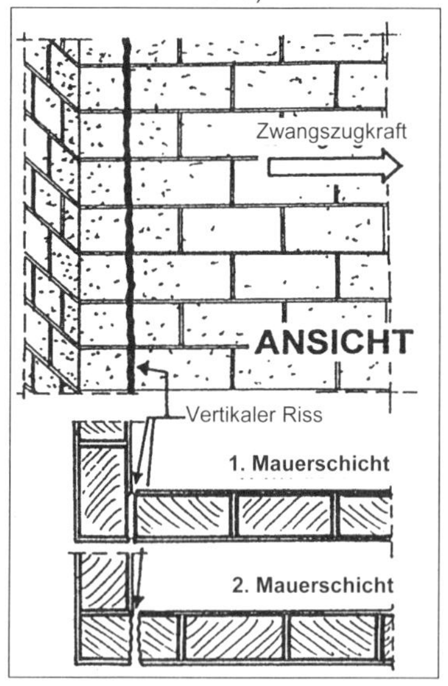

Beispiel 19 Horizontale Zwangszugspannungen aus Schwind- und / oder Temperaturverkürzungen können auch schräge und horizontale Risse hervorrufen. Derartige Risse können vor allem dann leicht für Setzungsrisse gehalten werden, wenn in der Nähe des Gebäudes Baumaßnahmen durchgeführt wurden, die Setzungen am Gebäude hervorrufen können.

So traten in einem Gebäude schräge und horizontale Risse auf, die zunächst auf Setzungen der Wände infolge einer naheliegenden Kanalbaumaßnahme zurückgeführt worden waren. Es stellte sich aber heraus, daß die Risse vor allem durch horizontale Zwangszugspannungen, u. a. durch Reibungsbehinderung in der Aufstandsfläche der Wände verursacht wurden. Vorwiegend horizontale Verformungen konnten durch die größeren Rissbreiten in den Stoßfugen und dadurch identifiziert werden, daß horizontale Schubrisse, die dem Verlauf einer Lagerfuge folgen, schuppenartige, kurze Risse im Putz zeigten, die aus dem horizontalen Verschiebungsversatz entstehen. Die Verkürzung des auf den Wänden liegenden Ringbalkens führte zu einer Anhebung der Ringbalkenenden im Bereich der Außenwandecken. Hierdurch bildeten sich in den Lagerfugen des Mauerwerks Horizontalrisse (9.42 und 9.43).

9.42: Beispiel 19: Schräge und horizontale Risse infolge von horizontalen Zwangsspannungen aus Schwinden (Ackermann 1999)

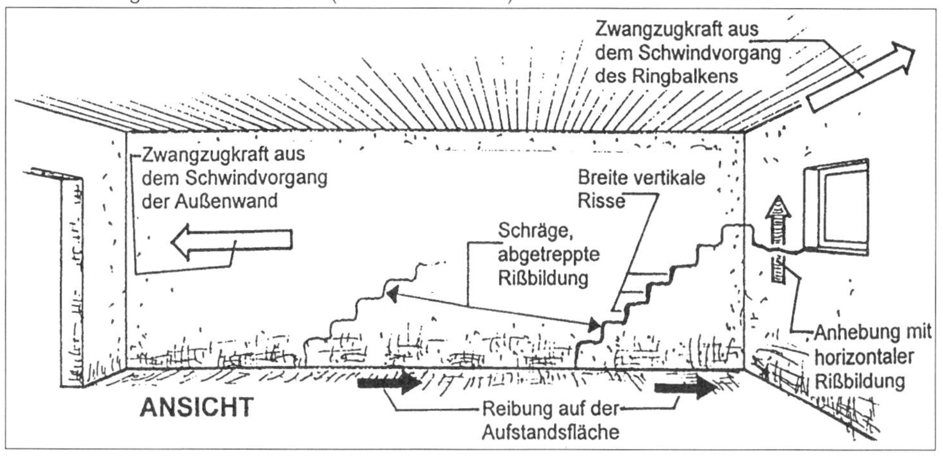

9.43: Beispiel 19: Schräge und horizontale Risse infolge von horizontalen Zwangsspannungen aus Schwinden (Ackermann 1999)

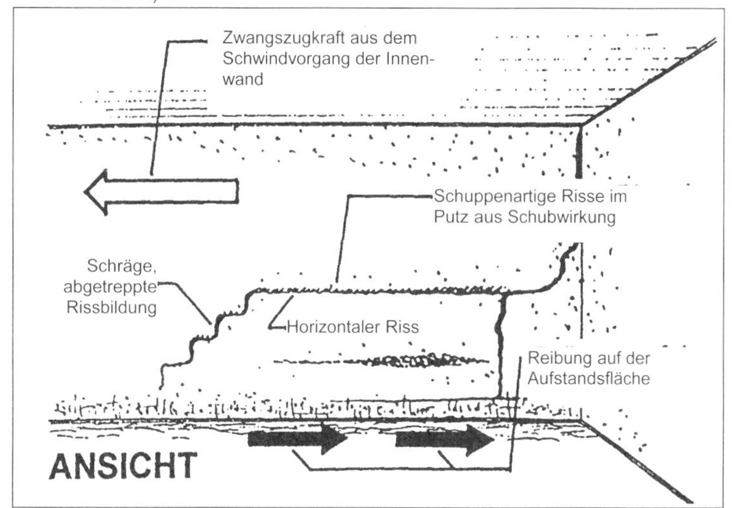

Beispiel 20 Bei der Errichtung von Anbauten an vorhandene Gebäude ist immer mit unterschiedlichen Setzungen zu rechnen. Diese können bei setzungsempfindlichem Baugrund erhebliche Schäden verursachen.

Das flach gegründete Fundament (1) eines nachträglichen Anbaus an ein Wohnhaus (9.44) hat sich stark gesetzt, während die Setzungen der in tieferen und damit tragfähigeren Schichten gegründeten Fundamente des Altbaus längst abgeschlossen waren. Hierdurch hat sich der Anbau schief gestellt (2). Da versäumt wurde, zwischen Anbau und Altbau eine durchgehende Bauwerksfuge anzuordnen, sind am Übergang zwischen Anbau und Altbau ein sich nach oben verbreitender durchgehender Riss (3) und weitere Rissschäden entstanden.

□ 9.44: Beispiel 20: Nachträglicher, flachgegründeter An-bau: Schiefstellung und Rissbildung im Übergangsbereich (Ackermann 1999)

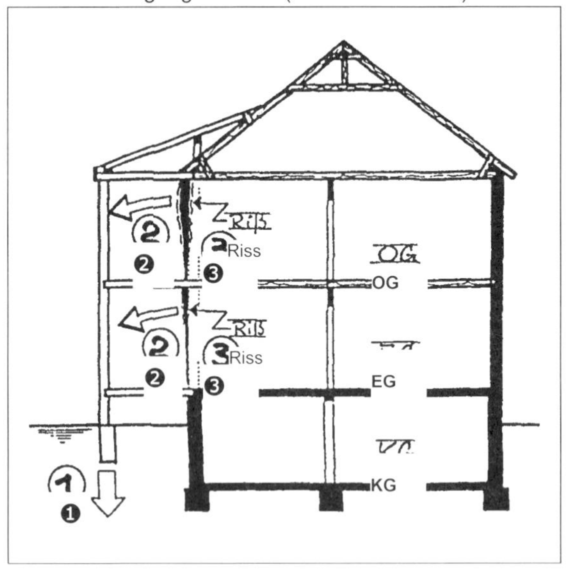

Anhang A: Symbole und Abkürzungen

(Begriffe, Formeln, Zeichen nach Handbuch Eurocode 7 (2011))

Formelzeichen und Nebenzeichen	Benennung	Einheit (Beispiele)
A	Sohlfläche des Gründungskörpers	kN/m
a	Lastausbreitungsmaß, Achsabstand; größere Fundamentlänge	m
A'	Rechnerische Sohlfläche; reduzierte Sohlfläche des Gründungskörpers	m^2
a'	Größere Länge der rechnerischen Grundfläche des ausmittig belasteten Gründungskörpers	m
A_c	Gedrückter Teil einer Sohlfläche	m^2
A_d	Bemessungswert einer außerordentlichen Einwirkung	
a_d	Bemessungswert einer geometrischen Angabe	-
A_E	Einschnittsfläche	m^2
A_{Ed}	Bemessungswert einer Einwirkung infolge von Erdbeben nach DIN EN 1990:2010-12, Tabelle A 1.3	
A_k	Auftriebskraft, -spannung	kN; kN/m; kN/m^2
A_n	Querschnittsfläche (netto)	cm^2
a_{nom}	Nennwert einer geometrischen Angabe	-
Δa	Sicherheitszuschlag für die Nennwerte geometrischer Angaben bei speziellen Nachweisen	
B	Fundamentbreite	kN/m
b	Fundamentbreite, Breite einer Lamelle; kleinere Fundamentlänge	m
B_B	Resultierende Stützkraft aus den Bettungsspannungen im Bodenauflager	kN/m
$B_{h,d}$	Bemessungswert der Horizontalkomponenten der resultierenden Auflagerkraft einer Stützwand im Boden/Bodenreaktion	kN/m
$B_{h,k}$	Horizontalkomponente der resultierenden charakteristischen Auflagerkraft einer Stützwand im Boden	kN/m

Formelzeichen und Nebenzeichen	Benennung	Einheit (Beispiele)
B_k	Charakteristischer Wert der seitlichen Bodenreaktion an einem Fundament; resultierende charakteristische Auflagerkraft/Bodenreaktion	kN/m
$B_{v,k}$	Vertikalkomponente von B_k	kN/m
b_B	kürzere Fundamentbreite	m
b_L	längere Fundamentbreite	m
b_B‘	Reduzierte Fundamentbreite b_B	m
b_L‘	Reduzierte Fundamentbreite b_L	m
b‘	Rechnerische Fundamentbreite; kleinere Länge der rechnerischen Grundfläche des ausmittig belasteten Grundkörpers	m
b_x	Breite des Grundkörpers in x-Richtung	m
b'_x	Reduzierte Breite des Grundkörpers in x-Richtung	m
b_y	Breite des Grundkörpers in y-Richtung	m
b'_y	Reduzierte Breite des Grundkörpers in y-Richtung	m
C	Ersatzkraft nach Blum, Kohäsionskraft in einer Gleitfläche eines Gleitkörpers	kN/m
c	Kohäsion des Bodens, allgemein	kN/m^2
C_B	Faktor nach Beyer	*)
C_C	Krümmungszahl	*)
c_c	Kapillarkohäsion des nichtbindigen Bodens	kN/m^2; MN/m^2; kN/m^3
C_d	Maßgebendes Kriterium für die Gebrauchstauglichkeit	kN/m
C'_k	Charakteristischer Wert der Kohäsion des dränierten Bodens (der effektiven Kohäsion)	
C_U (früher: U)	Ungleichförmigkeitszahl	*)
c_u	Kohäsion im undränierten Zustand; Scherfestigkeit (Kohäsion) des undränierten Bodens allgemein	kN/m^2; MN/m^2; kN/m^3

Formelzeichen und Nebenzeichen	Benennung	Einheit (Beispiele)
$c_{u,k}$	Charakteristischer Wert der Kohäsion (Scherfestigkeit) c_u des undränierten (nicht entwässerten) Bodens	kN/m²
$c_{u;d}$	Bemessungswert von c_u	kN/m²; MN/m²; kN/m³
$C_{U,F}$ (früher: U_F)	Ungleichförmigkeitszahl für den Filter	*)
c'	Wirksame Kohäsion	kN/m²; MN/m²; kN/m³
D	Lagerungsdichte	*)
d	Einbindetiefe; geringste Gründungstiefe unter Gelände bzw. unter Oberkante Kellersohle	m
d_F	Dicke des Fundaments	
d_S	Grenztiefe	m
D_{Pr}	Verdichtungsgrad	*)
d_W	Abstand zwischen Grundwasserspiegel und Gründungssohle	
E	Erddruckkraft, Beanspruchung	kN/m
e	Ordinate des Erddruckes	kn/m² / m
e	Porenzahl	*)
E_a	Aktive Erddruckkraft	kN/m
e_a	Ordinate des aktiven Erddruckes; Ausmittigkeit der Sohldruckresultierenden in Richtung a	kN/m²
$E_{a,d}$	Bemessungswert der Aktiven Erddruckkraft, -last	kN; kN/m
$E_{a,k}$	Charakteristische Aktive Erddruckkraft, -last	kN; kN/m
$E_{ah,k}$	Horizontalkomponente der charakteristischen aktiven Erdruckkraft $E_{a,k}$	kN/m
$E_{av,k}$	Vertikalkomponente der charakteristischen aktiven Erddruckkraft $E_{a,k}$	kN/m
e_b	Ausmittigkeit der Sohldruckresultierenden in Richtung b	
E_d	Bemessungswert der Beanspruchungen allgemein	kN/m

Formelzeichen und Nebenzeichen	Benennung	Einheit (Beispiele)
$E_{d,i}$	Bemessungswert der i-ten Beanspruchung	
$E_{dst;d}$	Bemessungswert der destabilisierenden Beanspruchungen	kN/m
$E_{G,d}$	Bemessungswert der Beanspruchungen aus ständigen Einwirkungen	kN/m
$E_{G,k}$	Charakteristischer Wert der Beanspruchung aus ständigen Einwirkungen; charakteristische Beanspruchung infolge ständiger Einwirkungen allgemein	
E_{ij}	Erddruck in einer Schnittfläche	kN/m
E_k	Charakteristischer Wert einer Beanspruchung; allgemein	
$E_{k,i}$	i-te charakteristische Beanspruchung	
e_L, e_B	Ausmittigkeiten von resultierenden bzw. repräsentativen Beanspruchungen in der Fundamentsohle	kN/m^2
E_M	Beanspruchung (Moment)	kNm/m
E_m	Zusammendrückungsmodul	
E_p	Erdwiderstand (passive Erddruckkraft)	kN/m
$E_{p,d}$	Bemessungswert des Erdwiderstandes (der passiven Erddruckkraft)	kN/m
$E_{ph,d}$	Bemessungswert der Horizontalkomponente des Erdwiderstands (der passiven Erddruckkraft); Horizontalkomponente von $E_{p,d}$	kN/m
$E_{ph,k}$	Horizontalkomponente des charakteristischen Erdwiderstands (der passiven Erddruckkraft); Charakteristische Passive Erddrucklast	kN/m
$E_{p,k}$	Charakteristischer Erdwiderstand (passiver Erddruckkraft)	kN/m
$E_{p,red}$, $e_{p,red}$	Reduzierter Erdwiderstand	kN/m
e_p	Ordinate des Erdwiderstands im Grenzzustand	kN/m^2
$_{min}e$	Porenzahl bei dichtester Lagerung	*)
$_{max}e$	Porenzahl bei lockerster Lagerung	*)

Formelzeichen und Nebenzeichen	Benennung	Einheit (Beispiele)
(mob) E_p	Mobilisierter Erdwiderstand im Gebrauchszustand	kN/m
$e_{p,k}$	Charakteristischer Wert des passiven Erddrucks	kN/m^2
$e_{p,mob,k}$	Mobilisierter Anteil von $e_{p,k}$	kN/m^2
$e_{ph,k}$	Horizontalkomponente von $e_{p,k}$	kN/m^2
$E_{Q,d}$	Bemessungswert der Beanspruchung aus veränderlichen Einwirkungen allgemein	kN/m
$E_{Q,k}$	Charakteristischer Wert der Beanspruchung aus veränderlichen Einwirkungen allgemein	kN/m
$E_{Q,rep}$	Repräsentativer Wert der Beanspruchung aus veränderlichen Einwirkungen	kN/m
e_r	Zulässige Ausmittigkeit der charakteristischen Sohldruckresultierenden eines runden Fundamentes	kN/m^2
E_{rep}	Repräsentative Beanspruchung	kN/m
E_s	Steifemodul	MN/m^2
$E_{s,k}$	Charakteristischer Wert des Steifemoduls	kN/m
$E_{stb;d}$	Bemessungswert der stabilisierenden Beanspruchungen	kN/m
E_V	Verbleibende Erdruhedruckkraft unterhalb der Baugrubensohle	kN/m
E_v	Verformungsmodul	MN/m^2
e_x	Ausmittigkeit der maßgebenden Sohldruckresultierenden in x- Richtung	
e_y	Ausmittigkeit der maßgebenden Sohldruckresultierenden in y-Richtung	
E_0	Erdruhedruckkraft	kN/m
$E_{0,d}$	Bemessungswert der Erdruhedruckkraft, -last	kN; kN/m
$E_{0,k}$	Charakteristische Erdruhedruckkraft, -last	kN; kN/m
e_0	Ordinate des Erdruhedruckes	KN/m^2
F	Einwirkung, resultierende Kraft	- / kN/m

Formelzeichen und Nebenzeichen	**Benennung**	**Einheit (Beispiele)**
F_C	Resultierende von Kohäsionskräften	kN/m
$f_{c,o,d}$	Bemessungswert der Festigkeit bei Druckbeanspruchung parallel zur Faserrichtung	kN/cm^2
$f_{c,9o,d}$	Bemessungswert der Festigkeit bei Druckbeanspruchung senkrecht zur Faserrichtung	kN/cm^2
F_d	Bemessungswert einer Einwirkung allgemein	kN/m
F_k	Charakteristischer Wert einer Einwirkung allgemein	kN/m
$F_{k,i}$	Charakteristischer Wert der i-ten Einwirkung allgemein	
$f_{m,d}$	Bemessungswert der Festigkeit bei Biegebeanspruchung	kN/cm^2
$f_{m,y,d}$	Bemessungswert der Festigkeit $f_{m,d}$ bei Biegebeanspruchung um die y-Achse	kN/cm^2
$f_{m,z,d}$	Bemessungswert der Festigkeit $f_{m,d}$ um die y-Achse	kN/cm^2
f_q	Multiplikationsfaktor für veränderliche Lasten	-
F_{rep}	Repräsentativer Wert einer Einwirkung	kN/m
f_s	spezifische Strömungskraft	kN/m^2
$F_{s,k}$	Charakteristische Reibungskräfte im Grenzzustand ULS	kN; kN/m; kN/m^2
$f_{t,k}$	Charakteristischer Wert der Zugfestigkeit des Stahlzuggliedes	N/mm^2; MN/m^2
$F_{t,Q,rep}$	Charakteristischer bzw. repräsentativer Wert der Zugbeanspruchung eines Pfahls oder einer Pfahlgruppe infolge von ungünstigen veränderlichen Einwirkungen	kN/m
$F_{tr;d}$	Bemessungswert der Querbelastung eines Pfahles oder einer Pfahlgruppe	kN/m
$f_{t,0.1,k}$	Charakteristischer Wert der Spannung bei 0.1% bleibender Dehnung bei Spannstahl	N/mm^2; MN/m^2
$f_{t,0.2,k}$	Streckgrenze bzw. charakteristischer Wert der Spannung bei 0.2% bleibender Dehnung bei Betonstahl	N/mm^2; MN/m^2

Formelzeichen und Nebenzeichen	Benennung	Einheit (Beispiele)
f_x, f_y	Einflusswerte für die Schiefstellung	
G	Eigenlast, Index für ständige Einwirkung. Totale Eigenlast einer Lamelle oder eines Gleitkörpers	kN/m
g	Index zur Kennzeichnung der Eigenwichte des Bodens, Ständige Flächenlast	kn/m²
$G_{dst;d}$	Bemessungswert der ständigen destabilisierenden Einwirkungen beim Nachweis gegen Aufschwimmen	kN/m
$G_{dst,k}$	Charakteristischer Wert ständiger destabilisierender vertikaler Einwirkungen	kN/m
$G_{E,k}$	Charakteristische Gewichtskraft des an einer Zugpfahlgruppe angehängten Bodens	kN/m
G_k	Charakteristischer Wert der ständigen vertikalen Einwirkungen	kN/m
$G_{k,stb}$	Charakteristische ständige Einwirkung im Grenzzustand ULS	kN; kN/m; kN/m²
$G_{stb;d}$	Bemessungswert der ständigen stabilisierenden vertikalen Einwirkungen beim Nachweis gegen Aufschwimmen	kN/m
$G_{stb,k}$	Unterer charakteristischer Wert stabilisierender ständiger vertikaler Einwirkungen des Bauwerks	kN/m
$G'_{stb;d}$	Bemessungswert der ständigen stabilisierenden vertikalen Einwirkungen beim Nachweis der Sicherheit gegen Aufschwimmen (mit der Wichte des Bodens unter Auftrieb)	kN/m
GZ	Grenzzustand (alte Bezeichnung)	-
GZ 1	Grenzzustand der Tragfähigkeit (alte Bezeichnung)	-
GZ 1A	Grenzzustand „Verlust der Lagesicherheit“ (alte Bezeichnung)	
GZ 1B	Grenzzustand „Versagen von Bauwerken und Bauteilen“ (alte Bezeichnung)	-
GZ 1C	Grenzzustand „“Verlust der Gesamtstandsicherheit“ (alte Bezeichnung)	-
GZ 2	Grenzzustand der Gebrauchstauglichkeit (alte Bezeichnung)	-

Formelzeichen und Nebenzeichen	**Benennung**	**Einheit (Beispiele)**
H	Horizontallast oder Einwirkungskomponente parallel zur Fundamentsohle; Horizontalkraftkomponente allgemein	m
h	Wandhöhe	m
h	Wasserspiegelhöhe beim hydraulischen Grundbruch	m
H‘	Abstand von Geländeoberfläche bis Ende der Erddruckumlagerung	m
h‘	Höhe des beim Nachweis des hydraulischen Grundbruchs untersuchten Bodenprismas	m
h_c^*	Risstiefe in kohäsivem Boden	m
H_d	Bemessungswert von H; Bemessungswert der horizontalen Beanspruchung am Wand- oder Bohrträgerfuß	kN/m
$H_{G,k}$	Ständiger Anteil von H_k	kN/m
H_k	Charakteristischer Wert der Horizontallast H; Horizontalkomponente der charakteristischen Sohldruckbeanspruchung	kN/m
h_k	kapillare Steighöhe	m
h_n	Schichtdicke der Natur	
$H_{Q,rep}$	Veränderlicher und repräsentativer Anteil von H unter Berücksichtigung der Kombinationsregeln	kN/m
H_s	Sohlwiderstandskraft	
h_s	Ortshöhe der Grundwasseroberfläche über der Gleitlinie; Höhe des Bauwerkschwerpunktes über der Sohle	m
h_u	hydrostatische Druckhöhe über der Gleitlinie	m
h_v	Probehöhe im Versuch	
h_w	Wasserspiegelhöhe	m
$h_{w;k}$	Charakteristischer Wert der Wasserdruckhöhe am Fuß eines auf hydraulischen Grundbruch untersuchten Bodenprismas	m
Δh	Wasserspiegeldifferenz zwischen Grundwasser und Außenwasser	m

Formelzeichen und Nebenzeichen	Benennung	Einheit (Beispiele)
$\Delta\Delta h$	Potentialunterschied zwischen zwei Potentiallinien	m
I_c	Konsistenzzahl	
i	hydraulisches Gefälle; Einflussbeiwerte	*)
i_b	Lastneigungsbeiwert für den Einfluss der Fundamentbreite	
i_c	Lastneigungsbeiwert für den Einfluss der Kohäsion	
i_d	Lastneigungsbeiwert für den Einfluss der Gründungstiefe	
i_{ij}	innere Gleitlinie zwischen den Gleitkörpern i und j	-
K	Systemsteifigkeit	
k	Verhältnis $\delta_d / \varphi_{cv,d}$	-
k	Durchlässigkeitsbeiwert	m/s
k	Index zur Kennzeichnung von charakteristischen Werten	-
K_a	Beiwert des aktiven Erddruckes	-
k_c	Knickbeiwert	
K_p	Beiwert des Erdwiderstandes	kN/m^2
k_s	Kriechmaß; Proportionalitätsfaktor	mm
$k_{s,k}$	Charakteristischer Wert des Bettungsmoduls	MN/m^3
K_0	Ruhedruckbeiwert	-
k_0	Ruhedruckbeiwert	-
$k_{0;\beta}$	Ruhedruckbeiwert bei unter dem Winkel β ansteigendem Gelände	-
L	Fundamentlänge, Länge der Zugelemente	m
l	Fundamentlänge	m
l, l_s	Maße im Gleitflächenbild	m
l_b	Das kleinere Rastermaß einer Pfahlgruppe	m

Formelzeichen und Nebenzeichen	Benennung	Einheit (Beispiele)
I_C	Konsistenzzahl	*)
l_c	Länge einer Gleitlinie oder Bogenlänge eines Gleitkreises, soweit die Kohäsion wirkt	m
l_{ef}	Knicklänge	m
I_P	Plastizitätszahl	*)
Δl	Länge einer Stromlinie zwischen zwei Potentiallinien	m
l'	Rechnerische Fundamentlänge	m
M	Biegemoment	kNm/m
m, m_a, m_b	Exponenten zur Berechnung der Lastneigungsbeiwerte	-
M_d	größtes Bemessungsmoment	kNm
M_k	(charakteristisches) Kippmoment	kNm
M_o	Oberes Moment	kNm
M_R	widerstehendes Moment aus Kräften, die weder in F_A noch in R_s enthalten sind	kNm/m
M_s	einwirkendes Moment der in G_i und P_{vi} nicht enthaltenen Einwirkungen um den Mittelpunkt eines Gleitkreises; Standmoment	kNm/m
M_u	Unteres Moment	kNm
N	Rechtwinklig zu Sohlfläche gerichtete Komponente der Sohldruckresultierenden	kN
n	Anzahl von z.B. Pfählen oder Versuchen	-
n	Porenanteil	*)
N_b	Tragfähigkeitsbeiwert für den Einfluss der Gründungsbreite	-
N_{b0}	Grundwert des Tragfähigkeitsbeiwerts für den Einfluss der Gründungsbreite	-
N_c	Tragfähigkeitsbeiwert für den Einfluss der Kohäsion	-
N_{c0}	Grundwert des Tragfähigkeitsbeiwerts für den Einfluss der Kohäsion	-

Formelzeichen und Nebenzeichen	Benennung	Einheit (Beispiele)
N_d	größte Druckkraft; Tragfähigkeitsbeiwert für den Einfluss der seitlichen Auflast	kN; -
N_{d0}	Grundwert des Tragfähigkeitsbeiwerts für den Einfluss der seitlichen Auflast	-
$N_{G,k}$	Ständiger Anteil der charakteristischen Beanspruchung rechtwinklig zur Fundamentsohlfläche	kN
N_k	Charakteristische Beanspruchung rechtwinklig zur Fundamentsohlfläche	kN
$N_{Q,k}$	Veränderlicher Anteil der charakteristischen Beanspruchung rechtwinklig zur Fundamentsohlfläche	kN
n_z	Anzahl der Zugelemente	-
$_{max}n$	Porenanteil bei lockerster Lagerung	*)
$_{min}n$	Porenanteil bei dichtester Lagerung	*)
n_{10}	Anzahl der Rammschläge für 10 cm Eindringung bei Rammsonden	*)
n_{30}	Anzahl der Rammschläge für 30 cm Eindringung beim Standard Penetration Test (SPT)	*)
p	Großflächige Gleichlast, Last, auf eine Lamelle oder einen Gleitkörper einwirkend	kN/m^2 ; kN/m
Q	Veränderliche Last. Reaktionskraft in Gleitflächen, Index für ungünstige veränderliche Einwirkung. Gleitflächenkraft in einer Gleitfläche eines Gleitkörpers	kN/m
q	Durchfluss, flächenbezogen	$\frac{m^3}{(s \cdot m^2)}$
q	Über p = 10 kN/m^2 hinausgehender Anteil von großflächigen. Nicht ständige Flächenlast	kN/m^2
q_c	Spitzenwiderstand der Drucksonde; mittlerer Spitzenwiderstand der Drucksonde	kN/m^2; MN/m^2
$Q_{dst;d}$	Bemessungswert der destabilisierenden vertikalen veränderlichen Einwirkungen beim Auftriebsnachweis	kN/m
$Q_{dst,rep}$	Charakteristischer bzw. repräsentativer Wert veränderlicher destabilisierender vertikaler Einwirkungen	kN/m

Formelzeichen und Nebenzeichen	Benennung	Einheit (Beispiele)
Q_{rep}	Repräsentativer Wert der veränderlichen Einwirkungen	kN/m
q_s	Mantelreibung bzw. Pfahlmantelreibung	kN/m^2; MN/m^2
$q_{s;i;k}$	Charakteristischer Wert der Mantelreibung in der Schicht i	kN/m^2; MN/m^2
q_u	Einaxiale Druckfestigkeit	kN/m^2; MN/m^2
$q_{u,k}$	Charakteristischer Wert von q_u	kN/m^2; MN/m^2
q‘	Streifenlast	kN/m^2
R	Reichweite nach Sichardt	m
R	Widerstand, Resultierende der Widerstände	- / kN/m
r	Radius eines runden/kreisförmigen Gründungskörpers	m
R_a	Herauszieh-Widerstand eines Ankers	kN
$R_{a;d}$	Bemessungswert von R_a	kN/m; kN
$R_{a;k}$	Charakteristischer Wert von R_a	kN/m; kN
$R_{c;cal}$	berechneter Wert von R_c	kN/m; kN
$R_{c;d}$	Bemessungswert von R_c	kN/m; kN
$R_{c;k}$	Charakteristischer Wert von R_c	kN/m; kN
R_d	Bemessungswert des Widerstands gegen eine Einwirkung; allgemein	kN/m; kN
$R_{d,i}$	Bemessungswert des i-ten Widerstands allgemein	-
r_e	Zulässige Ausmittigkeit der resultierenden charakteristischen Beanspruchung eines kreisförmigen Grundkörpers	m
Red E_p, $E_{p,red}$	Reduzierter Erdwiderstand	kN; kN/m
R_k	Charakteristischer Wert der Widerstände allgemein	kN/m; kN
$R_{k,i}$	i-ter charakteristischer Widerstand allgemein	-
$R_{M.d}$	Bemessungswert des Bauteilwiderstands allgemein	-

Formelzeichen und Nebenzeichen	Benennung	Einheit (Beispiele)
$R_{n;} R_{n,k}$	Komponente des Grundbruchwiderstands normal zur Sohlfläche	kN
$R_{n,k}$	Normal zur Sohlfläche wirkende Komponente des Grundbruchwiderstandes	kN/m; kN
$R_{p;d}$	Bemessungswert des Erdwiderstands neben einer Gründung	kN/m; kN
$R_{p,k}$	Charakteristischer Wert des Erdwiderstands neben einer Gründung	kN/m; kN
S	Sohldruckresultierende	kN
s	Setzung; Bermenbreite; Gesamtsetzung der Eck- oder Randpunkte	cm, mm; m
$S_{dst;d}$	Bemessungswert einer destabilisierenden Strömungskraft im Boden	kN/m; kN
$S_{dst;k}$	Charakteristischer Wert einer destabilisierenden Strömungskraft im Boden	kN/m; kN
s_h	Waagerechte Verschiebung	mm
S'_k	Charakteristische einwirkende Strömungskraft	kN; kN/m; kN/m^2
s_m	Setzungsanteil infolge mittlerer Last	m
S_r	Sättigungszahl	*)
s_x	Setzungsanteil aus dem Moment $M_y = V \cdot e_x$	m
s_y	Setzungsanteil aus dem Moment $M_x = V \cdot e_y$	m
s_0	Sofortsetzung	mm
s_1	Konsolidationssetzung	mm
s_2	Kriechsetzung (sekundäre Setzung)	mm
T	Parallel zur Sohldruckfläche gerichtete Komponente der Sohldruckresultierenden	kN
t	Tatsächliche Einbindetiefe von Baugrubensohle bis Unterkante der Wand	m
t_a	Zeitpunkt a	-
t_B	Von der Bettung erfasste Einbindetiefe	m

Formelzeichen und Nebenzeichen	Benennung	Einheit (Beispiele)
t_b	Zeitpunkt b	-
T_d	Bemessungswert des gesamten Scherwiderstands, der sich um einen Bodenblock entwickelt, in dem eine Zugpfahlgruppe wirkt, oder in einer Fuge zwischen Baugrund und Bauwerk; Bemessungswert der Beanspruchung parallel zur Fundamentsohlfläche	kN/m; kN
$T_{d,x}$	Bemessungswert der Beanspruchung parallel zur Fundamentsohle in Richtung x	kN
$T_{d,y}$	Bemessungswert der Beanspruchung parallel zur Fundamentsohle in Richtung y	kN
$T_{G,k}$	Ständiger Anteil der charakteristischen Beanspruchung parallel zur Fundamentsohle	kN
T_k	charakteristische Beanspruchung parallel zur Fundamentsohlfläche	kN/m; kN
t_n	Setzungszeit in der Natur	h
$T_{Q,k}$	Veränderlicher Anteil der charakteristischen Beanspruchung parallel zur Fundamentsohlfläche	kN
t_v	Setzungszeit im Versuch	h
t_0	Rechnerisch erforderliche Einbindetiefe ab Baugrubensohle bei freier Auflagerung	m
ΔT	gedachte Zusatzkraft an einem Gleitkörper parallel zu dessen äußerer Gleitfläche	kN/m; kN
U	resultierende Porenwasserdruckkraft auf eine Gleitfläche eines Gleitkörpers; Ungleichförmigkeitszahl (alte Bezeichnung)	kN/m; kN; -
u	Porenwasserdruck auf die Gleitfläche und andere Begrenzungsflächen eines Gleitkörpers	kN/m^2
$U_{dst;d}$	Bemessungswert des destabilisierenden gesamten Porenwasserdrucks	kN/m; kN
Δu	Porenwasserüberdruck	kN/m²
V	Verschiebung. Index zur Kennzeichnung der senkrechten Komponente	kN/m^2
V	Vertikallast oder Komponente der Einwirkungs-Resultierenden normal zur Fundamentsohlfläche; Vertikalkraftkomponente allgemein	kN/m; kN

Formelzeichen und Nebenzeichen	Benennung	Einheit (Beispiele)
v	Verschiebung, Verformung	m/s
V_b	Rechnerische Bruchlast	kN
V'_d	Bemessungswert der wirksamen Vertikallast bzw. Normalkomponente der auf die Fundamentsohle wirkenden Resultierenden	kN/m; kN
$V_{dst;d}$	Bemessungswert einer destabilisierenden vertikalen Einwirkung auf ein Bauwerk	kN/m; kN
$V_{dst;k}$	Charakteristischer Wert einer destabilisierenden vertikalen Einwirkung auf ein Bauwerk	kN/m; kN
V_g	Variationskoeffizient	-
$V_{G,k}$	Ständiger Anteil von V_k	kN/m; kN
$V_{k,i}$	Charakteristischer Wert der i-ten vertikalen Beanspruchung an einem Wandfuß	kN/m; kN
$V_{Q,rep}$	Veränderlicher und repräsentativer Anteil von V unter Berücksichtigung von Kombinationsregeln	kN/m; kN
V'_d	Bemessungswert der wirksamen Vertikallast bzw. Normalkomponente der auf die Fundamentsohle wirkenden Resultierenden	kN/m; kN
W	Widerstandsmoment der Sohlfläche	m^3
w	Wassergehalt	*)
W_n	Widerstandsmoment (netto)	cm^3
w_L	Wassergehalt an der Fließgrenze	*)
w_P	Wassergehalt an der Ausrollgrenze	*)
w_S	Wassergehalt an der Schrumpfgrenze	*)
w_{Pr}	optimaler Wassergehalt	*)
x	Achslänge des Gründungskörpers in x-Richtung	m
X_d	Bemessungswert einer Materialkenngröße	kN/m; kN; kN/m^2; MN/m^2
x_e	Zulässige Ausmittigkeit der resultierenden charakteristischen Beanspruchung in x- Richtung	m
X_k	Charakteristischer Wert einer Materialkenngröße	kN/m; kN; kN/m^2; MN/m^2

Formelzeichen und Nebenzeichen	Benennung	Einheit (Beispiele)
y	Achse des Gründungskörpers in y-Richtung	m
y_e	Zulässige Ausmittigkeit der resultierenden charakteristischen Beanspruchung in y- Richtung	m
z	Vertikaler Abstand; Abstand Fundamentsohle zu beliebigem Punkt in der Tiefe	m
Z_d	Summe der Bemessungswerte $Z_{d,i}$ der einzelnen Zugkräfte	kN/m; kN
Z_e	Höhe der Resultierenden über dem Fußpunkt einer Lastfigur	kN/m; kN
	GRIECHISCHE ZEICHEN	
α	Neigung einer Fundamentsohle gegen die Horizontale; Sohlneigungswinkel	°
α_a	Neigungswinkel der Achse eines kostruktiven elements oder eines Zugglieds gegen die Horizontale	°
α_r	halber Öffnungswinkel eines Gleitkreises	°
β	Geländeanstiegswinkel hinter einer Stützwand (aufwärts positiv); Geländeneigungswinkel	°
β	Neigungswinkel einer Böschung zur Horizontalen	°
β_m	mittlerer Böschungswinkel zweier Gleitkörperabschnitte	°
β_w	Winkel zwischen der Richtung der Strömung und der Waagerechten in einer durchströmten Böschung	°
δ	Wand- oder Sohlreibungswinkel; Lastneigungswinkel zur Normalem der Sohlfläche	°
δ_a	Neigungswinkel bei aktiven Erddruck; Winkel zwischen der Erddruckkraft und der Normalen zu Wand	°
δ_C	Neigungswinkel der Ersatzkraft nach BLUM	°

Formelzeichen und Nebenzeichen	**Benennung**	**Einheit (Beispiele)**
δ_d	Bemessungswert von δ	°
δ_E	Neigung der resultierenden Beanspruchung	°
δ_0	Erddruckneigungswinkel beim Erdruhedruck	°
δ_p	Neigungswinkel beim passiven Erddruck; Winkel zwischen der Erdwiderstandskraft und der Normalen zur Wand	°
δ_s	Sohlreibungswinkel	°
$\delta_{s,k}$	Charakteristischer Wert des Sohlreibungswinkel δ_s	°
ε	Neigungswinkel einer Resultierenden F oder einer Last P gegen die Horizontale	°
ε_{ij}	Winkel zwischen den sich schneidenden äußeren Gleitlinien α_j und α_j	°
γ	Wichte des Baustoffs	kN/m^3
γ‘	Wichte des Bodens unter Auftrieb	kN/m^3
γ_A	Teilsicherheitsbeiwert für den Verspresskörperwiderstand bzw. Verpressanker	-
γ_a	Teilsicherheitsbeiwert für Anker	-
$\gamma_{a;p}$	Teilsicherheitsbeiwert für Daueranker	-
$\gamma_{a;t}$	Teilsicherheitsbeiwert für befristet eingesetzte Anker	-
γ_b	Teilsicherheitsbeiwert für den Materialwiderstand bzw. Herauszieh-Widerstand von flexiblen Bewehrungselementen (altes Formelzeichen: γ_B)	-
γ_c	Teilsicherheitsbeiwert für die Kohäsion	-
γ_{cu}	Teilsicherheitsbeiwert für die Kohäsion im unkonsolidierten Zustand bzw. des undränierten Bodens	-

Formelzeichen und Nebenzeichen	**Benennung**	**Einheit (Beispiele)**
γ_c‘	Teilsicherheitsbeiwert für die wirksame Kohäsion	-
γ_d	Trockenwichte des Bodens	kN/m³
γ_E	Teilsicherheitsbeiwert für eine Beanspruchung	-
γ_{Ep}	Teilsicherheitsbeiwert für den Erdwiderstand	-
$\gamma_{E0,g}$	Teilsicherheitsbeiwert für ständige Einwirkungen aus Erdruhedruck	-
γ_F	Teilsicherheitsbeiwert für eine Einwirkung	-
γ_f	Teilsicherheitsbeiwert für Einwirkungen, der die Möglichkeit einer ungünstigen Abweichung der Einwirkungen gegenüber den repräsentativen Werten berücksichtig	-
γ_G	Teilsicherheitsbeiwert für eine ständige Einwirkung	-
$\gamma_{G,Eo}$	Teilsicherheitsbeiwert für ständige Einwirkungen aus Erdruhedruck	
$\gamma_{G;dst}$	Teilsicherheitsbeiwert für eine ständige destabilisierende Einwirkungen; Teilsicherheitsbeiwert für ungünstige ständige Einwirkungen im Grenzzustand UPL, HYD	-
γ_{Gl}	Teilsicherheitsbeiwert für den Gleitwiderstand	-
$\gamma_{G,inf}$	Teilsicherheitsbeiwert für eine günstig wirkende ständige Einwirkung bei Pfählen	-
γ_{GQ}	Gewichteter Teilsicherheitsbeiwert für Einwirkungen	-
γ_{Gr}	Teilsicherheitsbeiwert für den Grundbruchwiderstand	-
$\gamma_{G;stb}$	Teilsicherheitsbeiwert für eine ständige stabilisierende Einwirkung; Teilsicherheitsbeiwert für günstige ständige Einwirkungen im Grenzzustand UPL, HYD	-
γ_H	Teilsicherheitsbeiwert für die Einwirkungen aus Strömungskraft	-

Formelzeichen und Nebenzeichen	**Benennung**	**Einheit (Beispiele)**
γ_m	Teilsicherheitsbeiwert für eine Bodenkenngröße (Materialeigenschaft)	-
$\gamma_{m;i}$	Teilsicherheitsbeiwert für eine Bodeneigenschaft in der Schicht i	-
γ_Q	Teilsicherheitsbeiwert für ungünstige veränderliche Einwirkungen	-
$\gamma_{Q;dst}$	Teilsicherheitsbeiwert für eine veränderliche destabilisierende Einwirkung; Teilsicherheitsbeiwert für ungünstige veränderliche Einwirkungen im Grenzzustand UPL, HYD	-
$\gamma_{Q;stb}$	Teilsicherheitsbeiwert für eine veränderliche stabilisierende Einwirkung	-
γ_{qu}	Teilsicherheitsbeiwert für die einaxiale Druckfestigkeit	γ_{qu}
γ_R	Teilsicherheitsbeiwert für einen Widerstand allgemein	-
γ_r	Wichte des wassergesättigten Bodens	kN/m^3
$\gamma_{R;d}$	Teilsicherheitsbeiwert für Unsicherheiten des Widerstandsmodells	-
$\gamma_{R;e}$	Teilsicherheitsbeiwert für den Erdwiderstand	-
$\gamma_{R;h}$	Teilsicherheitsbeiwert für den Gleitwiderstand	-
$\gamma_{R;v}$	Teilsicherheitsbeiwert für den Grundbruchwiderstand	-
γ_s	Kornwichte	kN/m^3
$\gamma_{S;d}$	Teilsicherheitsbeiwert für Modellunsicherheiten bei Beanspruchungen	-
$\gamma_{s;t}$	Teilsicherheitsbeiwert für den Zugpfahlwiderstand	-
γ_w	Wichte des Wassers	kN/m^3
γ_γ	Teilsicherheitsbeiwert für die Wichte	-

Formelzeichen und Nebenzeichen	Benennung	Einheit (Beispiele)
γ_Z	Teilsicherheitsbeiwert für Zugpfähle	-
γ_φ	Teilsicherheitsbeiwert für den Reibungsbeiwert tan φ	-
$\gamma_{\varphi u}$	Teilsicherheitsbeiwert für den Reibungsbeiwert tan φ_u	-
$\gamma_{\varphi'}$	Teilsicherheitsbeiwert für den Reibungswinkel (tanφ‘)	-
γ_1	Wichte des Bodens oberhalb der Gründungssohle	kN/m^3
γ_2	Wichte des Bodens unterhalb des Gründungskörpers	kN/m^3
η	Anpassungsfaktor	-
η_g	Sicherheit gegen Gleiten (alte Bezeichnung)	-
η_M	Modellfaktor zur Anpassung der Teilsicherheitsbeiwerte bei Mikropfählen	-
η_p	Sicherheit gegen Grundbruch (alte Bezeichnung)	-
η_s	Sicherheit gegen Setzung	-
η_z	Anpassungsfaktor bei der Ermittlung des Scher- bzw. Reibungswiderstands aus dem Erddruck, der sich in einer Fuge zwischen Boden und Bauwerk entwickelt	-
φ	Reibungswinkel in einer Gleitlinie eines Gleitkörpers, allgemein	°
φ'	innerer Reibungswinkel des dränierten (entwässerten) Bodens; Reibungswinkel des dränierten Bodens (effektiver Reibungswinkel) allgemein	°
φ'_d	Bemessungswert von φ'	°
φ'_k	Charakteristischer Wert des Reibungswinkels φ'	°
φ_{cv}	Reibungswinkel im kritischen Grenzzustand	°

Formelzeichen und Nebenzeichen	**Benennung**	**Einheit (Beispiele)**
$\varphi_{cv;d}$	Bemessungswert von φ_{cv}	°
φ_{κ}	Charakteristischer Wert des inneren Reibungswinkels φ' des dränierten (entwässerten) Bodens	°
φ_m	mittlerer Reibungswinkel längs eines Lamellenschnittes, allgemein	Grad
$(ers)\ \varphi_S$	Ersatzreibungswinkel für weichen Boden	-
φ_s	Winkel der Gesamtscherfestigkeit eines nicht bindigen Bodens nach DIN 18137-1	Grad
φ_u	Reibungswinkel des undränierten Bodens allgemein; innerer Reibungswinkel des undränierten (nicht entwässerten) Bodens	Grad
$\varphi_{u,k}$	Charakteristischer Wert des inneren Reibungswinkels φ_u des undränierten (nicht entwässerten) Bodens	°
φ'	Wirksamer (effektiver) Reibungswinkel	-
φ'_{Ers}	Ersatzreibungswinkel zur Ermittlung des Mindesterddruckes	-
κ	Neigungsbeiwert bei Tragfähigkeitsuntersuchungen (alte Bezeichnung)	-
λ_b	Geländeneigungsbeiwert für den Einfluss der Fundamentbreite	-
λ_c	Geländeneigungsbeiwert für den Einfluss der Kohäsion	-
λ_d	Geländeneigungsbeiwert für den Einfluss der Gründungstiefe	-
μ	Korrekturfaktor zur Scherfestigkeitsbestimmung aus Drehflügelsondierungen. Ausnutzungsgrad, Ausnutzungsgrad des Bemessungswiderstands; Reibungswerte	-
μ_{ah}	Formbeiwerte für den räumlichen Aktiven Erddruck	-
θ	Richtungswinkel von H	Grad

Formelzeichen und Nebenzeichen	Benennung	Einheit (Beispiele)
ρ	Dichte des feuchten Bodens	t/m³
ρ_d	Trockendichte des Bodens	t/m³
ρ_{Pr}	Proctordichte	t/m³
ρ_r	Dichte des wassergesättigten Bodens	t/m³
ρ_s	Korndichte	t/m³
ρ_w	Dichte des Wassers	t/m³
σ	Totale Spannung	kN/m²
σ'	effektive Spannung, wirksame Spannung	kN/m²
σ_a	Spannungen infolge Bodenaushub	kN/m²
σ_B	Bettungsspannungen im Bodenauflager	kN/m²
$\sigma_{E,d}$	Bemessungswert des Sohldrucks (Index E für effect – Beanspruchung)	kN/m²
$\sigma_{h,k}$	Charakteristische Horizontalspannung im Boden	kN/m²
$\sigma'_{h;0}$	Horizontalkomponente des wirksamen Erdruhedrucks	kN/m²
σ_{ph}	Horizontalkomponente der Bodenreaktionsspannung	kN/m²
$\sigma_{R,d}$	Bemessungswert des Sohldruckwiderstandes	kN/m²
$\sigma_{stb;d}$	Bemessungswert der stabilisierenden totalen Vertikalspannung	kN/m²
$\sigma_{ü}$	Überlagerungsspannungen	kN/m²
σ_v	geologische Vorbelastung	kN/m²
σ_{vorh}	Resultierende charakteristische Sohldruckbeanspruchung	kN/m²
$\sigma(z)$	Wandnormalspannung in der Tiefe z	kN/m²

Formelzeichen und Nebenzeichen	Benennung	Einheit (Beispiele)
σ_z	Spannungen infolge Bauwerklast	kN/m²
σ_{zul}	Aufnehmbarer Sohldruck	kN/m²
σ_0	Vertikalen Sohldruckbeanspruchungen	kN/m²
σ_0	Sohlnormalspannung	kN/m²
σ_{0f}	Grundbruchspannung	kN/m²
$\sigma_{0,m}$	Mittlere Sohlnormalspannung	kN/m²
τ_f	Scherfestigkeit	kN/m²
$\tau_{n,k}$	Charakteristischer Wert der negativen Mantelreibung	kN/m²
τ_0	Sohlscherspannung	kN/m²
$\tau(z)$	Wandschubspannung in der Tiefe z	kN/m²
ϑ	Gleitflächenwinkel	°
ϑ_a	Gleitflächenwinkel für Aktiven Erddruck	°
ϑ_p	Gleitflächenwinkel für Passiven Erddruck	°
ϑ_1, ϑ_2, ϑ_3	Gleitflächenwinkel für die Bestimmung des Gleitflächenbildes	°
υ'	Gleitflächenwinkel des Rutschkeils bei Winkelstützwänden	°
υ_b	Formbeiwert für den Einfluss der Fundamentbreite	-
υ_c	Formbeiwert für den Einfluss der Kohäsion	-
υ_d	Formbeiwert für den Einfluss der Gründungstiefe	-
ω	Winkel zwischen der parallel zur Sohlfläche gerichteten Komponente der Sohldruckresultierenden und der Fundamentlänge a‘	°

Formelzeichen und Nebenzeichen	Benennung	Einheit (Beispiele)
ω_{ph}	Beiwerte für den räumlichen Erdwiderstand	-
ω_R	Beiwerte für den Reibungsanteil beim räumlichen Erdwiderstand	-
ω_K	Beiwerte für den Reibungsanteil beim räumlichen Erdwiderstand	-
ξ	Streuungsfaktor in Abhängigkeit von der Anzahl der untersuchten Pfähle bzw. Bodenprofile	
ξ_b	Sohlneigungsbeiwert für den Einfluss der Fundamentbreite	-
ξ_c	Sohlneigungsbeiwert für den Einfluss der Kohäsion	-
ξ_d	Sohlneigungsbeiwert für den Einfluss der Gründungstiefe	-
ψ	Faktor zur Ableitung des repräsentativen Wertes aus dem charakteristischen Wert (Kombinationsbeiwert)	-
ψ_0	Kombinationsbeiwert für begleitende veränderliche Einwirkung	
ψ_1	Kombinationsbeiwert zum Festlegen des häufigen Werts der veränderlichen Leiteinwirkung	
ψ_2	Kombinationsbeiwert zum Festlegen des quasiständigen Werts der veränderlichen Einwirkung	

Abkürzung	Bedeutung
ATV	Allgemeine Technische Vertragsbedingungen für Bauleistungen (VOB/C)
BmF	Böden mit Fremdanteilen: Böden im Sinne der TL BuB E-StB mit Fremdanteilen ≥10% und ≤ 50%
BO	Böden im Sinne der TL BuB E-StB mit Fremdanteilen ≤ 10%
BS-A	außergewöhnliche Bemessungssituation
BS-E	Bemessungssituation bei Erdbeben
BS-P	Ständige Bemessungssituation
BS-T	Vorrübergehende Bemessungssituation
DGGT	Deutsche Gesellschaft für Geotechnik e. V.
DIN	Deutsches Institut für Normung e. V.
EBSB	Empfehlungen für den Bau und die Sicherung von Böschungen
EQU	Grenzzustand bei einem Gleichgewichtsverlust des als starrer Körper angesehenen Tragwerks oder des Baugrunds, wobei die Festigkeiten der Baustoffe und des Baugrund für den Widerstand nicht entscheidend sind (equilibrium)
FEM	Finite-Elemente-Methode
FDM	Finite-Differenzen-Methode
FGSV	Forschungsgesellschaft für Straßen- und Verkehrswesen e. V.
GEO-2	Grenzzustände des Bodens, bei denen das Nachweisverfahren 2 angewendet wird
GEO-3	Grenzzustände des Bodens, bei denen das Nachweisverfahren 3 angewendet wird
GK	Geotechnische Kategorie
HYD	Grenzzustand des Versagens verursacht durch Strömungsgradienten im Boden, z.B. hydraulischer Grundbruch, innere Erosion und Piping (hydraulic)
NCI	Nicht widersprechende zusätzliche Angaben, die dem Anwender beim Umgang mit dem Eurocode helfen (en: non-contradictory complemantary information)
NDP	National festzulegende Parameter (en: nationally determined parameters)
OCR	Vorbelastungsverhältnis (en: over-consolidation ratio)

Abkürzung	Bedeutung
RC	Rezyklierte Baustoffe: Böden im Sinne der TL BuB E-StB mit Fremdanteilen ≥10% und ≤ 50%
SLS	Grenzzustand der Gebrauchstauglichkeit (Serviceability Limit State)
STR	Grenzzustand des Versagens oder sehr großer Verformungen des Tragewerks oder seiner Einzelteile, einschließlich des Fundamente, Pfähle, Kellerwände usw., wobei die Festigkeit der Baustoffe für den Widerstand entscheidend ist (structural)
ULS	Grenzzustand der Tragfähigkeit (Ultimate Limit State)
UPL	Grenzzustand des Versagens durch hydraulischen Grundbruch und Aufschwimmen
UPL	Grenzzustand bei einem Gleichgewichtsverlust des Bauwerks oder des Baugrunds infolge von Aufschwimmen durch Wasserdruck oder anderen vertikalen Einwirkungen (uplift)

Anhang B: Literaturverzeichnis

Achmus, M., Rouilli, A. 2004 Untersuchung zur Erddruckbeanspruchung von Winkelstützwänden. Bautechnik, Heft 12

Ackermann, W. 1995 1999 Risse im Bauwerk (Manuskriptvorlage und Zeichnungen)

Ackermann, W., Knobloch, C. 2006 Gemauerte erddruckbelastete Kelleraußenwände sind nicht mehr standsicher. Der Sachverständige. Heft 11

Agatz, A., Lackner, E. 1977 Erfahrungen mit Grundbauwerken. 2. Auflage. Springer Verlag. Berlin

Anastasiadis, K., u.a. 1986 Entwurf und Berechnung von Rechteckfundamenten unter biaxialer Biegung. Bautechnik, Heft 11

Arz, P., Schmidt, H. G.,Seitz, J., Semprich, S. 1994 Grundbau. Betonkalender, Teil II. Verlag Ernst & Sohn, Berlin

Baldauf, H.,Timm, U. 1988 Betonkonstruktionen im Tiefbau. Verlag Ernst & Sohn. Berlin

Bartels, H.J. 2000 Brückenwiderlager und Stützwände aus Stahlspundbohlen. Stahlinformations-Zentrum (Hrsg.) Dokumentation 549: Stahlspundwände (3) - Planung und Anwendung. Düsseldorf

Barth, Ch., Markgraf, E.. 2004 Untersuchung verschiedener Bodenmodelle zur Berechnung von Fundamentplatten im Rahmen von FEM-Lösungen. Bautechnik, Heft 5

Bartl, U. 2004 Zur Mobilisierung des passiven Erddrucks in kohäsionslosem Boden. Technische Universität Dresden, Dissertation 2004.

Bauernfeind, P., Hilmer, K. 1974 Neue Erkenntnisse aus Sohldruck- und Erddruckmessungen bei der U-Bahn Nürnberg. Bautechnik, Heft 8

Bauduin, Ch. 2001 Ermittlung charakteristischer Werte in Grundbau- Taschenbuch, Teil 1: Geotechnische Grundlage. 6. Auflage. Herausgeber: U. Smoltczyk, Verlag Ernst & Sohn, Berlin

Berhane, G. 2003 Experimental, Analytical and Numerical Investigations of Excavations in Normally Consolidated Soft Soils. Schriftenreihe Geotechnik, Universität Kassel, Heft 14 (2003).

Betonkalender versch. Jahrg Verlag Ernst & Sohn, Berlin

Bobe, R., Göbel, C. 1971 Grundbaustatik in Lehrprogrammen und Beispielen. Verlagsgesellschaft Rudolf Müller. Köln-Braunsfeld

Boley, C. 2009 Handbuch Geotechnik. Der Praxisleitfaden für Alle am Bau Beteiligten. Verlag Vieweg & Teubner. Braunschweig. Wiesbaden.

Bond, A. J.	2011	A procedure for determining the characteristic value of a geotechnical
Bongartz, W.	1976	Erste deutsche Stützwand nach dem Bauverfahren „Bewehrte Erde“ bei Raunheim. Straße und Autobahn, Heft 5
Borowicka, H.	1939	Druckverteilung unter elastischen Platten. Österr. Ingenieur-Archiv, Heft 2
Borowicka, H.	1943	Über ausmittig belastete, starre Platten auf elastisch-isotropem Untergrund. Österr. Ing. Archiv 14, Heft 1
Boussinesq, J.	1885	Application des potentiels à l'étude de l'équilibre et du mouvement des solides élastiques. Gauthier - Villard, Paris
Brandl, H.	1980	Tragverhalten und Dimensionierung von Raumgitterstützmauern (Krainerwänden). Bundesministerium für Bauten und Technik, Schriftenreihe „Straßenforschung“. Heft 141. Forschungsgesellschaft für das Straßenwesen im Österreichischen Ingenieur- und Architektenverein, Wien
Brandl, H.	1984	Schadensfälle an Raumgitter-Stützmauern. Bundesministerium für Bauten und Technik, Schriftenreihe „Straßenforschung“. Heft 251 Teil 2. Forschungsgesellschaft für das Straßenwesen im Österreichischen Ingenieur- und Architektenverein, Wien
Brandl, H.	1992	Konstruktive Hangsicherungen. Grundbautaschenbuch. 4. Auflage. Verlag Ernst & Sohn. Berlin
Breitschaft, G. and Hanisch, J	1978	Neues Sicherheitskonzept im Bauwesen aufgrund wahrscheinlichkeitstheoretischer Überlegung – Folgerungen für den Grundbau unter Einbeziehung der Probennahme und der Versuchsauswertung, Vorträge der Baugrundtagung in Berlin, Deutsche Gesellschaft für Erd- und Grundbau; Eigenverlag
Brinch Hansen, J., Lundgren, H.	1960	Hauptprobleme der Bodenmechanik. Springer Verlag Berlin, Göttingen, Heidelberg
Briske, R.	1958	Anwendung von Erddruckumlagerungen bei Spundwandbauwerken. Bautechnik. Hefte 6 u. 7
Brux, G.	2001	Möglichkeiten und Grenzen der Anwendung des Düsenstrahlverfahrens. Tiefbau Ingenieurbau Straßenbau. Heft 1
Caquot, A., Kérisel, J.	1967	Grundlagen der Bodenmechanik. Springer-Verlag, Berlin, Göttingen, Heidelberg
Christow, C.	1969	Anwendung der Methode "spezifische Setzung" zur Ermittlung der Setzungen infolge einer Grundwasserabsenkung. Bautechnik, Heft 10
Cordes, R., u.a.	1994	Kalksandstein: Planung, Konstruktion, Ausführung. 3. Auflage. Beton-Verlag, Düsseldorf
Dannemann, E.	1990	Konische Gründungselemente aus Ortbeton. Bauingenieur, Heft 11

De Beer, E., Graßhoff, M., Kany, M.	1966	Die Berechnung elastischer Gründungsbalken auf nachgiebigem grund. Westdeutscher Verlag, Opladen
Dechert, F.	1999	Stand der Berechnungstechnik nach den Vorschlägen zur Anwendung des Teilsicherheitskonzepts in der Geotechnik. Unveröffentlichte Diplomarbeit FH Frankfurt / M.
DEGEBO	versch. Jahrg.	Mitteilungen der Deutschen Forschungsgesellschaft für Bodenmechanik (DEGEBO). Berlin
Dehne, E.	1982	Flächengründungen. Bauverlag, Wiesbaden
Deman, F., Scheuerer, M.	1997	Proberammungen von Spundwänden. Stahl-Informations-Zentrum (Hrsg.) Dokumentation 542: Stahlspundwände (2) - Planung und Anwendung. Düsseldorf
Dieterle, H.	1987	Zur Bemessung quadratischer Stützenfundamente aus Stahlbeton unter zentrischer Belastung mit Hilfe von Bemessungsdiagrammen. Deutscher Ausschuss für Stahlbeton. Heft 387. Beuth Verlag, Berlin
Dieterle, H., Rostásy, F.S.	1987	Tragverhalten quadratischer Einzelfundamente aus Stahlbeton. Deutscher Ausschuss für Stahlbeton. Heft 387. Beuth Verlag, Berlin
DIN Fachbericht 130	2006	Wechselwirkung Baugrund / Bauwerk – Flachgründungen. Zu beziehen bei: Beuth Verlag. Berlin
DIN Deutsches Institut für Normung e. V.	1981	Grundlagen zur Festlegung von Sicherheitsanforderungen für bauliche Anlagen, Beuth Verlag, Berlin, Köln
Döhl, G., Roth, S.	1989	Einbringen von Stahlspundwänden. Geotechnik. Heft 3
Dörken, W., Dehne, E.	2007	Grundbau in Beispielen, Teil 2, 4. Auflage. Wolters Kluwer Deutschland GmbH München - Werner Verlag
Dörken, W., Dehne, E., Kliesch, K.	2009	Grundbau in Beispielen, Teil 1, 4. Auflage. Wolters Kluwer Deutschland GmbH München - Werner Verlag
Dörken, W., Dehne, E., Kliesch, K.	2011	Grundbau in Beispielen, Teil 3, 3. Auflage. Wolters Kluwer Deutschland GmbH München - Werner Verlag
Duddeck, H.	1963	Praktische Berechnung der Pilzdecke ohne Stützenkopfverstärkung. Beton- und Stahlbetonbau, Heft 3

El-Kadi	1967	Die statische Berechnung von Gründungsbalken und Gründungsplatten. Mitteilungen aus dem Institut für Verkehrswasserbau, Grundbau und Bodenmechanik (VGB 42) der Technischen Hochschule Aachen
El Gendy, M., Hanisch, J., Kany, M.	2006	Empirische nichtlineare Berechnung von Kombinierten Pfahl-Plattengründungen (KPP). Bautechnik, Heft 9
El-Mossallamy, Y.	1996	Ein Berechnungsmodell zum Tragverhalten der Kombinierten Pfahl-Plattengründung.- Technische Universität Darmstadt (Dissertation)
Englert, K., Grauvogl,J., Maurer, M.	1999	Handbuch des Baugrund- und Tiefbaurechts. 2. Auflage. Werner Verlag. Düsseldorf
Englert, K. Stocker, M. (Hrsg.)	1993	40 Jahre Spezialtiefbau 1953 - 1993. Werner Verlag. Düsseldorf
Fellin, W., Berghamer, S. und Renk, D.	2009	Konfidenzgrenzen der Scherfestigkeit als Grundlage zur Festlegung charakteristischer Scherparameter- Geotechnik 32, Nr. 1
Fischer, K.	1965	Beispiele zur Bodenmechanik. Verschiedene Aufsätze mit Berechnungsansätzen. Verlag Ernst & Sohn, Berlin
Fischer, L.	2003	Charakteristische Werte - ihre Bedeutung und Berechnung. Bauingenieur, Heft 4
FNABau	1959	Flächengründungen und Fundamentsetzungen. Erläuterungen und Berechnungsbeispiele für die Anwendung der Normen DIN 4018 und DIN 4019 Blatt 1. Beuth Verlag und Verlag Ernst & Sohn, Berlin
Foik, G.	1986	Zur Bruchlast von horizontal belasteten Fundamenten auf Sand. Geotechnik, Heft 3
Frank, R., Bauduin, C., Driscoll, R., Kavvadas, M., Krebs Ovesen, N., Orr, T. and Schuppener, B.	2004	Designer's guide to EN 1997-1, Eurocode 7: Geotechnical design Part 1: Generel rules. London: Thomas Telford
Franke, D., Arnold, M.,Bartl, U., Vogt, L.	2003	Erddruckmessungen an der Kelleraußenwand eines mehrgeschossigen Massivbaus. Bauingenieur, Heft 3
Franke, E.	1974	Ruhedruck in kohäsionlosen Böden. Bautechnik, Heft 1
Franke, E.	1980	Überlegungen zu Bewertungskriterien für zulässige Setzungsdifferenzen. Geotechnik, Heft 2

Frank, R. 1997 Designer's Guide to EN 1997-1, Eurocode 7: Geotechnical Design Part 1: General Rules. London: Thomas Telford.

Freihart, G. 1962 Die Ermittlung der maximalen Bodenpressung unter Grenzmauerfundamenten. Bautechnik, Heft 11

Frisch, H., Simon, A.B. 1974 Beitrag zur Ermittlung der vertikalen und horizontalen Bettungsziffer. Bautechnik, Heft 8

Fröhlich, O.K. 1934 Druckverteilung im Baugrunde. Springer-Verlag, Wien

Fröhlich, O. 1963 Grundzüge einer Statistik der Erdböschungen. Der Bauingenieur 38, 1963, Heft 10

Gäßler, G. 1987 Vernagelte Geländesprünge - Tragverhalten und Standsicherheit. Veröffentlichungen des Institutes für Bodenmechanik und Felsmechanik der Universität Karlsruhe. Heft 108

Gäßler, G. 1989 Planung, Ausschreibung und Überwachung von Vernagelungsprojekten. Tiefbau Ingenieurbau Straßenbau. Heft 10

Giese, S. 2004 Skript zum Seminar Geotechnik „Praktische Anwendungen der neuen DIN 1054. Innsbruck.

Gipperich, C. Triantafyllidis, T. 1997 Entwicklung eines rückbaubaren Verpressankers. Bauingenieur. Heft 5

Girnau, G., Klawa, N. 1973 Empfehlungen zur Fugengestaltung im unterirdischen Bauen. Die Bautechnik, Heft 10

Grasser, E., Thielen, G. 1991 Hilfsmittel zur Berechnung der Schnittgrößen und Formänderungen von Stahlbetontragwerken nach DIN 1045, Ausgabe Juli 1988. 3. Auflage. Deutscher Ausschuß für Stahlbeton. Heft 240, Beuth Verlag, Berlin

Graßhoff, H. 1955 Die Berechnung einachsig ausgesteifter Gründungsplatten. Bautechnik, Heft 12

Graßhoff, H. 1960 Die Berechnung von Gründungsbalken und -platten. Bauingenieur, Heft 5

Graßhoff, H. 1966 Das steife Bauwerk auf nachgiebigem Untergrund. Verlag Ernst & Sohn, Berlin

Graßhoff, H. 1978 Einflusslinien für Flächengründungen. Verlag Ernst & Sohn, Berlin

Grünburg. J., Hansen, M. 2006 Fundamentbemessung nach neuem Sicherheitskonzept - Schnittstellenproblem Bodenfuge. Bauingenieur, Heft 5

Gudehus, G. 1981 Bodenmechanik. Enke Verlag. Stuttgart

Gudehus, G. 1984 Vereinfachte Ermittlung der Dicke von Flachfundamenten. Bauingenieur, Heft 9

Gudehus, G. 1987 Sicherheitsnachweise für Grundbauwerke. Geotechnik, Heft 1

Gudehus, G. 1990 Erddruckermittlung. In: Grundbautaschenbuch. Teil 1. 4. Auflage. Verlag Ernst & Sohn. Berlin

Gudehus, G. 1998 Erddruckermittlung. In: Betonkalender. Teil II, Verlag Ernst & Sohn. Berlin

Gudehus, G. 2004 Prognosen bei Beobachtungsmethoden. Bautechnik, Heft 1

Gudehus, G. 1998 Erddruckermittlung. In: Betonkalender. Teil II

Haak, A., Idelberger, K. 1979 Baugruben-Sicherung. Merkblatt der Beratungsstelle für Stahlverwendung. Düsseldorf

Hahn, J. 1985 Durchlaufträger, Rahmen, Platten und Balken auf elastischer Bettung. Werner Verlag, Düsseldorf

Hanisch, J., Katzenbach, R., König, G. 2001 Kombinierte Pfahl-Plattengründungen. Ernst & Sohn. Berlin

Hansen, B. 1965 A Theory of Plasticity. Teknisk Forlag. Copenhagen

Herzog, M. 1980 Tragfähigkeit und Setzung von Flachgründungen unter senkrechten Lasten. Die Bautechnik, Heft 11

Herzog, M. 1981 Die Standsicherheit von Erd- und Felsböschungen bei beliebiger Form der Rutschfläche. Bauingenieur. S. 89

Herzog, M. 1983 Tragfähigkeit und Bemessung von Fundamentbalken und -platten. Die Bautechnik, Heft 3

Herzog, M. 1983 Die Tragfähigkeit von Platten auf nachgiebiger Unterlage. Bautechnik, Heft 11

Herzog, M. 1987 Traglast des Balkens auf elastischer Unterlage. Bautechnik, Heft 9

Herzog, M.	1990	Zur Tragfähigkeit von Zugfundamenten und -pfählen. Bauingenieur, Heft 3
Hettler, A.	1985	Setzungen von Einzelfundamenten auf Sand. Bautechnik, Heft 6
Hettler, A.	2000	Gründung von Hochbauten. Verlag Ernst & Sohn
Hilmer, K., Knappe, M., Nowack, F.	1987	Kontrollmessungen an einer vernagelten Wand. Bautechnik. Heft 2
Hillmer, K.	1991	Schäden im Gründungsbereich. Verlag Ernst & Sohn. Berlin
Hilpert M., Seitz M.	2005	Unveröffentlichte Diplomarbeit an der FH Franfurt SS 2005
Hoesch Stahl AG		Spundwandhandbuch Berechnung
Holschemacher, K. (Hrsg.)	2009	Entwurf- und Berechnungstafeln für Bauingenieure, 4. Auflage
Hülsdünker, A.	1964	Maximale Bodenpressung unter rechteckigen Fundamenten bei Belastung mit Momenten in beiden Achsrichtungen. Bautechnik, Heft 8
Jänke, S.	1986	Verbesserte Setzungsanalyse für Streifenfundamente. Geotechnik, Heft 4
Jänke, S.	1990	Einfluss der Gründungstiefe auf das Setzungsverhalten einer Flächengründung auf Sand. Bautechnik, Heft 11
Kalle, U., Zentgraf, J.	1992	Historische Entwicklung der Standsicherheitsnachweise von Stützwänden. Geotechnik. Heft 4
Kany, M.	1959	Berechnung von Flächengründungen. Verlag Ernst & Sohn, Berlin
Kany, M.	1974	Berechnung von Flächengründungen. Band 2. 2. Auflage. Verlag Ernst & Sohn, Berlin
Kany, M., El Gendy, M.	1992	Berechnung von Sohlplatten nach dem FE-Programm FEPLA (Benutzer-Handbuch), Zirndorf
Kanya, J.	1969	Berechnung ausmittig belasteter Streifenfundamente mit Zentrierung durch eine Stahlbeton-Fußbodenplatte. Bautechnik, Heft 5
Katzenbach, R., Arlslan, U., Moormann, C., Reul, O.	1997	Möglichkeiten und Grenzen der Kombinierten Pfahl-Plattengründung, dargestellt am Beispiel aktueller Projekte. Mitteilungen des Instituts und der Versuchsanstalt für Geotechnik der Technischen Universität Darmstadt. Heft 37

Katzenbach, R., Boled-Mekasha, G., Wächter	2006	Gründung turmartiger Bauwerke. Betonkalender 2006. Verlag Ernst & Sohn, Berlin
Katzenbach, R. und Kinzel, J.	2001	Das Vier-Augen-Prinzip bei Baugrundgutachten. Prüfingenieur, 18. April 2001
Kelemen, P.	1984	Vermeidung von unerwünschter Bodenpressung unter Bodenplatten. Bautechnik, Heft 2
Kintrup, H.	1994	Beton- und Stahlbetonbau nach DIN 1045. Wendehorst, 26. Auflage. Teubner-Verlag, Stuttgart
Kirchdörfer, V.	1992	Einsatz von Stahlspundwänden im Bereich der Binnenwasserstraßen. Geotechnik. Heft 4
Klöckner, W., Engelhardt, K., Schmidt, H.G.	1982	Gründungen. Sonderdruck aus dem Betonkalender 1982. Verlag Ernst & Sohn, Berlin
König, G., Liphardt, S.	1990	Hochhäuser aus Stahlbeton. Betonkalender 1990. Verlag Ernst & Sohn, Berlin
König, G., Sherif, G.	1969	Berechnung von Setzungen mit Hilfe von dreiachsialen Druckversuchen. Bauingenieur, Heft 7
König, G., Sherif, G.	1975	Erfassung der wirklichen Verhältnisse bei der Berechnung von Gründungsplatten. Bauingenieur, Heft 9
Krause, D.	1988	Tragfähigkeit von Gründungen. Bautechnik, Heft 6
Kudella, P.	2005	Kopplung von GZ 1B und GZ 1C beim Nachweis von Stützmauervernagelungen nach DIN 1054: 2005. Bautechnik, Heft 12
Kalle, U., Zentgraf, J.	1992	Historische Entwicklung der Standsicherheitsnachweise von Stützwänden. Geotechnik. Heft 4
Krahn, J.	2003	The limits of limit equilibrium analyses. Canadian Geotechnical Journal, Vol 40
Kuntsche, K.	2009	Geotechnik. 2. Auflage. Verlag Vieweg & Teubner. Braunschweig. Wiesbaden.
Kutzner, C.	1991	Injektionen im Baugrund. Enke Verlag. Stuttgart
Lackner, E. (Hrsg.)	1971	Empfehlungen des Arbeitsausschusses "Ufereinfassungen". Verlag Ernst & Sohn, Berlin

Lackmann, T. 1991 Bodenstabilisierung mit Hochdruckinjektionsverfahren. Tiefbau-BG. Heft 2

Leonhardt, F. 1956 Der Stuttgarter Fernsehturm. Beton- und Stahlbetonbau, Hefte 4 und 5

Leonhardt, F., Schlaich, J. 1968 Der Hamburger Fernmeldeturm, Entwurf und Berechnung des Tragwerks. Beton- und Stahlbetonbau, Heft 9

Leonhardt, F. 1979 Das Bewehren von Stahlbetontragwerken. Betonkalender, Teil 2. Verlag & Sohn, Berlin

Lohmeyer, G. 2004 Stahlbetonbau. Teubner-Verlag, Stuttgart

Lohmeyer, G. 1989 Beton-Technik. Handbuch für Planer und Konstrukteure. Beton-Verlag, Düsseldorf

Lund, N. C. 2000 Fachgerechte Planung und Ausschreibung von Spundwandbauwerken - Altlast Gewerbepark Bingen Ost. Stahl-Informations-Zentrum (Hrsg.) Dokumentation 549: Stahlspundwände (3) - Planung und Anwendung. Düsseldorf

Lundgren, H., Briske, R. 1957 Anwendung von Erddruckumlagerungen bei Spundwandbauwerken. Bautechnik. Hefte 7 u.10

Lutz, B., El-Mossallamy, Y., Richter, Th. 2006 Ein einfaches, für die Handrechnung geeignetes Berechnungsverfahren zur Abschätzung des globalen Setzungsverhaltens von Kombinierten Pfahl-Plattengründungen. Bauingenieur, Heft 2

Mark, P. 2004 Fundamentgestaltung und Sohlspannungsberechnung mit Optimierungsmethoden und Tabellenkalkulation. Bautechnik. Heft 1

Matousek, M. und Schneider, J. 1976 Untersuchungen zur Struktur des Sicherheitsproblems bei Bauwerken. Bericht Nr. 59 aus dem Institut für Baustatik und Konstruktion, ETH Zürich, Basel und Stuttgart, Birkhäuser Verlag

Meissner, H., Petersen, H. 1990 Einpresstechniken zur Erddruckerhöhung und zum Anheben von Bauwerken. Bauingenieur. S. 83

Merz, K 2004 Näherungsformeln zur Bestimmung von Bodenpressungen von Turmfundamenten mit unterschiedlichen symmetrischen Querschnitten. Bautechnik, Heft 12

Meskouris, K., Hinzen, H.-G. 2003 Bauwerke und Erdbeben. Vieweg Verlag, Wiesbaden

Metzke, W. 1966 Zur Ermittlung der Setzungen einer beliebig belasteten Fundamentgruppe gemäß DIN 4019, Blatt 1. Bautechnik, Heft 6

Meyer, H. 1977 Beitrag zur Berechnung von Gründungsplatten mit Hilfe der Finite-Element-Methode. Forschungs- und Seminarberichte aus dem Bereich der Mechanik. Bericht Nr. 77/2, TU Hannover

Meyer, N. 2000 Sanierung einer Baugrubensicherung. Tiefbau Ingenieurbau Straßenbau. Heft 1

Mitzel, A., Stachurski, W., Suwalski, J. 1981 Schäden und Mängel an Mauerwerkskonstruktionen, Verlagsgemeinschaft Rudolf Müller, Köln-Braunsfeld

Möller, G. 2004 Geotechnik. Teil 1: Bodenmechanik. Werner Verlag. Düsseldorf

Möller, G. 2006 Geotechnik kompakt - Grundbau. Bauwerk Verlag. Berlin

Möller, G. 2007 Geotechnik. Bodenmechanik. Verlag Ernst & Sohn. Berlin

Möller, G. 2006 Geotechnik. Grundbau. Verlag Ernst & Sohn. Berlin

Mönnich, K.-D., Kramer, J. 1996 Tiefe Baugruben mit verankerter Unterwasserbetonsohle für die Verkehrsanlagen im Zentralen Bereich. Vorträge der Baugrundtagung 1996 in Berlin. Deutsche Gesellschaft für Geotechnik e.V.

Moormann, C. 2002 Trag- und Verformungsverhalten tiefer Baugruben in bindigen Böden unter besonderer Berücksichtigung der Baugrund-Tragwerk- und der Baugrund-Grundwasser-Interaktion.- Technische Universität Darmstadt (Dissertation)

Mosonyi, E. 1987 Ursachen des Versagens - Ingenieurphilosophische Gedanken. Die Wasserwirtschaft, Heft 2

Müller-Kirchenbauer, H., Walz, B., Kilchert, M. 1979 Vergleichende Untersuchungen der Berechnungsverfahren zum Nachweis der Sicherheit gegen Gleitflächenbildung bei suspensionsgestützten Erdwänden. Veröffentlichung Grundbauinstitut der TU Berlin. Heft 5

Müller-Rochholz, J. 2005 Geokunststoffe im Erd- und Straßenbau. Werner-Verlag, Düsseldorf

Müllersdorf, W. 1963 Einflusslinien für Balken auf elastischer Bettung. Die Bautechnik, Heft 2

Neuber, H. 1961 Setzungen von Bauwerken und ihre Vorhersage. Berichte aus der Bauforschung, Heft 19

Newmark, N.M. 1947 Influence Charts for Computation of Vertical Displacements in Elastic Foundations. Univ. Illinois Eng. Exper. Stat. Bulletin 367

Nicholson, D., Tse Che- Ming und Penny, C. 1999 The observational method in ground engineering: principles and applications. Construction Industry Research and Information Association, London

Nitzsche, W.M., Wolff, F. 1989 Sanierung einer historischen Stützmauer mit Bodennägeln. Bauingenieur. Heft 8

Noebel, Th. 1998 Neue Musterverordnung für Sachverständige des Erd- und Grundbaus. Deutsches Ingenieurblatt, S.8-40

Ohde, J. 1942 Die Berechnung der Sohldruckverteilung unter Gründungskörpern. Bauingenieur. Hefte 14 und 16

Ohde, J. 1943 Einfache erdstatische Berechnungen der Standsicherheit von Böschungen. Archiv für Wasserwirtschaft No. 67

Orth, W. 1988 Sicherung einer kleinen Baugrube mit Bodenvereisung. Bauingenieur. Heft 6

Peck, R. B. 1969 Advantages and limitations of the observational method in applied soil mechanics. Geotechnique, 19, No. 1

Perau, E. 1995 Ein systematischer Ansatz zur Berechnung des Grundbruchwiderstandes von Fundamenten. Mitteilungen des Instituts für Grundbau und Bodenmechanik der Universität Essen, Heft 19

Pfefferkorn, W. 1980 Dachdecken und Mauerwerk. Verlagsgemeinschaft Rudolf Müller, Köln-Braunsfeld

Pfefferkorn, W. 1994 Risseschäden an Mauerwerk. Schadensfreies Bauen. Band 7. IRB Verlag, Stuttgart

Placzek, D. 1998 Schadensfälle auf dem Gebiet des Grundbaus. Beiträge zum 13. Christian Veder Kolloquium „Schadensfälle in der Geotechnik“. Technische Universität Graz. Institut für Bodenmechanik und Grundbau, Mitteilungsheft 16

Pohl, C. 2011 Determination of characteristic soil values by statistical methods. Proceedings 3rd International Symposium in Geotechnical Safety and Risk, Munich, Bundesanstalt für Wasserbau, Karlsruhe, Eigenverlag

Poremba, H. 1976 Stand der Injektionstechnik bei Herstellung chemischer Bodenverfestigungen. Vorträge der Baugrundtagung 1976 in Nürnberg. Deutsche Gesellschaft für Erd- und Grundbau e.V.

Poulus, H. 2001 Spannungen und Setzungen im Boden. Grundbautaschenbuch. Teil 1. 6. Auflage. Verlag Ernst & Sohn. Berlin

Pregl, O. 1999 Kontinuumsmechanik / Statische Aufgaben. Handbuch der Geotechnik, Band 5. Universität für Bodenkultur, Wien

Quade, J. 1991 Zur Berechnung von im Grundriss geknickten Streifenfundamenten. Bauingenieur, Heft 12

Raabe, E. W., Esters, K. 1986 Injektionstechniken zur Stillsetzung und zum Rückstellen von Bauwerkssetzungen. Vorträge der Baugrundtagung 1986 in Nürnberg. Deutsche Gesellschaft für Erd- und Grundbau e.V.

Radomski, H., Mayer, G. 1982 Auftriebssicherung durch Sohlverankerung. Geotechnik. Heft 2

Raisch, D. 1979 Stabilitätsuntersuchungen zur aufgelösten Elementwand im bindigen Lockergestein. Bauingenieur. Seite 299

Rizkallah, V., Hilmer, K. 1989 Bauwerksunterfangung und Baugrundinjektion mit hohen Drücken (Düsenstrahlinjektion). Mitteilungen des Instituts für Grundbau, Bodenmechanik und Energiewasserbau, Universität Hannover.

Rübener, R. 1985 Grundbautechnik für Architekten. 1.Auflage. Werner-Verlag, Düsseldorf

Rübener, R., Stiegler, W, 1992 Einführung in Theorie und Praxis der Grundbautechnik. Teil 1. 2. Auflage. Werner Verlag. Düsseldorf

Rübener, R., Stiegler, W. 1981 Einführung in Theorie und Praxis der Grundbautechnik. Teil 2. 1. Auflage. Werner Verlag. Düsseldorf

Rübener, R. Stiegler, W. 1992 Einführung in Theorie und Praxis der Grundbautechnik. Teil 3. 2. Auflage. Werner Verlag. Düsseldorf

Rudolf, M.. Kempfert, H.-G. 2006 Setzungen und Beanspruchungen bei Gründungen auf Pfahlgruppen. Bautechnik. Heft 9

Rybicki, R. 1974 Schäden und Mängel an Baukonstruktionen. Werner Verlag, Düsseldorf

Rybicki, R. 1979 Bauschäden an Tragwerken, Teil 1 und Teil 2. Werner Verlag, Düsseldorf

Saul, R. u.a. 1993 Die neue Galata-Brücke in Istanbul. Besonderheiten der Berechnung und Bauausführung. Bauingenieur. S. 43-51

Scechy, K. 1963 Der Grundbau, 1. Band. Springer-Verlag, Wien, New York

Scechy, K. 1965 Der Grundbau, 2. Band. Springer-Verlag, Wien, New York

Schanz, T. 2006 Aktuelle Entwicklungen bei Standsicherheits- und Verformungsberechnungen in der Geotechnik — Numerik in der Geotechnik. Geotechnik, Heft 1

Schanz, T.	2000	Die numerische Behandlung von Stützwänden: Der Einfluss des Modellansatzes. Stahl-Informations-Zentrum (Hrsg.) Dokumentation 549: Stahlspundwände (3) - Planung und Anwendung. Düsseldorf
Scheuch, G.	1979	Evergreen-Pflanzenwand / Stützmauer. Die Bautechnik, Heft 6
Schick, P., Unold, F.	2002	Grundbruch von Flachgründungen nach E DIN 4017: 2000 und numerische Berechnungen – Einfluss der Lastneigung. Bautechnik, Heft 9
Schlaich, J., Kunzel, W.	1977	Der Fernsehturm Mannheim. Beton- und Stahlbetonbau. Heft 5
Schlaich, J., Schäfer, K.	1989	Konstruieren im Stahlbetonbau. Betonkalender, Teil 2. Verlag W. Ernst & Sohn, Berlin
Schmidt, H.G.	1987	Der Bruchmechanismus von Zugpfählen. Bautechnik. Heft 6
Schmidt, H.G., Seitz, J.M.	1998	Grundbau. Betonkalender, Teil II. Verlag Ernst & Sohn. Berlin
Schmidt, H.H.	2006	Grundlagen der Geotechnik. Verlag Vieweg & Teubner. Braunschweig. Wiesbaden.
Schneider, H. R.	1999	Determination of characteristic soil properties. In: Proceeding oft he 12th European Conference on Soil Mechanics and Foundation Engeneering, Amsterdam, Balkema, Rotterdam, 1999, Vol. 1, S. 273- 281
Schneider, K.-J. (Hrsg.)	2012	Bautabellen für Ingenieure. 20. Auflage (und frühere Auflagen). Werner Verlag. Düsseldorf
Scholz, B.	1999	Einkapselung eines teerölkontaminierten Geländes mit einer Dichtwand. Tiefbau Ingenieurbau Straßenbau. Heft 1
Schroeter	1942	Praktische Ausführung von Gitterwand-Brückenwiderlagern. Bauingenieur
Schröder, B. (Hrsg.)	1966	Grundbautaschenbuch. Band 1. 2. Auflage. Verlag Ernst & Sohn. Berlin
Schultze, E.	1955	Vorlesung Grundbauwerke. Lehrstuhl für Verkehrswasserbau, Grundbau und Bodenmechanik, Technische Hochschule Aachen
Schultze, E.	1957	Die Ermittlung der Größe von Bettungsziffern. Bauingenieur, Heft 8
Schultze, E.	1964	Zur Definition der Steifigkeit des Bauwerks und des Baugrundes sowie der Systemsteifigkeit bei der Berechnung von Gründungsbalken und –platten. Bauingenieur, Heft 6

Schultze, E. 1967 Vorlesung Bodenmechanik. 5.Ausgabe. Lehrstuhl für Verkehrswasserbau, Grundbau und Bodenmechanik, Technische Hochschule Aachen

Schultze, E. 1970 Die Kombination von Bettungszahl- und Steifezahlverfahren. Mitteilungen aus dem Institut für Verkehrswasserbau, Grundbau und Bodenmechanik (VGB 48) der Technischen Hochschule Aachen

Schulz, E., Wolffersdorf, P.-A. 2005 Gründungstechnische Aspekte beim Wideraufbau der Frauenkirche zu Dresden. Bautechnik, Heft 11

Schulz, G. 1997 Die Spundwand als Gründungselement für Talbrücken. Stahl-Informations-Zentrum (Hrsg.) Dokumentation: Stahlspundwände (2) - Planung und Anwendung. Düsseldorf

Schulz, H., Richter, T. und Sadgorski, W. 2006 Diskussionsbeitrag zur Standsicherheit von Böschungen nach DIN 1054:2005-1. Geotechnik 29, Heft 3

Schulze, B., Brauns, J., Schwalm, I. 1991 Neuartiges Baustellen-Messgerät zur Bestimmung der Fließgrenze von Suspensionen. Geotechnik. Heft 3

Schulze, B. 1992 Injektionssohlen. Theoretische und experimentelle Untersuchungen zur Erhöhung der Zuverlässigkeit. Veröffentlichung des Instituts für Bodenmechanik und Felsmechanik. Universität Karlsruhe. Heft 126

Schulze, B., Kühling, G., Tax, M. 1992 Neue Zusatzmittel für feststoffreiche Feinstzement-Suspensionen. Bauingenieur. Heft 11

Schuppener, B. 2012 Kommentar zum Handbuch Eurocode 7 – Geotechnische Bemessung: Allgemeine Regeln. 1. Auflage, Verlag Ernst & Sohn. Berlin

Schuppener, B., Walz, B., Weißenbach, A. und Hock-Berghaus, K. 1998 EC7 – A critical review and a proposal for an improvement: a German perspective. Ground Engineering, Vol. 31, No. 10, 1998

Schuppener, B. und Ruppert, F. 2007 Zusammenführung von europäischen und deutschen Normen – Eurocode 7, DIN 1054 und DIN 4020., Bautechnik, Heft 9

Schuppener, B. und Heibaum, M. 2011 Reliability Theory and Safety in German Geotechnical Design, Proceedings 3rd International Symposium on Geotechnical Safety and Risk. Munich, Bundesanstalt für Wasserbau, Karlsruhe, Eigenverlag

Schurr, E., Babendererde,S., Waninger, K. 1978 Aufgelöste Elementwand beim Stadtbahnbau in Stuttgart. Bauingenieur. S. 299

Schwald, R., Schneider, H. 1992 Gesteuerte Absenkung eines offenen Zylinders. Vorträge der Baugrundtagung 1992 in Dresden. Deutsche Gesellschaft für Erd- und Grundbau e.V.

Schwing, E. 1991 Standsicherheit historischer Stützwände. Veröffentlichungen des Institutes für Bodenmechanik und Felsmechanik der Universität Fridericiana in Karlsruhe. Herausgeber: G. Gudehus und O Natau. Heft 121, Karlsruhe

Schwing, E. 1993 Sicherung von Gewichtsmauern aus Naturstein. Geotechnik, Heft 4

Sherif, G., König, G. 1975 Platten und Balken auf nachgiebigem Untergrund. Springer-Verlag, Berlin

Siemonsen, F. 1942 Die Lastaufnahmekräfte im Baugrund und die dadurch hervorgerufenen Spannungen in einem Grundkörper. Bautechnik

Simons, H. J. 1988 Dehnungsfugenabstand bei Mauerwerkswänden mit Stahlbetondecken. Bautechnik, Heft 1

Smoltczyk, U. 1976 Sonderfragen beim Standsicherheitsnachweis von Flachfundamenten. Mitteilungen der Deutschen Forschungsgesellschaft für Bodenmechanik (DEGEBO), Heft 32. Berlin

Smoltczyk, U. 1987 Einfluss der Einbindetiefe auf den rechnerischen Nachweis der Tragfähigkeit von Einzelfundamenten. Geotechnik, Heft 3

Smoltczyk, U. 1992 Unterfangungen und Unterfahrungen. Grundbautaschenbuch. Teil 2. 4. Auflage. Verlag Ernst & Sohn. Berlin

Smoltczyk, U. 1993 Studienunterlagen Bodenmechanik und Grundbau. Verlag Paul Daxner. Stuttgart

Smoltczyk, U. 1994a Nachweis der Grenzzustände in der Geotechnik: Einführung in die Eurocodes ENV 1991-1 und 1997-1. Lehrgang 17992/84.143 der Technischen Akademie Esslingen

Smoltczyk, U. 1994b Nachweis der Grenzzustände in der Geotechnik: Flachgründungen. Lehrgang 17992/84.143 der Technischen Akademie Esslingen

Smoltczyk, U. 1994c Abstimmung der ENV 1991-1 und 1997-1. Geotechnik, Heft 1

Smoltczyk, U. 1996 Hat die europäische Normung in der deutschen Geotechnik eine Chance? Bautechnik. Heft 3

Smoltczyk, U. (Hrsg.) 2001 Grundbautaschenbuch, Teil 1. 6. Auflage. Verlag Ernst & Sohn. Berlin

Smoltczyk, U. (Hrsg.) 2001 Grundbautaschenbuch, Teil 2. 6. Auflage. Verlag Ernst & Sohn. Berlin

Smoltczyk, U. 2001 Grundbautaschenbuch, Teil 3. 6. Auflage. Verlag Ernst & Sohn.

(Hrsg.) Berlin

Smoltczyk, U. 2005 Beispiel für die Kombinierte Pfahl-Plattengründung einer Windenergie-Anlage (1,5 MW). Bautechnik, Heft 4

Smoltczyk, U., Netzel, D., Kany, M. 2001 Flachgründungen. Grundbau-Taschenbuch. Teil 3, 6. Auflage. Verlag Ernst & Sohn. Berlin

Smoltczyk, U., Vogt, N. 2006 Entwurf, Berechnung und Bemessung in der Geotechnik. Teil 1:

Sommer, H. 1976 Setzungen von Hochhäusern und benachbarten Anbauten nach Theorie und Messungen. Vorträge der Baugrundtagung 1976 in Nürnberg

Sommer, H. 1978 Neuere Erkenntnisse über zulässige Setzungsunterschiede von Bauwerken, Schadenskriterien. Vorträge der Baugrundtagung 1978 in Berlin

Sommer, H. 1991 Entwicklung der Hochhausgründungen in Frankfurt/Main. Festkolloquium 20 Jahre Grundbauinstitut. Herausgeber: Grundbauinstitut Prof. Dr.-Ing. H. Sommer und Partner GmbH, Darmstadt

Sommer, H., Hoffmann, H. 1991 Last-Verformungsverhalten der Gründung des Messeturms Frankfurt/Main. Festkolloquium 20 Jahre Grundbauinstitut. Herausgeber: Grundbauinstitut Prof. Dr.-Ing. H. Sommer und Partner GmbH, Darmstadt

Soumaya, B., Kempfert, H.-G. 2006 Bewertung von Setzungsmessungen flach gegründeter Gebäude. Bautechnik. Heft 3

Spencer, E. 1967 A method of analysis oft he stability of embanments assuming parallel inter-slice forces.

Starke, P. 1979 Erweiterte Nomogramme zur Trägerbohlwand- und Spundwandberechnung. Bautechnik. Heft 9

Stehn, H.-J. 1992 Einsatz von Beton-Schlitzwänden und Beton-Bohrpfahlwänden bei Kaimauern. Konferenzband Kaimauer-Workshop im Rahmen des Hafentages der SMM '92 am 30.9.92 in Hamburg

Steinbrenner, W. 1934 Tafeln zur Setzungsberechnung. Die Straße, Heft 1

Stiegler, W. 1979 Baugrundlehre für Ingenieure. 5. Auflage. Werner Verlag Düsseldorf

Stiegler, W., Rübener, R. 1981 Einführung in Theorie und Praxis der Grundbautechnik, Teil 2. 1. Auflage. Werner Verlag, Düsseldorf

Stiegler, W., 1992 Einführung in Theorie und Praxis der Grundbautechnik, Teil 3.

Rübener, R. 2. Auflage. Werner Verlag, Düsseldorf

Stocker, M. 1976 Bodenvernagelung. Vorträge der Baugrundtagung 1976 in Nürnberg. Deutsche Gesellschaft für Erd- und Grundbau e.V.

Stocker, M. 1994 Vorstellung der ersten europäischen Grundbaunormen. Bemessungsnorm, Schlitzwände, Anker und Bohrpfähle. Vorträge der Baugrundtagung 1994 in Köln. Deutsche Gesellschaft für Geotechnik e.V.

Suppelt, H.J. 1979 Leitungsgrabenbau - Verbaumethoden beim maschinellen Aushub. BMT. Heft 12

Széchy, K. 1963 Der Grundbau. Band 1. Springer Verlag, Wien, New York

Széchy, K. 1965 Der Grundbau. Band 2. Springer Verlag, Wien, New York

Tausch, N., Poremba, H. 1979 Herstellung von Sohldichtungen mittels Weichgelinjektionen. Geotechnik. Heft 4

Taylor, D.W. 1958 Fundamentals of Soil Mechanics. J. Wiley & Sons. New York.

Terzaghi, K., Jelinek, R. 1954 Theoretische Bodenmechanik. Springer Verlag. Berlin

Terzaghi, K., Peck, R. 1961 Die Bodenmechanik in der Baupraxis. Springer Verlag. Berlin

Terzaghi, K., Peck, R. B., Mesri, G. 1996 Soil Mechanics in engineering practice. Third Edition, John Wiley & Sons

Thaher, Mahmud 1991 Tragverhalten von Pfahl-Platten-Gründungen im bindigen Baugrund, Berechnungsmodelle und Zentrifugen-Modellversuche. Schriftenreihe des Instituts für Grundbau, Wasserwesen und Verkehrswesen der Ruhr-Universität Bochum. Serie Grundbau, Heft 15

Thamm, B. 1986 Sicherung übersteiler Böschungen mit Raumgitterwänden. Die Bautechnik, Heft 9

Triantafyllidis, T. 1997 / 1 Neue Erkenntnisse aus Messungen an tiefen Baugruben am Potsdamer Platz in Berlin. Beitrag zum 24. Tiefbaukolloquium der HOCHTIEF am 20.-21.3.1997 in Herdecke. Druckschrift der Brückner Grundbau GmbH

Triantafyllidis, T. 1997 / 2 Geomesstechnische Überwachung und Qualitätssicherung bei tiefen Baugruben am Beispiel des Potsdamer Platzes in Berlin. Interfels / Geomesstechnisches Seminar. Berlin. 21.5.1997. Druckschrift der Brückner Grundbau GmbH

Triantafyllidis, T. 2000 Ein einfaches Modell zur Abschätzungen von Setzungen bei der Herstellung von Rüttel-Injektionspfählen. Bautechnik 77 (2000) Heft 3 S.161-168

Triantafyllidis, T. 2003 Planung und Bauausführung im Spezialtiefbau. Teil 1: Schlitzwand- und Dichtwandtechnik. Verlag Ernst & Sohn. Berlin

Türke, H. 1999 Statik im Erdbau. 3. Auflage. Verlag Ernst & Sohn. Berlin

Vereinigung Schweizerischer Straßenfachmänner 1966 Stützmauern. Bauverlag, Wiesbaden

Vogt, C. 1999 Experimentelle und numerische Untersuchungen zum Tragverhalten und zur Bemessung horizontaler Schraubanker. Institut für Geotechnik der Universität Stuttgart. Mitteilung 47

Vogt, N. 2003 Vertikales Gleichgewicht einer in den Suspensionsschlitz eingehängten Spundwand. Felsbau 21 (2003), Heft 5, S 18-25

Vogt, N., Schuppener,B., Weißenbach, A. 2006 Nachweisverfahren des EC 7-1 für geotechnische Bemessungen in Deutschland. Geotechnik, Heft 3, Bautechnik, Heft 9

Vollenweider, U. 1984 Zur Traglastberechnung von Flachgründungen. Geotechnik, Heft 4

Vollenweider, U. 1994 Die Beobachtungsmethode. Eine Strategie zu wirtschaftlichem Bemessen im Grundbau. Schweizer Ingenieur und Architekt, Jg. 112, Nr. 21

Von Soos, P. 1982 Zur Ermittlung der Bodenkennwerte mit Berücksichtigung von Streuung und Korrelationen. Vorträge der Baugrundtagung 1982, Braunschweig, S. 83-104

Von Wolffersdorff, P.-A. und Mayer, P.-M. 1996 Gebrauchstauglichkeitesnachweise für Stützkonstruktionen. Geotechnik 29 (2006) Nr. 4, S.291-300

Voth, B. 1977 Tiefbaupraxis, Band 1 bis 3, Bauverlag. Wiesbaden

Walthelm, U. 1988 Risse in bestehenden Bauwerken (I). Das Bauzentrum, Heft 6

Walz, B., Pulsfort, M. 1983 Rechnerische Standsicherheit von suspensionsgestützten Erdwänden. Tiefbau Ingenieurbau Straßenbau. Hefte 1, 2

Waninger, K., Seitz, J. 1978 Aufgelöste Elementwand als Baugrubensicherung. Tiefbau-BG. Heft 1

Watermann, G. 1967 Zur Berechnung ausmittig belasteter Streifenfundamente. Bautechnik, Heft 2

Weiß, F. 1967 Die Standfestigkeit flüssigkeitsgestützer Erdwände. Bauingenieur-Praxis. Heft 70. Verlag Ernst & Sohn. Berlin

Weißenbach, A. 1998 Umsetzung des Teilsicherheitskonzepts im Erd- und Grundbau. Bautechnik. Heft 9

Weißenbach, A. 2001 Baugruben, Teil 3: Berechnungsverfahren. Verlag Ernst & Sohn. Berlin

Weißenbach, A. 2002 Gelbdruck DIN 1054 „Sicherheitsnachweise im Erd- und Grundbau". Bauingenieur, Heft 4

Weißenbach, A: 2007 Kommentar zu DIN 1054. Verlag Emst & Sohn. Berlin

Weißenbach, A., Gudehus, G., Schuppener, B. 1999 Vorschläge zur Anwendung des Teilsicherheitskonzepts in der Geotechnik. Geotechnik. Sonderheft.

Weißenbach, A. Gudehus, G. 2004 Die neue DIN 1054: 2003-01. Vorträge der Baugrundtagung 2004 in Leipzig. Deutsche Gesellschaft für Geotechnik e.V.

Wetzel, W. 1968 Der Hamburger Fernmeldeturm, Bauausführung. Beton- und Stahlbetonbau., Heft 9

Werner, H. 1988 Computergestützte Berechnung von Baugrubenumschließungswänden. Bautechnik. Heft 11

Wetzel, O. W. 2012 Wendehorst Bautechnische Zahlentafeln. 34. Auflage. Teubner Verlag

Wetzel, O.W. (Hrsg.) 2009 Wendehorst . Beispiele aus der Baupraxis. 3. Auflage. Teubner Verlag

Wichter, L. 2000 Verankerungen und Vernagelungen im Grundbau. Verlag Ernst & sohn

Wichtmann, T., Niemunis, A., Triantafyllidis, Th. 2005 FE-Prognose der Setzung von Flachgründungen auf Sand unter zyklischer Belastung. Bautechnik, Heft 12

Wiechers, H. 1979 Messprogramm zur Erfassung von umweltbeeinträchtigenden Auswirkungen von tiefen Baugruben. Tiefbau. Heft 79

Witt, K.J. (Hrsg.) 2008 Grundbau-Taschenbuch, Teil 1: Geotechnische Grundlagen. 7. Auflage. Verlag Ernst & Sohn. Berlin

Witt, K.J. (Hrsg.) 2009 Grundbau-Taschenbuch, Teil 2: Geotechnische Verfahren. 7. Auflage Verlag Ernst & Sohn. Berlin

Witt, K.J. (Hrsg.) 2009 Grundbau-Taschenbuch, Teil 3: Gründungen und Geotechnische Bauwerke. 7. Auflage Verlag Ernst & Sohn. Berlin

Wittke, K.-H. 1998 Stand und Entwicklung der Geotechnik in Deutschland. Geotechnik-Sonderdruck anlässlich der Baugrundtagung in Stuttgart

Wittke, W. 1999 Editorial Geotechnik, Sonderheft 1999

Wölfer, K.-H. 1978 Elastisch gebettete Balken und Platten. Zylinderschalen. Bauverlag, Wiesbaden

Wyrobek, M. 1991 Das neue Sicherheitskonzept im Bauwesen. Grundlagen, Hinweise, Erläuterungen. Tiefbau - Ingenieurbau - Straßenbau, Heft 10

Zhang, Ch., Kirchhoff, C. 2012 Vorlesung Baustatik III: Elastische Bettung (Zusammenfassung) und Tafeln der η-Funktion. Universität Siegen. Fachbereich 10 Bauingenieurwesen .- www.uni-siegen.de /fb10/ subdomains/ baustatik/ lehre/bst/unterlagen_vertieft/bettung

Ziegler, M. 2012 Geotechnische Nachweise nach EC 7 und DIN 1054. Einführung mit Beispielen. 3. Auflage Verlag Ernst & Sohn. Berlin

Anhang C: Normenverzeichnis

(E = Entwurf, V = Vornorm)

DIN	Teil	Ausgabe	Titel
(1045-1) zurückgezogen		08.2008	Tragwerke aus Beton, Stahlbeton und Spannbeton - Teil 1: Bemessung und Konstruktion (Berichtigung 2, Ausgabe 2003-06)
(1045-1) zurückgezogen		08.2008	Tragwerke aus Beton, Stahlbeton und Spannbeton - Teil 1: Bemessung und Konstruktion (Berichtigung 2, Ausgabe 2003-06)
1052	10	05.2012	Herstellung und Ausführung von Holzbauwerken - Teil 10: Ergänzende Bestimmungen zu DIN EN 1995-1 und DIN EN 1995-1/ NA
(1052) zurückgezogen	B1	05.2010	Berichtigung 1 zu DIN 1052: 2008-12
(1054) zurückgezogen		01.2005	Baugrund - Sicherheitsnachweise im Erd- und Grundbau
(1054) zurückgezogen	A1	07.2009	Baugrund - Sicherheitsnachweise im Erd- und Grundbau; Änderung 1
(1054) zurückgezogen	B1	04.2005	Berichtigung 1 zu DIN 1054
(1054) zurückgezogen	B2	04.2007	Berichtigung 2 zu DIN 1054
(1054) zurückgezogen	B3	01.2008	Berichtigung 3 zu DIN 1054
(1054) zurückgezogen	B3	10.2008	Berichtigung 4 zu DIN 1054
1054		12.2010	Baugrund - Sicherheitsnachweise im Erd- und Grundbau - Ergänzende Regelungen zu DIN EN 1997-1 und DIN EN 1997-1/ NA
(1055) zurückgezogen	T1	06.2002	Einwirkungen auf Tragwerke, Teil 1: Wichten und Flächenlasten von Baustoffen, Bauteilen und Lagerstoffen. Reverenznorm ENV 1991-1: 1994
1055	T2	11.2010	Einwirkungen auf Tragwerke, Teil 2: Bodenkenngrößen
(1055-3) zurückgezogen	T3	06.2003	Einwirkungen auf Tragwerke, Teil 3: Eigen- und Nutzlasten für Hochbauten (E DIN 1055 -3/A1, Ausgaben 2005-05 – Änderung A1)
(1055) zurückgezogen	T2 bis T6	06.1971 bis 05.1987	Lastannahmen von Bauten

DIN	Teil	Ausgabe	Titel
(1080) zurückgezogen	T1	06.1976	Begriffe, Formelzeichen und Einheiten im Bauingenieurwesen; Grundlagen
(1080) zurückgezogen	T6	03.1980	Begriffe, Formelzeichen und Einheiten im Bauingenieurwesen; Bodenmechanik und Grundbau
4017		03.2006	Baugrund - Berechnung des Grundbruchwiderstands von Flachgründungen
4017	Beiblatt 1	11.2006	Baugrund - Berechnung des Grundbruchwiderstands von Flachgründungen – Beiblatt 1: Berechnungsbeispiele
4018		09.1974	Baugrund; Berechnung der Sohldruckverteilung unter Flächengründungen
4018	Beiblatt 1	05.1981	Baugrund; Berechnung der Sohldruckverteilung unter Flächengründungen; Erläuterungen und Berechnungsbeispiele
4019	T1	04.1979	Baugrund; Setzungsberechnungen bei lotrechter, mittiger Belastung
4019	T1 Beiblatt 1	04.1979	Baugrund; Setzungsberechnungen bei lotrechter, mittiger Belastung, Erläuterungen und Berechnungsbeispiele
4019	T2	02.1981	Baugrund; Setzungsberechnungen bei schräg und bei außermittig wirkender Belastung
4019	T2 Beiblatt 1	02.1981	Baugrund; Setzungsberechnungen bei schräg und bei außermittig wirkender Belastung; Erläuterungen und Berechnungsbeispiele
V 4019	100	04.1996	Baugrund - Setzungsberechnungen - Teil 100: Berechnung nach dem Konzept mit Teilsicherheitsbeiwerten
4030	T1	06.2008	Beurteilung betonangreifender Wässer, Böden und Gase, Teil 1; Grundlagen und Grenzwerte
4030	T2	06.2008	Beurteilung betonangreifender Wässer, Böden und Gase, Teil 2; Entnahme und Analyse von Wasser- und Bodenproben
4074	T1	06.2012	Sortierung von Holz nach der Tragfähigkeit – Teil 1: Nadelschnittholz
4107	T1	01.2011	Geotechnische Messungen - Teil 1: Grundlagen
4123		05.2011	Ausschachtungen, Gründungen und Unterfangungen im Bereich bestehender Gebäude
EN 206		07.2001	Beton - Teil 1: Festlegung, Eigenschaften, Herstellung und Konformität; Deutsche Fassung EN 206-1:2000

DIN	Teil	Ausgabe	Titel
EN 1990		12.2010	Eurocode 0: Grundlagen der Tragwerksplanung; Deutsche Fassung EN 1990:2002 + A1:2005 + A1:2005/AC:2010
EN 1990	NA	12.2010	Nationaler Anhang - National festgelegte Parameter – Eurocode 0: Grundlagen der Tragwerksplanung
EN 1990	NA/ A1	08.2012	Nationaler Anhang - National festgelegte Parameter – Eurocode 0: Grundlagen der Tragwerksplanung; Änderung A1
EN 1991	T1	12.2010	Eurocode 1: Einwirkungen auf Tragwerke - Teil 1-1: Allgemeine Einwirkungen auf Tragwerke - Wichten, Eigengewicht und Nutzlasten im Hochbau; Deutsche Fassung EN 1991-1-1:2002 + AC:2009
EN 1991	T1/ NA	12.2010	Nationaler Anhang - National festgelegte Parameter - Eurocode 1: Einwirkungen auf Tragwerke - Teil 1-1: Allgemeine Einwirkungen auf Tragwerke - Wichten, Eigengewicht und Nutzlasten im Hochbau
EN 1992	T1-1	01.2011	Eurocode 2: Bemessung und Konstruktion von Stahlbeton- und Spannbetontragwerken - Teil 1-1: Allgemeine Bemessungsregeln und Regeln für den Hochbau; Deutsche Fassung EN 1992-1-1:2004 + AC:2010
EN 1992	T1-1/ NA	01.2011	Nationaler Anhang - National festgelegte Parameter - Eurocode 2: Bemessung und Konstruktion von Stahlbeton- und Spannbetontragwerken - Teil 1-1: Allgemeine Bemessungsregeln und Regeln für den Hochbau
EN 1992	T1-1/ NA/ A1	05.2012	Nationaler Anhang - National festgelegte Parameter - Eurocode 2: Bemessung und Konstruktion von Stahlbeton- und Spannbetontragwerken - Teil 1-1: Allgemeine Bemessungsregeln und Regeln für den Hochbau; Änderung A1
EN 1992	T1-1/ NA Berichtigung 1	06.2012	Nationaler Anhang - National festgelegte Parameter - Eurocode 2: Bemessung und Konstruktion von Stahlbeton- und Spannbetontragwerken - Teil 1-1: Allgemeine Bemessungsregeln und Regeln für den Hochbau, Berichtigung zu DIN EN 1992-1-1/NA:2011-01
EN 1993	T1-1	07.2007	Eurocode 3: Bemessung und Konstruktion von Stahlbauten - Teil 1-1: Allgemeine Bemessungsregeln und Regeln für den Hochbau; Deutsche Fassung EN 1993-1-1:2005 + AC:2009

DIN	Teil	Ausgabe	Titel
EN 1993	T1-1/ NA	12.2010	Nationaler Anhang - National festgelegte Parameter - Eurocode 3: Bemessung und Konstruktion von Stahlbauten - Teil 1-1: Allgemeine Bemessungsregeln und Regeln für den Hochbau
EN 1994	T1-1	12.2010	Eurocode 4: Bemessung und Konstruktion von Verbundtragwerken aus Stahl und Beton - Teil 1-1: Allgemeine Bemessungsregeln und Anwendungsregeln für den Hochbau; Deutsche Fassung EN 1994-1-1:2004 + AC:2009
EN 1994	T1-1/ NA	12.2010	Nationaler Anhang - National festgelegte Parameter - Eurocode 4: Bemessung und Konstruktion von Verbundtragwerken aus Stahl und Beton - Teil 1-1: Allgemeine Bemessungsregeln und Anwendungsregeln für den Hochbau
EN 1995	T1-1	12.2010	Eurocode 5: Bemessung und Konstruktion von Holzbauten – Teil 1-1: Allgemeines – Allgemeine Regeln und Regeln für den Hochbau; Deutsche Fassung EN 1995-1-1:2004 + AC:2006 + A1:2008
EN 1995	T1-1/ NA	12.2010	Nationaler Anhang – National festgelegte Parameter – Eurocode 5: Bemessung und Konstruktion von Holzbauten – Teil 1-1: Allgemeines – Allgemeine Regeln und Regeln für den Hochbau
EN 1995	T1-1 Änderung A1	02.2012	Nationaler Anhang - National festgelegte Parameter - Eurocode 5: Bemessung und Konstruktion von Holzbauten - Teil 1-1: Allgemeines - Allgemeine Regeln und Regeln für den Hochbau; Änderung A1
EN 1996	T1-1	12.2010	Eurocode 6: Bemessung und Konstruktion von Mauerwerksbauten - Teil 1-1: Allgemeine Regeln für bewehrtes und unbewehrtes Mauerwerk; Deutsche Fassung EN 1996-1-1:2005 + AC:2009
EN 1996	T1-1/ NA	05.2012	Nationaler Anhang - National festgelegte Parameter - Eurocode 6: Bemessung und Konstruktion von Mauerwerksbauten - Teil 1-1: Allgemeine Regeln für bewehrtes und unbewehrtes Mauerwerk
EN 1996	T1-1/ A1	10.2010	Eurocode 6: Bemessung und Konstruktion von Mauerwerksbauten - Teil 1-1: Allgemeine Regeln für bewehrtes und unbewehrtes Mauerwerk; Deutsche Fassung EN 1996-1-1:2005/prA1:2010
EN 1997	T1	09.2009	Eurocode 7: Entwurf, Berechnung und Bemessung in der Geotechnik - Teil 1: Allgemeine Regeln; Deutsche Fassung EN 1997-1:2004 + AC:2009

DIN	Teil	Ausgabe	Titel
EN 1997	T1/NA	12.2010	Nationaler Anhang – National festgelegte Parameter - Eurocode 7: Entwurf, Berechnung und Bemessung in der Geotechnik - Teil 1: Allgemeine Regeln; Deutsche Fassung EN 1997-1: 2004
EN 15258		05.2009	Betonfertigteile - Stützwandelemente; Deutsche Fassung EN 15258:2008
Handbuch Eurocode 0 – Grundlagen der Tragwerksplanung		11.2011	Vom DIN konsolidierte Fassung
Handbuch Eurocode 1 - Einwirkungen	Band 1	06.2012	Band 1: Grundlagen, Nutz- und Eigenlasten, Brandeinwirkungen, Schnee-, Wind-, Temperaturlasten - Vom DIN konsolidierte Fassung
Handbuch Eurocode 2 - Betonbau	Band 1	07.2012	Band 1: Allgemeine Regeln - Vom DIN konsolidierte Fassung
Handbuch Eurocode 3 - Stahlbau	Band 2	04.2012	Band 2: Der zweite Teil stellt folgende Teile von Eurocode 3 zur Bemessung und Konstruktion von Stahlbauten im konsolidierten Originaltext bereit: - Vom DIN konsolidierte Fassung
Handbuch Eurocode 7 – Geotechnische Bemessung	Band 1	05.2011	Band 1: Allgemeine Regeln - Vom DIN autorisierte konsolidierte Fassung
Handbuch Eurocode 7 – Geotechnische Bemessung	Band 2	06.2011	Band 1: Erkundung und Untersuchung - Vom DIN autorisierte konsolidierte Fassung

Anmerkungen:

1. Die angegebenen Normen entsprechen dem Entwicklungsstand beim Abschluss der Manuskriptbearbeitung dieses Teils der Buchreihe. Maßgebend sind die jeweils neuesten Ausgaben der Normblätter des Deutschen Instituts für Normung e.V. (DIN).

2. Weitere Normen: siehe Dörken/Dehne/ Kliesch, Grundbau in Beispielen, Teil 1 und Teil 3, die ebenfalls dem Entwicklungsstand beim Abschluss der Manuskriptbearbeitung dieser Teile der Buchreihe entsprechen.

Anhang D: Empfehlungen, sonstige Regelwerke

Regelwerk	Verlag	Ausgabe	Titel
DS 804 B6	Deutsche Bahn AG	2000	Vorschrift für Eisenbahnbrücken und sonstige Ingenieurbauwerke
EAB	Ernst & Sohn, Berlin	2012	Empfehlungen des Arbeitskreises "Baugruben"– EAB der Deutschen Gesellschaft für Geotechnik e. V. (DGGT), 5. Auflage
EAB	Ernst & Sohn, Berlin	2006	Empfehlungen des Arbeitskreises "Baugruben"– EAB der Deutschen Gesellschaft für Geotechnik e. V. (DGGT), 4. Auflage
EAU	Ernst & Sohn, Berlin	2012	Empfehlungen des Arbeitsausschuss „Ufereinfassungen" der Hafenbautechnischen Gesellschaft e. V. und der Deutschen Gesellschaft für Geotechnik e. V. (Hrsg.), 11. Auflage
EBGEO	Ernst & Sohn, Berlin	2010	Empfehlungen für den Entwurf und die Berechnung von Erdkörpern mit Bewehrungen aus Geokunststoffen, 2. Auflage
EVB	Deutsche Gesellschaft für Geotechnik (Hrsg.)	1993	Verformungen des Baugrunds bei baulichen Anlagen
KPP	Ernst & Sohn, Berlin	2002	Richtlinie für den Entwurf, die Bemessung und den Bau von Kombinierten Pfahl-Plattengründungen
Richtlinie 836	Deutsche Bahn AG	2008	Erdbauwerke planen, bauen und instand halten
ZTV-ING	Bundesanstalt für Straßenwesen	2007	ZTV-ING, Teil 2, Abschnitt 4 Zusätzliche Technische Vertragsbedingungen und Richtlinien für Ingenieurbauten,
	Forschungsgesellschaft für Straßen- und Verkehrswesen (FGSV)	2010	AA 5.6 Bauwerk und Boden: Merkblatt für den Entwurf und die Bemessung von Stützkonstruktionen aus stahlbewehrten Erdkörpern
	Forschungsgesellschaft für Straßen- und Verkehrswesen (FGSV)	1994	Merkblatt über den Einfluss der Hinterfüllung von Bauwerken

Regelwerk	Verlag	Ausgabe	Titel
	Forschungs-gesellschaft für Straßen- und Ver-kehrswesen (FGSV)	2003	Merkblatt über Stützkonstruktionen aus Betonele-menten, Blockschichtungen und Gabionen
	VGE-Verlag	2006	Aktuelle Entwicklungen bei Standsicherheits- und Verformungsberechnungen in der Geotechnik, Abschnitt 4 (Geotechnik 1/2006)
	VGE-Verlag	1991	Empfehlungen des Arbeitskreises "Numerik in der Geotechnik"
	VGE-Verlag	1996	Empfehlungen zum Einsatz von Mess- und Über-wachungssystemen für Hänge, Böschungen und Stützbauwerke (Geotechnik 2/1996)

Anmerkungen:

1. Die angegebenen Regelwerke entsprechen dem Entwicklungsstand beim Abschluss der Manuskriptbearbeitung dieses Teils der Buchreihe. Maßgebend sind die jeweils neuesten Ausgaben der der Regelwerke der angegebenen Verlage.

2. Weitere Regelwerke: siehe Dörken/Dehne/ Kliesch, Grundbau in Beispielen, Teil 1 und Teil 3, die ebenfalls dem Entwicklungsstand beim Abschluss der Manuskriptbearbeitung dieser Teile der Buchreihe entsprechen.

Anhang E: Lösungen

Abschnitt 2

2.8.1 Für SLS ist der Nachweis der Sicherheit gegen Kippen bei ständiger Last. Dabei muss $e \leq b/6$ sein. Zusätzlich ist der Nachweis ULS über einwirkende und widerstehende Momente um den Drehpunkt D(Außenkante) zu führen.

2.8.2 a) Bleibt unberücksichtigt, b) Herabsetzungen des Reibungswinkels auf 2/3 φ'.

2.8.3 Ständige Last: $e_{zul} = b/6$, $\kappa = 0$. Gesamtlast: $e_{zul} = b/3$, $\kappa = b/2$.

2.8.4 Weil beim Nachweis der Sicherheit (SLS) gegen Kippen für Gesamtlast $e \leq b/3$, für ständige Last $e \leq b/6$ sein muss.

2.8.5 a) mit dem Tangens des Reibungswinkels φ' b) mit dem Reibungsbeiwert μ z. B. Beton / Beton: $\mu = 0{,}75$.

2.8.6 $x = 0{,}4$ m, $e = 0{,}4$ m.

2.8.7 a) Standmoment dividiert durch Kippmoment, b) ULS: Standmoment dividiert durch Kippmoment, SLS: Begrenzung der Ausmittigkeit.

2.8.8 $b = 1{,}80$ m.

2.8.9 a) keine, b) keine, c) Zunahme, d) Zunahme.

2.8.10 $\Delta V^{\vartheta} \approx 246{,}5$ kN/m.

2.8.11 $d_s = 3{,}3$ m < $d_w = 3{,}4$ m. Keine Änderung der Sicherheit.

2.8.12 $d = 0{,}70$ m.

2.8.13 Logisch: Beide Fundamente haben gleiche Fläche und Einbindetiefe: Das gedrungene Fundament trägt mehr ($a/b < 2$). Rechnerisch: a) $R_{V,d} = 2109$ kN b) $R_{V,d} = 1517$ kN.

2.8.14 Bis auf Kote $\approx$ - 3,8 m.

2.8.15 Bei einfach verdichteten Böden: Anfangsfestigkeit, bei vorbelasteten Böden: Endfestigkeit.

2.8.16 Das Quadratfundament.

2.8.17 $b_{erf} = 2{,}2$ m (aus a)).

2.8.18 $b = 2{,}0$ m, $a = 3{,}0$ m.

2.8.19 257 kN/m.

2.8.20 $e = 0{,}30$ m.

2.8.21 $V_d = 699 > R_{v,d} = 650$ kN/m: keine ausreichende Sicherheit

2.8.22 $R_{V,d} = 608$ kN > 405 kN: ausreichende Sicherheit.

Abschnitt 3

3.4.1 $E_m \approx 5{,}6$ MN/m².

3.4.2 Verringerung um $\approx$ 9 cm.

3.4.3 $\approx$ 10 Jahre.

3.4.4 Nach ca. 25 Jahren.

3.4.5 $s_2 > 2\, s_1$ (siehe Last-Setzungs-Linie).

3.4.6 Die Setzungskurve fällt bei beiden Böden während der Bauzeit ab, bei b) aber viel stärker als bei a). Am Ende der Bauzeit kommt die Setzung bei a) praktisch zum Stillstand, während sie bei b) noch Monate/Jahre weiter abfällt.

3.4.7 $V_2 \approx 4350$ kN.

3.4.8 ... die Sohlnormalspannung unter dem größeren Fundament kleiner sein als unter dem kleineren. Überschlägliche Berechnung der Sohlnormalspannungen nach dem Modellgesetz.

3.4.9 Anordnung von Fugen.

3.4.10 a) aus dem Kompressionsversuch, b) aus Setzungsmessungen.

3.4.11 $\Delta s \approx 1{,}6$ cm.

3.4.12 Wenn die Setzung infolge V_{zul} größer ist als die zulässige Setzung des Fundaments.

3.4.13 30,8 kN/m².

3.4.14 a) 24 kN/m², b) 38 kN/m², c) 37,3 kN/m², c) 14,4 kN/m².

3.4.15 ca. 24 kN/m².

3.4.16 a) $b_1 = 1{,}6$ m, $b_2 = 1{,}96$ m; b) $b_2 = 2{,}41$ m.

3.4.17 $\approx$ 1,3 cm.

3.4.18 a) $\approx$ 1,5 cm, b) Setzungsdifferenz der Fundamentränder: $\approx$ 1,9 - 1,1 $\approx$ 0,8 cm.

3.4.19 a) $\approx$ 0,8 cm, b) 5,3 cm.

Abschnitt 4

4.5.1 1 = Sohldruck, 2 = Gleichgewichtsbedingungen, 3 = Gleichgewichtsbedingungen, 4 = Biegesteifigkeit, 5 = Art der Belastung,
6 = Größe der Belastung, 7 = Form des Fundaments, 8 = Baugrundeigenschaften, 9 = Schnittgrößen des Fundaments, 10 = Standsicherheit

4.5.2 zu a) K = 0,054, biegsam, zu b) d = 0,62 m

4.5.3

Platte d [m]	Sand	Bezeichnung	Ton	Bezeichnung
0,2	0,00025	schlaff	0,025	biegsam
0,5	0,0039	biegsam	0,39	starr
2,0	0,25	starr	25	starr

4.5.4 a) schlaff, b) biegsam, c) starr

4.5.5 b' = 3 c; V = Inhalt der Sohldruckfigur.

4.5.6 Dreieck a) über ganze, b) über halbe Sohlfläche.

4.5.7 a) $\sigma = V/A \pm M/W$ b) Weil keine Zugspannungen im klaffenden Teil der Sohle übertragen werden können.

4.5.8 Bei dem Verfahren „Aufnehmbarer Sohldruck in einfachen Fällen" („Tabellenverfahren") und bei Standsicherheitsnachweisen.

Abschnitt 5

5.7.1 a) 340 kN/m², b) 800 kN/m².

5.7.2 718 kN/m².

5.7.3 858,5 kN/m²

5.7.4 $H : V \leq 1 : 5$.

5.7.5 Im Schwerpunkt.

5.7.6 a) (a), b) (a), c) (e), d) (u), e) (u).

5.7.7 ja.

5.7.8 a) Wenn $a/b \leq 2$ und D besonders groß, b) überhaupt nicht.

5.7.9 Statische Unbestimmtheit.

5.7.10 $V_{zul} \approx 6{,}05$ MN.

5.7.11 d_{erf} = 1,2 m.

5.7.12 $V_{zul} \approx 3{,}92$ MN.

5.7.13 H_{max} = 450 kN.

5.7.14 1935 kN.

5.7.15 Gleichung (2.05): In dem im Wasser liegenden Teil der Grundbruchscholle wird $\gamma_2 = \gamma'$.

5.7.16 Weil die Grundbruchsicherheit mit der Einbindetiefe ansteigt.

5.7.17 Von der Konsistenzzahl.

5.7.18 a) mit Hilfe der Grenztiefe und b) durch Verwendung von Korrekturbeiwerten.

5.7.19 e = 0,54 m.

5.7.20 Tabelle A.6.2 gilt für setzungsempfindliche Bauwerke. Weil die Grundbruchsicherheit mit der Breite zunimmt, kann der Sohldruck zunächst ebenfalls zunehmen. Mit zunehmender Breite wachsen aber auch die Setzungen an, so dass der Sohldruck verringert werden muss.

5.7.21 Bei bindigen Böden werden die Tabellenwerte nicht - wie bei nichtbindigen Böden - abgemindert, wenn eine H-Kraft wirkt, weil das Verhältnis $H : V$ bei diesen Böden von vornherein begrenzt ist.

5.7.22 a) $b' \leq 2{,}0$ m: u; $b' > 2{,}0$ m: h; b) h; c) e; d) e; e) u; f) u.

5.7.23 Kein Regelfall, weil e_{vorh} = 0,5 m > e_{zul} = 0,4 m.

5.7.24 a) $b \approx 1{,}15$ m, b) ≈ 3 cm.

5.7.25 Kein Regelfall, weil Lagerungsdichte mit D = 0,3 nicht ausreicht.

Abschnitt 6

6.8.1	Kleines k_s: großes L; großes L: kleines λ. Kleines k_s: weicher Boden: Fall a) weniger biegsam.
6.8.2	k_s steht unter der 4. Wurzel im Nenner.
6.8.3	k_s = 10 MN/m³. Denn: kleines k_s: weicher Boden und weniger biegsame Gründung: M_{max}.
6.8.4	Fehler + 10,7%.
6.8.5	$k_s \approx$ 9,3 MN/m³.
6.8.6	a) Gründungskörper und Bauwerk, b) Gründungskörper allein.
6.8.7	a) $\approx$ 160 MN/m³, b) quasi starr.
6.8.8	λ = 10,35.
6.8.9	$M \approx$ 250 kNm/m.
6.8.10	a) 7 kN/m², b) $\approx$ 335 kNm/m.

Abschnitt 7

7.7.1	Für den Nachweis SLS, dass e für ständige Last $\leq b/6$ ist. Für den Nachweis ULS: Standmoment dividiert durch Kippmoment
7.7.2	Siehe Abschnitte 1 und 2.
7.7.3	b = 1,51 m.
7.7.4	Das „Tabellenverfahren" kann nicht angewendet werden, weil H/V > 0,20 ist.
7.7.5	a) φ' = 37,5°; b) vergleiche Beispiel 7.08, Abschnitt 3: Nachweis der Arbeitsfuge.
7.7.6	Länge des einseitigen Sporns: 1,10 m.
7.7.7	$V \approx$ 17 kN/m; $H \approx$ 40 kN/m.
7.7.8	Er ist parallel zur Geländeoberfläche.
7.7.9	Der Erddruckbeiwert wird kleiner, weil a) die Wand in diesem Bereich lotrecht ist, b) der Wandreibungswinkel nur noch 2/3 φ statt φ ist.
7.7.10	a) eine Stützwirkung zu erzeugen, b) die Felswand vor Verwitterung schützen.
7.7.11	Die Schlepp-Platte gibt die Hälfte ihrer Eigenlast und Auflast an den Hinterfüllungsboden ab und erhöht damit den Erddruck auf den unteren Teil der Stützwand.
7.7.12	$\approx$ 3,9 kN/m².
7.7.13	$\approx$ 35 kN/m.

Anhang F: Register

T

U

V

W

Z